SAFETY ENGINEER

　　본서는 바쁜 현대 사회에서 최소한의 시간으로 산업안전산업기사 자격증을 취득하고자 하는 **벼락치기** 수험생을 위하여 이렇게 만들었다.

❶ 2026년 최신 개정출제 기준과 개정법 적용
❷ NCS(국가직무능력표준) 출제기준 적용
❸ 합격요점노트로 시험에 자주 출제되는 필수 이론 내용을 간추렸다.
❹ 계산문제에 지레 겁먹고 포기하는 수험자를 위해 계산문제를 모아서 풀어보고 완전히 이해할 수 있도록 총정리해두었다.
❺ 7개년 과년도 문제를 통해 실전처럼 연습하고 공부할 수 있도록 구성하였다.
❻ 전과목 무료 동영상 강의 제공을 통해 처음 접하는 사람도 쉽게 이해할 수 있도록 하였다.
❼ 365일 저자 직통 전화(010-7209-6627)를 운영하여 학습 중 의문점을 바로 해결할 수 있도록 하였다.

　　본 수험서가 세상에 출간되기까지 불철주야 인고의 고통을 함께 한 '도서출판 세화' 박 용 사장님을 비롯한 임직원께도 고맙게 생각하며, 오늘이 있기까지 변함없이 은혜와 사랑을 주시는 나의 하나님께 진정으로 감사드립니다.

　　모든 세화 가족의 건강과 장수, 그리고 합격을 기원합니다.

저자 씀

PART 01　합격요점노트

제1장	산업재해 예방	8
제2장	안전교육 및 산업심리학	32
제3장	인간공학 및 위험성 평가 관리	41
제4장	기계·기구 및 설비 안전 관리	51
제5장	전기설비 안전 관리	62
제6장	화학설비 안전 관리	71
제7장	건설공사 안전 관리	79

PART 02　계산문제총정리

제1과목	산업재해 예방	94
제2과목	인간공학 및 위험성 평가 관리	102
제3과목	기계·기구 및 설비 안전 관리	110
제4과목	전기설비 안전 관리	115
제5과목	화학설비 안전 관리	119
제6과목	건설공사 안전 관리	124

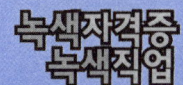

2026
개정4판 총4쇄

- ISO 45001:2018 인증
- ISO 9001:2015 인증
- 안전연구소 인정

CBT 백과사전식
NCS적용 문제해설

녹색자격증 녹색직업

세계유일무이
365일 저자상담직통전화
010-7209-6627

CBT 실전 연습
AI 기출문제 학습앱
맞추다 MACHUDA
https://machuda.kr

전과목 **핵심요약** 노트
전과목 **계산문제** 총정리
과년도 **기출문제 7개년**

벼락치기
산업안전산업기사

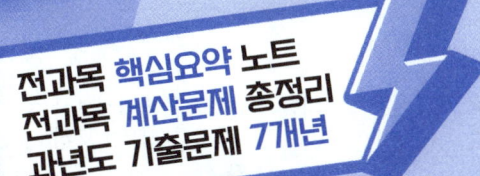

ONLY ONE 합격교재
전과목 **7**개년 **7**회분 무료강좌

· 합격요점 + 합격문제 ·

필기

안전공학박사/명예교육학박사
대한민국산업현장교수/기술지도사

정재수 지음

🔊 **동영상 강의**

에듀피디	정재수의 안전닷컴
에어클래스	온캠퍼스
이패스코리아	한솔아카데미

네이버 검색창에 검색해 보세요.
"정재수의 안전스쿨" 🔍
http://cafe.naver.com/anjeonschool

카페에 가입하시면
정재수의 안전스쿨 **무료 동영상**

"산업안전 우수 숙련기술자" 선정

산업안전, 건설안전 기사·지도사·기능장·기술사 등 관련 자격 및 의문사항에 대하여
365일 성심 성의껏 답변해 드리고 있습니다. 저자와 상담 후 교재를 구입하세요.
www.sehwapub.co.kr

대한민국 최초, 최다, 최고, 최상, 최적 적중률의 안전관리 완벽합격!

● 특허 제10-2687805호 ●
명칭 : 국가직무능력표준에 따른 자격사 교육 콘텐츠 생성 자동화 방법, 장치 및 시스템

도서출판 **세화**

내가 너의 갈길을 가르쳐보이고 너를 주목하여 훈계하리로다
[시편 32:8]

2026년 산업안전산업기사를 취득해야 하는 이유가 있다. 건강, 장수, 재산이다. 건강하고 장수하고 부자가 되려면 산업안전(산업)기사에 합격하면 성취가 가능하다.

오늘의 시대는 국내외 상황이 급변하고 무제한 국가 경쟁력 시대, 구미 불산(불화수소산) 누출사고, 2014년 세월호 참사 이후 모든 안전인의 자성과 새로운 각오와 안전업계와 관련된 관, 민, 산, 학, 연 모두의 변화가 절실히 요구되는 절박한 때이다.

특히 2018년 4월 27일 남북정상회담 및 시장개방으로 인한 국내외 무제한 경쟁력에 부딪치고 우리의 목표인 최상의 품질 달성 등 우리의 당면한 문제를 우리 스스로 해결하기 위해서는 우리 모든 안전인들이 끝없이 연구하는 노력이 계속 이어져야 하고 이러기 위한 뚜렷한 동기 부여를 위해서는 안전관리자에 대한 활용 영역 확대, 안전기사에 대한 Incentive 부여 등이 시급히 마련되어야 한다고 본다.

대한민국 헌법 제34조 및 안전관리헌장에서도 국민의 안전을 강조하고 있다.

안전한 대한민국을 만들기 위해 산업안전(산업)기사를 목표로 공부하고자 하는 수험생들의 결단과 노력에 먼저 감사를 드린다.

| PART 03 | 실전은 연습처럼 | 2019년~2022년 과년도 1회차 문제해설 |

2019년도 제1회(2019년 3월 3일 시행)   132
2020년도 제1·2회 통합(2020년 6월 14일 시행)   160
2021년도 제1회 (3월 2일 ~ 12일 CBT 시행)   189
2022년도 제1회 (3월 2일 ~ 13일 CBT 시행)   220

| PART 04 | 연습은 실전처럼 | 2023년~2025년 과년도 전회차 문제해설 |

2023년도   산업기사 정기검정 과년도 문제해설

2023년도 제1회 (3월 1일 CBT 시행)   250
2023년도 제2회 (5월 13일 CBT 시행)   280
2023년도 제3회 (7월 8일 CBT 시행)   309

2024년도   산업기사 정기검정 과년도 문제해설

2024년도 제1회 (2월 15일 CBT 시행)   337
2024년도 제2회 (5월 9일 CBT 시행)   367
2024년도 제3회 (7월 5일 CBT 시행)   398

2025년도   산업기사 정기검정 과년도 문제해설

2025년도 제1회 (2월 7일 CBT 시행)   430
2025년도 제2회 (5월 10일 CBT 시행)   462
2025년도 제3회 (8월 9일 CBT 시행)   495

벼락치기・산업안전 필기

SAFETY ENGINEER

PART 01 합격 요점노트

- Chapter 01 산업재해 예방
- Chapter 02 안전교육 및 산업심리학
- Chapter 03 인간공학 및 위험성 평가 관리
- Chapter 04 기계·기구 및 설비 안전 관리
- Chapter 05 전기설비 안전 관리
- Chapter 06 화학설비 안전 관리
- Chapter 07 건설공사 안전 관리

제1장 산업재해 예방

벼락치기 · 산업안전 필기

01 재해의 종류

(1) 산업재해 : 통제를 벗어난 에너지의 광란으로 인하여 입은 인명과 재산의 피해 현상

> **합격정보 - 산업안전보건법 정의**
> "산업재해"란 노무를 제공하는 사람이 업무에 관계되는 건설물·설비·원재료·가스·증기·분진 등에 의하거나 작업 또는 그 밖의 업무로 인하여 사망 또는 부상하거나 질병에 걸리는 것을 말한다.

(2) 중대재해
① 사망자가 1명 이상 발생한 재해
② 3개월 이상의 요양이 필요한 부상자가 동시에 2명 이상 발생한 재해
③ 부상자 또는 직업성 질병자가 동시에 10명 이상 발생한 재해

(3) 중대재해 발생시 관할 지방 고용노동관서의 장에게 보고해야 할 사항
① 발생개요 및 피해상황
② 조치 및 전망
③ 그 밖에 중요한 사항

(4) 재해발생 형태
① 집중형 : 발생요소가 각각 독립적으로 작용하는 형태(재해가 집중적으로 발생)
② 연쇄형 : 원인들이 연쇄적 작용을 일으켜 결국 재해를 발생케 하는 형태
③ 복합형 : 집중형과 연쇄형의 혼합형으로 대부분의 재해가 이 형태를 따른다.

(5) 상해정도별 구분(ILO 구분)
① 사망
② 영구 전 노동 불능
③ 영구 일부 노동 불능
④ 일시 전 노동 불능
⑤ 일시 일부 노동 불능
⑥ 구급처치상해

02 산업재해의 발생과정

(1) 하인리히 domino(연쇄성) 이론
① 제1단계 : 사회적 환경 및 유전적 요소
② 제2단계 : 개인적인 결함
③ 제3단계 : 불안전 행동 및 불안전한 상태
④ 제4단계 : 사고
⑤ 제5단계 : 재해

재해발생 비율 – 사망:경상해:무상해 = 1:29:300

(2) 버드의 사고연쇄성 이론
① 제1단계 : 관리의 부족(통제부족)
② 제2단계 : 기본원인 – 기원론, 원인학(기원)
③ 제3단계 : 직접원인 – 불안전행동, 불안전상태(징후)
④ 제4단계 : 사고(접촉)
⑤ 제5단계 : 상해(손실)

재해발생 비율 – 중상:경상:무상해(물적손실):무상해, 무사고(아차사고)
= 1 : 10 : 30 : 600

(3) 아담스의 도미노 이론
① 제1단계 : 관리구조
② 제2단계 : 작전적(operation) error(관리감독자의 오판, 누락)
③ 제3단계 : 전술적(tactical) error(작전적 error에 의한 작업자의 error)
④ 제4단계 : 사고
⑤ 제5단계 : 물적 상해

(4) 간접원인
① **기술적 원인** : 건물·기계장치의 설계불량, 구조·재료의 부적합, 생산방법의 부적합, 점검·정비·보존불량
② **교육적 원인** : 안전지식의 부족, 안전수칙의 오해, 경험·훈련의 미숙, 작업방법의 교육 불충분, 유해·위험작업의 교육 불충분
③ **작업관리상의 원인** : 안전관리조직 결함, 안전수칙 미제정, 작업준비 불충분, 인원배치 부적당, 작업지시 부적당

(5) 직접원인 : 불안전한 행동(인적)과 불안전한 상태(물적)

① **불안전한 행동** : 위험장소 접근, 안전장치의 기능 제거, 기계기구의 잘못사용, 운전중인 기계장치의 손질, 위험물 취급 부주의 등등

② **불안전한 상태** : 물 자체의 결함, 안전방호장치의 결함, 복장·보호구의 결함, 물의 배치 및 작업장소 결함, 생산공정의 결함

03 산업재해 예방대책

(1) 재해예방 기본원칙 : 손실우연, 원인연계, 예방가능, 대책선정

(2) 하인리히의 사고방지 5단계

① 제1단계 : 안전관리조직의 조직
② 제2단계 : 사실의 발견
    ㉮ 사고 및 활동기록검토   ㉯ 안전점검 및 검사
    ㉰ 안전회의·토의   ㉱ 사고조사
    ㉲ 작업분석
③ 제3단계 : 분석 평가
    재해조사분석, 안전성 진단·평가, 작업환경 측정, 사고기록, 인적·물적 조건 조사 등
④ 제4단계 : 시정책의 선정(인사조정, 교육 및 훈련방법 개선)
⑤ 제5단계 : 시정책의 적용(3E, 3S의 활용)
    ㉮ 3E : 기술, 교육, 독려
    ㉯ 3S : 표준화, 전문화, 단순화

(3) 재해발생시 조치순서

① 제1단계 : 긴급처리(기계정지-응급처치-통보-2차 재해방지-현장보존)
② 제2단계 : 재해조사
③ 제3단계 : 원인강구(중점분석대상 : 사람 - 물체 - 관리)
④ 제4단계 : 대책수립(이유 : 동종 및 유사재해의 예방)
⑤ 제5단계 : 대책실시 계획
⑥ 제6단계 : 대책실시
⑦ 제7단계 : 평가

(3) 재해사례 연구의 순서
　　① 제1단계 : 사실의 확인
　　② 제2단계 : 문제점 발견(작업표준 등을 근거)
　　③ 제3단계 : 근본적인 문제점 결정(각 문제점마다 재해요인의 인적·물적·관리적 원인 결정)
　　④ 제4단계 : 대책수립

(3) 재해 조사의 목적
　　① 원인의 규명 및 예방대책 자료수집
　　② 동종 및 유사재해의 재발방지

04 무재해운동

(1) **무재해운동의 정의** : 무재해 개시 사업장에서 근로자가 업무에 기인하여 사망 또는 4일 이상의 휴업을 요하는 부상 또는 질병에 이환되지 않는 것

(2) 무재해운동의 기본 3원칙
　　① 무의 원칙
　　② 선취(안전제일)의 원칙
　　③ 참가의 원칙

(3) 무재해운동의 3기둥(요소)
　　① 최고경영자의 엄격한 안전경영자세
　　② 안전활동의 라인화(라인화 철저)
　　③ 직장 자주안전활동의 활성화

(4) **무재해운동의 이념** – 무재해운동은 인간존중의 이념에서 출발한다.
　　※ **팀 활동의 3원리** : 팀 워크의 원리, 합의의 원리, 미팅의 원리

(5) 무재해 운동의 실천기법 위험예지훈련(3훈련)
　　① 감수성 훈련
　　② 단시간미팅 훈련
　　③ 문제해결 훈련

(6) 위험예지훈련의 4단계
① 제1단계 : 현상파악
② 제2단계 : 본질추구
③ 제3단계 : 대책수립
④ 제4단계 : 목표설정

(7) 팀 미팅기법(브레인 스토밍 4원칙)
비평금지 – 자유분방 – 대량발언 – 수정발언

(8) STOP(안전관찰 점검표) 훈련순서
결심 – 정지 – 관찰 – 조치 – 보고

05 재해율 및 재해 cost

(1) 천인율 : 근로자 1,000명당 발생하는 재해로 인한 재해자수

$$천인율 = \frac{사상자수}{연평균근로자수} \times 1,000$$

(2) 도수율(빈도율) : 연평균근로시간 100만 근로시간당 발생하는 재해건수

① $도수율 = \dfrac{재해건수}{연근로시간수} \times 10^6$

② 연천인율 = 도수율 × 2.4

③ 환산도수율 = 도수율 × 0.1

(3) 강도율 : 근로시간 합계 1,000시간당 요양재해로 인한 근로손실일수

① $강도율 = \dfrac{총요양근로손실일수}{연근로시간수} \times 1,000$

② 환산강도율 = 강도율 × 100

[표] 등급별 근로손실일수

신체장해등급	4	5	6	7	8	9	10	11	12	13	14
근로손실일수	5,500	4,000	3,000	2,200	1,500	1,000	600	400	200	100	50

※ 사망 및 1~3급은 7,500일

(4) 안전 활동률 : 일정기간의 안전 활동률

$$안전활동률 = \frac{안전활동건수}{근로시간수 \times 평균\ 근로자수} \times 10^6$$

※ 안전활동 건수에는 다음 항목이 포함
  실시한 안전개선 권고수, 안전 조치할 불안전 작업수, 불안전 행동 적발수, 불안전한 물리적 지적 건수, 안전회의 건수, 안전홍보(PR) 건수

(5) 근로 장비율 및 설비 증가율

① 근로 장비율 $= \dfrac{설비\ 총액}{기준평균인원}$

② 설비 증가율 $= \dfrac{금기말의\ 사용\ 총설비}{전기말의\ 사용\ 총설비} \times 100$

(6) 재해코스트 역설자
하인리히, 시몬즈, 버즈, 콤패즈, 노구치

(7) 재해코스트 계산

① 하인리히 : 재해코스트 = 직접비 + 간접비
                    1 : 4
  ㉮ **직접비** : 휴업급여, 장해급여, 요양급여, 유족급여, 장의비, 유족특별급여, 장해특별급여
  ㉯ **간접비** : 직접비 이외의 모든 비용
② 시몬즈의 방식 : 재해코스트 = 보험코스트 + 비보험코스트
  재해코스트 = 보험코스트 + 비보험코스트(휴업 $\times$ A + 통원 $\times$ B + 구급 $\times$ C + 무상해 $\times$ D)

06 안전보건조직

(1) 직계식 조직 − 소규모(100명 미만) 사업장에 적합
① 장점
  ㉮ 안전에 관한 명령, 지시는 생산라인을 통해 신속, 정확하게 전달된다.
  ㉯ 명령과 보고 계통이 간단, 명료하다.
② 단점
  ㉮ 안전정보 및 신기술 개발이 어렵다.

㉯ 안전에 대한 전문적인 지식이나 정보, 기술축적이 미흡하다.
㉰ 라인에 과중한 책임을 지우기 쉽다.

(2) 참모식 조직 – 중규모(100~1,000명 미만) 사업장에 적합
① 장점
㉮ 안전에 대한 지식 및 기술축적이 용이하다.
㉯ 안전정보 수집이 빠르고 안전에 대한 신기술 개발이 가능하다.
㉰ 사업장 실정에 맞는 개선안 마련이 가능하다.
㉱ 경영자에게 지도와 조언, 자문이 가능하다.
② 단점
㉮ 안전 지시나 명령이 신속하지 못하며 정확하게 전달되지 못한다.
㉯ 생산부서와 마찰이 일어나기 쉽다.
㉰ 생산부서에는 안전에 대한 책임과 권한이 없다.

(3) 직계 참모식 조직 – 대규모 사업장에 적합(1,000명 이상)
① 장점
㉮ 안전에 대한 지식 및 기술축적이 가능하다.
㉯ 안전에 대한 지시 및 전달이 신속, 정확하다.
㉰ 안전에 대한 신기술의 개발 및 보급이 용이하다.
㉱ 안전활동이 생산과 분리되지 않으므로 운용이 쉽다.
② 단점
명령계통과 지도 조언 및 권고적 참여가 혼동되기 쉽다.

07 안전보건관리체제

(1) 안전보건관리책임자의 업무
① 사업장의 산업재해 예방계획의 수립에 관한 사항
② 안전보건관리규정의 작성 및 변경에 관한 사항
③ 안전보건교육에 관한 사항
④ 작업환경측정 등 작업환경의 점검 및 개선에 관한 사항
⑤ 근로자의 건강진단 등 건강관리에 관한 사항
⑥ 산업재해의 원인 조사 및 재발 방지대책 수립에 관한 사항

⑦ 산업재해에 관한 통계의 기록 및 유지에 관한 사항
⑧ 안전장치 및 보호구 구입 시 적격품 여부 확인에 관한 사항
⑨ 그 밖에 근로자의 유해·위험 방지조치에 관한 사항으로서 고용노동부령으로 정하는 사항

(2) 안전관리자의 업무
① 산업안전보건위원회 또는 안전 및 보건에 관한 노사협의체에서 심의·의결한 업무와 해당 사업장의 안전보건관리규정 및 취업규칙에서 정한 업무
② 위험성평가에 관한 보좌 및 지도·조언
③ 안전인증대상기계등과 자율안전확인대상기계등 구입 시 적격품의 선정에 관한 보좌 및 지도·조언
④ 해당 사업장 안전교육계획의 수립 및 안전교육 실시에 관한 보좌 및 지도·조언
⑤ 사업장 순회점검, 지도 및 조치 건의
⑥ 산업재해 발생의 원인 조사·분석 및 재발 방지를 위한 기술적 보좌 및 지도·조언
⑦ 산업재해에 관한 통계의 유지·관리·분석을 위한 보좌 및 지도·조언
⑧ 법 또는 법에 따른 명령으로 정한 안전에 관한 사항의 이행에 관한 보좌 및 지도·조언
⑨ 업무 수행 내용의 기록·유지
⑩ 그밖에 안전에 관한 사항으로서 고용노동부장관이 정하는 사항

08 안전관리 및 안전보건관리규정

(1) 안전보건관리규정에 포함되어야 할 사항
① 안전보건관리조직과 그 직무에 관한 사항
② 안전보건교육에 관한 사항
③ 작업장 안전관리에 관한 사항
④ 작업장 보건관리에 관한 사항
⑤ 사고조사 및 대책수립에 관한 사항
⑥ 그 밖의 안전보건에 관한 사항

(2) 안전관리규정 작성시 유의사항
① 규정된 기준은 법정기준을 상회하도록 할 것
② 관리자층의 직무와 권한, 근로자에게 강제 또는 요청할 부분을 명확히 할 것

③ 관계 법령 제정, 개정에 따라 즉시 개정이 되도록 라인 활동에 쉬운 규정이 되도록 할 것
④ 작성 또는 개정시 현장의 의견을 충분히 반영할 것
⑤ 규정 내용은 정상시는 물론 이상시, 사고 및 재해발생시의 조치에 관한 규정이어야 한다.

(3) 안전관리계획

① 안전관리계획의 기본방향
  ㉮ 현재 기준 범위 내에서 안전유지 방향
  ㉯ 현재 기준의 재설정 방향
  ㉰ 문제 해결의 방향
② 안전관리 계획의 평가 척도
  ㉮ 절대척도   ㉯ 상대척도
  ㉰ 평정척도   ㉱ 도수척도

09 안전보건개선계획

(1) 안전보건개선계획서상 재해다발원인 및 유형분석표에 포함되어야 하는 항목
① 관리적 요인(기술적 원인, 교육적 원인, 작업관리상의 원인)
② 직접원인(인적 원인, 물적 원인)
③ 발생형태(추락, 낙하, 비래)
④ 기인물

(2) 안전보건개선계획의 공통사항
① 안전보건관리조직   ② 안전표지 부착
③ 보호구 착용   ④ 건강진단 실시
⑤ 참고사항

(3) 안전관리계획의 기본 사이클
① 제1단계 : 계획(Plan)   ② 제2단계 : 실시(Do)
③ 제3단계 : 검토(Check)   ④ 제4단계 : 조치(Action)

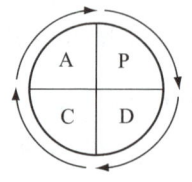

[그림] 안전관리 4-cycle

(4) 안전활동평가의 순서
① 제1단계 : 평가대상과 목표의 선정
② 제2단계 : 대상의 구체화와 방침의 결정
③ 제3단계 : 평가기준의 작성
④ 제4단계 : 측정
⑤ 제5단계 : 평가

10 작업표준

(1) 작업표준의 구비요건
① 작업실정에 맞는 것일 것
② 좋은 작업의 표준일 것
③ 표현을 구체적으로 나타낼 것
④ 생산성과 품질특성에 맞는 것일 것
⑤ 이상시의 조치에 대해서 정해둘 것
⑥ 다른 규정에 위반되지 않을 것

(2) 작업표준의 작성순서
① 제1단계 : 작업의 분류 및 정리
② 제2단계 : 작업분해
③ 제3단계 : 동작순서 및 급소를 정함
④ 제4단계 : 작업표준안 작성
⑤ 제5단계 : 작업표준의 제정 및 교육실시

(3) 길브레스(Gilbreth) 동작경제의 3원칙
① 동작능(능력) 활용의 원칙
　㉮ 발 또는 왼손으로 할 일은 오른손을 사용하지 않는다.
　㉯ 양손을 동시에 작업을 시작하고 동시에 끝낸다.
　㉰ 양손을 동시에 쉬지 않도록 함이 좋다.
② 동작(작업)량 절약의 원칙
　㉮ 적게 움직이게 한다.
　㉯ 재료와 공구는 취급하는 부근에 정돈한다.

  ㉰ 동작의 수를 줄인다.
  ㉱ 동작의 양을 줄인다.
  ㉲ 물건을 장시간 취급할 경우 장구를 사용한다.
③ **동작 개선의 원칙**
  ㉮ 동작이 자동적으로 이루어지는 순서로 한다.
  ㉯ 양손을 동시에 반대 방향으로 좌우 대칭적으로 운동한다.
  ㉰ 관성, 중력, 기계력 등을 이용한다.
  ㉱ 작업점의 높이를 적당히 하여 피로를 줄인다.

> **합격정보** **바안스(Barnes) 동작경제의 3원칙**
> ① 신체의 사용에 관한 원칙 ② 작업장의 배치에 관한 원칙 ③ 공구 및 설비 디자인에 관한 원칙

11 보호구

(1) 보호구의 정의
인체에 미치는 각종의 유해, 위험으로부터 인체를 보호하기 위하여 착용하는 보조기구를 말한다.(소극적이고 2차적 대책이다.)

(2) 보호구가 갖추어야 할 구비요건
① 착용이 간편할 것
② 작업에 방해를 주지 않을 것
③ 유해 위험요소에 대한 방호가 완전할 것
④ 재료의 품질이 우수할 것
⑤ 구조 및 표면가공이 우수할 것
⑥ 외관상 보기가 좋을 것

(3) 보호구의 선정시 유의사항
① 사용목적에 적합할 것 ② 검정에 합격하고 성능이 보장되는 것
③ 작업에 방해가 되지 않는 것 ④ 착용이 쉽고 크기 등 사용자에게 편리한 것

(4) 안전인증대상 보호구
① 추락 및 감전 위험방지용 안전모
② 안전화   ③ 안전장갑
④ 방진마스크 ⑤ 방독마스크

⑥ 송기마스크   ⑦ 전동식 호흡보호구
⑧ 보호복   ⑨ 안전대
⑩ 차광 및 비산물 위험방지용 보안경
⑪ 용접용 보안면   ⑫ 방음용 귀마개 또는 귀덮개

(5) 보호구의 관리
① 햇빛이 들지 않고 통풍이 잘 되며, 청결하고 습기가 없는 장소에 보관할 것
② 발열체가 주변에 없을 것
③ 부식성 액체, 유기용제, 기름, 화장품, 산 등과 혼합하여 보관하지 않을 것
④ 모래, 진흙 등이 묻은 경우는 세척하고 그늘에서 말려 보관할 것
⑤ 땀 등으로 오염된 경우는 세탁하고 건조시킨 후 보관할 것
⑥ 정기적으로 점검할 것

안전인증대상 보호구

1. 안전모
① 안전모의 종류
- AB형 : 낙하, 비래, 추락 등에 의한 것
- AE형 : 물체의 낙하, 비래, 감전에 대한 위험 방지 또는 경감
- ABE형 : 물체의 낙하, 비래, 추락, 감전에 대한 위험의 방지 또는 경감

② 안전모의 구비조건
- 쉽게 부식하지 않을 것
- 피부에 해로운 영향을 주지 않을 것
- 사용 목적에 따라 내열성, 내한성 및 내수성을 보유할 것
- 안전모는 착장체, 턱끈 등의 부속품을 제외한 무게가 0.44kg을 초과하지 않을 것
- 모체의 표면은 밝고 선명한 색채로 할 것

③ 안전모의 시험성능기준
- 내관통성시험 : AB, AE, ABE 안전모의 시험방법. 0.45kg의 철제 추를 낙하시켜 관통거리 측정
- 충격흡수성시험 : AB, ABE 안전모 시험방법. 무게 3.6kg의 철제 추의 충격, 전달충격력을 측정
- 내전압성시험 : AE, ABE 안전모 시험방법. 주파수 60Hz, 20kV의 전압을 가하여 측정, 이때의 충격전류는 10mA 이하이어야 한다.
- 내수성시험 : AE, ABE 안전모 시험방법. 20~25℃의 물에 24시간, 무게증가율(%) 산출
- 난연성시험 : AE, ABE의 시험방법

안전인증대상 보호구

2. 안전대
① 안전대의 종류 및 사용방법

종 류	사용구분
벨트식 안전그네식	U자 걸이용
	1개 걸이용
안전그네식	안전블록
	추락방지대

※ 추락방지대 및 안전블록은 안전그네식에만 적용 함

② 안전대의 일반구조(U자걸이용 안전대)
- 동체대기 벨트, 각링 및 신축조절기가 있을 것
- D링, 각링은 안전대 착용자의 동체 양측의 해당하는 곳에 고정되도록 동체대기 벨트에 부착할 것
- 신축조절기가 로프로부터 이탈하지 말 것

3. 안전화 시험방법

가죽제 안전화	은면결렬시험, 인열강고시험, 6가크롬함량, 내부식성시험, 인장강도시험, 내유성시험, 내압박성시험, 내충격성시험, 박리저항시험, 내답발성시험 등
고무제 안전화	인장강도 및 노화후 인장강도시험, 내유성시험, 내화학성시험, 완성품의 내화학성시험, 파열강도시험, 선심 및 내답판의 내부식성시험, 누출방지시험 등

① 내전압성 시험

절연화	14,000V에 1분간 견디고 충전전류가 5mA 이하일 것
절연장화	20,000V에 1분간 견디고 이때의 충전전류가 20mA 이하일 것

② 정전기 안전화의 성능기준

구분	사용작업장	대전방지성능(저항)
1종	착화에너지가 0.1mJ 이상의 가연성물질 또는 가스 (메탄, 프로판 등)를 취급하는 작업장	$0.1M\Omega < R < 100M\Omega$
2종	착화에너지가 0.1mJ 미만의 가연성물질 또는 가스 (수소, 아세틸렌 등)를 취급하는 작업장	$0.1M\Omega < R < 10M\Omega$

안전인증대상 보호구

4. 안전장갑
① 전기용 고무장갑
  - A종 : 300V 초과, 교류 600V, 직류 750V 이하
  - B종 : 직류 750V 초과 3,500V 이하의 작업
  - C종 : 3,500V 초과 7,000V 이하의 작업
② 용접용 가죽제 보호장갑
  - 1종 : 아크용접작업에 사용
  - 2종 : 가스용접 및 용단작업에 사용

5. 보안경
① 종류
  - 차광안경 : 고글형, 스펙터클형, 프론트형
  - 유리보호안경
  - 플라스틱 보호안경
  - 도수렌즈 보호안경
② 사용목적
  - 강렬한 가시광선을 약하게 하여 광원의 모양을 관측하는 기능
  - 유해한 자외선의 차단
  - 열작업에서 발생하는 유해한 자외선의 차단
  - 작업시 비산되는 물질로부터의 눈의 보호

6. 방진마스크 : NacI 및 파라핀 오일(Paraffin Oil) 시험[%]
① 등급은 분진포집효율에 따라 구분(분리식)
  - 특급은 99.95% 이상(중독성 분진, 퓸, 방사성 물질 분진의 비산하는 장소)
  - 1급은 94% 이상(갱내, 암석을 파쇄·분쇄하는 장소, 아크용접, 용단작업, 현저하게 분진이 많이 발생하는 작업, 석면을 사용하는 작업, 주물공장 등)
  - 2급은 80% 이상
② 성능시험 : 흡기저항시험, 분진포집효율시험, 배기저항시험, 흡기저항상승시험, 배기변의 작동기밀시험
③ 방진마스크가 갖추어야 할 구비조건
  - 분진포집효율(여과효율)이 좋을 것
  - 흡기, 배기 저항이 낮을 것
  - 사용적(유효공간)이 적을 것
  - 중량이 가벼울 것

안전인증대상 보호구

- 시야가 넓을 것
- 안면 밀착성이 좋을 것
- 피부 접촉 부위의 고무질이 좋을 것

7. 방독마스크의 종류

종류	시험가스	정화통 외부측면 표시색
유기화합물용	시클로헥산(C_6H_{12}) 디메틸에테르(CH_3OCH_3) 이소부탄(C_4H_{10})	갈색
할로겐용	염소가스 또는 증기(Cl_2)	회색
황화수소용	황화수소가스(H_2S)	회색
시안화수소용	시안화수소가스(HCN)	회색
아황산용	아황산가스(SO_2)	노란색
암모니아용	암모니아가스(NH_3)	녹색

※ 복합용 및 겸용의 정화통 : ① 복합용[해당가스 모두 표시(2층분리)]
　　　　　　　　　　　　　② 겸용[백색과 해당가스 모두 표시(2층분리)]

8. 방음용 귀마개 또는 귀덮개의 종류·등급

종류	등급	기호	성능	비고
귀마개	1종	EP-1	저음부터 고음까지 차음하는 것	귀마개의 경우 재사용 여부를 제조특성으로 표기
	2종	EP-2	주로 고음을 차음하고 저음(회화음영역)은 차음하지 않는 것	
귀덮개	-	EM		

9. 용접용 보안면의 형태

형태	구조
헬멧형	안전모나 착용자의 머리에 지지대나 헤드밴드 등을 이용하여 적정위치에 고정, 사용하는 형태(자동용접필터형, 일반용접필터형)
핸드실드형	손에 들고 이용하는 보안면으로 적절한 필터를 장착하여 눈 및 안면을 보호하는 형태

안전인증대상 보호구

10. 방열복의 종류 및 질량

종류	착용 부위	질량[kg]
방열 상의	상체	3.0 이하
방열 하의	하체	2.0 이하
방열 일체복	몸체(상·하체)	4.3 이하
방열 장갑	손	0.5 이하
방열 두건	머리	2.0 이하

12 안전보건표지의 종류

(1) 안전보건표지 색채, 색도기준 및 용도

색채	색도기준	용도	사용예
빨간색	7.5R 4/14	금지	정지신호, 소화설비 및 그 장소, 유해행위의 금지
		경고	화학물질, 취급장소에서의 유해·위험 경고
노란색	5Y 8.5/12	경고	화학물질 취급장소에서의 유해·위험 경고외 그밖의 위험 경고, 주의표지 또는 기계방호물
파란색	2.5PB 4/10	지시	특정 행위의 지시 및 사실의 고지
녹색	2.5G 4/10	안내	비상구 및 피난소, 사람 또는 차량의 통행표지
흰색	N9.5		파란색 또는 녹색에 대한 보조색
검은색	N0.5		문자 및 빨간색 또는 노란색에 대한 보조색

(2) **안전표찰** – 안전모 등에 부착하는 녹십자표지로서 작업복 또는 보호의의 우측 어깨 안전모의 좌우면, 안전완장

작업시작 전 점검사항

산업안전보건기준에 관한 규칙 [별표 3] 작업시작 전 점검사항(제35조제2항 관련)

1. 프레스 등을 사용하여 작업을 하는 때
  가. 클러치 및 브레이크의 기능
  나. 크랭크축·플라이휠·슬라이드·연결봉 및 연결 나사의 풀림유무
  다. 1행정 1정지기구·급정지장치 및 비상정지장치의 기능
  라. 슬라이드 또는 칼날에 의한 위험방지 기구의 기능
  마. 프레스의 금형 및 고정볼트 상태
  바. 방호장치의 기능
  사. 전단기(剪斷機)의 칼날 및 테이블의 상태

2. 로봇의 작동범위 내에서 그 로봇에 관하여 교시 등(로봇의 동력원을 차단하고 행하는 것을 제외한다)의 작업을 하는 때
  가. 외부전선의 피복 또는 외장의 손상유무
  나. 매니퓰레이터(manipulator) 작동의 이상유무
  다. 제동장치 및 비상정지장치의 기능

3. 공기압축기를 가동하는 때
  가. 공기저장 압력용기의 외관상태
  나. 드레인 밸브의 조작 및 배수
  다. 압력방출장치의 기능
  라. 언로드 밸브의 기능
  마. 윤활유의 상태
  바. 회전부의 덮개 또는 울
  사. 그 밖의 연결부위의 이상유무

4. 크레인을 사용하여 작업을 하는 때
  가. 권과방지장치·브레이크·클러치 및 운전장치의 기능
  나. 주행로의 상측 및 트롤리가 횡행(橫行)하는 레일의 상태
  다. 와이어로프가 통하고 있는 곳의 상태

5. 이동식 크레인을 사용하여 작업을 하는 때
  가. 권과방지장치 그 밖의 경보장치의 기능
  나. 브레이크·클러치 및 조정장치의 기능
  다. 와이어로프가 통하고 있는 곳 및 작업장소의 지반상태

6. 리프트(간이리프트를 포함한다)를 사용하여 작업을 하는 때
  가. 방호장치·브레이크 및 클러치의 기능
  나. 와이어로프가 통하고 있는 곳의 상태

7. 곤돌라를 사용하여 작업을 하는 때
  가. 방호장치·브레이크의 기능
  나. 와이어로프·슬링 와이어 등의 상태

작업시작 전 점검사항

8. 양중기의 와이어로프·달기체인·섬유로프·섬유벨트 또는 훅·샤클·링 등의 철구(이하 "와이어로프 등"이라 한다)를 사용하여 고리걸이작업을 하는 때
   와이어로프 등의 이상유무

9. 지게차를 사용하여 작업을 하는 때
   가. 제동장치 및 조종장치 기능의 이상유무   나. 하역장치 및 유압장치 기능의 이상유무
   다. 바퀴의 이상유무
   라. 전조등·후미등·방향지시기 및 경보장치 기능의 이상유무

10. 구내운반차를 사용하여 작업을 하는 때
   가. 제동장치 및 조종장치 기능의 이상유무   나. 하역장치 및 유압장치 기능의 이상유무
   다. 바퀴의 이상유무
   라. 전조등·후미등·방향지시기 및 경음기 기능의 이상유무
   마. 충전장치를 포함한 홀더 등의 결합상태의 이상유무

11. 고소작업대를 사용하여 작업을 하는 때
   가. 비상정지장치 및 비상하강방지장치 기능의 이상유무
   나. 과부하방지장치의 작동유무(와이어로프 또는 체인구동방식의 경우)
   다. 아웃트리거 또는 바퀴의 이상유무
   라. 작업면의 기울기 또는 요철 유무

12. 화물자동차를 사용하는 작업을 행하게 하는 때
   가. 제동장치 및 조종장치의 기능   나. 하역장치 및 유압장치의 기능
   다. 바퀴의 이상유무

13. 컨베이어 등을 사용하여 작업을 하는 때
   가. 원동기 및 풀리기능의 이상유무
   나. 이탈 등의 방지장치기능의 이상유무
   다. 비상정지장치 기능의 이상유무
   라. 원동기·회전축·기어 및 풀리 등의 덮개 또는 울 등의 이상유무

14. 차량계 건설기계를 사용하여 작업을 하는 때
   브레이크 및 클러치 등의 기능

14의2. 용접·용단 작업 등의 화재위험작업을 할 때
   가. 작업 준비 및 작업 절차 수립 여부
   나. 화기작업에 따른 인근 가연성물질에 대한 방호조치 및 소화기구 비치 여부
   다. 용접불티 비산방지덮개 또는 용접방화포 등 불꽃·불티 등의 비산을 방지하기 위한 조치 여부

안전인증대상 보호구

라. 인화성 액체의 증기 또는 인화성 가스가 남아 있지 않도록 하는 환기 조치 여부
마. 작업근로자에 대한 화재예방 및 피난교육 등 비상조치 여부

15. 이동식 방폭구조 전기기계·기구를 사용하는 때
전선 및 접속부 상태

16. 근로자가 반복하여 계속적으로 중량물을 취급하는 작업을 하는 때
가. 중량물 취급의 올바른 자세 및 복장
나. 위험물의 비산에 따른 보호구의 착용
다. 카바이드·생석회 등과 같이 온도상승이나 습기에 의하여 위험성이 존재하는 중량물의 취급방법
라. 그 밖에 하역운반기계 등의 적절한 사용방법

17. 양화장치를 사용하여 화물을 싣고 내리는 작업을 하는 때
가. 양화장치(揚貨裝置)의 작동상태
나. 양화장치에 제한하중을 초과하는 하중을 실었는지 여부

18. 슬링 등을 사용하여 작업을 하는 때
가. 훅이 붙어 있는 슬링·와이어 슬링 등의 매달린 상태
나. 슬링·와이어 슬링 등의 상태(작업시작 전 및 작업중 수시로 점검)

관리감독자의 유해·위험방지업무

산업안전보건기준에 관한 규칙 [별표 2] 관리감독자의 유해·위험 방지(제35조제1항 관련)

1. 프레스 등을 사용하는 작업
가. 프레스 등 및 그 방호장치를 점검하는 일
나. 프레스 등 및 그 방호장치에 이상이 발견된 때 즉시 필요한 조치를 하는 일
다. 프레스 등 및 그 방호장치에 전환스위치를 설치한 때 그 전환스위치의 열쇠를 관리하는 일
라. 금형의 부착·해체 또는 조정작업을 직접 지휘하는 일

2. 목재가공용 기계를 취급하는 작업
가. 목재가공용 기계를 취급하는 작업을 지휘하는 일
나. 목재가공용 기계 및 그 방호장치를 점검하는 일
다. 목재가공용 기계 및 그 방호장치에 이상이 발견된 즉시 보고 및 필요한 조치를 하는 일
라. 작업중 지그 및 공구 등의 사용상황을 감독하는 일

관리감독자의 유해·위험방지업무

3. 크레인을 사용하는 작업
가. 작업방법과 근로자의 배치를 결정하고 그 작업을 지휘하는 일
나. 재료의 결함유무 또는 기구 및 공구의 기능을 점검하고 불량품을 제거하는 일
다. 작업중 안전대 또는 안전모의 착용상황을 감시하는 일

4. 위험물을 제조하거나 취급하는 작업
가. 그 작업을 지휘하는 일
나. 위험물을 제조하거나 취급하는 설비 및 그 설비의 부속설비가 있는 장소의 온도·습도·차광 및 환기상태 등을 수시로 점검하고 이상을 발견한 때에는 즉시 필요한 조치를 하는 일
다. 나목에 따라 한 조치를 기록 및 보관하는 일

5. 건조설비를 사용하는 작업
가. 건조설비를 처음으로 사용하거나 건조방법 또는 건조물의 종류를 변경한 때에는 근로자에게 미리 그 작업방법을 교육하고 작업을 직접 지휘하는 일
나. 건조설비가 있는 장소를 항상 정리정돈하고 그 장소에 가연성 물질을 내버려 두지 아니하도록 하는 일

6. 아세틸렌 용접장치를 사용하는 금속의 용접·용단 또는 가열작업
가. 작업방법을 결정하고 작업을 지휘하는 일
나. 아세틸렌 용접장치의 취급에 종사하는 근로자로 하여금 다음의 작업요령을 준수하도록 하는 일
  (1) 사용중의 발생기에 불꽃을 발생시킬 우려가 있는 공구를 사용하거나 그 발생기에 충격을 가하지 아니하도록 할 것
  (2) 아세틸렌 용접장치의 가스누출을 점검하는 때에는 비눗물을 사용하는 등 안전한 방법으로 할 것
  (3) 발생기실의 출입구의 문을 열어 두지 아니하도록 할 것
  (4) 이동식 아세틸렌 용접장치의 발생기에 카바이드를 교환하는 때에는 옥외의 안전한 장소에서 할 것
다. 아세틸렌 용접작업을 시작하는 때에는 아세틸렌 용접장치를 점검하고 발생기 내부로부터 공기와 아세틸렌의 혼합가스를 배제하는 일
라. 안전기는 작업중 그 수위를 쉽게 확인할 수 있는 장소에 놓고 1일 1회 이상 점검하는 일
마. 아세틸렌 용접장치 내의 물이 동결되는 것을 방지하기 위하여 아세틸렌 용접장치를 보온하거나 가열할 때에는 온수 또는 증기를 사용하는 등 안전한 방법에 의하도록 하는 일
바. 발생기의 사용을 중지한 때에는 물과 잔류 카바이드가 접촉하지 아니한 상태로 유지하는 일
사. 발생기를 수리·가공·운반 또는 보관하는 때에는 아세틸렌 및 카바이드를 접촉하지 아니한 상태로 유지하는 일
아. 작업에 종사하는 근로자의 보안경 및 안전장갑의 착용상황을 감시하는 일

관리감독자의 유해 · 위험방지업무

7. 가스집합용접장치의 취급작업
  가. 작업방법을 결정하고 작업을 직접 지휘하는 일
  나. 가스집합장치의 취급에 종사하는 근로자로 하여금 다음의 작업요령을 준수하도록 하는 일
    (1) 부착할 가스용기의 마개 및 배관 연결부에 붙어 있는 유류·찌꺼기 등을 제거할 것
    (2) 가스용기를 교환하는 때에는 그 용기의 마개 및 배관연결부 부분의 가스누출을 점검하고 배관 내의 가스가 공기와 혼합되지 아니하도록 할 것
    (3) 누출을 점검하는 때에는 비눗물을 사용하는 등 안전한 방법으로 할 것
    (4) 밸브 또는 콕은 서서히 열고 닫을 것
  다. 가스용기의 교환작업을 감시하는 일
  라. 그 작업을 시작하는 때에는 호스·취관·호스밴드 등의 기구를 점검하고 손상·마모 등으로 인하여 가스 또는 산소가 누출될 우려가 있다고 인정하는 때에는 보수하거나 교환하는 일
  마. 안전기는 작업중 그 기능을 쉽게 확인할 수 있는 장소에 두고 1일 1회 이상 점검하는 일
  바. 그 작업에 종사하는 근로자의 보안경 및 안전장갑의 착용상황을 감시하는 일

8. 거푸집 및 동바리의 고정·조립 또는 해체 작업/노천 굴착작업/흙막이지보공의 고정·조립 또는 해체 작업/터널의 굴착작업/구축건물 등의 해체작업
  가. 안전한 작업방법을 결정하고 작업을 지휘하는 일
  나. 재료·기구의 결함유무를 점검하고 불량품을 제거하는 일
  다. 작업중 안전대 및 안전모 등 보호구 착용상황을 감시하는 일

9. 높이 5m 이상의 비계를 조립·해체하거나 변경하는 작업(해체작업의 경우 가목의 규정 적용 제외)
  가. 재료의 결함유무를 점검하고 불량품을 제거하는 일
  나. 기구·공구·안전대 및 안전모 등의 기능을 점검하고 불량품을 제거하는 일
  다. 작업방법 및 근로자의 배치를 결정하고 작업진행상태를 감시하는 일
  라. 안전대 및 안전모 등의 착용상황을 감시하는 일

10. 달비계 작업
  가. 작업용 섬유로프, 작업용 섬유로프의 고정점, 구명줄의 조정점, 작업대, 고리걸이용 철구 및 안전대 등의 결손 여부를 확인하는 일
  나. 작업용 섬유로프 및 안전대 부착설비용 로프가 고정점에 풀리지 않는 매듭방법으로 결속되었는지 확인하는 일
  다. 근로자가 작업대에 탑승하기 전 안전모 및 안전대를 착용하고 안전대를 구명줄에 체결했는지 확인하는 일
  라. 작업방법 및 근로자 배치를 결정하고 작업 진행 상태를 감시하는 일

관리감독자의 유해 · 위험방지업무

11. 발파작업
　가. 점화 전에 점화작업에 종사하는 근로자 외의 자의 대피를 지시하는 일
　나. 점화작업에 종사하는 근로자에 대하여는 대피장소 및 경로를 지시하는 일
　다. 점화 전에 위험구역 내에서 근로자가 대피한 것을 확인하는 일
　라. 점화순서 및 방법에 대하여 지시하는 일
　마. 점화신호를 하는 일
　바. 점화작업에 종사하는 근로자에 대하여 대피신호를 하는 일
　사. 발파 후 터지지 아니한 장약이나 남은 장약의 유무, 용수의 유무 및 암석·토사의 낙하 여부 등을 점검하는 일
　아. 점화하는 자를 정하는 일
　자. 공기압축기의 안전밸브 작동유무를 점검하는 일
　차. 안전모 등 보호구의 착용상황을 감시하는 일

12. 채석을 위한 굴착작업
　가. 대피방법을 미리 교육하는 일
　나. 작업을 시작하기 전 또는 폭우가 내린 후에는 암석·토사의 낙하·균열의 유무 또는 함수(含水)·용수 및 동결의 상태를 점검하는 일
　다. 발파한 후에는 발파장소 및 그 주변의 암석·토사의 낙하·균열의 유무를 점검하는 일

13. 화물취급작업
　가. 작업방법 및 순서를 결정하고 작업을 지휘하는 일
　나. 기구 및 공구를 점검하고 불량품을 제거하는 일
　다. 그 작업장소에는 관계근로자 외의 자의 출입을 금지시키는 일
　라. 로프 등의 해체작업을 하는 때에는 하대(荷臺) 위의 화물의 낙하위험 유무를 확인하고 그 작업의 착수를 지시하는 일

14. 부두 및 선박에서의 하역작업
　가. 작업방법을 결정하고 작업을 지휘하는 일
　나. 통행설비·하역기계·보호구 및 기구·공구를 점검·정비하고 이들의 사용상황을 감시하는 일
　다. 주변 작업자간의 연락조정을 행하는 일

15. 전로 등 전기작업 또는 그 지지물의 설치, 점검, 수리 및 도장 등의 작업
　가. 작업구간 내의 충전전로 등 모든 충전 시설을 점검하는 일
　나. 작업방법 및 그 순서를 결정(근로자 교육 포함)하고 작업을 지휘하는 일
　다. 작업근로자의 보호구 또는 절연용 보호구 착용 상황을 감시하고 감전재해 요소를 제거하는 일

관리감독자의 유해 · 위험방지업무

라. 작업 공구, 절연용 방호구 등의 결함 여부와 기능을 점검하고 불량품을 제거하는 일
마. 작업장소에 관계 근로자 외에는 출입을 금지하고 주변 작업자와의 연락을 조정하며 도로작업 시 차량 및 통행인 등에 대한 교통통제 등 작업전반에 대해 지휘·감시하는 일
바. 활선작업용 기구를 사용하여 작업할 때 안전거리가 유지되는지 감시하는 일
사. 감전재해를 비롯한 각종 산업재해에 따른 신속한 응급처치를 할 수 있도록 근로자들을 교육하는 일

16. 관리대상 유해물질을 취급하는 작업

가. 관리대상 유해물질을 취급하는 근로자가 물질에 오염되지 않도록 작업방법을 결정하고 작업을 지휘하는 업무
나. 관리대상 유해물질을 취급하는 장소나 설비를 매월 1회 이상 순회점검하고 국소배기장치 등 환기설비에 대해서는 다음 각 호의 사항을 점검하여 필요한 조치를 하는 업무. 단, 환기설비를 점검하는 경우에는 다음의 사항을 점검
　(1) 후드(hood)나 덕트(duct)의 마모·부식, 그 밖의 손상 여부 및 정도
　(2) 송풍기와 배풍기의 주유 및 청결 상태
　(3) 덕트 접속부가 헐거워졌는지 여부
　(4) 전동기와 배풍기를 연결하는 벨트의 작동 상태
　(5) 흡기 및 배기 능력 상태
다. 보호구의 착용 상황을 감시하는 업무
라. 근로자가 탱크 내부에서 관리대상 유해물질을 취급하는 경우에 다음의 조치를 했는지 확인하는 업무
　(1) 관리대상 유해물질에 관하여 필요한 지식을 가진 사람이 해당 작업을 지휘
　(2) 관리대상 유해물질이 들어올 우려가 없는 경우에는 작업을 하는 설비의 개구부를 모두 개방
　(3) 근로자의 신체가 관리대상 유해물질에 의하여 오염되었거나 작업이 끝난 경우에는 즉시 몸을 씻는 조치
　(4) 비상시에 작업설비 내부의 근로자를 즉시 대피시키거나 구조하기 위한 기구와 그 밖의 설비를 갖추는 조치
　(5) 작업을 하는 설비의 내부에 대하여 작업 전에 관리대상 유해물질의 농도를 측정하거나 그 밖의 방법으로 근로자가 건강에 장해를 입을 우려가 있는지를 확인하는 조치
　(6) 제(5)에 따른 설비 내부에 관리대상 유해물질이 있는 경우에는 설비 내부를 충분히 환기하는 조치
　(7) 유기화합물을 넣었던 탱크에 대하여 제(1)부터 제(6)까지의 조치 외에 다음의 조치
　　㈎ 유기화합물이 탱크로부터 배출된 후 탱크 내부에 재유입되지 않도록 조치
　　㈏ 물이나 수증기 등으로 탱크 내부를 씻은 후 그 씻은 물이나 수증기 등을 탱크로부터 배출

관리감독자의 유해·위험방지업무

(다) 탱크 용적의 3배 이상의 공기를 채웠다가 내보내거나 탱크에 물을 가득 채웠다가 내보내거나 탱크에 물을 가득 채웠다가 배출

마. 나목에 따른 점검 및 조치 결과를 기록·관리하는 업무

17. 허가대상 유해물질 취급작업

가. 근로자가 허가대상 유해물질을 들이마시거나 허가대상 유해물질에 오염되지 않도록 작업수칙을 정하고 지휘하는 업무

나. 작업장에 설치되어 있는 국소배기장치나 그 밖에 근로자의 건강장해 예방을 위한 장치 등을 매월 1회 이상 점검하는 업무

다. 근로자의 보호구 착용 상황을 점검하는 업무

18. 석면 해체·제거작업

가. 근로자가 석면분진을 들이마시거나 석면분진에 오염되지 않도록 작업방법을 정하고 지휘하는 업무

나. 작업장에 설치되어 있는 석면분진 포집장치, 음압기 등의 장비의 이상 유무를 점검하고 필요한 조치를 하는 업무

다. 근로자의 보호구 착용 상황을 점검하는 업무

19. 고압작업

가. 작업방법을 결정하여 고압작업자를 직접 지휘하는 업무

나. 유해가스의 농도를 측정하는 기구를 점검하는 업무

다. 고압작업자가 작업실에 입실하거나 퇴실하는 경우에 고압작업자의 수를 점검하는 업무

라. 작업실에서 공기조절을 하기 위한 밸브나 콕을 조작하는 사람과 연락하여 작업실 내부의 압력을 적정한 상태로 유지하도록 하는 업무

마. 공기를 기압조절실로 보내거나 기압조절실에서 내보내기 위한 밸브나 콕을 조작하는 사람과 연락하여 고압작업자에 대하여 가압이나 감압을 다음과 같이 따르도록 조치하는 업무

　(1) 가압을 하는 경우 1분에 제곱센티미터당 0.8킬로그램 이하의 속도로 함

　(2) 감압을 하는 경우에는 고용노동부장관이 정하여 고시하는 기준에 맞도록 함

바. 작업실 및 기압조절실 내 고압작업자의 건강에 이상이 발생한 경우 필요한 조치를 하는 업무

20. 밀폐공간 작업

가. 산소가 결핍된 공기나 유해가스에 노출되지 않도록 작업 시작 전에 해당 근로자의 작업을 지휘하는 업무

나. 작업을 하는 장소의 공기가 적절한지를 작업 시작 전에 측정하는 업무

다. 측정장비·환기장치 또는 공기호흡기 또는 송기마스크를 작업 시작 전에 점검하는 업무

라. 근로자에게 공기호흡기 또는 송기마스크의 착용을 지도하고 착용 상황을 점검하는 업무

제2장 안전교육 및 산업심리학

01 교육의 개요

(1) 교육의 3요소
① 교육의 주체 : 강사
② 교육의 객체 : 교육생
③ 교육의 매개체 : 교재

(2) 교육지도의 8원칙
① 상대의 입장에서
② 한 번에 하나씩
③ 동기부여를 중요하게
④ 인상의 강화
⑤ 쉬운 것에서 어려운 것으로
⑥ 오감의 활용
⑦ 반복하여 학습
⑧ 기능적인 이해

02 학습이론 및 적응기재

(1) S-R이론(자극에 의한 반응으로 보는 이론)
① 시행착오설
② 조건반사설
③ 접근적 조건화설
④ 도구적 조건화설

(2) 시행착오설에 의한 학습법칙
① 효과의 법칙
② 준비성의 법칙
③ 연습의 법칙

(3) 조건반사설에 의한 학습이론의 원리
① 강도의 원리
② 일관성의 원리
③ 시간의 원리
④ 계속성의 원리

(4) 합리화
① 신포도형
② 투사형
③ 달콤한 레몬형
④ 망상형

03 안전보건교육

(1) 안전교육의 3단계
① 지식교육
② 기능교육
③ 태도교육

(2) 안전태도교육을 위한 기본단계
① 청취한다.
② 이해, 납득시킨다.
③ 모범을 보인다.
④ 권장한다.
⑤ 칭찬을 한다.
⑥ 벌을 준다.

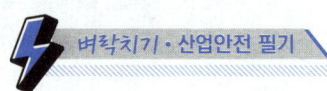

04 안전보건교육계획

(1) 안전보건교육계획에 포함될 사항
① 교육목표
② 교육의 종류 및 교육대상(최우선적 고려사항)
③ 교육의 과목 및 교육내용
④ 교육기간 및 시간
⑤ 교육장소
⑥ 교육방법
⑦ 교육담당자 및 강사
⑧ 소요예산 책정

(2) 교육계획수립 및 추진순서
교육의 필요점(요구사항) 발견 → 교육대상 결정 → 교육내용 및 방법 결정 → 강사 결정 → 교재 작성 → 시간표 및 지도안 작성 → 교육 실시 → 평가

(3) 강의 계획의 4단계
① 제1단계 : 학습목적(3요소 : 목표, 주제, 학습정도)과 학습성과의 설정
② 제2단계 : 학습자료의 수집 및 체계화
③ 제3단계 : 강의방법의 선정
④ 제4단계 : 강의안 작성

(4) 교육평가의 5요건 : 확실성, 신뢰성, 객관성, 간이성, 경제성

05 교육훈련기법

(1) 하버드 학파의 5단계 교수법
① 준비　　② 교시
③ 연합　　④ 총괄
⑤ 응용

(2) 교육진행의 교육법 4단계

① 제1단계 : 도입
② 제2단계 : 제시
③ 제3단계 : 적용
④ 제4단계 : 확인

(3) 관리감독자 훈련(TWI)

① JI(Job Instruction) – 작업지도기법 : 작업을 가르치는 기법 훈련
② JM(Job Method) – 작업개선기법 : 작업의 개선방법에 대한 훈련
③ JR(Job Relation) – 인간관계관리기법 : 사람을 다루는 기법훈련
④ JS(Job Safety) – 작업안전기법 : 작업안전에 대한 훈련기법

(4) 관리자 교육훈련(MTP)

한 클래스는 10~15명, 2시간씩 20회 총 40시간을 훈련

(5) OJT와 OffJT의 비교

① OJT
  ㉮ 사업장의 실정에 맞춘 구체적이고, 실질적인 지도교육이 가능하다.
  ㉯ 교육효과가 업무에 신속히 반영된다.
  ㉰ 동기부여가 쉽다.
  ㉱ 개개인의 능력 및 적성에 적합한 세부교육이 가능하다.
  ㉲ 교육으로 인해 업무가 중단되는 일이 없다.
  ㉳ 교육경비를 절감할 수 있다.
  ㉴ 교육을 통하여 상사와 부하의 의사소통과 신뢰감이 증가된다.
  ㉵ 개별교육에 적합하다.

② OffJT
  ㉮ 다수의 대상자를 일괄적, 체계적으로 교육시킬 수 있다.
  ㉯ 우수한 강사를 확보할 수 있다.
  ㉰ 교재, 시설 등을 효과적으로 활용할 수 있다.
  ㉱ 집단적인 협조와 협력이 가능하다.
  ㉲ 업무와 분리되므로 교육에 전념할 수 있다.
  ㉳ 집단교육에 적합하다.

06 산업심리

(1) 안전심리의 5대 요소 : 동기, 기질, 감정, 습성, 습관

(2) 주의의 특성
① 선택성
② 방향성
③ 변동성

(3) 재해누발자(빈발자)
① **미숙성 누발자** : 기능의 미숙, 환경에 익숙하지 못하여 재해를 유발하는 자
② **상황성 누발자** : 작업이 어렵거나 기계, 설비에 결함이 있거나 주의력의 집중이 혼란된 경우 및 심신에 근심이 있는 경우에 재해를 일으키는 자
③ **습관성 누발자** : 재해의 경험에 의해 겁쟁이가 되거나 신경과민인 경우와 일종의 슬럼프상태에 빠진 경우에 재해를 일으키는 자
④ **소질성 누발자** : 개인적인 소질 가운데 재해요인의 소질을 가지고 있는 경우와 개인의 특수한 성격에 의해 재해를 일으키는 자

〈 소질성 누발자의 요인 〉
㉮ 주의력의 산만, 주의력 지속 불능
㉯ 주의력 범위의 협소, 편중
㉰ 저지능
㉱ 생활의 불규칙, 흐리멍텅함
㉲ 작업에 대한 경시나 지속성 부족
㉳ 정직하지 못함, 흥분성
㉴ 비협조성, 도덕성의 결여
㉵ 소심한 성격, 감각운동의 부적합

07 동기부여

(1) Maslow의 욕구단계이론
① 제1단계 : 생리적 욕구
② 제2단계 : 안전욕구
③ 제3단계 : 소속 및 애정욕구 또는 사회적 욕구
④ 제4단계 : 자기존경의 욕구 또는 승인의 욕구
⑤ 제5단계 : 자아실현의 욕구 또는 성취의 욕구

(2) Alderfer의 ERG 이론
① **생존욕구(E)** : 생리적 욕구와 안전욕구(신체적)
② **관계욕구(R)** : 소속 및 애정욕구, 사회적 욕구, 안전욕구
③ **성장욕구(G)** : 자아실현 욕구, 자기존경욕구

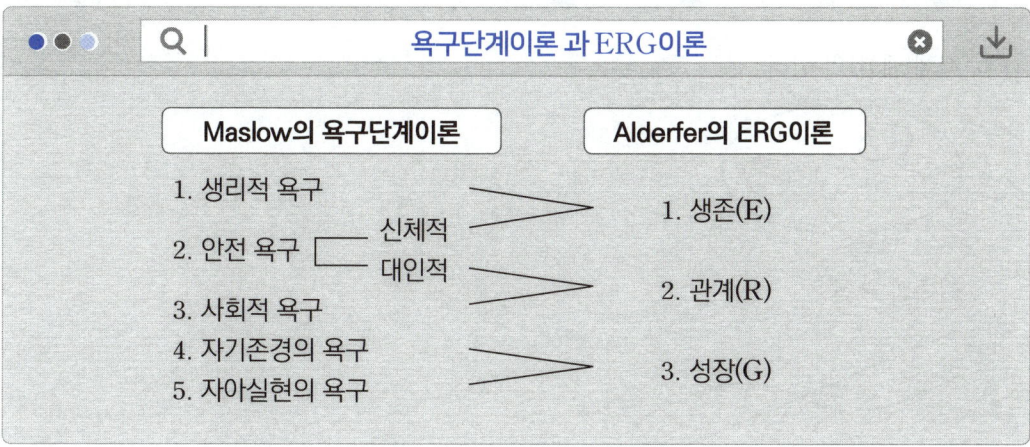

(3) 데이비스(Davis)의 동기부여 이론
① 경영의 성과 = 인간의 성과 × 물적인 성과
② 인간의 성과 = 인간의 능력 × 동기유발
③ 인간의 능력 = 지식 × 기능
④ 동기유발 = 상황 × 태도

(4) 인간의 착오
① 인지과정의 착오
② 판단과정의 착오
③ 조치과정의 착오

(5) 피로와 휴식
① 피로의 종류 : 주관적, 객관적, 생리적 피로
② 휴식 : 휴식시간$(R) = \dfrac{60(E-4)}{E-1.5}$(분)

(6) 군화(gestalt : 게슈탈트)의 법칙
① 근접의 원리

② 유사성(동류)의 원리

③ 폐쇄(폐합)의 원리

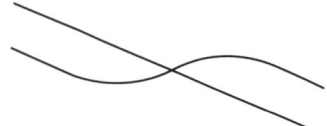

④ 연속의 요인

(7) 운동의 시지각(착시)
① 자동운동   ② 가현운동   ③ 유도운동

(8) 테크니컬 스킬즈와 소시얼 스킬즈
① technical skills : 사물을 인간의 목적에 유익하도록 처리하는 능력을 말함
② social skills : 사람과 사람 사이의 커뮤니케이션을 양호하게 하고, 사람들의 욕구를 충족케 하고 모랄을 향상시키는 능력을 말함

08 교육대상자 별 안전보건교육의 종류

(1) 근로자 정기안전보건교육
① 산업안전 및 산업재해 예방에 관한 사항(화재·폭발 사고 발생 시 대피에 관한 사항을 포함한다)
② 산업보건 및 건강장해 예방에 관한 사항(폭염·한파작업으로 인한 건강장해 발생 시 응급조치에 관한 사항을 포함한다)
③ 위험성 평가에 관한 사항
④ 건강증진 및 질병 예방에 관한 사항
⑤ 유해·위험 작업환경 관리에 관한 사항
⑥ 산업안전보건법령 산업재해보상보험 제도에 관한 사항
⑦ 직무스트레스 예방 및 관리에 관한 사항
⑧ 직장 내 괴롭힘, 고객의 폭언 등으로 인한 건강장해 예방 및 관리에 관한 사항

(2) 관리감독자 정기안전보건교육
① 산업안전 및 산업재해 예방에 관한 사항(화재·폭발 사고 발생 시 대피에 관한 사항을 포함한다)
② 산업보건 및 건강장해 예방에 관한 사항(폭염·한파작업으로 인한 건강장해 발생 시 응급조치에 관한 사항을 포함한다)
③ 위험성 평가에 관한 사항
④ 유해·위험 작업환경 관리에 관한 사항
⑤ 산업안전보건법령 및 산업재해보상보험 제도에 관한 사항
⑥ 직무스트레스 예방 및 관리에 관한 사항
⑦ 직장 내 괴롭힘, 고객의 폭언 등으로 인한 건강장해 예방 및 관리에 관한 사항
⑧ 작업공정의 유해·위험과 재해 예방대책에 관한 사항
⑨ 사업장 내 안전보건관리체제 및 안전·보건조치 현황에 관한 사항
⑩ 표준안전 작업방법 결정 및 지도·감독 요령에 관한 사항
⑪ 현장근로자와의 의사소통능력 및 강의능력 등 안전보건교육 능력 배양에 관한 사항
⑫ 비상시 또는 재해 발생 시 긴급조치에 관한 사항
⑬ 그 밖의 관리감독자의 직무에 관한 사항

(3) 근로자 채용 시의 교육 및 작업내용 변경 시의 교육
① 산업안전 및 산업재해 예방에 관한 사항(화재·폭발 사고 발생 시 대피에 관한 사항을 포함한다)
② 산업보건 및 건강장해 예방에 관한 사항
③ 위험성 평가에 관한 사항
④ 산업안전보건법령 및 산업재해보상보험 제도에 관한 사항
⑤ 직무스트레스 예방 및 관리에 관한 사항
⑥ 직장 내 괴롭힘, 고객의 폭언 등으로 인한 건강장해 예방 및 관리에 관한 사항
⑦ 기계·기구의 위험성과 작업의 순서 및 동선에 관한 사항
⑧ 작업 개시 전 점검에 관한 사항
⑨ 정리정돈 및 청소에 관한 사항
⑩ 사고 발생 시 긴급조치에 관한 사항
⑪ 물질안전보건자료에 관한 사항

(4) 건설업기초안전보건교육 내용 및 시간 : 4시간 이상

교육내용	소계 4시간
가. 건설공사의 종류(건축·토목 등) 및 시공 절차	1시간
나. 산업재해 유형별 위험요인 및 안전보건조치	2시간
다. 안전보건관리체제 현황 및 산업안전보건 관련 근로자 권리·의무	1시간

(5) 안전보건관리책임자 등에 대한 교육시간

교육대상	교육시간	
	신규교육	보수교육
① 안전보건관리책임자	6시간 이상	6시간 이상
② 안전관리자, 안전관리전문기관의 종사자	34시간 이상	24시간 이상
③ 보건관리자, 보건관리전문기관의 종사자	34시간 이상	24시간 이상
④ 건설재해예방 전문지도기관의 종사자	34시간 이상	24시간 이상
⑤ 석면조사기관의 종사자	34시간 이상	24시간 이상
⑥ 안전보건관리담당자	–	8시간 이상
⑦ 안전검사기관, 자율안전검사기관의 종사자	34시간 이상	24시간 이상

(6) 특수형태근로종사자에 대한 안전보건교육

교육과정	교육시간
① 최초 노무제공 시 교육	2시간 이상(특별교육을 실시한 경우는 면제한다.)
② 특별교육	16시간 이상(최초 작업에 종사하기 전 4시간 이상 실시하고 12시간은 3개월 이내에서 분할하여 실시가능
	단기간 작업 또는 간헐적 작업인 경우에는 2시간 이상

제3장 인간공학 및 위험성 평가 관리

01 인간공학의 개론

(1) 인간공학의 목적
① 안전성 향상 및 사고방지
② 기계조작의 능률과 생산성 향상
③ 사용성 향상(쾌적성, 편리성)

(2) 감각기관의 반응시간
① 청각 : 0.17초
② 촉각 : 0.18초
③ 시각 : 0.20초
④ 미각 : 0.29초
⑤ 통각 : 0.70초

(3) 인간-기계 기본기능
① 정보입력
② 감지
③ 정보처리(인간의 정보처리 한계 : 0.5초) 및 의사결정
④ 행동기능
⑤ 출력

(4) 인간-기계통합체계의 유형
① 수동체계
② 기계화(반자동) 체계
③ 자동체계

(5) 인간기준
① 인간성능 척도
② 생리학적 지표
③ 주관적 반응
④ 사고빈도

(6) 인간기준의 요건
① 적절성
② 무오염성
③ 신뢰성(반복성)
④ 민감도

(7) 작업설계를 할 때 철학적으로 고려할 사항
① 작업확대
② 작업윤택화
③ 작업만족도
④ 작업순환

(8) 작업설계를 할 때의 딜레마
: 작업능률과 작업만족도와의 관계

02 Human Error

(1) 심리학적 분류(Swain)
① omission error(생략적 에러)
② time error(시간적 에러)
③ commission error(수행적 에러)
④ sequential error(순서적 에러)
⑤ extraneous error(불필요한(작업외적) 에러)

(2) 실수 원인의 수준적 분류
① Primary error(1차 에러)
② secondary error(2차 에러)
③ command error(지시 에러)

(3) 인간의 행동과정을 통한 분류
① 입력 실수(input error)
② 정보처리 실수(information processing error)
③ 의사결정 실수(decision making error)
④ 출력 실수(output error)
⑤ 피드백 실수(feedback error)

(4) 인간의 과오의 배후요인(4M)
① Man ② Machine
③ Media ④ Management

03 신뢰도

(1) 인간의 신뢰성 결정요인
① 주의력
② 긴장수준
③ 의식수준(경험, 지식, 기술)

(2) 기계의 신뢰성 요인
① 재질
② 기능
③ 작동방법

(3) 인간기계의 신뢰도 측정방법
① 직렬 $R = r_1 \times r_2$
② 병렬 $R = 1 - (1-r_1)(1-r_2)$

(4) 고장률의 유형
① 초기고장
② 우발고장
③ 마모고장

(5) MTBF(평균고장간격)

(6) MTTR(평균수리시간)

(7) MTTF(평균고장시간)
① 직렬계 수명 $= \text{MTTF} \times 1/n$
② 병렬계 수명 $= \text{MTTF} \times (1 + 1/2 + \cdots + 1/n)$

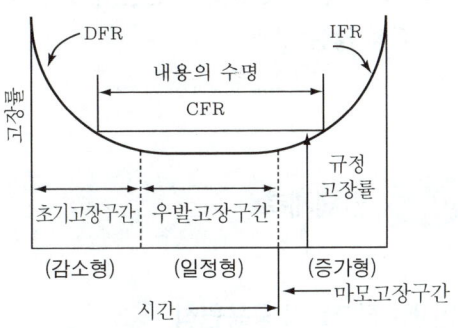

[그림] 기계설비 고장유형 3가지

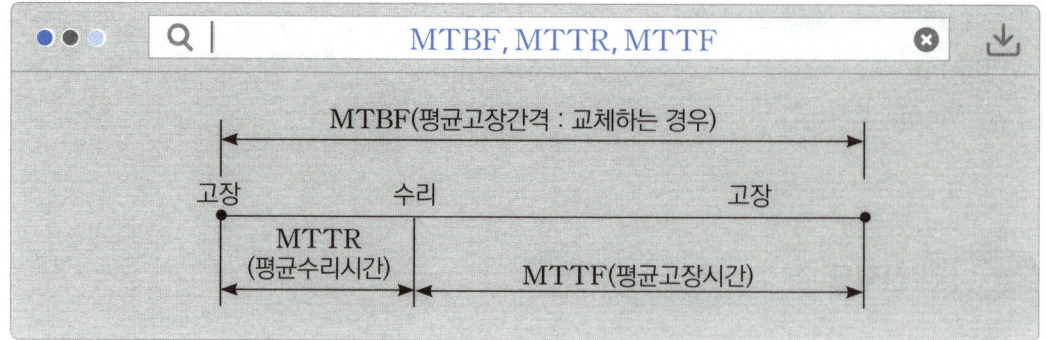

(8) 인간에 대한 감시(Monitoring)방법 5가지
① 자기감시(Self-Monitoring)
② 생리학적 감시(Physiological Monitoring)
③ 시각적 감시(Visual Monitoring) : 태도
④ 반응적 감시(Reactional Monitoring)
⑤ 환경적 감시(Environmental Monitoring)

(9) 페일 세이프(fail safe) : 인간이나 기계 등에 과오나 동작상의 실수가 있더라도 사고·재해를 발생시키지 않도록 철저하게 2중, 3중으로 통제를 가하는 것(기능적 안전)

(10) 풀 프루프(fool proof) : 인간의 실수가 있어도 안전장치가 설치되어 사고나 재해로 연결되지 않는 구조

04 인체계측

(1) 인체측정자료의 응용원칙
① 최대치수와 최소치수
② 조절범위
③ 평균치 기준설계

(2) 정상작업영역 : 상완을 자연스럽게 수직으로 늘어뜨린 채, 전완만으로 편하게 뻗어 파악할 수 있는 구역(34~45cm)

(3) 최대작업역 : 전완과 상완을 곧게 펴서 파악할 수 있는 구역(55~65cm)

(4) 의자의 설계원칙
① 체중분포
② 의자 좌판의 높이
③ 의자 좌판의 깊이와 폭
④ 몸통의 안정

(5) 부품 배치의 원칙
① 중요성의 원칙
② 사용빈도의 원칙
③ 기능별 배치의 원칙
④ 사용순서의 원칙

05 표시장치

(1) 기계의 통제방법
① 개폐에 의한 통제 : 스위치, 푸시버튼, 토글 스위치, 로터리 스위치 등
② 양의 조절에 의한 통제 : 노브, 크랭크, 핸들, 레버, 페달 등
③ 반응에 의한 통제 : 신호 또는 감응에 의하여 기계를 통제(마우스 등)

(2) 통제표시비
① $C/D비 = \dfrac{X : 조절기}{Y : 표시기}$ (직선통제비)

② $C/D비 = \dfrac{\dfrac{a}{360} \times 2\pi L}{표시기\ 이동거리}$ (회전통제비)

a : 조정장치의 움직인 각도, L : 반경

(3) 경로용량(Channel capacity) : 주어진 자극에 대한 반응할 수 있는 최대정보량

(4) 통제표시비 설계시 고려사항
① 계기의 크기
② 공차
③ 목시거리
④ 조작시간
⑤ 방향성

(5) 온도와 불쾌지수
① 온도
　㉮ 안전활동에 알맞은 최적 온도 : 18~21℃
　㉯ 손가락에 영향을 주는 한계 : 13~15.5℃

② 불쾌지수
    ㉮ 70 이하 : 쾌적
    ㉯ 70~75 : 약간 불쾌감(민감한 사람은 불쾌감을 느낌)
    ㉰ 75~80 : 반수 이상 불쾌감
    ㉱ 80 이상 : 거의 모든 사람이 불쾌감

06 조명

(1) 광량(광도) : 점광원으로부터 방출되는 빛의 양
           (광원의 실제 에너지 : 단위 - cd, candela)

(2) 조도(illuminance)
    ① foot-candela(fc) : 1cd의 점광원으로부터 1ft 떨어진 구면에 비추는 광의 밀도
    ② lux : 1cd의 점 광원으로부터 1m 떨어진 구면에 비추는 광의 밀도

$$조도 = \frac{광량}{거리^2}, \quad 소요조명 = \frac{광속발산도}{반사율}$$

(3) 대비(luminance contrast)

$$대비(\%) = \frac{배경의\ 광도 - 목표물의\ 광도}{배경의\ 광도} \times 100$$

〈 범위 〉
• 표적이 배경보다 어두울 경우(+) : 0~100%
• 표적이 배경보다 밝을 경우(-) : 0~-∞

(4) 휘광(glare)의 처리방법
    ① 광원으로부터의 직사 휘광 처리
        ㉮ 광원의 휘도를 줄이고 수를 늘린다.
        ㉯ 광원을 시선에서 멀리 위치시킨다.
        ㉰ 휘광원 주위를 밝게 하여 광도비를 줄인다.
        ㉱ 가리개(shield), 갓(hood), 차양(visor)을 사용한다.
    ② 창문으로부터의 직사 휘광 처리
        ㉮ 창문을 높이 단다.
        ㉯ 창 위에 드리우개(overhang)를 설치한다.

㉰ 창문(안쪽)에 수직 날개(fin)들을 달아 직사광선을 피한다.
㉱ 차양(shade) 혹은 발(blind)을 사용한다.
③ 반사 휘광의 처리
㉮ 발광체의 휘도를 줄인다.
㉯ 일반(간접)조명 수준을 높인다.
㉰ 산란광, 간접광, 조절판, 창문에 차양 등을 사용한다.
㉱ 반사광이 눈에 비치지 않게 광원을 위치시킨다.
㉲ 무광택 도료, 빛을 산란시키는 표면색을 한 사무용 기기, 윤기를 제거한 종이 등을 사용한다.

07 청각

(1) **음압수준(dB)** $= 20\log_{10}\left(\dfrac{P_1}{P_0}\right)$

(2) **음량의 척도**
① phon: 1,000Hz 순음의 음압 수준
② sone: 40dB의 1,000Hz 순음(40dB보다 크다 작다.)
　Sone치 $= 2^{(\text{phon치}-40)/10}$
③ 인식소음수준(PNdB) / dBA / NRN

(3) **복합소음의 크기(크기가 같은 소음원)**
① 70dB의 기계가 2대 있을 때(3dB 증가)
② $70 + 10 \log n = 73\text{dB}(n=2$일 때)
　　　　　　10대가 있으면 80dB(10dB 증가)
　　　　　　100대가 있으면 90dB

(4) **C5-dip 현상** : 4000Hz대의 소리로 귀가 먹는 현상

(5) **소음허용노출기준** : 연속소음 90dB에서 8시간

08 시스템 안전해석

(1) 위험성 분류상 categry의 단계
① category Ⅰ - 파국
② category Ⅱ - 중대(위험)
③ category Ⅲ - 한계
④ category Ⅳ - 무시

(2) PHA(예비위험분석) : System의 최초단계의 분석, 정성적

(3) FHA(결함사고분석) : Sub System의 해석, 귀납적 분석

(4) FMEA(고장형태와 영향분석) : 시스템이나 기기의 신뢰성을 계통적으로 해석, 평가하는 하나의 수법. 정성적 귀납적 분석이며, 여기에 CA(치명도 해석)을 추가하여 FMECA라고도 부르며 정량적 분석을 한다.

(5) FMEA의 순서
① 제1단계 : 대상시스템의 분석
② 제2단계 : 고장형태와 그 영향의 해석
③ 제3단계 : 치명도 해석과 개선책의 검토

(6) 위험성 분류상 category의 단계
① category Ⅰ - 생명 또는 가옥의 손실
② category Ⅱ - 작업수행의 실패
③ category Ⅲ - 활동의 지연
④ category Ⅳ - 영향 없음

(7) DT(Dicision Tree) : 요소의 신뢰도를 사용해서 시스템의 신뢰도를 나타내는 시스템 모델의 한 가지로 귀납적이기는 하지만 정량적인 해석방법이다.

(8) ETA : FTA와 정반대의 위험해석방법으로 위험을 분석하는 것으로 사상의 안전도를 사용한 시스템의 안전도를 귀납적이면서 정량적으로 해석하는 기법

(9) THERP(인간과오율 예측) : 인간의 과오를 정량적으로 평가하기 위하여 개발된 확률론적 안전기법

(10) MORT : 관리, 생산, 설계, 보전 등에 대한 넓은 범위에 걸쳐 안전성을 확보하려고 시도된 기법(연역적 해석)

(11) FTA : 결함수분석법 또는 결함수 관련수법이라 하며, 재해발생확률을 연역적이고 정량적으로 구할 수 있다. 재해원인을 정확하게 도식화할 수 있다.

(12) FTA의 작성절차
① 대상이 되는 시스템의 범위를 결정한다.
② 대상 시스템에 관한 자료를 정비해 둔다.
③ 상상하고 결정하는 사고의 명제를 결정한다.
④ 원인추구의 전제요건을 미리 생각해 둔다.
⑤ 정상사상에서 시작하여 순차적으로 생각되는 원인사상을 논리기호로 이어간다.
⑥ 각각의 골격이 될 수 있는 대충의 tree를 만든다.
⑦ 각각의 사상에 번호를 붙여 정리하면 좋다.

(13) FTA에 의한 재해사례 연구순서
① 제1단계 : 톱 사상의 선정(System의 안전보건문제점 파악, 사고·재해의 모델화, 문제점의 중요도, 우선 순위의 결정, 해석할 톱 사상의 결정)
② 제2단계 : 사상마다 재해원인, 요인의 규명
   ㉮ Level 1 : 톱 사상의 재해원인의 결정
   ㉯ Level 2 : 중간사상의 재해요인의 결정
   ㉰ Level 3 : 말단사상까지의 전개
③ 제3단계 : FT도의 작성
   ㉮ 부분적 FT도를 다시 본다.
   ㉯ 중간사상의 발생조건의 재검토
   ㉰ 전체의 FT도의 완성
④ 제4단계 : 개선계획의 작성
   ㉮ 안전성이 있는 개선안의 검토
   ㉯ 제약의 검토와 타협
   ㉰ 개선안의 결정
   ㉱ 개선안의 실시계획

(14) FTA의 활용 및 기대효과
① 사고원인 규명의 간편화
② 사고원인 분석의 일반화

③ 사고원인 분석의 정량화
④ 노력, 시간의 절감
⑤ 시스템의 결함 진단
⑥ 안전점검 Check List 작성

(15) 컷(cut) : 그 속에 포함되어 있는 모든 기본사상이 일어났을 때 정상사상을 일으키는 기본사상의 집합

(16) 미니멀 컷 셋(minimal cut set) : 정상사상을 일으키기 위한 필요 최소한의 컷

(17) 패스(path) : 그 속에 포함되어 있는 기본사상이 일어나지 않을 때 처음으로 정상사상이 일어나지 않는 기본사상의 집합

(18) 미니멀 패스 셋(minimal path set) : 필요 최소한의 것

07 안전성 평가

(1) 안전성 평가의 종류
   ① 안전성 평가(safety assessment)
   ② 기술개발의 종합평가(technology assessment)
   ③ 위험성 평가(risk assessment)
   ④ 인간과 사고에 대한 평가(human assessment)

(2) 안전성 평가의 순서
   ① 제1단계 : 관계자료의 작성준비
   ② 제2단계 : 정성적 평가
   ③ 제3단계 : 정량적 평가
   ④ 제4단계 : 안전대책
   ⑤ 제5단계 : 재평가(재해정보 및 FTA에 의한 재평가)

(3) 안전성 평가의 4가지 기법
   ① 체크 리스트에 의한 평가   ② 위험의 예측평가
   ③ 고장형 영향분석   ④ FTA법

벼락치기 · 산업안전 필기

제4장 기계·기구 및 설비 안전 관리

01 기계설비의 안전화

(1) 기계설비의 안전화를 위한 고려사항
① **외관상 안전화** : 덮개, 케이스 내장, 색채조절
② **작업의 안전화** : 인간공학에 바탕
③ **작업점의 안전화**
④ **기능의 안전화**
⑤ **구조의 안전화**
   ㉮ 설계상 결함
   ㉯ 재료의 결함
   ㉰ 가공 결함
   ㉱ 안전율 = $\dfrac{\text{영구변형이 생기는 영역의 모든 하중(A)}}{\text{탄성한도 이내의 모든 하중(B)}}$
   ㉲ 안전여유 = A − B
⑥ 보전작업의 안전화

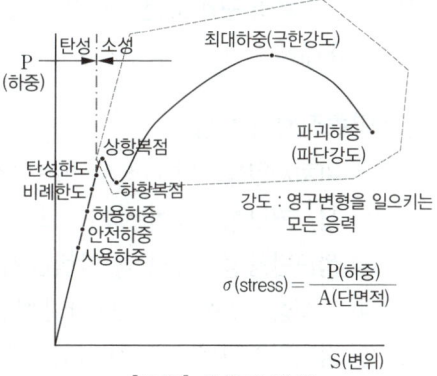

[그림] 하중과 변위

(2) 기계설비의 본질적안전화 추구
① 조작상 위험이 가능한 없도록 설계할 것
② 안전기능이 기계설비에 내장되어 있을 것
③ 페일 세이프의 기능을 가질 것
④ 풀 프루프의 기능을 가질 것

(3) 기계설비의 잠재적인 위험점 6가지
① **협착점** : 왕복운동을 하는 운동부분과 움직임이 없는 고정부분 사이에 형성되는 위험점

② **끼임점** : 고정부분과 회전운동부분이 만드는 위험점
③ **절단점** : 회전하는 운동부분 자체와 운동하는 기계 자체와의 위험이 형성되는 위험점
④ **물림점** : 회전하는 두 회전체에 물려 들어가는 위험성이 존재하는 점
⑤ **접선물림점** : 회전하는 부분의 접선 방향으로 물려 들어갈 위험이 존재하는 점
⑥ **회전말림점** : 회전하는 물체의 길이, 굵기, 속도 등의 불규칙 부위와 돌기회전 부위에 의해 장갑 및 작업복 등이 말려들 위험이 형성되는 점

02 방호장치

(1) **방호장치의 구비조건** : 안전기능, 페일 세이프, 사용의 용이성, 신뢰성, 보전성, 안전성, 무효대책

(2) **방호장치의 성능**
　① **위치제한형** : 양수조작식(프레스에 많이 설치)
　② **접근거부형** : 게이트 가드(프레스 및 전단기에 설치)
　③ **접근반응형** : 광선식, 압력감지방식, 압력호스식
　④ **포집형** : 연삭기 덮개, 반발예방장치 등(위험원이 비산, 튀어오르는 것을 방지)
　⑤ **감지형** : 이상온도, 이상압력, 과부하 감지(안전한계 설정)

(3) **방호장치의 검정합격시 표시사항**
　"한국산업안전공단 검정필"이라는 문자, 합격번호, 합격년월일, 위험기계기구명, 방호장치명, 모델명

(4) **방호장치를 해야 할 기계, 기구와 방호장치의 종류**
　① **프레스 또는 전단기** : 방호장치
　② **아세틸렌 용접장치/가스집합 용접장치** : 안전기
　③ **방폭용 전기기계·기구** : 방폭구조
　④ **전기기계·기구, 교류아크용접기** : 자동전격방지기
　⑤ **크레인, 승강기, 곤돌라, 리프트** : 과부하방지장치, 권과방지장치
　⑥ **압력용기** : 압력방출장치 및 언로드밸브
　⑦ **보일러** : 압력방출장치 및 압력제한스위치
　⑧ **롤러기** : 급정지장치

⑨ 연삭기 : 덮개(직경 5cm 이상)
⑩ 목재가공용 둥근톱 : 반발예방장치 및 날접촉예방장치

(5) 방호장치에 대한 근로자와 사업주 준수사항
① 방호조치를 해체하고자 할 경우에는 사업주의 허가를 받아 해체할 것
② 방호조치를 해체한 후 그 사유가 소멸된 때에는 지체 없이 원상복귀시킬 것
③ 방호조치의 기능이 상실된 것을 발견한 때에는 지체 없이 사업주에게 신고할 것

(6) 동력에 의해 작동되는 기계, 기구의 일반적 방호조치사항
① 작동부분상의 돌기부분은 묻힘형으로 하거나 덮개를 부착할 것
② 동력전달부분 및 속도조절부분에는 덮개를 부착하거나 방호망을 설치할 것
③ 회전기계의 물림점(롤러, 기어 등)에는 덮개 또는 울을 설치할 것

03 공작기계 및 산업기계

(1) 공작기계의 안전장치
① 칩 비산 방지를 위한 안전장치의 종류
  ㉮ 칩 브레이커 ㉯ 칩 비산방지 투명판(shield)
  ㉰ 칩받이 ㉱ 칸막이
  ㉲ 조절편
② 선반의 안전장치
  ㉮ 칩 브레이커 ㉯ 커버
  ㉰ 브레이크
③ 셰이퍼의 안전장치
  ㉮ 칩받이 ㉯ 칸막이
  ㉰ 방책

(2) 연삭기의 덮개의 노출각도
① 탁상용 연삭기
  ㉮ 덮개의 최대 노출각도 : 90°이내
  ㉯ 주축에서 수평면 위로 이루는 각도 : 65°이내
  ㉰ 수평면 이하의 부분에서 연삭하는 경우 : 125°

㉣ 상부 사용 목적 : 60°
② 원통, 만능 휴대용, 스윙 연삭기 : 180°이내
③ 평면, 절단 연삭기 : 150°

(3) 연삭작업의 안전작업방법
① 연삭숫돌의 직경이 5cm 이상인 것은 덮개 설치
② 작업시작 전에 1분 이상, 숫돌 교체시는 3분 이상 시운전할 것
③ 연삭숫돌의 측면을 사용하지 말 것(단, 측면사용 목적의 연삭 숫돌인 cup형은 제외)
④ 연삭숫돌을 제조 후 사용속도의 1.5배로 안전시험을 할 것

(4) 연삭기 방호장치 표시사항
① 제조회사명
② 제조년월일
③ 제품명 및 모델
④ 숫돌사용 원주속도
⑤ 숫돌회전방향

(5) 목재가공용 둥근톱의 방호장치의 설치요령
① 날접촉 예방장치는 반발예방장치에 대면하고 있는 부분과 가공재를 절단하는 부분 이외의 부분을 덮을 수 있는 구조이어야 한다.
② 반발예방장치는 목재의 반발을 충분히 방지할 수 있도록 설치해야 한다.
③ 반발예방장치는 톱날 후면으로부터 12mm 이내에 설치하되, 그 두께는 톱 두께의 1.1배 이상이고 치진폭보다 작아야 한다.

(6) 반발예방장치의 구조
① 분할날
　㉮ 톱 두께의 1.1배 이상
　㉯ 톱날과 12mm 이내에 설치
　㉰ 톱날의 직경이 610mm 이상이면 현수식을 사용
② 반발방지 발톱(finger) : 톱의 직경이 450mm 이상이면 사용 불가능
③ 반발방지 롤러 : 톱의 노출높이가 10mm 이상일 때 설치

(7) 둥근톱기계 방호장치의 표시사항
① 제조회사명
② 제조년월일
③ 제품명 및 모델
④ 둥근톱의 사용가능 치수

(8) 동력식 수동대패의 작업 전 안전기준
① 대패날은 테이블면에서 1mm 이하로 나오게 할 것
② 대패날과 전후 테이블 사이의 간격 : 3mm 이내
③ 날접촉예방장치의 기능상 이상여부를 확인할 것
④ 고정식 날접촉예방장치의 경우 날 노출부분의 폭은 가공재료의 최소 폭을 유지하도록 조정할 것

04 프레스 및 롤러기

(1) 프레스의 방호장치
① 양수조작식 방호장치
 ㉮ 반드시 두 손을 사용하여 작동되도록 설치할 것
 ㉯ 누름버튼 또는 조작부의 간격을 300mm 이상으로 할 것
 ㉰ 작동 직후 손이 위험지역에 들어가지 못하도록 위험지역으로부터 다음에 정하는 거리 이상에 설치할 것
   거리(cm)= 160×프레스를 작동 후 작업점까지 도달시간(초)
   거리(mm)=1.6×T_m(ms)
   $T_m = \left(\dfrac{1}{2} + \dfrac{1}{N}\right) \times \dfrac{60,000}{spm}$

② 게이트 가드식(gate guard) 방호장치
 ㉮ 게이트가 위험부위를 차단하지 않으면 작동되지 않도록 연동장치(interlock)로 설치할 것
 ㉯ 금형의 크기에 따라 게이트의 크기를 선택하여 설치한다.

③ 수인식 방호장치(pull out)
 ㉮ 손을 당겨내는 수인줄은 작업자에 따라 조정이 가능할 것
 ㉯ 행정수를 보통 120spm 이하, 행정길이는 40mm 이상의 프레스에 설치
 ㉰ 수인용 줄의 재질은 합성 섬유로 절단 하중 150kg에 견디는 직경 4mm 이상의 로프를 사용하며 사용 도중 늘어나거나 끊어지지 않는 튼튼한 줄을 사용한다.
 ㉱ 수인줄의 끄는 양은 정반 안길이의 1/2 이상이어야 한다.
 ㉲ 수인줄과 연결부는 50kg 이상의 정하중에 견디어야 한다.

④ 손쳐내기식(제수형) 방호장치
  ㉮ 손쳐내기봉은 그 길이 및 진폭을 조정할 수 있는 구조이며, 진폭은 금형폭 이상이어야 한다.
  ㉯ 손쳐내기판은 금형 크기의 1/2 이상으로 한다.
  ㉰ 손쳐내기판은 손의 부상을 방지하기 위해 고무 등 완충물을 설치해야 된다.
⑤ 감응식 방호장치
  ㉮ 투광기에서 발생시키는 빛 이외의 광선에 감응해서는 안 된다.
  ㉯ 광축의 설치거리는 위험 부위로부터 다음에 정하는 거리(안전거리) 이상에 설치해야 된다.

  설치거리(mm) = $1.6(T_1 + T_s)$
   T_1 : 손이 광선을 차단 후 급정지기구가 작동을 개시하기까지의 시간(ms)
   T_s : 급정지기구가 작동 직후로부터 슬라이드가 정지할 때까지의 시간(ms)
   $T_1 + T_s$: 최대정지시간(급정지시간)

  ㉰ 광축의 수는 2개 이상으로 하고, 광축간의 간격은 50mm 이하이어야 한다.
  ㉱ 위험구역을 충분히 감지할 수 있는 구조일 것

(2) 프레스기의 방호장치에 표시할 사항
① 제조 번호
② 제조자명
③ 제조 연월일
④ 사용할 수 있는 프레스의 압력 능력
⑤ 사용할 수 있는 프레스의 행정 길이

(3) 전단기의 방호장치에 표시할 사항
① 제조 번호
② 제조자명
③ 제조 연월일
④ 사용할 수 있는 전단기의 종류
⑤ 사용할 수 있는 전단두께
⑥ 사용할 수 있는 절삭공구의 길이
※ 프레스기 방호장치의 조작용 회로의 전압 : 150V 이하

> 급정지기구가 부착되어 있어야만 유효한 방호장치(마찰식 클러치 부착 프레스)
> ① 양수조작식   ② 감응식

> 급정지기구가 부착되어 있지 않아도 유효한 방호장치(확동식 클러치 부착 프레스)
> ① 양수기동식   ② 게이트 가드식
> ③ 수인식   ④ 손쳐내기식

(4) 기타 프레스기와 관련된 중요한 사항

① 프레스 본체에 양수조작식, 광선식, 가드식의 방호장치를 내장한 프레스 : 안전 프레스
② 100ton 이하의 프레스 재해 다발 요인 : 클러치 이상
③ 프레스기에서 가장 중요한 점검 부분 : 클러치 이상 유무
④ 프레스 등의 금형을 부착, 해체 또는 조정작업을 하는 때에는 신체의 일부가 위험한계 내에 들어가서 슬라이드가 불시에 하강함으로 인한 재해를 막기 위한 조치 : 안전블록 설치
⑤ 프레스기 페달에 U자형 덮개를 씌우는 이유 : 페달의 불시 작동으로 인한 사고예방

(5) 롤러기의 방호장치

① 손조작식 : 밑면에서 1.8m 이내, 위치는 급정지장치의 조작부의 중심점을 기준
② 복부조작식 : 밑면에서 0.8m~1.1m 이내
③ 무릎조작식 : 밑면에서 0.6m 이내

(6) 표면속도의 계산

$$V = \frac{\pi DN}{1,000} [\text{m/min}]$$

D : 롤러 원통의 직경(mm) N : 1분간에 롤러가 회전하는 수(rpm)

앞면 롤의 표면 속도(m/min)	급정지 거리
30 미만	앞 롤 원주의 1/3
30 이상	앞 롤 원주의 1/2.5

(7) 롤러기의 가드의 개구부 간격

$$Y = 6 + 0.15X$$

Y : 가드의 개구부 간격(mm) X : 가드와 위험점간의 거리(mm)

(8) 롤러기의 안전기준

① 롤러기 주위의 바닥은 평탄하고, 돌출물이나 장애물이 있으면 안되며, 기름이 묻어 있는 경우에는 제거한다.
② 롤러기 청소시 정지시킨 후 청소한다.
③ 롤러기를 사용하여 고무, 고무화합물 또는 합성수지를 연화하는 작업에는 3개월 이상의 경험을 가진 작업자를 배치시킨다.

05 용접장치

(1) 용접장치의 안전기 성능
① 주요부분은 두께 2mm 이상의 강판 또는 강관을 사용한다.
② 도입부는 수봉식으로 하되, 유효수주는 25mm 이상 되게 한다.
③ 물의 보충 및 교환이 용이하며 수위는 쉽게 점검이 가능한 구조로 한다.

(2) 안전기의 설치장소
① 아세틸렌 용접장치(매 취관마다 설치)
　㉮ 주관 및 취관에 가장 근접한 분기관마다 설치(취관에 미설치인 경우)
　㉯ 발생기와 가스용기 사이에 설치(가스용기와 발생기가 분리되어 있는 경우)
② 가스집합 용접장치
　: 주관 및 분기관에 안전기를 설치. 이 경우 하나의 취관에 대하여 2개 이상의 안전기를 설치하여야 한다.

(3) 발생기실의 설치장소
① 발생기는 전용의 발생기실 내에 설치할 것
② 발생기실은 건물의 최상층에 위치하여야 하며, 화기를 사용하는 설비로부터 상당한 거리를 둔 장소에 설치
③ 발생기실을 옥외에 설치한 때에는 그 개구부를 다른 건축물로부터 1.5m 이상 격리시킬 것

(4) 발생기실 구조
① 벽은 불연성의 재료로 하고 철근콘크리트 그 밖에 이와 동등 이상의 강도를 가진 구조로 할 것
② 지붕 및 천장에는 얇은 철판이나 가벼운 불연성 재료를 사용할 것
③ 바닥면적의 1/16 이상의 단면적을 가진 배기통을 옥상으로 돌출시키고 그 개구부를 창 또는 출입구로부터 1.5m 이상 떨어지도록 할 것
④ 문은 불연성 재료로 두께는 1.5mm 이상의 철판

(5) 아세틸렌용접장치를 사용할 때 준수사항
① 발생기실에는 관계근로자 외의 자가 출입하는 것을 금지시킬 것
② 발생기에는 5m 이내 또는 발생기실에서 3m 이내의 장소에서는 흡연, 화기의 사용 또는 불꽃이 발생할 위험한 행위를 금지시킬 것
③ 아세틸렌용접장치의 설치장소에는 적당한 소화설비를 갖출 것

(6) 가스집합용접장치의 가스장치실 구조
① 가스가 누출된 때에는 가스가 정체되지 않도록 할 것
② 지붕 및 천장에는 가벼운 불연성 재료를 사용
③ 벽에는 불연성의 재료를 사용

06 보일러의 운전

보일러의 운전시 준수사항
① 가동중인 보일러에는 작업자가 항상 정위치를 떠나지 아니할 것
② 압력방출장치, 압력제한스위치를 매일 작동시험하여 정상 작동여부를 점검할 것
③ 압력방출장치는 봉인된 상태에서 정상 작동되도록 하고 1일 1회 이상 작동 시험을 실시할 것
④ 고저수위 조절장치와 급수펌프와의 상호기능상태를 점검할 것
⑤ 보일러의 각종 부속장치의 누설상태 점검
⑥ 노 내의 환기 및 통풍장치를 점검할 것

(1) 압력방출장치 및 압력제한스위치의 점검
① 압력방출장치는 1년에 1회 이상 표준압력계를 이용하여 토출압력을 시험한 후 납으로 봉인할 것
② 압력방출장치는 1일 1회 이상 작동상태를 점검
③ 압력제한 스위치는 1일 1회 이상 작동시험을 하고 이상 발견시 즉시 보고

(2) 역화의 발생원인
① 점화할 때 착화가 늦어졌을 경우
② 댐퍼를 지나치게 조인 경우
③ 연료밸브를 과대하게 급히 열었을 경우
④ 압입통풍이 지나치게 강할 경우
⑤ 흡입통풍이 부족한 경우
⑥ 연도 내에 미연가스가 다량 있는 경우
⑦ 연소 중 갑자기 소화된 후 노내 여열로 점화했을 경우

07 양중기의 방호장치

(1) 권과방지장치
일정거리 이상의 권상을 못하도록 지정거리에서 권상을 정지시키는 장치

(2) 과부하방지장치
하중이 정격을 초과하였을 때 리밋 스위치가 하중의 권상을 정지시키는 장치

(3) 리밋 스위치 종류
권과방지장치, 과부하방지장치, 과전류차단장치, 압력제한장치

(4) 리프트의 방호장치
권과방지장치, 과부하방지장치, 출입문인터로크

(5) 곤돌라의 방호장치
권과방지장치, 과부하방지장치, 제동장치, 경보장치

(6) 승강기의 방호장치
과부하방지장치, 비상정지장치, 출입문 인터로크, 경보장치, 파이널 리밋 스위치

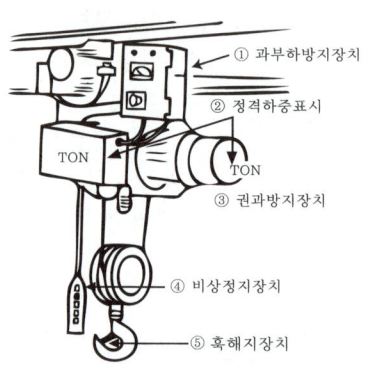

[그림] 양중기 방호장치

(7) 와이어 로프의 안전기준
① 소선의 수가 10% 이상 절단되지 않을 것
② 지름 감소가 공칭지름의 7%를 초과하지 않을 것
③ 꼬이지 않을 것
④ 현저한 변형, 마모, 부식 등이 없을 것

(8) 와이어 로프
① 안전율 = $\dfrac{\text{로프 가닥수} \times \text{로프의 파단강도(kg)}}{\text{허용응력(kg)}}$

② 와이어 로프에 걸리는 하중의 계산

총하중 = 정하중(w_1) + 동하중(w_2)

여기서, 동하중 $w_2 = \dfrac{w_1}{g} \times a$

g : 중력가속도(9.8m/s²) a : 가속도(m/s²)

③ 슬링 와이어 로프의 한 가닥에 걸리는 하중

$$하중 = \frac{하물의\ 무게}{2} \div \cos\frac{\theta}{2}$$

(9) 체인의 안전기준(체인의 안전율은 5 이상으로 할 것)
① 신장률은 제조 당시 길이의 5% 이하일 것
② 링크의 단면감소가 제조 당시의 단면지름의 10% 이하일 것
③ 균열이 없을 것

08 차량계 하역운반기계의 안전

(1) 일반안전기준(작업계획의 작성내용)
① 작업장소의 넓이와 지형
② 차량계 하역운반기계의 종류와 능력
③ 화물의 종류와 형상
④ 운행경로 및 작업방법

(2) 전도 또는 전락의 위험방지조치
① 유도자의 배치
② 지반의 부동침하방지
③ 갓길의 붕괴방지

(3) 운전자의 운전위치 이탈시 조치사항
① 포크 및 버킷 등 하역장치를 가장 낮은 위치에 둘 것
② 원동기를 정지시키고 브레이크를 확실하게 거는 등 갑작스러운 주행을 방지하기 위한 조치를 할 것

(4) 지게차의 안전
① 하역작업시 전후안정도 : 4%(5톤 이상은 5%)
② 주행시의 전후안정도 : 18%
③ 하역작업시의 좌우안정도 : 6%
④ 주행시 좌우안정도 : $(15+1.1V)\%$,
    V : 최고속도
⑤ 안정도 $= \dfrac{경사로높이}{경사로밑변거리} \times 100\%$

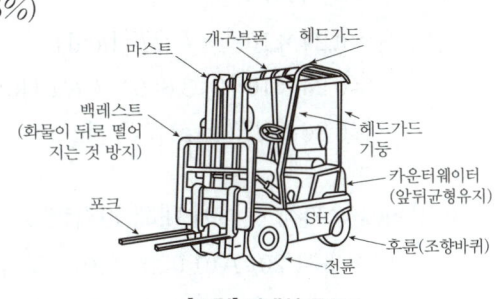

[그림] 지게차 구조

제5장 전기설비 안전 관리

01 전기의 위험성과 감전방지

(1) 감전에 영향을 미치는 1차적 요인
① 통전전류의 세기   ② 통전시간
③ 통전경로   ④ 주파수 및 파형
⑤ 전원의 종류(직류보다 교류가 더 위험)

(2) 전격전류의 크기
① 최소감지전류 : 1~2[mA]
② 고통한계전류 : 7~8[mA]
③ 가수(이탈)전류 : 10~15[mA]
④ 불수(교착)전류 : 20~25[mA]
⑤ 심실세동전류 : 50~100[mA]

$$I = \frac{165}{\sqrt{T}} [\text{mA}]$$

$$\begin{aligned} W &= I^2RT = \left(\frac{165}{\sqrt{T}} \times 10^{-3}\right)^2 RT[\text{J}] \\ &= 0.24 \times I^2RT[\text{cal}] \\ &= 0.24 \times 10^{-3} \times I^2RT[\text{kcal}] \\ &= 0.24 \times 10^{-3} \times 3,600 \times I^2RT[\text{kcal}]\,(T=\sec) \\ &= 0.86\,I^2RT[\text{kcal}]\,(T=\text{hour}) \end{aligned}$$

(3) 인체에서 가장 전류에 대해 민감한 곳은
① 안구로서 20μA(0.02mA)에서도 반응한다.
② 혀끝으로서 45μA에서도 반응한다.

(4) 인체의 전기저항

피부저항	내부조직 저항	발과 신발 사이 저항	신발과 대지저항	인체의 전기저항
2,500Ω	300Ω	1,500Ω	700Ω	500Ω

02 감전방지

(1) 전기기계, 기구의 충전부에 대한 방호조치
① 폐쇄형 외함이 있는 구조
② 방호망 또는 절연덮개를 설치
③ 발전소, 변전소 및 개폐소 등은 관계근로자 외의 자가 출입을 못하게 할 것
④ 전주 위 및 철탑 위 등 격리되어 있는 장소로서 관계자 외의 자가 접근할 우려가 없는 곳에 설치

(2) 누전차단기를 설치해야 할 장소
① 전기기계, 기구 중 대지전압이 150V를 초과하는 이동형 또는 휴대형의 것
② 물 등 도전성이 높은 액체에 의한 습윤 장소
③ 철판, 철골 위 등 도전성이 높은 장소
④ 임시배선의 전로가 설치되는 장소

(3) 누전차단기가 갖추어야 할 성능
① 부하에 적합한 정격전류를 갖출 것
② 전로에 적합한 차단용량을 갖출 것
③ 전격감도전류가 30mA 이하이며, 동작시간은 0.03초 이내일 것
④ 정격부동작전류가 정격감도전류의 50% 이상일 것
⑤ 절연저항이 5MΩ 이상일 것

(4) 누전차단기를 설치하지 않아도 되는 경우
① 이중절연 구조의 전동기계나 기구
② 비접지식 전로(혼촉방지판, 절연변압기)에 접속하여 사용하는 전동기계·기구
③ 절연대 위에서 사용하는 전동기계나 기구

(5) 잔류전하 방지 2가지
① 전력케이블 ② 전력 콘덴서

(6) 이격거리

구분	교류	직류	접근한계거리	
			인체	건물
저압	1,000V 이하	1,500V 이하	–	–
고압	1,000~7,000V	1,500~7,000V	1.0m 이상	1m 이상
특별고압	7,000V 이상		2m 이상	

충전전로의 선간전압(kV)	충전전로에 대한 접근한계거리(cm)
0.3 이하	접촉금지
0.3 초과 0.75 이하	30
0.75 초과 2 이하	45
2 초과 15 이하	60
15 초과 37 이하	90
37 초과 88 이하	110
88 초과 121 이하	130
121 초과 145 이하	150
145 초과 169 이하	170
169 초과 242 이하	230
242 초과 362 이하	380
362 초과 550 이하	550
550 초과 800 이하	790

03 피뢰설비

(1) 피뢰침의 설치시 준수사항
① 피뢰침 접지극과 대지간 접지저항은 10Ω 이하일 것
② 피뢰도선은 30mm² 이상의 동선을 사용 확실하게 접속할 것
③ 인화성 가스의 누설 위험이 있는 시설물로부터 1.5m 이상 격리시킬 것

(2) 피뢰침의 점검(점검기록은 3년간 보존)
① 접지저항의 측정   ② 지상 각 접속부의 검사
③ 지상에서 단선, 융용, 그 밖에 손상부분 유무 점검

(3) 피뢰기의 성능(구비요건)
① 충격방전 개시전압과 제한전압이 낮을 것
② 뇌전류의 방전능력이 클 것
③ 속류의 차단이 확실할 것
④ 반복 동작이 가능할 것
⑤ 구조가 견고하며, 특성이 변하지 않을 것

(4) 피뢰기의 종류
① 저항형 피뢰기
② 밸브형 피뢰기 : 값이 싸고, 배선선로용에 쓰임
 ㉮ 벨트형 산화막 ㉯ 알루미늄 셀
 ㉰ 오토밸브   ㉱ 종이 피뢰기
③ 밸브저항형 피뢰기
④ 방출통형 피뢰기 : 섬락 방지용
⑤ 종이 피뢰기(p-Valve) : 밀폐형이므로 현장에서 간단하게 점검, 배선선로용에 쓰임

04 정전 및 활선작업의 안전

(1) 정전작업요령의 작성내용
① 작업책임자의 임명, 정전범위 및 절연용 보호구, 작업시작 전 점검 등 작업시작 전에 필요한 사항
② 전로 또는 설비의 정전순서에 관한 사항
③ 개폐기 관리 및 표지판 부착에 관한 사항
④ 정전 확인 순서에 관한 사항
⑤ 단락접지 실시에 관한 사항
⑥ 전원 재투입 순서에 관한 사항

(2) 정전 작업 전 조치사항
① 전로의 개로개폐기에 시건장치 및 통전금지 표지판 설치
② 전력케이블, 전력콘덴서 등의 잔류전하 방전
③ 검전기구로 충전여부 확인
④ 단락접지기구로 단락접지

(3) 정전 작업중 조치사항
① 작업지휘자에 의한 지휘
② 개폐기의 관리
③ 단락접지의 상태관리
④ 근접활선에 대한 방호상태의 관리

(4) 정전 작업 종료시 조치사항
① 단락접지기구의 철거
② 표지판의 철거
③ 작업자에 대한 위험이 없는 것을 확인
④ 개폐기를 투입해서 송전 재개

(5) 전원 재투입 순서
① 재투입 전 단락접지기구, 사용된 공구들이 제거되었는지 확인하고 적절한 검사를 통하여 안전하게 재투입할 수 있는지 여부 확인
② 재투입 전에 해당 전로나 설비와 관련된 작업자들이 작업을 완전히 정리하고 안전한 위치에 있는지 여부 확인
③ 작업 책임자의 지시나 감독하에 표지판의 제거
④ 설비운전 책임자에게 재투입 준비완료의 통보
⑤ 재투입

(6) 시설물 건설 등의 작업시 조치사항
① 해당 충전전로를 이설
② 감전의 위험에 대한 방호방책을 설치
③ 절연용 방호구를 설치
④ 감시인을 두고 감시

(7) 저압활선 및 활선근접작업시 조치사항
① 절연용 보호구 착용
② 근접된 충전전로에 절연용 방호구 설치
③ 절연용 방호구의 설치 또는 해체시 활선작업용 기구 사용(핫 스틱)

(8) 고압활선 및 활선근접작업시 조치사항
① 절연용 보호구 착용 및 절연용 방호구 설치
② 활선작업용 기구 사용

③ 활선작업용 장치 사용
④ 충전전로에서 머리 위로 30cm 이상, 신체 또는 발 아래로는 60cm 이상 이격시킬 것

(9) 특별고압활선작업 및 활선근접작업시 조치사항
① 활선작업용 기구 사용
② 활선작업용 장치 사용
③ 접근한계거리 이상 유지
④ 충전전로에 대해서 접근한계거리가 유지되도록 보기 쉬운 곳에 표지판 설치 및 감시인 배치

05 전기용접

(1) 자동전격방지기의 성능
아크발생을 정지시킬 때 주접점이 개로될 때까지 1초 이내에 2차 무부하 전압을 25V 이하로 낮추는 것(전원전압에 변동이 있을 경우 30V 이하)

(2) 자동전격방지기의 부착요령
① 직각으로 부착
② 용접기의 이동, 진동, 충격으로 이완되지 않도록 이완방지 조치할 것
③ 작동상태를 알기 위한 표시등은 보기 쉬운 곳에 설치할 것
④ 테스터 스위치는 조작하기 쉬운 곳에 설치할 것

(3) 자동전격방지기의 사용 전 점검
① 외함의 접지상태 이상유무
② 외함의 변경, 파손 및 결함상태 유무
③ 배선 및 접속부분 피복의 손상유무
④ 전자접촉기의 작동상태 이상유무
⑤ 소음발생의 유무

(4) 직류와 교류 용접기의 특성 비교

비교사항	직류용접기	교류용접기
아크의 안정도	우수	약간 떨어짐
비피복봉 사용	가능	불가능

비교사항	직류용접기	교류용접기
전격의 위험	적다	많다
구조	복잡	간단
고장	회전기에 많다	적다
가격	고가	저렴

06 전선 및 접지

(1) 전선의 요건
① 도전율과 인장강도 및 내식성이 커야 한다.
② 접속이 쉬워야 한다.
③ 가요성(유연성)이 풍부해야 한다.

(2) 전선의 굵기를 결정하는 요건
① 허용전류 ② 기계적 강도 ③ 선로의 전압강하

(3) 절연저항 = $\dfrac{전압}{누설전류}$

(4) 누설전류 = $\dfrac{최대공급전류}{2000}$

(5) 전로의 사용전압

전로의 사용전압(V)	DC 시험전압(V)	절연저항(MΩ 이상)
SELV 및 PELV	250	0.5
FELV, 500V 이하	500	1.0
500V 초과	1,000	1.0

[주] 특별저압(Extra Low Voltage):2차 전압이 AC 50V, DC 120V 이하)으로 SELV(비접지 회로구성) 및 PELV(접지회로 구성)은 1차와 2차가 전기적으로 절연된 회로, FELV는 1차와 2차가 전기적으로 절연되지 않은 회로

※ 측정시 영향을 주거나 손상을 받을 수 있는 SPD 또는 기타 기기 등은 측정 전에 분리시켜야 하고 부득이하게 분리가 어려운 경우에는 시험전압을 250V DC로 낮추어 측정할 수 있지만 절연저항 값은 1MΩ 이상이어야 한다.

(6) TN계통접지의 분류

구분	특징
TN-S 계통	계통 전체에 대해 별도의 중성선 또는 PE 도체를 사용, 배전계통에서 PE 도체를 추가로 접지할 수 있다.
TN-C 계통	계통 전체에 대해 중성선과 보호도체의 기능을 동일도체로 겸용한 PEN 도체를 사용, 배전계통에서 PEN 도체를 추가로 접지할 수 있다.
TN-C-S 계통	계통의 일부분에서 PEN 도체를 사용하거나 중성선과 별도의 PE 도체를 사용하는 방식, 배전계통에서 PEN 도체와 PE 도체를 추가로 접지할 수 있다.

07 정전기의 대전

(1) 대전의 종류
마찰, 박리, 유동, 분출, 충돌, 파괴, 교반 또는 침강

(2) 정전기의 방전
코로나, 스트리머, 불꽃, 연면, 뇌상 방전

(3) 정전기 방지 대책
① 도전성 재료의 사용
② 가습(70% 이상)
③ 제전기 사용(전압인가식, 자기방전식, 이온식)
④ 대전방지제 사용
⑤ 배관 내의 액체의 유속 제한, 정치시간의 확보

08 전기설비의 방폭

(1) 폭발의 기본조건
① 인화성 가스 또는 증기의 존재
② 위험분위기의 조성{인화성 물질+조연성 물질(산소-공기)}
③ 최소착화에너지 이상의 점화원 존재

(2) 폭발등급(KSC)

폭발등급	안전간격	가스의 종류
1	0.6mm 초과	기타
2	0.4~0.6mm 이하	이소프렌, 산화에틸렌, 에틸렌, 석탄가스
3	0.4mm 이하	수성가스, 수소, 아세틸렌, 이황화탄소

(3) 방폭의 기본조건
① 점화원의 방폭적 격리
② 전기설비의 안전도 증강
③ 점화능력의 본질적 억제

(4) 방폭구조 설계시 고려사항
① 폭발등급
② 발화도
③ 위험장소

(5) 최대안전 틈새의 한계(KSCIEC)

가스 및 증기 그룹 A	0.9mm 이상의 최대안전틈새
가스 및 증기 그룹 B	0.5mm 초과 0.9mm 미만의 최대안전틈새
가스 및 증기 그룹 C	0.5mm 이하의 최대안전틈새

「최대안전틈새」라 함은 대상으로 한 가스 또는 증기와 공기와의 혼합가스에 대하여 화염일주가 일어나지 않는 틈새의 최대치

(6) 발화도범위에 따른 방폭전기기의 온도등급 및 폭발등급 18. 3. 4 ㉮ 20. 8. 22 ㉮ 23. 4. 1 ㉮

온도등급 [℃]		T1	T2	T3	T4	T5
		450 초과	300 초과 450 이하	200 초과 300 이하	135 초과 200 이하	100 초과 135 이하
폭발등급	1	암모니아, 프로판, 일산화탄소, 메탄	부탄, 옥시드	가솔린, 헥산	아세트알데히드, 에틸에테르	
	2	석탄가스 (CH_4+H_2)	에틸렌			
	3	수성가스 ($CO+H_2$)	아세틸렌			이황화탄소

▼ 참고 T6(85[℃] 초과 ~ 100[℃] 이하) : 온도 등급 표시

제6장 화학설비 안전 관리

벼락치기・산업안전 필기

01 방폭구조

(1) 내압방폭구조
"d". 속에서의 폭발을 밖으로 전달하지 못하게 하는 구조

(2) 압력방폭구조
"p". 내부에 일정압력을 형성, 가연성 가스의 침입을 막는 구조

(3) 안전증 방폭구조
"e". 점화원이 될 수 있는 소재들에 대한 안전도 증강

(4) 유입방폭구조
"o". 용기 내에서 전기불꽃을 발생하는 부분을 유중에 내장하여 유면 또는 용기 외부에 존재하는 위험분위기에 대해 점화성이 없게 한 구조

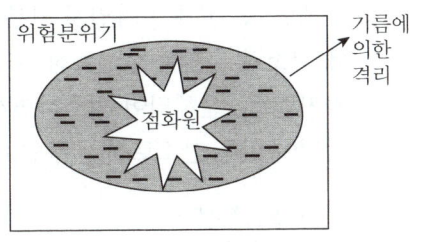

[그림] 유입 방폭 구조

(5) 본질안전 방폭구조
"ia, ib". 이상의 상태에서 전기불꽃이 발생하여도 최소착화에너지 이하로 되게 하여 폭발을 방지하는 구조

(6) 특수방폭구조
"s". 모래를 삽입한 사입구조와 밀폐방폭구조 등이 있다.

02 연소

(1) 연소의 3요소
 ① 인(가연)화물
 ② 산소
 ③ 점화원

(2) 연소하기 쉬운 조건
 ① 산화되기 쉬울 것
 ② 산소와 접촉면적이 클 것
 ③ 발열량이 클 것
 ④ 열전도율이 적을 것
 ⑤ 건조가 양호할 것

(a) 연소의 3요소

(b) 연소의 4요소

[그림] 연소의 2가지 표현

(3) 기체의 연소 : 정상연소, 비정상연소

(4) 액체의 연소 : 증발연소, 인화

(5) 고체의 연소
 ① 표면연소 : 고체의 표면에 고온을 유지하면서 연소(불꽃이 없다). 목탄, 코크스, 금속분
 ② 분해연소 : 고체가 가열시 열분해가 일어나고 동시에 가연성 가스가 발생하여 공기 중에 산소와 혼합하여 연소하는 상태. 목탄, 석탄 연소
 ③ 자기연소 : 분해되어 연소하면서 공기중의 산소를 필요로 하지 않고 그 물질 중에 포함되어 있는 산소로서 내부연소하는 상태. 화약/폭약 연소

(6) 자연발화의 조건
 ① 축적된 열량이 큰 경우
 ② 공기와의 접촉면적이 큰 경우
 ③ 고온 다습한 경우

03 위험물

(1) 산업안전보건법상의 위험물 분류
① 폭발성 물질 및 유기과산화물
② 물반응 물질 및 인화성 고체
③ 산화성 액체 및 산화성 고체

〈 저장법 〉
- 나트륨·칼륨 : 석유 속
- 적린·마그네슘 : 격리저장
- 황린 : 물 속
- 질산은 : 갈색병

④ 인화성 액체
  ㉮ 에틸에테르, 가솔린, 아세트알데히드, 산화프로필렌, 그 밖에 인화점이 섭씨 23℃ 미만이고 초기끓는점이 섭씨 35℃ 이하인 물질
  ㉯ 노말헥산, 아세톤, 메틸에틸케톤, 메틸알코올, 에틸알코올, 이황화탄소, 그 밖에 인화점이 섭씨 23℃ 미만이고 초기 끓는점이 섭씨 35℃를 초과하는 물질
  ㉰ 크실렌, 아세트산아밀, 등유, 경유, 테레핀유, 이소아밀알코올, 아세트산, 하이드라진, 그 밖에 인화점이 섭씨 23℃ 이상 섭씨 60℃ 이하인 물질

⑤ 인화성 가스
  ㉮ 수소
  ㉯ 아세틸렌
  ㉰ 에틸렌
  ㉱ 메탄
  ㉲ 에탄
  ㉳ 프로판
  ㉴ 부탄
  ㉵ 영 별표 13에 따른 인화성 가스

〈 참고 〉
- 포화탄화수소 ⇒ C_nH_{2n+2}
  $n=1s$ C_1H_4(메탄)
  $n=2$ C_2H_6(에탄)
  $n=3$ C_3H_8(프로판)
  $n=4$ C_4H_{10}(부탄)

⑥ 부식성 물질
  ㉮ 부식성 산 ─ 염산(HCl), 황산(H_2SO_4), 질산(HNO_3)
   　　　　　　　 ⇒ 20% 이상 함유
   　　　　　 └ 기타의 산 ⇒ 60% 이상 함유 ex) 탄산, 초산

㉮ 부식성 염기 — 40% 이상 함유

　　　예) 수산화칼륨, 수산화나트륨, 수산화칼슘, 수산화바륨

⑦ 급성독성물질

㉮ 쥐에 대한 경구투입실험에 의하여 실험동물의 50퍼센트를 사망시킬 수 있는 물질의 양, 즉 LD_{50}(경구, 쥐)이 킬로그램당 300밀리그램 −(체중)이하인 화학물질

㉯ 쥐 또는 토끼에 대한 경피흡수실험에 의하여 실험동물의 50퍼센트를 사망시킬 수 있는 물질의 양, 즉 LD_{50}(경피, 토끼 또는 쥐)이 킬로그램당 1000밀리그램 −(체중)이하인 화학물질

㉰ 쥐에 대한 4시간 동안의 흡입실험에 의하여 실험동물의 50퍼센트를 사망시킬 수 있는 물질의 농도, 즉 가스 LC_{50}(쥐, 4시간 흡입)이 2500ppm 이하인 화학물질, 증기 LC_{50}(쥐, 4시간 흡입)이 10mg/ 이하인 화학물질, 분진 또는 미스트 1mg/ 이하인 화학물질

(2) 급성독성물질

① LD_{50}(고, 액체 ⇒ 투입)
② LC_{50}(기체 ⇒ 흡입)] 반수치사량

(3) 소방법상의 위험물 분류

① 제1류 산화성 고체
② 제2류 인화성 고체
③ 제3류 물반응성 물질 및 인화성 고체
④ 제4류 인화성 액체
⑤ 제5류 자기반응성 물질
⑥ 제6류 산화성 액체 : 과염소산($HClO_4$), 과산화수소(H_2O_2), 황산(H_2SO_4), 질산(HNO_3)

(4) 유해물질의 유해요인

① 노출농도와 노출시간　　② 근로자의 감수성
③ 작업강도　　　　　　　④ 기상조건

(5) 분진의 허용농도

분진구분	SiO_2함유량	허용농도
제1종	30% 이상	$2mg/m^3$
제2종	30% 이하	$5mg/m^3$
제3종	1% 이하	$10mg/m^3$

(6) 분진의 대책

① 작업 공정에서 분진 발생 억제 및 감소화
② 분진 비산 방지 조치
③ 환기
④ 개인 보호구 착용으로 분진흡입방지
⑤ 그 밖에 공정을 습식으로 하거나 밀폐 등의 조치

(7) 분진의 폭발성에 영향을 주는 요인

① 분진 입도 및 입도 분포
② 입자의 형상과 표면상태
③ 분진의 부유성
④ 분진의 화학적 성질과 조성
⑤ 유해물질이 인체에 흡입되는 경로
  ㉮ 호흡기 ㉯ 소화기 ㉰ 피부

04 소화

(1) 화학적인 소화방법

① **제거소화방법** : 가연물 제거(밸브를 잠근다. 산림화재의 경우 연소방면의 수목을 자르는 방법)
② **질식소화방법** : 불연성 물질로서 가연물을 감싸 소화하는 방법. 이산화탄소, 질소, 4염화탄소, 1염화1브롬화메탄, 토사, 거적 등
③ **냉각소화방법** : 액체(물)의 증발잠열 이용
④ **희석소화방법** : 가연성 가스의 산소나 가연물 조성을 연소한계 이하로 되게 하여 소화. 공기중의 산소농도를 CO_2를 이용하여 희석한다.

(2) 화재의 종류

① A급화재 : 일반화재, 냉각소화(목재, 종이, 섬유 등의 화재)
② B급화재 : 가연성 액체에 의한 화재(에테르, 가솔린, 경유, 벤젠, 콜타르 등)
③ C급화재 : 전기화재(소화시 절연성을 갖는 소화재 사용)
④ D급화재 : 금속에 의한 화재
⑤ E급화재 : 압축 또는 액화가스에 의한 화재
⑥ K급화재 : 부엌(주방)화재

(3) 소화제

① 포말소화기
  - ㉮ 기계포 : 포핵 – 공기
  - ㉯ 화학포 : 포핵 – CO_2
    주성분 – $NaHCO_3 + Al_2(SO_4)_3$

② 분말소화기
  - ㉮ 1종 분말 : $NaHCO_3$(B, C급)
  - ㉯ 2종 분말 : 중탄산칼륨(B, C급)
  - ㉰ 3종 분말 : 인산암모늄(A, B, C급)

③ 탄산가스(CO_2) 소화기 : B, C급 화재에 적합

④ 할로겐화물 소화기 : B, C급 화재에 적합

⑤ 산알칼리 소화기 : 일반화재(A급)만 유효
  주성분 : 중탄산나트륨 + 황산

⑥ 간이소화
  - ㉮ 건조사 : 금속화재
  - ㉯ 팽창질석, 팽창진주암 : 알킬알루미늄

05 폭발

(1) $\dfrac{\text{폭굉} \uparrow (1{,}000\sim3{,}500\text{m/s})}{\text{폭연} \downarrow}$ 음속(340m/s)

(2) 폭발의 종류
  ① 기상 폭발 : 혼합가스의 폭발, 가스의 분해, 분진폭발, 분무폭발
  ② 응상 폭발 : 혼합위험성 물질의 폭발, 폭발성 화합물의 폭발, 증기폭발, 도선폭발, 고상 전이에 의한 폭발
  ※ 흔히 분진폭발을 화약의 폭발(고상 폭발)과 기상 폭발의 중간형태라고도 한다.

(3) 폭발의 조건
  ① 인화성 가스, 증기, 분진 등이 폭발범위 내에 존재
  ② 밀폐공간이 존재
  ③ 점화원이 존재(최소착화에너지 이상인 경우)

(4) 폭발범위(폭발 상한계, 하한계)의 계산 : 르 샤틀리에의 공식

$$\frac{100}{L}[\text{Vol}\%] = \frac{V_1}{L_1} + \frac{V_2}{L_2} + \frac{V_3}{L_3} \cdots \Rightarrow L = \frac{100}{\frac{V_1}{L_1} + \frac{V_2}{L_2} + \frac{V_3}{L_3} \cdots}$$

여기서, L : 혼합가스의 폭발하한계(상한계)
L_1, L_2, L_3 : 단독가스의 폭발하한계(상한계)
V_1, V_2, V_3 : 단독가스의 공기 중 부피
$100 : V_1 + V_2 + V_3 + \cdots$(단독가스 부피의 합)

(5) 완전연소 조성 농도(화학양론 농도, 이론산소 농도)

$$C_{st}[\text{Vol}\%] = \frac{100}{1 + 4.773\left(n + \frac{m - f - 2\lambda}{4}\right)}$$

여기서, n : 탄소 m : 수소 f : 할로겐원소 λ : 산소의 원자 수

> 〈 참고 〉 폭발범위의 계산 : Jones식
> • 폭발하한계 = $0.55 \times C_{st}$ • 폭발상한계 = $3.50 \times C_{st}$

(6) 위험도

$$\text{위험도} = \frac{\text{폭발상한계} - \text{폭발하한계}}{\text{폭발하한계}}$$

(7) 화재의 예방대책
① 예방대책   ② 국한대책
③ 소화대책   ④ 피난대책

(8) 폭발만의 방지 대책 : 예방대책, 국한대책

(9) 폭발의 방호대책 : 폭발봉쇄, 폭발억제, 폭발방산

06 위험물취급시 안전조치

(1) 위험물 취급요령
① 지정된 장소에서만 취급할 것
② 위험물을 저장 또는 취급할 때는 새거나 넘치지 않도록 할 것

③ 보호구를 착용한 후 신중하게 취급할 것
④ 작업 지휘자를 정하여 작업할 것

(2) 가스 등의 용기취급시의 준수사항
① 용기의 온도를 섭씨 40℃ 이하로 유지할 것
② 전도의 위험이 없도록 할 것
③ 충격을 가하지 아니하도록 할 것
④ 운반할 때에는 반드시 캡을 씌울 것
⑤ 밸브의 개폐는 서서히 할 것
⑥ 용해 아세틸렌의 용기는 세워서 둘 것
⑦ 용기의 부식, 마모 또는 변형상태를 점검한 후 사용할 것

07 화학설비

(1) 화학설비의 안전장치
① 안전밸브
② 파열판
③ 체크밸브 : 유체의 역류방지
④ flame arrestor : 화염 차단
⑤ 플레어 스택 : 인화성의 유독성 폐가스 처리
⑥ 개스킷 : 유체의 누설방지
⑦ 통기밸브
⑧ 역화방지기
⑨ 벤트 스택
⑩ 자동경보장치
⑪ 긴급차단장치
⑫ 스팀 트랩

(2) 유량계
① 직접식 : 습식 가스미터(용적식)
② 간접식
㉮ 차압식 : 피토관, 오리피스미터, 벤츄리관
㉯ 면적식 : 로타미터

[그림] 유량계

제7장 건설공사 안전 관리

01 지반조사 및 토질시험

(1) 보링

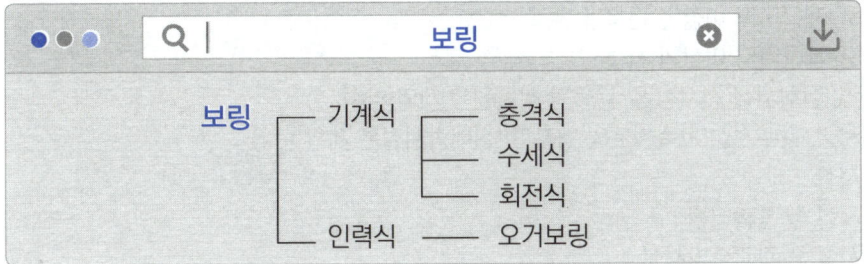

(2) 토질시험의 분류
① **밀도시험** – 밀도, 입도, 함수비, 현장함수당량, 원심함수당량 및 진비중, 액성·소성한계시험
② **역학시험** – 표준관입시험, 전단시험, 압밀시험 및 투수·다짐압축시험, 지반의 지지력시험

(3) 흙의 전단강도($\tau = C + \sigma \cdot \tan\theta$)
① 사질토의 $\tau = \sigma \cdot \tan\theta$
② 점토의 $\tau = C$

구분	점착력	마찰력	시료채취	투수성	압밀침하량	침하속도
점토	大	小	불교란시료	小	大	大
사질토	小	大	교란시료	大	小	小

(4) 토질시험방법
① 표준관입시험(standard penetration test)
② 베인시험(vane test)
③ 평판재하시험(plate bearing test)

건설공사 유해·위험방지계획서

산업안전보건법 시행령 제42조(유해위험방지계획서 제출 대상) 제1항제3호

유해위험방지계획서 제출대상 건설공사
1. 건축물 또는 시설 등의 건설·개조 또는 해체공사
   가. 지상높이가 31미터 이상인 건축물 또는 인공구조물
   나. 연면적 3만제곱미터 이상인 건축물
   다. 연면적 5천제곱미터 이상인 시설
      ① 문화 및 집회시설(전시장 및 동물원·식물원은 제외한다)
      ② 판매시설, 운수시설(고속철도의 역사 및 집배송시설은 제외한다)
      ③ 종교시설
      ④ 의료시설 중 종합병원
      ⑤ 숙박시설 중 관광숙박시설
      ⑥ 지하도상가
      ⑦ 냉동·냉장 창고시설
2. 연면적 5천제곱미터 이상인 냉동·냉장 창고시설의 설비공사 및 단열공사
3. 최대지간길이가 50m 이상인 다리건설 등 공사
4. 터널건설 등의 공사
5. 다목적댐, 발전용댐 및 저수용량 2천만톤 이상의 용수전용댐, 지방상수도 전용댐 건설 등의 공사
6. 깊이 10m 이상인 굴착공사

02 건설기계

(1) 굴착기계
① 주행상태에 따른 분류
  ㉮ 무한궤도식 : 굴곡이 심한 곳/습지/연약지, 장거리 이동 부적합
  ㉯ 트럭형
    ㉠ 전·후진 – 주행운전자
    ㉡ 하역작업 – 하역운전자
  ㉰ 휠형 : 고무타이어로 기동성 우수, 습지나 경사지의 작업은 부적합
② 주행형태에 따른 분류
  ㉮ 파워 셔블 : 기중기가 위치한 지반면보다 높은 장소에 적합
  ㉯ 드래그 셔블(백호)
    ㉠ 지면보다 높거나 낮은 곳에 적합, 수중굴착 가능
    ㉡ 굴삭깊이 : 최대 6m
  ㉰ 드래그 라인
    ㉠ 작업범위가 광범위, 수중굴착, 연약한 지반
    ㉡ 굴삭깊이 : 지하 8m까지 가능
  ㉱ 클램쉘 : 수중굴착/깊은 굴착/호퍼작업, 협소한 장소 굴착
  ㉲ 브레이커 : 빌딩해체/도로파괴/해체공사
  ㉳ 오거 및 파일 드라이버 : 구멍뚫기
③ 붐과 암의 각도가 80~110°에서 굴착력이 최대

(2) 토공기계
① 트랙터
② 도저(작업거리 : 6m 이하)
  ㉮ 불도저 : 배토판이 상하 이동
  ㉯ 앵글 도저 : 배토판이 좌우 30° 이동
  ㉰ 틸트 도저 : 배토판이 좌우·상하 20~25° 이동
③ 스크레이퍼(토공 만능기계) : 굴착/신기/운반/하역
④ 모터 그레이더(토공기계의 대패)
⑤ 롤러(다짐기계)

(3) 차량계 하역운반기계
① 지게차
② 로더
③ 컨베이어
④ 트럭

(4) 차량계 하역운반기계의 작업계획에 포함사항
① 차량계 하역운반기계의 종류 및 능력
② 차량계 하역운반기계의 운행경로
③ 차량계 하역운반기계의 작업방법

(5) 차량계 하역운반기계의 전도방지대책
① 갓길의 붕괴 방지
② 지반의 부동 침하 방지
③ 유도자 배치

(6) 차량계 건설기계의 전도방지대책
① 갓길의 붕괴 방지
② 노폭의 유지
③ 지반의 부동 침하방지
④ 유도자 배치

(7) 항발기, 항타기 조립 등에 있어 점검사항
① 본체의 연결부의 풀림 또는 손상의 유무
② 권상용 와이어로프, 드럼 및 도르래의 부착상태의 이상유무
③ 권상장치의 브레이크 및 쐐기장치 기능의 이상유무
④ 권상기의 설치상태의 이상유무
⑤ 버팀의 방법 및 고정상태의 이상유무

03 건설재해 및 대책

(1) 가설공사의 안전

① 가설통로의 설치기준(구조)
　㉮ 견고한 구조로 할 것
　㉯ 경사는 30° 이하로 할 것
　㉰ 경사가 15°를 초과하는 때는 미끄러지지 아니하는 구조로 할 것
　㉱ 추락의 위험이 있는 장소에는 안전난간을 설치할 것
　㉲ 수직갱에 가설된 통로의 길이가 15m 이상인 때에는 10m 이내마다 계단참 설치
　㉳ 건설공사에 사용하는 높이가 8m 이상인 비계다리에는 7m 이내마다 계단참 설치

② 안전난간의 구조 및 설치기준
　㉮ 상부 난간대, 중간 난간대, 발끝막이판 및 난간기둥으로 구성할 것. 다만, 중간 난간대, 발끝막이판 및 난간기둥은 이와 비슷한 구조와 성능을 가진 것으로 대체할 수 있다.
　㉯ 상부 난간대는 바닥면·발판 또는 경사로의 표면(이하 "바닥면등"이라한다)으로부터 90cm 이상 지점에 설치하고, 상부 난간대를 120cm 이하에 설치하는 경우에는 중간 난간대는 상부 난간대와 바닥면 등의 중간에 설치하여야 하며, 120cm 이상 지점에 설치하는 경우에는 중간 난간대를 2단 이상으로 균등하게 설치하고 난간의 상하 간격은 60cm 이하가 되도록 할 것. 다만, 난간기둥 간의 간격이 25cm 이하인 경우에는 중간 난간대를 설치하지 않을 수 있다.
　㉰ 발끝막이판은 바닥면 등으로부터 10cm 이상의 높이를 유지할 것. 다만, 물체가 떨어지거나 날아올 위험이 없거나 그 위험을 방지할 수 있는 망을 설치하는 등 필요한 예방 조치를 한 장소는 제외한다.
　㉱ 난간기둥은 상부 난간대와 중간 난간대를 견고하게 떠받칠 수 있도록 적정한 간격을 유지할 것
　㉲ 상부 난간대와 중간 난간대는 난간 길이 전체에 걸쳐 바닥면 등과 평행을 유지할 것
　㉳ 난간대는 지름 2.7cm 이상의 금속제 파이프나 그 이상의 강도가 있는 재료일 것
　㉴ 안전난간은 구조적으로 가장 취약한 지점에서 가장 취약한 방향으로 작용하는 100kg 이상의 하중에 견딜 수 있는 튼튼한 구조일 것

③ 사다리식 통로 등의 구조
　㉮ 견고한 구조로 할 것
　㉯ 심한 손상, 부식 등이 없는 재료를 사용할 것

　　㈐ 발판의 간격은 일정하게 할 것
　　㈑ 발판과 벽과의 사이는 15cm 이상의 간격을 유지할 것
　　㈒ 폭은 30cm 이상으로 할 것
　　㈓ 사다리가 넘어지거나 미끄러지는 것을 방지하기 위한 조치를 할 것
　　㈔ 사다리의 상단은 걸쳐놓은 지점으로부터 60cm 이상 올라가도록 할 것
　　㈕ 사다리식 통로의 길이가 10m 이상인 경우에는 5m 이내마다 계단참을 설치할 것
　　㈖ 사다리식 통로의 기울기는 75도 이하로 할 것. 다만, 고정식 사다리식 통로의 기울기는 90도 이하로 하고, 그 높이가 7[m] 이상인 경우에는 다음 각 목의 구분에 따른 조치를 할 것
　　　　㉠ 등받이울이 있어도 근로자 이동에 지장이 없는 경우: 바닥으로부터 높이가 2.5[m] 되는 지점부터 등받이울을 설치할 것
　　　　㉡ 등받이울이 있으면 근로자가 이동이 곤란한 경우: 한국산업표준에서 정하는 기준에 적합한 개인용 추락 방지 시스템을 설치하고 근로자로 하여금 한국산업표준에서 정하는 기준에 적합한 전신안전대를 사용하도록 할 것
　　㈗ 접이식 사다리 기둥은 사용시 접혀지거나 펼쳐지지 않도록 철물 등을 사용하여 견고하게 조치할 것

④ 계단의 설치기준
　㉮ 계단의 강도
　　㉠ 계단 및 계단참은 500kg/m² 이상의 하중에 견딜 것
　　㉡ 안전율 4 이상(파괴응력도와 허용응력도 비율)
　㉯ 계단의 폭
　　㉠ 계단의 폭은 1m 이상
　　㉡ 급유용, 보수용, 비상용 계단 및 나선형 계단의 폭은 1m 이하도 가능
　㉰ 계단참의 높이
　　㉠ 계단참의 높이는 3m 이내
　　㉡ 진행방향으로 각각 1.2m 이상의 계단참 설치

(2) 거푸집

① 거푸집의 구비조건
　㉮ 조립, 해체, 운반이 용이할 것
　㉯ 최소한의 재료로 여러 번 반복사용이 가능할 것
　㉰ 수밀성이 있을 것
　㉱ 변형이 생기지 않을 것
　㉲ 충격하중과 작업하중에 견딜 수 있는 충분한 강도

② 거푸집지보공의 조립, 해체시 준수사항
   ㉮ 작업구역 내 관계근로자 외의 자는 출입금지
   ㉯ 악천후시에는 작업중지
   ㉰ 공구를 올리거나 내릴 때 달줄, 달포대 이용
③ 거푸집의 조립순서
   기둥 → 보받이 내력벽 → 큰보 → 작은보 → 바닥 → 내벽 → 외벽

(3) 콘크리트

① 워커빌리티
   시공연도라고 하며, 콘크리트가 분리되는 일이 없이 쉽게 타설될 수 있는 정도를 말한다.
② 블리딩(부수현상) 침하
   콘크리트의 타설과 다지기가 끝난 후 시간이 지나면서 물이 분리되어 콘크리트의 표면으로 떠오르는 현상을 말한다.

〈 블리딩 침하 영향 〉
- 과잉습윤으로 공극이 생겨 강도가 낮아진다.
- 레이턴스층 형성, 수밀성이 약해진다.
- 골재나 철근과의 부착성을 떨어뜨려 강도가 약해진다.

③ 콘크리트의 강도
   압축강도 > 전단강도 > 인장강도
④ 콘크리트의 설계기준강도 : 재령 28일 강도
⑤ 물 시멘트 비 : 콘크리트의 강도, 시공연도에 가장 큰 영향을 준다.
⑥ 슬럼프 시험
   콘크리트 타설 전 시험하는 마지막 시험으로 소요 시공연도가 되는지를 검토하는 시험
⑦ 콘크리트의 측압
   거푸집의 파괴원인 중 가장 중요한 것이 타설시 거푸집이 받는 콘크리트의 측압이다. 콘크리트를 높이 부어감에 따라 측압 최대점은 어느 높이에 도달하면 더 이상 상승하지 않고, 이후에는 조금씩 저하한다.
⑧ 측압에 영향을 주는 요소
   ㉮ 타설속도 : 속도가 빠를수록 측압은 상승한다.
   ㉯ consistency : 연한 콘크리트일수록 측압도 크다.
   ㉰ 비중 : 비중이 클수록 측압도 크다.
   ㉱ 온도 및 기온 : 온도가 낮을 때 측압은 커진다.

　　㉮ 거푸집 표면의 평활도 : 표면이 매끄러우면 마찰계수가 작아져서 측압이 커진다.
　　㉯ 투수성, 누수성 : 투수성, 누수성이 클수록 측압은 적다.
　　㉰ 거푸집의 수평 단면 : 단면이 클수록 측압은 크다.
　　㉱ 진동기 사용 : 진동기를 사용하여 다져지면 측압은 커진다.
　　㉲ 타설방법 : 높은 곳에서 하락시켜 충격을 주면 측압은 커진다.
　　㉳ 시멘트의 종류 : 조강 시멘트 등 응결 시간이 빠른 것일수록 측압이 커진다.
　　㉴ 거푸집의 강성 : 강성이 클수록 측압이 크다.
　　㉵ 철골 또는 철근량 : 철골 또는 철근량이 많을수록 측압은 작아진다.

> 〈 도괴(무너짐)위험이 큰 건물(철골 콘크리트조의 건물) 〉
> • 높이 20m 이상의 건물
> • 구조물의 폭과 높이의 비가 1:4 이상의 건물
> • 건물, 호텔 등에서 단면 구조에 현저한 차이가 있는 것
> • 연면적당 철골량이 50kg/m² 이하의 건물
> • 기둥이 타이 플레이트형 건물
> • 이음부가 현장 용접인 경우

　⑨ 콘크리트 양생시 안전조치
　　㉮ 타설 후 수화작용을 돕기 위해서 7일 정도는 습윤 보양 실시
　　㉯ 일광의 직사, 급격한 건조 및 한기에 대하여 보호
　　㉰ 타설 후 1일간은 그 위를 보행 또는 중량물을 올려놓아서는 안 된다.
　　㉱ 타설 후 3일간은 진동 등 충격을 가해서는 안 된다.

(4) 굴착공사
　① 노천굴착작업시 사전조사내용
　　㉮ 형상, 지질 및 지층의 상태조사
　　㉯ 균열, 함수, 용수 및 동결의 유무 또는 상태조사
　　㉰ 매설물 등의 유무 또는 상태조사
　　㉱ 지반의 지하수위 유무 또는 상태조사
　② 흙막이 지보공의 정기점검사항
　　㉮ 부재의 손상, 변형, 부식, 변위 및 탈락의 유무와 상태
　　㉯ 버팀대의 긴압의 정도
　　㉰ 부재의 접속부, 부착부 및 교차부의 상태
　　㉱ 침하의 정도

(5) 터널공사의 안전

① 터널건설작업시 낙반에 의한 위험방지조치
   ㉮ 터널지보공 설치
   ㉯ 록볼트 설치
   ㉰ 부석의 제거

② 터널지보공의 조립도에 포함되어야 할 사항
   ㉮ 부재의 배치
   ㉯ 부재의 치수
   ㉰ 부재의 재료

③ 터널지보공의 수시점검사항
   ㉮ 부재의 손상, 변형, 부식, 변위, 탈락의 유무 및 상태
   ㉯ 부재의 긴압의 정도
   ㉰ 부재의 접속부 및 교차부의 상태
   ㉱ 기둥침하의 유무 및 상태

(6) 잠함작업의 안전

① 잠함 내 굴착작업시 안전조치
   ㉮ 산소결핍의 우려가 있는 때, 산소의 농도를 측정하는 자를 지명하여 농도 측정
   ㉯ 안전하게 승강하기 위한 승강설비 설치
   ㉰ 굴착 깊이가 20m 초과시 외부와 연락할 수 있는 통신설비 설치
   ㉱ 굴착 깊이가 20m 초과시 공기의 송급 실시
   ㉲ 잠함 내 작업시 작업을 금지시켜야 할 경우
   ㉳ 승강설비가 고장난 경우
   ㉴ 굴착 깊이가 20m 초과시 외부와의 연락을 위한 통신장비의 고장시
   ㉵ 산소결핍시 또는 굴착 깊이가 20m 초과시 시설해야 하는 송기설비의 고장시
   ㉶ 잠함 내부에 다량의 물 등이 침투할 우려가 있는 경우

(7) 하역작업의 안전

① 화물적재시 준수사항
   ㉮ 침하 우려가 없는 튼튼한 기반 위에 적재할 것
   ㉯ 건물의 칸막이나 벽 등이 화물의 압력에 견딜 만큼을 지니아니한 경우에는 칸막이나 벽에 기대어 적재하지 않도록 할 것
   ㉰ 불안정할 정도로 높이 쌓아 올리지 말 것
   ㉱ 하중이 한쪽으로 치우치지 않도록 쌓을 것

② 부두·안벽 등 하역작업시 조치사항
  ㉮ 작업장 및 통로의 위험한 부분에는 안전하게 작업할 수 있는 조명을 유지할 것
  ㉯ 부두 또는 안벽의 선을 따라 통로를 설치하는 경우에는 폭을 90cm 이상으로 할 것
  ㉰ 육상에서의 통로 등 작업장소로서 다리 또는 선거(船渠) 갑문(閘門)을 넘는 보도(步道) 등의 위험한 부분에는 안전난간 또는 울타리 등을 설치할 것

(8) 비계

① 이동식비계 조립시 준수사항
  ㉮ 이동식비계의 바퀴에는 뜻밖의 갑작스러운 이동 또는 전도를 방지하기 위하여 브레이크·쐐기 등으로 바퀴를 고정시킨 다음 비계의 일부를 견고한 시설물에 고정하거나 아우트리거(outrigger)를 설치하는 등 필요한 조치를 할 것
  ㉯ 승강용 사다리는 견고하게 설치할 것
  ㉰ 비계의 최상부에서 작업을 하는 경우에는 안전난간을 설치할 것
  ㉱ 작업발판은 항상 수평을 유지하고 작업발판 위에서 안전난간을 딛고 작업을 하거나 받침대 또는 사다리를 사용하여 작업하지 않도록 할 것
  ㉲ 작업발판의 최대적재하중은 250kg을 초과하지 않도록 할 것

② 시스템비계구성시 준수사항
  ㉮ 수직재·수평재·가새재를 견고하게 연결하는 구조가 되도록 할 것
  ㉯ 비계 밑단의 수직재와 받침철물은 밀착되도록 설치하고, 수직재와 받침철물의 연결부의 겹침길이는 받침철물 전체길이의 3분의 1 이상이 되도록 할 것
  ㉰ 수평재는 수직재와 직각으로 설치하여야 하며, 체결 후 흔들림이 없도록 견고하게 설치할 것
  ㉱ 수직재와 수직재의 연결철물은 이탈되지 않도록 견고한 구조로 할 것
  ㉲ 벽 연결재의 설치간격은 제조사가 정한 기준에 따라 설치할 것

③ 시스템비계의 조립 작업시 준수사항
  ㉮ 비계 기둥의 밑둥에는 밑받침 철물을 사용하여야 하며, 밑받침에 고저차가 있는 경우에는 조절형 밑받침 철물을 사용하여 시스템 비계가 항상 수평 및 수직을 유지하도록 할 것
  ㉯ 경사진 바닥에 설치하는 경우에는 피벗형 받침 철물 또는 쐐기 등을 사용하여 밑받침 철물의 바닥면이 수평을 유지하도록 할 것
  ㉰ 가공전로에 근접하여 비계를 설치하는 경우에는 가공전로를 이설하거나 가공전로에 절연용 방호구를 설치하는 등 가공전로와의 접촉을 방지하기 위하여 필요한 조치를 할 것

㉔ 비계 내에서 근로자가 상하 또는 좌우로 이동하는 경우에는 반드시 지정된 통로를 이용하도록 주지시킬 것
㉕ 비계 작업 근로자는 같은 수직면상의 위와 아래 동시 작업을 금지할 것
㉖ 작업발판에는 제조사가 정한 최대적재하중을 초과하여 적재해서는 아니 되며, 최대적재하중이 표기된 표지판을 부착하고 근로자에게 주지시키도록 할 것

④ 달비계의 구조
 ㉮ 다음 각 목의 어느 하나에 해당하는 와이어로프를 달비계에 사용해서는 아니 된다.
  ㉠ 이음매가 있는 것
  ㉡ 와이어로프의 한 꼬임[[스트랜드(strand)를 말한다. 이하 같다]]에서 끊어진 소선(素線)[필러(pillar)선은 제외한다]]의 수가 10퍼센트 이상(비자전로프의 경우에는 끊어진 소선의 수가 와이어로프 호칭지름의 6배 길이 이내에서 4개 이상이거나 호칭지름 30배 길이 이내에서 8개 이상)인 것
  ㉢ 지름의 감소가 공칭지름의 7퍼센트를 초과하는 것
  ㉣ 꼬인 것
  ㉤ 심하게 변형되거나 부식된 것
  ㉥ 열과 전기충격에 의해 손상된 것
 ㉯ 다음 각 목의 어느 하나에 해당하는 달기 체인을 달비계에 사용해서는 아니 된다.
  ㉠ 달기 체인의 길이가 달기 체인이 제조된 때의 길이의 5퍼센트를 초과한 것
  ㉡ 링의 단면지름이 달기 체인이 제조된 때의 해당 링의 지름의 10퍼센트를 초과하여 감소한 것
  ㉢ 균열이 있거나 심하게 변형된 것
 ㉰ 달기 강선 및 달기 강대는 심하게 손상·변형 또는 부식된 것을 사용하지 않도록 할 것
 ㉱ 달기 와이어로프, 달기 체인, 달기 강선, 달기 강대 또는 달기 섬유로프는 한쪽 끝을 비계의 보 등에, 다른 쪽 끝을 내민 보, 앵커볼트 또는 건축물의 보 등에 각각 풀리지 않도록 설치할 것
 ㉲ 작업발판은 폭을 40cm 이상으로 하고 틈새가 없도록 할 것
 ㉳ 작업발판의 재료는 뒤집히거나 떨어지지 않도록 비계의 보 등에 연결하거나 고정시킬 것
 ㉴ 비계가 흔들리거나 뒤집히는 것을 방지하기 위하여 비계의 보·작업발판 등에 버팀을 설치하는 등 필요한 조치를 할 것
 ㉵ 선반 비계에서는 보의 접속부 및 교차부를 철선·이음철물 등을 사용하여 확실하게 접속시키거나 단단하게 연결시킬 것
 ㉶ 근로자의 추락 위험을 방지하기 위하여 달비계에 안전대 및 구명줄을 설치하고, 안전난간을 설치할 수 있는 구조인 경우에는 안전난간을 설치할 것

㉠ 달비계에 구명줄을 설치할 것
㉡ 근로자에게 안전대를 착용하도록 하고 근로자가 착용한 안전줄을 달비계의 구명줄에 체결(締結)하도록 할 것
㉢ 달비계에 안전난간을 설치할 수 있는 구조인 경우에는 달비계에 안전난간을 설치할 것

㉔ 사업주는 작업의자형 달비계를 설치하는 경우에는 다음 각 호의 사항을 준수해야 한다.
 ㉠ 달비계의 작업대는 나무 등 근로자의 하중을 견딜 수 있는 강도의 재료를 사용하여 견고한 구조로 제작할 것
 ㉡ 작업대의 4개 모서리에 로프를 매달아 작업대가 뒤집히거나 떨어지지 않도록 연결할 것
 ㉢ 작업용 섬유로프는 콘크리트에 매립된 고리, 건축물의 콘크리트 또는 철재 구조물 등 2개 이상의 견고한 고정점에 풀리지 않도록 결속(結束)할 것
 ㉣ 작업용 섬유로프와 구명줄은 다른 고정점에 결속되도록 할 것
 ㉤ 작업하는 근로자의 하중을 견딜 수 있을 정도의 강도를 가진 작업용 섬유로프, 구명줄 및 고정점을 사용할 것
 ㉥ 근로자가 작업용 섬유로프에 작업대를 연결하여 하강하는 방법으로 작업을 하는 경우 근로자의 조종 없이는 작업대가 하강하지 않도록 할 것
 ㉦ 작업용 섬유로프 또는 구명줄이 결속된 고정점의 로프는 다른 사람이 풀지 못하게 하고 작업 중임을 알리는 경고표지를 부착할 것
 ㉧ 작업용 섬유로프와 구명줄이 건물이나 구조물의 끝부분, 날카로운 물체 등에 의하여 절단되거나 마모(磨耗)될 우려가 있는 경우에는 로프에 이를 방지할 수 있는 보호 덮개를 씌우는 등의 조치를 할 것
 ㉨ 달비계에 다음 각 목의 작업용 섬유로프 또는 안전대의 섬유벨트를 사용하지 않을 것
  ⓐ 꼬임이 끊어진 것
  ⓑ 심하게 손상되거나 부식된 것
  ⓒ 2개 이상의 작업용 섬유로프 또는 섬유벨트를 연결한 것
 ㉩ 작업높이보다 길이가 짧은 것

㉕ 근로자의 추락 위험을 방지하기 위하여 다음 각 목의 조치를 할 것
 ㉠ 달비계에 구명줄을 설치할 것
 ㉡ 근로자에게 안전대를 착용하도록 하고 근로자가 착용한 안전줄을 달비계의 구명줄에 체결(締結)하도록 할 것

⑤ **걸침비계의 구조**

사업주는 선박 및 보트 건조작업에서 걸침비계를 설치하는 경우에는 다음 각 호의 사항을 준수하여야 한다.

㉮ 지지점이 되는 매달림부태의 고정부는 구조물로부터 이탈되지 않도록 견고히 고정할 것

㉯ 비계재료 간에는 서로 움직임, 뒤집힘 등이 없어야 하고, 재료가 분리되지 않도록 철물 또는 철선으로 충분히 결속할 것. 다만, 작업발판 밑 부분에 띠장 및 장선으로 사용되는 수평부재 간의 결속은 철선을 사용하지 않을 것

㉰ 매달림부재의 안전율은 4 이상일 것

㉱ 작업발판에는 구조검토에 따라 설계한 최대적재하중을 초과하여 적재하여서는 아니되며, 그 작업에 종사하는 근로자에게 최대적재하중을 충분히 알릴 것

벼락치기 • 산업안전 필기

SAFETY ENGINEER

PART 02 계산문제 총정리

- Chapter 01 산업재해 예방
- Chapter 02 인간공학 및 위험성 평가 관리
- Chapter 03 기계·기구 및 설비 안전 관리
- Chapter 04 전기설비 안전 관리
- Chapter 05 화학설비 안전 관리
- Chapter 06 건설공사 안전 관리

제1과목 산업재해 예방

01 400명의 근로자가 있는 어느 사업장에서 연간 3건의 사상자가 발생되었다. 연천인율은?

① 1.2 ② 3.3
③ 5.4 ④ 7.5

해설

$$연천인율 = \frac{사상자수}{연평균근로자수} \times 1,000$$
$$= \frac{3}{400} \times 1,000$$
$$= 7.5$$

02 근로자 200명이 근무하는 어느 사업장에 1년에 9명의 사상자가 발생하였다고 한다. 연천인율은?

① 40 ② 45
③ 50 ④ 55

해설

$$연천인율 = \frac{사상자수}{연평균근로자수} \times 1,000$$
$$= \frac{9}{200} \times 1,000$$
$$= 45$$

03 연간 연노동 시간수가 110만 시간이고, 이 기간 중에 휴업재해가 12건 발생했다면 도수율은 얼마인가?

① 1.09 ② 10.9
③ 109 ④ 1090

해설

$$빈도율(도수율) = \frac{재해건수}{연근로시간수} \times 10^6$$
$$= \frac{12}{1,100,000} \times 10^6$$
$$= 10.91$$

04 도수율 4이고 연 근로시간 12,000,000시간이라면 몇 건의 재해가 발생하였는가?

① 4.8 ② 48
③ 480 ④ 0.48

해설

$$도수율 = \frac{재해건수}{연근로시간수} \times 10^6$$
$$4 = \frac{x}{12,000,000} \times 10^6$$
$$\Rightarrow x = 4 \times \frac{12,000,000}{10^6} = 48$$

해답 1. ④ 2. ② 3. ② 4. ②

05 1,000인이 일하고 있는 사업장에서 1주 48시간씩 52주를 일하고, 1년간에 80건의 재해가 발생했다고 한다. 병 등 다른 이유에 의해서 근로자는 총 노동시간의 5%를 결근했다. 이때 재해 도수율은?

① 25.46 ② 33.74
③ 47.81 ④ 56.91

해설

$$도수율 = \frac{재해건수}{연근로시간수} \times 10^6$$
$$= \frac{80}{(1,000 \times 48 \times 52) \times 0.95} \times 10^6$$
$$= 33.74$$

06 어느 사업장에 연천인율이 8.2이었다. 도수율은?

① 2.41 ② 3.42
③ 4.53 ④ 5.44

해설

$$도수율 = \frac{연천인율}{2.4} = \frac{8.2}{2.4} = 3.42$$

07 S현장의 2021년도 재해건수는 24건, 의사진단에 의한 휴업총일수는 3,650일이었다. 도수율과 강도율을 각각 구하면?(단, 1인당 1일 8시간, 300일 근무하며, 평균근로자 수는 500명이다.)

① 20.00, 2.50
② 2.02, 0.25
③ 20.04, 3.40
④ 2.05, 0.34

해설

① $도수율 = \dfrac{24}{500 \times 8 \times 300} \times 10^6 = 20$

② $강도율 = \dfrac{3,650 \times \dfrac{300}{365}}{500 \times 8 \times 300} \times 10^3 = 2.5$

08 연평균 200명의 근로자가 작업하는 사업장에서 연간 3건의 재해가 발생하여 사망 1명, 30일 가료 1명, 나머지 1명은 20일간 요양하였다. 이 사업장의 강도율은?(단, 연간근로일수는 300일이다.)

① 15.61 ② 15.71
③ 17.61 ④ 17.71

해설

$$강도율 = \frac{총요양근로손실일수}{연근로시간수} \times 1,000$$
$$= \frac{7,500 + 50 \times \dfrac{300}{365}}{200 \times 300 \times 8} \times 1,000$$
$$= 15.71$$

해답 5. ② 6. ② 7. ① 8. ②

09 베어링 및 기계부품을 생산하는 업체에 300명의 근로자가 일하고 있는데 1년에 21건의 재해가 발생하였다. 이 사업자에서 근로자 1명이 평생작업한다면 몇 건의 재해를 당할 수 있겠는가?(단, 평생근로시간은 10만 시간임)

① 약 1건 ② 약 3건
③ 약 5건 ④ 약 6건

해설

$$도수율 = \frac{재해건수}{연근로시간수} \times 10^6$$
$$= \frac{21}{300 \times 2,400} \times 10^6$$
$$= 29.17$$
$$\therefore 환산도수율 = \frac{도수율}{10}$$
$$= \frac{29.167}{10} = 29.167 \times 0.1$$
$$= 2.92$$

10 재해의 도수율(빈도율)이 20.04되는 사업장에서 근로자 1명이 평생동안 작업을 하였을 때 몇 건의 재해를 당하게 되겠는가?(단, 평생근로 년수를 40년, 평생근로 시간수를 100,000시간(잔업시간 4,000시간 포함)으로 생각한다.)

① 약 0.5건 ② 약 2건
③ 약 5건 ④ 약 20건

해설

$$환산도수율 = \frac{도수율}{10}$$
$$= \frac{20.04}{10} = 20.04 \times 0.1$$
$$= 2$$

11 재해강도율 11.98의 사업장에서 어떤 근로자가 아래 조건으로 작업한다면, 이 공장에서 일생동안 일하는 가운데 근로자 각자는 재해발생시 며칠의 휴업을 평균적으로 하여야 하는가?(단, 1일 8시간씩 40년 근무, 연간 과외시간 근로 100시간으로 가정)

① 1198 ② 2198
③ 3198 ④ 4198

해설

$$환산강도율 = 강도율 \times 100$$
$$= 11.98 \times 100$$
$$= 1198$$

12 도수율이 24.5이고, 강도율이 2.15인 사업장이 있다. 한 사람의 근로자가 입사하여 퇴직할 때까지는 며칠간의 근로손실일수를 가져올 수 있는가?

① 2.45일 ② 215일
③ 2,150일 ④ 2,450일

해설

$$환산강도율 = 강도율 \times 100$$
$$= 2.15 \times 100$$
$$= 215$$

해답 9. ② 10. ② 11. ① 12. ②

13 상시 100인이 작업하는 공장에서 1일 8시간씩 연근로일수가 300일인 때, 1명 사망, 4급 장해 등급 1명이 발생하였고, 4건의 휴업재해에 의하여 180일을 휴업하였다. 이 공장의 종합재해지수는?

① 25
② 37
③ 54.78
④ 54.92

해설

종합재해지수 $= \sqrt{도수율 \times 강도율}$

$도수율 = \dfrac{재해건수}{연근로시간수} \times 10^6$

$= \dfrac{6}{100 \times 8 \times 300} \times 10^6$

$= 25$

$강도율 = \dfrac{총요양근로손실일수}{연근로시간수} \times 1000$

$= \dfrac{7,500 + 5,500 + \left(180 \times \dfrac{300}{365}\right)}{100 \times 8 \times 300} \times 1000$

$= 54.78$

$\therefore$ 종합재해지수 $= \sqrt{25 \times 54.78} = 37$

14 어느 사업장에서 당해년도에 330명의 재해자가 발생하였다. 무상해 사고는 몇 명인가?

① 29명
② 30명
③ 300명
④ 329명

해설

하인리히 재해발생 비율은 총 330명 중에서
사망 : 경상해 : 무상해 = 1 : 29 : 300
즉 무상해 사고는 300명이다.

15 하인리히의 재해 구성 비율 법칙에 의하면, 중상해 2건이 발생하였다면, 무상해 사고는 몇 건 발생되었다고 볼 수 있는가?

① 29
② 60
③ 300
④ 600

해설

하인리히 Domino이론
① 제1단계 : 사회적 환경 및 유전적 요소
② 제2단계 : 개인적인 결함
③ 제3단계 : 불안전행동 및 불안전한 상태
④ 제4단계 : 사고
⑤ 제5단계 : 재해

재해발생 비율
사망 : 경상해 : 무상해 = 1 : 29 : 300
즉 중상이 2명이므로
경상해 : 29 × 2 = 58
무상해 : 300 × 2 = 600

해답 13. ② 14. ③ 15. ④

16 어떤 사업장에서 상해 또는 질병이 5명 발생하였는데 이때 버드(Frank, E. Bird, Jr)의 재해비율 연구에 의한 경상이 일어날 수 있는 횟수는 어느 정도인가?

① 50명　　② 100명
③ 150명　　④ 200명

해설

버드의 사고연쇄성 이론
① 제1단계 : 관리의 부족(통제부족)
② 제2단계 : 기본원인 – 기원론, 원인학(기원)
③ 제3단계 : 직접원인 – 불안전행동, 불안전상태(징후)
④ 제4단계 : 사고(접촉)
⑤ 제5단계 : 상해(손실)

재해발생 비율
중상 : 경상 : 무상해(물적손실) : 무상해, 무사고(아차사고) = 1 : 10 : 30 : 600
즉 중상이 5명이므로
경상 : 10×5=50
무상해(물적손실) : 30×5=150
무상해/무사고 : 600×5=3,000

17 산재사고로 인한 직접 손실액이 1,860억원이라고 한다. 간접 손실액은 얼마인가?(단, 하인리히 이론 적용)

① 1,860억원　　② 5,600억원
③ 7,440억원　　④ 9,300억원

해설

재해코스트 계산
① 하인리히 방식 :
　재해코스트 = 직접비＋간접비
　　　　　　　　1 　：　 4
　따라서 재해코스트 =
　　1,860억원＋(1,860×4)=9,300억원
　• 직접비 : 휴업급여, 장애급여, 요양급여, 유족급여, 장의비, 유족특별급여, 장애특별급여
　• 간접비 : 직접비 이외의 모든 비용
② 시몬즈의 방식 :
　재해코스트 = 보험코스트＋비보험코스트
　(휴업×A＋통원×B＋구급×C＋무상해×D)

해답 16. ①　17. ③

> **보충학습**

산업재해통계업무처리규정

제정 1981. 7. 11.　　노동부예규 제 49호
일부개정 2022. 5. 2. 고용노동부예규 제194호

제1장 총 칙

제1조(목적) 이 예규는 「산업안전보건법」 제4조제1항제7호에 따른 산업재해에 관한 조사 및 통계의 유지·관리를 위하여 같은 법 시행규칙 제73조제1항에 따른 산업재해조사표 제출과 전산입력·통계업무 처리에 관하여 필요한 사항을 규정함을 목적으로 한다.

제2조(적용범위) 이 예규는 「산업안전보건법」(이하 "법"이라 한다)의 적용을 받는 사업 또는 사업장(이하 "사업"이라 한다)에 적용한다.

제2장 산출방법

제3조(산업재해통계의 산출방법 및 정의) ① 재해율 등 산업재해통계의 산출방법은 다음 각 호와 같다.

1. 재해율 = (재해자수 / 산재보험적용근로자수) × 100
   - ○ "재해자수"는 근로복지공단의 유족급여가 지급된 사망자 및 근로복지공단에 최초요양신청서(재진 요양신청이나 전원요양신청서는 제외한다)를 제출한 재해자 중 요양승인을 받은자(지방고용노동관서의 산재 미보고 적발 사망자 수를 포함한다)를 말함. 다만, 통상의 출퇴근으로 발생한 재해는 제외함.
   - ○ "산재보험적용근로자수"는 「산업재해보상보험법」이 적용되는 근로자수를 말함. 이하 같음.
   "산재보험적용근로자수"는 「산업재해보상보험법」이 적용되는 근로자수를 말함. 이하 같음.

2. 사망만인율 = (사망자수 / 산재보험적용근로자수) × 10,000
   - ○ "사망자수"는 근로복지공단의 유족급여가 지급된 사망자(지방고용노동관서의 산재미보고 적발 사망자를 포함한다)수를 말함. 다만, 사업장 밖의 교통사고(운수업, 음식숙박업은 사업장 밖의 교통사고도 포함)·체육행사·폭력행위·통상의 출퇴근에 의한 사망, 사고발생일로부터 1년을 경과하여 사망한 경우는 제외함.

3. 휴업재해율 = (휴업재해자수 / 임금근로자수) × 100
   - ○ "휴업재해자수"란 근로복지공단의 휴업급여를 지급받은 재해자수를 말함. 다만, 질병에 의한 재해와 다만, 사업장 밖의 교통사고(운수업, 음식숙박업은 사업장 밖의 교통사고도 포

함)·체육행사·폭력행위·통상의 출퇴근으로 발생한 재해는 제외함.
- ○ "임금근로자수"는 통계청의 경제활동인구조사상 임금근로자수를 말함.

4. 도수율(빈도율) = (재해건수 / 연근로시간수) × 1,000,000

5. 강도율 = (총요양근로손실일수 / 연근로시간수) × 1,000
- ○ "총요양근로손실일수"는 재해자의 총 요양기간을 합산하여 산출하되, 사망, 부상 또는 질병이나 장해자의 등급별 요양근로손실일수는 별표 1과 같음.

6. "재해조사 대상 사고사망자수"는 「근로감독관 집무규정(산업안전보건)」에 따라 지방고용노동관서에서 법 상 안전보건조치 위반 여부를 조사하여 중대재해로 발생보고한 사망사고 중 업무상 사망사고로 인한 사망자 수를 말함. 다만 각 목의 업무상 사망사고는 제외한다.
   - 가. 법 제3조 단서에 따라 법의 일부적용대상 사업장에서 발생한 재해 중 적용조항 외의 원인으로 발생한 것이 객관적으로 명백한 재해[「중대재해처벌 등에 관한 법률」(이하 "중처법"이라 한다) 제2조제2호에 따른 중대산업재해는 제외한다]
   - 나. 고혈압 등 개인지병, 방화 등에 의한 재해 중 재해원인이 사업주의 법 위반, 경영책임자등의 중처법 위반에 기인하지 아니한 것이 명백한 재해
   - 다. 해당 사업장의 폐지, 재해발생 후 84일 이상 요양 중 사망한 재해로서 목격자 등 참고인의 소재불명 등으로 재해발생에 대하여 원인규명이 불가능하여 재해조사의 실익이 없다고 지방관서장이 인정하는 재해

② 그 밖에 이 예규에서 사용하는 용어의 뜻은 이 예규에 특별한 규정이 없으면 법, 「산업안전보건법 시행령」 및 「산업안전보건법 시행규칙」(이하 "규칙"이라 한다)이 정하는 바에 따른다.

제2장 산업재해조사표 입력 및 전송

제4조(입력) 지방고용노동관서의 장은 사업주가 규칙 제73조제1항에 따라 산업재해조사표를 작성하여 제출한 경우에는 기재사항의 적정 여부를 검토하고, 그 결과 등 전월분의 실적을 매월 5일까지 산업안전보건에 관한 행정정보시스템(노사누리)에 입력하여야 한다

제5조(산업재해조사표의 전송) 고용노동부장관은 제4조에 따라 입력된 산업재해조사표를 한국산업안전보건공단(이하 "공단"이라 한다)에 전송하여야 한다.

제3장 자료관리 및 통계업무 처리

제6조(자료관리) 공단은 고용노동부 및 근로복지공단이 전송한 산업재해 발생 관련 자료 및 업무상재해 관련 자료를 관리하여야 한다.

제7조(통계업무 처리) 공단은 제6조에 따라 전송받은 자료를 집계·분석하여야 한다.

제8조(보고) 공단은 제7조에 따라 집계·분석한 산업재해발생현황을 고용노동부장관에게 보고하여야 한다.

제9조(재해통계 등) ① 고용노동부 산업재해통계업무 담당자는 분기별·연도별 재해발생현황을 작성하여야 한다.

② 제1항의 규정에 따라 작성할 내용은 다음과 같다.
1. 재해율
2. 사망만인율
3. 휴업재해율
4. 강도율
5. 도수율
6. 재해조사 대상 사고사망자수

③ 지방고용노동관서의 장은 월별·분기별·연도별 재해발생 현황을 관리하여야 한다.

제10조(자료제출) 고용노동부장관이 산업재해통계에 관한 자료제출을 요청하면 공단은 그 자료를 지체 없이 제출하여야 한다.

제11조(재검토기한) 고용노동부장관은「훈령·예규 등의 발령 및 관리에 관한 규정」에 따라 이 예규에 대하여 2022년 7월 1일 기준으로 매 3년이 되는 시점(매 3년째의 6월 30일까지를 말한다)마다 그 타당성을 검토하여 개선 등의 조치를 하여야 한다.

부　칙

제1조(시행일) 이 예규는 발령일부터 시행한다.

[별표 1] 요양근로손실일수 산정요령

신체장해등급이 결정되었을 때는 다음과 같이 등급별 근로손실일수를 적용한다.

구 분	사망	신 체 장 해 자 등 급											
		1~3	4	5	6	7	8	9	10	11	12	13	14
근로손실일수(일)	7,500	7,500	5,500	4,000	3,000	2,200	1,500	1,000	600	400	200	100	50

※ 부상 및 질병자의 요양근로손실일수는 요양신청서에 기재된 요양일수를 말한다.

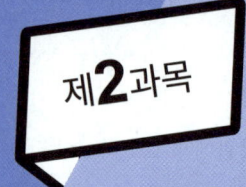

제2과목 인간공학 및 위험성 평가 관리

벼락치기 • 산업안전 필기

01 제어장치에서 제어장치의 변위를 2[cm] 움직였을 때 표시계의 지침이 8[cm] 움직였다면 이 기기의 통제표시비(C/D)는 얼마인가?

① 0.6
② 0.20
③ 0.25
④ 4.0

해설

$$C/D비(직선통제비) = \frac{X : 조절기}{Y : 표시기} = \frac{2}{8} = 0.25$$

02 회전운동을 하는 조종구와 같은 조종장치의 반지름이 5[cm]이고 60[°] 움직였을 때 선형표시장치의 눈금이 6.28[cm]이었다. 이 때의 통제표시비는?

① 30
② 60
③ 1.256
④ 0.83

해설

$$C/D비(회전통제비) = \frac{\frac{a}{360} \times 2\pi\gamma}{표시기\ 이동거리}$$

$$= \frac{\frac{60}{360} \times 2 \times \pi \times 5}{6.28} = 0.83$$

03 4[m] 거리에서 조도가 60[lux]라면 2[m]에서는 조도가 얼마인가?

① 150[lux]
② 240[lux]
③ 320[lux]
④ 480lux

해설

① $조도 = \frac{광원}{거리^2} = \frac{광원}{4^2} = 60[lux]$

∴ $광원 = 4^2 \times 60 = 960[lux]$

② $조도 = \frac{4^2 \times 60 lux}{2^2} = 240[lux]$

해답 1. ③ 2. ④ 3. ②

04 눈과 글자의 거리가 28[cm], 글자의 크기가 0.2[cm], 획 폭은 0.03[cm]일 때 시각은 얼마인가?

① 0.007
② 0.001
③ 3.68
④ 24.55

해설

$$시각 = \frac{57.3 \times 60 \times L}{D} = \frac{57.3 \times 60 \times 0.2}{28} = 24.56$$

05 아래의 그림과 같이 글자 A의 높이가 9[cm]일 때 글자의 굵기 X는 얼마로 하여야 글자를 식별함에 있어 오독률이 가장 적은가?

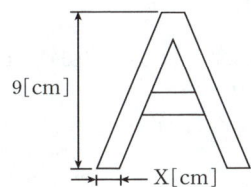

① 1.2[cm]
② 1.5[cm]
③ 2[cm]
④ 2.25[cm]

해설

글자의 굵기는 높이의 $\frac{1}{6}$로 한다.

$$\therefore X = 9 \times \frac{1}{6} = 1.5[cm]$$

06 소음이 심한 기계로부터 1.5[m] 떨어진 곳의 음압수준이 100[dB]라면 이 기계로부터 5[m] 떨어진 곳의 음압수준은?

① 약 85[dB]
② 약 90[dB]
③ 약 96[dB]
④ 약 102[dB]

해설

$$dB_2 = dB_1 - 20\log\frac{r_2}{R_1} = 100 - 20\log\frac{5}{1.5}$$
$$= 89.52[dB]$$

07 50[phon]의 기준음을 들려준 후 70[phon]의 소리를 듣는다면 작업자는 주관적으로 몇 배의 소리로 인식하는가?

① 1.5배
② 2배
③ 3배
④ 4배

해설

① 50[phon]의 sone치 $= 2^{\frac{50-40}{10}} = 2[sone]$

② 70[phon]의 sone치 $= 2^{\frac{70-40}{10}} = 8[sone]$

∴ 4배로 들린다.

해답 4.④ 5.② 6.② 7.④

08 다음 시스템의 신뢰도는?

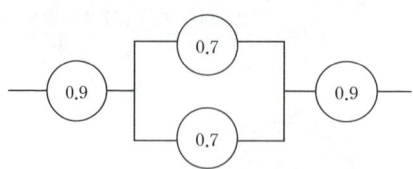

① 0.6261 ② 0.7371
③ 0.8481 ④ 0.9591

해설
$R = 0.9 \times \{1-(1-0.7)(1-0.7)\} \times 0.9$
$\quad = 0.7371$

09 7개의 기기로 구성된 그림과 같은 시스템이 있다. 모든 기기가 동일하게 신뢰도가 0.8이다. 이 시스템의 신뢰도는 얼마인가?

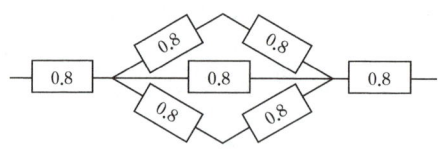

① 0.5121 ② 0.6234
③ 0.7325 ④ 0.9740

해설
$R = 0.8^2 \times \{1-(1-0.64)^2(1-0.8)\}$
$\quad = 0.6234$

10 다음과 같은 시스템의 신뢰도는 얼마인가?

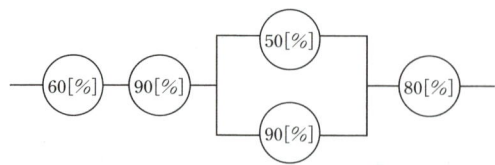

① 41[%] ② 52[%]
③ 61[%] ④ 74[%]

해설
$R = 0.6 \times 0.9 \times \{1-(1-0.5)(1-0.9)\}$
$\quad \times 0.8 = 0.4104$

해답 8. ② 9. ② 10. ①

11 평균고장시간이 4×10^8시간인 요소 4개가 직렬체계를 이루었을 때 이 체계의 수명은?

① 1×10^8시간
② 4×10^8시간
③ 16×10^8시간
④ 8.3×10^8시간

해설

$$\begin{bmatrix} 직렬계\ MTBF \times \dfrac{1}{n} \\ 병렬계\ MTBF\left(1+\dfrac{1}{2}+\cdots+\dfrac{1}{n}\right) \end{bmatrix}$$

$\therefore$ 직렬계 $MTBF \times \dfrac{1}{n} = 4 \times 10^8 \times \dfrac{1}{4}$
$\qquad = 1 \times 10^8$

12 평균고장시간(MTTF)이 6×10^5시간인 요소 3개가 병렬계를 이루었을 때 이 체계의 수명은?

① 2×10^5시간
② 6×10^5시간
③ 11×10^5시간
④ 18×10^5시간

해설

$$\begin{bmatrix} 직렬계\ MTTF \times \dfrac{1}{n} \\ 병렬계\ MTTF\left(1+\dfrac{1}{2}+\cdots+\dfrac{1}{n}\right) \end{bmatrix}$$

$\therefore$ 병렬계 $= MTTF\left(1+\dfrac{1}{2}+\cdots+\dfrac{1}{n}\right)$
$\qquad = 6 \times 10^5 \times \left(1+\dfrac{1}{2}+\dfrac{1}{3}\right)$
$\qquad = 11 \times 10^5$

13 어떤 부품의 고장확률 밀도함수는 평균 고장률(λ)이 시간당 10^{-3}인 지수분포를 따르고 있다. 이 부품을 1,000시간 작동시켰을 때의 신뢰도는 얼마인가?

① 0.15
② 0.37
③ 0.56
④ 0.75

해설

$R_{(t)} = e^{-\lambda t} = e^{-10^{-3} \times 1000} = 0.37$

14 어떤 전자기기의 수명은 지수분포를 따르며, 그 평균수명은 1,000시간이라고 한다. 그런데 이러한 기기를 1,000시간 사용하였으나 아직은 고장 없이 작동하고 있다. 이 기기가 앞으로 500시간 동안 고장없이 정상작동할 확률은 얼마인가?

① $e^{-0.5}$
② $e^{-1.5}$
③ $1-e^{-0.5}$
④ $1-e^{-1.5}$

해설

$R_s = e^{-\lambda t} = e^{-\frac{t}{t_0}} = e^{-\frac{500}{1,000}} = e^{-0.5}$

해답 11. ① 12. ③ 13. ② 14. ①

15 어느 부품 15,000개를 1만 시간 가동 중에 15개의 불량품이 발생하였다. 평균고장시간(MTBF)은?

① 1×10^6시간　② 2×10^6시간
③ 1×10^7시간　④ 2×10^7시간

해설
$$MTBF = \frac{1}{\lambda} = \frac{15,000 \times 10,000}{15} = 1 \times 10^7$$

16 삼륜차는 타이어가 3개인 하나의 시스템으로 볼 수 있다. 타이어 1개가 파열될 확률은 0.01이다. 이때 이 삼륜차의 신뢰도는 얼마인가?

① 0.92　② 0.95
③ 0.97　④ 0.99

해설
$$R = (1-0.01)^3 = 0.97$$

17 어느 공장의 한 설비는 평균 수리율(μ)이 0.5/시간이고, 평균 고장률(λ)은 0.001/시간이다. 이 설비의 가동성(Availability)은 얼마인가?

① 0.598　② 0.698
③ 0.898　④ 0.998

해설
$$가동성 = \frac{\mu}{\lambda + \mu} = \frac{0.5}{0.001 + 0.5} = 0.998$$

18 그림과 같은 기초사건이 반복되지 않은 결함나무가 있다. 독립인 기초사건들의 확률이 $P_1=0.3$, $P_2=0.2$, $P_3=0.1$일 때 정상사건의 발생확률은?

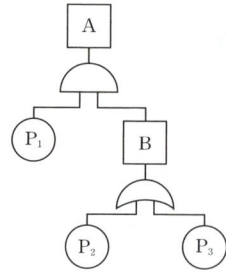

① 0.058　② 0.068
③ 0.078　④ 0.084

해설
$A = P_1 \times B$
$0.3 \times \{1-(1-0.2)(1-0.1)\} = 0.084$

해답　15. ③　16. ③　17. ④　18. ④

19 다음 FT에서 minimal cut set를 구하면?(단, ①~④는 기본사상)

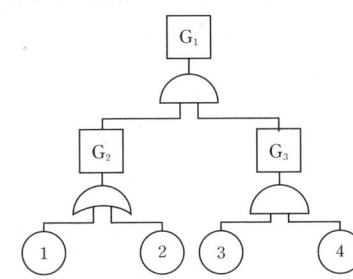

① (①, ②, ③, ④)
② (①, ③, ④)
③ (①, ②)
④ (③, ④)

해설

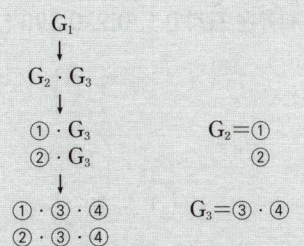

G_1
↓
$G_2 \cdot G_3$
↓
① $\cdot G_3$ $G_2 =$ ①
② $\cdot G_3$ ②
① $\cdot$ ③ $\cdot$ ④ $G_3 =$ ③ $\cdot$ ④
② $\cdot$ ③ $\cdot$ ④

모든 기본사상이 일어났을 때 정상사상을 일으키는 기본 사상의 집합을 컷 셋이라 하며, 컷 셋 중 컷 셋을 포함하는 것을 배제한 최소 컷 셋을 최소 컷 셋이라 한다. 따라서, 최소 컷 셋은 ①·③·④, 또는 ②·③·④이다.

20 그림의 G_3 Tree를 짜맞춘 수식으로 나타낸 것은?

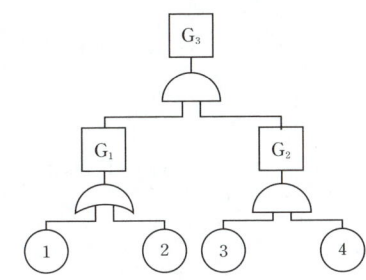

① ①×②×③×④
② ①×②×(③+④)
③ (①+②)×③×④
④ (①+②)×(③+④)

해설

G_3
↓
$G_1 \cdot G_2$
↓
$G_3 = G_1 \cdot G_2$
= (① ② · ③ ④) = (①③④)(②③④)

① 컷셋 : (①③④)(②③④)
② 미니멀컷 : (①③④)또는 (②③④)

해답 19. ② 20. ③

21 다음 그림과 같은 결함수의 정상사상의 재해발생 확률을 구하면?(단, 기본사상 1, 2, 3의 발생 확률은 각각 0.1, 0.2, 0.3이다.)

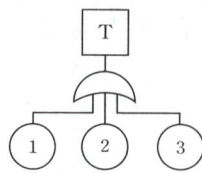

① 0.496　　② 0.549
③ 0.626　　④ 0.706

해설
$R_t = 1-(1-0.1)(1-0.2)(1-0.3)$
$\quad = 0.496$

22 다음 FT에서 정상사상 T의 발생확률은?(단, X_1, X_2, X_3의 발생확률은 각각 0.1이다.)

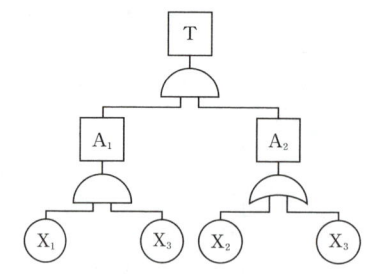

① 0.0019　　② 0.019
③ 0.02　　　④ 0.2

해설
$T = A_1 \times A_2$
$\quad = 0.1^2 \times \{1-(1-0.1)(1-0.1)\}$
$\quad = 0.0019$

23 검사 공정의 작업자가 제품의 완성도에 대한 검사를 하고 있다. 어느 날 10,000개의 제품에 대한 검사를 실시하여 200개의 불량품을 발견하였으나, 이 Lot에는 실제로 500개의 불량품이 있었다. 이 때 인간과오율(Human Error Probability)은 얼마인가?

① 0.02　　② 0.03
③ 0.04　　④ 0.05

해설
$Hep = \dfrac{500-200}{10,000} = 0.03$

해답　21. ①　22. ①　23. ②

24 어떤 위험물 저장탱크가 폭발하는 경우 사망재해의 빈도는 883년 1회 정도이며 피해자는 평균 1명이다. 1년간 작업시간을 2,400시간이라 할 때 FAFR값은?

① 34.7 ② 47.2
③ 51.1 ④ 61.1

해설

$$FAFR = \frac{100,000,000}{883 \times 2,400} = 47.19$$

25 인체는 눈에 띌 만한 발한 없이도 인체의 피부와 허파로부터 하루에 600[g] 정도의 수분이 무감 증발된다. 이 무간증발로 인한 열손실은 약 얼마인가?(단, 37[℃]의 물 1[g]을 증발시키는 데 필요한 에너지는 2,410[J/g] [575.7cal/g]임)

① 17[watt] ② 19[watt]
③ 21[watt] ④ 23[watt]

해설

$$열손실률(R) = \frac{증발에너지(Q)}{증발시간(T)}$$
$$= \frac{600[g] \times 2410[T/g]}{24 \times 60 \times 60 \times [sec]}$$
$$= 16.7336[J/sec] ≒ 17[watt]$$

26 다음 시스템에 대하여 톱사상(Top Event)에 도달할 수 있는 최소 컷셋(Minimal Cut Sets)을 구할 때 다음 중 올바른 집합은?(단, ①, ②, ③, ④는 각 부품의 고장확률을 의미하며 집합 {1, 2}는 ①번 부품과 ②번 부품이 동시에 고장나는 경우를 의미한다.)

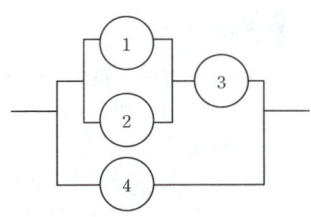

① {1, 2}, {3, 4}
② {1, 3}, {2, 4}
③ {1, 3, 4}, {2, 3, 4}
④ {1, 2, 4}, {3, 4}

해설

(1) 그림에서 ①과 ②를 B로 표시하고 B와 ③을 A로 표시하여 FT도를 작성하면 다음과 같이 된다(FT도 작성시 병렬연결은 AND 기호, 직렬연결은 OR 기호로 나타냄).
(2) 상기 FT도에서 최소컷셋을 구한다(AND는 가로로 배열, OR은 세로로 배열)

∴ T → A④ → B④   → ①②④
              ③④   ③④
                      [최소컷셋]

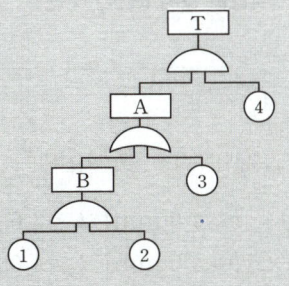

해답 24. ② 25. ① 26. ④

제3과목
기계·기구 및 설비 안전 관리

01 둥근톱의 톱날직경이 420[mm]일 경우 분할날의 최소 길이는?

① 400[mm] ② 240[mm]
③ 220[mm] ③ 340[mm]

해설

$$L = \pi D \times \frac{1}{4} \times \frac{2}{3} = \frac{\pi D}{6} = \frac{3.14 \times 420}{6}$$
$$= 219.8 ≒ 220[\text{mm}]$$

02 목제가공용 둥근톱날의 두께가 3[mm]일 때 분할날의 두께는 얼마 이상으로 하는가?

① 3.6[mm] ② 3.3[mm]
③ 4.5[mm] ④ 4.8[mm]

해설

분할날의 두께는 톱날 두께의 1.1배 이상
∴ 3×1.1=3.3[mm] 이상

03 분할날 두께가 4[mm]일 때 톱날과의 관계에서 적합한 설치조건인 것은?

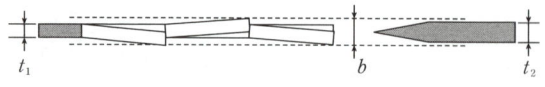

t_1 : 톱날의 두께 b : 치진폭 t_2 : 분할날의 두께

① $b > 4.0[\text{mm}]$, $t_1 ≤ 3.6[\text{mm}]$
② $b > 4.0[\text{mm}]$, $t_1 ≤ 4.0[\text{mm}]$
③ $b > 4.0[\text{mm}]$, $t_1 ≤ 4.4[\text{mm}]$
④ $b > 4.0[\text{mm}]$, $t_1 ≤ 3.6[\text{mm}]$

해설

분할날의 두께는 톱날 두께의 1.1배 이상, 치진폭보다는 작아야 한다.

해답 1. ③ 2. ② 3. ①

04 탁상용 연삭기의 숫돌차의 바깥지름이 330[mm] 이라면, 플랜지의 바깥 지름은 최소 몇 [mm] 이상이어야 안전한가?

① 165[mm] 이상　② 82.5[mm] 이상
③ 110[mm] 이상　④ 100[mm] 이상

해설

$d = 330 \times \dfrac{1}{3} = 110[\text{mm}]$

05 롤러 맞물림점의 전방 80[mm]의 거리에 가드를 설치하고자 할 때 가드 개구부의 간격은?

① 16[mm]　② 17[mm]
③ 18[mm]　④ 19[mm]

해설

$Y = 6 + 0.15X = 6 + (0.15 \times 80) = 18[\text{mm}]$

06 앞면 롤러 지름이 600[mm]이고, 회전수가 20[rpm]의 경우 롤러기에 설치하는 급정지장치의 급정지거리는 얼마인가?(단, π는 3.14임)

① 942[mm]　② 753[mm]
③ 628[mm]　④ 600[mm]

해설

① $V = \dfrac{\pi DN}{1,000} = \dfrac{3.14 \times 600 \times 20}{1,000}$
　$= 37.68[\text{m/min}]$

② 원주속도가 37.68[m/min]이므로 급정지 거리는 앞면 롤러의 원주 길이의 $\dfrac{1}{2.5}$ 이어야 한다.

∴ 정지거리 $= \dfrac{3.14 \times 600}{2.5} = 753.6[\text{mm}]$

07 롤러의 런닝 닙 포인트(작업점)의 전방 40[mm]의 거리에 가드를 설치하고자 한다. 가드 개구부의 간격은 얼마로 하여야 하는가?

① 10[mm]　② 12[mm]
③ 15[mm]　④ 18[mm]

해설

$Y = 6 + 0.15X = 6 + (0.15 \times 40) = 12[\text{mm}]$

08 직경이 25[mm]의 일감을 선반에 물려 500[rpm]으로 회전하고 있다. 일감 표면의 원주속도는 약 몇 [m/s]인가?

① 12.5　② 654
③ 39.2　④ 0.65

해설

$V(\text{m/s}) = \dfrac{\pi DN}{1,000 \times 60} = \dfrac{\pi \times 25 \times 500}{1,000 \times 60}$
　　　　$= 0.65[\text{m/s}]$

해답　4. ③　5. ③　6. ②　7. ②　8. ④

09 연강(mild steel)의 항복강도는 250[MPa], 인장강도는 450[MPa]이다. 한편 이 강에 대한 사용응력은 100[MPa]이다. 이 때의 안전계수는?

① 2.5　　② 4.5
③ 0.4　　④ 1.8

해설

항복강도로 계산시→

안전계수 = $\dfrac{항복강도}{사용응력} = \dfrac{250}{100} = 2.5$

인장강도로 계산시→

안전계수 = $\dfrac{인장강도}{사용응력} = \dfrac{450}{100} = 4.5$

합격키 안전계수는 높은 값보다 낮은 값을 선택한다.

10 평균지름 25[cm], 소선의 지름 1.25[cm]인 원통형 코일 스프링에 18[kg]의 축하중을 적용시켰더니 축방향으로 10[cm]가 늘어났다. 이 때 이 코일스프링에 저장된 탄성에너지의 크기는 얼마인가?

① 250[kg·cm]　　② 180[kg·cm]
③ 1000[kg·cm]　　④ 90[kg·cm]

해설

$\mu = \dfrac{1}{2}\rho \cdot \delta = \dfrac{1}{2} \times 18 \times 10 = 90[\text{kg}\cdot\text{cm}]$

11 클러치 맞물림 개수 4개 200[spm](stroke per minute)의 동력 프레스기 양수기동식 안전장치의 안전거리는?

① 360[mm]　　② 325[mm]
③ 260[mm]　　④ 210[mm]

해설

$T_m = \left(\dfrac{1}{클러치 맞물림 개소} + \dfrac{1}{2}\right) \times \dfrac{3.14 \times 600 \times 20}{매분 행정수(spm)}$

$= \left(\dfrac{1}{4} + \dfrac{1}{2}\right) \times \dfrac{60,000}{200} = 225[\text{ms}]$

$D_m = 1.6 \times T_m = 1.6 \times 225 = 360[\text{mm}]$

해답 9. ①　10. ④　11. ①

보충학습 양수기동식의 안전거리(D_m : 안전거리)

$$D_m[\text{mm}] = 1.6 T_m$$

T_m : 양손으로 누름 단추를 누르기 시작할 때부터 슬라이드가 하사점에 도달하기까지 소요시간(ms)

$$T_m = \left(\dfrac{1}{클러치 맞물림 개소} + \dfrac{1}{2}\right) \times \dfrac{3.14 \times 600 \times 20}{매분 행 정수(spm)}$$

12

프레스기의 감응식 방호장치에서 손이 광선을 차단 후 직후부터 급정지장치가 작동을 개시한 시간이 0.03초이고, 급정지 장치가 작동을 시작하여 슬라이드가 정지한 때까지의 시간이 0.2초이면 광축의 설치거리는?

① 253[mm] 이상
② 299[mm] 이상
③ 368[mm] 이상
④ 460[mm] 이상

해설

안전거리$[mm]=1.6(T_1+T_s)$
$D_m = 1.6(0.03+0.2) \times 10^3$
$\quad = 1.6 \times 0.23 \times 10^3$
$\quad = 368[mm]$

13

프레스의 금형 앞쪽(위험점)으로부터 20[cm] 떨어진 위치에 광전자식 안전장치를 부착하고자 한다. 급정지에 소요되는 시간 중 전기적 작동시간이 25[ms]라고 할 때 기계적 작동시간의 범위는?

① 0.1초
② 0.125초 이하
③ 12.5[ms] 이하
④ 0.1225초 이하

해설

안전거리$[mm]=1.6(T_1+T_s)$
 T_1 : 손이 광선을 차단한 직후로부터 급정지기구가 작동을 개시하기까지의 시간[ms]
 T_s : 급정지기구가 작동을 개시한 때로부터 슬라이드가 정지할 때까지의 시간[ms]
안전거리$[mm]=1.6(T_1+T_s)$에서
$20\text{cm} = 1.6(25+x)$
$x = \dfrac{200-1.6 \times 25}{1.6} = 100[ms] = 0.1[sec]$
$1[sec] = 100[ms]$
따라서 답은 0.1초

14

다음 그림과 같은 스트레이트 사이드(straight-side)형 프레스(press)에 안전장치를 설치하고자 한다. 만족한 안전거리는?(단, $T_l+T_s=150[ms]$, $a=140[mm]$, $l_B=950[mm]$)

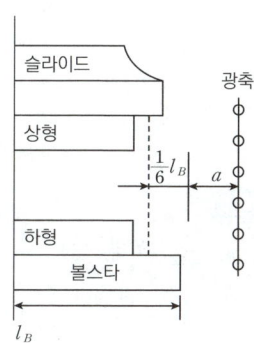

① 240 > 230.6
② 240 > 298.3
③ 240 < 298.3
④ 240 = 240

해설

안전거리$[mm]=1.6(T_1+T_s)$에서
㉮ 안전거리 $=1.6T_m = 1.6 \times 150 = 240$
㉯ 안전거리 $= a + \left(\dfrac{1}{6} \times l_B\right)$
$\quad = 140 + \left(\dfrac{1}{6} \times 950\right) = 298.33$
∴ 240 < 안전거리 < 298.33

해답 12. ③ 13. ① 14. ③

15 하물중량이 200[kg], 지게차의 중량이 400[kg], 앞바퀴에서 하물의 중심까지의 최단거리가 1[m]이면 지게차가 안정되기 위한 앞바퀴에서 지게차의 중심까지의 최단 거리는?

① 2[m] 초과　　② 0.5[m] 초과
③ 3[m] 초과　　④ 1[m] 이상

해설
지게차의 안정을 유지하려면 다음과 같은 관계를 유지해야 한다.
$W \cdot a < G \cdot b$
따라서 $200 \times 1 < 400 \times x$
$\therefore x = 0.5[m]$ 초과

16 그림과 같이 중앙부에 지름 d=120[mm]의 구멍이 뚫린 폭 220[mm]의 판에 하중 W=3,600[kg]이 작용할 때, 안전율을 13 이상으로 하려면 판의 두께는 얼마 이상으로 해야 하는가?(단, 재료의 인장강도는 39[kg/mm²] 이다.)

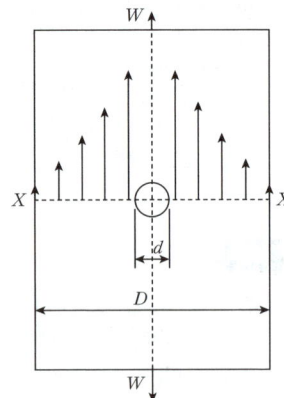

① 5[mm]　　② 12[mm]
③ 15[mm]　　④ 20[mm]

해설
$D = 220[mm]$
$d = 120[mm]$
$P = 3,600[kg]$
$\sigma_{max} = 39[kg/mm^2]$
$S = 13$
$\sigma_{av} = \dfrac{\sigma_{max}}{13} = \dfrac{39}{13} = 3[kg/mm^2]$
$3 = \dfrac{3,600}{(220-120)t}$ 에서
$\therefore t = \dfrac{3,600}{(220-120) \times 3} = 12[mm]$

17 지름 16[mm], 길이 3[m]의 축이 3,000[kgf]의 인장하중을 받고 2.2[mm] 늘어났다고 하자. 이 축에 발생하는 인장응력은?

① 1,493[kgf/cm²]
② 1,360[kgf/cm²]
③ 393[kgf/cm²]
④ 660[kgf/cm²]

해설
인장응력 $= \dfrac{\text{인장하중}}{\text{단면적}}$
$= \dfrac{3,000}{\dfrac{\pi}{4} \times 1.6^2} = 1,492.83[kg/cm^2]$

해답 15. ② 16. ② 17. ①

제4과목

벼락치기 • 산업안전 필기

전기설비 안전 관리

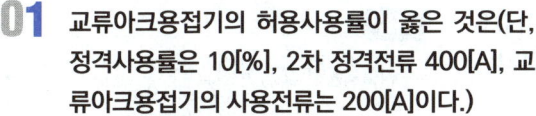

01 교류아크용접기의 허용사용률이 옳은 것은(단, 정격사용률은 10[%], 2차 정격전류 400[A], 교류아크용접기의 사용전류는 200[A]이다.)

① 40[%]   ② 50[%]
③ 60[%]   ④ 70[%]

해설

허용사용률 $= \dfrac{(정격\ 2차전류)^2}{(실제\ 사용\ 용접전류)^2} \times 정격\ 사용률$
$= \dfrac{400^2}{200^2} \times 10 = 40[\%]$

02 누전중인 기기 외함에 접촉시 인체의 대지저항은 10,000[Ω]이었고, 접지선에 흐르는 전류는 0.5[A], 접지저항은 100[Ω]이었다. 이 때 인체를 통하여 흐르는 전류 [mA]는?

① 2[mA]   ② 3[mA]
③ 4[mA]   ④ 5[mA]

해설

$V = I \cdot R = 0.5 \times 100 = 50[V]$
$I = \dfrac{V}{R} = \dfrac{50}{10,000} = 0.005[A] \times 1,000 = 5[mA]$

03 400[A]의 전류가 흐르는 단상 전로의 한 선에서 누전되는 최소 전류[A]는?

① 0.1[A]   ② 0.2[A]
③ 0.5[A]   ④ 1[A]

해설

누설전류 = 최대공급전류 $\times \dfrac{1}{2,000} = \dfrac{400}{2,000}$
$= 0.2[A]$

04 인체에 접촉되는 전압의 최저 허용전압을 50[V]로 하고, 인체 저항을 1,250[Ω]으로 할 때 지속 안전 전류는 몇 [mA]인가?

① 30   ② 40
③ 62.5   ④ 25

해설

$I = \dfrac{V}{R} = \dfrac{50}{1200} = 0.04[A] \times 1000 = 40[mA]$

해답 1. ① 2. ④ 3. ② 4. ②

05 인체의 저항을 500[Ω]이라 하면, 심실세동전류에서의 에너지는 몇 J인가?

① 13.6[J]
② 13[J]
③ 11.5[J]
④ 272.2[J]

해설

$Q = I^2RT[\text{J/S}]$
$= \left(\dfrac{165\sim185}{\sqrt{T}} \times 10^{-3}\right)^2 \times 500 \times T$
$= 13.61 \sim 17.11[\text{J}]$

06 인체에 전격을 당하는 경우 만약 통전전류가 0.5초간 흘렀다면 심실세동을 일으키는 전류치는 얼마인가?

① 165[mA]   ② 233[mA]
③ 296[mA]   ④ 325[mA]

해설

심실세동전류$(I) = \dfrac{165}{\sqrt{T}} = \dfrac{165}{\sqrt{0.5}}$
$= 233.35[\text{mA}]$

07 인체의 저항을 500[Ω]이라 하면 심실세동을 일으키는 정현파 교류의 안전한계는 몇 Joule인가?

① 18.0~30.0[J]
② 15.0~27.0[J]
③ 6.5~17.0[J]
④ 2.5~6.0[J]

해설

$W = I^2RT = \left(\dfrac{165\sim185}{\sqrt{T}} \times 10^{-3}\right)^2 RT[\text{J}]$
$W = I^2RT$
$= 165^2 \times 10^{-6} \times 500 = 13.61[\text{J}]$
$W = I^2RT$
$= 185^2 \times 10^{-6} \times 500 = 17.113[\text{J}]$
따라서 해당되는 범위는 6.5~17.0[J]이다.

08 폭발한계에 도달한 메탄가스가 혼합되었을 경우 착화한계전압[V]은?(단, 메탄의 착화최소에너지는 0.2[mJ], 극간 용량은 10[μF]이라 가정한다.)

① 6.325   ② 5.225
③ 4.135   ④ 3.035

해설

$E = \dfrac{1}{2}CV^2$ 에서
$0.2 \times 10^{-3} = \dfrac{1}{2} \times 10 \times 10^{-6} \times x^2$
$\therefore x = 6.325[\text{V}]$

해답 5. ① 6. ② 7. ③ 8. ①

09 백금과 동을 접촉시킨 경우 접촉전위차[V] 및 접촉면의 전하밀도[C/m²]를 구하면?(단, 백금 및 동의 일함수(work function)를 각각 5.44 및 4.29[eV]라 한다. 또 접촉계면의 두께를 5×10^{-10}[m], 유전율은 8.855×10^{-12}[F/m]과 같다고 한다.)

① 0.95, 1×10^{-2} ② 1.15, 2×10^{-2}
③ 0.95, 2×10^{-2} ④ 1.15, 1×10^{-2}

해설
① 전위자 $= 5.44 - 4.29 = 1.15[V]$
② 전하밀도 $=$ 전계 $\times$ 유전율
$= \dfrac{1.15}{5 \times 10^{-10}} \times 8.855 \times 10^{-12}$
$= 2 \times 10^{-2}$

10 정전용량 C=10[μF]인 물체에 정전전압 V=1000[V]로 충전하였을 때 물체가 가지는 정전 에너지는 몇 Joule인가?

① 2 ② 3
③ 4 ④ 5

해설
$E = \dfrac{1}{2}CV^2 = \dfrac{1}{2} \times 10 \times 10^{-6} \times 1{,}000^2 = 5[J]$

11 두 물체의 마찰로 3,000[V]의 마찰전압이 생겼다. 폭발성 위험의 장소에서 두 물체의 정전용량이 몇 [pF]이면 폭발로 이어지겠는가?(단, 착화에너지는 0.25[mJ]이다.)

① 55[pF] ② 27[pF]
③ 1.6[pF] ④ 22.5[pF]

해설
$E = \dfrac{1}{2}CV^2$ 식에서
$C = \dfrac{2E}{V^2} = \dfrac{2 \times 0.25 \times 10^{-3}}{3{,}000^2} \times 10^{12} = 55[pF]$

12 위험지역 내 시설하는 제어실, 변전실 등의 전기설비에 대한 방폭화의 대응방법으로 내부에 청정한 공기를 불어넣어서 양압이 유지되도록 하는데, 양압송기장치는 제어실, 변전실의 모든 개구부를 닫은 상태에서 내부압력이 몇 [mmHg] 이상의 송기능력이 있어야 하는가?

① 0.468 ② 0.374
③ 0.281 ④ 0.187

해설
압력실 각 부의 최저 압력은 0.05[kPa](=0.5[mbar])로 해야 한다.
$\therefore \dfrac{0.05[kPa]}{101325} \times 760 = 0.375[mmHg]$

해답 9. ② 10. ④ 11. ① 12. ②

13 3300/220[V], 20[kVA]인 3상변압기에서 공급받고 있는 저압전선로의 절연부분의 전선과 대지간의 절연저항의 최솟값은 얼마로 유지해야 하는가?(단, 변압기 저압측의 1단자는 접지공사 시행)

① 1[MΩ]   ② 2,794[Ω]
③ 4,840[Ω]   ④ 8,383[Ω]

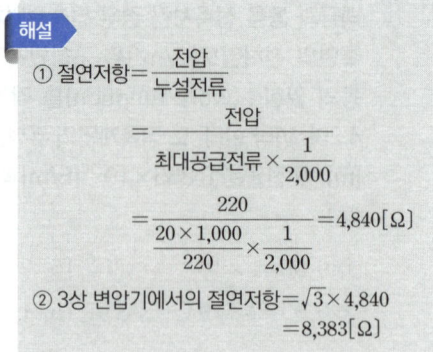

해설
① 절연저항 = $\dfrac{전압}{누설전류}$
= $\dfrac{전압}{최대공급전류 \times \dfrac{1}{2,000}}$
= $\dfrac{220}{\dfrac{20 \times 1,000}{220} \times \dfrac{1}{2,000}}$ = 4,840[Ω]

② 3상 변압기에서의 절연저항 = $\sqrt{3} \times 4,840$
= 8,383[Ω]

14 220[V] 전압에 접촉된 사람의 신체저항이 약 1,000[Ω]일 때 이 사람의 신체에 흐르는 전류는 얼마이며, 또 그 결과치는 위험한가 안전한가?

① 약 10[mA], 안전
② 약 45[mA], 위험
③ 약 50[mA], 위험
④ 약 220[mA], 위험

해설
$I[\mathrm{A}] = \dfrac{V}{R}$ 공식에서
$I = \dfrac{220}{1000} = 0.224[\mathrm{A}] \times 1,000 = 220[\mathrm{mA}]$
∴ 50[mA] 이상이므로 위험하다.

15 피뢰침의 제한전압이 800[kV]이고 충격 절연강도를 1,260[kV]라고 할 때 보호여유도는 얼마인가?

① 33.33[%]   ② 47.33[%]
③ 57.5[%]   ④ 33.5[%]

해설
보호여유도 = $\dfrac{충격\ 절연강도 - 제한전압}{제한전압} \times 100$
= $\dfrac{1,260 - 800}{800} \times 100 = 57.5[\%]$

해답 13. ④ 14. ③ 15. ③

제5과목
화학설비 안전 관리

벼락치기·산업안전 필기

---

01 풍량이 100[m³/min]이고, 풍전압이 100mmH₂O일 때 송풍기 동력(HP)은?(단, 송풍기의 효율(η)은 0.8이고, 1HP=0.746[kW]이다.)

① 2.7 ② 2
③ 1.5 ④ 1

해설

$$송풍기 마력(HP) = \frac{P(통풍력) \cdot V(기체\ 체적)}{75 \times \eta(송풍기효율)}$$

$$= \frac{100\frac{m^3}{min} \times 1\frac{min}{60}\sec \times 100[mmH_2O]}{75 \times 0.8}$$

$$= 2.7$$

---

02 작업장 내 A물질의 샘플링 시간간격(t)에 대한 농도(c)는 다음과 같다. TWA(시간가중평균농도)는?

t(hr)	c(ppm)	t(hr)	c(ppm)
2	40	3	60
2	45	1	35

① 22.50 ② 45.00
③ 48.13 ④ 52.13

해설

시간가중평균농도(TWA) : 1일 8시간 작업을 기준으로 하여 유해 요인의 측정농도에 노출시간을 곱하여 8시간으로 나눈 농도

$$TWA = \frac{C_1T_1 + C_2T_2 + \cdots + C_nT_n}{8}$$

$$= \frac{(2 \times 40) + (2 \times 45) + (3 \times 60) + (1 \times 35)}{8}$$

$$= 48.125$$

---

03 열교환탱크 외부를 두께 0.2[m]의 석면(k=0.037[kcal/m·hr℃])으로 보온하였더니 석면의 내면은 40[℃], 외면은 20[℃]이었다. 면적 1[m²]당 1시간에 손실되는 열량[kcal]은?

① 0.0037 ② 0.037
③ 1.37   ④ 3.7

해설

$$Q = \frac{A \cdot \Delta t}{\frac{l}{\lambda}} = \frac{\lambda \cdot A \cdot \Delta t}{l} = \frac{0.037 \times 1 \times 20}{0.2}$$

$$= 3.7[kcal]$$

해답 1.① 2.③ 3.④

04 직경 2[m]의 소방 수조탱크에 물이 4[m] 깊이로 채워져 있고, 바닥에 직경 10[cm]의 노즐이 연결되어 있을 때 이 노즐을 통하여 흘러나오는 물의 부피 유속은 몇 [m³/s]인가?(단, 수조 내의 압력은 대기압과 같다.)

① 0.02[m³/s]
② 0.05[m³/s]
③ 0.07[m³/s]
④ 0.09[m³/s]

해설

$\dfrac{P_1}{\gamma} + \dfrac{V_1^2}{2g} + Z_1 = \dfrac{P_2}{\gamma} + \dfrac{V_2^2}{2g} + Z_2$ 에서

여기서, $P_1 + P_2 = P_{1atm}$, $V_1 = 0$,
$Z_1 - Z_2 = 4[m]$이므로

$\dfrac{V_2^2}{2g} = Z_1 = Z_2 = h$

$\therefore V = \sqrt{2gh} = \sqrt{2 \times 9.8 \times 4} = 8.854[m/s]$

그리고 유량(Q)은

$Q = A_2 V_2 = \dfrac{\pi D^2}{4} V_2 = \dfrac{3.14}{4} \times 0.1^2 \times 8.854$
$= 0.0695[m^3/s]$

05 클로로벤젠(C_6H_5Cl)의 완전연소 조성농도는 얼마인가?

① 1.7[Vol%]
② 2.9[Vol%]
③ 3.2[Vol%]
④ 4.8[Vol%]

해설

$C_{st} = \dfrac{100}{1 + 4.773\left(n + \dfrac{m-f-2\lambda}{4}\right)}[\%]$

$= \dfrac{100}{1 + 4.773\left(6 + \dfrac{5}{4}\right)} = 2.9[Vol\%]$

여기서, n : 탄소수 m : 수소수
f : 할로겐수 λ : 산소수

06 메탄 80[%], 에탄 15[%], 프로판 5[%] 혼합가스의 공기 중의 폭발하한계는 얼마인가?(단, 메탄, 에탄, 프로판의 폭발하한계는 각각 5.0[%], 3.0[%], 2.1[%]이다.)

① 4.3[%]
② 5.3[%]
③ 7.5[%]
④ 3.0[%]

해설

혼합가스의 폭발한계

폭발한계 $= \dfrac{100}{\dfrac{V_1}{L_1} + \dfrac{V_2}{L_2} + \cdots + \dfrac{V_n}{L_n}}$

$= \dfrac{100}{\dfrac{80}{5.0} + \dfrac{15}{3.0} + \dfrac{5}{2.1}} = 4.277$

해답 4. ③   5. ②   6. ①

07 가연성 가스 또는 증기의 폭발한계와 상한계로부터 위험도를 계산할 수 있으며, 이 위험도의 값이 큰 것일수록 위험성이 높다. 공기 중에서의 수소 폭발하한계가 4.0[Vol%]이고, 상한계가 75[Vol%]이라면 수소의 위험도는 얼마인가?

① 18.75　　② 71.00
③ 17.75　　④ 12.54

해설

위험도$(H) = \dfrac{\text{폭발상한계} - \text{폭발하한계}}{\text{폭발하한계}}$

$= \dfrac{75 - 4.0}{4.0} = 17.75$

08 다음과 같이 가연성 물질의 LEL, UEL값이 주어졌을 때 위험도가 가장 큰 물질은?

	프로판	부탄	벤젠	가솔린
LEL	9.5	8.4	6.7	6.2
UFL	2.4	1.8	1.4	1.4

① 프로판　　② 부탄
③ 벤젠　　　④ 가솔린

해설

위험도$(H) = \dfrac{\text{폭발상한계} - \text{폭발하한계}}{\text{폭발하한계}}$

① 프로판$(H) = \dfrac{9.5 - 2.4}{2.4} = 2.96$

② 부탄$(H) = \dfrac{8.4 - 1.8}{1.8} = 3.67$

③ 벤젠$(H) = \dfrac{6.7 - 1.4}{1.4} = 3.79$

④ 가솔린$(H) = \dfrac{6.2 - 1.4}{1.4} = 3.43$

09 다음 표에 있는 가스들은 위험도가 높은 가스들이다. 위험도 순위로 나열한 것은?

성분	폭발하한선	폭발상한선
수소	4.0[Vol%]	75.0[Vol%]
산화에틸렌	3.0[Vol%]	80.0[Vol%]
이황화탄소	1.25[Vol%]	44.0[Vol%]
아세틸렌	2.5[Vol%]	81.0[Vol%]

① 아세틸렌 - 산화에틸렌 - 이황화탄소 - 수소
② 아세틸렌 - 산화에틸렌 - 수소 - 이황화탄소
③ 이황화탄소 - 아세틸렌 - 수소 - 산화에틸렌
④ 이황화탄소 - 아세틸렌 - 산화에틸렌 - 수소

해설

① 수소 $= \dfrac{75.0 - 4.0}{4.0} = 17.75$

② 산화에틸렌 $= \dfrac{80.0 - 3.0}{3.0} = 25.67$

③ 이황화탄소 $= \dfrac{44.0 - 1.25}{1.25} = 34.2$

④ 아세틸렌 $= \dfrac{81.0 - 2.5}{2.5} = 31.4$

해답 7. ③　8. ③　9. ④

10 가연성 가스 혼합물을 구성하는 성분의 조성과 연소하한값이 다음과 같을 때 혼합가스의 연소하한값은 얼마인가?

성분	조성(%)	연소하한값
메탄	2.5	L 5.0[Vol%]
에틸렌	0.5	L 2.7[Vol%]
공기	96	
헥산	1	L 1.1[Vol%]

① 2.51[Vol%] ② 7.51[Vol%]
③ 12.07[Vol%] ④ 15.01[Vol%]

해설

혼합가스의 폭발한계

$$\text{폭발한계} = \frac{100}{\frac{V_1}{L_1} + \frac{V_2}{L_2} + \cdots + \frac{V_n}{L_n}}$$

$$= \frac{100-96}{\frac{2.5}{5.0} + \frac{0.5}{2.7} + \frac{1}{1.1}} = 2.509$$

11 공기중에서 이황화탄소(CS_2)의 폭발한계는 체적[%]으로서 하한계가 1.25[%], 상한계가 44[%]이다. 이를 20[℃] 대기압에서 [mg/l]의 단위로 환산하면 하한계와 상한계는 각각 약 얼마인가?(단, 이황화탄소의 분자량은 76.1이다.)

① 61,640 ② 39.6, 1393
③ 146, 860 ④ 55.4, 1641.8

해설

① 하한계 $= \dfrac{1.25 \times 10,000 \times 76.1}{22.4 \times \dfrac{273+20}{273} \times 1,000}$

$= 39.56[\text{mg}/l]$

② 상한계 $= \dfrac{44 \times 10,000 \times 76.1}{22.4 \times \dfrac{273+20}{273} \times 1,000}$

$= 1392.79[\text{mg}/l]$

12 일산화탄소의 폭발범위는 공기 중에서 10.5~74[%]이다. 일산화탄소의 위험도는?

① 6.05 ② 7.15
③ 8.25 ④ 9.35

해설

위험도(H) $= \dfrac{\text{폭발상한} - \text{폭발하한}}{\text{폭발하한}} = \dfrac{74-10.5}{10.5}$

$= 6.05$

13 비중이 1.5이고 직경이 74[μm]인 분체가 터미널 속도(종말속도) 0.2[m/s]의 속도로 직경 6[m]의 사일로(silo)에서 질량유속 400[kg/h]로 흐를 때의 평균농도는?

① 19.7[mg/l] ② 14.8[mg/l]
③ 10.8[mg/l] ④ 25.8[mg/l]

해설

평균농도[mg/l]

$= \dfrac{400[\text{kg/hr}] \times \left(\dfrac{1[\text{hr}]}{3,600}[\text{sec}]\right)\left(10^6 \dfrac{[\text{mg}]}{1[\text{kg}]}\right)}{\dfrac{\pi}{4} \times 6^2[\text{m}^2] \times 0.2[\text{m/s}] \times \left(\dfrac{1,000[l]}{1[\text{m}^3]}\right)}$

$= 19.66[\text{mg}/l]$

해답 10. ① 11. ② 12. ① 13. ①

14 프로판(C_3H_8)의 연소에 필요한 최소 산소농도의 값은?(단, 프로판의 폭발하한은 Jone식에 의해 추산한다.)

① 8.1[%v/v]　　② 11.1[%v/v]
③ 15.1[%v/v]　　④ 20.1[%v/v]

해설
MOC = 산소 몰수 × 연소범위하한[%]
　　　= 5 × 2.2 = 11[%]

15 프로판(C_3H_8)가스 1[m³]를 완전 연소시키는 데 필요한 이론 공기량은?(단, 공기 중의 산소농도는 20[Vol%]이다.)

① 20[m³]　　② 25[m³]
③ 30[m³]　　④ 35[m³]

해설
$C_3H_8 + 5O_2 \rightarrow 3CO_2 + 4H_2O$
연소반응식에서 프로판 1[m³]에 대해 산소는 5[m³]이 필요하므로
∴ 필요한 공기량 = $\dfrac{\text{산소량}}{0.2} = \dfrac{5}{0.2} = 25[m^3]$

16 최고 충전압력 100[atm]의 고압용기에 20[℃]의 산소를 100[atm]으로 충전시킬 때 용기의 화재로 온도가 상승하여 안전밸브가 작동했다면 산소온도[K]는?

① 370　　② 378
③ 387　　④ 390

해설
안전밸브 작동압력 = 내압시험압력 × $\dfrac{8}{10}$
내압시험압력 = 최고충전압력 × $\dfrac{5}{3}$
　　　　　　= 상용압력 × 1.5
∴ 안전밸브 작동압력 = $100 \times \dfrac{5}{3} \times \dfrac{8}{3}$
　　　　　　　　　≒ 133.33[atm]
보일·샤를의 법칙에서 = $\dfrac{(100+1)}{273+20}$
　　　　　　　　　　= $\dfrac{133.33+1}{x}$
∴ $x = 389.69[K]$

17 다음 중 프로판(C_3H_8)가스 420[kg]을 용적 60의 용기에 충전하려면 몇 개의 용기가 필요한가?(단, 가스정수는 2.35이다.)

① 17개　　② 19개
③ 15개　　④ 13개

해설
$n = \dfrac{\frac{W}{V}}{C}$ 를 응용 (여기서, W : 프로판가스의 양, V : 용기의 용적, C : 가스정수)

∴ $n = \dfrac{\frac{W}{V}}{C} = \dfrac{\frac{420}{60}}{2.35} = \dfrac{420 \times 2.35}{60}$
　　= 16.45 ≒ 17개

해답　14. ②　15. ②　16. ④　17. ①

벼락치기·산업안전 필기

제6과목 건설공사 안전관리

01 아래의 그림과 같이 무게 500[kg]의 중량물을 와이어 로프에 의해 상부60[°]의 각으로 들어올릴 때, 로프의 한 선에 걸리는 하중(T)은?

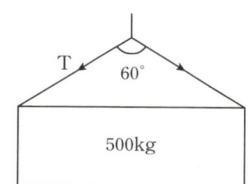

① 269[kg] ② 279[kg]
③ 289[kg] ④ 299[kg]

해설

$$T = \frac{\frac{\text{짐의 무게}}{\text{로프의 가닥수}}}{\cos\frac{\theta}{2}} = \frac{\frac{500}{2}}{\cos\frac{60}{2}} = \frac{250}{\cos 30}$$
$$= 288.68[kg]$$

02 다음 중 크레인 로프에 4[ton]의 중량을 걸어서 20m/s²의 가속도로 감아올릴 때 로프에 걸리는 하중은?

① 12,063[kg]
② 12,093[kg]
③ 12,143[kg]
④ 12,163[kg]

해설

총하중 = 정하중(W_1) + 동하중(W_2)
여기서, $W_2 = \frac{W_1}{\text{중력가속도}(g)} \times \text{가속도}(a)$

$$\therefore W = 4,000 + \frac{4,000}{9.8} \times 20$$
$$= 12,163[kg]$$

해답 1. ③ 2. ④

03 그림과 같이 로프에 하중이 재하되었을 때 로프에 작용하는 최대 인장응력은 얼마인가?(단, 로프의 단면적은 1[cm²])

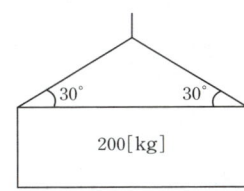

① 400[kg/cm²]   ② 300[kg/cm²]
③ 200[kg/cm²]   ④ 100[kg/cm²]

해설

$$T = \frac{\frac{짐의\ 무게}{로프의\ 가닥수}}{\cos\frac{\theta}{2}} = \frac{\frac{200}{2}}{\cos\frac{120}{2}} = \frac{100}{\cos 60}$$
$$= 200[kg]$$

∴ 인장응력 $= \frac{최대하중}{단면적} = \frac{200}{1}$
$= 200[kg/cm^2]$

04 파단하중(절단하중)이 350[kg]이고, 안전계수가 6인 와이어 로프의 안전하중은?

① 29.2[kg]   ② 2100[kg]
③ 117.7[kg]   ④ 58.3[kg]

해설

안전계수 $= \frac{파단하중}{안전하중}$

∴ 안전하중 $= \frac{파단하중}{안전계수} = \frac{350}{6} = 58.3[kg]$

05 인장강도가 44[kg/mm²]이고, 호칭지름이 20[mm]인 볼트의 안전하중은 약 몇 [kg]인가?(단, 안전계수는 5로 한다.)

① 1,381[kg]   ② 2,763[kg]
③ 11,052[kg]   ④ 7,040[kg]

해설

안전계수 $= \frac{파단하중}{안전하중}$

① 파단하중 = 인장강도 × 단면적
$= 44 \times \frac{3.14 \times 20^2}{4} = 13,816[kg]$

② 안전계수 $= \frac{파단하중}{안전하중} = \frac{13,816}{5} ≒ 2,763 kg$

06 1,000[kg]을 적재할 수 있는 와이어 로프의 지름이 2[%] 손상되었다. 이 와이어 로프에 적재할 수 있는 최대 하중은?

① 880[kg]   ② 940[kg]
③ 960[kg]   ④ 980[kg]

해설

$1,000 - \left(1000 \times \frac{2}{100}\right) = 980[kg]$

해답 3.③ 4.④ 5.② 6.④

07 단면적이 154[mm²]인 인장철근을 인장한 결과 11.5[ton]에서 파단되었다. 이 철근의 인장강도는?

① 70[kg/mm²]　② 72[kg/mm²]
③ 75[kg/mm²]　④ 78[kg/mm²]

해설

인장강도$(\sigma) = \dfrac{파단하중}{단면적} = \dfrac{11500}{154}$
$= 74.68 [kg/mm^2]$

08 보통 흙의 건지에 깊이 5[m]를 개굴착하고자 한다. 기울기를 1 : 0.5로 할 경우, 그림에서 L은?

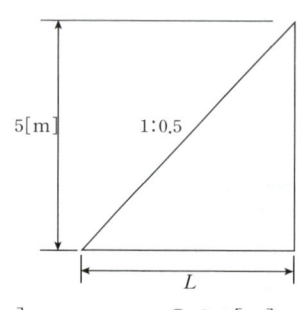

① 2[m]　② 2.5[m]
③ 5[m]　④ 10[m]

해설

$1 : 0.5 = 5 : X$
∴ $X = 2.5$

09 길이가 10[m]인 단순보의 중앙에 4[ton]의 힘이 작용할 때 중앙점에서의 모멘트는?

① 5[ton·m]
② 10[ton·m]
③ 15[ton·m]
④ 20[ton·m]

해설

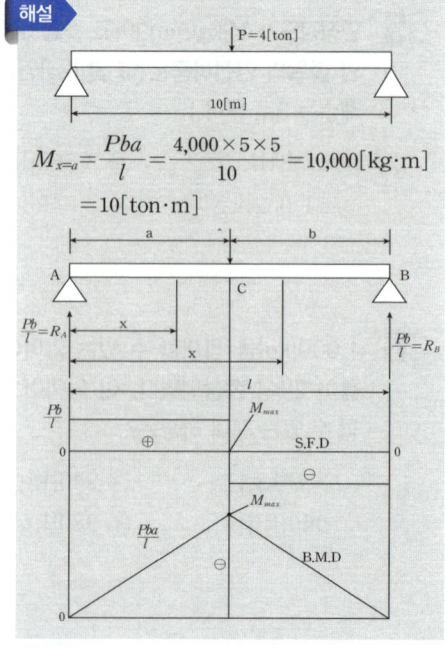

$M_{x=a} = \dfrac{Pba}{l} = \dfrac{4{,}000 \times 5 \times 5}{10} = 10{,}000[kg \cdot m]$
$= 10[ton \cdot m]$

해답　7. ③　8. ②　9. ②

10 콘크리트 공시체 지름이 15[cm], 높이가 30[cm]인 공시체를 압축시험한 결과 38,000[kg]에서 파괴되었다. 압축강도로 옳은 것은?

① 213[kg/cm²] ② 215[kg/cm²]
③ 220[kg/cm²] ④ 230[kg/cm²]

해설

$$압축강도(\sigma) = \frac{파단하중}{단면적} = \frac{38,000}{\frac{\pi}{4}15^2}$$
$$= 215.04[kg/cm^2]$$

11 노천굴착작업을 할 때 경암의 비탈면 기울기는 1 : 0.3이 적당하다. 이때 1:0.3의 경사각은 얼마인가?

① 30[°] ② 48[°]
③ 73[°] ④ 84[°]

해설

$$\tan\theta = \frac{1}{0.3}$$
$$\therefore \theta = 73.3[°]$$

12 어떤 재료의 진비중이 0.8이고, 겉보기 비중이 0.2일 때 이 재료의 공극률은 얼마인가?

① 25[%] ② 40[%]
③ 55[%] ④ 75[%]

해설

$$공극률 = \frac{진비중-겉보기비중}{진비중} \times 100$$
$$= \frac{0.8-0.2}{0.8} \times 100 = 75[\%]$$

13 추락시 로프의 지지점에서 최하단까지의 거리 h는?(단, 로프의 길이는 150[cm], 로프의 신율은 30[%], 근로자의 신장은 180[cm]이다.)

① 2.7[m] ② 2.85[m]
③ 3.00[m] ④ 3.15[m]

해설

$$h = 150 + (150 \times 0.3) + \left(180 \times \frac{1}{2}\right) = 285[cm]$$
$$h = 로프의\ 길이 + (로프의\ 길이 \times 신장률)$$
$$+ \left(근로자의\ 신장 \times \frac{1}{2}\right)$$

14 대상액이 60억원인 건축공사인 경우 표준안전관리비 계상액은?

① 112,800,000원 ② 142,200,000원
③ 135,600,000원 ④ 159,600,000원

해설

$$표준안전관리비\ 계상액 = 60억원 \times 2.37$$
$$= 142,200,000원$$

해답 10. ② 11. ③ 12. ④ 13. ② 14. ②

15 다음과 같은 조건에서 작업면과 방망이 부착된 위치와의 수직거리(낙하높이)는?

[조건] 1. 단일방망
2. L(단변 방향 길이) : 10[m]
3. A(장변 방향 방망의 지지 간격) : 5[m]

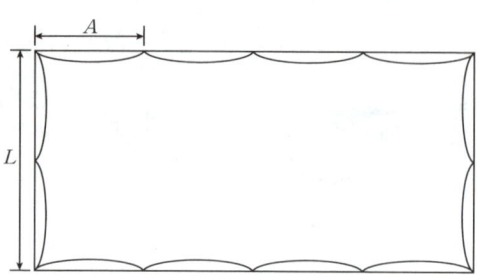

① 5[m] 이하   ② 7.5[m] 이하
③ 10[m] 이하 ④ 12.5[m] 이하

해설
낙하높이 $= 0.75 \times L = 0.75 \times 10 = 7.5[m]$

16 건조기에 습한 재료(고체) 10[kg]이 있다. 건조 후 무게를 측정하니 6.8[kg]이었다. 처음 재료의 함수율[kg·H₂O·kg]은 얼마인가?

① 0.25   ② 0.36
③ 0.47   ④ 0.58

해설
함수율 $= \dfrac{\text{건조 전 무게} - \text{건조 후 무게}}{\text{건조 후 무게}}$
$= \dfrac{10.8 - 6.8}{6.8} = 0.471$

17 슬래브 두께가 130[mm]일 때 거푸집 공사의 가설재 계산에서 하중 산정으로 옳은 것은?(단, 보통 철근 콘크리트 비중 2.4, 거푸집 중량은 무시, 충격하중과 작업하중은 고려한다.)

① 312[kg/m²]
② 468[kg/m²]
③ 618[kg/m²]
④ 800[kg/m²]

해설
$(130 \times 2.4) + (130 \times 2.4 \times 0.5) + 150$
$= 618[\text{kg/m}^2]$

보충학습
거푸집의 연직방향 하중(W) 산정식
W = 고정하중 + 충격하중 + 작업하중
$= (r \cdot t) + (1/2 \, r \cdot t) + 150 [\text{kg/m}^3]$
여기서, r : 철근콘크리트 비중(kg/m³)
t : 슬래브 두께(m)

해답 15. ② 16. ③ 17. ③

18 덤프트럭이 적재위치에서 출발하여 되돌아오는 시간이 50분, 싣기 기계가 트럭 1대에 흙을 싣는 시간이 9분 걸린다면 기계가 쉬지 않고 작업하기 위해서는 몇 대의 트럭이 필요한가?

① 4대　　② 7대
③ 9대　　④ 11대

[해설]

$$필요한\ 트럭대수 = \frac{되돌아오는\ 시간\ 초}{싣는\ 시간\ 초} + 1$$
$$= \frac{50 \times 60}{9 \times 60} + 1$$
$$= 약\ 7대$$

19 함수비 20[%], 공극비 0.8, 흙의 비중이 2.6일 때 포화도는 얼마인가?

① 55[%]　　② 65[%]
③ 75[%]　　④ 85[%]

[해설]

$$포화도 = \frac{비중 \times 함수비}{공극비} = \frac{2.6 \times 20[\%]}{0.8}$$
$$= 65[\%]$$

20 지름이 10[cm]이고 높이가 20[cm]인 원기둥 콘크리트 공시체가 할렬인장강도 시험에서 10,000[kg]에서 파괴되었다. 이때 콘크리트의 할렬인장강도는 몇 [kg/cm²]인가?

① 21.8　　② 31.8
③ 41.8　　④ 51.8

[해설]

$$할렬인장강도 = \frac{2P}{\pi DL} = \frac{2 \times 10,000}{\pi \times 10 \times 20}$$
$$= 31.8[kg/cm^2]$$

21 인간의 반응시간을 조사하는 실험에서 0.1, 0.2, 0.3, 0.4의 점등확률을 갖는 4개의 전등이 있다. 이 자극 전등이 전달하는 정보량은?

① 1.846　　② 1.762
③ 1.546　　④ 1.342

[해설]

$$A = \frac{\log\left(\frac{1}{0.1}\right)}{\log 2} = 3.32,\ B = \frac{\log\left(\frac{1}{0.2}\right)}{\log 2} = 2.32$$
$$C = \frac{\log\left(\frac{1}{0.3}\right)}{\log 2} = 1.74,\ D = \frac{\log\left(\frac{1}{0.4}\right)}{\log 2} = 1.32$$

정보량 $= (0.1 \times A) + (0.2 \times B) +$
　　　　$(0.3 \times C) + (0.4 \times D)$
　　　$= (0.1 \times 3.32) + (0.2 \times 2.32) +$
　　　　$(0.3 \times 1.74) + (0.4 \times 1.32)$
　　　$= 1.846$

[해답] 18. ②　19. ②　20. ②　21. ①

22 빨강, 노랑, 파랑의 3가지 색으로 구성된 교통 신호등이 있다. 신호등은 항상 3가지 색 중 하나가 켜지도록 되어 있다. 1시간 동안 조사한 결과 파란등은 총 30분 동안, 빨간등과 노란등은 각각 총 15분 동안 켜진 것으로 나타났다. 이 신호등의 총 정보량은 몇 [bit]인가?

① 0.5
② 0.75
③ 1.0
④ 1.5

해설

$$A = \frac{\log\left(\frac{1}{0.5}\right)}{\log 2} = 1, \quad B = \frac{\log\left(\frac{1}{0.25}\right)}{\log 2} = 2,$$

$$C = \frac{\log\left(\frac{1}{0.25}\right)}{\log 2} = 2$$

정보량 $= (0.5 \times A) + (0.25 \times B) + (0.25 \times C)$
$= (0.5 \times 1) + (0.25 \times 2) + (0.25 \times 2)$
$= 0.5 + 0.5 + 0.5 = 1.5$

해답 22. ④

PART 03 실전은 연습처럼

- **2019년도** 산업기사 제1회 (2019년 3월 3일 시행)
- **2020년도** 산업기사 제1·2회 통합 (2020년 6월 14일 시행)
- **2021년도** 산업기사 제1회 (2021년 3월 2일~12일 CBT 시행)
- **2022년도** 산업기사 제1회 (2022년 3월 2일~13일 CBT 시행)

2019년도 산업기사 정기검정 제1회 (2019년 3월 3일 시행)

자격종목 및 등급(선택분야)
산업안전산업기사

1 산업재해 예방 및 안전보건교육

01 하인리히의 재해구성비율에 따라 경상사고가 87건 발생하였다면 무상해사고는 몇 건이 발생하였겠는가?

① 300건　　② 600건
③ 900건　　④ 1,200건

해설

하인리히(H.W.Heinrich)의 1 : 29 : 300 법칙
① 경상 = 87건÷29 = 3
② 무상해 = 300×3 = 900건

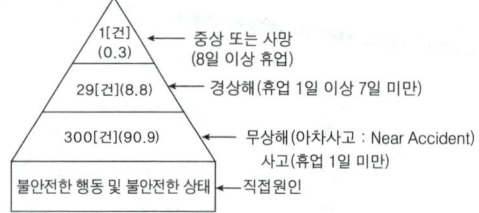

[그림] 하인리히 법칙[단위 : %]

참고 산업안전산업기사 필기 p.1-44(1. 하인리히(H.W. Heinrich)의 1 : 29 : 300)

KEY ① 2016년 10월 1일 기사 출제
② 2017년 9월 23일 산업기사 출제
③ 2018년 3월 4일 기사 출제

02 OJT(on the Job Training)의 특징이 아닌 것은?

① 훈련에 필요한 업무의 계속성이 끊어지지 않는다.
② 교육효과가 업무에 신속히 반영된다.
③ 다수의 근로자들을 대상으로 동시에 조직적 훈련이 가능하다.
④ 개개인에게 적절한 지도훈련이 가능하다.

해설

OJT의 특징
① 개개인에게 적절한 지도훈련이 가능하다.
② 직장의 실정에 맞게 구체적이고 실제적 훈련이 가능하다.
③ 즉시 업무에 연결되는 관계로 몸과 관련이 있다.
④ 훈련에 필요한 업무의 계속성이 끊어지지 않는다.
⑤ 효과가 곧 업무에 나타나며 훈련의 좋고 나쁨에 따라 개선이 쉽다.
⑥ 훈련효과를 보고 상호 신뢰, 이해도가 높아지는 것이 가능하다.

참고 산업안전산업기사 필기 p.1-173(표. OJT와 OFF JT 특징)

KEY ① 2016년 10월 1일 기사 출제
② 2017년 3월 5일, 5월 7일 기사 출제
③ 2017년 9월 23일 기사·산업기사 동시 출제
④ 2018년 3월 4일 기사 출제
⑤ 2018년 8월 19일 기사·산업기사 동시 출제

03 재해사례연구에 관한 설명으로 틀린 것은?

① 재해사례연구는 주관적이며 정확성이 있어야 한다.
② 문제점과 재해요인의 분석은 과학적이고, 신뢰성이 있어야 한다.
③ 재해사례를 과제로 하여 그 사고와 배경을 체계적으로 파악한다.
④ 재해요인을 규명하여 분석하고 그에 대한 대책을 세운다.

해설

재해사례 연구시 유의점
① 재해사례는 객관성이 있어야 한다.
② 신뢰성이 있어야 한다.
③ 논리적 분석이 가능해야 한다.
④ 과학적이어야 한다.

참고 산업안전산업기사 필기 p.1-64(문제 28번) 적중

KEY 2011년 3월 20일 문제14번 출제

[정답] 01 ③　02 ③　03 ①

04 산업안전보건법상 안전보건 표지에서 기본모형의 색상이 빨강이 아닌 것은?

① 산화성물질 경고
② 화기금지
③ 탑승금지
④ 고온 경고

해설

산업안전보건표지 색상
(1) 빨간색
   ① 산화성 물질 경고
   ② 화기금지
   ③ 탑승금지
(2) 노란색 : 고온경고

참고 산업안전산업기사 필기 p.1-97(4. 안전보건 표지의 종류와 형태)

KEY ① 2016년 3월 6일, 5월 8일 기사 출제
    ② 2017년 5월 7일, 9월 23일기사 출제

합격정보
산업안전보건법 시행규칙 [별표 6] 안전보건표지의 종류와 형태

05 모랄 서베이(Morale Survey)의 효용이 아닌 것은?

① 조직 또는 구성원의 성과를 비교·분석한다.
② 종업원의 정화(Catharsis)작용을 촉진시킨다.
③ 경영관리를 개선하는 데에 대한 자료를 얻는다.
④ 근로자의 심리 또는 욕구를 파악하여 불만을 해소하고, 노동의욕을 높인다.

해설

모랄 서베이의 효용
① 근로자의 심리, 욕구를 파악하여 불만을 해소하고 노동 의욕을 높인다.
② 경영관리를 개선하는 데 자료를 얻는다.
③ 종업원의 정화작용을 촉진시킨다.

참고 산업안전산업기사 필기 p.1-111(1. 모랄 서베이의 효용)

KEY 2017년 8월 26일 기사 출제

06 주의(Attention)의 특징 중 여러 종류의 자극을 자각할 때, 소수의 특정한 것에 한하여 주의가 집중되는 것은?

① 선택성
② 방향성
③ 변동성
④ 검출성

해설

주의의 특성 3가지
① 선택성 : 사람은 한 번에 여러 종류의 자극을 자각하거나 수용하지 못하며 소수의 특정한 것으로 한정해서 선택하는 기능을 말한다.
② 방향성 : 공간적으로 보면 시선의 초점에 맞았을 때는 쉽게 인지되지만 시선에서 벗어난 부분은 무시되기 쉽다.
③ 변동(단속)성 : 주의는 리듬이 있어 언제나 일정한 수준을 지키지는 못한다.

참고 산업안전산업기사 필기 p.1-149(1. 주의의 특성 3가지)

KEY ① 2016년 5월 8일, 10월 1일 기사 출제
    ② 2018년 3월 4일 산업기사 출제
    ③ 2018년 4월 28일, 8월 19일 기사 출제

07 인간의 적응기제(適應機制)에 포함되지 않는 것은?

① 갈등(conflict)
② 억압(repression)
③ 공격(aggression)
④ 합리화(rationalization)

해설

인간의 적응기제 3가지
① 도피기제(Excape Mechanism) : 갈등을 해결하지 않고 도망감

구분	특징
억압	무의식으로 쑤셔 넣기
퇴행	유아 시절로 돌아가 유치해짐
백일몽	공상의 나래를 펼침
고립(거부)	외부와의 접촉을 끊음

② 방어기제(Defence Mechanism) : 갈등을 이겨내려는 능동성과 적극성

[정답] 04 ④ 05 ① 06 ① 07 ①

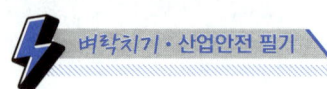

구분	특징
보상	열등감을 다른 곳에서 강점으로 발휘함
합리화	자기변명, 자기실패의 합리화, 자기미화
승화	열등감과 욕구불만을 사회적으로 바람직한 가치로 나타내는 것
동일시	힘 있고 능력 있는 사람을 통해 자기만족을 얻으려 함
투사	자신의 열등감을 다른 것에 던져 그것들도 결점이 있음을 발견해서 열등감에서 벗어나려 함

③ 공격기제(Aggressive Mechanism) : 직접적, 간접적

[참고] 산업안전산업기사 필기 p.1-147(보충학습)

[KEY] ① 2017년 3월 5일 기사 출제
② 2019년 3월 3일 기사·산업기사 동시 출제

08 산업안전보건법상 직업병 유소견자가 발생하거나 다수 발생할 우려가 있는 경우에 실시하는 건강진단은?

① 특별 건강진단
② 일반 건강진단
③ 임시 건강진단
④ 채용시 건강진단

[해설]

임시건강진단

구분	검사방법
다음에 해당하는 경우 특수건강진단 대상 유해인자 등에 의한 중독의 여부, 질병의 이환여부 또는 질병의 발생원인 등을 확인하기 위하여 실시하는 진단 ① 같은 부서 또는 같은 유해인자에 노출되는 근로자에게 유사한 질병의 자각 및 타각증상이 발생한 경우 ② 직업병유소견자가 발생하거나 다수 발생할 우려가 있는 경우 ③ 그 밖에 지방고용노동관서의 장이 필요하다고 판단하는 경우	검사방법, 실시방법은 고용노동부 장관이 정한다.

[참고] 산업안전산업기사 필기 p.1-265(제2절 건강진단 및 건강관리)

[합격정보] 산업안전보건법 시행규칙 제207조(임시건강진단 명령 등)

09 위험예지훈련 중 TBM(Tool Box Meeting)에 관한 설명으로 틀린 것은?

① 작업 장소에서 원형의 형태를 만들어 실시한다.
② 통상 작업시작 전·후 10분 정도 시간으로 미팅한다.
③ 토의는 다수인(30인)이 함께 수행한다.
④ 근로자 모두가 말하고 스스로 생각하고 "이렇게 하자"라고 합의한 내용이 되어야 한다.

[해설]

TBM 위험예지 훈련의 정의
① 작업 시작전 : 5~15분
② 작업 후 : 3~5분 정도의 시간으로 팀장을 주축
③ 인원 : 5~6명 정도의 소수가 회사의 현장 주변에서 짧은 시간의 회합
④ 상황 : 즉시즉응훈련

[참고] 산업안전산업기사 필기 p.1-11(합격날개 : 합격예측)

[KEY] ① 2016년 3월 6일 기사 출제
② 2016년 10월 1일 기사 출제
③ 2017년 5월 7일 기사 출제

10 제조업자는 제조물의 결함으로 인하여 생명·신체 또는 재산에 손해를 입은 자에게 그 손해를 배상하여야 하는데 이를 무엇이라 하는가? (단, 당해 제조물에 대해서만 발생한 손해는 제외한다.)

① 입증 책임
② 담보 책임
③ 연대 책임
④ 제조물 책임

[해설]

제조물책임(PL)
① 제조물 책임이란 결함 제조물로 인해 생명·신체 또는 재산 손해가 발생할 경우 제조업자 또는 판매업자가 그 손해에 대하여 배상 책임을 지는 것
② 유럽에서는 100여년의 역사를 가지고 있으며, 미국, 일본에서도 1960~70년대부터 사회문제로 대두되어 '소비자 위험부담시대'에서 '판매자 위험부담시대'로 변환
③ 제조업에서 사고발생을 방지할 책임이 있기 때문에 결함 제조물에 대한 전적인 책임이 있다.

[참고] 산업안전산업기사 필기 p.2-135(6. 제조물 책임)

[정답] 08 ③ 09 ③ 10 ④

11. 하버드 학파의 5단계 교수법에 해당되지 않는 것은?

① 교시(Presentation)
② 연합(Association)
③ 추론(Reasoning)
④ 총괄(Generalization)

해설

하버드 학파의 5단계 교수법
① 제1단계 : 준비시킨다.
② 제2단계 : 교시시킨다.
③ 제3단계 : 연합한다.
④ 제4단계 : 총괄한다.
⑤ 제5단계 : 응용시킨다.

참고 산업안전산업기사 필기 p.1-175(2. 하버드 학파의 5단계 교수법)

KEY
① 2016년 3월 6일 문제 11번 출제
② 2018년 4월 28일 기사 출제

12. 객관적인 위험을 자기 나름대로 판정해서 의지결정을 하고 행동에 옮기는 인간의 심리특성은?

① 세이프 테이킹(safe taking)
② 액션 테이킹(action taking)
③ 리스크 테이킹(risk taking)
④ 휴먼 테이킹(human taking)

해설

리스크 테이킹(risk taking)
① 객관적인 위험을 자기 편리한 대로 판단하여 의지결정을 하고 행동에 옮기는 현상이다.
② 안전태도가 양호한 자는 risk taking 정도가 적다.
③ 안전태도 수준이 같은 경우 작업의 달성 동기, 성격, 일의 능률, 적성배치, 심리상태 등 각종 요인의 영향으로 risk taking의 정도는 변한다.

참고 산업안전산업기사 필기 p.1-119(합격날개 : 은행문제)

① 2011년 3월 20일 기사 출제
② 2017년 5월 7일 기사 출제

13. 재해예방의 4원칙에 해당하지 않는 것은?

① 예방 가능의 원칙
② 손실 우연의 원칙
③ 원인 계기의 원칙
④ 선취 해결의 원칙

해설

하인리히 산업재해예방의 4원칙
① 예방가능의 원칙
② 손실우연의 원칙
③ 원인계기(연계)의 원칙
④ 대책선정의 원칙

참고 산업안전산업기사 필기 p.1-46(6. 하인리히 산업재해 예방의 4원칙)

KEY
① 2016년 5월 8일 산업기사 출제
② 2016년 10월 1일 기사 출제
③ 2017년 3월 5일, 9월 23일 기사 출제
④ 2017년 5월 7일 기사 출제
⑤ 2018년 3월 4일 기사·산업기사 동시 출제
⑥ 2018년 8월 19일 산업기사 출제
⑦ 2019년 3월 3일 기사·산업기사 동시 출제

14. 방독마스크의 정화통 색상으로 틀린 것은?

① 유기화합물용 – 갈색
② 할로겐용 – 회색
③ 황화수소용 – 회색
④ 암모니아용 – 노란색

해설

방독마스크 흡수관(정화통)의 종류

종 류	시험가스	정화통 외부측면 표시색
유기화합물용	시클로헥산(C_6H_{12}) 디메틸에테르(CH_3OCH_3), 이소부탄(C_4H_{10})	갈색
할로겐용	염소가스 또는 증기(Cl_2)	회색
황화수소용	황화수소가스(H_2S)	회색
시안화수소용	시안화수소가스(HCN)	회색
아황산용	아황산가스(SO_2)	노란색
암모니아용	암모니아가스(NH_3)	녹색

참고 산업안전산업기사 필기 p.1-92(표. 방독마스크 흡수관의 종류)

[정답] 11 ③   12 ③   13 ④   14 ④

KEY
① 2016년 3월 6일 산업기사 출제
② 2017년 3월 5일 기사 출제
③ 2018년 4월 28일 기사 출제

15 다음 중 스트레스(Stress)에 관한 설명으로 가장 적절한 것은?

① 스트레스는 나쁜 일에서만 발생한다.
② 스트레스는 부정적인 측면만 가지고 있다.
③ 스트레스는 직무몰입과 생산성 감소의 직접적인 원인이 된다.
④ 스트레스 상황에 직면하는 기회가 많을수록 스트레스 발생 가능성은 낮아진다.

해설

스트레스의 직접적 원인
① 직무몰입
② 생산성 감소

참고 산업안전산업기사 필기 p.1-135(합격날개 : 은행문제 적중)

KEY
① 2002년 8월 11일 문제14번 출제
② 2004년 3월 7일 문제18번 출제
③ 2006년 8월 6일 문제10번 출제

16 누전차단장치 등과 같은 안전장치를 정해진 순서에 따라 작동시키고 동작상황의 양부를 확인하는 점검은?

① 외관점검   ② 작동점검
③ 기술점검   ④ 종합점검

해설

작동점검
안전장치나 누전차단장치 등을 정해진 순서에 의해 작동시켜 상황의 양부를 확인

참고 산업안전산업기사 필기 p.1-72(3. 작동점검)

KEY 2015년 8월 16일 문제 6번 출제

17 재해발생 형태별 분류 중 물건이 주체가 되어 사람이 상해를 입는 경우에 해당되는 것은?

① 추락   ② 전도
③ 충돌   ④ 낙하·비래

해설

재해 발생 형태별 분류

분류항목	세부항목
① 추락	사람이 건축물, 비계, 기계 사다리, 계단, 경사면, 나무 등에서 떨어지는 것
② 전도	사람이 평면상으로 넘어졌을 때를 말함(과속, 미끄러짐)
③ 충돌	사람이 정지물에 부딪힌 경우
④ 낙하·비래	물건이 주체가 되어 사람이 맞은 경우

참고 산업안전산업기사 필기 p.1-33(3. 산업재해 용어 정의)

KEY 2006년 5월 14일 문제 4번 출제

18 산업안전보건법령상 특별안전보건 교육의 대상 작업에 해당하지 않는 것은?

① 석면해체·제거작업
② 밀폐된 장소에서 하는 용접작업
③ 화학설비 취급품의 검수·확인 작업
④ 2[m] 이상의 콘크리트 인공구조물의 해체 작업

해설

특별안전보건교육 대상작업 : 화학설비의 탱크내 작업 등 40개 작업

참고 산업안전산업기사 필기 p.1-191(2. 특별안전보건 교육)

합격정보
산업안전보건법 시행규칙 [별표7] 안전보건교육 교육대상별 교육 내용

KEY 2015년 5월 30일 문제 8번 출제

【 정답 】 15 ③   16 ②   17 ④   18 ③

PART 3. 실전은 연습처럼 · 2019년~2022년 과년도 1회차 문제해설

19 안전을 위한 동기부여로 틀린 것은?

① 기능을 숙달시킨다.
② 경쟁과 협동을 유도한다.
③ 상벌제도를 합리적으로 시행한다.
④ 안전목표를 명확히 설정하여 주지시킨다.

해설

안전동기의 유발방법
① 안전의 근본이념(참가치)을 인식시킬 것
② 안전목표를 명확히 설정할 것
③ 결과를 알려줄 것(K.R법 : Knowledge Results)
④ 상과 벌을 줄 것(상벌제도를 합리적으로 시행할 것)
⑤ 경쟁과 협동을 유도할 것
⑥ 동기유발의 최적수준을 유지할 것

참고 산업안전산업기사 필기 p.1-133(합격날개 : 합격예측)

KEY ① 2002년 제 1회 출제
② 2017년 3월 5일 기사 출제

---

20 안전교육의 3단계에서 생활지도, 작업동작지도 등을 통한 안전의 습관화를 위한 교육은?

① 지식교육
② 기능교육
③ 태도교육
④ 인성교육

해설

문제해결의 4단계(4Round)
① 표준작업방법의 습관화
② 공구 보호구 취급과 관리 자세의 확립
③ 작업 전후의 점검·검사요령의 정확한 습관화
④ 안전작업 지시전달 확인 등 언어태도의 습관화 및 정확화

참고 산업안전산업기사 필기 p.1-188(표. 단계별 교육목표 및 내용)

KEY ① 2014년 3월 2일 문제 19번 출제
② 2017년 3월 5일 기사 출제

---

2 인간공학 및 위험성 평가·관리

21 인간-기계시스템에 대한 평가에서 평가척도나 기준(criteria)으로서 관심의 대상이 되는 변수는?

① 독립변수
② 종속변수
③ 확률변수
④ 통제변수

해설

종속변수 : 평가척도나 기준으로서 관심의 대상이 되는 변수

참고 산업안전산업기사 필기 p.2-13(합격날개 : 은행문제 2)

KEY 2015년 8월 16일 문제 30번 출제

보충학습
독립변수 : 관찰하고자 하는 현상의 주원인(추측되는 변수)

---

22 화학설비의 안전성 평가 과정에서 제3단계인 정량적 평가 항목에 해당되는 것은?

① 목록
② 공정계통도
③ 화학설비용량
④ 건조물의 도면

해설

3단계 : 정량적 평가항목
① 해당 화학설비의 취급물질
② 해당 화학설비의 용량
③ 온도
④ 압력
⑤ 조작

참고 산업안전산업기사 필기 p.2-114(3. 3단계)

KEY 2016년 3월 6일 기사 출제

[정답] 19 ① 20 ③ 21 ② 22 ③

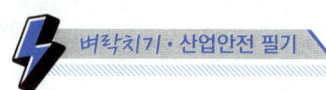

23 다음 FTA 그림에서 a, b, c의 부품고장률이 각각 0.01일 때, 최소 컷셋(minimal cutsets)과 신뢰도로 옳은 것은?

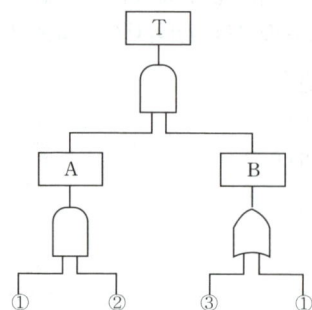

① {1, 2}, R(t)=99.99%
② {1, 2, 3}, R(t)=98.99%
③ {1, 3}
　 {1, 2}, R(t)=96.99%
④ {1, 3}
　 {1, 2, 3}, R(t)=97.99%

해설

컷셋과 신뢰도
(1) 최소 컷셋 구하기
　① $A = 1 \cdot 2$
　② $B = 3 + 1$
　③ $T = A \cdot B = $ (1·2)·(3+1)
　　　　　　　 = (1·2·3)+(1·2·1)
　　　　　　　 = (1·2·3)+(1·2)
　④ 다음과 같이 컷셋을 나타낼 수 있다.
　　 $T = A \cdot B = $ (1·2)·(3, 1)
　　　 = 1, 2, 3
　　　　 1, 2, 1

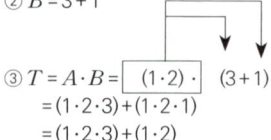

　⑤ 최소컷셋은 컷셋 중에서 공통이 되는 1, 2
(2) 신뢰도
　① $T = A \times B = 0.0001 \times 0.0199 = 0.00000199$
　② $A = 0.01 \times 0.01 = 0.0001$
　③ $B = 1 - (1 - 0.01)(1 - 0.01) = 0.0199$
　④ $1 - 0.00000199 = 0.9999801 \times 100 = 99.99$

참고 산업안전산업기사 필기 p.2-98(5. 컷셋·미니멀 컷셋 요약)

KEY 2012년 5월 20일 문제 39번 출제

24 FT도에 사용되는 기호 중 입력신호가 생긴 후, 일정시간이 지속된 후에 출력이 생기는 것을 나타내는 것은?

① OR 게이트　　② 위험 지속 기호
③ 억제 게이트　④ 배타적 OR 게이트

해설

위험지속기호

기호	명칭	입·출력현상
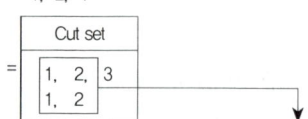	위험 지속 AND 게이트	입력현상이 생겨서 어떤 일정한 기간이 지속될 때에 출력이 생긴다. 만약 그 시간이 지속되지 않으면 출력은 생기지 않는다.

참고 산업안전산업기사 필기 p.2-92(16. 위험지속 AND 게이트)

KEY 2015년 3월 8일 문제 36번 출제

25 자동차나 항공기의 앞유리 혹은 차양판 등에 정보를 중첩 투사하는 표시장치는?

① CRT　　② LCD
③ HUD　　④ LED

해설

HUD(Head Up Display)
① 자동차나 항공기의 앞유리 또는 차양판에 정보를 중첩·투사하는 표시장치
② 정성적, 묘사적 표시장치
③ 항공기, 자동차 적용

참고 산업안전산업기사 필기 p.2-25(합격날개 : 은행문제) 적중

KEY 2015년 3월 8일 문제 25번 출제

보충학습
CRT, LCD, LED : TV 모니터 화면과 같은 영상 표시장치의 종류

[정답] 23 ① 24 ② 25 ③

26. 암호체계 사용상의 일반적인 지침에 해당하지 않는 것은?

① 암호의 검출성
② 부호의 양립성
③ 암호의 표준화
④ 암호의 단일 차원화

해설

암호체계 사용상 일반적 지침
① 암호의 검출성(감지장치로 검출)
② 암호의 변별성(인접자극의 상이도 영향)
③ 부호의 양립성(인간의 기대와 모순되지 않을 것)
④ 부호의 의미
⑤ 암호의 표준화
⑥ 다차원 암호의 사용(정보전달 촉진)

참고 산업안전산업기사 필기 p.2-10(합격날개 : 합격예측)

KEY 2016년 5월 8일 기사 출제

27. 일반적인 수공구의 설계원칙으로 볼 수 없는 것은?

① 손목을 곧게 유지한다.
② 반복적인 손가락 동작을 피한다.
③ 사용이 용이한 검지만 주로 사용한다.
④ 손잡이는 접촉면적을 가능하면 크게 한다.

해설

수공구 설계원칙
① 손목을 곧게 펼 수 있도록 : 손목이 팔과 일직선일 때 가장 이상적
② 손가락으로 지나친 반복동작을 하지 않도록 : 검지의 지나친 사용은 "방아쇠 손가락"증세 유발
③ 손바닥면에 압력이 가해지지 않도록(접촉면적을 크게) : 신경과 혈관에 장애(무감각증, 떨림현상)
④ 그 밖의 설계원칙
 ㉮ 안전측면을 고려한 디자인
 ㉯ 적절한 장갑의 사용
 ㉰ 왼손잡이 및 장애인을 위한 배려
 ㉱ 공구의 무게를 줄이고 균형유지 등

참고 산업안전산업기사 필기 p.2-64(합격날개 : 합격예측)

KEY ① 2014년 3월 2일 문제 31번 출제
② 2016년 5월 8일 기사 출제

28. 광원으로부터의 직사 휘광을 줄이기 위한 방법으로 적절하지 않은 것은?

① 휘광원 주위를 어둡게 한다.
② 가리개, 갓, 차양 등을 사용한다.
③ 광원을 시선에서 멀리 위치시킨다.
④ 광원의 수는 늘리고 휘도는 줄인다.

해설

광원으로부터의 직사휘광 처리방법
① 광원의 휘도를 줄이고 광원의 수를 늘린다.
② 광원을 시선에서 멀리 위치시킨다.
③ 휘광원 주위를 밝게 하여 광속 발산(휘도)비를 줄인다.
④ 가리개(shield), 갓(hood) 혹은 차양(visor)을 사용한다.

참고 산업안전산업기사 필기 p.2-57(① 광원으로부터의 직사휘광 처리방법)

KEY ① 2016년 5월 8일 기사 출제
② 2017년 9월 23일 기사 출제

29. 신뢰성과 보전성을 효과적으로 개선하기 위해 작성하는 보전기록 자료로서 가장 거리가 먼 것은?

① 자재관리표
② MTBF 분석표
③ 설비이력카드
④ 고장원인대책표

해설

신뢰성과 보전성을 개선하기 위한 보전기록 자료
① MTBF분석표
② 설비이력카드
③ 고장원인대책표

참고 산업안전산업기사 필기 p.1-131(합격날개 : 은행문제)

KEY 2011년 6월 12일 문제 30번 출제

[정답] 26 ④ 27 ③ 28 ① 29 ①

30 통제표시비(control/display ratio)를 설계할 때 고려하는 요소에 관한 설명으로 틀린 것은?

① 통제표시비가 낮다는 것은 민감한 장치라는 것을 의미한다.
② 목시거리(目示距離)가 길면 길수록 조절의 정확도는 떨어진다.
③ 짧은 주행 시간 내에 공차의 인정범위를 초과하지 않는 계기를 마련한다.
④ 계기의 조절시간이 짧게 소요되도록 계기의 크기(size)는 항상 작게 설계한다.

해설

계기의 크기
① 계기의 조절시간이 짧게 소요되는 사이즈(size)를 선택해야 한다.
② 사이즈가 작으면 오차가 많이 발생하므로 상대적으로 생각해야 한다.

참고 산업안전산업기사 필기 p.2-63(2. 통제표시비의 설계 시 고려사항)

KEY 2014년 5월 25일 문제 40번 출제

31 다음 중 연마작업장의 가장 소극적인 소음대책은?

① 음향 처리제를 사용할 것
② 방음 보호 용구를 착용할 것
③ 덮개를 씌우거나 창문을 닫을 것
④ 소음원으로부터 적절하게 배치할 것

해설

방음보호구 사용
① 귀마개, 귀덮개
② 소극적인 대책

참고 산업안전산업기사 필기 p.2-59(1. 소음대책)

KEY
① 2016년 3월 6일 기사 출제
② 2016년 8월 21일 기사 출제
③ 2018년 3월 4일 산업기사 출제
④ 2018년 4월 28일 기사 출제
⑤ 2018년 8월 19일 기사 출제

32 다음의 설명에서 ( )안의 내용을 맞게 나열한 것은?

40[phon]은 (㉠)[sone]을 나타내며, 이는 (㉡)[dB]의 (㉢)[Hz] 순음의 크기를 나타낸다.

① ㉠ 1, ㉡ 40, ㉢ 1,000
② ㉠ 1, ㉡ 32, ㉢ 1,000
③ ㉠ 2, ㉡ 40, ㉢ 2,000
④ ㉠ 2, ㉡ 32, ㉢ 2,000

해설

음의 크기의 수준
① Phon : 1,000[Hz] 순음의 음압수준(dB)을 나타낸다.
② sone : 1,000[Hz], 40[dB]의 음압수준을 가진 순음의 크기 (=40[Phon])를 1 [sone]이라 한다.

참고 산업안전산업기사 필기 p.2-60(합격날개 : 합격예측)

KEY
① 2016년 3월 6일 기사 출제
② 2019년 3월 3일 기사·산업기사 동시 출제

33 위험조정을 위해 필요한 기술은 조직형태에 따라 다양하며 4가지로 분류하였을 때 이에 속하지 않는 것은?

① 전가(transfer)   ② 보류(retention)
③ 계속(continuation)   ④ 감축(reduction)

해설

Risk 처리(위험조정)기술 4가지
① 위험회피(Avoidance)
② 위험제거(경감, 감축 : Reduction)
③ 위험보유, 보류(Retention)
④ 위험전가(Transfer) : 보험으로 위험조정

참고 산업안전산업기사 필기 p.2-76(6. Risk 처리(위험조정) 기술 4가지)

KEY
① 2017년 9월 23일 기사 출제
② 2018년 8월 19일 기사 출제

【 정답 】 30 ④ 31 ② 32 ① 33 ③

34
체내에서 유기물을 합성하거나 분해하는 데는 반드시 에너지의 전환이 뒤따른다. 이것을 무엇이라 하는가?

① 에너지의 변환 ② 에너지 합성
③ 에너지 대사 ④ 에너지 소비

해설

에너지 대사
① 체내에서 유기물을 합성하거나 분해하는데 필요한 에너지
② 생명현상에 따른 에너지의 전환 과정

참고 산업안전산업기사 필기 p.2-54(1. 대사열)

KEY 2016년 5월 8일 기사 출제

35
전통적인 인간-기계(Man-Machine) 체계의 대표적 유형과 거리가 먼 것은?

① 수동체계 ② 기계화체계
③ 자동체계 ④ 인공지능체계

해설

인간-기계 체계의 대표적 유형
① 수동체계의 경우 : 장인과 공구, 가수와 앰프
② 기계화 체계의 경우 : 운전하는 사람과 자동차 엔진
③ 자동화 체계 : 인간은 주로 감시, 프로그램 입력, 정비유지

참고 산업안전산업기사 필기 p.2-7(합격날개 : 합격예측)

KEY 2007년 8월 5일 문제 34번 출제

36
다음 그림 중 형상 암호화된 조종 장치에서 단회전용 조종장치로 가장 적절한 것은?

①   ②

③   ④

해설

제어장치의 형태코드법
① 부류A(복수회전) : 연속조절에 사용하는 놉(knob)으로 빙글빙글 돌릴 수 있는 조절범위가 1회전 이상이며 놉(knob)의 위치가 제어조작의 정보로 중요하지 않다.( ) : 다회전용

② 부류B(분별회전) : 연속조절에 사용하는 놉(knob)으로 빙글빙글 돌릴 필요가 없고 조절범위가 1회전 미만이며 놉(knob)의 위치가 제어조작의 정보로 중요하다.( ) : 단회전용

③ 부류C(멈춤쇠 위치조정 : 이산 멈춤 위치용) : 놉(knob)의 위치가 제어조작의 중요 정보가 되는 것으로 분산 설정 제어장치로 사용한다.( )

참고 산업안전산업기사 필기 p.2-29(2. 제어장치의 형태코드법)

KEY 2010년 7월 25일 문제 32번 출제

37
작업장에서 구성요소를 배치하는 인간공학적 원칙과 가장 거리가 먼 것은?

① 중요도의 원칙 ② 선입선출의 원칙
③ 기능성의 원칙 ④ 사용빈도의 원칙

해설

부품(공간)배치의 4원칙
① 중요성(도)의 원칙(일반적 위치결정)
② 사용빈도의 원칙(일반적 위치결정)
③ 기능별 배치의 원칙(배치결정)
④ 사용순서의 원칙(배치결정)

참고 산업안전산업기사 필기 p.2-42(2. 부품(공간)배치의 4원칙)

KEY ① 2017년 9월 23일 산업기사 출제
② 2018년 3월 4일 기사·산업기사 동시 출제
③ 2018년 8월 19일 산업기사 출제

38
동전던지기에서 앞면이 나올 확률 P(앞)=0.6이고, 뒷면이 나올 확률 P(뒤)=0.4일 때, 앞면과 뒷면이 나올 사건의 정보량을 각각 맞게 나타낸 것은?

① 앞면 : 0.10[bit], 뒷면 : 1.00[bit]
② 앞면 : 0.74[bit], 뒷면 : 1.32[bit]
③ 앞면 : 1.32[bit], 뒷면 : 0.74[bit]
④ 앞면 : 2.00[bit], 뒷면 : 1.00[bit]

[정답] 34 ③ 35 ④ 36 ① 37 ② 38 ②

해설

정보량

① $P(앞면) = \log_2 \dfrac{1}{0.6} = 0.74 \, [\text{bit}]$

② $P(뒷면) = \log_2 \dfrac{1}{0.4} = 1.32 \, [\text{bit}]$

참고 산업안전산업기사 필기 p.2-25(5. 정보의 측정단위)

KEY
① 2017년 5월 7일 기사·산업기사 동시 출제
② 2017년 9월 23일 기사 출제
③ 2018년 4월 28일 기사 출제

---

39 어떤 결함수의 쌍대결함수를 구하고, 컷셋을 찾아내어 결함(사고)을 예방할 수 있는 최소의 조합을 의미하는 것은?

① 최대 컷셋
② 최소 컷셋
③ 최대 패스셋
④ 최소 패스셋

해설

최소패스셋(minimal path set)
① 어떤 고장이나 실수를 일으키지 않으면 재해는 일어나지 않는다.
② 시스템의 신뢰성을 나타낸다.

참고 산업안전산업기사 필기 p.2-97(합격날개 : 합격예측)

KEY
① 2017년 5월 7일 산업기사 출제
② 2017년 9월 23일 기사 출제
③ 2018년 3월 4일 산업기사 출제
④ 2018년 4월 28일 산업기사 출제
⑤ 2019년 3월 3일 기사·산업기사 동시 출제

---

40 인간-기계 시스템에서의 신뢰도 유지 방안으로 가장 거리가 먼 것은?

① lock system
② fail-safe system
③ fool-proof system
④ risk assessment system

해설

위험성 평가(risk assessment)
① risk management(위험관리)와 동의어
② 산업안전에 속하는 위험관리는 안전성 평가이다.

참고 산업안전산업기사 필기 p.2-119(4. 위험성 평가)

KEY 2002년 3월 2일 문제 35번 출제

---

3 기계·기구 및 설비안전관리

41 금형 조정작업 시 슬라이드가 갑자기 작동하는 것으로부터 근로자를 보호하기 위하여 가장 필요한 안전장치는?

① 안전블록
② 클러치
③ 안전 1행정 스위치
④ 광전자식 방호장치

해설

안전블록
프레스 등의 금형을 부착·해체 또는 조정하는 작업을 할 때에 해당 작업에 종사하는 근로자의 신체가 위험한계 내에 있는 경우 슬라이드가 갑자기 작동함으로써 근로자에게 발생할 우려가 있는 위험을 방지하기 위하여 안전블록을 사용하는 등 필요한 조치를 하여야 한다.

참고 산업안전산업기사 필기 p.3-62(합격날개 : 합격예측 및 관련법규)

KEY
① 2016년 3월 6일 산업기사 출제
② 2016년 8월 21일 기사·산업기사 동시 출제
③ 2017년 8월 26일 기사 출제
④ 2018년 3월 4일 기사 출제
⑤ 2018년 8월 19일 산업기사 출제

합격정보
산업안전보건기준에 관한 규칙 제104조(금형조정작업의 위험방지)

---

42 프레스 작업 중 작업자의 신체일부가 위험한 작업점으로 들어가면 자동적으로 정지되는 기능이 있는데, 이러한 안전대책을 무엇이라고 하는가?

① 풀 프루프(fool proof)
② 페일 세이프(fail safe)
③ 인터록(inter lock)
④ 리미트 스위치(limit switch)

[정답] 39 ④   40 ④   41 ①   42 ①

해설

풀프루프(fool proof)

① 기계장치 설계단계에서 안전화를 도모하는 것으로 근로자가 기계 등의 취급을 잘 못해도 사고로 연결 되는 일이 없도록 하는 안전기구로 인간과오(human error)를 방지하기 위한 것이다.
② 용도는 가드(guard), 세이프티블록(safety block : 안전블록), 카메라의 이중 촬영방지기구 등이 있다.

참고 산업안전산업기사 필기 p.3-7(2. fool proof의 기능을 가질 것)

KEY 2016년 3월 6일 기사 출제

보충학습

① 페일 세이프 : 기계나 그 부품에 고장이나 기능 불량이 생겨도 항상 안전하게 작동하는 구조와 기능
② 인터록 : 안전한 상태를 확보하도록 한 기계적 전기적 구조로 되어 있는 방호장치로 주어진 조건에 만족하지 않으면 작동할 수 없도록 한 기구
③ 리미트 스위치 : 기계의 움직임이 일정한 장소나 위치에 이르게 되면 작동하는 스위치

43 다음 중 취급운반시 준수해야 할 원칙으로 틀린 것은?

① 연속 운반으로 할 것
② 직선 운반으로 할 것
③ 운반 작업을 집중화 시킬 것
④ 생산을 최소로 하도록 운반할 것

해설

취급, 운반의 5원칙

① 직선운반을 할 것
② 연속운반을 할 것
③ 운반작업을 집중화시킬 것
④ 생산을 최고로 하는 운반을 생각할 것
⑤ 최대한 시간과 경비를 절약할 수 있는 운반방법을 고려할 것

참고 산업안전산업기사 필기 p.6-171(합격날개 : 합격예측)

KEY ① 2017년 8월 26일 기사 출제
② 2018년 4월 28일 기사 출제

44 프레스기에 사용하는 양수조작식 방호장치의 일반구조에 관한 설명 중 틀린 것은?

① 1행정 1정지 기구에 사용할 수 있어야 한다.
② 누름버튼을 양 손으로 동시에 조작하지 않으면 작동시킬 수 없는 구조이어야 한다.
③ 양쪽버튼의 작동시간 차이는 최대 0.5초 이내일때 프레스가 동작되도록 해야 한다.
④ 방호장치는 사용전원전압의 ±50[%]의 변동에 대하여 정상적으로 작동되어야 한다.

해설

양수조작식 사용전원전압 : ±100분의 20

참고 산업안전산업기사 필기 p.3-66(②양수조작장치의 안전확보)

KEY 2016년 8월 21일 문제 49번 출제

합격정보
산업안전보건기준에 관한 규칙 [별표 3] 작업시작전 점검사항

45 피복 아크 용접 작업 시 생기는 결함에 대한 설명 중 틀린 것은?

① 스패터(spatter) : 용융된 금속의 작은 입자가 튀어나와 모재에 묻어있는 것
② 언더컷(under cut) : 전류가 과대하고 용접 속도가 너무 빠르며, 아크를 짧게 유지하기 어려운 경우 모재 및 용접부의 일부가 녹아서 발생하는 홈 또는 오목하게 생긴 부분
③ 크레이터(crater) : 용착금속 속에 남아있는 가스로 인하여 생긴 구멍
④ 오버랩(overlap) : 용접봉의 운행이 불량하거나 용접봉의 용융 온도가 모재보다 낮을 때 과잉 용착금속이 남아있는 부분

[정답] 43 ④ 44 ④ 45 ③

> **해설**

용접결함

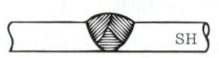 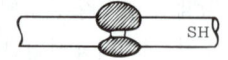

[그림] 용접결함의 종류

> **참고** 산업안전기사 필기 p.6-158(그림. 용접결함의 종류)

> **KEY** ① 2015년 8월 16일 기사 출제
> ② 2019년 3월 3일 기사·산업기사 동시 출제

> **보충학습**
> ① 크레이터(Crater) : 용접 길이의 끝부분에 오목하게 파진 부분
> ② 피트(Pit) : 용착금속 속에 남아있는 가스로 인하여 생긴 구멍

46 다음 중 선반(lathe)의 방호장치에 해당되는 것은?

① 슬라이드(slide)
② 심압대(tail stock)
③ 주축대(head stock)
④ 척 가드(chuck guard)

> **해설**

척 가드(chuck guard=cover) : 기어 등의 복개 장치

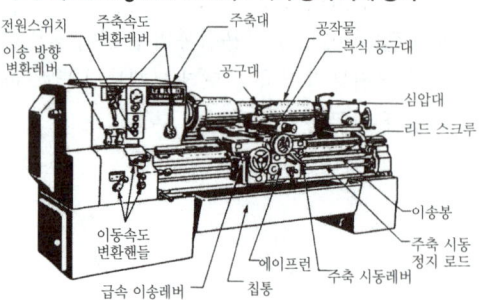

[그림] 선반의 각부 명칭

> **참고** 산업안전산업기사 필기 p.3-31(그림. 선반의 각 부 명칭)

> **KEY** ① 2013년 3월 10일 문제 55번 출제
> ② 2019년 3월 3일 문제 57번 출제

47 안전계수 5인 로프의 절단하중이 4,000[N]이라면 이 로프에 몇 [N] 이하의 하중을 매달아야 하는가?

① 500   ② 800
③ 1,000   ④ 1,600

> **해설**

하중 = $\dfrac{절단하중}{안전계수}$ = $\dfrac{4,000}{5}$ = 800[N]

> **참고** 산업안전산업기사 필기 p.3-122(1. 와이어로프의 안전율)

> **보충학습**
> $S = \dfrac{NP}{Q}$, $Q = \dfrac{NP}{S}$
>
> 여기서, S : 안전율 N : 로프 가닥수
> P : 로프의 파단강도[kg] Q : 허용응력[kg]

48 산업안전보건법령에 따라 아세틸렌 발생기실에 설치해야 할 배기통은 얼마 이상의 단면적을 가져야 하는가?

① 바닥면적의 $\dfrac{1}{16}$ ② 바닥면적의 $\dfrac{1}{20}$
③ 바닥면적의 $\dfrac{1}{24}$ ④ 바닥면적의 $\dfrac{1}{30}$

> **해설**

아세틸렌 발생기실 배기통의 단면적 : 바닥면적의 $\dfrac{1}{16}$

> **참고** 산업안전산업기사 필기 p.3-86(합격날개 : 합격예측 및 관련법규)

> **합격정보** 산업안전보건기준에 관한 규칙 제287조(발생기실의 구조 등)

> **KEY** 2014년 5월 25일 문제 50번 출제

【 정답 】 46 ④   47 ②   48 ①

49 롤러기에서 앞면 롤러의 지름이 200[mm], 회전속도가 30[rpm]인 롤러의 무부하 동작에서의 급정지거리로 옳은 것은?

① 66[mm] 이내
② 84[mm] 이내
③ 209[mm] 이내
④ 248[mm] 이내

해설

급정지거리

① 원주 = $3.14 \times 200 = 628$[mm]

② 표면속도[V] = $\dfrac{\pi DN}{1,000} = \dfrac{\pi \times 200 \times 30}{1,000}$
    = 18.84[m/min]

③ 급정지거리 = $628 \times \dfrac{1}{3} = 209.33$[mm]

참고 산업안전산업기사 필기 p.3-82(표. 롤러의 급정지 거리)

KEY
① 2016년 3월 6일 기사 출제
② 2017년 3월 5일 기사 출제
③ 2017년 8월 26일 기사 출제
④ 2018년 8월 19일 기사 출제

50 정(chisel) 작업의 일반적인 안전수칙으로 틀린 것은?

① 따내기 및 칩이 튀는 가공에서는 보안경을 착용하여야 한다.
② 절단 작업시 절단된 끝이 튀는 것을 조심하여야 한다.
③ 작업을 시작할 때는 가급적 정을 세게 타격하고 점차 힘을 줄여간다.
④ 담금질 된 철강 재료는 정 가공을 하지 않는 것이 좋다.

해설

정작업 시 안전수칙

① 시선은 정의 날끝을 본다.
② 정을 잡은 손의 힘을 뺀다.
③ 처음에는 가볍게 두드리고 점차 힘을 가한 후, 작업이 끝날 때는 가볍게 두드린다.
④ 절삭 칩을 손으로 제거하지 말 것

참고 산업안전산업기사 필기 p.3-148(2. 정작업)

KEY 2012년 8월 26일 문제 41번 출제

51 다음과 같은 작업조건일 경우 와이어로프의 안전율은?

작업대에서 사용된 와이어로프 1줄의 파단 하중이 100[kN], 인양하중이 40[kN], 로프의 줄 수가 2줄

① 2
② 2.5
③ 4
④ 5

해설

안전율 = $\dfrac{100 \times 2}{40} = 5$

참고 산업안전산업기사 필기 p.3-129(합격날개 : 합격예측 및 관련법규)

KEY
① 2016년 5월 8일 기사 출제
② 2019년 3월 1일 문제 47번 출제

합격정보

산업안전보건기준에 관한 규칙 제163조(와이어로프 등 달기구의 안전계수)

보충학습

와이어로프 등 달기구의 안전계수

① 근로자가 탑승하는 운반구를 지지하는 달기와이어로프 또는 달기체인의 경우 : 10 이상
② 화물의 하중을 직접 지지하는 달기와이어로프 또는 달기체인의 경우 : 5 이상
③ 훅, 샤클, 클램프, 리프팅 빔의 경우 : 3 이상
④ 그 밖의 경우 : 4 이상

52 컨베이어 역전방지장치의 형식 중 전기식 장치에 해당하는 것은?

① 라쳇 브레이크
② 밴드 브레이크
③ 롤러 브레이크
④ 스러스트 브레이크

해설

컨베이어의 역전방지장치

(1) 기계식
   ① 라쳇식 ② 롤러식 ③ 밴드식
(2) 전기식
   ① 전기브레이크
   ② 스러스트브레이크

[정답] 49 ③ 50 ③ 51 ④ 52 ④

참고 ▶ 산업안전산업기사 필기 p.3-112(5. 컨베이어의 역전방지장치)

KEY ▶ ① 2011년 8월 21일 문제 51번 출제
② 2019년 3월 3일 기사·산업기사 동시 출제

53 공장설비의 배치 계획에서 고려할 사항이 아닌 것은?

① 작업의 흐름에 따라 기계 배치
② 기계설비의 주변 공간 최소화
③ 공장 내 안전통로 설정
④ 기계설비의 보수점검 용이성을 고려한 배치

해설

기계설비의 layout 검토사항(기계배치시 고려사항)
① 작업의 흐름에 따라 기계를 배치한다.
② 기계, 설비 주위에는 충분한 공간을 둔다.
③ 공장의 내외에는 안전한 통로 확보 및 항시 이것을 유효하게 확보한다.
④ 원자재 또는 제품 저장소 공간을 충분히 확보한다.
⑤ 기계, 설비의 설치시 사용중 점검, 보수가 용이하도록 배려한다.
⑥ 압력용기, 고속회전체, 고압전기설비, 폭발성 물품을 취급하는 기계, 설비 등의 설치에 있어서는 작업자와의 관계위치, 원격거리 등을 고려한다.
⑦ 장래 확장을 고려하여 설계 및 배치를 한다.

참고 ▶ 산업안전산업기사 필기 p.2-45(2. 기계설비의 layout 검토사항)

KEY ▶ 2017년 8월 26일 기사 출제

54 다음 중 기계설비에 의해 형성되는 위험점이 아닌 것은?

① 회전 말림점   ② 접선 분리점
③ 협착점   ④ 끼임점

해설

기계설비 위험점
① 협착점 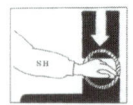   ② 끼임점

③ 절단점 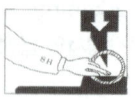   ④ 물림점

⑤ 접선물림점 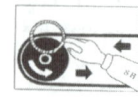   ⑥ 회전말림점

[그림] 기계설비 위험점 6가지

참고 ▶ 산업안전산업기사 필기 p.3-3(2. 위험점의 분류)

KEY ▶ ① 2017년 3월 5일 기사 출제
② 2017년 5월 7일 산업기사 출제
③ 2017년 8월 26일 산업기사 출제

55 가스 용접에서 역화의 원인으로 볼 수 없는 것은?

① 토치 성능이 부실한 경우
② 취관이 작업 소재에 너무 가까이 있는 경우
③ 산소 공급량이 과대한 경우
④ 토치 팁에 이물질이 묻은 경우

해설

아세틸렌 용접장치의 역화원인
① 압력 조정기 고장
② 과열되었을 때
③ 산소 공급이 과다할 때
④ 토치의 성능이 좋지 않을 때
⑤ 토치 팁에 이물질이 묻었을 때

참고 ▶ 산업안전산업기사 필기 p.3-87(합격날개 : 합격예측)

KEY ▶ 2018년 4월 28일 기사 출제

보충학습

역화(Backfire) : 노즐의 화염이 취관 쪽으로 되돌아오는 현상으로 산소 공급량이 부족하면 발생

[정답] 53 ②   54 ②   55 ③

56 위험기계에 조작자의 신체부위가 의도적으로 위험점 밖에 있도록 하는 방호장치는?

① 덮개형 방호장치
② 차단형 방호장치
③ 위치제한형 방호장치
④ 접근반응형 방호장치

해설
방호장치의 종류

구 분	종 류	사용용도
위험장소	격리형 방호장치	작업점에 접촉하여 재해가 발생하지 않도록 기계설비 외부에 차단벽이나 방호망을 설치 하는 것
	위치제한형 방호장치	작업자의 신체부위가 위험한계 구역에 있지 아니하고 안전거리를 유지할 수 있도록 하는 것
	접근거부형 방호장치	작업자의 신체부위가 위험한계 구역에 접근 시 신체부위를 안전한 곳으로 되돌리는 것
	접근반응형 방호장치	작업자의 신체부위가 위험한계 구역으로 들어오면 이를 감지하여 작동 중인 기계를 즉시 정지하거나 전원이 차단되도록 하는 것
위험원	포집형 방호장치	위험원이 외부로 비산되지 않도록 포집하는 방식으로 용접흄의 발생을 국소배기장치나 연삭기의 비산칩을 포집하여 방호하는 것을 예로 들 수 있다.
	감지형 방호장치	이상온도, 압력상승, 과부하 등 기계의 이상상황 발생시 이를 감지하여 안전한 상태로 조정하거나 정상상태로 복구되도록 하는 것

참고 산업안전산업기사 필기 p.3-17(4. 방호장치의 종류)
KEY 2012년 5월 20일 문제 50번 출제

57 선반 작업에 대한 안전수칙으로 틀린 것은?

① 척 핸들은 항상 척에 끼워 둔다.
② 베드 위에 공구를 올려놓지 않아야 한다.
③ 바이트를 교환할 때는 기계를 정지시키고 한다.
④ 일감의 길이가 외경과 비교하여 매우 길때는 방진구를 사용한다.

해설
물건(공작물) 장착이 끝나면 척 핸들과 렌치 등은 벗겨 놓는다.

참고 ① 산업안전산업기사 필기 p.3-33(4. 선반작업시 안전수칙)
② 2019년 3월 3일 문제 46번 출제

KEY ① 2011년 6월 12일 문제 44번 출제
② 2016년 5월 8일 기사 출제
③ 2016년 8월 21일 기사 출제

58 양중기에 사용 가능한 와이어로프에 해당하는 것은?

① 와이어로프의 한 꼬임에서 끊어진 소선의 수가 10[%] 초과한 것
② 심하게 변형 또는 부식된 것
③ 지름의 감소가 공칭지름의 7[%] 이내인 것
④ 이음매가 있는 것

해설
와이어로프 사용금지 기준
① 이음매가 있는 것
② 와이어로프의 한 꼬임[스트랜드(strand)를 말한다. 이하 같다]에서 끊어진 소선(素線)[필러(pillar)선은 제외한다]의 수가 10[%] 이상 (비자전로프의 경우에는 끊어진 소선의 수가 와이어로프 호칭지름의 6배 길이 이내에서 4개 이상이거나 호칭지름 30배 길이 이내에서 8개 이상)인 것
③ 지름의 감소가 공칭지름의 7[%]를 초과하는 것
④ 꼬인 것
⑤ 심하게 변형되거나 부식된 것
⑥ 열과 전기충격에 의해 손상된 것

참고 산업안전산업기사 필기 p.3-130(합격날개 : 합격예측 및 관련법규)

KEY 2017년 5월 7일 기사 출제

합격정보
산업안전보건기준에 관한 규칙 제166조(이음매가 있는 와이어로프 등의 사용금지)

[정답] 56 ③ 57 ① 58 ③

59 프레스의 방호장치 중 확동식 클러치가 적용된 프레스에 한해서만 적용 가능한 방호장치로만 나열된 것은?(단, 방호장치는 한 가지 종류만 사용한다고 가정한다.)

① 광전자식, 수인식
② 양수조작식, 손쳐내기식
③ 광전자식, 양수조작식
④ 손쳐내기식, 수인식

해설

확동식클러치(positive cluch) 프레스 적용방호장치
① 손쳐내기식
② 수인식

참고 산업안전산업기사 필기 p.3-66(합격날개 : 은행문제)

보충학습
양수조작식 : 확동식, 마찰식 모두 가능

60 산업안전보건법령에 따라 압력용기에 설치하는 안전밸브의 설치 및 작동에 관한 설명으로 틀린 것은?

① 다단형 압축기에는 각 단별로 안전밸브 등을 설치하여야 한다.
② 안전밸브는 이를 통하여 보호하려는 설비의 최저사용압력 이하에서 작동되도록 설정하여야 한다.
③ 화학공정 유체와 안전밸브의 디스크 또는 시트가 직접 접촉될 수 있도록 설치된 경우에는 매년 1회 이상 국가교정기관에서 교정을 받은 압력계를 이용하여 검사한 후 납으로 봉인하여 사용한다.
④ 공정안전보고서 이행상태 평가결과가 우수한 사업장의 안전밸브의 경우 검사주기는 4년마다 1회 이상이다.

해설

안전밸브의 작동요건
① 안전밸브 등을 통하여 보호하려는 설비의 최고사용압력 이하에서 작동되도록 하여야 한다.
② 다만, 안전밸브 등이 2개 이상 설치된 경우에 1개는 최고사용압력의 1.05배(외부화재를 대비한 경우에는 1.1배) 이하에서 작동되도록 설치할 수 있다.

참고 산업안전산업기사 필기 p.5-27(합격날개 : 합격예측 및 관련법규)

KEY 2014년 3월 2일 문제 51번 출제

합격정보
산업안전보건기준에 관한 규칙 제264조(안전밸브 등의 작동요건)

4 전기 및 화학설비 안전관리

61 다음 정의에 해당하는 방폭구조는?

> 전기기기의 과도한 온도 상승, 아크 또는 불꽃 발생의 위험을 방지하기 위하여 추가적인 안전조치를 통한 안전도를 증가시킨 방폭구조를 말한다.

① 내압방폭구조
② 유입방폭구조
③ 안전증방폭구조
④ 본질안전방폭구조

해설

안전증방폭구조(e)
정상운전 중에 폭발성 가스 또는 증기에 점화원이 될 전기 불꽃, 아크 또는 고온이 되어서는 안 될 부분에 이런 것의 발생을 방지하기 위하여 기계적, 전기적 구조상 또는 온도상승에 대해서 특히 안전도를 증강시킨 구조

참고 산업안전산업기사 필기 p.4-64(3. 안전증방폭구조)

KEY ① 2016년 3월 6일 산업기사 출제
② 2017년 8월 26일 기사·산업기사 동시 출제
③ 2018년 3월 4일 산업기사 출제

[정답] 59 ④ 60 ② 61 ③

62. 근로자가 활선작업용 기구를 사용하여 작업할 경우 근로자의 신체 등과 충전전로 사이의 사용전압별 접근한계거리가 틀린 것은?

① 15[kV] 초과 37[kV] 이하 : 80[cm]
② 37[kV] 초과 88[kV] 이하 : 110[cm]
③ 121[kV] 초과 145[kV] 이하 : 150[cm]
④ 242[kV] 초과 362[kV] 이하 : 380[cm]

해설

충전전로 접근 한계 거리

충전전로의 선간전압 (단위 : [kV])	충전전로에 대한 접근 한계거리 (단위 : [cm])
0.3 이하	접촉금지
0.3 초과 0.75 이하	30
0.75 초과 2 이하	45
2 초과 15 이하	60
15 초과 37 이하	90
37 초과 88 이하	110
88 초과 121 이하	130
121 초과 145 이하	150
145 초과 169 이하	170
169 초과 242 이하	230
242 초과 362 이하	380
362 초과 550 이하	550
550초과 800 이하	790

참고 산업안전산업기사 필기 p.4-27(문제 4번)

KEY ① 2016년 5월 8일 기사 출제
② 2018년 3월 4일 기사 출제

합격정보
산업안전보건기준에 관한 규칙 제321조(충전전로에서의 전기작업)

63. 정전기 제거방법으로 가장 거리가 먼 것은?

① 설비 주위를 가습한다.
② 설비의 금속 부분을 접지한다.
③ 설비의 주변에 적외선을 조사한다.
④ 정전기 발생 방지 도장을 실시한다.

해설

정전기 제거 방법

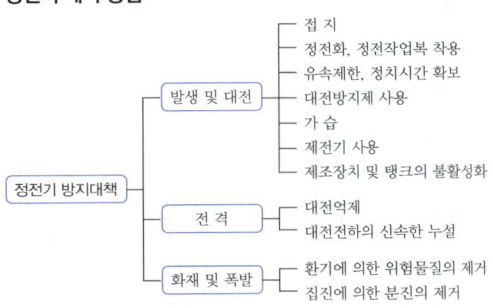

[그림] 정전기 제거 방법

참고 산업안전산업기사 필기 p.4-52(그림. 정전기 방지대책)

KEY ① 2016년 5월 8일 기사 출제
② 2016년 8월 21일 기사 출제
③ 2017년 5월 7일 산업기사 출제
④ 2018년 3월 4일 산업기사 출제
⑤ 2018년 8월 19일 산업기사 출제

64. 활선작업 시 사용하는 안전장구가 아닌 것은?

① 절연용 보호구
② 절연용 방호구
③ 활선작업용 기구
④ 절연저항 측정기구

해설

전기 활선작업용 안전장구
① 절연용 보호구
② 절연용 방호구
③ 검출용구
④ 활선작업용 장치
⑤ 활선작업용 기구

참고 산업안전산업기사 필기 p.4-18(2. 전기작업용 안전용구)

KEY 2016년 8월 21일 기사 출제

[정답] 62 ① 63 ③ 64 ④

65 정상운전 중의 전기설비가 점화원으로 작용하지 않는 것은?

① 변압기 권선
② 개폐기 접점
③ 직류 전동기의 정류자
④ 권선형 전동기의 슬립링

해설

잠재적 점화원 고장이나 파괴시 화재 발생
① 변압기의 권선   ② 전동기의 권선
③ 전기적 광원   ④ 케이블
⑤ 마그넷 코일   ⑥ 배선

참고 산업안전산업기사 필기 p.4-65(합격날개 : 합격예측)

KEY 2016년 8월 21일 기사 출제

보충학습

현재적 점화원 : 정상 작동 중 화재발생
① 제어기기 및 보호계전기의 전기접점, 개폐기 및 차단기류의 접점
② 권선형 유도전동기의 슬립링, 직류전동기의 정류자
③ 전동기, 전열기, 저항기의 고온부

66 인체가 전격을 당했을 경우 통전시간이 1초라면 심실세동을 일으키는 전류값[mA]은?(단, 심실세동 전류값은 Dalziel의 관계식을 이용한다.)

① 100   ② 165
③ 180   ④ 215

해설

심실세동(치사)전류

전격의 영향	통전전류(값)
심근의 미세한 진동으로 혈액을 송출하는 펌프의 기능이 장애를 받는 현상을 심실세동이라 하며 이때의 전류	$I = \dfrac{165}{\sqrt{T}}$ [mA] I : 심실세동전류[mA] T : 통전시간(s)

참고 산업안전산업기사 필기 p.4-3(3. 통전전류에 따른 인체의 영향)

KEY
① 2013년 8월 18일 문제 68번 출제
② 2015년 3월 8일 기사 출제
③ 2017년 3월 5일, 5월 7일 기사 출제
④ 2018년 4월 28일 기사 출제

67 건설현장에서 사용하는 임시배선의 안전대책으로 거리가 먼 것은?

① 모든 전기기기의 외함은 접지시켜야 한다.
② 임시배선은 다심케이블을 사용하지 않아도 된다.
③ 배선은 반드시 분전반 또는 배전반에서 인출해야 한다.
④ 지상 등에서 금속관으로 방호할 때는 그 금속관을 접지해야 한다.

해설

임시배선의 안전대책
① 모든 전기기기의 외함은 접지시켜야 한다.
② 배선은 반드시 분전반 또는 배전반에서 인출해야 한다.
③ 지상 등에서 금속관으로 방호할 때는 그 금속관을 접지해야 한다.

참고 산업안전산업기사 필기 p.5-84(합격날개 : 은행문제)

KEY 2004년 8월 8일 문제 68번 출제

보충학습

임시배선 : 다심케이블 사용

68 접지공사에 사용하는 접지선에 사람이 접촉할 우려가 있는 경우 접지공사 방법으로 틀린 것은?

① 접지극은 지하 75[cm] 이상 깊이에 묻을 것
② 접지선을 시설한 지지물에는 피뢰침용 지선을 시설하지 않을 것
③ 접지선은 캡타이어케이블, 절연전선 또는 통신용 케이블 이외의 케이블을 사용할 것
④ 지하 60[cm] 부터 지표위 1.5[m] 까지의 부분은 접지선은 합성수지관 또는 몰드로 덮을 것

해설

접지공사 합성수지관 또는 몰드로 덮는 구간
① 지하 : 75[cm]
② 지표 : 2[m] 까지

[정답] 65 ①   66 ②   67 ②   68 ④

| 참고 | 산업안전산업기사 필기 p.4-22(2. 접지공사) |
| KEY | ① 2016년 8월 21일 기사 출제
② 2017년 8월 26일 기사 출제 |

| KEY | ① 2010년 5월 9일 문제 62번 출제
② 2017년 8월 26일 기사 출제 |

69 전기화재의 원인을 직접원인과 간접원인으로 구분할 때, 직접원인과 거리가 먼 것은?

① 애자의 오손 ② 과전류
③ 누전   ④ 절연열화

해설

전기화재의 직접원인
① 과전류   ② 누전 또는 지락
③ 절연열화   ④ 합선 및 스파크
⑤ 단락, 낙뢰, 정전기, 접속 불량 등

| 참고 | 산업안전산업기사 필기 p.4-38(1. 전기화재 폭발의 원인) |

71 알루미늄 금속분말에 대한 설명으로 틀린 것은?

① 분진폭발의 위험성이 있다.
② 연소 시 열을 발생한다.
③ 분진폭발을 방지하기 위해 물속에 저장한다.
④ 염산과 반응하여 수소가스를 발생한다.

해설

제3류(자연발화성 및 금수성 물질)
① K, Na, 알킬Al, 알킬Li, 황린, 칼슘 또는 Al의 탄화물류
② 수분과 접촉하지 않도록 밀봉 보관한다.

| 참고 | ① 산업안전산업기사 필기 p.5-12(문제 4번)
② 산업안전산업기사 필기 p.5-87(합격날개 : 은행문제) |

70 정전기의 발생에 영향을 주는 요인과 가장 거리가 먼 것은?

① 박리속도   ② 물체의 표면상태
③ 접촉면적 및 압력 ④ 외부공기의 풍속

해설

(1) 정전기 발생원인

구분	특징
물질의 표면상태	물질 표면의 거칠기나 오염도가 높을수록 정전기 발생량이 많아진다.
물질의 분리속도	물질의 분리속도가 빠를수록 정전기 발생량이 많아진다.
물질의 접촉면적 및 압력	접촉면적이 넓을수록, 접촉압력이 클수록 정전기 발생량이 많아진다.
물질의 특성	대전서열이 멀어질수록 정전기 발생량이 많아진다.
물질의 대전이력	정전기 발생량은 처음 대전될 때가 가장 많고 발생횟수가 반복될수록 감소한다.

(2) 정전기재해 방지 대책
① 정전기 발생억제조치(유속조절, 대전방지제로 도포)
② 발생전하의 방전(습기부여, 접지, 방전극 부착)
③ 방전억제(돌기물 배제, 곡률반경을 크게)

| 참고 | 산업안전산업기사 필기 p.4-57(문제 6번) 해설 |

72 다음 중 가연성가스가 아닌 것은?

① 이산화탄소   ② 수소
③ 메탄   ④ 아세틸렌

해설

가연(인화)성 가스의 종류
① 수소
② 아세틸렌
③ 에틸렌
④ 메탄
⑤ 에탄
⑥ 프로판
⑦ 부탄
⑧ 영 별표 10에 따른 인화(가연)성 가스

| 참고 | 산업안전산업기사 필기 p.5-9(인화성 가스) |
| KEY | ① 2017년 8월 26일 기사 출제
② 2019년 3월 3일 기사·산업기사 동시 출제 |

합격정보
산업안전보건기준에 관한 규칙 [별표1] 위험물질의 종류

보충학습
CO_2 : 불연성가스

[정답] 69 ① 70 ④ 71 ③ 72 ①

73 다음 중 벤젠(C_6H_6)이 공기 중에서 연소될 때의 이론혼합비(화학양론조성)는?

① 0.72[vol%] ② 1.22[vol%]
③ 2.72[vol%] ④ 3.22[vol%]

해설

완전연소 조성농도(화학양론농도)

$$C_{st} = \frac{100}{1 + 4.773\left(n + \frac{m - f - 2\lambda}{4}\right)} = \frac{100}{1 + 4.773\left(6 + \frac{6}{4}\right)}$$

= 2.72[Vol%]

KEY ① 2013년 6월 2일 문제 74번 출제
② 2019년 3월 3일 기사·산업기사 동시 출제

74 다음은 산업안전보건법령상 파열판 및 안전밸브의 직렬설치에 관한 내용이다. ( )에 알맞은 용어는?

> 사업주는 급성 독성물질이 지속적으로 외부에 유출될 수 있는 화학설비 및 그 부속설비에 파열판과 안전밸브를 직렬로 설치하고 그 사이에는 압력지시계 또는 (   )을(를) 설치하여야 한다.

① 자동경보장치   ② 차단장치
③ 플레어헤드   ④ 콕

해설

안전밸브직렬설치계측기
① 압력지시계
② 자동경보장치

참고 산업안전산업기사 필기 p.5-26(합격날개 : 합격예측 및 관련법규)

KEY 2018년 8월 19일 기사 출제

75 산업안전보건법령상 용해아세틸렌의 가스집합 용접장치의 배관 및 부속기구에는 구리나 구리 함유량이 몇 퍼센트 이상인 합금을 사용할 수 없는가?

① 40   ② 50
③ 60   ④ 70

해설

가스집합용접장치 구리(Cu) 함유량 : 70[%] 이상 사용금지

참고 산업안전산업기사 필기 p.5-77(합격날개 : 합격예측 및 관련법규)

KEY 2017년 5월 7일 기사 출제

합격정보
산업안전보건기준에 관한 규칙 제294조(구리의 사용제한)

76 다음 중 분진 폭발의 발생 위험성을 낮추는 방법으로 적절하지 않은 것은?

① 주변의 점화원을 제거한다.
② 분진이 날리지 않도록 한다.
③ 분진과 그 주변의 온도를 낮춘다.
④ 분진 입자의 표면적을 크게 한다.

해설

분진폭발의 방지대책
① 분진의 농도가 폭발하한 농도 이하가 되도록 철저한 관리
② 분진이 존재하는 매체, 즉 공기 등을 질소, 이산화탄소 등으로 치환
③ 착화원의 제거 및 격리(2,3차 폭발로 주위분진 파급)

참고 산업안전산업기사 필기 p.5-30(7. 분진 폭발의 방지대책)

KEY ① 2016년 5월 8일 문제 77번 출제
② 2017년 5월 8일 기사 출제
③ 2018년 8월 19일 기사 출제

77 유해·위험물질 취급 시 보호구로서 구비조건이 아닌 것은?

① 방호성능이 충분할 것
② 재료의 품질이 양호할 것
③ 작업에 방해가 되지 않을 것
④ 외관이 화려할 것

해설

모든 보호구의 구비조건
① 착용시 작업이 용이할 것
② 유해·위험물에 대하여 방호성능이 충분할 것

[정답] 73 ③   74 ①   75 ④   76 ④   77 ④

③ 작업에 방해요소가 되지 않도록 할 것
④ 재료의 품질이 우수할 것
⑤ 구조와 끝마무리가 양호할 것
⑥ 외관 및 전체적인 디자인이 양호할 것

[참고] 산업안전산업기사 필기 p.1-85(합격날개 : 합격예측)
[KEY] 2016년 5월 8일 문제 80번 출제

78 공기 중에 3[ppm]의 디메틸아민(demethyl-amine, TLV-TWA : 10[ppm])과 20[ppm]의 시클로헥산올(cyclohexanol, TLV-TWA : 50[ppm])이 있고, 10[ppm]의 산화프로필렌(propyleneoxide, TLV-TWA : 20[ppm])이 존재한다면 혼합 TLV-TWA는 몇 [ppm]인가?

① 12.5 ② 22.5
③ 27.5 ④ 32.5

[해설]
TLV-TWA
① 노출지수$(R) = \frac{C_1}{T_1} + \frac{C_2}{T_2} + \cdots + \frac{C_n}{T_n} = \frac{3}{10} + \frac{20}{50} + \frac{10}{20} = 1.2$

② 혼합물의 $TLV-TWA = \frac{C_1 + C_2 + \cdots + C_n}{R}$
$= \frac{3+20+10}{1.2} = 27.5[ppm]$

[보충학습]
① 시간가중평균농도(TWA) : 1일 8시간 작업을 기준으로 하여 유해요인의 측정농도에 발생 시간을 곱하여 8시간으로 나눈 농도
∴ $TWA = \frac{C_1T_1 + C_2T_2 + C_3T_3 + y + C_nT_n}{8}$
C : 유해요인의 측정농도(단위 : ppm 또는 mg/m³)
T : 유해요인의 발생시간(단위 : 시간)
② TLV(Threshold Limit Value) : 미국 산업위생전문가회의(ACGIH)에서 채택한 허용농도기준
③ 혼합 $TLV-TWA = \frac{C_1 + C_2 + C_3}{\frac{C_1}{T_1} + \frac{C_2}{T_2} + \frac{C_3}{T_3}}$
$= \frac{3+20+10}{\frac{3}{10} + \frac{20}{50} + \frac{10}{20}} = 27.5[ppm]$

[참고] 산업안전산업기사 필기 p.5-18(유해물질의 허용농도)
[KEY] ① 2015년 8월 16일 문제 78번 출제
② 2016년 8월 21일 기사 출제
③ 2018년 3월 4일 기사 출제

79 건조설비의 사용에 있어 500~800[℃]범위의 온도에 가열된 스테인리스강에서 주로 일어나며, 탄화크롬이 형성되었을 때 결정경계면의 크롬함유량이 감소하여 발생되는 부식형태는?

① 전면부식 ② 층상부식
③ 입계부식 ④ 격간부식

[해설]
입계부식 방지법
① 고온 용체화 : (용접후) 1,000[℃]이상의 고온 처리(탄화물을 분해)후 급냉 (수냉) → Cr탄화물이 재용해되어 고용체가 된다.
② 안정화 : Cr보다 탄화물 생성이 용이한 합금원소(347형과 321형에 Nb와 Ti)를 첨가하여 Cr탄화물이 형성되지 못하게
③ 저탄소화(0.03[%])이하 : (Cr탄화물이 형성하지 않을 정도로) 탄소 함량을 0.03wt[%] 이하로 낮추어 크롬탄화물이 생성되는 것을 방지
[예] 304L 스테인리스강

[참고] 산업안전산업기사 필기 p.5-89(합격날개 : 은행문제)
[KEY] 2015년 8월 16일 문제 76번 출제

[보충학습]
① 전면부식 : 금속의 표면이 거의 균일하게 침식되는 현상
② 층상부식 : 압연, 압출 등의 가공에 의해 생긴 층상의 조직에 따라 생기는 부식현상

80 위험물안전관리법령상 칼륨에 의한 화재에 적응성이 있는 것은?

① 건조사(마른 모래)
② 포소화기
③ 이산화탄소소화기
④ 할로겐화합물소화기

[해설]
칼륨소화 : 건조사

[참고] 산업안전산업기사 필기 p.5-79(문제 7번)
[KEY] 2013년 8월 18일 문제 79번 출제

[보충학습]
제3류(자연발화성 및 금수성 물질)
K, Na, 알킬Al, 알킬Li, 황린, 칼슘 또는 Al의 탄화물류 등

[정답] 78 ③ 79 ③ 80 ①

5 건설공사 안전관리

81 흙막이 가시설의 버팀대(Strut)의 변형을 측정하는 계측기에 해당하는 것은?

① Water level meter
② Strain gauge
③ Piezometer
④ Load cell

해설

계측장치의 종류 및 설치목적

종류	설치목적
건물 경사계 (tilt meter)	지상 인접구조물의 기울기 측정
지표면 침하계 (level and staff)	주위 지반에 대한 지표면의 침하량 측정
지중경사계 (inclinometer)	지중수평변위를 측정하여 흙막이의 기울어진 정도 파악
지중 침하계 (extension meter)	지중수직변위를 측정하여 지반의 침하정도 파악
변형률계 (strain gauge)	흙막이 버팀대의 변형 정도 파악
하중계(load cell)	흙막이 버팀대에 작용하는 토압, 토류벽 어스앵커의 인장력 등을 측정
토압계 (earth pressure meter)	흙막이에 작용하는 토압의 변화 파악
간극수압계 (piezo meter)	굴착으로 인한 지하의 간극수압 측정
지하수위계 (water level meter)	지하수의 수위변화 측정

KEY
① 2016년 3월 6일 산업기사 출제
② 2016년 10월 1일 산업기사 출제
③ 2017년 3월 5일 산업기사 출제
④ 2017년 5월 7일 기사·산업기사 동시 출제
⑤ 2018년 4월 28일 기사 출제

82 사다리식 통로 등을 설치하는 경우 준수해야 할 기준으로 옳지 않은 것은?

① 접이식 사다리 기둥은 사용 시 접혀지거나 펼쳐지지 않도록 철물 등을 사용하여 견고하게 조치할 것
② 발판과 벽과의 사이는 25[cm] 이상의 간격을 유지할 것
③ 폭은 30[cm] 이상으로 할 것
④ 사다리식 통로의 길이가 10[m]이상인 경우에는 5[m] 이내마다 계단참을 설치할 것

해설

발판과 벽과 사이간격 : 15[cm] 이상

KEY
① 2016년 10월 1일 기사 출제
② 2017년 5월 7일 기사·산업기사 동시 출제
③ 2018년 4월 28일 기사·산업기사 동시 출제
④ 2019년 3월 3일 기사·산업기사 동시 출제

합격정보

산업안전보건기준에 관한 규칙 제24조(사다리식 통로 등의 구조)

83 추락방호망의 달기로프를 지지점에 부착할 때 지지점의 간격이 1.5[m]인 경우 지지점의 강도는 최소 얼마 이상이어야 하는가?

① 200[kg]
② 300[kg]
③ 400[kg]
④ 500[kg]

해설

지지점 강도(F) = $200 \times B = 200 \times 1.5$
= 300[kg]

KEY 2017년 5월 7일 문제 100번 출제

보충학습

추락방호망 지지점 등의 강도
방망의 지지점은 최소한 600[kg] 이상이어야 한다. 단, 연속적인 구조물의 경우 다음 식으로 계산할 수 있다.
F = 200B
여기서, F : 외력(단위 : kg),
 B : 지지점 간격(단위 : m)

[정답] 81 ② 82 ② 83 ②

84 가설통로를 설치하는 경우 준수해야 할 기준으로 옳지 않은 것은?

① 경사는 45[°] 이하로 할 것
② 경사가 15[°]를 초과하는 경우에는 미끄러지지 아니하는 구조로 할 것
③ 추락할 위험이 있는 장소에는 안전난간을 설치할 것
④ 수직갱에 가설된 통로의 길이가 15[m] 이상인 경우에는 10[m] 이내마다 계단참을 설치할 것

해설

가설통로 경사 : 30[°] 이하

KEY
① 2017년 3월 5일, 5월 7일 산업기사 출제
② 2017년 9월 23일 기사 출제
③ 2018년 4월 28일 기사·산업기사 동시 출제
④ 2018년 8월 19일 산업기사 출제

합격정보

산업안전보건기준에 관한 규칙 제23조(가설통로의 구조)

85 유해위험방지계획서를 제출해야 하는 공사의 기준으로 옳지 않은 것은?

① 최대 지간길이 30[m] 이상인 다리건설 등 공사
② 깊이 10[m] 이상인 굴착공사
③ 터널 건설등의 공사
④ 다목적댐, 발전용댐 및 저수용량 2천만톤 이상의 용수 전용 댐, 지방상수도 전용 댐 건설 등의 공사

해설

유해위험방지계획서 제출대상 건설공사
(1) 건축물 또는 시설 등의 건설·개조 또는 해체공사
　가. 지상높이가 31미터 이상인 건축물 또는 인공구조물
　나. 연면적 3만제곱미터 이상인 건축물
　다. 연면적 5천제곱미터 이상인 시설
　　① 문화 및 집회시설(전시장 및 동물원·식물원은 제외한다)
　　② 판매시설, 운수시설(고속철도의 역사 및 집배송시설은 제외한다)
　　③ 종교시설
　　④ 의료시설 중 종합병원
　　⑤ 숙박시설 중 관광숙박시설
　　⑥ 지하도상가
　　⑦ 냉동·냉장 창고시설
(2) 연면적 5천제곱미터 이상인 냉동·냉장 창고시설의 설비공사 및 단열공사
(3) 최대지간길이가 50[m] 이상인 다리건설 등 공사
(4) 터널건설 등의 공사
(5) 다목적댐, 발전용댐 및 저수용량 2천만톤 이상의 용수전용댐, 지방상수도 전용댐 건설 등의 공사
(6) 깊이 10[m] 이상인 굴착공사

참고 산업안전산업기사 필기 p.2-124(3. 유해위험방지 계획서 제출대상 건설공사)

KEY
① 2016년 5월 8일 기사 출제
② 2017년 3월 5일 산업기사 출제
③ 2018년 4월 28일 기사 출제
④ 2018년 8월 19일 기사·산업기사 동시 출제
⑤ 2019년 3월 3일 기사·산업기사 동시 출제

합격정보

산업안전보건법 시행령 제42조(대상사업장의 종류 등)

86 굴착이 곤란한 경우 발파가 어려운 암석의 파쇄 굴착 또는 암석제거에 적합한 장비는?

① 리퍼　　　② 스크레이퍼
③ 롤러　　　④ 드래그라인

해설

리퍼(Ripper)
아스팔트 포장도로 지반의 파쇄 또는 토사 중에 있는 암석제거에 가장 적당한 장비

[그림] 리퍼

KEY 2017년 3월 5일 기사 출제

보충학습
① 스크레이퍼 : 굴착, 싣기, 운반, 흙깔기 등의 작업을 하나의 기계로 할 수 있도록 만든 차량계 건설기계
② 롤러 : 도로 건설시 지반을 다질 때 사용하는 다짐기계
③ 드래그라인 : 크레인형으로 지반이 연약하거나 굴착 반경이 큰 경우에 주로 사용되는 토사를 긁어 들이는 기계

[정답] 84 ①　85 ①　86 ①

87 중량물의 취급작업 시 근로자의 위험을 방지하기 위하여 사전에 작성하여야 하는 작업계획서 내용에 해당되지 않는 것은?

① 추락위험을 예방할 수 있는 안전대책
② 낙하위험을 예방할 수 있는 안전대책
③ 전도위험을 예방할 수 있는 안전대책
④ 침수위험을 예방할 수 있는 안전대책

해설
중량물 취급작업 작업계획서 내용
① 추락위험을 예방할 수 있는 안전대책
② 낙하위험을 예방할 수 있는 안전대책
③ 전도위험을 예방할 수 있는 안전대책
④ 협착위험을 예방할 수 있는 안전대책
⑤ 붕괴 예방할 수 있는 안전대책

KEY 2018년 4월 28일 기사 출제

합격정보
산업안전보건기준에 관한 규칙 [별표4] 사전조사 및 작업계획서 내용

88 콘크리트 타설용 거푸집에 작용하는 외력 중 연직방향 하중이 아닌 것은?

① 고정하중 ② 충격하중
③ 작업하중 ④ 풍하중

해설
연직방향 하중
① 타설콘크리트 고정하중
② 타설시 충격하중
③ 작업원 등의 작업하중
④ 콘크리트 및 거푸집 하중
⑤ 기계설비 충격하중
⑥ 적설 하중
⑦ 시공 기계의 중량

KEY ① 2010년 3월 7일 문제 87번 출제
② 2016년 5월 8일 기사 출제
③ 2018년 4월 28일 기사 출제

보충학습
횡하중
① 콘크리트 측압
② 풍 하중
③ 지진 하중
④ 유수압에 의한 하중

89 화물을 적재하는 경우에 준수하여야 하는 사항으로 옳지 않은 것은?

① 침하 우려가 없는 튼튼한 기반 위에 적재할 것
② 건물의 칸막이나 벽 등이 화물의 압력에 견딜 만큼의 강도를 지니지 아니한 경우에는 칸막이나 벽에 기대어 적재하지 않도록 할 것
③ 불안정할 정도로 높이 쌓아 올리지 말 것
④ 편하중이 발생하도록 쌓아 적재효율을 높일 것

해설
화물 적재시 준수사항
① 침하의 우려가 없는 튼튼한 기반 위에 적재할 것
② 건물의 칸막이나 벽 등에 화물의 압력에 견딜 만큼의 강도를 지니지 아니한 때에는 칸막이나 벽에 기대어 적재하지 아니하도록 할 것
③ 불안정할 정도로 높이 쌓아 올리지 말 것
④ 하중이 한 쪽으로 치우치지 않도록 쌓을 것

KEY ① 2017년 8월 26일 기사 출제
② 2018년 3월 4일 기사 출제

합격정보
산업안전보건기준에 관한 규칙 제393조(화물의 적재)

90 핸드 브레이커 취급 시 안전에 관한 유의사항으로 옳지 않은 것은?

① 기본적으로 현장 정리가 잘되어 있어야 한다.
② 작업 자세는 항상 하향 45[°]방향으로 유지하여야 한다.
③ 작업 전 기계에 대한 점검을 철저히 한다.
④ 호스의 교차 및 꼬임여부를 점검하여야 한다.

[정답] 87 ④ 88 ④ 89 ④ 90 ②

해설

핸드브레이커의 안전
① 25~40[kg]의 브레이커를 작동시키게 되므로 현장 정리가 잘되어 있어야 한다.
② 끝의 부러짐을 방지하기 위하여 작업자세는 항상 하향 수직방향으로 유지하여야 한다.
③ 기계는 항상 점검하고 호스가 교차되거나 꼬여 있지 않은지를 점검하여야 한다.

KEY ① 2016년 3월 6일 산업기사 출제
② 2017년 8월 26일 기사 출제

---

91 유한사면에서 사면기울기가 비교적 완만한 점성토에서 주로 발생되는 사면파괴의 형태는?

① 저부파괴
② 사면선단파괴
③ 사면내파괴
④ 국부전단파괴

해설

사면파괴형태

구분	토질형태
사면선(선단)파괴 (toe failure)	경사가 급하고 비점착성 토질
사면저부(바닥면)파괴 (base failure)	경사가 완만하고 점착성인 경우, 사면의 하부에 암반 또는 굳은 지층이 있을 경우
사면 내 파괴 (slope failure)	견고한 지층이 얕게 있는 경우

KEY 2012년 8월 26일 문제 95번 출제

---

92 산업안전보건관리비 중 안전시설비 등의 항목에서 사용가능한 내역은?

① 외부인 출입금지, 공사장 경계표시를 위한 가설울타리
② 용접 작업 등 화재 위험작업 시 사용하는 소화기의 구입·임대비용
③ 절토부 및 성토부 등의 토사유실 방지를 위한 설비
④ 공사 목적물의 품질 확보 또는 건설장비 자체의 운행 감시, 공사 진척상황 확인, 방범 등의 목적을 가진 CCTV 등 감시용 장비

해설

안전시설비 사용가능내역
① 산업재해 예방을 위한 안전난간, 추락방호망, 안전대 부착설비, 방호장치(기계·기구와 방호장치가 일체로 제작된 경우, 방호장치 부분의 가액에 한함)등 안전시설의 구입·임대 및 설치를 위해 소요되는 비용

② 「건설기술진흥법」제62조의3에 따른 스마트 안전방비 구입·임대 비용의 5분의 1에 해당하는 비용. 다만, 제4조에 따라 계상된 안전보건관리비 총액의 10분의 1을 초과할 수 없다.
③ 용접 작업 등 화재 위험작업 시 사용하는 소화기의 구입·임대 비용

KEY ① 2017년 5월 7일 기사 출제
② 2018년 3월 4일 기사 출제

합격정보
고용노동부고시 2025-11(2025. 2. 12) 개정

---

93 추락방지용 방망을 구성하는 그물코의 모양과 크기로 옳은 것은?

① 원형 또는 사각으로서 그 크기는 10[cm] 이하이어야 한다.
② 원형 또는 사각으로서 그 크기는 20[cm] 이하이어야 한다.
③ 사각 또는 마름모로서 그 크기는 10[cm] 이하이어야 한다.
④ 사각 또는 마름모로서 그 크기는 20[cm] 이하이어야 한다.

해설

추락방지용 방망
① 형태 : 사각 또는 마름모
② 크기 : 10[cm] 이하

KEY 2009년 5월 10일 문제 86번 출제

[정답] 91 ① 92 ② 93 ③

94 지반조사의 방법 중 지반을 강관으로 천공하고 토사를 채취 후 여러 가지 시험을 시행하여 지반의 토질·분포, 흙의 층상과 구성 등을 알 수 있는 것은?

① 보링
② 표준관입시험
③ 베인테스트
④ 평판재하시험

해설

보링(boring)시 주의사항
① 보링의 깊이는 경미한 건물은 기초폭의 1.5~2.0배, 일반적인 경우는 약 20[cm] 또는 지지층 이상으로 한다.
② 간격은 약 30[m]로 하고 중간지점은 물리적 지하 탐사법에 의해 보충한다.
③ 한 장소에서 3개소 이상 실시한다.
④ 보링 구멍은 수직으로 판다.
⑤ 채취 시료는 충분히 양생해야 한다.

보충학습

① 표준관입시험 : 보링 구멍 내에 무게 63.5[kg]의 해머를 높이 76[cm]에서 낙하시켜 샘플러를 30[cm] 관입시키는데 필요한 타격횟수를 측정하는 시험
② 베인테스트 : 연약한 점토지반의 점착력을 판별하기 위하여 실시하는 현장시험
③ 평판재하시험 : 원형재하판을 놓고 하중을 가하여 지반기초의 지지력 계수를 측정하는 시험

95 말비계를 조립하여 사용하는 경우의 준수사항으로 옳지 않은 것은?

① 지주부재의 하단에는 미끄럼 방지장치를 할 것
② 지주부재와 수평면과의 기울기는 85[°]이하로 할 것
③ 말비계의 높이가 2[m]를 초과할 경우에는 작업발판의 폭을 40[cm] 이상으로 할 것
④ 지주부재와 지주부재 사이를 고정시키는 보조 부재를 설치할 것

해설

말비계 지주부재와 수평면 기울기 : 75[°]이하

KEY ① 2017년 9월 23일 기사 출제
② 2018년 4월 28일 기사 출제

합격정보

산업안전보건기준에 관한 규칙 제67조(말비계)

96 철골작업을 중지하여야 하는 제한 기준에 해당되지 않는 것은?

① 풍속이 초당 10[m] 이상인 경우
② 강우량이 시간당 1[mm] 이상인 경우
③ 강설량이 시간당 1[cm] 이상인 경우
④ 소음이 65[dB] 이상인 경우

해설

철골작업 시 기후에 의한 작업중지사항 3가지
① 풍속 : 10[m/sec] 이상
② 강우량 : 1[mm/hr] 이상
③ 강설량 : 1[cm/hr] 이상

참고 산업안전산업기사 필기 p.6-151(합격날개 : 합격예측)

KEY ① 2017년 9월 23일 기사 출제
② 2018년 8월 19일 기사 출제

합격정보

산업안전보건기준에 관한 규칙 제383조(작업의 제한)

97 강관틀비계의 높이가 20[m]를 초과하는 경우 주틀간의 간격은 최대 얼마 이하로 사용해야 하는가?

① 1.0[m]
② 1.5[m]
③ 1.8[m]
④ 2.0[m]

해설

강관틀 비계의 높이가 20[m] 초과시 주틀간의 간격 : 1.8[m] 이하

합격정보

산업안전보건기준에 관한 규칙 제62조(강관틀비계)

[정답] 94 ① 95 ② 96 ④ 97 ③

98 철골공사에서 용접작업을 실시함에 있어 전격 예방을 위한 안전조치 중 옳지 않은 것은?

① 전격방지를 위해 자동전격방지기를 설치한다.
② 우천, 강설시에는 야외작업을 중단한다.
③ 개로 전압이 낮은 교류 용접기는 사용하지 않는다.
④ 절연 홀더(Holder)를 사용한다.

해설

전격예방을 위한 안전조치사항
① 전격방지를 위해 자동전격방지기를 설치한다.
② 우천, 강설시에는 야외작업을 중단한다.
③ 절연 홀더(Holder)를 사용한다.
④ 용접기의 출력측 무부하(개로)전압을 안전한 전압으로 낮추도록 한다.
⑤ 작업정지 시 전원 개폐기를 차단하도록 한다.
⑥ 절연장갑 등 보호구 착용을 철저히 한다.
⑦ 용접기 외함 및 모재를 접지시키도록 한다.

99 타워크레인의 운전작업을 중지하여야 하는 순간풍속기준으로 옳은 것은?

① 초당 10[m] 초과
② 초당 12[m] 초과
③ 초당 15[m] 초과
④ 초당 20[m] 초과

해설

풍속에 따른 안전기준
① 순간풍속이 10[m/s] 초과 : 타워크레인 등 설치, 조립, 해체, 점검 작업 중지
② 순간풍속이 15[m/s] 초과 : 타워크레인 등 운전 작업 중지
③ 순간풍속이 30[m/s] 초과 : 옥외주행크레인 이탈방지 조치
④ 순간풍속이 30[m/s] 초과하거나 중진 이상 진동의 지진이 있은 후 : 옥외 양중기의 이상 유무 점검
⑤ 순간풍속이 35[m/s] 초과 : 옥외 승강기 및 건설 작업용 리프트의 붕괴방지 조치

KEY 2018년 3월 4일 기사 출제

100 흙막이지보공을 설치하였을 때 정기적으로 점검하고 이상을 발견하면 즉시 보수하여야 하는 사항으로 거리가 먼 것은?

① 부재의 손상 변형, 부식, 변위 및 탈락의 유무와 상태
② 부재의 접속부, 부착부 및 교차부의 상태
③ 침하의 정도
④ 발판의 지지 상태

해설

흙막이지보공 정기점검사항
① 부재의 손상·변형·부식·변위 및 탈락의 유무와 상태
② 버팀대의 긴압의 정도
③ 부재의 접속부·부착부 및 교차부의 상태
④ 침하의 정도

KEY ① 2017년 3월 5일 기사 출제
② 2017년 9월 23일 기사 출제
② 2019년 3월 3일 기사·산업기사 동시 출제

합격정보
산업안전보건기준에 관한 규칙 제347조(붕괴등의 위험방지)

[정답] 98 ③   99 ③   100 ④

2020년도 산업기사 정기검정 제1·2회 통합 (2020년 6월 14일 시행)

자격종목 및 등급(선택분야)
산업안전산업기사

1 산업재해 예방 및 안전보건교육

01 심리검사의 특징 중 "검사의 관리를 위한 조건과 절차의 일관성과 통일성"을 의미하는 것은?

① 규준 ② 표준화
③ 객관성 ④ 신뢰성

해설

심리(직무)검사의 구비조건
① 표준화 : 검사절차의 일관성과 통일성의 표준화
② 객관성(무오염성) : 채점자의 편견, 주관성 배제
③ 규준 : 검사결과를 해석하기 위한 비교의 틀
④ 신뢰성(반복성) : 검사응답의 일관성
⑤ 타당성(적절성) : 측정하고자 하는 것을 실제로 측정하는 것
⑥ 실용성 : 이용방법 용이

참고 산업안전산업기사 필기 p.1-108(합격날개 : 합격예측)

KEY ① 2016년 3월 6일 기사 출제
② 2017년 5월 7일 기사 출제
③ 2018년 4월 28일 기사 출제

02 산업 재해의 발생유형으로 볼 수 없는 것은?

① 지그재그형 ② 집중형
③ 연쇄형 ④ 복합형

해설

산업재해발생의 mechanism(형태) 3가지
① 단순자극형(집중형)
② 연쇄형
③ 복합형

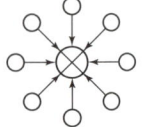
① 단순자극(집중)형   ②-1 단순연쇄형

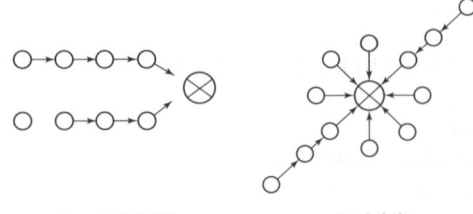
②-2 복합연쇄형   ③ 복합형

[그림] 재해(⊗)의 발생 형태 3가지

참고 산업안전산업기사 필기 p.3-35(산업재해발생의 mechanism 3가지)

KEY ① 2017년 3월 5일 기사 출제
② 2018년 4월 28일 기사 출제

03 산업재해 예방의 4원칙 중 "재해발생에는 반드시 원인이 있다."라는 원칙은?

① 대책 선정의 원칙 ② 원인 계기의 원칙
③ 손실 우연의 원칙 ④ 예방 가능의 원칙

해설

하인리히 산업재해예방의 4원칙
① 예방가능의 원칙 ② 손실우연의 원칙
③ 원인연계(계기)의 원칙 ④ 대책선정의 원칙

참고 산업안전기사 필기 p.3-35(6. 하인리히 산업재해예방의 4원칙)

KEY ① 2016년 5월 8일 산업기사 출제
② 2016년 10월 1일 기사 출제
③ 2017년 3월 5일, 9월 23일 기사 출제
④ 2017년 5월 7일 산업기사 출제
⑤ 2018년 3월 4일 기사·산업기사 동시 출제
⑥ 2018년 8월 19일 산업기사 출제
⑦ 2019년 3월 3일 기사·산업기사 동시 출제
⑧ 2019년 9월 21일 기사 출제
⑨ 2020년 6월 7일 기사 출제

[정답] 01 ② 02 ① 03 ②

04 기계·기구 또는 설비의 신설, 변경 또는 고장 수리 등 부정기적인 점검을 말하며, 기술적 책임자가 시행하는 점검은?

① 정기 점검
② 수시 점검
③ 특별 점검
④ 임시 점검

해설

특별점검
① 기계·기구 또는 설비의 신설·변경 또는 중대재해 발생 직후 등 고장 수리 등으로 비정기적인 특정 점검
② 기술 책임자가 실시
③ 산업안전 보건강조기간에도 실시

참고 산업안전산업기사 필기 p.3-52(3. 특별점검)

KEY ① 2018년 4월 28일 기사 출제
② 2019년 3월 3일, 8월 4일 기사 출제

05 산업안전보건법령상 근로자 안전보건교육중 채용 시의 교육 및 작업내용 변경 시의 교육 사항으로 옳은 것은?

① 물질안전보건자료에 관한 사항
② 건강증진 및 건강장해 예방에 관한 사항
③ 유해·위험 작업환경 관리에 관한 사항
④ 표준안전작업방법 및 지도 요령에 관한 사항

해설

근로자 안전보건교육 내용
(1) 채용시의 교육 및 작업내용 변경시의 교육내용
  ① 산업안전 및 산업재해 예방에 관한 사항(화재·폭발 사고 발생 시 대피에 관한 사항을 포함한다)
  ② 산업보건 및 건강장해 예방에 관한 사항
  ③ 위험성 평가에 관한 사항
  ④ 산업안전보건법령 및 산업재해보상보험 제도에 관한 사항
  ⑤ 직무스트레스 예방 및 관리에 관한 사항
  ⑥ 직장 내 괴롭힘, 고객의 폭언 등으로 인한 건강장해 예방 및 관리에 관한 사항
  ⑦ 기계·기구의 위험성과 작업의 순서 및 동선에 관한 사항
  ⑧ 작업 개시 전 점검에 관한 사항
  ⑨ 정리정돈 및 청소에 관한 사항
  ⑩ 사고 발생 시 긴급조치에 관한 사항
  ⑪ 물질안전보건자료에 관한 사항
(2) 근로자의 정기안전보건교육
  ① 산업안전 및 산업재해 예방에 관한 사항(화재·폭발 사고 발생 시 대피에 관한 사항을 포함한다)

② 산업보건 및 건강장해 예방에 관한 사항(폭염·한파작업으로 인한 건강장해 발생 시 응급조치에 관한 사항을 포함한다)
③ 위험성 평가에 관한 사항
④ 건강증진 및 질병예 방에 관한 사항
⑤ 유해·위험 작업환경 관리에 관한 사항
⑥ 산업안전보건법령 및 산업재해보상보험 제도에 관한 사항
⑦ 직무스트레스 예방 및 관리에 관한 사항
⑧ 직장 내 괴롭힘, 고객의 폭언 등으로 인한 건강장해 예방 및 관리에 관한 사항

참고 산업안전산업기사 필기 p.1-153(2. 안전보건교육 교육대상자별 교육내용 및 시간)

KEY ① 2016년 3월 6일 기사·산업기사 동시 출제
② 2017년 3월 5일 기사 출제
③ 2018년 4월 28일, 8월 19일 산업기사 출제

합격정보
① 산업안전보건법 시행규칙 [별표 5] 안전보건교육 교육대상자별 교육내용 및 시간
② 시행 2026. 1. 1. [고용노동부령 제443호] 2025. 5. 30. 일부 개정

06 상시 근로자수가 75명인 사업장에서 1일 8시간 씩 연간 320일을 작업하는 동안에 4건의 재해가 발생하였다면 이 사업장의 도수율은 약 얼마인가?

① 17.68
② 19.67
③ 20.83
④ 22.83

해설

$$도수(빈도)율 = \frac{재해건수}{연근로시간수} \times 1,000,000$$
$$= \frac{4}{75 \times 8 \times 320} \times 10^6$$
$$= 20.83$$

참고 산업안전산업기사 필기 p.3-46(3. 빈도율)

KEY ① 2016년 10월 1일 산업기사 출제
② 2017년 3월 5일 기사·산업기사 동시 출제
③ 2018년 8월 19일 기사 출제
④ 2019년 8월 4일, 9월 21일 기사 출제

합격정보
산업재해 통계 업무처리 규정 제3조(산업재해 통계의 산출방법 및 정의)

[정답] 04 ③ 05 ① 06 ③

07 위험예지훈련 기초 4라운드(4R)에서 라운드별 내용이 바르게 연결된 것은?

① 1라운드 : 현상파악
② 2라운드 : 대책수립
③ 3라운드 : 목표설정
④ 4라운드 : 본질추구

해설

문제해결의 4단계
① 1R – 현상파악
② 2R – 본질추구
③ 3R – 대책수립
④ 4R – 행동목표설정

참고 산업안전기사 필기 p.1-12(1. 위험예지훈련 4단계)

KEY
① 2016년 3월 6일 기사 출제
② 2016년 5월 8일 기사·산업기사 동시 출제
③ 2017년 3월 5일 기사·산업기사 동시 출제
④ 2017년 5월 7일 기사 출제
⑤ 2017년 8월 26일 기사 출제
⑥ 2017년 9월 23일 기사 출제
⑦ 2018년 3월 4일 산업기사 출제
⑧ 2019년 4월 27일 기사·산업기사 동시 출제
⑨ 2019년 8월 4일 기사 출제
⑩ 2020년 6월 7일 기사 출제

08 O.J.T(On the Job Training) 교육의 장점과 가장 거리가 먼 것은?

① 훈련에만 전념할 수 있다.
② 직장의 실정에 맞게 실제적 훈련이 가능하다.
③ 개개인의 업무능력에 적합하고 자세한 교육이 가능하다.
④ 교육을 통하여 상사와 부하간의 의사소통과 신뢰감이 깊게 된다.

해설

OJT의 특징
① 개개인에게 적절한 지도훈련이 가능하다.
② 직장의 실정에 맞게 구체적이고 실제적 훈련이 가능하다.
③ 즉시 업무에 연결되는 관계로 몸과 관련이 있다.
④ 훈련에 필요한 업무의 계속성이 끊어지지 않는다.
⑤ 효과가 곧 업무에 나타나며 훈련의 좋고 나쁨에 따라 개선이 쉽다.
⑥ 훈련효과를 보고 상호 신뢰, 이해도가 높아지는 것이 가능하다.

참고 산업안전산업기사 필기 p.1-142(1. OJT와 OFF JT)

KEY
① 2016년 10월 1일 기사 출제
② 2017년 3월 5일 기사 출제
③ 2017년 5월 7일 기사 출제
④ 2017년 9월 23일 기사·산업기사 동시 출제
⑤ 2018년 3월 4일 기사 출제
⑥ 2018년 8월 19일 기사·산업기사 동시 출제
⑦ 2018년 9월 15일 기사·산업기사 동시 출제
⑧ 2019년 3월 3일 기사·산업기사 동시 출제
⑨ 2019년 4월 27일 기사 출제

09 일반적으로 사업장에서 안전관리조직을 구성할 때 고려할 사항과 가장 거리가 먼 것은?

① 조직 구성원의 책임과 권한을 명확하게 한다.
② 회사의 특성과 규모에 부합되게 조직되어야 한다.
③ 생산조직과는 동떨어진 독특한 조직이 되도록 하여 효율성을 높인다.
④ 조직의 기능이 충분히 발휘될 수 있는 제도적 체계가 갖추어져야 한다.

해설

안전관리 조직의 구비조건
① 회사의 특성과 규모에 부합되게 조직되어야 한다.
② 조직의 기능이 충분히 발휘될 수 있는 제도적 체계가 갖추어져야 한다.
③ 조직을 구성하는 관리자의 책임과 권한이 분명해야 한다.
④ 생산 라인과 밀착된 조직이어야 한다.

참고 산업안전산업기사 필기 p.1-23(2. 계획작성시 고려사항)

KEY
① 2016년 3월 6일 기사 출제
② 2019년 3월 3일 기사 출제

[정답] 07 ① 08 ① 09 ③

10. 다음 중 매슬로우(Maslow)가 제창한 인간의 욕구 5단계 이론을 단계별로 옳게 나열한 것은?

① 생리적 욕구 → 안전 욕구 → 사회적 욕구 → 존경의 욕구 → 자아 실현의 욕구
② 안전 욕구 → 생리적 욕구 → 사회적 욕구 → 존경의 욕구 → 자아 실현의 욕구
③ 사회적 욕구 → 생리적 욕구 → 안전 욕구 → 존경의 욕구 → 자아 실현의 욕구
④ 사회적 욕구 → 안전 욕구 → 생리적 욕구 → 존경의 욕구 → 자아 실현의 욕구

해설

Maslow의 욕구
① 제1단계 : 생리적 욕구(기본적 욕구, 종족 보존, 기아, 갈등, 호흡, 배설, 성욕 등)
② 제2단계 : 안전욕구(안전을 구하려는 욕구)
③ 제3단계 : 사회적 욕구(애정, 소속에 대한 욕구, 친화 욕구)
④ 제4단계 : 인정받으려는 욕구(자기존경 욕구, 자존심, 명예, 성취, 자위, 승인의 욕구)
⑤ 제5단계 : 자아실현의 욕구(잠재적 능력실현 욕구, 성취욕구)

참고) 산업안전산업기사 필기 p.1-101((5) 매슬로우의 욕구 5단계 이론)

💬 합격자의 조언
20번 이상 출제된 문제

11. 보호구 안전인증 고시에 따른 안전화의 정의 중 ( )안에 알맞은 것은?

경작업용 안전화란 (㉠) [mm]의 낙하높이에서 시험했을 때 충격과 (㉡ ±0.1) [kN]의 압축하중에서 시험했을 때 압박에 대하여 보호해 줄 수 있는 선심을 부착하여, 착용자를 보호하기 위한 안전화를 말한다.

① ㉠ 500, ㉡ 10.0
② ㉠ 250, ㉡ 10.0
③ ㉠ 500, ㉡ 4.4
④ ㉠ 250, ㉡ 4.4

해설

안전화 높이·하중

구분	높이[mm]	하중[kN]
중작업용	1,000	15±0.1
보통작업용	500	10±0.1
경작업용	250	4.4±0.1

참고) 산업안전산업기사 필기 p.1-93(표 : 안전화 높이 · 하중)

KEY ① 2018년 4월 28일 산업기사 출제
② 2018년 9월 15일 산업기사 출제

12. 조직이 리더에게 부여하는 권한으로 볼 수 없는 것은?

① 보상적 권한
② 강압적 권한
③ 합법적 권한
④ 위임된 권한

해설

리더의 권한
(1) 조직이 지도자에게 부여하는 권한
　① 보상적 권한
　② 강압적 권한
　③ 합법적 권한
(2) 지도자 자신이 자신에게 부여하는 권한(부하직원들의 존경심)
　① 위임된 권한
　② 전문성의 권한

참고) 산업안전산업기사 필기 p.1-113(합격날개 : 합격예측)

KEY ① 2017년 3월 5일 기사·산업기사 동시 출제
② 2017년 9월 23일 기사 출제

13. 테크니컬 스킬즈(Technical skills)에 관한 설명으로 옳은 것은?

① 모럴(morale)을 앙양시키는 능력
② 인간을 사물에게 적응시키는 능력
③ 사물을 인간에게 유리하게 처리하는 능력
④ 인간과 인간의 의사소통을 원활히 처리하는 능력

【 정답 】 10 ① 11 ④ 12 ④ 13 ③

> **해설**

Technical skills
사물을 인간에게 유리하게 처리하는 능력

> **참고** 산업안전산업기사 필기 p.1-95(문제 53번) 적중

14 산업안전보건법령상 특별교육대상 작업별 교육 작업 기준으로 틀린 것은?

① 전압이 75[V] 이상인 정전 및 활선작업
② 굴착면의 높이가 2[m] 이상이 되는 암석의 굴착작업
③ 동력에 의하여 작동되는 프레스기계를 3대 이상 보유한 사업장에서 해당 기계로 하는 작업
④ 1[톤] 미만의 크레인 또는 호이스트를 5[대] 이상 보유한 사업장에서 해당 기계로 하는 작업

> **해설**

특별교육 대상 작업별 교육 작업 기준
프레스기계를 5[대] 이상 보유한 사업장에서 해당 기계로 하는 작업

> **참고** 산업안전산업기사 필기 p.1-157(표. 특별안전보건교육 대상 작업별 교육내용)
> **KEY** 2017년 9월 23일 기사 출제
> **합격정보** 산업안전보건법 시행규칙 [별표 5] 안전보건교육 교육대상자별 교육내용

15 재해의 원인 분석법 중 사고의 유형, 기인물 등 분류항목을 큰 순서대로 도표화하여 문제나 목표의 이해가 편리한 것은?

① 관리도(Control chart)
② 파레토도(Pareto diagram)
③ 클로즈 분석도(Close analysis)
④ 특성요인도(cause-reason diagram)

> **해설**

파레토(Pareto diagram)
① 관리 대상이 많은 경우 최소의 노력으로 최대의 효과를 얻을 수 있는 방법
② 분류항목을 큰 값에서 작은 값의 순서로 도표화하는 데 편리

> **참고** 건설안전기사 필기 p.3-3((1) 파레토도)

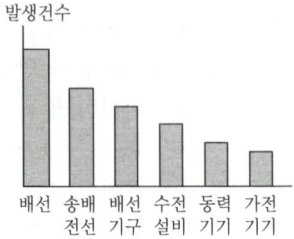

[그림] 예 전기설비별 감전사고 분포(파레토도)

> **KEY**
> ① 2017년 8월 26일 기사 출제
> ② 2018년 3월 4일 기사 출제
> ③ 2018년 9월 15일 산업기사 출제
> ④ 2019년 9월 21일 기사 출제
> ⑤ 2023년 4월 1일 산업안전지도사 출제

16 하인리히 재해 발생 5단계 중 3단계에 해당하는 것은?

① 불안전한 행동 또는 불안전한 상태
② 사회적 환경 및 유전적 요소
③ 관리의 부재
④ 사고

> **해설**

하인리히의 도미노이론

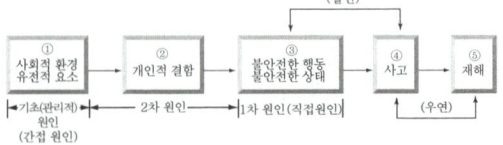

[그림] 사고발생 메커니즘(mechanism)

> **참고** 산업안전산업기사 필기 p.3-34(1. 산재분류의 이해)
> **KEY** 2019년 4월 27일 기사 출제

【정답】 14 ③ 15 ② 16 ①

17 주의의 특성으로 볼 수 없는 것은?

① 변동성　　② 선택성
③ 방향성　　④ 통합성

[해설]

주의의 특성 3가지
① 선택성
② 방향성
③ 변동(단속)성

[참고] 산업안전산업기사 필기 p.1-117(2. 인간의 주의 특성)

[KEY] 2006년 5월 14일 문제 4번 출제

[KEY] ① 2016년 5월 8일 기사 출제
② 2016년 10월 1일 기사 출제
③ 2018년 3월 4일 산업기사 출제
④ 2018년 4월 28일 기사 출제
⑤ 2018년 8월 19일 기사 출제
⑥ 2019년 3월 3일 산업기사 출제

18 기억의 과정 중 과거의 학습경험을 통해서 학습된 행동이 현재와 미래에 지속되는 것을 무엇이라 하는가?

① 기명(memorizing)
② 파지(retention)
③ 재생(recall)
④ 재인(recognition)

[해설]

기억의 과정
① 기명 : 사물의 인상을 마음에 간직하는 것을 말한다.
② 파지 : 간직, 인상이 보존되는 것을 말한다.
③ 재생 : 보존된 인상을 다시 의식으로 떠오르는 것을 말한다.
④ 재인 : 과거에 경험했던 것과 같은 비슷한 상태에 부딪혔을 때 떠오르는 것을 말한다

[참고] 산업안전산업기사 필기 p.1-148(3. 기억의 과정)

[KEY] 2016년 5월 8일 기사 출제

19 교육의 3요소 중 교육의 주체에 해당하는 것은?

① 강사　　② 교재
③ 수강자　　④ 교육방법

[해설]

안전교육의 3요소

요소 분류	교육의 주체	교육의 객체	교육의 매개체
형식적 교육	교도자 (강사)	학생 (수강자 : 대상)	교재 (내용)
비형식적 교육	부모, 형, 선배, 사회인사	자녀와 미성숙자	교육적 환경, 인간관계

[참고] 산업안전산업기사 필기 p.1-137(1. 안전 교육의 3요소)

[KEY] ① 2017년 3월 5일 기사 출제
② 2017년 5월 7일 기사 출제
③ 2017년 8월 26일 산업기사 출제
④ 2018년 8월 19일 산업기사 출제
⑤ 2019년 8월 4일 기사 출제
⑥ 2020년 6월 7일 기사 출제

20 산업안전보건법령상 안전보건표지의 종류와 형태 중 그림과 같은 경고 표지는? (단, 바탕은 무색, 기본모형은 빨간색, 그림은 검은색이다.)

① 부식성물질 경고　　② 폭발성물질 경고
③ 산화성물질 경고　　④ 인화성물질 경고

[해설]

경고표지의 종류

인화성 물질경고	산화성 물질경고	폭발성 물질경고	급성독성 물질경고	부식성 물질경고

방사성 물질경고	고압전기 경고	매달린 물체경고	낙하물 경고	고온 경고

[정답] 17 ④　18 ②　19 ①　20 ④

저온 경고	몸균형 상실경고	레이저 광선경고	발암성·변이원성·생식독성·전신독성·호흡기과민성 물질 경고	위험장소 경고
				⚠

참고 산업안전기사 필기 p.1-61(2. 경고표지)

KEY
① 2017년 9월 23일 기사 출제
② 2018년 3월 4일 기사 출제
③ 2019년 4월 27일 산업기사 출제
④ 2020년 6월 7일 기사 출제

합격정보
산업안전보건법 시행규칙 [별표6] 안전보건표지의 종류와 형태

해설
컷셋과 패스셋
① 컷셋(cut set) : 정상사상을 발생시키는 기본사상의 집합으로 그 안에 포함되는 모든 기본사상이 발생할 때 정상사상을 발생시킬 수 있는 기본사상의 집합
② 패스셋(path set) : 모든 기본사상이 일어나지 않을 때 처음으로 정상사상이 일어나지 않는 기본사상의 집합(고장나지 않도록 하는 사상의 조합)

참고 산업안전산업기사 필기 p.2-77(합격날개 : 합격예측)

KEY
① 2017년 5월 7일 기사 출제
② 2018년 3월 4일 산업기사 출제
③ 2018년 4월 28일 산업기사 출제
④ 2019년 4월 27일 산업기사 출제
⑤ 2020년 6월 14일 기사 출제

2 인간공학 및 위험성 평가·관리

21 가청 주파수 내에서 사람의 귀가 가장 민감하게 반응하는 주파수 대역은?

① 20~20,000[Hz] ② 50~15,000[Hz]
③ 100~10,000[Hz] ④ 500~3,000[Hz]

해설
민감 주파수 대역(중음역) : 500~3,000[Hz]

참고 산업안전산업기사 필기 p.2-172(4. 청력손실)

KEY
① 2016년 3월 6일 출제
② 2017년 3월 5일 출제
③ 2017년 9월 23일(문제 31번) 출제
④ 2018년 3월 4일 기사 출제

22 결함수 분석법에서 일정 조합 안에 포함되는 기본사상들이 동시에 발생할 때 반드시 목표사상을 발생시키는 조합을 무엇이라 하는가?

① Cut set ② Decision tree
③ Path set ④ 불 대수

23 통제표시비(C/D)를 설계할 때의 고려할 사항으로 가장 거리가 먼 것은?

① 공차 ② 운동성
③ 조작시간 ④ 계기의 크기

해설
통제비 설계시 고려해야 할 사항 5가지
① 계기의 크기 ② 공차
③ 방향성 ④ 조작시간
⑤ 목측거리

참고 산업안전산업기사 필기 p.2-175(2.통제표시비의 설계시 고려사항)

KEY 2018년 8월 19일 산업기사 출제

24 FTA에 사용되는 기호 중 다음 기호에 해당하는 것은?

① 생략사상 ② 부정사상
③ 결함사상 ④ 기본사상

[정답] 21 ④ 22 ① 23 ② 24 ④

해설

FTA의 기호

기호	명칭
▭	결함사상
◯	기본사상
⌂	통상사상
◇	생략사상

> 참고) 산업안전산업기사 필기 p.2-70(표. FTA기호)

> KEY
> ① 2014년 3월 2일 (문제 29번) 출제
> ② 2017년 8월 26일 출제
> ③ 2018년 8월 19일 출제

---

25 다음은 1/100초 동안 발생한 3개의 음파를 나타낸 것이다. 음의 세기가 가장 큰 것과 가장 높은 음은 무엇인가?

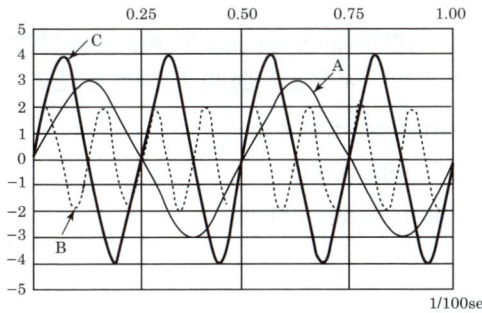

① 가장 큰 음의 세기 : A, 가장 높은 음 : B
② 가장 큰 음의 세기 : C, 가장 높은 음 : B
③ 가장 큰 음의 세기 : C, 가장 높은 음 : A
④ 가장 큰 음의 세기 : B, 가장 높은 음 : C

해설

음파 (Sound wave)
① 가장 큰음 : C
② 가장 높은 음 : B

> KEY 2012년 3월 4일(문제 35번) 출제

보충학습

소리의 3요소
① 소리의 높낮이(고저) : 진동수가 클수록 고음이 난다.
② 소리의 세기(강약) : 진동수가 같을 때, 진폭이 클수록 강하다.
③ 소리 맵시(음색) : 음파의 모양(파형)에 따라 다르게 들린다.

합격자의 조언
실기 필답형(2011. 7. 24. 출제)에도 출제됩니다.

---

26 건강한 남성이 8시간 동안 특정 작업을 실시하고, 분당, 산소 소비량이 1.1L/분으로 나타났다면 8시간 총 작업시간에 포함될 휴식시간은 약 몇분인가?(단, Murrell의 방법을 적용하며, 휴식 중 에너지소비율은 1.5[kcal/min]이다.)

① 30분   ② 54분
③ 60분   ④ 75분

해설

휴식시간 계산
① 작업 시 평균 에너지 소비량
   = 5[kcal/L] × 1.1[L/min] = 5.5[kcal/min]
② 휴식시간$(R) = \dfrac{480(E-5)}{E-1.5} = \dfrac{480(5.5-5)}{5.5-1.5} = 60[분]$

여기서,
R : 휴식시간(분)
E : 작업 시 평균 에너지 소비량[kcal/분]
60분×8 : 총 작업시간
1.5[kcal/분] : 휴식시간 중의 에너지 소비량

> 참고) 산업안전산업기사 필기 p.1-102(3. 휴식)

> KEY 2016년 5월 8일(문제 24번) 출제

[정답] 25 ②   26 ③

27 인간공학적 수공구의 설계에 관한 설명으로 옳은 것은?

① 수공구 사용 시 무게 균형이 유지되도록 설계한다.
② 손잡이 크기를 수공구 크기에 맞추어 설계한다.
③ 힘을 요하는 수공구의 손잡이는 직경을 60[mm] 이상으로 한다.
④ 정밀 작업용 수공구의 손잡이는 직경을 5[mm] 이하로 한다.

해설

수공구 설계원칙
① 손목을 곧게 펼 수 있도록 : 손목이 팔과 일직선일 때 가장 이상적
② 손가락으로 지나친 반복동작을 하지 않도록 : 검지의 지나친 사용은 「방아쇠 손가락」증세 유발
③ 손바닥에 압력이 가해지지 않도록(접촉면적을 크게) : 신경과 혈관에 장애(무감각증, 떨림현상)
④ 힘을 요하는 손잡이 직경 : 30~45[mm]
⑤ 정밀작업 손잡이 직경 : 5~12[mm]
⑥ 대형 스크류 드라이버 손잡이 직경 : 50~60[mm]
⑦ 그 밖에 설계원칙
  ㉮ 안전측면을 고려한 디자인
  ㉯ 적절한 장갑의 사용
  ㉰ 왼손잡이 및 장애인을 위한 배려
  ㉱ 공구의 무게를 줄이고 균형유지 등

참고 산업안전산업기사 필기 p.2-177(합격날개 : 합격예측)
KEY 2016년 5월 8일(문제 34번) 출제

28 반복되는 사건이 많이 있는 경우, FTA의 최소 컷셋과 관련이 없는 것은?

① Fussel Algorithm
② Boolean Algorithm
③ Monte Carlo Algorithm
④ Limnios & Ziani Algorithm

해설

FTA의 최소 컷셋을 구하는 알고리즘의 종류
① Boolean Algorithm
② Fussel Algorithm
③ Limnios & Ziani algorithm

참고 산업안전산업기사 필기 p.2-78(합격날개 : 은행문제)
KEY ① 2014년 9월 20일 출제
② 2016년 10월 1일 출제
③ 2017년 3월 5일(문제 22번) 출제

보충학습

Monte Carlo Algorithm
① 시뮬레이션 테크닉의 일종
② 구하고자 하는 수치의 확률적 분포를 반복 가능한 실험의 통계로부터 구하는 방법

29 작업자가 100개의 부품을 육안 검사하여 20개의 불량품을 발견하였다. 실제 불량품이 40개라면 인간에러(human error) 확률은 약 얼마인가?

① 0.2
② 0.3
③ 0.4
④ 0.5

해설

인간에러 확률

$$HEP = \frac{40-20}{100} = 0.2$$

참고 산업안전산업기사 필기 p.2-21(합격날개 : 참고)
KEY 2017년 9월 23일(문제 32번) 출제

30 휴먼 에러(human error)의 분류 중 필요한 임무나 절차의 순서 착오로 인하여 발생하는 오류는?

① ommission error
② sequential error
③ commission error
④ extraneous error

해설

인간실수 분류
① omission error : 작업수행을 행하지 않으므로 발생된 error
② time error : 수행지연
③ commission error : 불확실한 수행
④ sequential error : 순서착오
⑤ extraneous error : 불필요한 작업수행

참고 산업안전산업기사 필기 p.2-20(2. 인간실수의 분류)

[정답] 27 ① 28 ③ 29 ① 30 ②

KEY ① 2019년 3월 3일 기사 출제
② 2019년 8월 4일 기사·산업기사 동시 출제

31 모든 시스템 안전 프로그램 중 최초 단계의 분석으로 시스템 내의 위험요소가 어떤 상태에 있는지를 정성적으로 평가하는 방법은?

① CA ② FHA
③ PHA ④ FMEA

해설

PHA

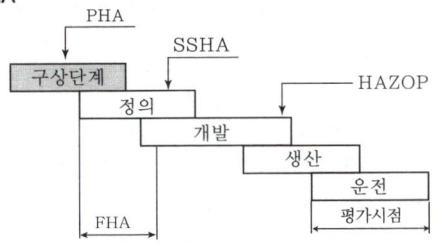

[그림] PHA · OSHA · FHA · HAZOP

참고 산업안전산업기사 필기 p.2-60(2. PHA)

KEY ① 2017년 5월 5일 출제
② 2019년 4월 27일(문제 36번) 출제
③ 2020년 6월 7일 기사·산업기사 출제

32 시스템의 성능 저하가 인원의 부상이나 시스템 전체에 중대한 손해를 입히지 않고 제어가 가능한 상태의 위험강도는?

① 범주 Ⅰ : 파국적 ② 범주 Ⅱ : 위기적
③ 범주 Ⅲ : 한계적 ④ 범주 Ⅳ : 무시

해설

한계적(Marginal)
① 경미한 상해, 시스템 성능 저하
② 시스템의 성능 저하가 인원의 부상이나 시스템 전체에 중대한 손해를 입히지 않고 제어가 가능한 상태

참고 산업안전산업기사 필기 p.2-60(3. PAH 카테고리 분류)

KEY ① 2016년 5월 8일 기사 출제
② 2018년 9월 15일 기사 출제

33 공간 배치의 원칙에 해당되지 않는 것은?

① 중요성의 원칙
② 다양성의 원칙
③ 사용빈도의 원칙
④ 기능별 배치의 원칙

해설

부품(공간)배치의 4원칙
① 중요성(도)의 원칙(일반적 위치결정)
② 사용빈도의 원칙(일반적 위치결정)
③ 기능별 배치의 원칙(배치결정)
④ 사용순서의 원칙(배치결정)

참고 산업안전산업기사 필기 p.2-160(2. 부품(공간)배치의 4원칙)

KEY ① 2017년 9월 23일 산업기사 출제
② 2018년 3월 4일 기사·산업기사 동시 출제
③ 2018년 8월 19일 산업기사 출제
④ 2019년 3월 3일(문제 37번) 출제

34 글자의 설계 요소 중 검은 바탕에 쓰여진 흰 글자가 번져 보이는 현상과 가장 관련 있는 것은?

① 획폭비 ② 글자체
③ 종이 크기 ④ 글자 두께

해설

획폭·종횡·광삼
① 획폭비 : 문자나 숫자의 높이에 대한 획 굵기의 비로서 나타내며, 최적 독해성(최대명시거리)을 주는 획폭비는 흰 숫자(검은 바탕)의 경우에 1 : 13.3이고 검은 숫자(흰 바탕)의 경우는 1 : 8 정도이다.
② 종횡비(문자, 숫자의 폭 : 높이) : 1 : 1의 비가 적당하며 3 : 5 까지는 독해성에 영향이 없고, 숫자의 경우는 3 : 5를 표준으로 한다.
③ 광삼(irradiation)현상 : 흰 모양이 주위의 검은 배경으로 번져 보이는 현상이다.

KEY 2011년 6월 12일(문제 39번) 출제

[정답] 31 ③ 32 ③ 33 ② 34 ①

35 인간-기계 시스템에서 기계와 비교한 인간의 장점으로 볼 수 없는 것은?(단, 인공지능과 관련된 사항은 제외한다.)

① 완전히 새로운 해결책을 찾아낸다.
② 여러 개의 프로그램된 활동을 동시에 수행한다.
③ 다양한 경험을 토대로 하여 의사결정을 한다.
④ 상황에 따라 변화하는 복잡한 자극 형태를 식별한다.

해설

정보처리 결정에서 인간의 장점
① 많은 양의 정보를 장시간 보관
② 관찰을 통한 일반화
③ 귀납적 추리
④ 원칙 적용
⑤ 다양한 문제 해결(정서적)

참고 산업안전산업기사 필기 p.2-10(표. 인간과 기계의 기능 비교)

KEY
① 2018년 4월 28일 기사 출제
② 2018년 8월 19일 기사 출제
③ 2018년 9월 15일 기사 출제
④ 2019년 9월 21일 출제

36 건구온도 38[℃], 습구온도 32[℃]일 때의 Oxford 지수는 몇 [℃]인가?

① 30.2   ② 32.9
③ 35.3   ④ 37.1

해설

Oxford지수
① 습건(WD)지수라고도 하며, 습구·건구온도의 가중 평균치로서 나타낸다.
② WD = 0.85W(습구온도)+0.15d(건구온도)
   = (0.85×32)+(0.15×38) = 32.9[℃]

참고 산업안전산업기사 필기 p.2-167(6. Oxford 지수)

KEY
① 2017년 3월 5일 기사 출제
② 2017년 9월 23일 기사 출제
③ 2018년 4월 28일 산업기사 출제
④ 2018년 9월 15일 기사 출제

37 점광원(point surce)에서 표면에 비추는 조도(lux)의 크기를 나타내는 식으로 옳은 것은?(단, D는 광원으로부터의 거리를 말한다.)

① $\dfrac{광도[fc]}{D^2[m^2]}$ ② $\dfrac{광도[lm]}{D[m]}$

③ $\dfrac{광도[cd]}{D^2[m^2]}$ ④ $\dfrac{광도[fL]}{D[m]}$

해설

조도
① 광원으로부터 어떤 특정한 수직 평면 또는 수평 평면에 도달하는 광속의 전체 양
② 어떤 표면에 도달하는 빛의 단위 면적당 밀도로써 면의 밝기를 표시한다.
③ 공식 : 조도는 입사광속을 입사면적으로 나눈 값이다.

$$E(조도) = \dfrac{F(광속)}{A(면적)} = \dfrac{I(광도)[cd]}{(D : 거리)^2[m^2]}[lux]$$

참고 산업안전산업기사 필기 p.2-169(2. 조명단위)

KEY
① 2017년 3월 5일 기사 출제
② 2019년 3월 3일 기사 출제

38 화학공장(석유화학사업장 등)에서 가동문제를 파악하는 데 널리 사용되며, 위험요소를 예측하고, 새로운 공정에 대한 가동문제를 예측하는 데 사용되는 위험성평가방법은?

① SHA   ② EVP
③ CCFA   ④ HAZOP

해설

HAZOP
① 화학공장 등의 가동문제 파악
② 공정이나 설계도 등의 체계적인 검토
③ 정성적인 방법

참고 산업안전산업기사 필기 p.2-66(1. HAZOP)

KEY 2022년 3월 5일 기사 출제

[정답]   35 ②   36 ②   37 ③   38 ④

39 인터페이스 설계 시 고려해야 하는 인간과 기계와의 조화성에 해당되지 않는 것은?

① 인지적 조화성　② 신체적 조화성
③ 감성적 조화성　④ 심리적 조화성

해설

감성공학과 인간 interface(계면)의 3단계

구분	특성
신체적(형태적) 인터페이스	인간의 신체적 또는 형태적 특성의 적합성 여부(필요조건)
인지적 인터페이스	인간의 인지능력, 정신적 부담의 정도(편리수준)
감성적 인터페이스	인간의 감정 및 정서의 적합성 여부(쾌적수준)

참고 산업안전산업기사 필기 p.2-6(표. 감성공학과 인간 interface의 3단계)

KEY ① 2017년 3월 5일 출제
② 2019년 9월 21일 (문제 31번) 출제

40 다음 중 설비보전관리에서 설비이력카드, MTBF 분석표, 고장원인대책표와 관련이 깊은 관리는?

① 보전기록관리　② 보전자재관리
③ 보전작업관리　④ 예방보전관리

해설

보전기록관리
① 신뢰성 보전성을 효과적으로 개선하기 위한 보전기록 자료
② MTBF분석표, 설비이력카드, 고장원인 대책표 등

참고 산업안전산업기사 필기 p.2-98(문제 68번) 적중

3　기계·기구 및 설비안전관리

41 작업장 내 운반을 주목적으로 하는 구내운반차가 준수해야 할 사항으로 옳지 않은 것은?

① 주행을 제동하거나 정지상태를 유지하기 위하여 유효한 제동장치를 갖출 것
② 경음기를 갖출 것
③ 핸들의 중심에서 차체 바깥 측까지의 거리가 65cm 이내일 것
④ 운전자석이 차 실내에 있는 것은 좌우에 한 개씩 방향지시기를 갖출 것

해설

구내운반차 사용시 준수사항
① 주행을 제동하거나 정지상태를 유지하기 위하여 유효한 제동장치를 갖출 것
② 경음기를 갖출 것
③ 운전석이 차 실내에 있는 것은 좌우에 한 개씩 방향지시기를 갖출 것
④ 전조등과 후미등을 갖출 것. 다만, 작업을 안전하게 하기 위하여 필요한 조명이 있는 장소에서 사용하는 구내운반차에 대해서는 그러하지 아니하다.

합격정보 산업안전보건기준에 관한 규칙 제184조 (제동장치등)

💬 **합격자의 조언**
실기 필답형과 작업형에도 출제됩니다.

42 다음 중 연삭기를 이용한 작업을 할 경우 연삭숫돌을 교체한 후에는 얼마동안 시험운전을 하여야 하는가?

① 1분 이상　② 3분 이상
③ 10분 이상　④ 15분 이상

해설

연삭기 안전기준
① 작업시작하기 전 1분 이상 시운전
② 연삭숫돌을 교체한 후 3분 이상 시운전
③ 숫돌파열이 가장 많이 발생하는 경우는 스위치를 넣는 순간

참고 산업안전기사 필기 p.3-97(4. 연삭기 구조면에 있어서 안전대책)

KEY ① 2017년 3월 5일 기사 출제
② 2017년 8월 26일 출제
③ 2018년 3월 4일 출제
④ 2019년 3월 3일(문제47번) 출제

합격정보 산업안전보건기준에 관한 규칙 제122조(연삭숫돌의 덮개 등)

[정답] 39 ④　40 ①　41 ③　42 ②

43 프레스기가 작동 후 작업점까지의 도달시간이 0.2 [초] 걸렸다면, 양수기동식 방호장치의 설치거리는 최소 얼마인가?

① 3.2[cm]   ② 32[cm]
③ 6.4[cm]   ④ 64[cm]

해설

양수기동식 안전거리
① $D_m = 1.6 T_m = 1.6 \times 0.2 = 0.32 \times 100 = 32[cm]$
② $D_m =$ 안전거리(단위[mm])
③ $T_m =$ 양손으로 누름단추를 조작하고 슬라이드가 하사점에 도달하기까지의 소요최대시간(단위[ms])

참고 산업안전산업기사 필기 p.3-105(합격날개 : 합격예측)

KEY
① 2017년 5월 7일 산업기사 출제
② 2018년 3월 4일 산업기사 출제
④ 2019년 3월 3일 기사 출제

44 대패기계용 덮개의 시험 방법에서 날접촉 예방장치인 덮개와 송급테이블 면과의 간격기준은 몇 [mm] 이하여야 하는가?

① 3   ② 5
③ 8   ④ 12

해설

덮개와 송급테이블 면과의 간격 : 8[mm] 이하

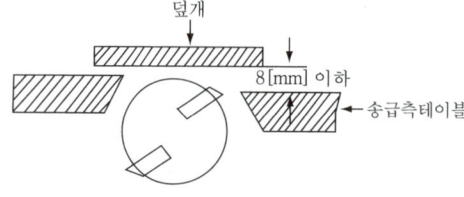

[그림] 덮개와 테이블간의 틈새

참고 산업안전산업기사 필기 p.3-138(2. 고정식)

KEY 2017년 5월 7일 산업기사 출제

45 프레스 등의 금형을 부착해체 또는 조정작업 중 슬라이드가 갑자기 작동하여 근로자에게 발생할 수 있는 위험을 방지하기 위하여 설치하는 것은?

① 방호 울   ② 안전블록
③ 시건장치   ④ 게이트 가드

해설

안전블록
프레스 등의 금형을 부착·해체 또는 조정하는 작업을 할 때에 해당 작업에 종사하는 근로자의 신체가 위험한계 내에 있는 경우 슬라이드가 갑자기 작동함으로써 근로자에게 발생할 우려가 있는 위험을 방지하기 위하여 안전블록을 사용하는 등 필요한 조치를 하여야 한다.

참고 산업안전산업기사 필기 p.3-100(합격날개 : 합격예측 및 관련법규)

KEY
① 2016년 3월 6일 출제
② 2016년 8월 21일 기사·산업기사 동시 출제
③ 2017년 8월 26일 기사 출제
④ 2018년 3월 4일 기사 출제
⑤ 2018년 8월 19일 출제
⑥ 2019년 3월 3일(문제 41번) 출제
⑦ 2019년 4월 27일(문제 52번) 출제

합격정보
산업안전보건기준에 관한 규칙 제104조(금형조정작업의 위험방지)

46 산업안전보건법령상 프레스를 사용하여 작업을 할 때 작업시작 전 점검 항목에 해당하지 않는 것은?

① 전선 및 접속부 상태
② 클러치 및 브레이크의 기능
③ 프레스의 금형 및 고정볼트 상태
④ 1행정 1정지기구·급정지장치 및 비상정치장치의 기능

해설

프레스 작업시작 전 점검사항
① 클러치 및 브레이크의 기능
② 크랭크축·플라이휠·슬라이드·연결봉 및 연결나사의 풀림 유무
③ 1행정 1정지기구·급정지장치 및 비상정지장치의 기능
④ 슬라이드 또는 칼날에 의한 위험방지 기구의 기능
⑤ 프레스의 금형 및 고정볼트 상태
⑥ 방호장치의 기능
⑦ 전단기(剪斷機)의 칼날 및 테이블의 상태

참고 산업안전산업기사 필기 p.3-54(표. 작업시작 전 기계·기구 및 점검내용)

[정답] 43 ② 44 ③ 45 ② 46 ①

KEY
① 2016년 3월 6일 출제
② 2017년 3월 5일 기사 출제
③ 2017년 5월 7일 기사 출제
④ 2017년 8월 26일 기사 출제
⑤ 2018년 3월 4일 기사 출제
⑥ 2018년 4월 28일 기사 출제
⑦ 2018년 8월 19일 기사 출제
⑧ 2019년 3월 3일 (문제 49번) 출제
⑨ 2019년 4월 27일 (문제 60번) 출제
⑩ 2020년 6월 7일 기사 출제

합격정보
산업안전보건기준에 관한 규칙 [별표 3] 작업시작전 점검사항

47 선반 작업의 안전사항으로 틀린 것은?
① 베드(bed) 위에 공구를 올려놓지 않아야 한다.
② 바이트를 교환할 때는 기계를 정지시키고 한다.
③ 바이트는 끝을 길게 장착한다.
④ 반드시 보안경을 착용한다.

해설
선반작업시 바이트(bite)도 짧게 장착합니다.

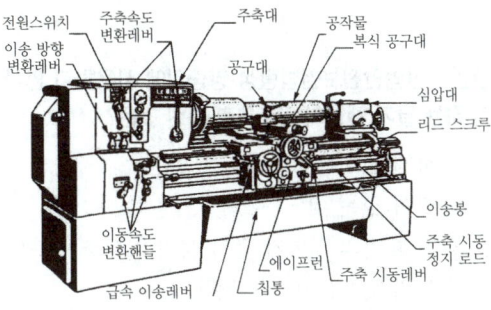
[그림] 선반의 각부 명칭

참고 산업안전산업기사 필기 p.3-84(4. 선반작업시 안전수칙)

48 연삭기 숫돌의 파괴원인으로 볼 수 없는 것은?
① 숫돌의 회전속도가 너무 빠를 때
② 숫돌 자체에 균열이 있을 때
③ 숫돌의 정면을 사용할 때
④ 숫돌에 과대한 충격을 주게 되는 때

해설
연삭 숫돌의 파괴원인
① 숫돌의 속도가 너무 빠를 때
② 숫돌에 균열이 있을 때
③ 플랜지가 현저히 작을 때
④ 숫돌의 치수(특히 구멍지름)가 부적당할 때
⑤ 숫돌에 과대한 충격을 줄 때
⑥ 작업에 부적당한 숫돌을 사용할 때
⑦ 숫돌의 불균형이나 베어링의 마모에 의한 진동이 있을 때
⑧ 숫돌의 측면을 사용할 때
⑨ 반지름방향의 온도변화가 심할 때

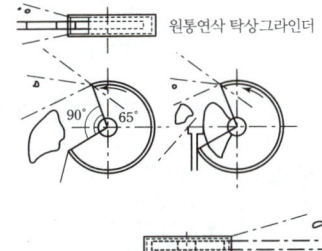
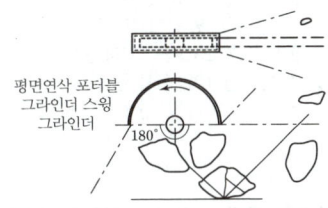
[그림] 안전덮개의 개구각과 파편의 비산방향

참고 산업안전기사 필기 p.3-94(1. 숫돌의 파괴원인)

KEY
① 2016년 5월 8일 산업기사 출제
② 2016년 8월 21일 기사 출제
③ 2020년 6월 14일 산업기사 출제
④ 2020년 6월 7일 기사 출제

49 기계설비의 방호는 위험장소에 대한 방호와 위험원에 대한 방호로 분류할 때, 다음 위험원에 대한 방호장치에 해당하는 것은?
① 격리형 방호장치
② 포집형 방호장치
③ 접근거부형 방호장치
④ 위치제한형 방호장치

[정답] 47 ③ 48 ③ 49 ②

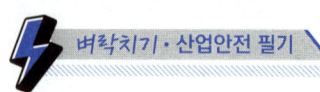

> **해설**
>
> 기계설비 방호장치구분

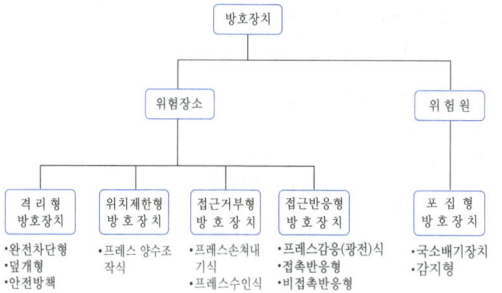

[그림] 방호장치의 구분

> 참고 산업안전산업기사 필기 p.3-15(4. 방호장치의 종류)

> KEY
> ① 2012년 5월 20일 (문제 50번) 출제
> ② 2016년 3월 6일 산업기사 출제
> ③ 2016년 8월 21일 산업기사 출제
> ④ 2018년 3월 4일 산업기사 출제
> ⑤ 2018년 4월 28일 산업기사 출제
> ⑥ 2018년 8월 19일 기사 출제

50 산업용 로봇 작업시 안전조치 방법으로 틀린 것은?

① 작업 중의 매니플레이터의 속도의 지침에 따라 작업한다.
② 로봇의 조작방법 및 순서의 지침에 따라 작업한다.
③ 작업을 하고 있는 동안 해당 작업 근로자 이외에도 로봇의 가동스위치를 조작할 수 있도록 한다.
④ 2명 이상의 근로자에게 작업을 시킬 때는 신호 방법의 지침을 정하고 그 지침에 따라 작업한다.

> **해설**
>
> 작업을 하고 있는 동안 해당 작업에 종사하고 있는 근로자가 아닌 사람이 그 스위치를 조작할 수 없도록 필요한 조치를 할 것
>
> 참고 산업안전산업기사 필기 p.3-130(합격날개 : 합격예측 및 관련법규)
>
> KEY 2019년 8월 4일 기사 출제

> **합격정보**
>
> 산업안전보건기준에 관한 규칙 제222조(교시등)

51 크레인 작업 시 조치사항 중 틀린 것은?

① 인양할 하물은 바닥에서 끌어당기거나 밀어내는 작업을 하지 아니할 것
② 유류드럼이나 가스통 등의 위험물 용기는 보관함에 담아 안전하게 매달아 운반할 것
③ 고정된 물체는 직접 분리, 제거하는 작업을 할 것
④ 근로자의 출입을 통제하여 화물이 작업자의 머리 위로 통과하지 않게 할 것

> **해설**
>
> 고정된 물체를 직접 분리·제거하는 작업을 하지 아니할 것
>
> 참고 산업안전산업기사 필기 p.3-148(합격날개 : 합격예측 및 관련법규)

> **합격정보**
>
> 산업안전보건기준에 관한 규칙 제146조(크레인 작업시의 조치)

52 산업안전보건법령상 양중기에 사용하지 않아야 하는 달기 체인의 기준으로 틀린 것은?

① 심하게 변형된 것
② 균열이 있는 것
③ 달기 체인의 길이가 달기 체인이 제조된 때의 길이의 3[%]를 초과한 것
④ 링의 단면지름이 달기 체인이 제조된 때의 해당 링의 지름의 10[%]를 초과하여 감소한 것

> **해설**
>
> **달기체인의 사용금지 기준**
> ① 달기 체인의 길이가 달기 체인이 제조된 때의 길이의 5[%]를 초과한 것
> ② 링의 단면지름이 달기 체인이 제조된 때의 해당 링의 지름의 10[%]를 초과하여 감소한 것
> ③ 균열이 있거나 심하게 변형된 것

[정답] 50 ③   51 ③   52 ③

참고) 산업안전산업기사 필기 p.3-157(합격날개 : 합격예측 및 관련법규)
KEY 2019년 8월 4일 (문제 57번) 출제

합격정보
산업안전보건기준에 관한 규칙 제166조(이음매가 있는 와이어로 프등의 사용금지)

53 롤러기에 사용되는 급정지장치의 종류가 아닌 것은?

① 손 조작식 ② 발 조작식
③ 무릎 조작식 ④ 복부 조작식

해설
급정지장치 종류 3가지

급정지장치 조작부의 종류	위 치
손으로 조작하는 것	밑면으로부터 1.8[m] 이내
복부로 조작하는 것	밑면으로부터 0.8[m] 이상 1.1[m] 이내
무릎으로 조작하는 것	밑면으로부터 0.6[m] 이내

참고) 산업안전산업기사 필기 p.3-113(합격날개 : 합격예측 및 관련법규)
KEY
① 2016년 8월 21일 기사 출제
② 2017년 3월 5일 기사·산업기사 동시 출제
③ 2017년 5월 7일 산업기사 출제
④ 2018년 8월 26일 기사·산업기사 동시 출제
⑤ 2018년 3월 4일 산업기사 출제
⑥ 2018년 4월 28일 산업기사 출제

54 드릴 작업의 안전조치 사항으로 틀린 것은?

① 칩은 와이어 브러시로 제거한다.
② 드릴 작업에서는 보안경을 쓰거나 안전덮개를 설치한다.
③ 칩에 의한 자상을 방지하기 위해 면장갑을 착용한다.
④ 바이스 등을 사용하여 작업 중 공작물의 유동을 방지한다.

해설
드릴작업시 면장갑을 착용하면 안됩니다. 이유는 회전말림점이 존재합니다.

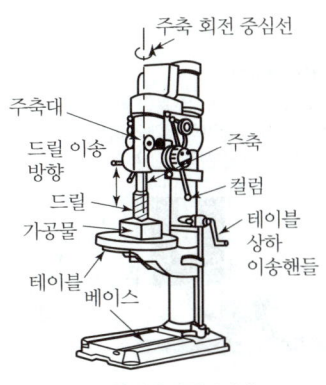

[그림] 직립 드릴링머신

참고) 산업안전산업기사 필기 p.3-92(드릴작업시 안전대책)
KEY
① 2007년 5월 13일 (문제 45번) 출제
② 2011년 8월 21일 (문제 50번) 출제

55 개구부에서 회전하는 롤러의 위험점까지 최단거리가 60[mm]일 때 개구부 간격은?

① 10[mm] ② 12[mm]
③ 13[mm] ④ 15[mm]

해설
롤러 가드의 개구부 간격
$Y = 6 + 0.15X = 6 + 0.15 \times 60 = 15 [mm]$
X : 가드와 위험점 간의 거리(mm : 안전거리)
Y : 가드 개구부의 간격(mm : 안전간극)
(단, $X \geq 160[mm]$일 때, $Y = 30[mm]$)

참고) 산업안전산업기사 필기 p.3-11(합격날개 : 합격예측)
KEY
① 2016년 8월 21일 산업기사 출제
② 2017년 5월 7일 기사 출제
③ 2018년 8월 19일 산업기사 출제

56 연삭 숫돌과 작업받침대, 교반기의 날개, 하우스 등 기계의 회전 운동하는 부분과 고정 부분 사이에 위험이 형성되는 위험점은?

① 물림점 ② 끼임점
③ 절단점 ④ 접선물림점

[정답] 53 ② 54 ③ 55 ④ 56 ②

해설

끼임점(Shear-point)
① 고정부분과 회전하는 동작부분이 함께 만드는 위험점
② 연삭숫돌과 덮개, 교반기의 날개와 하우징, 프레임에서 암의 요동운동을 하는 기계부분 등

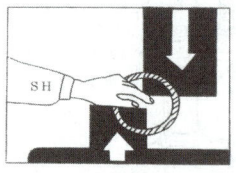
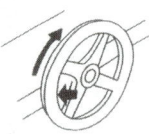

[그림] 끼임점

> 참고 산업안전산업기사 필기 p.3-205(2. 끼임점)

> KEY
> ① 2016년 8월 21일 기사 출제
> ② 2018년 3월 4일 산업기사 출제

57 보일러의 연도(굴뚝)에서 버려지는 여열을 이용하여 보일러에 공급되는 급수를 예열하는 부속장치는?

① 과열기   ② 절탄기
③ 공기예열기   ④ 연소장치

해설

절탄기
연도(굴뚝)에서 버려지는 여열을 이용하여 보일러에 공급되는 급수를 예열하는 부속장치

> 참고 산업안전산업기사 필기 p.3-124(합격날개 : 합격예측)

58 다음 중 컨베이어의 안전장치가 아닌 것은?

① 이탈 및 역주행 방지장치
② 비상정지장치
③ 덮개 또는 울
④ 비상난간

해설

컨베이어 방호장치
① 안전(방호)장치
   비상정지장치
② 화물의 낙하위험방지
   덮개 및 울 설치

③ 역전(역주행)방지장치
   ㉮ 기계식
      ㉠ 라쳇식 ㉡ 롤러식 ㉢ 밴드식
   ㉯ 전기식
      ㉠ 전기브레이크 ㉡ 슬러스트브레이크
④ 이탈방지장치
   ㉮ 전자식 브레이크
   ㉯ 유압조작식 브레이크

> 참고 산업안전산업기사 필기 p.3-141(3. 컨베이어의 안전장치)

> KEY
> ① 2016년 8월 21일 출제
> ② 2017년 5월 7일 기사·산업기사 동시 출제
> ③ 2019년 4월 27일 (문제 58번) 출제

59 밀링 머신의 작업 시 안전수칙에 대한 설명으로 틀린 것은?

① 커터의 교환 시는 테이블 위에 목재를 받쳐 놓는다.
② 강력 절삭시에는 일감을 바이스에 깊게 물린다.
③ 작업 중 면장갑은 착용하지 않는다.
④ 커터는 가능한 컬럼(column)으로부터 멀리 설치한다.

해설

커터는 컬럼 가까이 설치한다.

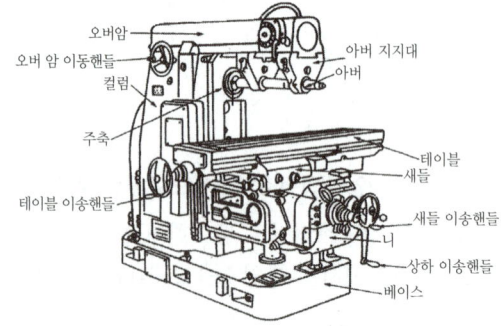

[그림] 밀링머신의 구조 및 명칭

> 참고 산업안전산업기사 필기 p.3-87(5. 밀링작업 시 안전수칙)

> KEY
> ① 2016년 3월 6일 기사 출제
> ② 2018년 3월 4일 기사 출제
> ③ 2018년 4월 28일 기사 출제

[정답] 57 ② 58 ④ 59 ④

60 선반의 크기를 표시하는 것으로 틀린 것은?

① 양쪽 센터 사이의 최대 거리
② 왕복대 위의 스윙
③ 베드 위의 스윙
④ 주축에 물릴 수 있는 공작물의 최대 지름

해설

선반의 크기 표시 방법

구분	표시방법
보통선반, 탁상선반, 모방선반, 공구선반	① 베드위의 스윙 ② 양 센터 사이의 최대거리 및 왕복대 위의 스윙
자동선반, 차축선반	공작물의 최대지름 및 최대길이
정면선반	베드 위의 스윙 또는 면판의 지름 및 면판에서 왕복대까지의 최대거리

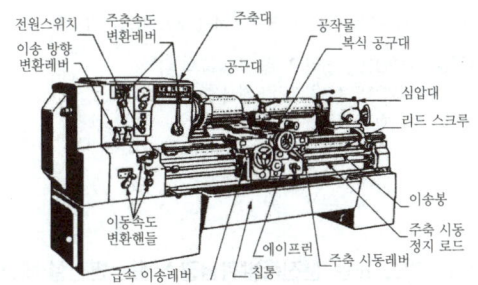

[그림] 선반의 각부 명칭

참고 산업안전산업기사 필기 p.3-83(보충학습)

4 전기 및 화학설비 안전관리

61 최대안전틈새(MESG)의 특성을 적용한 방폭구조는?

① 내압 방폭구조   ② 유입 방폭구조
③ 안전증 방폭구조   ④ 압력 방폭구조

해설

화염일주한계[최대안전틈새(MESG : Maximum Experimental Safe Gap)]

① 폭발등급측정에 사용되는 표준용기 : 내용적이 8[*l*], 틈새의 안길이 L이 25[mm]인 용기로서 틈이 폭 W[mm]를 변환시켜서 화염일주한계를 측정하도록 한 것

② 안전간격 : 내압방폭구조에 적용

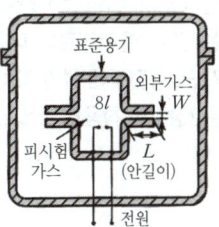

참고 ① 산업안전기사 필기 p.4-58(합격날개 : 합격예측)
② 산업안전기사 필기 p.4-99(합격날개 : 합격예측)

KEY ① 2016년 8월 21일 기사 출제
② 2018년 8월 19일 기사 출제
③ 2020년 6월 7일 기사 (문제 90번)

62 내전압용절연장갑의 등급에 따른 최대사용전압이 올바르게 연결된 것은?

① 00 등급 : 직류 750[V]
② 00 등급 : 교류 650[V]
③ 0 등급 : 직류 1,000[V]
④ 0 등급 : 교류 800[V]

해설

절연장갑의 등급 및 표시

등급	최대사용전압		등급별 색상
	교류(V, 실효값)	직류(V)	
00	500	750	갈색
0	1,000	1,500	빨간색
1	7,500	11,250	흰색
2	17,000	25,500	노란색
3	26,500	39,750	녹색
4	36,000	54,000	등색

㈜ 직류값은 교류에 1.5를 곱하면 된다.
 예) 500 × 1.5 = 750

참고 산업안전산업기사 필기 p.1-51(합격날개 : 합격예측)

KEY ① 2018년 4월 28일 산업기사 출제
② 2018년 8월 19일 기사 출제
③ 2019년 4월 27일 기사 출제

[정답] 60 ④ 61 ① 62 ①

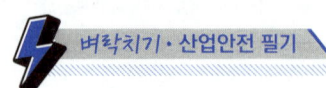

63 선간전압이 6.5[kV]인 충전전로 인근에서 유자격자가 작업하는 경우, 충전전로에 대한 최소 접근 한계거리(cm)는? (단, 충전부에 절연 조치가 되어있지 않고, 작업자는 절연장갑을 착용하지 않았다.)

① 20 ② 30
③ 50 ④ 60

해설

충전전로 한계거리

충전전로의 사용전압 (단위 : kV)	충전전로에 대한 접근한계거리 (단위 : cm)
0.3 이하	접촉금지
0.3 초과 0.75 이하	30
0.75 초과 2 이하	45
2 초과 15 이하	60
15 초과 37 이하	90
37 초과 88 이하	110
88 초과 121 이하	130
121 초과 145 이하	150
145 초과 169 이하	170
169 초과 242 이하	230
242 초과 362 이하	380
362 초과 550 이하	550
550 초과 800 이하	790

참고 산업안전산업기사 필기 p.4-88(문제 32번)

KEY
① 2016년 5월 8일 산업기사 출제
② 2018년 3월 4일 기사 출제
③ 2019년 3월 3일 산업기사 출제
④ 2019년 4월 27일 (문제 69번) 출제

합격정보
산업안전보건기준에 관한 규칙 제321조(충전전로에서 전기작업)

64 어떤 도체에 20초 동안에 100[C]의 전하량이 이동하면 이때 흐르는 전류(A)는?

① 200 ② 50
③ 10 ④ 5

해설

전류계산
$Q = I \cdot T$
$I = \dfrac{Q}{T} = \dfrac{100}{20} = 5[A]$

참고 산업안전산업기사 필기 p.4-18(1. 옴의 법칙)

65 피뢰기가 반드시 가져야 할 성능 중 틀린 것은?

① 방전개시 전압이 높을 것
② 뇌전류 방전능력이 클 것
③ 속류 차단을 확실하게 할 수 있을 것
④ 반복 동작이 가능할 것

해설

피뢰기의 성능
① 충격(파)방전 개시전압이 낮을 것(단, 상용 주파 방전개시 전압이 높을 것)
② 제한전압이 낮을 것
③ 반복동작이 가능할 것
④ 구조가 견고하고 특성이 변화하지 않을 것
⑤ 점검, 보수가 간단할 것
⑥ 뇌전류에 대한 방전능력이 클 것
⑦ 속류의 차단이 확실할 것(정격전압 : 실효값)

참고 산업안전산업기사 필기 p.4-96(1. 피뢰기의 성능)

KEY
① 2016년 8월 21일 기사 출제
② 2018년 8월 19일 기사 출제
③ 2019년 8월 4일 기사 출제

66 가스 또는 분진폭발위험장소에는 변전실·배전반실·제어실 등을 설치하여서는 아니된다. 다만, 실내기압이 항상 양압을 유지하도록 하고, 별도의 조치를 한 경우에는 그러하지 않는데 이때 요구되는 조치사항으로 틀린 것은?

① 양압을 유지하기 위한 환기설비의 고장 등으로 양압이 유지되지 아니한 때 경보를 할 수 있는 조치를 한 경우
② 환기설비가 정지된 후 재가동하는 경우 변전실 등에 가스 등이 있는지를 확인할 수 있는 가스검지기 등의 장비를 비치한 경우
③ 환기설비에 의하여 변전실 등에 공급되는 공기는 가스폭발위험장소 또는 분진폭발위험장소가 아닌 곳으로부터 공급되도록 하는 조치를 한 경우

[정답] 63 ④ 64 ④ 65 ① 66 ④

④ 실내기압이 항상 양압 10[Pa] 이상이 되도록 장치를 한 경우

해설

양압설비의 급기력
① 변전실 등의 모든 개구부를 닫은 상태에서 실내의 모든 부분의 압력이 25[Pa] 이상
② 개방 가능한 모든 개구부를 개방한 상태에서 개방면의 공기방출속도가 0.3 [m/s] 이상

참고 › 산업안전산업기사 필기 p.4-61(3. 양압설비의 급기력)

KEY ▶ 2016년 5월 8일 (문제 70번) 출제

합격정보
산업안전보건기준에 관한 규칙 제312조(변전실 등의 위치)

④ 전로의 대지정전용량이 크면 차단기가 오동작하는 경우가 있으므로 각 분기회로마다 차단기를 설치한다.

해설

누전차단기 설치 기준
① 분기회로마다 누전차단기를 설치한다.
② 동작시간은 0.03초 이내이어야 한다.
③ 전기기계·기구에 설치되어 있는 누전차단기는 정격감도전류가 30 [mA] 이하이어야 한다.

참고 › 산업안전산업기사 필기 p.4-5(4. 과전류 및 누전차단기)

KEY ▶ ① 2017년 3월 5일 출제
② 2017년 5월 7일 (문제 65번) 출제

67 절연체에 발생한 정전기는 일정 장소에 축적되었다가 점차 소멸되는데 처음 값의 몇[%]로 감소되는 시간을 그 물체의 "시정수" 또는 "완화시간" 이라고 하는가?

① 25.8
② 36.8
③ 45.8
④ 67.8

해설

시정수(완화시간 : time constant)
① 절연체에 발생한 정전기는 일정장소에 축적되었다가 점차 감소되는데 처음 값의 36.8[%]로 감소되는 시간을 시정수라한다.
② 완화시간은 영전위 소요시간의 1/4~1/15 정도이다.

참고 › 산업안전산업기사 필기 p.4-32(2. 완화시간)

KEY ▶ 2017년 5월 7일 기사 출제

68 누전차단기의 선정 및 설치에 대한 설명으로 틀린 것은?

① 차단기를 설치한 전로에 과부하 보호장치를 설치하는 경우는 서로 협조가 잘 이루어지도록 한다.
② 정격부동작전류와 정격감도전류와의 차는 가능한 큰 차단기로 선정한다.
③ 감전방지 목적으로 시설하는 누전차단기는 고감도고속형을 선정한다.

69 정전기 발생량과 관련된 내용으로 옳지 않은 것은?

① 분리속도가 빠를수록 정전기 발생량이 많아진다.
② 두 물질간의 대전서열이 가까울수록 정전기 발생량이 많아진다.
③ 접촉면적이 넓을수록, 접촉압력이 증가할수록 정전기 발생량이 많아진다.
④ 물질의 표면이 수분이나 기름 등에 오염되어 있으면 정전기 발생량이 많아진다.

해설

정전기 물질의 특성
① 두 물질이 접촉, 분리 상호작용
② 대전서열에서 두 물질이 가까운 위치에 있으면 정전기의 발생량이 적고 먼 위치에 있으면 정전기의 발생량이 커진다.

참고 › 산업안전산업기사 필기 p.4-31(1. 정전기 물질의 특성)

KEY ▶ ① 2016년 8월 21일 기사 출제
② 2017년 3월 5일 기사 출제
③ 2018년 4월 28일 산업기사 출제

[정답] 67 ② 68 ② 69 ②

70 전기설비 등에는 누전에 의한 감전의 위험을 방지하기 위하여 전기기계·기구의 접지를 실시하도록 하고 있다. 전기기계·기구의 접지에 대한 설명 중 틀린 것은?

① 특별고압의 전기를 취급하는 변전소·개폐소 그 밖에 이와 유사한 장소에서는 지락(地絡) 사고가 발생할 경우 접지극의 전위상승에 의한 감전위험을 감소시키기 위한 조치를 하여야 한다.
② 코드 및 플러그를 접속하여 사용하는 전압이 대지전압 110[V]를 넘는 전기기계·기구가 노출된 비충전 금속체에는 접지를 반드시 실시하여야 한다.
③ 접지설비에 대하여는 상시 적정상태 유지여부를 점검하고 이상을 발견한 때에는 즉시 보수하거나 재설치하여야 한다.
④ 전기기계·기구의 금속체 외함·금속제 외피 및 철대에는 접지를 실시하여야 한다.

해설

누전차단기를 설치하여야 되는 장소
① 전기기계·기구 중 대지전압이 150[V]를 초과하는 이동형 또는 휴대형의 것
② 물 등 도전성이 높은 액체에 의한 습윤장소
③ 철판·철골 위 등 도전성이 높은 장소
④ 임시배선의 전로가 설치되는 장소

● 산업안전보건기준에 관한 규칙 제304조(누전차단기에 의한 감전방지)

참고 산업안전산업기사 필기 p.4-6(2. 누전차단기 설치장소)

KEY 2019년 8월 4일 (문제 62번) 출제

71 다음 가스 중 공기 중에서 폭발범위가 넓은 순서로 옳은 것은?

① 아세틸렌 > 프로판 > 수소 > 일산화탄소
② 수소 > 아세틸렌 > 프로판 > 일산화탄소
③ 아세틸렌 > 수소 > 일산화탄소 > 프로판
④ 수소 > 프로판 > 일산화탄소 > 아세틸렌

해설

주요 인화성가스의 폭발범위

인화성 가스	폭발하한 값(%)	폭발상한 값(%)
아세틸렌(C_2H_2)	2.5	81
산화에틸렌(C_2H_4O)	3	80
수소(H_2)	4	75
일산화탄소(CO)	12.5	74
프로판(C_3H_8)	2.1	9.5
에탄(C_2H_6)	3	12.5
메탄(CH_4)	5	15
부탄(C_4H_{10})	1.8	8.4

참고 ① 산업안전산업기사 필기 p.4-103(표 : 혼합가스의 폭굉범위)
② 산업안전산업기사 필기 p.4-110(합격날개 : 합격예측 및 관련법규)

KEY 2017년 3월 5일 (문제 75번) 출제

72 산업안전보건법상 물질안전보건자료 작성 시 포함되어야 하는 항목이 아닌 것은? (단, 참고사항은 제외한다.)

① 화학제품과 회사에 관한 정보
② 제조일자 및 유효기간
③ 운송에 필요한 정보
④ 환경에 미치는 영향

해설

물질안전보건자료의 작성항목(Data Sheet 16가지 항목)
① 화학제품과 회사에 관한 정보 ② 유해·위험성
③ 구성성분의 명칭 및 함유량 ④ 응급조치 요령
⑤ 폭발·화재시 대처방법 ⑥ 누출 사고 시 대처방법
⑦ 취급 및 저장방법 ⑧ 노출방지 및 개인보호구
⑨ 물리화학적 특성 ⑩ 안정성 및 반응성
⑪ 독성에 관한 정보 ⑫ 환경에 미치는 영향
⑬ 폐기시 주의사항 ⑭ 운송에 필요한 정보
⑮ 법적 규제현황
⑯ 그 밖의 참고사항

[정답] 70 ② 71 ③ 72 ②

73 물반응성 물질에 해당하는 것은?

① 니트로화합물　② 칼륨
③ 염소산나트륨　④ 부탄

해설

위험물 분류
① 폭발성 물질 및 유기과산화물 : 니트로화합물
② 물반응성 물질 : 칼륨
③ 산화성 액체 및 산화성 고체 : 염소산나트륨
④ 인화성 가스 : 부탄

참고 산업안전산업기사 필기 p.4-128(1. 위험물의 성질과 위험성)

KEY
① 2016년 5월 8일 기사 출제
② 2017년 3월 5일 출제
③ 2017년 5월 7일 (문제 74번) 출제

합격정보
산업안전보건기준에 관한 규칙 [별표 1] 위험물질의 종류

74 위험물을 건조하는 경우 내용적이 몇 [m³] 이상인 건조설비일 때 위험물 건조설비 중 건조실을 설치하는 건축물의 구조를 독립된 단층으로 해야 하는가? (단, 건축물은 내화구조가 아니며, 건조실을 건축물의 최상층에 설치한 경우가 아니다.)

① 0.1　② 1
③ 10　④ 100

해설

위험물건조설비 건축물 구조
(1) 위험물 또는 위험물이 발생하는 물질을 가열·건조하는 경우 내용적이 1[m³] 이상인 건조설비
(2) 위험물이 아닌 물질을 가열·건조하는 경우로서 다음 각 목의 어느 하나의 용량에 해당하는 건조설비
　① 고체 또는 액체연료의 최대사용량이 시간당 10[kg] 이상
　② 기체연료의 최대사용량이 시간당 1[m³] 이상
　③ 전기사용 정격용량이 10[kW] 이상

참고 산업안전산업기사 필기 p.4-146(합격날개 : 합격예측 및 관련법규)

KEY 2018년 3월 4일 기사 출제

합격정보
산업안전보건기준에 관한 규칙 제280조(위험물건조설비를 설치하는 건축물의 구조)

75 다음 중 반응기의 운전을 중지할 때 필요한 주의사항으로 가장 적절하지 않은 것은?

① 급격한 유량 변화를 피한다.
② 가연성 물질이 새거나 흘러나올 때의 대책을 사전에 세운다.
③ 급격한 압력 변화 또는 온도 변화를 피한다.
④ 80~90[℃]의 염산으로 세정을 하면서 수소가스로 잔류가스를 제거한 후 잔류물을 처리한다.

해설

염산 취급 시 주의사항
① 염산은 산화제와 접촉하면 독성의 염소 가스를 생성한다.
② 물을 이용하여 염산이 누출된 주위를 청소할 때에는 세심한 주의를 하여야 한다. 왜냐하면 물과 농염산은 점도 차이가 커서 잘 섞이지 않기 때문이다.
③ 염산 청소액과 접촉하지 않도록 하여야 한다.

76 어떤 물질 내에서 반응전파속도가 음속보다 빠르게 진행되며 이로 인해 발생된 충격파가 반응을 일으키고 유지하는 발열반응을 무엇이라 하는가?

① 점화(Ignition)
② 폭연(Deflagration)
③ 폭발(Explosion)
④ 폭굉(Detonation)

해설

폭굉(Detonation)
① 폭발범위 내의 어떤 특정 농도범위에서는 연소의 속도가 폭발에 비해 수백수천배에 달하는 현상
② 폭발의 연소속도 : 0.1~1[m/sec]
③ 폭굉의 연소속도 : 1,000~3,500[m/sec]

참고 산업안전산업기사 필기 p.4-99(2. 폭굉)

KEY 2018년 4월 28일 (문제 77번) 출제

[정답]　73 ②　74 ②　75 ④　76 ④

77 A가스의 폭발하한계가 4.1[vol%], 폭발상한계가 62[vol%]일 때 이 가스의 위험도는 얼마인가?

① 8.94 ② 12.75
③ 14.12 ④ 16.12

해설

위험도(H) = $\dfrac{\text{폭발상한선(U)} - \text{폭발하한선(L)}}{\text{폭발하한선(L)}}$

$= \dfrac{62 - 4.1}{4.1} = 14.12$

참고 산업안전기사 필기 p.4-153 (㉮ 위험도)

KEY 2020년 6월 7일 기사 출제

78 사업장에서 유해·위험물질의 일반적인 보관방법으로 적합하지 않은 것은?

① 질소와 격리하여 저장
② 서늘한 장소에 저장
③ 부식성이 없는 용기에 저장
④ 차광막이 있는 곳에 저장

해설

N₂(질소)
① 공기 중에 존재하며 무색, 무취, 무미한 기체이다.
② 사람의 몸을 이루는 산소, 탄소, 수소에 이어 네번째 많이 존재한다.

참고 산업안전기사 필기 p.4-130 (⑨ 발화성 물질의 저장법)

79 다음 중 분진폭발의 가능성이 가장 낮은 물질은?

① 소맥분 ② 마그네슘
③ 질석가루 ④ 석탄

해설

분진 폭발 물질
① 금속 : Al, Mg, Fe, Mn, Si, Sn
② 분말 : 티탄, 바나듐, 아연, Dow합금
③ 농산물 : 밀가루, 녹말, 솜, 쌀, 콩, 코코아, 커리

참고 산업안전산업기사 필기 p.4-102(표. 증기폭발, 분진폭발, 분해폭발)

KEY
① 2016년 5월 8일 기사 출제
② 2017년 8월 26일 기사 출제
③ 2018년 3월 4일 (문제 71번) 출제

80 다음 중 산업안전보건기준에 관한 규칙에서 규정하는 급성 독성 물질에 해당되지 않는 것은?

① 쥐에 대한 경구투입실험에 의하여 실험동물의 50[%]를 사망시킬 수 있는 물질의 양이 [kg]당 300[mg]-(체중) 이하인 화학물질
② 쥐에 대한 경피흡수실험에 의하여 실험동물의 50[%]를 사망시킬 수 있는 물질의 양이 [kg]당 1,000[mg]-(체중) 이하인 화학물질
③ 토기에 대한 경피흡수실험에 의하여 실험동물의 50[%]를 사망시킬 수 있는 물질의 양이 [kg]당 1,000[mg]-(체중) 이하인 화학물질
④ 쥐에 대한 4시간 동안의 흡입실험에 의하여 실험동물의 50[%]를 사망시킬 수 있는 가스의 농도가 3,000[ppm] 이상인 화학물질

해설

독성 물질 시험
① 쥐에 대한 경구 투입실험에 의하여 실험동물의 50[%]를 사망시킬 수 있는 물질의 양
② 즉 LD_{50}(경구, 쥐)이 킬로그램당(체중) 300[mg] 이하인 화학물질

참고 산업안전산업기사 필기 p.4-129(6. 급성독성물질)

KEY 2018년 3월 4일 (문제 77번) 출제

합격정보
산업안전보건기준에 관한 규칙 [별표 1] 위험물질의 종류

[정답] 77 ③ 78 ① 79 ③ 80 ④

5 건설공사 안전관리

81 크레인의 운전실을 통하는 통로의 끝과 건설물 등의 벽체와의 간격은 최대 얼마 이하로 하여야 하는가?

① 0.3[m] ② 0.4[m]
③ 0.5[m] ④ 0.6[m]

해설

건설물 벽체와 크레인 간격 : 0.3[m] 이하
① 크레인의 운전실 또는 운전대를 통하는 통로의 끝과 건설물 등의 벽체의 간격
② 크레인거더의 통로의 끝과 크레인거더와의 간격
③ 크레인거더의 통로로 통하는 통로의 끝과 건설물 등의 벽체의 간격

참고 산업안전산업기사 필기 p.5-144(합격날개 : 합격예측 및 관련법규)

KEY ① 2017년 3월 5일 기사 출제
② 2020년 6월 7일 기사 출제

합격정보
산업안전보건기준에 관한 규칙 제145조(건설물 등의 벽체나 통로와 간격 등)

82 산업안전보건관리비 중 안전시설의 항목에서 사용할 수 있는 항목에 해당하는 것은?

① 외부인 출입금지, 공사장 경계표시를 위한 가설 울타리
② 작업발판
③ 절토부 및 성토부 등의 토사유실 방지를 위한 설비
④ 용접 작업 등 화재 위험작업 시 사용하는 소화기의 구입·임대비용

해설

안전시설비 등
① 산업재해 예방을 위한 안전난간, 추락방호망, 안전대 부착설비, 방호장치(기계·기구와 방호장치가 일체로 제작된 경우, 방호장치 부분의 가액에 한함) 등 안전시설의 구입·임대 및 설치를 위해 소요되는 비용
② 「건설기술진흥법」 제62조의3에 따른 스마트 안전장비 구입·임대 비용의 5분의 1에 해당하는 비용. 다만, 제4조에 따라 계상된 안전보건관리비 총액의 10분의 1을 초과할 수 없다.

③ 용접 작업 등 화재 위험작업 시 사용하는 소화기의 구입·임대비용

참고 산업안전산업기사 필기 p.5-39(2.안전시설비 등)

KEY ① 2017년 5월 7일 산업기사 출제
② 2018년 3월 4일 기사 출제
③ 2019년 3월 3일 산업기사 출제

합격정보
2025. 2. 12(제2025-11호) 개정고시 적용

83 포화도 80[%], 함수비 28[%], 흙 입자의 비중 2.7일 때 공극비를 구하면?

① 0.940 ② 0.945
③ 0.950 ④ 0.955

해설

공극(간극)비

① 간극비(공극비) = $\dfrac{\text{간극(공기와 물)의 체적}}{\text{토립자(흙)의 체적}} \times 100[\%]$

② 함수비 = $\dfrac{\text{물의 중량}}{\text{토립자(흙)의 중량}} \times 100[\%]$

③ 포화도 = $\dfrac{\text{물의 용적}}{\text{간극의 용적}} \times 100[\%]$

④ 예민비 = $\dfrac{\text{자연시료의 강도}}{\text{이긴시료의 강도}}$

⑤ $e = \dfrac{0.28 \times 2.7}{0.8} = 0.945$

참고 산업안전산업기사 필기 p.5-6(4. 간극비, 함수비, 포화도)

KEY ① 2018년 4월 28일 기사 출제
② 2019년 3월 3일 기사 출제

84 다음 터널공법 중 전단면 기계굴착에 의한 공법에 속하는 것은?

① ASSM(American Steel Supported Method)
② NATM(New Austrian Tunneling Method)
③ TBM(Tunnel Boring Machine)
④ 개착식 공법

[정답] 81 ① 82 ④ 83 ② 84 ③

해설

굴착공법
(1) 전단면 기계굴착공법
    굴착전체 단면을 한 번에 굴착하는 공법
(2) TBM공법
    ① 전단면을 동시에 굴착하고 shotcrete를 하여 원지반의 변형을 최소화한다.
    ② 지질에 따라 적용범위가 제한적이며 초기투자비가 크다.
    ③ 실드라는 원통형 터널 굴착기로 뚫어가는 전단면 굴착공법

보충학습
(1) 재래공법(ASSM)
    종래 광산에서 사용하던 공법으로 굴착과 동시에 강재 지보공을 설치
(2) NATM공법
    굴착단면을 록볼트 또는 뿜어붙임콘크리트 등으로 보강한 지반자체의 강도를 이용하여 응력집중과 암반의 이완을 억제 하면서 터널을 시공하는 공법
(3) 개착식(open cut) 터널공법
    개착공법은 굴착면의 안정을 유지하며 지표면으로부터 수직으로 필요한 깊이만큼 파 내려가 목적하는 구조물을 축조하고 다시 메우는 공법

[그림] 이동식 비계

85 이동식 비계 작업 시 주의사항으로 옳지 않은 것은?

① 비계의 최상부에서 작업을 하는 경우에는 안전난간을 설치한다.
② 이동 시 작업지휘자가 이동식 비계에 탑승하여 이동하며 안전여부를 확인하여야 한다.
③ 비계를 이동시키고자 할 때는 바닥의 구멍이나 머리 위의 장애물을 사전에 점검한다.
④ 작업발판은 항상 수평을 유지하고 작업발판 위에서 안전난간을 딛고 작업을 하거나 받침대 또는 사다리를 사용하여 작업하지 않도록 한다.

해설

비계 이동시 작업지휘나 작업원이 탄재로 이동하면 안된다.

참고) 산업안전산업기사 필기 p.5-100(4. 이동식 비계)

KEY▶ 2011년 8월 21일(문제 81번) 출제

합격정보
산업안전보건기준에 관한 규칙 제68조(이동식비계)

86 공사종류 및 규모별 안전관리비 계상기준표에서 공사종류와 명칭에 해당되지 않는 것은?

① 건축공사   ② 일반건설공사(병)
③ 토목공사   ④ 특수공사

해설

공사의 종류
① 건축공사   ② 토목공사
③ 중건설공사 ④ 특수공사

참고) 산업안전산업기사 필기 p.5-43(표. 공사종류 및 안전관리비 계상기준표)

합격정보
건설업 산업안전보건 관리비 계상 및 사용기준(개정 2025.2.12 고시2025-11호)적용

87 콘크리트용 거푸집의 재료에 해당되지 않는 것은?

① 철재   ② 목재
③ 석면   ④ 경금속

해설

콘크리트용 거푸집 재료의 종류
① 철재   ② 목재
③ 경금속 ④ 합판

참고) 산업안전산업기사 필기 p.5-114(1. 재료의 검사)

[정답] 85 ②   86 ②   87 ③

88 가설통로 설치 시 경사가 몇 도를 초과하면 미끄러지지 않는 구조로 설치하여야 하는가?

① 15[°]
② 20[°]
③ 25[°]
④ 30[°]

해설

가설통로 미끄러지지 않는 구조 구배기준 : 15[°] 초과

참고 산업안전산업기사 필기 p.5-17(합격날개 : 합격예측 및 관련법규)

KEY
① 2017년 3월 5일 산업기사 출제
② 2017년 5월 7일 산업기사 출제
③ 2017년 9월 23일 기사 출제
④ 2018년 4월 28일 기사·산업기사 동시 출제
⑤ 2018년 8월 19일 산업기사 출제
⑥ 2018년 9월 15일 산업기사 출제
⑦ 2019년 3월 3일 산업기사 출제
⑧ 2019년 4월 27일 기사·산업기사 동시 출제
⑨ 2020년 6월 14일 기사 출제

합격정보
산업안전보건기준에 관한 규칙 제23조(가설통로의 구조)

89 철근콘크리트공사에서 거푸집동바리의 해체시기를 결정하는 요인으로 가장 거리가 먼 것은?

① 시방서상의 거푸집 존치기간의 경과
② 콘크리트 강도시험 결과
③ 일정한 양생 기간의 경과
④ 후속공정의 착수시기

해설

거푸집동바리 해체시기 결정요인
① 콘크리트 압축강도 시험결과 확대기초, 보옆, 기둥, 벽 등의 측면 : 50[kgf/cm] 이상
② 시험을 할 수 없는 경우
  ㉮ 시방서 상의 거푸집 존치(재령)기간을 준수하여 해체
  ㉯ 일정한 양생 기간이 경과하면 해체
  ㉰ 수평재 : ACI나 영국의 BS의 내용을 보고 결정

참고 산업안전산업기사 필기 p.5-119(7. 거푸집 해체 안전수칙)

KEY 2011년 8월 21일(문제 85번) 출제

90 물체가 떨어지거나 날아올 위험 또는 근로자가 추락할 위험이 있는 작업 시 착용하여야 할 보호구는?

① 보안경
② 안전모
③ 방열복
④ 방한복

해설

작업조건에 맞는 보호구
① 물체가 떨어지거나 날아올 위험 또는 근로자가 추락할 위험이 있는 작업 : 안전모
② 높이 또는 깊이 2미터 이상의 추락할 위험이 있는 장소에서 하는 작업 : 안전대(安全帶)
③ 물체의 낙하·충격, 물체에의 끼임, 감전 또는 정전기의 대전(帶電)에 의한 위험이 있는 작업 : 안전화
④ 물체가 흩날릴 위험이 있는 작업 : 보안경
⑤ 용접 시 불꽃이나 물체가 흩날릴 위험이 있는 작업 : 보안면
⑥ 감전의 위험이 있는 작업 : 절연용 보호구
⑦ 고열에 의한 화상 등의 위험이 있는 작업 : 방열복
⑧ 선창 등에서 분진(粉塵)이 심하게 발생하는 하역작업 : 방진마스크
⑨ 섭씨 영하 18도 이하인 급냉동어창에서 하는 하역작업 : 방한모·방한복·방한화·방한장갑
⑩ 물건을 운반하거나 수거·배달하기 위하여 「도로교통법」 제2조제18호가목5)에 따른 이륜자동차 또는 같은 법 제2조제19호에 따른 원동기장치자전거를 운행하는 작업 : 「도로교통법 시행규칙」 제32조제1항 각 호의 기준에 적합한 승차용 안전모
⑪ 물건을 운반하거나 수거·배달하기 위해 「도로교통법」 제2조제21호의2에 따른 자전거등을 운행하는 작업 : 「도로교통법 시행규칙」 제32조제2항의 기준에 적합한 안전모

합격정보
산업안전보건기준에 관한 규칙 제32조(보호구의 지급 등)

91 지반의 사면파괴 유형 중 유한사면의 종류가 아닌 것은?

① 사면내 파괴
② 사면선단파괴
③ 사면저부파괴
④ 직립사면파괴

[정답] 88 ① 89 ④ 90 ② 91 ④

> [해설]
>
> **사면파괴형태(유형)**
>
> | 구분 | 토질형태 |
> |---|---|
> | 사면선(선단)파괴
(toe failure) | 경사가 급하고 비점착성 토질 |
> | 사면저부(바닥면)파괴
(base failure) | 경사가 완만하고 점착성인 경우, 사면의 하부에 암반 또는 굳은 지층이 있을 경우 |
> | 사면 내 파괴
(slope failure) | 견고한 지층이 얕게 있는 경우 |
>
> 산업안전산업기사 필기 p.5-59(합격날개 : 합격예측)
>
> KEY ① 2012년 8월 26일 문제 95번 출제
> ② 2019년 3월 3일(문제 91번) 출제

92 옹벽 축조를 위한 굴착작업에 대한 다음 설명 중 옳지 않은 것은?

① 수평방향으로 연속적으로 시공한다.
② 하나의 구간을 굴착하면 방치하지 말고 기초 및 본체구조물 축조를 마무리한다.
③ 절취경사면에 전석, 낙석의 우려가 있고 혹은 장기간 방치할 경우에는 숏크리트, 록볼트, 캔버스 및 모르타르 등으로 방호한다.
④ 작업위치의 좌우에 만일의 경우에 대비한 대피통로를 확보하여 둔다.

> [해설]
>
> **옹벽축조시공시 기준**
> ① 수평방향의 연속시공을 금하며, 블럭으로 나누어 단위시공 단면적을 최소화하여 분단시공을 한다.
> ② 하나의 구간을 굴착하면 방치하지 말고 기초 및 본체구조물 축조를 마무리한다.
> ③ 절취경사면에 전석, 낙석의 우려가 있고 혹은 장기간 방치할 경우에는 숏크리트, 록볼트, 캔버스 및 모르타르 등으로 방호한다.
> ④ 작업위치의 좌우에 만일의 경우에 대비한 대피통로를 확보하여 둔다.
>
> KEY 2010년 7월 25일(문제 84번) 출제

93 건설현장에서 사용하는 공구 중 토공용이 아닌 것은?

① 착암기   ② 포장 파괴기
③ 연마기   ④ 점토 굴착기

> [해설]
>
> **연마기(Grinder)**
> ① 절삭용 및 절단용 공구이다.
> ② 공구는 숫돌을 사용하며 숫돌지름이 5[cm] 이상 인 연마기는 덮개를 설치해야 한다.

94 부두 등의 하역작업장에서 부두 또는 안벽의 선을 따라 설치하는 통로의 최소폭 기준은?

① 30[cm] 이상
② 50[cm] 이상
③ 70[cm] 이상
④ 90[cm] 이상

> [해설]
>
> **부두 또는 안벽의 통로 최소 폭**
> 90[cm] 이상
>
> 참고 산업안전산업기사 필기 p.5-187(1. 항만하역 작업의 안전기준)
>
> KEY ① 2017년 5월 7일 기사·산업기사 동시 출제
> ② 2017년 9월 23일 기사 출제
> ③ 2018년 4월 28일 기사 출제
> ④ 2019년 3월 3일 기사 출제
>
> [합격정보]
> 산업안전보건기준에 관한 규칙 제390조(하역작업장의 조치기준)

[정답] 92 ①   93 ③   94 ④

95
다음 그림은 풍화암에서 토사붕괴를 예방하기 위한 기울기를 나타낸 것이다. x의 값은?

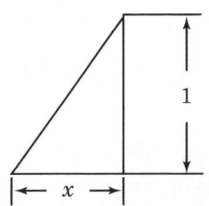

① 1.0
② 0.8
③ 0.5
④ 0.3

해설
굴착면의 기울기 기준

지반의 종류	굴착면의 기울기
모래	1 : 1.8
연암 및 풍화암	1 : 1.0
경암	1 : 0.5
그 밖의 흙	1 : 1.2

예 ① 1 : 0.5 ② 1 : 1

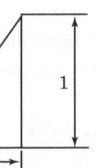

③ 1 : 1.8

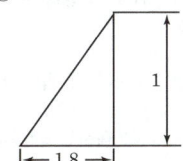

참고 산업안전산업기사 필기 p.5-60(표. 굴착면의 기울기 기준)

KEY
① 2016년 5월 8일 기사·산업기사 동시 출제
② 2017년 3월 5일 기사 출제
③ 2017년 9월 23일 기사 출제
④ 2018년 8월 19일 산업기사 출제
⑤ 2019년 4월 27일 기사·산업기사 동시 출제

합격정보
산업안전보건기준에 관한 규칙 [별표 11] 굴착면의 기울기 기준

96
건설현장에서의 PC(Precast Concrete) 조립 시 안전대책으로 옳지 않은 것은?

① 달아 올린 부재의 아래에서 정확한 상황을 파악하고 전달하여 작업한다.
② 운전자는 부재를 달아 올린 채 운전대를 이탈해서는 안된다.
③ 신호는 사전 정해진 방법에 의해서만 실시한다.
④ 크레인 사용 시 PC판의 중량을 고려하여 아웃트리거를 사용한다.

해설
부재(물체)의 아래에 있으면 물체 낙하 시 죽을 수 있습니다.

참고 산업안전산업기사 필기 p.5-150(2. 콘크리트 및 PC공사)

97
가설 구조물의 특징이 아닌 것은?

① 연결재가 적은 구조로 되기 쉽다.
② 부재결합이 불완전 할 수 있다.
③ 영구적인 구조설계의 개념이 확실하게 적용된다.
④ 단면에 결함이 있기 쉽다.

해설
가설 구조물의 특징
① 연결재가 부족하여 불안정해지기 쉽다.
② 부재 결합이 간략하고 불완전 결합이 많다.
③ 구조물이라는 통상의 개념이 확고하지 않아 조립의 정밀도가 낮다.
④ 부재는 과소 단면이거나 결함이 있는 재료가 사용되기 쉽다.

참고 산업안전산업기사 필기 p.5-91(1. 가설구조물의 특징)

[정답] 95 ① 96 ① 97 ③

98 운반작업 중 요통을 일으키는 인자와 가장 거리가 먼 것은?

① 물건의 중량
② 작업 자세
③ 작업 시간
④ 물건의 표면마감 종류

[해설]
요통재해를 일으키는 인자
① 물건의 중량
② 작업자세
③ 작업시간

[참고] 산업안전산업기사 필기 p.5-177(합격날개 : 합격예측)

99 건설현장에서 계단을 설치하는 경우 계단의 높이가 최소 몇 미터 이상일 때 계단의 개방된 측면에 안전난간을 설치하여야 하는가?

① 0.8[m]   ② 1.0[m]
③ 1.2[m]   ④ 1.5[m]

[해설]
안전난간설치기준 : 높이 1[m] 이상

[참고] 산업안전산업기사 필기 p.5-67(2. 계단의 안전)
[합격정보] 산업안전보건기준에 관한 규칙 제30조(계단의 난간)

100 콘크리트 타설작업을 하는 경우에 준수해야 할 사항으로 옳지 않은 것은?

① 콘크리트를 타설하는 경우에는 편심을 유발하여 한쪽 부분부터 밀실하게 타설되도록 유도할 것
② 당일의 작업을 시작하기 전에 해당 작업에 관한 거푸집동바리등의 변형·변위 및 지반의 침하 유무 등을 점검하고 이상이 있으면 보수할 것
③ 작업 중에는 거푸집동바리 등의 변형·변위 및 침하 유무 등을 감시할 수 있는 감시자를 배치하여 이상이 있으면 작업을 중지하고 근로자를 대피시킬 것
④ 설계도서상의 콘크리트 양생기간을 준수하여 거푸집동바리등을 해체할 것

[해설]
콘크리트 타설작업시 준수사항
① 당일의 작업을 시작하기 전에 해당 작업에 관한 거푸집동바리 등의 변형·변위 및 지반의 침하유무 등을 점검하고 이상이 있으면 보수할 것
② 작업중에는 거푸집동바리 등의 변형·변위 및 침하유무 등을 감시할 수 있는 감시자를 배치하여 이상이 있으면 작업을 중지시키고 근로자를 대피시킬 것
③ 콘크리트의 타설작업시 거푸집붕괴의 위험이 발생할 우려가 있는 경우에는 충분한 보강조치를 할 것
④ 설계도서상의 콘크리트 양생기간을 준수하여 거푸집동바리 등을 해체할 것
⑤ 콘크리트를 타설하는 경우에는 편심이 발생하지 않도록 골고루 분산하여 타설할 것

[참고] 산업안전산업기사 필기 p.5-95(합격날개 : 합격예측 및 관련법규)

[KEY] ① 2016년 5월 8일 기사 출제
② 2016년 10월 1일 출제
③ 2017년 3월 5일(문제 99번) 출제

[합격정보] 산업안전보건기준에 관한규칙 제334조(콘크리트 타설작업)

[정답] 98 ④   99 ②   100 ①

2021년도 산업기사 정기검정 제1회 (2021년 3월 2일~12일 CBT 시행)

자격종목 및 등급(선택분야)
산업안전산업기사

1 산업재해 예방 및 안전보건교육

01 산업안전보건법상 대상자별 안전보건교육 교육과정이 아닌 것은?

① 특별교육
② 양성교육
③ 작업내용 변경 시의 교육
④ 건설업 기초 안전보건교육

해설

안전보건교육 교육과정별 교육

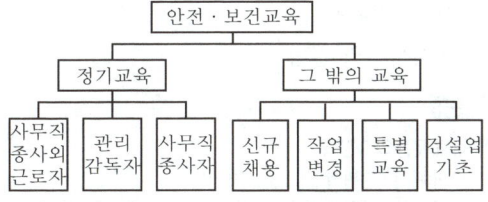

참고) 산업안전산업기사 필기 p.1-155(표. 근로자 안전보건교육)

KEY ▶ 2016년 5월 8일(문제 1번) 출제

합격정보
산업안전보건법 시행규칙 [별표 4] 안전보건교육 교육과정별 교육시간

02 토의법의 유형 중 다음에서 설명하는 것은?

> 교육과제에 정통한 전문가 4~5명이 피교육자 앞에서 자유로이 토의를 실시한 다음에 피교육자 전원이 참가하여 사회자의 사회에 따라 토의하는 방법

① 포럼(forum)
② 패널 디스커션(panel discussion)
③ 심포지엄(symposium)
④ 버즈 세션(buzz session)

해설

패널 디스커션(Panel Discussion : Workshop)
① 패널 멤버(교육과제에 정통한 전문가 4~5명)가 피교육자 앞에서 자유로이 토의
② 토의 후에 피교육자 전원이 참가하여 사회자의 사회에 따라 토의하는 방법

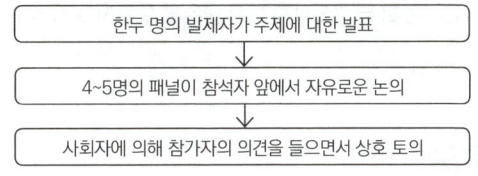

[그림] 패널 디스커션

참고) 산업안전산업기사 필기 p.1-143(1. 토의식 교육방법)

KEY ▶ ① 2016년 3월 6일 기사 출제
② 2021년 5월 15일 기사 출제

03 자신의 약점이나 무능력, 열등감을 위장하여 유리하게 보호함으로써 안정감을 찾으려는 방어적 적응 기제에 해당하는 것은?

① 보상   ② 고립
③ 퇴행   ④ 억압

해설

보상 : 방어적 기제
① 자신이 가지고 있는 결함을 다른 것으로 보상받기 위해 자신의 감정을 지나치게 강조하는 것
② 작은 고추가 맵다. 땅에서 가까워야 오래 산다. 지적으로 열등한 사람이 운동을 열심히 하는 것 등

[정답] 01 ② 02 ② 03 ①

참고 ① 산업안전산업기사 필기 p.1-73(3. 인간관계의 기제)
② 산업안전산업기사 필기 p.1-115(보충학습)

KEY ① 2016년 5월 8일(문제 7번) 출제
② 2021년 제1회 CBT(문제 8번) 출제
③ 2021년 5월 15일 기사 출제

보충학습

도피적 기제
① 고립 : 자기가 맺고 있는 인간관계에서 떠남으로써 만족을 얻으려는 것
② 퇴행 : 현실을 극복하지 못했을 때 과거로 돌아가는 현상
③ 억압 : 사회적으로 승인되지 않는 성적 욕구나 공격적 욕구, 또는 거기에 따르는 감정이나 사고를 자신도 인정하지 않으려고 하는 것
④ 자신이 의식하는 것을 무의식적으로 억누르는 상태

04 다음 중 타박, 충돌, 추락 등으로 피부 표면보다는 피하조직 등 근육부를 다친 상해를 무엇이라 하는가?

① 골절　　　　② 자상
③ 부종　　　　④ 좌상

해설

자상과 좌상
① 자상(찔림) : 칼날 등 날카로운 물건에 찔린 상해
② 좌상(타박상 : 뼘) : 타박, 충돌, 추락 등으로 피부표면보다는 피하조직 또는 근육부를 다친 상해

참고 산업안전산업기사 필기 p.3-43(합격날개 : 합격예측)

05 산업안전보건법령상 프레스를 사용하여 작업을 할 때 작업시작 전 점검 항목에 해당하지 않는 것은?

① 전선 및 접속부 상태
② 클러치 및 브레이크의 기능
③ 프레스의 금형 및 고정볼트 상태
④ 1행정 1정지기구·급정지장치 및 비상정지장치의 기능

해설

프레스 작업시작 전 점검사항
① 클러치 및 브레이크의 기능
② 크랭크축·플라이휠·슬라이드·연결봉 및 연결나사의 풀림 유무
③ 1행정 1정지기구·급정지장치 및 비상정지장치의 기능
④ 슬라이드 또는 칼날에 의한 위험방지 기구의 기능
⑤ 프레스의 금형 및 고정볼트 상태
⑥ 방호장치의 기능
⑦ 전단기(剪斷機)의 칼날 및 테이블의 상태

참고 산업안전산업기사 필기 p.3-54(표. 작업시작 전 기계·기구 및 점검내용)

KEY ① 2016년 3월 6일 출제
② 2017년 3월 5일, 5월 7일, 8월 26일기사 출제
③ 2018년 3월 4일, 4월 28일, 8월 19일 기사 출제
④ 2019년 3월 3일(49번), 4월 27일(60번) 출제
⑤ 2020년 6월 7일, 6월 14일(문제 46번) 출제
⑥ 2021년 제1회 CBT(문제 58번) 출제

정보제공
산업안전보건기준에 관한 규칙 [별표 3] 작업시작전 점검사항

06 무재해 운동의 3원칙에 해당되지 않는 것은?

① 무의 원칙
② 참가의 원칙
③ 선취의 원칙
④ 대책선정의 원칙

해설

무재해 운동의 3원칙
① 무의 원칙 : 근원적 산업재해 "제거"
② 참가의 원칙 : "전원"이 각각의 입장에서 적극적으로 위험을 해결
③ 선취의 원칙 : "미리" 발견, 파악, 해결하여 재해를 예방

참고 산업안전기사 필기 p.1-10((2) 무재해 운동기본이념 3대 원칙)

KEY 2020년 6월 7일 등 20번 이상 출제

보충학습

하인리히 재해예방 4원칙
① 예방가능 : 재해는 원칙적으로 원인만 제거하면 예방이 가능
② 원인계기(원인연계) : 재해발생은 반드시 원인이 있고, 서로 연계됨
③ 손실우연 : 재해손실은 사고발생시 사고대상의 조건에 따라 달라지므로, 손실의 크기는 우연에 의해서 결정
④ 대책선정 : 재해예방을 위한 안전대책은 반드시 존재

[정답] 04 ④　05 ①　06 ④

07 다음 중 피로의 직접적인 원인과 가장 거리가 먼 것은?

① 작업환경 ② 작업속도
③ 작업태도 ④ 작업적성

해설

피로의 요인
① 개체의 조건
  신체적, 정신적 조건, 체력, 연령, 성별, 경력 등
② 작업조건
  ㉮ 질적 조건 : 작업강도(단조로움, 위험성, 복잡성, 심적, 정신적 부담 등)
  ㉯ 양적 조건 : 작업속도, 작업시간
③ 환경조건
  온도, 습도, 소음, 조명시설 등
④ 생활조건
  수면, 식사, 취미활동 등
⑤ 사회적 조건
  대인관계, 통근조건, 임금과 생활수준, 가족 간의 화목 등
⑥ 피로의 직접적 원인
  ㉮ 인간적 요인 : 작업시간, 작업속도, 작업범위, 작업내용, 작업환경, 작업자세(태도), 생체적 리듬, 정신적·신체적 상태
  ㉯ 기계적 요인 : 조작부분의 배치·감촉, 기계의 색체·종류, 기계이해의 난이도

참고 ① 산업안전산업기사 필기 p.1-104(합격날개 : 합격예측)
② 작업적성 : 피로의 간접원인

08 적응기제(Adjustment Mechanism) 중 방어적 기제(Defence Mechanism)에 해당하는 것은?

① 고립(Isolation)
② 퇴행(Regression)
③ 억압(Suppression)
④ 보상(Compensation)

해설

적응기제의 분류
① 방어적 기제
  ㉮ 보상   ㉯ 합리화
  ㉰ 동일시 ㉱ 승화
② 도피적 기제
  ㉮ 고립   ㉯ 퇴행
  ㉰ 억압   ㉱ 백일몽
③ 공격적 기제
  ㉮ 직접적 ㉯ 간접적

참고 산업안전산업기사 필기 p.1-115(보충학습)
KEY 2021년 제1회 CBT(문제 3번) 출제

09 사고방지대책 제5단계의 시정책의 적용에서 3E와 관계가 없는 것은?

① 교육(Education)
② 기술(Engineering)
③ 재정(Economics)
④ 독려(Enforcement)

해설

3E
① 교육(Education)
② 기술(Engineering)
③ 독려(Enforcement)

참고 산업안전산업기사 필기 p.3-39(5. 제5단계)
KEY ① 2002년 8월 11일(문제 3번) 출제
② 2004년 8월 8일(문제 19번) 적중

10 안전교육 중 같은 것을 반복하여 개인의 시행착오에 의해서만 점차 그 사람에게 형성되는 것은?

① 안전기술의 교육
② 안전지식의 교육
③ 안전기능의 교육
④ 안전태도의 교육

해설

기능교육의 특징
① 안전지식교육에 의해서 얻은 지식을 살려서 기능을 체득하는 것을 목적으로 실시하는 것
② 현장실습을 통한 경험체득

참고 산업안전기사 필기 p.1-152(2. 제2단계 : 기능교육)
KEY ① 2017년 8월 26일 기사 출제
② 2019년 4월 27일 기사 출제
③ 2020년 9월 27일 기사 출제

[정답] 07 ④ 08 ④ 09 ③ 10 ③

11 인간의 실수 및 과오의 요인과 직접적인 관계가 가장 먼 것은?

① 관리의 부적당
② 능력의 부족
③ 주의의 부족
④ 환경조건의 부적당

해설

인간의 실수 및 과오의 요인
① 능력부족 : 적성, 지식, 기술, 인간관계
② 주의부족 : 개성, 감정의 불안정, 습관성(관습성)
③ 환경조건의 부적당 : 제 표준의 불량, 규칙 불충분, 연락 및 의사소통 불량, 작업조건 불량

참고 산업안전산업기사 필기 p.1-83(7. ECR 제안 제도에서 실수 및 과오의 구체적 원인)

12 모랄 서베이(Morale Survey)의 주요 방법 중 태도조사법에 해당하는 것은?

① 사례연구법
② 관찰법
③ 실험연구법
④ 문답법

해설

태도조사법(의견조사)의 종류
① 질문지법
② 면접법
③ 집단토의법
④ 투사법
⑤ 문답법

참고 산업안전산업기사 필기 p.1-75(2. 모랄 서베이의 주요 방법)

13 재해의 원인과 결과를 연계하여 상호관계를 파악하기 위해 도표화하는 분석방법은?

① 관리도
② 파레토도
③ 특성요인도
④ 크로스분류도

해설

특성요인도
① 특성과 요인관계를 어골상(魚骨象)으로 세분하여 연쇄관계를 나타내는 방법
② 원인요소와의 관계를 상호의 인과관계만으로 결부
③ 재해사례연구시 사실확인에 적합

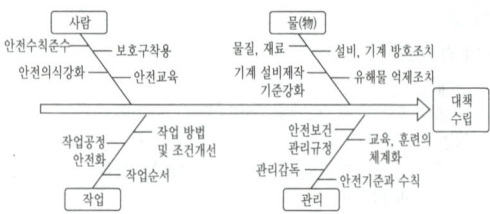

[그림] 특성요인도

참고 산업안전산업기사 필기 p.3-193(2. 특성요인도)

KEY
① 2016년 5월 8일 기사 출제
② 2017년 3월 5일 기사 출제
③ 2019년 4월 27일 (문제 13번) 출제
④ 2020년 8월 22일 기사 출제
⑤ 2021년 5월 15일 기사(PBT) 출제

14 허즈버그(Herzberg)의 동기·위생이론 중 위생요인에 해당하지 않는 것은?

① 보수
② 책임감
③ 작업조건
④ 감독

해설

위생요인과 동기요인

위생요인(직무환경)	동기요인(직무내용)
회사 정책과 관리, 개인 상호간의 관계, 감독, 임금, 보수, 작업 조건, 지위, 안전	성취감, 책임감, 안정감, 성장과 발전, 도전감, 일 그 자체(일의 내용)

참고 산업안전산업기사 필기 p.1-99(표. 위생요인과 동기요인)

KEY
① 2017년 3월 5일 출제
② 2017년 5월 7일 기사 출제

[정답] 11 ① 12 ④ 13 ③ 14 ②

15 산업안전보건법령상 안전관리자가 수행하여야 할 업무가 아닌 것은?(단, 그 밖에 안전에 관한 사항으로서 고용노동부장관이 정하는 사항은 제외한다.)

① 위험성평가에 관한 보좌 및 지도·조언
② 물질안전보건자료의 게시 또는 비치에 관한 보좌 및 지도·조언
③ 사업장 순회점검·지도 및 조치의 건의
④ 산업재해에 관한 통계의 유지·관리·분석을 위한 보좌 및 지도·조언

[해설]
안전관리자 업무
① 산업안전보건위원회 또는 안전보건에 관한 노사협의체에서 심의·의결한 업무와 해당 사업장의 안전보건관리규정 및 취업규칙에서 정한 업무
② 안전인증대상 기계 등과 자율안전확인대상 기계 등 구입 시 적격품의 선정에 관한 보좌 및 지도·조언
③ 위험성평가에 관한 보좌 및 지도·조언
④ 해당 사업장 안전교육계획의 수립 및 안전교육 실시에 관한 보좌 및 지도·조언
⑤ 사업장 순회점검·지도 및 조치의 건의
⑥ 산업재해 발생의 원인 조사·분석 및 재발 방지를 위한 기술적 보좌 및 지도·조언
⑦ 산업재해에 관한 통계의 유지·관리·분석을 위한 보좌 및 지도·조언
⑧ 법 또는 법에 따른 명령으로 정한 안전에 관한 사항의 이행에 관한 보좌 및 지도·조언
⑨ 업무수행 내용의 기록·유지

[참고] 산업안전산업기사 필기 p.1-26(2. 안전관리자의 업무)

 ① 2017년 3월 5일 기사 출제
② 2017년 5월 7일 기사 출제
③ 2017년 9월 23일 기사 출제
④ 2018년 3월 4일 기사 출제

[정보제공] 산업안전보건법 시행령 제18조(안전관리자 업무등)

16 산업안전보건법령상 안전보건표지 중 안내표지의 종류에 해당하지 않는 것은?

① 들것
② 세안장치
③ 비상용 기구
④ 허가대상물질 작업장

[해설]
안내표지 종류 8가지

녹십자표지	응급구호표지	들것	세안장치
비상용기구	비상구	좌측비상구	우측비상구

[참고] 산업안전산업기사 필기 p.1-61(4. 안내표지)

[보충학습]
허가대상물질 작업장 : 관계자외 출입금지

[합격정보]
산업안전보건법 시행규칙[별표 6] 안전보건표지의 종류와 형태

17 참가자에게 일정한 역할을 주어 실제적으로 연기를 시켜봄으로써 자기의 역할을 보다 확실히 인식할 수 있도록 체험학습을 시키는 교육방법은?

① Symposium
② Brain Storming
③ Role Playing
④ Fish Bowl Playing

[해설]
Role Playing
참가자에게 일정한 역할을 주어서 실제적으로 연기를 시켜봄으로써 자기의 역할을 보다 확실히 인식시키는 방법
(예) 연극하는 것, 체험학습, Role Model 등)

[참고] 산업안전기사 필기 p.1-150(9. 적응과 역할)

① 2017년 3월 5일 기사 출제
② 2019년 2월 21일 기사 출제

[정답] 15 ② 16 ④ 17 ③

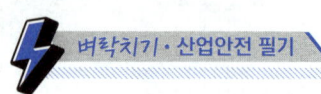

18 다음 중 무재해운동에서 실시하는 위험예지훈련에 관한 설명으로 틀린 것은?

① 근로자 자신이 모르는 작업에 대한 것도 파악하기 위하여 참가집단의 대상범위를 가능한 넓혀 많은 인원이 참가토록 한다.
② 직장의 팀워크로 안전을 전원이 빨리 올바르게 선취하는 훈련이다.
③ 아무리 좋은 기법이라도 시간이 많이 소요되는 것은 현장에서 큰 효과가 없다.
④ 정해진 내용의 교육보다는 전원의 대화방식으로 진행한다.

해설

위험예지훈련
① 위험예지훈련(Danger Predication Training)은 직장이나 작업의 상황 속에 잠재하는 위험요인을 직장 소집단에서 토의하고 생각하며, 위험예지능력을 키워 행동하기에 앞서 문제 해결을 습관화하는 일종의 도상 훈련
② 안전을 선취하고 전원 일치의 마음가짐을 길러주는 훈련

참고 산업안전산업기사 필기 p.1-12(6. 위험예지활동)

19 국제노동기구(ILO)에서 구분한 "일시 전노동불능"에 관한 설명으로 옳은 것은?

① 부상의 결과로 근로기능을 완전히 잃은 부상
② 부상의 결과로 신체의 일부가 근로기능을 완전히 상실한 부상
③ 의사의 소견에 따라 일정 기간 동안 노동에 종사할 수 없는 상해
④ 의사의 소견에 따라 일시적으로 근로시간 중 치료를 받는 정도의 상해

해설

ILO의 국제 노동 통계의 구분(근로불능 상해의 종류)
① 사망
  안전 사고로 사망하거나 혹은 입은 사고의 결과로 생명을 잃는 것 : 노동 손실일수 7,500일
② 영구 전노동불능 상해
  부상 결과로 노동 기능을 완전히 잃게 되는 부상(신체 장애 등급 제1급에서 제3급에 해당) : 노동 손실일수 7,500일
③ 영구 일부노동불능 상해
  부상 결과로 신체 부분의 일부가 노동 기능을 상실한 부상(신체 장애 등급 제4급에서 제14급에 해당)
④ 일시 전노동불능 상해
  의사의 소견(진단)에 따라 일정기간 정규 노동에 종사할 수 없는 상해 정도(신체 장애가 남지 않는 일반적인 휴업 재해)

참고 산업안전산업기사 필기 p.1-5(8. ILO의 구분)

KEY 2021년 제1회 CBT(문제 38번) 출제

20 추락 및 감전 위험방지용 안전모의 일반구조가 아닌 것은?

① 착장체   ② 충격흡수재
③ 선심   ④ 모체

해설

안전모의 구조

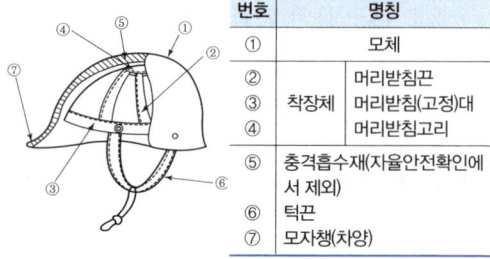

번호	명칭	
①	모체	
②	착장체	머리받침끈
③		머리받침(고정)대
④		머리받침고리
⑤	충격흡수재(자율안전확인에서 제외)	
⑥	턱끈	
⑦	모자챙(차양)	

참고 산업안전산업기사 필기 p.1-53(그림. 안전모의 구조)

KEY ① 2016년 10월 1일 산업기사 출제
② 2017년 9월 23일 산업기사 출제

[정답] 18 ① 19 ③ 20 ③

2 인간공학 및 위험성 평가·관리

21 결함수분석법에서 일정 조합 안에 포함되어 있는 기본사상들이 모두 발생하지 않으면 틀림없이 정상사상(top event)이 발생되지 않는 조합을 무엇이라고 하는가?

① 컷셋(cut set)
② 패스셋(path set)
③ 결함수셋(fault tree set)
④ 부울대수(boolean algebra)

해설

패스셋(path set)
① 모든 기본 사상이 일어나지 않을 때 처음으로 정상사상이 일어나지 않는 기본사상의 집합
② 고장나지 않도록 하는 사상의 조합

참고 산업안전산업기사 필기 p.2-77(합격날개 : 합격예측)

KEY 2017년 5월 7일 기사 출제

보충학습

컷셋(cut set) : 정상사상을 발생시키는 기본사상의 집합으로 그 안에 포함되는 모든 기본사상이 발생할 때 정상사상을 발생시킬 수 있는 기본 사상의 집합

22 건습지수로서 습구온도와 건구온도의 가중평균치를 나타내는 Oxford지수의 공식으로 맞는 것은?

① WD=0.65WB+0.35DB
② WD=0.75WB+0.25DB
③ WD=0.85WB+0.15DB
④ WD=0.95WB+0.05DB

해설

건습지수(WD) = 0.85WB+0.15DB

참고 산업안전산업기사 필기 p.2-167(6. Oxford 지수)

KEY ① 2017년 3월 5일 기사 출제
② 2017년 9월 23일 기사 출제

23 다음 설명에 해당하는 설비보전방식은?

"설비를 항상 정상, 양호한 상태로 유지하기 위한 정기적인 검사와 초기의 단계에서 성능의 저하나 고장을 제거하던가 조정 또는 수복하기 위한 설비의 보수활동을 의미한다."

① 예방보전(Preventive maintenance)
② 보전예방(Maintenance prevention)
③ 개량보전(Corrective maintenance)
④ 사후보전(Break-down maintenance)

해설

예방보전(Preventive maintenance)
① 아이템 사용 중의 고장을 미연에 방지하거나 아이템 사용 가능한 상태로 유지하기 위하여 계획적으로 하는 보전
② KS A 3004:1998의 규정

참고 산업안전산업기사 필기 p.2-48(2. 보전의 분류)

보충학습

① 보전예방 : 설비를 새로 계획·설계하는 단계에서 보전정보나 새로운 기술을 도입하여 신뢰성, 보전성, 경제성, 조작성, 안전성 등을 고려함으로써 보전비나 열화손실을 줄이는 활동으로 궁극적으로는 보존불요의 설비를 목표로 함
② 개량보전 : CM이라고 불리며 기기 부품의 수명연장이나 고장 난 경우의 수리시간 단축 등 설비에 개량대책을 세우는 방법이다.
③ 사후보전 : 경제성을 고려하여 고장정지 또는 유해한 성능저하를 가져온 후에 수리하는 보전방식을 말한다.

24 다음 소음방지대책 중 가장 효과적인 방법은?

① 음원 대책   ② 능동제어
③ 수음자 대책   ④ 전파경로 대책

해설

소음방지대책 3가지
(1) 음원 대책 : 소음방지대책 중 가장 효과적
   ① 발생원제거   ② 음원의 밀폐
   ③ 소음기 사용   ④ 방진·제진
(2) 전파경로 대책
   ① 거리감쇠와 지향성   ② 흡음처리
(3) 수음자 대책 : 차음 보호구 사용

참고 2006년 3월 5일(문제 39번)

[정답] 21 ② 22 ③ 23 ① 24 ①

25 인간-기계시스템에 관련된 정의로 틀린 것은?

① 시스템이란 전체목표를 달성하기 위한 유기적인 결합체이다.
② 인간-기계시스템이란 인간과 물리적 요소가 주어진 입력에 대해 원하는 출력을 내도록 결합되어 상호작용하는 집합체이다.
③ 수동시스템은 입력된 정보를 근거로 자신의 신체적 에너지를 사용하여 수공구나 보조기구에 힘을 가하여 작업을 제어하는 시스템이다.
④ 자동화시스템은 기계에 의해 동력과 몇몇 다른 기능들이 제공되며, 인간이 원하는 반응을 얻기 위해 기계의 제어장치를 사용하여 제어기능을 수행하는 시스템이다.

해설

자동화 시스템
① 미리 고정된 프로그램
② 동력 : 기계시스템

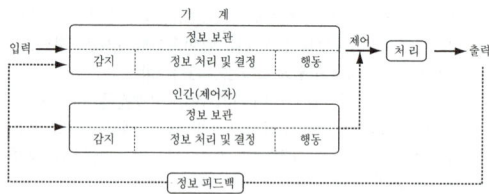

[그림] 자동시스템

참고 산업안전산업기사 필기 p.2-9(3. 자동시스템)

KEY 2017년 3월 5일 기사 출제

26 기준의 유형 가운데 체계기준(system criteria)에 해당되지 않는 것은?

① 운용비
② 신뢰도
③ 사고빈도
④ 사용상의 용이성

해설

체계기준의 종류
① 운용비 ② 신뢰도
③ 정비도 ④ 가용도
⑤ 소요인력 ⑥ 체계의 예상 수명
⑦ 사용상의 용이성

참고 산업안전산업기사 필기 p.2-5(3. 인간기준의 종류)

27 서브시스템, 구성요소, 기능 등의 잠재적 고장 형태에 따른 시스템의 위험을 파악하는 위험분석 기법으로 옳은 것은?

① ETA(Event Tree Analysis)
② HEA(Human Error Analysis)
③ PHA(Preliminary Hazard Analysis)
④ FMEA(Failure Mode and Effect Analysis)

해설

FMEA
기계부품의 고장이 기계시스템 전체에 미치는 영향을 예측하는 해석방법

참고 산업안전기사 필기 p.2-62(4. 고장의 형과 영향분석)

KEY 2018년 8월 19일 산업기사 출제

28 다음 설명에 해당하는 시스템 위험분석방법은?

[다음]
• 시스템의 정의 및 개발 단계에서 실행한다.
• 시스템의 기능, 과업, 활동으로부터 발생되는 위험에 초점을 둔다.

① 모트(MORT)
② 결함수분석(FTA)
③ 예비위험분석(PHA)
④ 운용위험분석(OHA)

[정답] 25 ④ 26 ③ 27 ④ 28 ④

> [해설]

운용 및 지원위험분석(O&SHA : operating and support hazard analysis)
① 지정된 시스템의 모든 사용단계에서 생산, 보전, 시험, 운반, 저장, 운전, 비상탈출, 구조, 훈련, 폐기 등에 사용되는 인원, 순서, 설비에 관하여 위험을 동정하고 제어
② ①의 인원, 순서, 설비에 관한 안전요건을 결정하기 위해 실시하는 분석법

> [참고] 산업안전산업기사 필기 p.2-64(합격날개 : 합격예측)
> [KEY] 2014년 5월 25일(문제 29번) 출제

29 동전던지기에서 앞면이 나올 확률 $P(앞) = 0.9$ 이고, 뒷면이 나올 확률 $P(뒤) = 0.1$일 때, 앞면과 뒷면이 나올 사건 각각의 정보량은?

① 앞면 : $0.10[bit]$, 뒷면 : $3.32[bit]$
② 앞면 : $0.15[bit]$, 뒷면 : $3.32[bit]$
③ 앞면 : $0.10[bit]$, 뒷면 : $3.52[bit]$
④ 앞면 : $0.15[bit]$, 뒷면 : $3.52[bit]$

> [해설]

정보량 계산

① 앞면 = $\dfrac{\log\left(\dfrac{1}{0.9}\right)}{\log 2} = 0.152 = 0.15[bit]$

② 뒷면 = $\dfrac{\log\left(\dfrac{1}{0.1}\right)}{\log 2} = 3.321 = 3.32[bit]$

30 FTA에 사용되는 기호 중 다음 기호에 해당하는 것은?

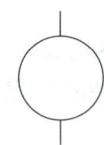

① 생략사상 ② 부정사상
③ 결함사상 ④ 기본사상

> [해설]

FTA의 기호

기호	명칭
▭	결함사상
◯	기본사상
⬠	통상사상
◇	생략사상

> [참고] 산업안전산업기사 필기 p.2-70(표. FTA기호)
> [KEY] ① 2014년 3월 2일 (문제 29번) 출제
> ② 2017년 8월 26일 출제
> ③ 2018년 8월 19일 출제

31 인간오류의 분류 중 원인에 의한 분류의 하나로 작업자 자신으로부터 발생하는 에러로 옳은 것은?

① command error
② Secondary error
③ Primary error
④ Third error

> [해설]

실수원인의 level(수준적) 분류
① 1차실수(Primary error : 주과오) : 작업자 자신으로부터 발생한 실수
② 2차실수(Secondary error : 2차과오) : 작업형태나 조건 중에서 문제가 생겨 발생한 실수, 어떤 결함에서 파생
③ 커맨드 실수(Command error : 지시과오) : 직무를 하려고 해도 필요한 정보, 물건, 에너지 등이 없어 발생하는 실수

> [참고] 산업안전산업기사 필기 p.2-20[1. 실수원인의 level(수준적) 분류]

[정답] 29 ② 30 ④ 31 ③

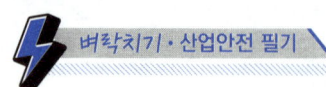

32 인체측정 자료를 장비, 설비 등의 설계에 적용하기 위한 응용원칙에 해당하지 않는 것은?

① 조절식 설계
② 극단치를 이용한 설계
③ 구조적 치수 기준의 설계
④ 평균치를 기준으로 한 설계

해설

인간계측자료의 응용 3원칙
① 최대치수와 최소치수 설계(극단치 설계)
② 조절범위(조절식 설계)
③ 평균치를 기준으로 한 설계

참고 산업안전기사 필기 p.2-159(2. 신체반응의 측정)

KEY
① 2017년 3월 5일 산업기사 출제
② 2017년 8월 26일 기사 출제
③ 2017년 9월 23일 산업기사 출제
④ 2018년 3월 4일 산업기사 출제
⑤ 2019년 8월 4일 기사 출제

33 시각적 표시 장치를 사용하는 것이 청각적 표시 장치를 사용하는 것보다 좋은 경우는?

① 메시지가 후에 참고되지 않을 때
② 메시지가 공간적인 위치를 다룰 때
③ 메시지가 시간적인 사건을 다룰 때
④ 사람의 일이 연속적인 움직임을 요구할 때

해설

청각장치와 시각장치의 사용 경위

청각장치 사용 예	시각장치 사용 예
① 전언이 간단할 경우	① 전언이 복잡할 경우
② 전언이 짧을 경우	② 전언이 길 경우
③ 전언이 후에 재참조되지 않을 경우	③ 전언이 후에 재참조될 경우
④ 전언이 시간적인 사상(event)을 다룰 경우	④ 전언이 공간적인 위치를 다룰 경우
⑤ 전언이 즉각적인 행동을 요구할 경우	⑤ 전언이 즉각적인 행동을 요구하지 않을 경우
⑥ 수신자의 시각 계통이 과부하 상태일 경우	⑥ 수신자의 청각 계통이 과부하 상태일 경우
⑦ 수신 장소가 너무 밝거나 암조응(暗調應) 유지가 필요한 경우	⑦ 수신 장소가 너무 시끄러울 경우
⑧ 직무상 수신자가 자주 움직이는 경우	⑧ 직무상 수신자가 한 곳에 머무르는 경우

참고 산업안전산업기사 필기 p.2-31(문제 43번)

KEY 2017년 5월 7일 산업기사 출제

34 화학공장(석유화학사업장 등)에서 가동문제를 파악하는 데 널리 사용되며, 위험요소를 예측하고, 새로운 공정에 대한 가동문제를 예측하는 데 사용되는 위험성평가방법은?

① SHA
② EVP
③ CCFA
④ HAZOP

해설

HAZOP
① 화학공장 등의 가동문제 파악
② 공정이나 설계도 등의 체계적인 검토
③ 정성적인 방법

참고 산업안전산업기사 필기 p.2-66(1. HAZOP)

35 3개의 서로 다른 부품이 OR gate에 연결된 FTA 모델이 있다. 각 부품의 고장확률은 0.2이고, "시스템이 작동 안 됨"을 정상사상(top event)으로 했을 때 정상사상이 발생할 확률은 얼마인가?

① 0.008
② 0.488
③ 0.512
④ 0.992

해설

정상사상 발생 확률
$R_s = [1 - (1 - 0.2)(1 - 0.2)(1 - 0.2)] = 0.488$

참고 산업안전산업기사 필기 p.2-27(문제 15번) 적중

36 신체부위의 동작에 대한 설명 중 굴곡과 반대방향의 동작으로 신체 부위간의 각도가 증가하는 관절동작은?

① 내전
② 회전
③ 신전
④ 외전

[정답] 32 ③ 33 ② 34 ④ 35 ② 36 ③

해설

신체부위 동작
① 굴곡(flexion) : 부위간의 각도가 감소
② 신전(extension) : 부위간의 각도가 증가
③ 내전(adduction) : 몸의 중심선으로의 이동
④ 외전(abduction) : 몸의 중심선으로부터의 이동
⑤ 내선(medial rotation) : 몸의 중심선으로의 회전
⑥ 외선(lateral rotation) : 몸의 중심선으로부터의 회전
⑦ 하향(pronation) : 손바닥을 아래로
⑧ 상향(supination) : 손바닥을 위로

참고 산업안전산업기사 필기 p.2-166(2. 신체 부위의 운동)

KEY 2006년 5월 14일 기사 출제

합격자의 조언
기사, 산업기사 문제 차이가 없습니다. 꼭 2개(CBT, PBT) 모두 원서를 쓰세요.

해설

ILO의 국제 노동 통계의 구분(근로불능 상해의 종류)
① 사망
  안전 사고로 사망하거나 혹은 입은 사고의 결과로 생명을 잃는 것 : 노동 손실일수 7,500일
② 영구 전노동불능 상해
  부상 결과로 노동 기능을 완전히 잃게 되는 부상(신체 장애 등급 제1급에서 제3급에 해당) : 노동 손실일수 7,500일
③ 영구 일부노동불능 상해
  부상 결과로 신체 부분의 일부가 노동 기능을 상실한 부상(신체 장애 등급 제4급에서 제14급에 해당)
④ 일시 전노동불능 상해
  의사의 소견(진단)에 따라 일정기간 정규 노동에 종사할 수 없는 상해 정도(신체 장애가 남지 않는 일반적인 휴업 재해)

참고 산업안전산업기사 필기 p.1-5(8. ILO의 구분)

KEY 2021년 제1회 CBT(문제 19번) 출제

---

37 인체에서 뼈의 주요 기능으로 볼 수 없는 것은?
① 대사작용
② 신체의 지지
③ 조혈작용
④ 장기의 보호

해설

뼈의 역할 및 기능
(1) 뼈의 역할
  ① 신체 중요부분 보호(예 장기 등)
  ② 신체의 지지 및 형상유지
  ③ 신체활동수행
(2) 뼈의 기능
  ① 골수에서 혈구세포를 만드는 조혈기능
  ② 칼슘, 인 등의 무기질 저장 및 공급기능

참고 산업안전산업기사 필기 p.2-164(합격날개 : 합격예측)

38 국제노동기구(ILO)에서 구분한 "일시 전노동불능"에 관한 설명으로 옳은 것은?
① 부상의 결과로 근로기능을 완전히 잃은 부상
② 부상의 결과로 신체의 일부가 근로기능을 완전히 상실한 부상
③ 의사의 소견에 따라 일정 기간 동안 노동에 종사할 수 없는 상해
④ 의사의 소견에 따라 일시적으로 근로시간 중 치료를 받는 정도의 상해

39 조종반응비율(C/R비)에 관한 설명으로 틀린 것은?
① 조종장치와 표시장치의 물리적 크기와 성질에 따라 달라진다.
② 표시장치의 이동거리를 조종장치의 이동거리로 나눈 값이다.
③ 조종반응비율이 낮다는 것은 민감도가 높다는 의미이다.
④ 최적의 조종반응비율은 조종장치의 조종시간과 표시장치의 이동시간이 교차하는 값이다.

해설

조종구(ball control)에서의 C/D비 또는 C/R비
회전운동을 하는 조종장치가 선형 표시장치를 움직일 때는 L을 반경(지레 길이), a를 조종장치가 움직인 각도라 할 때
$$C/D = \frac{(a/360) \times 2\pi L}{\text{표시장치이동거리}} \text{로 정의된다.}$$

참고 산업안전산업기사 필기 p.2-117(3. 조종구에서의 C/D비 또는 C/R비)

KEY ① 2015년 3월 8일(문제 27번) 출제
② 2023년 4월 1일 산업안전지도사 출제

[정답] 37 ① 38 ③ 39 ②

40 산업안전보건법령상 정밀작업 시 갖추어져야 할 작업면의 조도 기준은?(단, 갱내 작업장과 감광재료를 취급하는 작업장은 제외한다.)

① 75럭스 이상 ② 150럭스 이상
③ 300럭스 이상 ④ 750럭스 이상

해설

조명(조도)수준
① 초정밀작업 : 750[Lux] 이상
② 정밀작업 : 300[Lux] 이상
③ 보통작업 : 150[Lux] 이상
④ 그 밖의 작업 : 75[Lux] 이상

참고 산업안전산업기사 필기 p.2-169[합격날개 : 합격예측]

정보제공
산업안전보건기준에 관한 규칙 제302조(조도)

3 기계·기구 및 설비안전관리

41 공기압축기의 작업시작 전 점검사항이 아닌 것은?

① 윤활유의 상태
② 언로드밸브의 기능
③ 비상정지장치의 기능
④ 압력방출장치의 기능

해설

공기압축기를 가동할 때 작업시작 전 점검사항
① 공기저장 압력용기의 외관상태
② 드레인밸브의 조작 및 배수
③ 압력방출장치의 기능
④ 언로드밸브의 기능
⑤ 윤활유의 상태
⑥ 회전부의 덮개 또는 울
⑦ 그 밖의 연결부위의 이상유무

참고 산업안전산업기사 필기 p.1-71(2. 공기압축기를 가동할 때)

KEY 2023년 4월 1일 산업안전지도사 출제

합격정보
산업안전보건기준에 관한 규칙 [별표 3] 작업시작전 점검사항

42 방호장치의 안전기준상 평면연삭기 또는 절단연삭기에서 덮개의 노출각도 기준으로 옳은 것은?

① 80[°] 이내 ② 125[°] 이내
③ 150[°] 이내 ④ 180[°] 이내

해설

숫돌의 덮개 노출각도

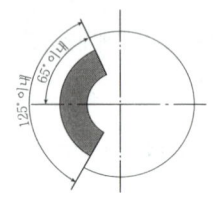	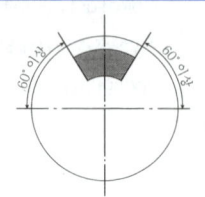
① 일반연삭작업 등에 사용하는 것을 목적으로 하는 탁상용연삭기의 덮개 각도	② 연삭숫돌의 상부를 사용하는 것을 목적으로 하는 탁상용 연삭기의 덮개 각도
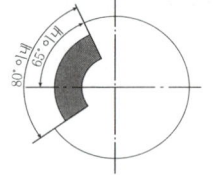	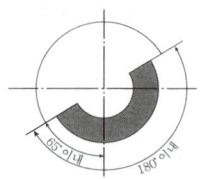
③ ① 및 ② 이외의 탁상용연삭기, 기타 이와 유사한 연삭기의 덮개 각도	④ 원통연삭기, 센터리스 연삭기, 공구연삭기, 만능연삭기, 기타 이와 비슷한 연삭기의 덮개 각도
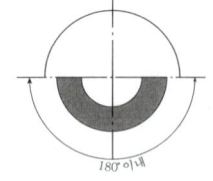	
⑤ 휴대용연삭기, 스윙연삭기, 스라브연삭기 기타 이와 비슷한 연삭기의 덮개 각도	⑥ 평면연삭기, 절단연삭기, 기타 이와 비슷한 연삭기의 덮개 각도

참고 산업안전산업기사 필기 p.3-46(그림:연삭기 덮개의 표준 현상)

KEY 2016년 8월 21일 기사 출제

정보제공
방호장치 자율안전기준 고시(제2022-113호) 2022. 3. 3. 고시 적용

[**정답**] 40 ③ 41 ③ 42 ③

43 선반에서 절삭가공 중 발생하는 연속적인 칩을 자동적으로 끊어 주는 역할을 하는 것은?

① 칩 브레이커 ② 방진구
③ 보안경 ④ 커버

해설

칩브레이커 : 칩을 짧게 끊어주는 선반전용 안전장치

[그림] 선반 클램프형 칩브레이커

참고 산업안전산업기사 필기 p.3-33(4. 선반작업시 안전수칙)

KEY 2018년 3월 4일 기사 출제

44 지게차의 안정도 기준으로 틀린 것은?

① 기준부하상태에서 주행시의 전후 안정도는 8[%] 이내이다.
② 하역작업시의 좌우안정도는 최대하중상태에서 포크를 가장 높이 올리고 마스트를 가장 뒤로 기울인 상태에서 6[%] 이내이다.
③ 하역작업시의 전후안정도는 최대하중상태에서 포크를 가장 높이 올린 경우 4[%] 이내이며, 5톤 이상은 3.5[%] 이내이다.
④ 기준무부하상태에서 주행시의 좌우안정도는 $(15+1.1\times V)[\%]$ 이내이고, V는 구내최고 속도(km/h)를 의미한다.

해설

지게차의 안정조건

안정도	도해
하역작업시 전후 안정도 4[%] (5[t] 이상의 것은 3.5[%])	
주행시의 전후 안정도18[%]	

참고 산업안전산업기사 필기 p.3-110(표:지게차의 안정조건)

KEY ① 2016년 5월 8일 출제
② 2016년 8월 21일 출제

45 프레스의 손쳐내기식 방호장치 설치기준으로 틀린 것은?

① 방호판의 폭이 금형 폭의 1/2 이상이어야 한다.
② 슬라이드 행정수가 300SPM 이상의 것에 사용한다.
③ 손쳐내기봉의 행정(Stroke) 길이를 금형의 높이에 따라 조정할 수 있고 진동폭은 금형폭 이상이어야 한다.
④ 슬라이드 하행정거리의 3/4 위치에서 손을 완전히 밀어내야 한다.

해설

손쳐내기식 방호장치의 일반구조

① 슬라이드 하행정거리의 3/4 위치에서 손을 완전히 밀어내야 한다.
② 손쳐내기봉의 행정(Stroke) 길이를 금형의 높이에 따라 조정할 수 있고 진동폭은 금형폭 이상이어야 한다.
③ 방호판과 손쳐내기봉은 경량이면서 충분한 강도를 가져야 한다.
④ 방호판의 폭은 금형폭의 1/2 이상이어야 하고, 행정길이가 300[mm] 이상의 프레스기계에는 방호판 폭을 300[mm]로 해야 한다.
⑤ 손쳐내기봉은 손 접촉 시 충격을 완화할 수 있는 완충재를 부착해야 한다.
⑥ 부착볼트 등의 고정금속부분은 예리하게 돌출되지 않아야 한다.

참고 산업안전기사 필기 p.3-65(3. 손쳐내기식)

KEY ① 2016년 8월 21일 산업기사 출제
② 2017년 3월 5일 기사 출제
③ 2017년 8월 26일 산업기사 출제
④ 2019년 8월 4일 산업기사 출제
⑤ 2020년 9월 27일 기사 출제

합격정보

방호장치 안전인증 고시
[별표 1] 프레스 또는 전단기 방호장치의 성능기준(제4조 관련)
31. 손쳐내기식 방호장치의 일반구조

보충학습
보기 ②는 양수조작식 핀클러치 방식에 적용

[정답] 43 ① 44 ① 45 ②

46 산업용 로봇의 작동범위에서 그 로봇에 관하여 교시 등의 작업을 하는 경우 작업시간 전 점검사항에 해당하지 않는 것은?(단, 로봇의 동력원을 차단하고 행하는 것을 제외한다.)

① 회전부의 덮개 또는 울 부착여부
② 제동장치 및 비상정지장치의 기능
③ 외부전선의 피복 또는 외장의 손상유무
④ 머니퓰레이터(manipulator) 작동의 이상유무

해설

산업용 로봇의 작업시작전 점검사항
① 외부전선의 피복 또는 외장의 손상유무
② 머니퓰레이터(manipulator) 작동의 이상유무
③ 제동장치 및 비상정지장치의 기능

참고 산업안전산업기사 필기 p.1-71[2. 로봇의 작동범위 내에서 그 로봇에 관하여 교시 등(로봇의 동력원을 차단하고 행하는 것을 제외한다)의 작업을 할 때]

KEY 2018년 3월 4일 기사 출제

정보제공
산업안전보건기준에 관한 규칙 [별표 3] 작업시작 전 점검사항

47 산업안전보건법령에 따라 양중기용 와이어로프의 사용금지 기준으로 옳은 것은?

① 지름의 감소가 공칭지름의 3[%]를 초과하는 것
② 지름의 감소가 공칭지름의 5[%]를 초과하는 것
③ 와이어로프의 한 꼬임에서 끊어진 소선(素線)의 수가 7[%] 이상일 것
④ 와이어로프의 한 꼬임에서 끊어진 소선(素線)의 수가 10[%] 이상인 것

해설

와이어로프 사용금지 기준
① 이음매가 있는 것
② 와이어로프의 한 꼬임[스트랜드(strand)를 말한다. 이하 같다]에서 끊어진 소선(素線)[필러(pillar)선은 제외한다]의 수가 10[%] 이상(비자전로프의 경우에는 끊어진 소선의 수가 와이어로프 호칭지름의 6배 길이 이내에서 4[개] 이상이거나 호칭지름 30배 길이 이내에서 8[개] 이상)인 것

③ 지름 감소가 공칭지름의 7[%]를 초과한 것
④ 꼬인 것
⑤ 심하게 변형 또는 부식된 것
⑥ 열과 전기충격에 의해 손상된 것

참고 ① 산업안전보건기준에 관한 규칙 제63조(달비계의 구조)
② 산업안전산업기사 필기 p.3-129(3. 와이어로프의 사용기준)

KEY 2021년 제1회 CBT(문제 89번) 출제

48 목재가공용 둥근톱의 목재 반발예방장치가 아닌 것은?

① 반발방지 발톱(finger)
② 분할날(spreader)
③ 덮개(cover)
④ 반발방지 롤(roll)

해설

둥근톱기계의 반발예방장치 3가지
① 반발방지 발톱(finger)
② 분할날(spreader)
③ 반발방지 롤(roll)

참고 산업안전산업기사 필기 p.3-47(합격날개 : 합격예측 및 관련법규)

보충학습
둥근톱기계의 반발예방장치
사업주는 목재가공용 둥근톱기계[가로 절단용 둥근톱기계 및 반발(反撥)에 의하여 근로자에게 위험을 미칠 우려가 없는 것은 제외한다]에 분할날 등 반발예방장치를 설치하여야 한다.

49 페일 세이프(Fail safe) 구조의 기능면에서 설비 및 기계 장치의 일부가 고장이 난 경우 기능의 저하를 가져 오더라도 전체 기능은 정지하지 않고 다음 정기점검시까지 운전이 가능한 방법은?

① Fail-passive
② Fail-soft
③ Fail-active
④ Fail-operational

[정답] 46 ①   47 ④   48 ③   49 ④

> 해설

Fail safe의 기능면 3단계
① Fail-passive : 부품이 고장나면 기계는 정지하는 방향으로 이동
② Fail-active : 부품이 고장나면 기계는 경보를 울리는 가운데 짧은 시간 동안은 운전이 가능
③ Fail-operational : 부품의 고장이 있어도 기계는 추후의 보수가 될 때까지 안전한 기능을 유지

> 참고) 산업안전산업기사 필기 p.3-10(3. 페일세이프)

50 다음 중 위험구역에서 가드까지의 거리가 200[mm]인 롤러기에 가드를 설치하는 데 허용 가능한 가드의 개구부 간격으로 옳은 것은?

① 최대 20[mm]
② 최대 30[mm]
③ 최대 36[mm]
④ 최대 40[mm]

> 해설

가드의 개구부 간격 3가지
① 롤러 가드의 개구부 간격
$$\therefore Y = 6 + 0.15X$$
[X : 가드와 위험점 간의 거리 (mm : 안전거리)
Y : 가드 개구부의 간격 (mm : 안전간극)]
(단 $X \geq 160$[mm]일 때, $Y = 30$[mm])
② 절단기 가드의 개구부 간격
$$\therefore Y = 6 + \frac{1}{8}X$$
③ 방적기 및 제면기 가드의 개구부 간격[위험점이 대형기계의 전동체 (회전체)인 경우]
$$\therefore Y = 6 + \frac{1}{10}X$$
(단, $X \geq 760$[mm]에서 유효)
④ 실수 예) $Y = 6 + 0.15X = 6 + 0.15 \times 200 = 36$[mm]

> 참고) 산업안전산업기사 필기 p.3-14(합격날개 : 참고)

💬 **합격자의 조언**
문제 정독이 필요함. 아차하면 실수한다.

51 금형의 안전화에 대한 설명 중 틀린 것은?
① 금형의 틈새는 8[mm] 이상 충분하게 확보한다.
② 금형 사이에 신체일부가 들어가지 않도록 한다.
③ 충격이 반복되어 부가되는 부분에는 완충장치를 설치한다.
④ 금형설치용 홈은 설치된 프레스의 홈에 적합한 형상의 것으로 한다.

> 해설

상하금형틈새
① 금형 上下틈새 : 8[mm] 이하
② 이유 : 손가락은 대부분 8[mm] 이상

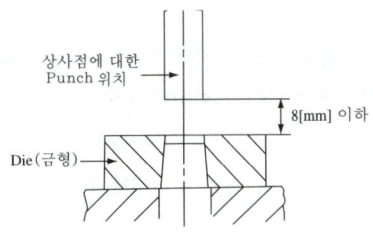

[그림] 프레스 금형 Punch와 Die 간격

> 참고) 산업안전산업기사 필기 p.3-69(2. 프레스금형 설치시 안전조치)

52 선반작업에서 가공물의 길이가 외경에 비하여 과도하게 길 때, 절삭저항에 의한 떨림을 방지하기 위한 장치는?
① 센터   ② 심봉
③ 방진구   ④ 돌리개

> 해설

방진구
일감의 길이가 직경의 12[배] 이상일때 사용

[정답] 50 ② 51 ① 52 ③

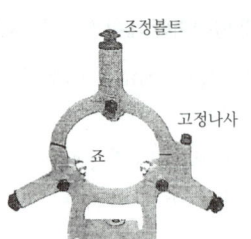

[그림] 선반방진구

참고) 산업안전산업기사 필기 p.3-33(4. 선반작업시 안전수칙)

KEY) ① 2016년 5월 8일 산업기사 출제
② 2016년 8월 21일 산업기사 출제
③ 2019년 4월 27일 기사 출제

53
500[rpm]으로 회전하는 연삭기의 숫돌지름이 200[mm]일 때 원주속도[m/min]는?

① 628
② 62.8
③ 314
④ 31.4

해설
원주속도
$V = \dfrac{\pi DN}{1,000} = \dfrac{3.14 \times 200 \times 500}{1,000} = 314[m/min]$

참고) 산업안전산업기사 필기 p.3-55(문제 17번)

54
산업안전보건법령에 따라 컨베이어에 부착해야 할 방호장치로 적합하지 않은 것은?

① 비상정지장치
② 과부하방지장치
③ 역주행방지장치
④ 덮개 또는 낙하방지용 울

해설
컨베이어 방호장치
① 안전(방호)장치 : 비상정지장치
② 화물의 낙하위험방지 : 덮개 및 울 설치
③ 역전방지장치
  ㉮ 기계식
    ㉠ 라쳇식
    ㉡ 롤러식
    ㉢ 밴드식
  ㉯ 전기식
    ㉠ 전기브레이크
    ㉡ 슬러스트브레이크
④ 이탈방지장치
  ㉮ 전자식 브레이크
  ㉯ 유압조작식 브레이크

참고) 산업안전산업기사 필기 p.3-111(3. 컨베이어의 안전장치)

KEY) ① 2016년 8월 21일 출제
② 2017년 5월 7일 기사·산업기사 동시 출제

55
기계의 운동 형태에 따른 위험점의 분류에서 고정부분과 회전하는 동작 부분이 함께 만드는 위험점으로 교반기의 날개와 하우스 등에서 발생하는 위험점을 무엇이라 하는가?

① 끼임점
② 절단점
③ 물림점
④ 회전말림점

해설
위험점
① 절단점(Cutting-point) : 고정부분과 운동부분이 만드는 위험점이 아니고 회전하는 운동부 자체의 위험이나 운동하는 기계부분 자체의 위험에서 초래되는 위험점
  예) 밀링의 커터, 띠톱이나 둥근톱의 톱날, 벨트의 이음 부분 등
② 물림점(Nip-point) : 회전하는 두 개의 회전체에는 물려 들어가는 위험성이 존재한다. 이때 위험점이 발생되는 조건은 회전체가 서로 반대방향으로 맞물려 회전되어야 함 예) 롤러와 롤러의 물림, 기어와 기어의 물림 등
③ 회전말림점(Trapping-point) : 회전하는 물체에 작업복, 머리카락 등이 말려드는 위험이 존재하는 점 예) 회전하는 축, 커플링, 돌출된 키나 고정나사, 회전하는 공구 등

[정답] 53 ③ 54 ② 55 ①

① 절단점 ② 물림점

③ 회전말림점

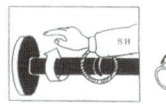

[그림] 위험점

참고 산업안전산업기사 필기 p.3-3(2. 위험점의 분류)

KEY
① 2017년 3월 5일 산업기사 출제
② 2017년 5월 7일 산업기사 출제
③ 2017년 8월 26일 산업기사 출제

56 기계설비의 방호는 위험장소에 대한 방호와 위험원에 대한 방호로 분류할 때, 다음 위험원에 대한 방호장치에 해당하는 것은?

① 격리형 방호장치
② 포집형 방호장치
③ 접근거부형 방호장치
④ 위치제한형 방호장치

해설

기계설비 방호장치구분

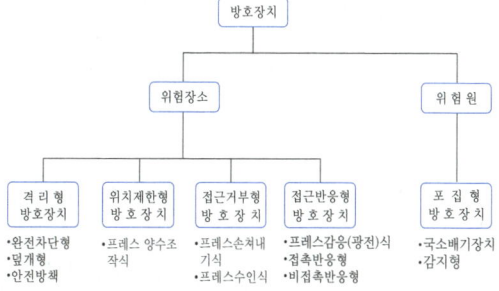

[그림] 방호장치의 구분

참고 산업안전산업기사 필기 p.3-17(4. 방호장치의 종류)

KEY
① 2012년 5월 20일 (문제 50번) 출제
② 2016년 3월 6일 산업기사 출제
③ 2016년 8월 21일 산업기사 출제
④ 2018년 3월 4일 산업기사 출제
⑤ 2018년 4월 28일 산업기사 출제
⑥ 2018년 8월 19일 기사 출제

57 다음 ( )안에 들어갈 말로 옳은 것은?

사업주는 보일러의 과열을 방지하기 위하여 최고사용압력과 상용압력 사이에서 보일러의 버너연소를 차단할 수 있도록 ( )를 부착하여 사용하여야 한다.

① 고저수위조절장치 ② 압력방출장치
③ 압력제한스위치   ④ 비상정지장치

해설

압력제한스위치
① 보일러의 과열방지를 위해 최고사용압력과 상용압력 사이에서 버너연소를 차단할 수 있도록 압력제한스위치 부착 사용
② 압력계가 설치된 배관상에 설치

참고 산업안전산업기사 필기 p.3-95(합격예측 및 관련법규)

합격정보
산업안전보건기준에 관한 규칙 제117조(압력제한스위치)

58 프레스의 작업시작 전 점검사항으로 거리가 먼 것은?

① 클러치 및 브레이크의 기능
② 금형 및 고정볼트 상태
③ 전단기(剪斷機)의 칼날 및 테이블의 상태
④ 언로드 밸브의 기능

해설

프레스 작업시작 전 점검사항
① 클러치 및 브레이크의 기능
② 크랭크축·플라이휠·슬라이드·연결봉 및 연결나사의 풀림 유무
③ 1행정 1정지기구·급정지장치 및 비상정지장치의 기능
④ 슬라이드 또는 칼날에 의한 위험방지 기구의 기능
⑤ 프레스의 금형 및 고정볼트 상태
⑥ 방호장치의 기능
⑦ 전단기(剪斷機)의 칼날 및 테이블의 상태

참고 산업안전산업기사 필기 p.1-73(표. 작업시작 전 기계·기구 및 점검내용)

[정답] 56 ② 57 ③ 58 ④

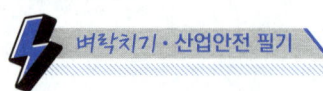

KEY
① 2016년 3월 6일 출제
② 2017년 3월 5일. 5월 7일, 8월 26일 기사 출제
③ 2018년 3월 4일, 4월 28일, 8월 19일 기사 출제
④ 2019년 3월 3일(문제 49번) 출제
⑤ 2021년 제1회 CBT(문제 5번) 출제

정보제공
산업안전보건기준에 관한 규칙 [별표 3] 작업시작전 점검사항

59 드릴링 머신을 이용한 작업 시 안전수칙에 관한 설명으로 옳지 않은 것은?

① 일감을 손으로 견고하게 쥐고 작업한다.
② 장갑을 끼고 작업을 하지 않는다.
③ 칩은 기계를 정지시킨 다음에 와이어 브러시로 제거한다.
④ 드릴을 끼운 후에는 척 렌치를 반드시 탈거한다.

해설
드릴작업 시 안전대책
① 회전하고 있는 주축이나 드릴에 손이나 걸레를 대거나 머리를 가까이 하지 않는다.
② 드릴 사용 전에 점검하고 상처나 균열이 있는 것은 사용하지 않는다.
③ 가공 중에 드릴의 절삭률이 불량해지고 이상음이 발생하면 중지하고 즉시 드릴을 바꾼다.
④ 드릴의 착탈은 회전이 완전히 멈춘 다음 행한다.
⑤ 작은 물건은 바이스나 클램프를 사용하여 장착하고 직접 손으로 지지하는 것을 피한다.
⑥ 가공 중 드릴이 깊이 들어가면 기계를 멈추고 손돌리기로 드릴을 뽑아낸다.
⑦ 드릴이나 소켓을 뽑을 때는 공구를 사용하고 해머 등으로 두드려서는 안 된다.
⑧ 드릴이나 척을 뽑을 때는 되도록 주축을 내려서 낙하거리를 적게 하고 테이블 등에 나무조각 등을 놓고 받는다.

참고 산업안전산업기사 필기 p.3-40(3. 드릴작업 시 안전대책)

KEY 2017년 3월 5일 기사 출제

60 종이, 천, 금속박 등을 통과시키는 롤러기로서 근로자에게 위험을 미칠 우려가 있는 부위에 설치해야 할 방호장치에 해당하는 것은?

① 방호판
② 안내 롤러
③ 과부하방지장치
④ 반발예방장치

해설
롤러기의 울 등 설치
사업주는 합판·종이·천 및 금속박 등을 통과시키는 롤러기로서 근로자가 위험해질 우려가 있는 부위에는 울 또는 가이드롤러(guide roller) 등을 설치하여야 한다.

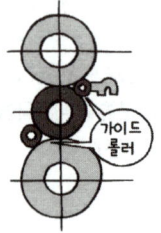

[그림] 가이드 롤러

참고 산업안전산업기사 필기 p.3-79(2. 롤러기 안전)

합격정보
산업안전보건기준에 관한 규칙 제123조(롤러기 울 등의 설치)

[정답] 59 ① 60 ②

4 전기 및 화학설비 안전관리

61 선간전압이 6.5[kV]인 충전전로 인근에서 유자격자가 작업하는 경우, 충전전로에 대한 최소 접근 한계거리(cm)는? (단, 충전부에 절연 조치가 되어있지 않고, 작업자는 절연장갑을 착용하지 않았다.)

① 20 ② 30
③ 50 ④ 60

해설

충전전로 한계거리

충전전로의 선간전압 (단위 : [kV])	충전전로에 대한 접근 한계거리 (단위 : [cm])
0.3 이하	접촉금지
0.3 초과 0.75 이하	30
0.75 초과 2 이하	45
2 초과 15 이하	60
15 초과 37 이하	90
37 초과 88 이하	110
88 초과 121 이하	130
121 초과 145 이하	150
145 초과 169 이하	170
169 초과 242 이하	230
242 초과 362 이하	380
362 초과 550 이하	550
550초과 800 이하	790

참고 산업안전산업기사 필기 p.4-27(문제 4번)

KEY ① 2016년 5월 8일 산업기사 출제
② 2018년 3월 4일 기사 출제
③ 2019년 3월 3일 산업기사 출제
④ 2019년 4월 27일 (문제 69번) 출제

정보제공
산업안전보건기준에 관한 규칙 제321조(충전전로에서 전기작업)

62 전로에 시설하는 기계기구의 철대 및 금속제외함에 접지공사를 생략할 수 없는 경우는?

① 30[V] 이하의 기계기구를 건조한 곳에 시설하는 경우
② 물기 없는 장소에 설치하는 저압용 기계기구를 위한 전로에 정격감도전류 40[mA] 이하, 동작시간 2초 이하의 전류동작형 누전차단기를 시설하는 경우
③ 철대 또는 외함의 주위에 적당한 절연대를 설치하는 경우
④ 「전기용품 및 생활용품 안전관리법」의 적용을 받는 이중절연구조로 되어 있는 기계기구를 시설하는 경우

해설

접지를 해야 하는 대상부분
① 전기기계·기구의 금속제 외함, 금속제 외피 및 철대
② 고정 설치되거나 고정배선에 접속된 전기기계·기구의 노출된 비충전 금속체 중 충전될 우려가 있는 다음에 해당하는 비충전 금속체
③ 지면이나 접지된 금속체로부터 수직거리 2.4[m], 수평거리 1.5[m] 이내의 것
④ 물기 또는 습기가 있는 장소에 설치되어 있는 것
⑤ 금속으로 되어있는 기기접지용 전선의 피복·외장 또는 배선관 등
⑥ 사용전압이 대지전압 150[V]를 넘는 것

참고 산업안전기사 필기 p.4-22(3. 접지를 해야 하는 대상부분)

합격정보
산업안전보건기준에 관한 규칙 제302조(전기기계·기구의 접지)

보충학습
누전차단기 설치기준
전기기계·기구에 접속되어 있는 누전차단기는 정격감도전류가 30[mA]이하이고 작동시간은 0.03[초] 이내일 것(다만, 정격전부하전류가 50[A] 이상인 전기기계·기구에 접속되는 누전차단기는 오작동을 방지하기 위하여 정격감도전류는 200[mA] 이하로, 작동시간은 0.1[초] 이내로 할 수 있다.

63 인체가 현저히 젖어 있거나 인체의 일부가 금속성의 전기기구 또는 구조물에 상시 접촉되어 있는 상태의 허용접촉전압(V)은?

① 2.5[V] 이하
② 25[V] 이하
③ 50[V] 이하
④ 제한 없음

[정답] 61 ④ 62 ② 63 ②

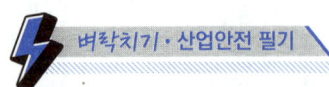

해설
종별허용접촉전압

종별	접촉 상태	허용접촉 전압[V]
제1종	• 인체의 대부분이 수중에 있는 상태	2.5 이하
제2종	• 인체가 많이 젖어 있는 상태 • 금속제 전기기계장치나 구조물에 인체의 일부가 상시 접촉되어 있는 상태	25 이하
제3종	• 제1종, 제2종 이외의 경우로서 통상적인 인체 상태에 있어서 접촉전압이 가해지면 위험성이 높은 상태	50 이하
제4종	• 제1종, 제2종 이외의 경우로서 통상적인 인체 상태에 있어서 접촉전압이 가해져도 위험성이 낮은 상태 • 접촉전압이 가해질 우려가 없는 경우	무제한

[참고] 산업안전산업기사 필기 p.4-5(표. 종별허용접촉전압)

[KEY]
① 2016년 3월 6일 산업기사 출제
② 2016년 8월 21일 산업기사 출제
③ 2017년 5월 7일 기사·산업기사 동시 출제
④ 2018년 3월 4일 기사 출제
⑤ 2019년 4월 27일 기사·산업기사 동시 출제

64 다음 중 산업안전보건법상 충전전로를 취급하는 경우의 조치사항으로 틀린 것은?

① 고압 및 특별고압의 전로에서 전기작업을 하는 근로자에게 활선작업용 기구 및 장치를 사용하도록 할 것
② 충전전로를 취급하는 근로자에게 그 작업에 적합한 절연용 보호구를 착용시킬 것
③ 충전전로를 정전시키는 경우에는 전기작업 전 원을 차단한 후 각 단로기 등을 폐로시킬 것
④ 근로자가 절연용 방호구의 설치·해체작업을 하는 경우 절연용 보호구를 착용하거나 활선작업용 기구 및 장치를 사용하도록 할 것

해설
충전전로에서의 전기작업
사업주는 근로자가 충전전로를 취급하거나 그 인근에서 작업하는 경우에는 다음 각 호의 조치를 하여야 한다.
① 충전전로를 정전시키는 경우에는 제319조(정전전로에서 전기작업)에 따른 조치를 할 것
② 충전전로를 방호, 차폐하거나 절연 등의 조치를 하는 경우에는 근로자의 신체가 전로와 직접 접촉하거나 도전재료, 공구 또는 기기를 통하여 간접 접촉되지 않도록 할 것
③ 충전전로를 취급하는 근로자에게 그 작업에 적합한 절연용 보호구를 착용시킬 것
④ 충전전로에 근접한 장소에서 전기작업을 하는 경우에는 해당 전압에 적합한 절연용 방호구를 설치할 것. 다만, 저압인 경우에는 해당 전기작업자가 절연용 보호구를 착용하되, 충전전로에 접촉할 우려가 없는 경우에는 절연용 방호구를 설치하지 아니할 수 있다.
⑤ 고압 및 특별고압의 전로에서 전기작업을 하는 근로자에게 활선작업용 기구 및 장치를 사용하도록 할 것
⑥ 근로자가 절연용 방호구의 설치·해체작업을 하는 경우에는 절연용 보호구를 착용하거나 활선작업용 기구 및 장치를 사용하도록 할 것
⑦ 유자격자가 아닌 근로자가 충전전로 인근의 높은 곳에서 작업할 때에 근로자의 몸 또는 긴 도전성 물체가 방호되지 않은 충전전로에서 대지전압이 50[kV] 이하인 경우에는 300[cm] 이내로, 대지전압이 50[kV]를 넘는 경우에는 10[kV]당 10[cm]씩 더한 거리 이내로 각각 접근할 수 없도록 할 것

[참고] 산업안전보건기준에 관한 규칙 제321조(충전전로에서의 전기작업)

65 인체의 전기저항을 500[Ω]으로 하는 경우 심실세동을 일으킬 수 있는 에너지는 약 얼마인가?(단, 심실세동전류 $I=\dfrac{500}{\sqrt{T}}$[mA]로 한다.)

① 13.6[J] ② 19.0[J]
③ 13.6[mJ] ④ 19.0[mJ]

해설
위험한계 에너지
$Q = I^2 RT[\text{J/S}] = \left(\dfrac{165}{\sqrt{T}} \times 10^{-3}\right)^2 \times 500 = \dfrac{165^2}{T} \times 10^{-6} \times 500$
$= 13.61[\text{J}]$

[참고] 산업안전기사 필기 p.4-3(3. 위험한계 에너지)

[KEY] 2020년 9월 27일 기사 등 20번 이상 출제

[정답] 64 ③ 65 ①

66 정전기 제거방법으로 가장 거리가 먼 것은?

① 설비 주위를 가습한다.
② 설비의 금속 부분을 접지한다.
③ 설비의 주변에 적외선을 조사한다.
④ 정전기 발생 방지 도장을 실시한다.

해설

정전기 제거 방법

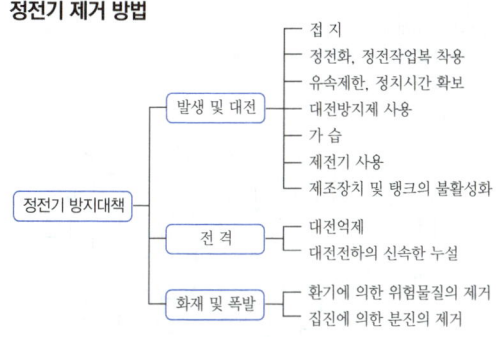

[그림] 정전기 제거 방법

참고 산업안전산업기사 필기 p.4-52(그림. 정전기 방지대책)

KEY
① 2016년 5월 8일 기사 출제
② 2016년 8월 21일 기사 출제
③ 2017년 5월 7일 산업기사 출제
④ 2018년 3월 4일 산업기사 출제
⑤ 2018년 8월 19일 산업기사 출제

67 정상운전 중의 전기설비가 점화원으로 작용하지 않는 것은?

① 변압기 권선
② 개폐기 접점
③ 직류 전동기의 정류자
④ 권선형 전동기의 슬립링

해설

잠재적 점화원 : 고장이나 파괴시 화재 발생

① 변압기의 권선   ② 전동기의 권선
③ 전기적 광원   ④ 케이블
⑤ 마그넷 코일   ⑥ 배선

참고 산업안전산업기사 필기 p.4-65(합격날개 : 합격예측)

KEY 2016년 8월 21일 기사 출제

보충학습

현재적 점화원 : 정상 작동 중 화재발생
① 제어기기 및 보호계전기의 전기접점, 개폐기 및 차단기류의 접점
② 권선형 유도전동기의 슬립링, 직류전동기의 정류자
③ 전동기, 전열기, 저항기의 고온부

68 폭발위험장소를 분류할 때 가스폭발위험장소의 종류에 해당하지 않는 것은?

① 0종 장소   ② 1종 장소
③ 2종 장소   ④ 3종 장소

해설

위험장소 등급분류
① 가스폭발위험장소 : 0종, 1종, 2종
② 분진폭발장소 : 20종, 21종, 22종

참고 산업안전산업기사 필기 p.4-55(표. 위험장소 및 방폭구조)

KEY
① 2017년 8월 26일 산업기사 출제
② 2018년 3월 4일 기사·산업기사 동시 출제

69 피뢰기가 반드시 가져야 할 성능 중 틀린 것은?

① 방전개시 전압이 높을 것
② 뇌전류 방전능력이 클 것
③ 속류 차단을 확실하게 할 수 있을 것
④ 반복 동작이 가능할 것

해설

피뢰기의 성능
① 충격(파)방전 개시전압이 낮을 것(단, 상용 주파수에서 방전개시 전압이 높을 것)
② 제한전압이 낮을 것
③ 반복동작이 가능할 것
④ 구조가 견고하고 특성이 변화하지 않을 것
⑤ 점검, 보수가 간단할 것
⑥ 뇌전류에 대한 방전능력이 클 것
⑦ 속류의 차단이 확실할 것(정격전압 : 실효값)

참고 산업안전산업기사 필기 p.4-67(2. 피뢰기에 관한 안전)

[정답] 66 ③   67 ①   68 ④   69 ①

KEY ① 2016년 8월 21일 기사 출제
② 2018년 8월 19일 기사 출제
③ 2019년 8월 4일 기사 출제

70 절연물은 여러 가지 원인으로 전기저항이 저하되어 이른바 절연불량을 일으켜 위험한 상태가 되는데 절연불량의 주요 원인이 아닌 것은?

① 정전에 의한 전기적 원인
② 온도상승에 의한 열적 요인
③ 진동, 충격 등에 의한 기계적 요인
④ 높은 이상전압 등에 의한 전기적 원인

해설
전기기기의 절연저항값이 저하하는 요인
① 온도상승
② 진동
③ 충격
④ 높은 이상전압

참고 산업안전산업기사 필기 p.4-3(합격날개 : 합격예측)

71 아세틸렌(C_2H_2)의 공기중 완전연소 조성농도(C_{st})는 약 얼마인가?

① 6.7[vol%] ② 7.0[vol%]
③ 7.4[vol%] ④ 7.7[vol%]

해설
완전연소 조성농도(화학양론농도)
발열량이 최대이고 폭발 파괴력이 가장 강한 농도를 말하며, 공기 중에서는 다음 식으로 구한다.

$$C_{st} = \frac{100}{1+4.773\left(n+\frac{m-f-2\lambda}{4}\right)} = \frac{100}{1+4.773\left(2+\frac{2}{4}\right)}$$
$$= 7.73[vol\%]$$

여기서, n : 탄소, m : 수소, f : 할로겐원소,
λ : 산소의 원자수, 4.773 : 공기의 몰수

참고 산업안전산업기사 필기 p.5-32(보충학습)

KEY 2014년 3월 2일(문제 74번) 출제

72 다음 중 일반적인 국소배기장치의 구성요소로 볼 수 없는 것은?

① 후드   ② 저장소
③ 덕트   ④ 송풍기

해설
국소배기장치 구성요소
① 후드(Hood)
② 덕트(Duct)
③ 공기정화장치(Air cleaner equipment)
④ 송풍기(Fan)
⑤ 배기덕트(Exhaust duct)

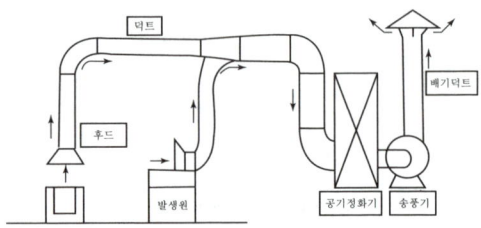

[그림] 국소배기시설의 계통도

참고 산업안전산업기사 필기 p.5-9(합격날개 : 은행문제 2번)

합격정보
산업안전보건기준에 관한 규칙 제72조(후드)

73 다음의 주의사항에 해당하는 물질은?

> 특히 산화제와 접촉 및 혼합을 엄금하며, 화재시 주수소화를 피하고 건조한 모래 등으로 질식소화를 한다.

① 마그네슘   ② 과염소산나트륨
③ 황인   ④ 과산화수소

해설
위험물의 특성
① 마그네슘(제2류 위험물)
  ㉮ 산화제와 접촉을 피한다.
  ㉯ 금속분은 주수소화를 금지하고 마른모래로 소화한다.

[정답] 70 ① 71 ④ 72 ② 73 ①

② 과염소산나트륨(제1류 위험물)
  ㉮ 가열, 마찰, 충격 및 다른 화학물질과 접촉 시 쉽게 분해한다.
  ㉯ 주수소화를 금지하고 마른모래로 소화한다.
③ 황인(황린)(제3류 위험물)
  ㉮ 대부분 무기물이며 고체 상태이다.
  ㉯ 주수소화도 가능하지만 마른모래로 소화하는 게 좋다.
④ 과산화수소(제6류 위험물)
  다량의 물로 주수소화한다.

참고 산업안전산업기사 필기 p.5-36(문제 16번)

해설

자연발화의 조건
① 발열량이 클 것
② 열전도율이 작을 것
③ 주위의 온도가 높을 것
④ 표면적이 넓을 것
⑤ 수분이 적당량 존재할 것

참고 산업안전산업기사 필기 p.5-29(3. 자연발화)

74 다음 중 분해 폭발하는 가스의 폭발방지를 위하여 첨가하는 불활성가스로 가장 적합한 것은?

① 산소
② 질소
③ 수소
④ 프로판

해설

고압가스의 성질(연소성)에 의한 분류
① 가연성 가스 : 연소할 수 있는 가스
  예) 프로판, 부탄, 메탄, 수소 등
② 조연성 가스 : 연소를 도와주는 가스
  예) 공기, 산소, 오존, 염소, 불소, 질소산화물 등
③ 불(활)연성 가스 : 연소하지 않는 가스
  예) 질소(N_2), 아르곤(Ar), 네온(Ne), 이산화탄소(CO_2), 헬륨(He), 오산화인(P_2O_5), 삼산화황(SO_3) 프레온 등

참고 산업안전산업기사 필기 p.5-20(표 : 주요고압가스의 분류)

76 어떤 혼합가스의 구성성분이 공기는 50[vol%], 수소는 20[vol%], 아세틸렌은 30[vol%]인 경우 이 혼합가스의 폭발하한계는?(단, 폭발하한값이 수소는 4[vol%], 아세틸렌은 2.5[vol%]이다.)

① 2.50[%]
② 2.94[%]
③ 4.76[%]
④ 5.88[%]

해설

혼합가스 폭발하한계
(1) 용적비율계산
  ① $H_2 = \dfrac{20}{50} \times 100 = 40$
  ② $C_2H_2 = \dfrac{30}{50} \times 100 = 60$
(2) 폭발범위
  ① $\dfrac{100}{L} = \dfrac{40}{4} + \dfrac{60}{2.5} = 34$
  ② L = 2.94

참고 산업안전산업기사 필기 p.5-32(보충학습)

KEY 2020년 8월 22일 기사 출제

75 다음 중 자연발화에 대한 설명으로 가장 적절한 것은?

① 점화원을 잘 관리하면 자연발화를 방지할 수 있다.
② 자연발화는 외부로 방열하는 열보다 내부에서 발생하는 열의 양이 많은 경우에 발생한다.
③ 습도를 높게 하면 자연발화를 방지할 수 있다.
④ 윤활유를 닦은 걸레의 보관 용기로는 금속제 보다는 플라스틱 제품이 더 좋다.

77 산업안전보건법상 물질안전보건자료 작성 시 포함되어야 하는 항목이 아닌 것은? (단, 참고사항은 제외한다.)

① 화학제품과 회사에 관한 정보
② 제조일자 및 유효기간
③ 운송에 필요한 정보
④ 환경에 미치는 영향

[정답] 74 ② 75 ② 76 ② 77 ②

해설

물질안전보건자료의 작성항목(Data Sheet 16개 항목)
① 화학제품과 회사에 관한 정보 ② 유해·위험성
③ 구성성분의 명칭 및 함유량 ④ 응급조치 요령
⑤ 폭발·화재시 대처방법 ⑥ 누출 사고 시 대처방법
⑦ 취급 및 저장방법 ⑧ 노출방지 및 개인보호구
⑨ 물리화학적 특성 ⑩ 안정성 및 반응성
⑪ 독성에 관한 정보 ⑫ 환경에 미치는 영향
⑬ 폐기시 주의사항 ⑭ 운송에 필요한 정보
⑮ 법적 규제현황 ⑯ 그 밖의 참고사항

합격정보

산업안전보건법 제111조(물질안전 보건자료의 제공)

78 배관설비 중 유체의 역류를 방지하기 위하여 설치하는 밸브는?

① 글로브밸브 ② 체크밸브
③ 게이트밸브 ④ 시퀀스밸브

해설

check valve의 용도 : 유체의 역류 방지

참고 산업안전산업기사 필기 p.5-67(2. 체크밸브)

KEY ① 2008년 3월 2일(문제 66번) 출제
② 2017년 8월 26일 기사·산업기사 동시 출제

79 다음 중 고체물질의 연소 종류가 아닌 것은?

① 표면연소 ② 증발연소
③ 자기연소 ④ 확산연소

해설

가연물 연소형태
(1) 기체연소
　① 확산연소(발염연소)
　② 예혼합연소
(2) 액체연소
　① 증발연소
　② 액적연소
(3) 고체연소
　① 표면연소
　② 분해연소
　③ 증발연소
　④ 자기연소

참고 ① 산업안전산업기사 필기 p.5-24(합격예측)
② 산업안전산업기사 필기 p.5-26(2. 연소의 종류)

80 산업안전보건기준에 관한 규칙에서 부식성 염기류에 해당하는 것은?

① 농도 30[%]인 과염소산
② 농도 30[%]인 아세틸렌
③ 농도 40[%]인 디아조화합물
④ 농도 40[%]인 수산화나트륨

해설

부식성 산류와 염기류
① 부식성 산류
　㉮ 농도가 20[%] 이상인 염산, 황산, 질산, 기타 이와 동등 이상의 부식성을 지니는 물질
　㉯ 농도가 60[%] 이상인 인산, 아세트산, 플루오르산, 기타 이와 동등 이상의 부식성을 가지는 물질
② 부식성 염기류 : 농도가 40[%] 이상인 수산화나트륨, 수산화칼슘, 기타 이와 동등 이상의 부식성을 가지는 염기류

참고 산업안전산업기사 필기 p.5-9(7. 부식성 물질)

KEY ① 2016년 3월 6일 출제
② 2017년 8월 26일 기사·산업기사 동시 출제

5 건설공사 안전관리

81 타워크레인을 벽체에 지지하는 경우 서면심사 서류 등이 없거나 명확하지 아니할 때 설치를 위해서는 특정기술자의 확인을 필요로 하는데, 그 기술자에 해당하지 않는 것은?

① 건설안전기술사
② 기계안전기술사
③ 건축시공기술사
④ 건설안전분야 산업안전지도사

[정답] 78 ② 79 ④ 80 ④ 81 ③

해설

타워크레인의 지지

① 사업주는 타워크레인을 자립고(自立高) 이상의 높이로 설치하는 경우 건축물 등의 벽체에 지지하거나 와이어로프에 의하여 지지하여야 한다.
② 사업주는 타워크레인을 벽체에 지지하는 경우 다음 각 호의 사항을 준수하여야 한다.
  ㉮ 「산업안전보건법 시행규칙」 제58조의4제1항제2호에 따른 서면심사에 관한 서류(「건설기계관리법」 제18조에 따른 형식승인서류를 포함한다) 또는 제조사의 설치작업설명서 등에 따라 설치할 것
  ㉯ 제1호의 서면심사 서류 등이 없거나 명확하지 아니한 경우에는 「국가기술자격법」에 따른 건축구조·건설구조·기계안전·건설안전기술사 또는 건설안전분야 산업안전지도사의 확인을 받아 설치하거나 기종별·모델별 공인된 표준방법으로 설치할 것
  ㉰ 콘크리트구조물에 고정시키는 경우에는 매립이나 관통 또는 이와 동등 이상의 방법으로 충분히 지지되도록 할 것
  ㉱ 건축 중인 시설물에 지지하는 경우에는 그 시설물의 구조적 안정성에 영향이 없도록 할 것

합격정보

산업안전보건기준에 관한 규칙 제142조(타워크레인의 지지)

---

82 잠함 또는 우물통의 내부에서 근로자가 굴착작업을 하는 경우의 준수사항으로 옳지 않은 것은?

① 산소결핍 우려가 있는 경우에는 산소의 농도를 측정하는 사람을 지명하여 측정하도록 할 것
② 근로자가 안전하게 오르내리기 위한 설비를 설치할 것
③ 굴착깊이가 20[m]를 초과하는 경우에는 해당 작업장소와 외부와의 연락을 위한 통신설비 등을 설치할 것
④ 잠함 또는 우물통의 급격한 침하에 의한 위험을 방지하기 위하여 바닥으로부터 천장 또는 보까지의 높이는 2[m] 이내로 할 것

해설

잠함 우물통의 내부작업시 준수사항

① 산소결핍 우려가 있는 경우에는 산소의 농도를 측정하는 사람을 지명하여 측정하도록 할 것
② 근로자가 안전하게 오르내리기 위한 설비를 설치할 것
③ 굴착깊이가 20[m]를 초과하는 경우에는 해당 작업장소와 외부와의 연락을 위한 통신설비 등을 설치할 것

참고 산업안전산업기사 필기 p.6-128(합격날개 : 합격예측 및 관련법규)

정보제공

산업안전보건기준에 관한 규칙 제377조(잠함 등 내부에서의 작업)

합격팁

제376조(급격한 침하로 인한 위험방지) 사업주는 잠함 또는 우물통의 내부에서 근로자가 굴착작업을 하는 경우에 잠함 또는 우물통의 급격한 침하에 의한 위험을 방지하기 위하여 다음 각 호의 사항을 준수하여야 한다.
1. 침하관계도에 따라 굴착방법 및 재하량(載荷量) 등을 정할 것
2. 바닥으로부터 천장 또는 보까지의 높이는 1.8미터 이상으로 할 것

---

83 다음 중 산업안전보건기준에 관한 규칙에서 규정하는 현장에서 고소작업대 사용 시 준수사항이 아닌 것은?

① 작업자가 안전모·안전대 등의 보호구를 착용하도록 할 것
② 관계자 외의 자가 작업구역 내에 들어오는 것을 방지하기 위하여 필요한 조치를 할 것
③ 작업을 지휘하는 자를 선임하여 그 자의 지휘 하에 작업을 실시할 것
④ 안전한 작업을 위하여 적정수준의 조도를 유지할 것

해설

고소작업대 설치 등의 조치

① 사업주는 고소작업대를 설치하는 경우에는 다음 각 호에 해당하는 것을 설치하여야 한다.
  ㉮ 작업대를 와이어로프 또는 체인으로 올리거나 내릴 경우에는 와이어로프 또는 체인이 끊어져 작업대가 떨어지지 아니하는 구조여야 하며, 와이어로프 또는 체인의 안전율은 5 이상일 것
  ㉯ 작업대를 유압에 의해 올리거나 내릴 경우에는 작업대를 일정한 위치에 유지할 수 있는 장치를 갖추고 압력의 이상저하를 방지할 수 있는 구조일 것
  ㉰ 권과방지장치를 갖추거나 압력의 이상상승을 방지할 수 있는 구조일 것
  ㉱ 붐의 최대 지면경사각을 초과 운전하여 전도되지 않도록 할 것
  ㉲ 작업대에 정격하중(안전율 5 이상)을 표시할 것

[정답] 82 ④ 83 ③

⑯ 작업대에 끼임·충돌 등 재해를 예방하기 위한 가드 또는 과 상승방지장치를 설치할 것
⑰ 조작반의 스위치는 눈으로 확인할 수 있도록 명칭 및 방향 표시를 유지할 것

② 사업주는 고소작업대를 설치하는 경우에는 다음 각 호의 사항을 준수하여야 한다.
㉠ 바닥과 고소작업대는 가능하면 수평을 유지하도록 할 것
㉡ 갑작스러운 이동을 방지하기 위하여 아웃트리거 또는 브레이크 등을 확실히 사용할 것

③ 사업주는 고소작업대를 이동하는 경우에는 다음 각 호의 사항을 준수하여야 한다.
㉠ 작업대를 가장 낮게 내릴 것
㉡ 작업대를 올린 상태에서 작업자를 태우고 이동하지 말 것. 다만, 이동 중 전도 등의 위험예방을 위하여 유도하는 사람을 배치하고 짧은 구간을 이동하는 경우에는 그러하지 아니하다.
㉢ 이동통로의 요철상태 또는 장애물의 유무 등을 확인할 것

[참고] 산업안전산업기사 필기 p.6-68(합격예측 및 관련법규)

[합격정보]
산업안전보건기준에 관한 규칙 제186조(고소작업대 설치 등의 조치)

③ 비계기둥의 제일 윗부분으로부터 31미터되는 지점 밑부분의 비계기둥은 2개의 강관으로 묶어 세울 것. 다만, 브라켓(bracket, 까치발) 등으로 보강하여 2개의 강관으로 묶을 경우 이상의 강도가 유지되는 경우에는 그러하지 아니하다.
④ 비계기둥 간의 적재하중은 400킬로그램을 초과하지 않도록 할 것

[합격정보]
산업안전보건기준에 관한 규칙 제60조(강관비계의 구조)

[합격키]
2021년 제1회 CBT(문제 92번) 출제

85 산업안전보건기준에 관한 규칙에 따라 계단 및 계단참을 설치하는 경우 매 [m²]당 최소 얼마 이상의 하중에 견딜 수 있는 강도를 가진 구조로 설치하여야 하는가?

① 500[kg] ② 600[kg]
③ 700[kg] ④ 800[kg]

[해설]
계단의 강도
계단 및 계단참은 500[kg/m²] 이상

[합격정보]
산업안전보건기준에 관한 규칙 제26조(계단의 강도)

84 강관을 사용하여 비계를 구성하는 경우 준수하여야 할 기준으로 옳지 않은 것은?

① 비계기둥의 간격은 띠장 방향에서는 1.85[m] 이하, 장선(長線) 방향에서는 1.5[m] 이하로 할 것
② 띠장 간격은 2.0[m] 이하로 할 것
③ 비계기둥의 제일 윗부분으로부터 31[m] 되는 지점 밑부분의 비계기둥은 3개의 강관으로 묶어 세울 것
④ 비계기둥 간의 적재하중은 400[kg]을 초과하지 않도록 할 것

[해설]
강관비계의 구조
① 비계기둥의 간격은 띠장 방향에서는 1.85미터 이하, 장선(長線) 방향에서는 1.5미터 이하로 할 것. 다만, 선박 및 보트 건조작업의 경우 안전성에 대한 구조검토를 실시하고 조립도를 작성하면 띠장 방향 및 장선 방향으로 각각 2.7미터 이하로 할 수 있다.
② 띠장 간격은 2.0미터 이하로 할 것. 다만, 작업의 성질상 이를 준수하기가 곤란하여 쌍기둥틀 등에 의하여 해당 부분을 보강한 경우에는 그러하지 아니하다.

86 가설통로 설치 시 경사가 몇 도를 초과하면 미끄러지지 않는 구조로 설치하여야 하는가?

① 15[°] ② 20[°]
③ 25[°] ④ 30[°]

[해설]
가설통로 미끄러지지 않는 구조 구배기준 : 15[°] 초과

KEY ① 2017년 3월 5일 산업기사 출제
② 2017년 5월 7일 산업기사 출제
③ 2017년 9월 23일 기사 출제
④ 2018년 4월 28일 기사·산업기사 동시 출제
⑤ 2018년 8월 19일 산업기사 출제
⑥ 2018년 9월 15일 산업기사 출제
⑦ 2019년 3월 3일 산업기사 출제

[정답] 84 ③   85 ①   86 ①

⑧ 2019년 4월 27일 기사·산업기사 동시 출제
⑨ 2020년 6월 14일 기사 출제

합격정보
산업안전보건기준에 관한 규칙 제23조(가설통로의 구조)

87 항타기를 사용하는 경우에 도괴방지를 위해 준수하여야 하는 사항으로 옳지 않은 것은?

① 연약지반에 설치할 때는 각부의 침하를 방지하기 위하여 깔판·깔목 등을 사용할 것
② 버팀줄만으로 상단부분을 안정시키는 때에는 버팀줄을 2개로 하고 같은 간격으로 배치할 것
③ 각부 또는 가대가 미끄러질 우려가 있는 때에는 말뚝 또는 쐐기를 사용하여 각부 또는 가대를 고정시킬 것
④ 평형추를 사용하여 안정시키는 때에는 평형추의 이동을 방지하기 위하여 가대에 견고하게 부착시킬 것

해설
도괴(무너짐)의 방지
사업주는 동력을 사용하는 항타기 또는 항발기에 대하여 도괴(倒壞)를 방지하기 위하여 다음 각 호의 사항을 준수하여야 한다.
① 연약한 지반에 설치하는 경우에는 각부(脚部)나 가대(架臺)의 침하를 방지하기 위하여 깔판·깔목 등을 사용할 것
② 시설 또는 가설물 등에 설치하는 경우에는 그 내력을 확인하고 내력이 부족하면 그 내력을 보강할 것
③ 각부나 가대가 미끄러질 우려가 있는 경우에는 말뚝 또는 쐐기 등을 사용하여 각부나 가대를 고정시킬 것
④ 궤도 또는 차로 이동하는 항타기 또는 항발기에 대해서는 불시에 이동하는 것을 방지하기 위하여 레일 클램프(rail clamp) 및 쐐기 등으로 고정시킬 것
⑤ 버팀대만으로 상단부분을 안정시키는 경우에는 버팀대는 3[개] 이상으로 하고 그 하단 부분은 견고한 버팀·말뚝 또는 철골 등으로 고정시킬 것
⑥ 버팀줄만으로 상단부분을 안정시키는 경우에는 버팀줄을 3[개] 이상으로 하고 같은 간격으로 배치할 것
⑦ 평형추를 사용하여 안정시키는 경우에는 평형추의 이동을 방지하기 위하여 가대에 견고하게 부착시킬 것

합격정보
산업안전보건기준에 관한 규칙 제209조(무너짐의 방지)

88 철근콘크리트 현장타설공법과 비교한 PC(pre-cast concrete)공법의 장점으로 볼 수 없는 것은?

① 기후의 영향을 받지 않아 동절기 시공이 가능하고, 공기를 단축할 수 있다.
② 현장작업이 감소되고, 생산성이 향상되어 인력절감이 가능하다.
③ 공사비가 매우 저렴하다.
④ 공장 제작이므로 콘크리트 양생 시 최적조건에 의한 양질의 제품생산이 가능하다.

해설
프리캐스트 콘크리트(Precast concrete)
① 보, 기둥, 슬라브 등을 공장에서 미리 만들어 현장에서 조립하는 콘크리트
② 인력절감, 공기단축
③ 균등한 품질확보
④ 부재의 규격화, 대량생산 가능
⑤ 접합부위, 연결부위의 일체성확보가 RC공사에 비해 불리하다.
⑥ 외기에 영향을 받지 않으므로 동절기 시공이 가능하다.
⑦ 다양한 형상제작이 곤란하므로 설계상의 제약이 따른다.
⑧ 대규모 공사에 적용하는 것이 유리하다.

89 항타기·항발기의 권상용 와이어로프로 사용 가능한 것은?

① 이음매가 있는 것
② 와이어로프의 한 꼬임에서 끊어진 소선의 수가 5[%]인 것
③ 지름의 감소가 공칭지름의 8[%]인 것
④ 심하게 변형된 것

[정답] 87 ② 88 ③ 89 ②

해설

와이어로프 사용금지기준
① 이음매가 있는 것
② 와이어로프의 한 꼬임[스트랜드(strand)를 말한다. 이하 같다]에서 끊어진 소선(素線)[필러(pillar)선은 제외한다]의 수가 10[%] 이상(비자전로프의 경우에는 끊어진 소선의 수가 와이어로프 호칭지름의 6배 길이 이내에서 4[개] 이상이거나 공칭지름 30배 길이 이내에서 8[개] 이상)인 것
③ 지름의 감소가 공칭지름의 7[%]를 초과하는 것
④ 꼬인 것
⑤ 심하게 변형되거나 부식된 것
⑥ 열과 전기충격에 의해 손상된 것

참고 산업안전보건기준에 관한 규칙 제166조(이음매가 있는 와이어로프 등의 사용금지)

KEY 2021년 제1회 CBT(문제 47번) 출제

---

90 차량계 하역운반기계에 단위화물의 무게가 100 [kg] 이상인 화물을 싣는 작업을 할 때 작업의 지휘자를 지정하여 준수하도록 하여야 하는 사항으로 옳지 않은 것은?

① 작업순서 및 그 순서마다의 작업방법을 정하고 작업을 지휘할 것
② 기구 및 공구를 점검하고 불량품을 제거할 것
③ 해당 작업을 행하는 장소에는 출입제한을 두지 않을 것
④ 로프를 풀거나 덮개를 벗기는 작업을 행하는 때에는 적재함의 화물이 낙하할 위험이 없음을 확인한 후에 해당 작업을 하도록 할 것

해설

싣거나 내리는 작업
① 작업순서 및 그 순서마다의 작업방법을 정하고 작업을 지휘할 것
② 기구와 공구를 점검하고 불량품을 제거할 것
③ 해당 작업을 하는 장소에 관계 근로자가 아닌 사람이 출입하는 것을 금지할 것
④ 로프 풀기 작업 또는 덮개 벗기기 작업은 적재함의 화물이 떨어질 위험이 없음을 확인한 후에 하도록 할 것

합격정보 산업안전보건기준에 관한 규칙 제177조(싣거나 내리는 작업)

---

91 굴착면 붕괴의 원인과 가장 거리가 먼 것은?

① 사면경사의 증가
② 성토 높이의 감소
③ 공사에 의한 진동하중의 증가
④ 굴착높이의 증가

해설

토석붕괴 재해의 원인
(1) 외적 요인
  ① 사면, 법면의 경사 및 기울기의 증가
  ② 절토 및 성토 높이의 증가
  ③ 공사에 의한 진동 및 반복하중의 증가
  ④ 지표수 및 지하수의 침투에 의한 토사 중량의 증가
  ⑤ 지진, 차량, 구조물의 중량
  ⑥ 토사 및 암석의 혼합층 두께
(2) 내적 요인
  ① 절토 사면의 토질·암질
  ② 성토 사면의 토질
  ③ 토석의 강도 저하

KEY
① 2016년 5월 8일 출제
② 2017년 9월 23일 기사·산업기사 동시 출제
③ 2018년 3월 4일 출제

---

92 강관비계의 구조에서 비계기둥간의 최대허용 적재하중으로 옳은 것은?

① 500[kg] ② 400[kg]
③ 300[kg] ④ 200[kg]

해설

강관비계 최대적재하중 : 400[kg]

KEY 2021년 제1회 CBT(문제 84번) 출제

[정답] 90 ③ 91 ② 92 ②

93. 산업안전보건관리비 계상을 위한 대상액이 56억원인 다리공사의 산업안전보건관리비는 얼마인가? (단, 건축공사에 해당)

① 104,160천원 ② 132,720천원
③ 144,800천원 ④ 150,400천원

해설

산업안전보건관리비 = 대상액 × 계상기준표의 비율
= 56억원 × 0.0237 = 137,720천원

KEY
① 2016년 3월 6일 출제
② 2017년 8월 26일 기사 출제

합격팁

[표] 공사종류 및 규모별 안전보건관리비 계상기준표

공사종류 \ 구분	대상액 5억원 미만	대상액 5억원 이상 50억원 미만 비율(X)	대상액 5억원 이상 50억원 미만 기초액(C)	대상액 50억원 이상	영 별표5에 따른 보건관리자 선임대상 건설공사
건축공사	3.11[%]	2.28[%]	4,325,000원	2.37[%]	2.64[%]
토목공사	3.15[%]	2.53[%]	3,300,000원	2.60[%]	2.73[%]
중건설공사	3.64[%]	3.05[%]	2,975,000원	3.11[%]	3.39[%]
특수건설공사	2.07[%]	1.59[%]	2,450,000원	1.64[%]	1.78[%]

94. 옹벽 안정조건의 검토사항이 아닌 것은?

① 활동(sliding)에 대한 안전검토
② 전도(overturning)에 대한 안전검토
③ 보일링(boiling)에 대한 안전검토
④ 지반 지지력(settlement)에 대한 안전검토

해설

옹벽의 안전조건 3가지
① 활동에 대한 안정
$$F_s = \frac{\text{활동에 저항하려는 힘}}{\text{활동하려는 힘}} \geq 1.5$$
② 전도에 대한 안정
$$F_s = \frac{\text{저항모멘트}}{\text{전도모멘트}} \geq 2.0$$
③ 기초지반의 지지력(침하)에 대한 안정
$$F_s = \frac{\text{지반의 극한지지력}}{\text{지반의 최대반력}} \geq 3.0$$

KEY 2011년 6월 12일(문제 88번)

합격자의 조언
실기필답형에도 출제됩니다.

95. 다음 중 유해·위험방지계획서 작성 및 제출 대상에 해당되는 공사는?

① 지상높이가 20[m]인 건축물의 해체공사
② 깊이 9.5[m]인 굴착공사
③ 최대 지간거리가 50[m]인 다리건설공사
④ 저수용량 1천만[t]인 용수전용 댐

해설

유해위험방지계획서 제출대상 건설공사
(1) 건축물 또는 시설 등의 건설·개조 또는 해체공사
　가. 지상높이가 31미터 이상인 건축물 또는 인공구조물
　나. 연면적 3만제곱미터 이상인 건축물
　다. 연면적 5천제곱미터 이상인 시설
　　① 문화 및 집회시설(전시장 및 동물원·식물원은 제외한다)
　　② 판매시설, 운수시설(고속철도의 역사 및 집배송시설은 제외한다)
　　③ 종교시설
　　④ 의료시설 중 종합병원
　　⑤ 숙박시설 중 관광숙박시설
　　⑥ 지하도상가
　　⑦ 냉동·냉장 창고시설
(2) 연면적 5천제곱미터 이상인 냉동·냉장 창고시설의 설비공사 및 단열공사
(3) 최대지간길이가 50[m] 이상인 다리건설 등 공사
(4) 터널건설 등의 공사
(5) 다목적댐, 발전용댐 및 저수용량 2천만톤 이상의 용수전용댐, 지방상수도 전용댐 건설 등의 공사
(6) 깊이 10[m] 이상인 굴착공사

참고 산업안전산업기사 필기 p.2-124(3. 유해위험방지계획서 제출대상 건설공사)

KEY
① 2016년 5월 8일 기사 출제
② 2017년 3월 5일 출제
③ 2018년 4월 28일 기사 출제
④ 2018년 8월 19일 기사·산업기사 동시 출제
⑤ 2019년 3월 3일 기사·산업기사 동시 출제
⑥ 2019년 4월 27일 기사·산업기사 동시 출제

정보제공
산업안전보건법 시행령 제42조(유해위험방지계획서 제출 대상)

[**정답**] 93 ②   94 ③   95 ③

96 지면을 절삭하여 평활하게 다듬는 장비로서 노면의 성형과 정지작업에 가장 적당한 장비는?

① 모터 그레이더 ② 백호
③ 트랜처 ④ 클램쉘

해설

모터 그레이더
① 토공기계의 대패이다.
② 지면을 절삭하여 평활하게 다듬는 것이 목적인 정지용 기계이다.

KEY ① 2017년 3월 5일 기사 출제
② 2017년 9월 23일 기사 출제
③ 2020년 6월 7일 기사 출제

97 다음 중 철골작업을 중지하여야 하는 풍속 기준은?

① 풍속이 초당 10[m] 이상
② 풍속이 분당 10[m] 이상
③ 풍속이 초당 1[m] 이상
④ 풍속이 분당 1[m] 이상

해설

철골작업 시 작업중지 기준
① 풍속이 초당 10[m] 이상인 경우
② 강우량이 시간당 1[mm] 이상인 경우
③ 강설량이 시간당 1[cm] 이상인 경우

KEY 산업안전보건기준에 관한 규칙 제383조(작업의 제한)

98 철골조립공사 중에 볼트작업을 하기 위해 주체인 철골에 매달아서 작업발판으로 이용하는 비계는?

① 달비계 ② 말비계
③ 달대비계 ④ 선반비계

해설

달대비계의 용도
철골조립 작업 중 볼트 작업시 작업발판으로 사용

정보제공

산업안전보건기준에 관한 규칙 제65조(달대비계)

99 차량계 하역운반기계에 화물을 적재할 때의 준수사항과 거리가 먼 것은?

① 하중이 한쪽으로 치우치지 않도록 적재할 것
② 구내운반차 또는 화물자동차의 경우 화물의 붕괴 또는 낙하에 의한 위험을 방지하기 위하여 화물에 로프를 거는 등 필요한 조치를 할 것
③ 운전자의 시야를 가리지 않도록 화물을 적재할 것
④ 제동장치 및 조정장치 기능의 이상 유무를 점검할 것

해설

차량계 하역운반기계 화물적재 시 준수사항 3가지
① 하중이 한쪽으로 치우치지 않도록 적재할 것
② 구내운반차 또는 화물자동차의 경우 화물의 붕괴 또는 낙하에 의한 위험을 방지하기 위하여 화물에 로프를 거는 등 필요한 조치를 할 것
③ 운전자의 시야를 가리지 않도록 화물을 적재할 것

KEY ① 2017년 5월 7일 기사 출제
② 2017년 8월 26일 기사 출제

정보제공

산업안전보건기준에 관한 규칙 제173조(화물적재 시의 조치)

[정답] 96 ① 97 ① 98 ③ 99 ④

100 콘크리트 타설작업을 하는 경우에 준수해야 할 사항으로 옳지 않은 것은?

① 콘크리트를 타설하는 경우에는 편심을 유발하여 한쪽 부분부터 밀실하게 타설되도록 유도할 것
② 당일의 작업을 시작하기 전에 해당 작업에 관한 거푸집동바리등의 변형·변위 및 지반의 침하 유무 등을 점검하고 이상이 있으면 보수할 것
③ 작업 중에는 거푸집동바리 등의 변형·변위 및 침하 유무 등을 감시할 수 있는 감시자를 배치하여 이상이 있으면 작업을 중지하고 근로자를 대피시킬 것
④ 설계도서상의 콘크리트 양생기간을 준수하여 거푸집동바리등을 해체할 것

해설

콘크리트 타설작업시 준수사항
① 당일의 작업을 시작하기 전에 해당 작업에 관한 거푸집동바리 등의 변형·변위 및 지반의 침하유무 등을 점검하고 이상이 있으면 보수할 것
② 작업중에는 거푸집동바리 등의 변형·변위 및 침하유무 등을 감시할 수 있는 감시자를 배치하여 이상이 있으면 작업을 중지시키고 근로자를 대피시킬 것
③ 콘크리트의 타설작업시 거푸집붕괴의 위험이 발생할 우려가 있는 경우에는 충분한 보강조치를 할 것
④ 설계도서상의 콘크리트 양생기간을 준수하여 거푸집동바리 등을 해체할 것
⑤ 콘크리트를 타설하는 경우에는 편심이 발생하지 않도록 골고루 분산하여 타설할 것

KEY
① 2016년 5월 8일 기사 출제
② 2016년 10월 1일 출제
③ 2017년 3월 5일(문제 99번) 출제

정보제공
산업안전보건기준에 관한 규칙 제334조(콘크리트 타설작업)

[정답] 100 ①

2022년도 산업기사 정기검정 제1회 (2022년 3월 2일~13일 CBT 시행)

자격종목 및 등급(선택분야)
산업안전산업기사

※ 본 문제는 복원문제 및 예적(예상적중) 문제로 실제문제와 동일하지 않을 수 있습니다.

1 산업재해 예방 및 안전보건교육

01 다음 중 무재해운동의 기본이념 3원칙에 포함되지 않는 것은?

① 무의 원칙
② 선취의 원칙
③ 참가의 원칙
④ 라인화의 원칙

[해설]

무재해운동 기본이념 3대원칙
① 무의 원칙('0'의 원칙)
② 선취의 원칙(안전제일의 원칙)
③ 참가의 원칙

[참고] 산업안전산업기사 필기 p.1-10((2) 무재해운동 기본이념 3대 원칙)

[KEY]
① 2016년 5월 8일 기사 출제
② 2016년 10월 1일 출제
③ 2017년 3월 5일, 9월 23일 기사 출제
④ 2017년 8월 26일 출제
⑤ 2019년 4월 27일 기사·산업기사 동시 출제

02 리더십(leadership)의 특성에 대한 설명으로 옳은 것은?

① 지휘형태는 민주적이다.
② 권한부여는 위에서 위임된다.
③ 구성원과의 관계는 넓다.
④ 권한근거는 법적 또는 공식적으로 부여된다.

[해설]

leadership과 headship의 비교

개인과 상황 변수	leadership	headship
권한 행사	선출된 리더	임명적 헤드
권한 부여	밑으로부터 동의	위에서 위임
권한 귀속	집단 목표에 기여한 공로 인정	공식화된 규정에 의함

상사와 부하와의 관계	개인적인 영향	지배적
부하와의 사회적 관계 (간격)	좁음	넓음
지휘 형태	민주주의적	권위주의적
책임 귀속	상사와 부하	상사
권한 근거	개인적	법적 또는 공식적

[참고] 산업안전산업기사 필기 p.1-113((5) leadership과 headship의 비교)

[KEY]
① 2016년 3월 6일, 8월 21일, 10월 1일 기사 출제
② 2017년 5월 7일, 9월 23일 기사 출제
③ 2018년 3월 4일 기사·산업기사 동시 출제
④ 2018년 8월 19일 산업기사 출제
⑤ 2019년 9월 21일 기사 출제
⑥ 2020년 8월 23일(문제 1번) 출제

03 재해예방의 4원칙이 아닌 것은?

① 손실 우연의 원칙
② 예방 가능의 원칙
③ 사고 연쇄의 원칙
④ 원인 계기의 원칙

[해설]

하인리히의 산업재해 예방4원칙
① 예방가능의 원칙
② 손실우연의 원칙
③ 원인연계(계기)의 원칙
④ 대책선정의 원칙

[참고] 산업안전산업기사 p.3-38(6. 하인리히 산업재해예방의 4원칙)

[KEY]
① 2016년 5월 8일 산업기사 출제
② 2016년 10월 1일 기사 출제
③ 2017년 3월 5일, 9월 23일 기사 출제
④ 2017년 5월 7일 산업기사 출제
⑤ 2018년 3월 4일 기사·산업기사 동시 출제
⑥ 2018년 8월 19일 산업기사 출제
⑦ 2019년 3월 3일 기사·산업기사 동시 출제
⑧ 2019년 9월 21일 기사 출제
⑨ 2020년 6월 7일 기사 출제

[정답] 01 ④ 02 ① 03 ③

⑩ 2020년 6월 14일(문제 3번), 8월 23일(문제 11번) 출제
⑪ 2022년 3월 5일 기사 출제

04 안전모에 있어 착장체의 구성요소가 아닌 것은?

① 턱끈
② 머리고정대
③ 머리받침고리
④ 머리받침끈

해설

안전모의 구조

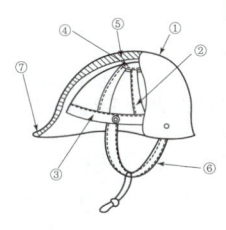

번호	명칭	
①	모체	
②	착장체	머리받침끈
③		머리받침(고정)대
④		머리받침고리
⑤	충격흡수재(자율안전확인에서 제외)	
⑥	턱끈	
⑦	모자챙(차양)	

참고 산업안전산업기사 필기 p.1-53(그림. 안전모의 구조)

KEY
① 2016년 10월 1일 기사 출제
② 2017년 9월 23일(문제 6번) 출제

05 재해의 원인 분석법 중 사고의 유형, 기인물 등 분류항목을 큰 순서대로 도표화하여 문제나 목표의 이해가 편리한 것은?

① 관리도(Control chart)
② 파레토도(Pareto diagram)
③ 클로즈 분석도(Close analysis)
④ 특정요인도(cause-reason diagram)

해설

파레토도(Pareto diagram)
① 관리 대상이 많은 경우 최소의 노력으로 최대의 효과를 얻을 수 있는 방법
② 분류항목을 큰 값에서 작은 값의 순서로 도표화하는 데 편리

참고 산업안전산업기사 필기 p.3-193((1) 파레토도)

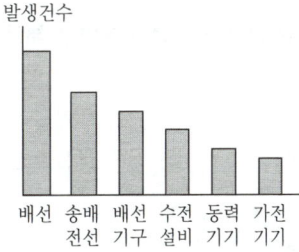

[그림 예] 전기설비별 감전사고 분포(파레토도)

KEY
① 2017년 8월 26일 기사 출제
② 2018년 3월 4일 기사 출제
③ 2018년 9월 15일 산업기사 출제
④ 2019년 9월 21일 기사 출제
⑤ 2020년 6월 14일(문제 15번) 출제

06 모랄 서베이(Morale Survey)의 효용이 아닌 것은?

① 조직 또는 구성원의 성과를 비교·분석한다.
② 종업원의 정화(Catharsis)작용을 촉진시킨다.
③ 경영관리를 개선하는 데에 대한 자료를 얻는다.
④ 근로자의 심리 또는 욕구를 파악하여 불만을 해소하고, 노동의욕을 높인다.

해설

모랄 서베이의 효용
① 근로자의 심리, 욕구를 파악하여 불만을 해소하고 노동 의욕을 높인다.
② 경영관리를 개선하는 데 자료를 얻는다.
③ 종업원의 정화작용을 촉진시킨다.

참고 산업안전산업기사 필기 p.1-75((1) 모랄 서베이의 효용)

KEY
① 2017년 8월 26일 기사 출제
② 2019년 3월 3일(문제 5번) 출제

보충학습

정화작용(catharsis : 淨化作用)
집단구성원이 감정의 공감을 얻고 자신의 경험을 노출하도록 격려 받음으로써 마음속에 사무친 감정적 응어리를 충분히 푸는 경험

[정답] 04 ① 05 ② 06 ①

07 재해손실비 중 직접손실비에 해당하지 않는 것은?

① 요양급여 ② 휴업급여
③ 간병급여 ④ 생산손실급여

해설

간접비의 종류
① 인적 손실
② 물적 손실
③ 생산 손실
④ 특수 손실
⑤ 그 밖의 손실

참고 산업안전산업기사 필기 p.3-49(표. 직접비와 간접비)

KEY ① 2002년 3월 10일(문제 3번)
② 2014년 3월 2일(문제 5번) 출제
③ 2022년 3월 5일 기사 출제

08 기억의 과정 중 과거의 학습경험을 통해서 학습된 행동이 현재와 미래에 지속되는 것을 무엇이라 하는가?

① 기명(memorizing)
② 파지(retention)
③ 재생(recall)
④ 재인(recognition)

해설

기억의 과정

기명(memorizing)→파지(retention)→재생(recall)→재인(recognition)
① 기억 : 과거의 경험이 어떠한 형태로 미래의 행동에 영향을 주는 작용이라 할 수 있다.
② 기명 : 사물의 인상을 마음에 간직하는 것을 말한다.
③ 파지 : 간직, 인상이 보존되는 것을 말한다.
④ 재생 : 보존된 인상이 다시 의식으로 떠오르는 것을 말한다.
⑤ 재인 : 과거에 경험했던 것과 같은 비슷한 상태에 부딪혔을 때 떠오르는 것을 말한다.

참고 ① 산업안전산업기사 필기 p.1-148(3. 기억의 과정)
② 2013년 3월 10일(문제 2번) 출제

09 다음 설명에 해당하는 위험예지활동은?

"작업을 오조작 없이 안전하게 하기 위하여 작업공정의 요소에서 자신의 행동을 하고 대상을 가리킨 후 큰 소리로 확인하는 것"

① 지적확인
② Tool Box Meeting
③ 터치 앤 콜
④ 삼각위험예지훈련

해설

지적확인
① 작업을 안전하게 오조작 없이 하기 위하여 작업공정의 요소요소에서 자신의 행동을 [○○좋아!]라고 대상을 지적하여 큰 소리로 확인하는 것을 말한다.
② 눈, 팔, 손, 입, 귀 등을 총동원하여 확인하는 것이다.

참고 산업안전산업기사 필기 p.1-13(합격날개 : 합격예측)

KEY 2013년 3월 10일(문제 9번) 출제

보충학습
① T.B.M 위험예지훈련 : 현장에서 그때 그 장소의 상황에서 즉응하여 실시하는 위험예지활동으로 즉시즉응법이라고도 한다.
② 터치 앤 콜 : 현장에서 팀 전원이 각자의 왼손을 맞잡아 원을 만들어 팀 행동목표를 지적확인하는 것을 말한다.
③ 삼각위험예지훈련 : 보다 빠르고 보다 간편하게 명실공히 전원 참여로 말하거나 쓰는 것이 미숙한 작업자를 위하여 개발한 것이다.

10 기계·기구 또는 설비의 신설, 변경 또는 고장수리 등 부정기적인 점검을 말하며 기술적 책임자가 시행하는 점검을 무슨 점검이라 하는가?

① 정기점검 ② 수시점검
③ 특별점검 ④ 임시점검

해설

특별점검
① 기계, 기구, 설비의 신설, 변경 또는 고장, 수리 등을 할 경우
② 정기점검기간을 초과하여 사용하지 않던 기계설비를 다시 사용하고자 할 경우

[정답] 07 ④ 08 ② 09 ① 10 ③

③ 강풍(순간풍속 30[m/s] 초과) 또는 지진(중진 이상 지진) 등의 천재지변 후

참고 산업안전산업기사 필기 p.3-50(2. 안전점검의 종류)

KEY 2010년 3월 7일(문제 16번) 출제

---

11 다음 중 매슬로우(Maslow)가 제창한 인간의 욕구 5단계 이론을 단계별로 옳게 나열한 것은?

① 생리적 욕구 → 안전 욕구 → 사회적 욕구 → 존경의 욕구 → 자아 실현의 욕구
② 안전 욕구 → 생리적 욕구 → 사회적 욕구 → 존경의 욕구 → 자아 실현의 욕구
③ 사회적 욕구 → 생리적 욕구 → 안전 욕구 → 존경의 욕구 → 자아 실현의 욕구
④ 사회적 욕구 → 안전 욕구 → 생리적 욕구 → 존경의 욕구 → 자아 실현의 욕구

해설

Maslow의 욕구
① 제1단계 : 생리적 욕구(기본적 욕구, 종족 보존, 기아, 갈등, 호흡, 배설, 성욕 등)
② 제2단계 : 안전욕구(안전을 구하려는 욕구)
③ 제3단계 : 사회적 욕구(애정, 소속에 대한 욕구, 친화 욕구)
④ 제4단계 : 인정받으려는 욕구(자기존경 욕구, 자존심, 명예, 성취, 지위, 승인의 욕구)
⑤ 제5단계 : 자아실현의 욕구(잠재적 능력실현 욕구, 성취욕구)

참고 산업안전산업기사 필기 p.1-101((5) 매슬로우의 욕구 5단계 이론)

KEY 2020년 6월 14일(문제 10번) 출제

💬 **합격자의 조언**
20번 이상 출제된 문제

---

12 상해의 종류 중 칼날 등 날카로운 물건에 찔린 상해를 무엇이라 하는가?

① 골절 ② 자상
③ 부종 ④ 좌상

해설

상해종류

분류 항목	세부 항목
골절	뼈가 부러진 상태
동상	저온물 접촉으로 생긴 상해
부종	국부의 혈액순환의 이상으로 몸이 퉁퉁 부어 오르는 상해
찔림(자상)	칼날 등 날카로운 물건에 찔린 상해
타박상 (뼘, 좌상)	타박, 충돌, 추락 등으로 피부표면보다는 피하조직 또는 근육부를 다친 상해

참고 산업안전산업기사 필기 p.3-46(합격날개 : 합격예측)

KEY 2021년 3월 2일(문제 6번) 출제

---

13 교육 대상자수가 많고, 교육 대상자의 학습능력의 차이가 큰 경우 집단 안전교육방법으로서 가장 효과적인 방법은?

① 문답식 교육   ② 토의식 교육
③ 시청각 교육   ④ 상담식 교육

해설

시청각 교육 적용
시청각 교육 : 집단 안전교육에 적합
예 예비군 훈련 등

참고 산업안전산업기사 필기 p.1-159(합격날개 : 은행문제)

KEY ① 2014년 3월 2일(문제 5번) 출제
② 2014년 5월 25일(문제 5번) 출제
③ 2016년 3월 9일(문제 9번) 출제

---

14 다음의 설명과 그림은 어떤 착시 현상과 관계가 깊은가?

> 그림에서 선 ab와 선 cd는 그 길이가 동일한 것이지만, 시각적으로는 선 ab가 선 cd보다 길어 보인다.
>
> c ⟵⟶ d
> a ⟶⟵ b

[정답] 11 ① 12 ② 13 ③ 14 ③

① 헬름홀츠(Helmholtz)의 착시
② 쾰러(Köhler)의 착시
③ 뮐러-라이어(Müller-Lyer)의 착시
④ 포겐도르프(Poggendorf)의 착시

해설

착시(착오)현상

① 헬름홀츠(Helmholtz) ② 쾰러(Köhler)

 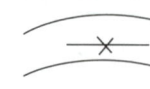

③ 포겐도르프(Poggendorf) ④ 헤링(Hering)

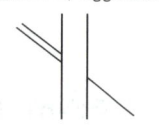 

합격자의 조언
① 필기는 눈으로 공부한다.
② 그림이 중요하다.

참고 산업안전산업기사 필기 p..1-116 (2) 착시의 종류(현상)

KEY
① 2004년 3월 7일(문제 5번) 출제
② 2005년 5월 29일(문제 2번) 출제
③ 2007년 5월 13일(문제 11번) 출제

15 하버드 학파의 5단계 교수법에 해당되지 않는 것은?

① 교시(Presentation)
② 연합(Association)
③ 추론(Reasoning)
④ 총괄(Generalization)

해설

하버드 학파의 5단계 교수법
① 제1단계 : 준비시킨다.   ② 제2단계 : 교시시킨다.
③ 제3단계 : 연합한다.   ④ 제4단계 : 총괄한다.
⑤ 제5단계 : 응용시킨다.

참고 산업안전산업기사 필기 p.1-145((3) 하버드 학파의 5단계 교수법)

KEY
① 2016년 3월 6일 문제 11번 출제
② 2018년 4월 28일 기사 출제
③ 2019년 3월 3일(문제 11번) 출제

16 토의법의 유형 중 다음에서 설명하는 것은?

> 교육과제에 정통한 전문가 4~5명이 피교육자 앞에서 자유로이 토의를 실시한 다음에 피교육자 전원이 참가하여 사회자의 사회에 따라 토의하는 방법

① 포럼(forum)
② 패널 디스커션(panel discussion)
③ 심포지엄(symposium)
④ 버즈 세션(buzz session)

해설

패널 디스커션(Panel Discussion : Workshop)
① 패널 멤버(교육과제에 정통한 전문가 4~5명)가 피교육자 앞에서 자유로이 토의
② 토의 후에 피교육자 전원이 참가하여 사회자의 사회에 따라 토의하는 방법

한두 명의 발제자가 주제에 대한 발표
↓
4~5명의 패널이 참석자 앞에서 자유로운 논의
↓
사회자에 의해 참가자의 의견을 들으면서 상호 토의

[그림] 패널 디스커션

참고 산업안전산업기사 필기 p.1-144(⑤ 패널 디스커션)

KEY
① 2016년 3월 6일 기사 출제
② 2017년 5월 7일(문제 18번) 출제

17 연간 근로자수가 300명인 A공장에서 지난 1년간 1명의 재해자(신체장해등급 1급)가 발생하였다면 이 공장의 강도율은? (단, 근로자 1인당 1일 8시간 씩 연간 300일을 근무하였다.)

① 4.27   ② 6.42
③ 10.05   ④ 10.42

해설

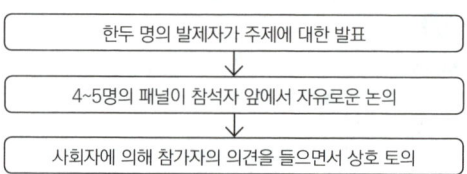

[정답] 15 ③   16 ②   17 ④

$$= \frac{7500}{300 \times 8 \times 300} \times 1,000 = 10.42$$

참고) 산업안전산업기사 필기 p.3-47((4) 강도율)

KEY ① 2016년 3월 6일 기사·산업기사 동시 출제
② 2020년 6월 7일 기사 출제
③ 2020년 8월 23일(문제 18번) 출제

18 제조업자는 제조물의 결함으로 인하여 생명·신체 또는 재산에 손해를 입은 자에게 그 손해를 배상하여야 하는데 이를 무엇이라 하는가? (단, 당해 제조물에 대해서만 발생한 손해는 제외한다.)

① 입증 책임
② 담보 책임
③ 연대 책임
④ 제조물 책임

해설
제조물책임(PL)
① 제조물 책임이란 결함 제조물로 인해 생명·신체 또는 재산 손해가 발생할 경우 제조업자 또는 판매업자가 그 손해에 대하여 배상 책임을 지는 것
② 유럽에서는 100여년의 역사를 가지고 있으며, 미국, 일본에서도 1960~70년대부터 사회문제로 대두되어 '소비자 위험부담시대'에서 '판매자 위험부담시대'로 변환
③ 제조업에서 사고발생을 방지할 책임이 있기 때문에 결함 제조물에 대한 전적인 책임이 있다.

참고) 산업안전산업기사 필기 p.1-8((2) 제조물 책임)

KEY 2019년 10월 3일 문제 10번 출제

19 다음 중 부주의의 현상과 가장 거리가 먼 것은?

① 의식의 단절
② 의식의 과잉
③ 의식의 우회
④ 의식의 회복

해설
부주의 현상의 5가지 의식수준 상태
① 의식의 단절 : Phase 0 상태
② 의식의 우회 : Phase 0 상태
③ 의식수준의 저하 : Phase Ⅰ 이하 상태
④ 의식의 과잉 : Phase Ⅳ 상태
⑤ 의식의 혼란

참고) 산업안전산업기사 필기 p.1-120(3. 부주의)

KEY 2013년 9월 28일(문제 17번) 출제

20 산업안전보건법령상 안전보건표지 중 안내표지의 종류에 해당하지 않는 것은?

① 들것
② 세안장치
③ 비상용 기구
④ 허가대상물질 작업장

해설
안내표지 종류 8가지

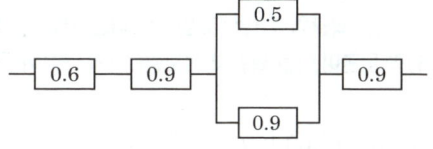

참고) 산업안전산업기사 필기 p.1-59((4) 안내표지)

KEY ① 2013년 3월 10일(문제 18번) 출제
② 2022년 3월 5일 기사 출제

2 인간공학 및 위험성 평가·관리

21 그림과 같은 시스템에서 전체 시스템의 신뢰도는 얼마인가?(단, 네모 안의 숫자는 각 부품의 신뢰도이다.)

① 0.4104
② 0.4617
③ 0.6314
④ 0.6804

[정답] 18 ④ 19 ④ 20 ④ 21 ②

> 해설

신뢰도 계산
$Rs = 0.6 \times 0.9 \times [1-(1-0.5)(1-0.9)] \times 0.9 = 0.4617$

> 참고 산업안전산업기사 필기 p.2-89(문제 25번)

> KEY
> ① 2017년 5월 7일 기사 출제
> ② 2018년 3월 4일 기사 출제
> ③ 2018년 4월 28일(문제 21번) 출제

---

22 작업자가 직무를 수행하는 과정에서 해야 할 것을 하지 않은, 즉 직무를 생략하여 발생한 형태의 휴먼에러는?

① time error
② sequential error
③ commission error
④ omission error

> 해설

심리적 분류(Swain) : 불확실성, 시간지연, 순서착오
① omission error[부작위(생략적)오류] : 필요한 태스크(task : 작업) 절차를 수행하지 않음
② time error(시간오류) : 수행지연
③ commission error[작위(수행적)오류] : 불확실한 수행
④ sequential error(순서오류) : 순서의 잘못 이해

> 참고 산업안전산업기사 필기 p.2-20((1) 심리적 분류의 인적(독립행동)오류)

> KEY 2009년 8월 30일(문제 22번) 출제

---

23 동전던지기에서 앞면이 나올 확률이 0.7이고, 뒷면이 나올 확률이 0.3일 때, 앞면이 나올 확률의 정보량(A)와 뒷면이 나올 확률의 정보량(B)의 연결이 옳은 것은?

① A : 0.10[bit], B : 3.32[bit]
② A : 0.51[bit], B : 1.74[bit]
③ A : 0.10[bit], B : 3.52[bit]
④ A : 0.15[bit], B : 3.52[bit]

> 해설

정보량 계산
① $A = \dfrac{\log\left(\dfrac{1}{0.7}\right)}{\log 2} = 0.51\,[\text{bit}]$

② $B = \dfrac{\log\left(\dfrac{1}{0.3}\right)}{\log 2} = 1.74\,[\text{bit}]$

> 참고 산업안전산업기사 필기 p.2-78(합격날개 : 합격예측)

> KEY
> ① 2010년 5월 9일(기사문제 58번)
> ② 2012년 9월 15일(문제 22번) 출제

---

24 시스템의 평가척도 중 시스템의 목표를 잘 반영하는가를 나타내는 척도를 무엇이라 하는가?

① 신뢰성   ② 타당성
③ 측정의 민감도   ④ 무오염성

> 해설

시스템 척도
① 적절성 : 기준이 의도된 목적에 적당하다고 판단되는 정도
② 무오염성 : 기준척도는 측정하고자 하는 변수외의 다른 변수 등의 영향을 받아서는 안 된다.
③ 기준척도의 신뢰성 : 척도의 신뢰성은 반복성을 의미
④ 민감도 : 피실험자 사이에서 볼 수 있는 예상 차이점에 비례하는 단위로 측정
⑤ 타당성 : 시스템의 목표를 잘 반영하는가를 나타내는 척도

> 참고 산업안전산업기사 필기 p.2-6(합격날개 : 합격예측)

> KEY 2010년 5월 9일(문제 24번) 출제

---

25 다음 중 정보의 청각적 제시방법이 적절한 경우는?

① 수신자가 여러 곳으로 움직여야 할 때
② 정보가 복잡하고 길 때
③ 정보가 공간적인 위치를 다룰 때
④ 즉각적인 행동을 요구하지 않을 때

[정답] 22 ④ 23 ② 24 ② 25 ①

해설

청각적 제시방법
① 전언이 간단할 경우
② 전언이 짧을 경우
③ 전언이 후에 재 참조되지 않을 경우
④ 전언이 시간적인 사상(event)을 다룰 경우
⑤ 전언이 즉각적인 행동을 요구할 경우
⑥ 수신자의 시각 계통이 과부하 상태일 경우
⑦ 수신 장소가 너무 밝거나 암조응 유지가 필요할 경우
⑧ 직무상 수신자가 자주 움직이는 경우

KEY
① 1998년 9월 6일(문제 32번) 출제
② 2001년 6월 3일(문제 26번) 출제
③ 2001년 9월 23일(문제 33번) 출제
④ 2003년 5월 25일(문제 24번) 출제
⑤ 2006년 3월 5일(문제 34번) 출제
⑥ 2006년 9월 10일(문제 24번) 출제

---

26 다음 통제용 조종장치의 형태 중 그 성격이 다른 것은?

① 노브(knob)
② 푸시버튼(push button)
③ 토글스위치(toggle switch)
④ 로터리선택스위치(rotary select switch)

해설

개폐에 의한 통제

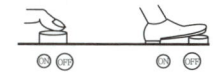

① 푸시손버튼 ② 푸시발버튼 ③ 수동식 변환 SW ④ 수동식 S단 SW ⑤ 회전식 선택 SW

 산업안전산업기사 필기 p.2-179(2. 개폐에 의한 통제)

KEY
① 2014년 3월 2일(문제 23번) 출제
② 2014년 3월 2일(문제 23번) 출제

보충학습
노브(Knob) : 양의 조절에 의한 통제

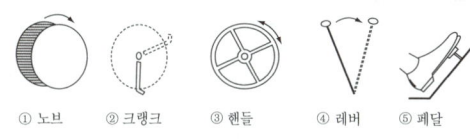

① 노브 ② 크랭크 ③ 핸들 ④ 레버 ⑤ 페달

[그림] 양의 조절에 의한 통제

---

27 일반적인 수공구의 설계원칙으로 볼 수 없는 것은?

① 손목을 곧게 유지한다.
② 반복적인 손가락 동작을 피한다.
③ 사용이 용이한 검지만 주로 사용한다.
④ 손잡이는 접촉면적을 가능하면 크게 한다.

해설

수공구 설계원칙
① 손목을 곧게 펼 수 있도록 : 손목이 팔과 일직선일 때 가장 이상적
② 손가락으로 지나친 반복동작을 하지 않도록 : 검지의 지나친 사용은 「방아쇠 손가락」증세 유발
③ 손바닥면에 압력이 가해지지 않도록(접촉면적을 크게) : 신경과 혈관에 장애(무감각증, 떨림현상)
④ 그 밖의 설계원칙
 ㉮ 안전측면을 고려한 디자인
 ㉯ 적절한 장갑의 사용
 ㉰ 왼손잡이 및 장애인을 위한 배려
 ㉱ 공구의 무게를 줄이고 균형유지 등

 산업안전산업기사 필기 p.2-177(합격날개 : 합격예측)

KEY
① 2014년 3월 2일 문제 31번 출제
② 2016년 5월 8일 기사 출제
③ 2019년 3월 3일(문제 27번) 출제

---

28 다음 중 시스템의 수명곡선에서 고장의 발생형태가 일정하게 나타나는 구간은?

① 초기고장구간   ② 우발고장구간
③ 마모고장구간   ④ 피로고장구간

해설

수명곡선 3가지 유형

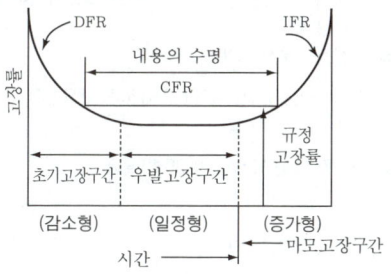

[정답] 26 ① 27 ③ 28 ②

참고 ▶ 산업안전산업기사 필기 p.2-13(그림 : 기계설비 고장유형)

KEY ▶ 2013년 9월 28일 문제 28번 출제

29 신뢰성과 보전성을 효과적으로 개선하기 위해 작성하는 보전기록 자료로서 가장 거리가 먼 것은?

① 자재관리표 ② MTBF 분석표
③ 설비이력카드 ④ 고장원인대책표

해설

신뢰성과 보전성을 개선하기 위한 보전기록 자료
① MTBF분석표
② 설비이력카드
③ 고장원인대책표

참고 ▶ 산업안전산업기사 필기 p.2-50(합격날개 : 은행문제)

KEY ▶ ① 2011년 6월 12일 문제 30번 출제
② 2019년 3월 3일(문제 29번) 출제

30 시스템이나 서브시스템 위험분석을 위하여 일반적으로 사용되는 전형적인 정성적, 귀납적 분석기법으로 시스템에 영향을 미치는 모든 요소의 고장을 형태별로 분석하여 그 영향을 검토하는 분석기법은?

① PHA ② FMEA
③ SSHA ④ ETA

해설

FMEA(고장형태와 영향분석법)
① 시스템에 영향을 미치는 모든 요소의 고장을 형별로 분석한다.
② 고장이 미치는 영향을 분석하는 방법으로 치명도 해석(CA)을 추가할 수 있다.
③ 귀납적, 정성적 분석법이다.

참고 ▶ 산업안전산업기사 필기 p.2-62((4) 고장형태 및 영향분석))

KEY ▶ 2007년 5월 13일(문제 30번) 출제

31 신체 부위의 운동 중 몸의 중심선으로 이동하는 운동을 무엇이라 하는가?

① 굴곡 운동 ② 내전 운동
③ 신전 운동 ④ 외전 운동

해설

신체부위 운동구분
① 내전(adduction) : 몸의 중심선으로의 이동
② 외전(abduction) : 몸의 중심선으로부터 멀어지는 이동
③ 외선 : 몸의 중심선으로부터 회전하는 동작
④ 내선 : 몸의 중심선으로 회전하는 동작
⑤ 굴곡 : 신체 부위 간의 각도의 감소

참고 ▶ ① 산업안전산업기사 필기 p.2-166(2. 신체부위의 운동)
② 산업안전산업기사 필기 p.2-196(문제 26번)

KEY ▶ 2009년 5월 10일(문제 23번) 출제

32 산업안전보건법령상 정밀작업 시 갖추어져야 할 작업면의 조도 기준은?(단, 갱내 작업장과 감광재료를 취급하는 작업장은 제외한다.)

① 75럭스 이상 ② 150럭스 이상
③ 300럭스 이상 ④ 750럭스 이상

해설

조명(조도)수준
① 초정밀작업 : 750[Lux] 이상
② 정밀작업 : 300[Lux] 이상
③ 보통작업 : 150[Lux] 이상
④ 그 밖의 작업 : 75[Lux] 이상

참고 ▶ 산업안전산업기사 필기 p.2-169[합격날개 : 합격예측]

KEY ▶ ① 2020년 8월 23일(문제 30번) 출제
② 2022년 3월 5일 기사 출제

정보제공 ▶ 산업안전보건기준에 관한 규칙 제302조(조도)

33 FT도에 사용되는 다음의 기호가 의미하는 내용으로 옳은 것은?

[정답] 29 ① 30 ② 31 ② 32 ③ 33 ②

① 생략사상으로서 간소화
② 생략사상으로서 인간의 실수
③ 생략사상으로서 조작자의 간과
④ 생략사상으로서 시스템의 고장

해설

생략사상 기호

생략사상	생략사상(인간의 에러)
◇	◇(점선)
생략사상(간소화)	생략사상(조작자의 간과)
◇	◇

참고) 산업안전산업기사 필기 p.2-41(합격날개 : 합격예측)

KEY▶ 2013년 3월 10일 문제 40번 출제

---

34 다음 중 판단과정의 착오 원인이 아닌 것은?

① 자신 과신   ② 능력 부족
③ 정보 부족   ④ 감각차단 현상

해설

착오 요인

인지과정	판단과정	조치과정
① 생리·심리적 능력의 한계 ② 정보량 저장의 한계 ③ 감각차단 현상 ④ 정서 불안정	① 능력부족 ② 정보부족 ③ 합리화 ④ 환경조건 불비	① 잘못된 정보의 입수 ② 합리적 조치의 미숙

참고) 산업안전산업기사 필기 p.1-83((3) 판단과정 착오요인)

KEY▶ 2006년 9월 10일(문제 35번) 출제

보충학습

감각차단 현상 : 단순한 것을 반복 작업할 때 발생

---

35 결함수분석의 최소 컷셋과 가장 관련이 없는 것은?

① Boolean Algebra
② Fussell Algorithm
③ Generic Algorithm
④ Limnios & Ziani Algorithm

해설

미니멀 컷셋(minimal cut set : min cut set)

① 1972년 Fussel Algorithm 개발
② BICS(Boolean Indicated Cut Set)

KEY▶ ① 2014년 9월 20일(문제 26번) 출제
② 2016년 10월 1일(문제 23번) 출제

보충학습

Generic Algorithm : 파형역산

---

36 레버를 10[°] 움직이면 표시장치는 1[cm] 이동하는 조종 장치가 있다. 레버의 길이가 20[cm]라고 하면 이 조종 장치의 통제표시비(C/D비)는 약 얼마인가?

① 1.27   ② 2.38
③ 3.49   ④ 4.51

해설

통제비 계산

$$C/D = \frac{(a/360) \times 2\pi L}{\text{표시장치 이동거리}}$$

$$= \frac{\left(\frac{10}{360}\right) \times 2 \times \pi \times 20}{1} = 3.488 = 3.49$$

참고) 산업안전산업기사 필기 p.2-176((5) 조종구에서의 C/D비 또는 C/R비)

KEY▶ ① 2018년 4월 28일 출제
② 2019년 4월 27일(문제 26번) 출제

[정답] 34 ④ 35 ③ 36 ③

37 수평작업대 설계에 있어서 최대작업역에 대한 설명으로 옳은 것은?

① 전완만으로 편하게 뻗어 파악할 수 있는 구역
② 전완과 상완을 곧게 펴서 파악할 수 있는 구역
③ 상완만을 뻗어 파악할 수 있는 구역
④ 사지를 최대한으로 움직여 파악할 수 있는 구역

해설

수평작업대 설계
① 정상작업역(正常作業域)
   상완(上腕)을 자연스럽게 수직으로 늘어뜨린 채 전완(前腕)만으로 편하게 뻗어 파악할 수 있는 구역(34~45[cm])
② 최대작업역(最大作業域)
   전완과 상완을 곧게 펴서 파악할 수 있는 구역(55~65[cm])

참고 산업안전산업기사 필기 p.2-162((1) 수평작업대)

KEY 2007년 3월 4일(문제 40번) 출제

38 인간공학의 중요한 연구과제인 계면(interface) 설계에 있어서 다음 중 계면에 해당되지 않는 것은?

① 작업공간   ② 표시장치
③ 조종장치   ④ 조명시설

해설

인간-기계체계 단계
① 제1단계 : 목표 및 성능 설정
   체계가 설계되기 전에 우선 목적이나 존재 이유 및 목적은 통상 개괄적으로 표현
② 제2단계 : 시스템의 정의
   목표, 성능 결정 후 목적을 달성하기 위해 어떤 기본적인 기능이 필요한지 결정
③ 제3단계 : 기본설계
   ㉮ 기능의 할당
   ㉯ 인간 성능 요건 명세
   ㉰ 직무 분석
   ㉱ 작업 설계
④ 제4단계 : 계면(인터페이스)설계
   체계의 기본설계가 정의되고 인간에게 할당된 기능과 직무가 윤곽이 잡히면 인간-기계의 경계를 이루는 면과 인간-소프트웨어 경계를 이루는 면의 특성에 신경을 쓸 수가 있다.
   예 작업공간, 표시장치, 조종장치, 제어, 컴퓨터대화 등
⑤ 제5단계 : 촉진물(보조물) 설계
   체계설계과정 중 이 단계에서의 주 초점은 만족스러운 인간성

능을 증진시킬 보조물에 대해서 계획하는 것이다. 지시수첩, 성능보조자료 및 훈련도구와 계획이 있다.

참고 산업안전산업기사 필기 p.2-12((1) 체계설계 과정의 주요단계)

KEY 2014년 5월 25일(문제 39번) 출제

보충학습

감성공학
① 인간-기계 체계 인터페이스(계면) 설계에 감성적 차원의 조화성을 도입하는 공학이다.
② 인간과 기계(제품)가 접촉하는 계면에서의 조화성은 신체적 조화성, 지적 조화성, 감성적 조화성의 3가지 차원에서 고찰할 수 있다.
③ 신체적·지적 조화성은 제품의 인상(감성적 조화성)으로 추상화된다.

39 다음 중 소음에 의한 청력손실이 가장 크게 나타나는 주파수는?

① 500[Hz]   ② 1,000[Hz]
③ 2,000[Hz]   ④ 4,000[Hz]

해설

청력손실이 가장 크게 발생하는 주파수 : 4,000[Hz]

참고 산업안전산업기사 필기 p.2-201(문제 56번)

KEY 2009년 3월 1일(문제 32번) 출제

40 사용자의 잘못된 조작 또는 실수로 인해 기계의 고장이 발생하지 않도록 설계하는 방법은?

① FMEA   ② HAZOP
③ fail safe   ④ fool proof

해설

풀 프루프(fool proof)
① 인간의 실수가 있어도 안전장치가 설치되어 사고나 재해로 연결되지 않는 구조
② 바보가 작동을 시켜도 안전하다는 뜻

참고 산업안전산업기사 필기 p.1-6(합격날개 : 합격예측)

KEY ① 2020년 5월 24일 실기 필답형 출제
② 2020년 8월 23일(문제 33번) 출제

[정답] 37 ② 38 ④ 39 ④ 40 ④

3 기계·기구 및 설비안전관리

41 다음 위험점 중 기계의 회전운동하는 부분과 고정부 사이에 위험이 형성되는 위험점으로 예를 들어 연삭숫돌과 작업받침대, 교반기의 날개와 하우스에서 발생되는 위험점은?

① 접선 물림점(tangential nip point)
② 물림점(nip point)
③ 끼임점(shear point)
④ 절단점(cutting point)

해설

기계설비 위험점 6가지

구분	위험점
협착점 (Squeeze-point)	왕복운동하는 운동부와 고정부 사이에 형성(작업점이라 부르기도 함)
끼임점 (Shear-point)	고정부분과 회전 또는 직선운동부분에 의해 형성
절단점 (Cutting-point)	회전운동부분 자체와 운동하는 기계 자체에 의해 형성
물림점 (Nip-point)	회전하는 두 개의 회전축에 의해 형성(회전체가 서로 반대방향으로 회전하는 경우)
접선 물림점 (Tangential Nip-point)	회전하는 부분이 접선방향으로 물려 들어가면서 형성
회전 말림점 (Trapping-point)	회전체의 불규칙 부위와 돌기 회전 부위에 의해 형성

참고 산업안전산업기사 필기 p.3-205((4) 위험점의 분류)

KEY 2010년 5월 9일(문제 42번) 출제

42 안전계수 5인 로프의 절단하중이 400[kg]이라면 이 로프는 얼마 이하의 하중을 매달아야 하는가?

① 50[kg]   ② 80[kg]
③ 100[kg] ④ 160[kg]

해설

안전하중 = $\dfrac{절단하중}{안전계수} = \dfrac{400}{5} = 80[kg]$

KEY ① 2004년 3월 7일(문제 56번) 출제
② 2006년 5월 14일(문제 43번) 출제

43 밀링 작업시 안전수칙으로 잘못된 것은?

① 절삭칩 제거에는 브러시를 사용한다.
② 테이블 뒤에 공구 등을 올려 놓지 않는다.
③ 칩의 비산이 많으므로 보안경을 착용한다.
④ 절삭 중에는 손의 보호를 위하여 장갑을 착용한다.

해설

회전하는 공작기계 무조건 장갑 착용 금지

KEY ① 2006년 5월 14일(문제 57번) 출제
② 2006년 8월 6일(문제 43번) 출제

44 기계의 동작상태가 설정한 순서, 조건에 따라 진행되어, 한 가지 상태의 종료가 끝난 다음 상태를 생성하는 제어시스템을 가진 로봇은?

① 시퀀스 로봇   ② 플레이백 로봇
③ 수치제어 로봇   ④ 학습제어 로봇

해설

입력 정보 교시에 의한 분류

종류	특성
고정시퀀스 로봇	미리 설정된 순서와 조건 그리고 위치에 따라 동작의 각 단계를 차례로 거쳐나가는 매니퓰레이터이며 설정한 정보의 변경을 쉽게 할 수 없는 로봇
가변시퀀스 로봇	미리 설정된 순서와 조건 그리고 위치에 따라 동작의 각 단계를 차례로 거쳐나가는 매니퓰레이터이며 설정한 정보의 변경을 쉽게 할 수 있는 로봇
플레이백형 로봇	인간이 매니퓰레이터를 움직여서 미리 작업을 지시하여 그 작업의 순서, 위치 및 기타의 정보를 기억시키고 이를 재생함으로써 그 작업을 수행하는 로봇
수치제어용 로봇	순서, 위치 기타의 정보가 수치화 되어 있어 그 정보에 의해 지령 받은 작업을 할 수 있는 로봇
학습제어 로봇	작업의 경험 등을 바탕으로 하여 필요한 작업을 행하는 학습제어기능을 갖는 로봇

참고 산업안전산업기사 필기 p.3-126(6. 산업용 로봇)

KEY 2010년 7월 25일(문제 46번) 출제

[정답] 41 ③   42 ②   43 ④   44 ①

45
보일러에서 압력방출장치가 2[개] 이상 설치될 경우 최고 사용압력 이하에서 1[개]가 작동하고 다른 압력방출장치는 최고사용압력 몇 배 이하에서 작동되도록 부착하는가?

① 1.03
② 1.05
③ 1.3
④ 1.5

해설

1.05배 이하에서 작동

참고 산업안전산업기사 필기 p.3-124(합격날개 : 합격예측 및 관련법규)

KEY
① 1998년 3월 29일(문제 60번)
② 2002년 5월 26일(문제 60번)
③ 2006년 8월 6일(문제 44번) 출제

합격정보

산업안전보건기준에 관한 규칙 제116조(압력방출장치)

46
프레스에 대한 안전장치 중 금형 안에 손이 들어가지 않는 구조(No Hand in Die Type)인 것은?

① 자동 송급식
② 양수 조작식
③ 손쳐내기식
④ 감응식

해설

프레스방호장치
(1) No-hand in die 방식의 종류
 ① 안전울 부착 프레스
 ② 안전금형 부착 프레스
 ③ 전용 프레스 도입
 ④ 자동 프레스(송급식) 도입
(2) hand in die 방식의 종류
 ① 프레스기의 종류, 압력능력, 매분 행정수, 행정길이 및 작업방법에 따른 방호장치
  ㉮ 가드식 방호장치
  ㉯ 손쳐내기식 방호장치
  ㉰ 수인식 방호장치
 ② 프레스기의 정지 성능에 상응하는 방호장치
  ㉮ 양수 조작식 방호장치
  ㉯ 감응식 방호장치

참고 산업안전산업기사 필기 p.3-109(표. 프레스기 안전장치)

KEY
① 1996년 10월 16일(문제 56번)
② 2001년 3월 4일(문제 59번)
③ 2006년 5월 14일(문제 49번) 출제

47
숫돌의 지름이 D[mm], 회전수 N[rpm]이라 할 때 연삭숫돌의 원주속도 V[m/min]를 구하는 식으로 옳은 것은?

① $D \cdot N$
② $\pi \cdot D \cdot N$
③ $\dfrac{D \cdot N}{1,000}$
④ $\dfrac{\pi \cdot D \cdot N}{1,000}$

해설

숫돌의 원주속도
원주속도[m/분]
= $\pi \times$ 숫돌 지름 D[m] $\times$ 숫돌의 매분 회전수 N[rpm]
= $\dfrac{\pi D[\text{mm}] N[\text{rpm}]}{1,000}$

참고 산업안전산업기사 필기 p.3-97(숫돌의 원주속도)

KEY 2010년 3월 7일(문제 43번) 출제

💬 **합격자의 조언**
실기 필답형 작업형에도 자주출제됩니다.

48
컨베이어의 역전방지장치의 형식 중 전기식 장치에 해당하는 것은?

① 래칫 브레이크
② 밴드 브레이크
③ 롤러 브레이크
④ 스러스트 브레이크

해설

역전방지장치 구분
① 기계식 : 래칫식, 롤러식, 밴드식
② 전기식 : 전기 브레이크, 스러스트 브레이크

참고 산업안전산업기사 필기 p.3-141(④ 컨베이어의 역전방지장치)

KEY
① 2011년 8월 21일(문제 51번) 출제
② 2022년 3월 5일 기사 출제
③ 2022년 제1회(문제 59분) 출제

[정답] 45 ② 46 ① 47 ④ 48 ④

49 그림과 같이 2[개]의 슬링 와이어로프로 무게 1,000[N]의 화물을 인양하고 있다. 로프 T_{AB}에 발생하는 장력의 크기는 약 몇 [N]인가?

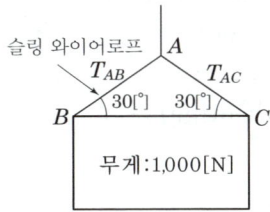

① 500[N]　　② 707[N]
③ 1,000[N]　④ 1,414[N]

해설

$T_{(AB)}$ 장력크기
와이어로프 한 가닥에 작용하는 장력(T)
그림을 다음과 같이 변경할 수 있다.

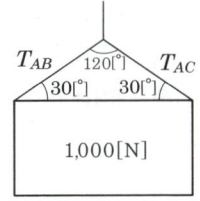

① 삼각형 전체 합산 각도는 180[°]이다.
　180 = 30 + 30 + θ → θ = 120[°]

② 장력 $T_{AB} = \dfrac{\dfrac{W}{2}}{\cos\dfrac{\theta}{2}} = \dfrac{\dfrac{1,000}{2}}{\cos\dfrac{120}{2}} = 1,000[N]$

참고 산업안전산업기사 필기 p.3-151(3. 와이어로프에 걸리는 하중 계산)

KEY ① 2009년 3월 1일(문제 50번) 출제
② cos60° = 1/2

---

50 산업안전보건법령상 롤러기의 무릎조작식 급정지장치의 설치 위치 기준은?(단, 위치는 급정지장치 조작부의 중심점을 기준)

① 밑면에서 0.7~0.8[m] 이내
② 밑면에서 0.6[m] 이내
③ 밑면에서 0.8~1.2[m] 이내
④ 밑면에서 1.5[m] 이상

해설

급정지장치 종류 3가지 및 설치 위치

급정지장치 조작부의 종류	위 치
손으로 조작하는 것	밑면으로부터 1.8[m] 이내
복부로 조작하는 것	밑면으로부터 0.8[m] 이상 1.1[m] 이내
무릎으로 조작하는 것	밑면으로부터 0.6[m] 이내

참고 산업안전산업기사 필기 p.3-110(합격날개 : 합격예측 및 관련법규)

KEY ① 2020년 8월 23일(문제 42번) 출제
② 2022년 3월 5일 기사 출제

---

51 산업안전보건기준에 의거하여 프레스 등의 금형을 부착, 해체 또는 조정작업 중 슬라이드가 갑자기 작동함으로써 발생하는 근로자의 위험을 방지하기 위하여 사업주가 설치해야 하는 것은?

① 안전블록　② 방호울
③ 시건장치　④ 게이트가드

해설

금형조정 위험방지장치 : 안전블록

KEY 2007년 5월 13일(문제 57번) 출제

합격정보
산업안전보건기준에 관한 규칙 제104조(금형조정작업의 위험방지)

---

52 회전시험을 할 때, 미리 비파괴검사를 실시해야 하는 고속회전체는?

① 회전축의 중량이 1[ton]을 초과하고, 원주속도가 25[m/s] 이상인 것
② 회전축의 중량이 5[ton]을 초과하고, 원주속도가 25[m/s] 이상인 것
③ 회전축의 중량이 1[ton]을 초과하고, 원주속도가 120[m/s] 이상인 것
④ 회전축의 중량이 5[ton]을 초과하고, 원주속도가 120[m/s] 이상인 것

[**정답**] 49 ③　50 ②　51 ①　52 ③

> **해설**

비파괴 검사대상 고속회전체
고속회전체(회전축의 중량이 1[ton]을 초과하고 원주속도가 매초당 120[m] 이상인 것에 한한다) : 회전시험을 하는 경우에 미리 회전축의 재질 및 형상 등에 상응하는 종류의 비파괴검사를 실시하여 결함 유무를 확인하여야 한다.

> **KEY**
> ① 2002년 5월 26일(문제 54번) 출제
> ② 2003년 8월 10일(문제 41번) 출제
> ③ 2006년 3월 5일(문제 56번) 출제

> **합격정보**

산업안전보건기준에 관한 규칙 제115조(비파괴 검사의 실시)

53 산업안전보건기준에 관한 규칙에 따르면 양수조작식 방호장치에서 양쪽 누름버튼간의 내측 최단거리는 몇 [mm] 이상이어야 하는가?

① 100　　　　② 200
③ 300　　　　④ 400

> **해설**

양쪽 누름버튼간의 거리 : 300[mm] 이상

> **참고** 산업안전산업기사 필기 p.3-104(4. 양수조작식)

> **KEY** 2008년 5월 11일(문제 56번) 출제

54 다음 중 산업용 로봇에 교시작업을 개시하기 전에 점검하여야 할 사항으로 거리가 먼 것은?

① 비상정지장치의 기능 상태
② 외부전선의 피복 손상유무
③ 매니퓰레이터 작동의 이상유무
④ 비정상적인 소음 및 진동의 유무

> **해설**

산업용 로봇의 작업시작 전 점검사항
① 외부전선의 피복 또는 외장의 손상유무
② 매니퓰레이터 작동의 이상유무
③ 제동장치 및 비상정지장치의 기능

> **참고** 산업안전산업기사 필기 p.3-178(문제 125번)

> **KEY** 2009년 7월 26일(문제 56번) 출제

> **합격정보**

산업안전보건기준에 관한 규칙 [별표 3] 작업시작전 점검사항

55 보일러수에 유지류, 용해 고형물 등에 의해 거품이 생겨 수위가 불안정하게 되는 현상은?

① 보일러링(Boilering)
② 스케일(Scale)
③ 포밍(Foaming)
④ 프린팅(Printing)

> **해설**

포밍(Foaming)
보일러수에 불순물이 많이 포함되었을 경우 보일러수의 비등과 함께 수면부위에 거품층을 형성하여 수위가 불안정하게 되는 현상을 말한다.

> **참고** 산업안전산업기사 필기 p.3-120(1. 보일러 이상현상의 종류)

> **KEY** 2007년 5월 13일(문제 58번) 출제

> **보충학습**
① 캐리오버 : 보일러수 속의 용해 고형물이나 현탁 고형물이 증기에 섞여 보일러 밖으로 튀어나가는 현상
② 프라이밍 : 보일러 부하의 급변으로 수위가 급상승하여 증기와 분리되지 않고 수면이 심하게 솟아올라 올바른 수위를 판단하지 못하는 현상

56 지게차의 헤드가드가 갖추어야 할 조건의 설명으로 틀린 것은?

① 헤드가드의 강도는 지게차의 최대하중의 2배가 되는 등분포하중에 견딜 수 있을 것(지게차의 하중이 4[ton]을 넘을 경우 4[ton]으로 함)
② 상부틀의 각 개구의 폭 또는 길이가 20[cm] 미만일 것
③ 운전자가 앉아서 조작하는 방식의 지게차는 운전자 좌석의 상면에서 헤드가드의 상부틀의 하면까지의 높이가 0.903[m] 이상일 것
④ 운전자가 서서 조작하는 지게차는 운전석의 바닥면에서 헤드가드의 상부틀의 하면까지의 높이가 1.905[m] 이상일 것

[정답]　53 ③　54 ④　55 ③　56 ②

해설

헤드가드

사업주는 다음 각 호에 따른 적합한 헤드가드(head guard)를 갖추지 아니한 지게차를 사용해서는 아니 된다. 다만, 화물의 낙하에 의하여 지게차의 운전자에게 위험을 미칠 우려가 없는 경우에는 그러하지 아니하다.

① 강도는 지게차의 최대하중의 2배 값(4[t]을 넘는 값에 대해서는 4[t]으로 한다)의 등분포정하중(等分布靜荷重)에 견딜 수 있을 것
② 상부틀의 각 개구의 폭 또는 길이가 16[cm] 미만일 것
③ 운전자가 앉아서 조작하는 방식의 지게차의 경우에는 운전자의 좌석 윗면에서 헤드가드의 상부틀 아랫면까지의 높이가 0.903[m] 이상일 것
④ 운전자가 서서 조작하는 방식의 지게차의 경우에는 운전석의 바닥면에서 헤드가드의 상부틀 하면까지의 높이가 1.905[m] 이상일 것

참고 ▶ 산업안전산업기사 필기 p.3-152(합격날개 : 합격예측)

KEY ▶ ① 2007년 5월 13일(문제 41번) 출제
② 2009년 7월 26일(문제 59번) 출제

합격정보
산업안전보건기준에 관한 규칙 제180조(헤드가드)

---

57 프레스의 안전장치가 아닌 것은?

① 스위프가드(sweep guard)
② 풀 아웃(pull out)
③ 게이트가드(gate guard)
④ 롤 피더(roll feeder)

해설

프레스 안전장치
① 손쳐내기식(Push away, sweep guard)
② 수인식(Pull out)
③ 게이트가드
④ 양수조작식
⑤ 광전자식

참고 ▶ 산업안전산업기사 필기 p.3-101 (4) 프레스의 안전장치 및 방호대책

KEY ▶ ① 2007년 5월 13일(문제 56번) 출제
② 2022년 3월 5일 기사 출제

---

58 산업안전보건법령에 따라 레버풀러(lever puller) 또는 체인블록(chain block)을 사용하는 경우 훅의 입구(hook mouth) 간격이 제조자가 제공하는 제품사양서 기준으로 몇[%] 이상 벌어진 것은 폐기하여야 하는가?

① 3 ② 5
③ 7 ④ 10

해설

레버풀러(lever puller) 또는 체인블록(chain block)을 사용시 준수사항
① 정격하중을 초과하여 사용하지 말 것
② 레버풀러 작업 중 훅이 빠져 튕길 우려가 있을 경우에는 훅을 대상물에 직접 걸지 말고 피벗 클램프(pivot clamp)나 러그(lug)를 연결하여 사용할 것
③ 레버풀러의 레버에 파이프 등을 끼워서 사용하지 말 것
④ 체인블록의 상부 훅(top hook)은 인양하중에 충분히 견디는 강도를 갖고, 정확히 지탱될 수 있는 곳에 걸어서 사용할 것
⑤ 훅의 입구 (hook mouth) 간격이 제조자가 제공하는 제품사양서 기준으로 10퍼센트 이상 벌어진 것은 폐기할 것
⑥ 체인블록은 체인의 꼬임과 헝클어지지 않도록 할 것
⑦ 체인과 훅은 변형, 파손, 부식, 마모(磨耗)되거나 균열된 것을 사용하지 않도록 조치할 것

참고 ▶ 산업안전산업기사 필기 p.3-15(합격날개 : 은행문제)

KEY ▶ 2022년 3월 5일 기사 출제

합격정보
산업안전보건기준에 관한 규칙 제96조(작업도구 등의 목적 외 사용 금지 등)

---

59 컨베이어(conveyor) 역전방지장치의 형식을 기계식과 전기식으로 구분할 때 기계식에 해당하지 않는 것은?

① 라쳇식 ② 밴드식
③ 스러스트식 ④ 롤러식

해설

컨베이어의 역전방지 장치
(1) 기계식
　① 라쳇식　② 롤러식　③ 밴드식
(2) 전기식
　① 전기브레이크　② 스러스트브레이크

[정답] 57 ④ 58 ④ 59 ③

| 참고 | 산업안전산업기사 필기 p.3-141(④ 컨베이어의 역전방지 장치) |
| KEY | ① 2012년 8월 26일 문제60번 출제
② 2019년 3월 3일(문제 54번) 출제
③ 2022년 제1회(문제 48번) 출제 |

60 다음 중 연삭 숫돌의 3요소가 아닌 것은?

① 결합제 ② 입자
③ 저항   ④ 기공

해설

연삭숫돌의 3요소
① 입자(절삭날)
② 결합제(절삭날지지)
③ 기공(칩의 저장, 배출)

| 참고 | 산업안전산업기사 필기 p.3-92(합격날개 : 합격예측) |
| KEY | 2022년 3월 5일 기사 출제 |

4 전기 및 화학설비 안전관리

61 다음 방폭구조 중 전폐형 구조로 된 것이 아닌 것은?

① 내압방폭구조   ② 유입방폭구조
③ 압력방폭구조   ④ 안전증방폭구조

해설

안전증방폭구조의 특징
① 정상운전 중에 폭발성 가스 또는 증기에 점화원이 될 전기불꽃, 아크 또는 고온이 되어서는 안될 부분에 이런 것의 발생을 방지하기 위하여 기계적, 전기적 구조상 또는 온도상승에 대해서 특히 안전도를 증가시킨 구조(점화원 격리와 무관 : 전기설비의 안전도 증강)
② 정상적으로 운전되고 있을 때 내부에서 불꽃이 발생하지 않도록 절연 성능을 강화하고, 또 고온으로 인해 외부가스에 착화되지 않도록 표면온도 상승을 더 낮게 설계한 구조
③ 전폐형 구조 : 내부와 외부 사이를 완전히 차단시키는 구조
   ㉮ 내압방폭구조
   ㉯ 유입방폭구조
   ㉰ 입력방폭구조

| KEY | ① 1997년 3월 30일(문제 80번) |

② 1997년 10월 12일(문제 64번)
③ 2002년 3월 10일(문제 77번)
④ 2003년 3월 16일(문제 68번)
⑤ 2006년 8월 6일(문제 63번)

62 누설전류로 인해 화재가 발생될 수 있는 누전화재의 3요소에 해당하지 않는 것은?

① 누전점   ② 인입점
③ 접지점   ④ 발화점

해설

누전화재라는 것을 입증하기 위한 요건
① 누전점 : 전류의 유입점
② 발화점 : 발화된 장소
③ 접지점 : 확실한 접지점의 소재 및 적당한 접지저항치

| 참고 | 산업안전산업기사 필기 p.4-6((6) 누전화재라는 것을 입증하기 위한 요건) |
| KEY | ① 2017년 8월 26일 기사 출제
② 2018년 8월 19일(문제 65번) 출제 |

63 정전기 제거방법으로 가장 거리가 먼 것은?

① 설비 주위를 가습한다.
② 설비의 금속 부분을 접지한다.
③ 설비의 주변에 적외선을 조사한다.
④ 정전기 발생 방지 도장을 실시한다.

해설

정전기 제거 방법

정전기 방지대책
- 발생 및 대전
  - 접지
  - 정전화, 정전작업복 착용
  - 유속제한, 정치시간 확보
  - 대전방지제 사용
  - 가습
  - 제전기 사용
  - 제조장치 및 탱크의 불활성화
- 전격
  - 대전억제
  - 대전전하의 신속한 누설
- 화재 및 폭발
  - 환기에 의한 위험물질의 제거
  - 집진에 의한 분진의 제거

[그림] 정전기 제거 방법

【 정답 】 60 ③ 61 ④ 62 ② 63 ③

> 참고 산업안전산업기사 필기 p.4-36(그림. 정전기 방지대책)
>
> KEY ① 2021년 3월 2일(문제 66번) 출제
>   ② 2022년 3월 5일 기사 출제

64 착화에너지가 0.1[mJ]인 가스가 있는 사업장의 전기설비의 정전용량이 0.6[nF]일 때 방전시 착화 가능한 최소 대전전위는 약 몇 [V]인가?

① 289 ② 385
③ 577 ④ 1,154

> 해설
>
> 대전전위
>
> $W = \frac{1}{2}CV^2 \rightarrow V = \sqrt{\frac{2W}{C}}$
>
> $= \sqrt{\frac{2 \times 0.1 \times 10^{-3}}{0.6 \times 10^{-9}}} = 577.34 = 577[V]$
>
> KEY 2008년 5월 11일(문제 66번) 출제

65 과전류차단기로 시설하는 퓨즈 중 고압전로에 사용하는 포장 퓨즈는 정격전류에 대하여 몇 배의 전류에 견딜 수 있어야 하는가?

① 1.1배 ② 1.3배
③ 1.6배 ④ 2.0배

> 해설
>
> 퓨즈의 종류 및 용량
>
> | 퓨즈의 종류 | 전격 용량 |
> |---|---|
> | 저압용 포장퓨즈 | 정격전류의 1.1배 |
> | 고압용 포장퓨즈 | 정격전류의 1.3배 |
> | 고압용 비포장퓨즈 | 정격전류의 1.25배 |
>
> 참고 산업안전산업기사 필기 p.4-3(표. 퓨즈의 종류 및 용단시간)
>
> KEY 2009년 3월 1일(문제 66번) 출제

66 피뢰기가 반드시 가져야 할 성능 중 틀린 것은?

① 방전개시 전압이 높을 것
② 뇌전류 방전능력이 클 것
③ 속류 차단을 확실하게 할 수 있을 것
④ 반복동작이 가능할 것

> 해설
>
> 피뢰기의 성능
> ① 충격방전개시전압과 제한전압이 낮을 것
> ② 뇌전류의 방전능력이 크고, 속류의 차단이 확실할 것
> ③ 반복동작이 가능할 것
> ④ 구조가 견고하며, 특성이 변화하지 않을 것
> ⑤ 보수, 점검이 간단할 것
>
> 참고 산업안전산업기사 필기 p.4-57 (1) 피뢰기의 성능
>
> KEY ① 2003년 5월 25일(문제 76번)
>   ② 2006년 5월 14일(문제 73번) 출제

67 내전압용절연장갑의 등급에 따른 최대사용전압이 올바르게 연결된 것은?

① 00 등급 : 직류 750[V]
② 00 등급 : 교류 650[V]
③ 0 등급 : 직류 1,000[V]
④ 0 등급 : 교류 800[V]

> 해설
>
> 절연장갑의 등급 및 표시
>
> | 등급 | 최대사용전압 | | 등급별 색상 |
> |---|---|---|---|
> | | 교류(V, 실효값) | 직류(V) | |
> | 00 | 500 | 750 | 갈색 |
> | 0 | 1,000 | 1,500 | 빨간색 |
> | 1 | 7,500 | 11,250 | 흰색 |
> | 2 | 17,000 | 25,500 | 노란색 |
> | 3 | 26,500 | 39,750 | 녹색 |
> | 4 | 36,000 | 54,000 | 등색 |
>
> ㈜ 직류값은 교류에 1.5를 곱하면 된다.
> 예 $500 \times 1.5 = 750$
>
> 참고 산업안전산업기사 필기 p.4-23(합격날개 : 합격예측)
>
> KEY ① 2018년 4월 28일 산업기사 출제
>   ② 2018년 8월 19일 기사 출제
>   ③ 2019년 4월 27일 기사 출제
>   ④ 2020년 6월 14일(문제 62번) 출제

[정답] 64 ③ 65 ② 66 ① 67 ①

68 정전기 발생량과 관련된 다음 내용 중 옳지 않은 것은?

① 두 물질간의 대전서열이 가까울수록 정전기의 발생량이 많다.
② 물질의 표면이 수분이나 기름 등에 오염되어 있으면 정전기 발생량이 많아진다.
③ 접촉 면적이 넓을수록, 접촉압력이 증가할수록 정전기 발생량이 많아진다.
④ 분리속도가 빠를수록 정전기량이 많아진다.

해설
정전기 발생량
① 물질의 특성
　정전기의 발생은 일반적으로 접촉, 분리하는 2[개]의 물체가 대전서열 중에서 가까운 위치에 있으면 작고, 떨어져 있으면 큰 경향이 있다.
② 물질의 표면상태
　물체표면이 거칠면 정전기의 발생에 큰 영향을 준다. 물체의 표면이 수분, 기름 등에 의해 오염되어 있거나 부식되어 있으면 정전기 발생에 큰 영향을 준다.
③ 물질의 분리속도
　㉮ 분리 과정에서 전하의 완화시간에 따라 정전기 발생량이 좌우되며 전하 완화시간이 길면 전하분리에 주는 에너지도 커져서 발생량이 증가한다.
　㉯ 일반적으로 분리속도가 빠를수록 정전기의 발생량이 증가한다.
④ 물질의 이력
　정전기 발생은 일반적으로 처음 접촉, 분리가 일어날 때 최고로 크고 접촉, 분리가 반복되짐에 따라서 서서히 작게 되는 경향이 있다.
⑤ 물질의 접촉면적 및 압력
　접촉면적은 정전기 발생 범위에 관계가 있으므로 이것이 크면 정전기 발생이 크게 된다. 접촉압력이 크면 정전기의 발생도 크게 되는 경향이 있다.

KEY 2006년 3월 5일(문제 77번) 출제

69 금속도체 상호간 혹은 대지에 대하여 전기적으로 절연되어 있는 2[개] 이상의 금속도체를 전기적으로 접속하여 서로 같은 전위를 형성하여 정전기 사고를 예방하는 기법을 무엇이라고 하는가?

① 본딩　　　　② 접지
③ 대전 분리　　④ 특별 접지

해설
본딩의 정의
2[개] 이상의 금속도체를 전기적으로 접속시켜 서로 같은 전위를 형성하여 정전기 사고를 예방

참고 산업안전산업기사 필기 p.4-93(문제 57번)

KEY ① 2012년 3월 4일(문제 71번) 출제
② 2022년 3월 5일 기사 출제

70 사람이 접촉될 우려가 있는 장소에서 접지공사의 접지선을 시설할 때 접지극의 최소 매설깊이는?

① 지하 30[cm] 이상
② 지하 50[cm] 이상
③ 지하 75[cm] 이상
④ 지하 90[cm] 이상

해설
접지극은 지하 75[cm] 이상 깊이에 매설할 것(이유 : 접촉전압 감소)

참고 산업안전산업기사 필기 p.4-36(2. 접지)

KEY ① 2016년 8월 21일 기사 출제
② 2017년 8월 26일 출제
③ 2019년 8월 4일(문제 64번) 출제
④ 2022년 3월 5일 기사 출제

71 고압가스 용기에 사용되며 화재 등으로 용기의 온도가 상승하였을 때 금속의 일부분을 녹여 가스의 배출구를 만들어 압력을 분출시켜 용기의 폭발을 방지하는 안전장치는?

① 가용합금 안전밸브
② 파열판
③ 폭압방산공
④ 폭발억제장치

【 정답 】 68 ① 69 ① 70 ③ 71 ①

> **해설**

가용합금 안전밸브
① Pb+Sn의 합금으로 용기의 온도 상승 시 녹아서 폭발을 방지한다.
② 200[℃] 이하의 녹는점을 갖는 금속을 가용합금이라고 하는데, 이러한 금속의 녹는점을 이용하여 압력을 방출하는 안전장치를 가용합금 안전장치라고 한다.
③ 폭발에 의한 순간적인 고온에는 작동하지 않아서 폭발의 방출에는 부적합하다.

참고 산업안전산업기사 필기 p.4-141 (2) 안전장치

KEY 2011년 3월 20일(문제 63번) 출제

---

72 분진폭발의 발생 순서로 옳은 것은?

① 퇴적분진-비산-분산-발화원 발생-폭발
② 퇴적분진-발화원 발생-분산-비산-폭발
③ 퇴적분진-분산-비산-발화원 발생-폭발
④ 비산-퇴적 분진-분산-발화원 발생-폭발

> **해설**

분진폭발의 순서
① 인화성 분진 : 퇴적분진 → 비산 → 분산 → 발화원 → 전면폭발 → 2차 폭발
② 인화성 가스 : 입자 내의 열에너지 증가 → 입자표면에서 기체 발생 → 혼합기체 형성 → 착화 → 폭발

참고 산업안전산업기사 필기 p.4-119(문제 15번)

KEY
① 1995년 7월 30일(문제 73번)
② 1998년 7월 26일(문제 77번)
③ 1999년 6월 20일(문제 74번)
④ 2006년 8월 6일(문제 67번) 출제

---

73 혼합가스 용기에 전체압력이 10[기압], 0[℃]에서 몰비로 수소 30[%], 산소 20[%], 질소 50[%]가 채워져 있을 때, 수소가 차지하는 부피는 몇 [L]인가?(단, 표준상태는 0[℃], 1[기압]이다.)

① 0.448 ② 0.672
③ 1.12   ④ 2.24

> **해설**

수소부피계산(이상 기체 상태 방정식 적용)
① $PV = nRT$
② $V = \dfrac{0.3 \times 0.082 \times 273}{10} = 0.672[L]$

KEY 2009년 3월 1일(문제 70번) 출제

> **보충학습**

① 기체 1몰의 부피는 0[℃] 1기압에서 22.4[L] → 10기압에서는 2.24[L]
② 산소가 차지하는 부피 = $2.24 \times \dfrac{20}{100} = 0.448[L]$

---

74 어떤 물질 내에서 반응전파속도가 음속보다 빠르게 진행되고 이로 인해 발생된 충격파가 반응을 일으키고 유지하는 발열반응을 무엇이라 하는가?

① 점화(Ignition)
② 폭연(Deflagration)
③ 폭발(Explosion)
④ 폭굉(Detonation)

> **해설**

폭연과 폭굉
① 폭연
   ㉮ 압력파 또는 충격파가 미반응 매질속으로 음속보다 느리게 이동하는 경우
   ㉯ 급격한 압력의 증가로 인해 격렬한 음향을 발하며 팽창하는 현상
   ㉰ 연소속도 : 0.1~10[m/sec]
② 폭굉
   ㉮ 압력파 또는 충격파가 미반응 매질속으로 음속보다 빠르게 이동하는 경우
   ㉯ 연소속도 : 1,000~3,500[m/sec]

참고 산업안전산업기사 필기 p.4-99 (2) 폭연과 폭굉

KEY 2009년 3월 1일(문제 76번) 출제

[정답] 72 ① 73 ② 74 ④

75 다음 중 산업안전보건법상 방폭전기설비의 위험장소 분류에 있어 보통 상태에서 위험분위기를 발생할 염려가 있는 장소로서 폭발성 가스가 보통상태에서 집적되어 위험농도로 될 염려가 있는 장소를 몇 종 장소라 하는가?

① 0종 장소　② 1종 장소
③ 2종 장소　④ 3종 장소

해설

가스폭발 위험장소의 분류

분류	적용장소
0종 장소	인화성 액체의 증기 또는 인화성 가스에 의한 폭발위험이 지속적으로 또는 장기간 존재하는 장소
1종 장소	정상작동상태에서 인화성 액체의 증기 또는 인화성 가스에 의한 폭발위험 분위기가 존재하기 쉬운 장소
2종 장소	정상작동상태에서 인화성 액체의 증기 또는 인화성 가스에 의한 폭발위험 분위기가 존재할 우려가 없으나, 존재할 경우 그 빈도가 아주 적고 단기간만 존재할 수 있는 장소

참고 산업안전산업기사 필기 p.4-152(표. 폭발위험장소의 분류)

KEY 2012년 8월 26일(문제 78번) 출제

76 폭발범위가 1.8~8.5[vol%]인 가스의 위험도를 구하면 얼마인가?

① 0.8　② 3.7
③ 5.7　④ 6.7

해설

위험도(H) = $\dfrac{U-L}{L}$ = $\dfrac{8.5-1.8}{1.8}$ = 3.7

① H : 위험도　② U : 폭발상한계　③ L : 폭발하한계

참고 ① 산업안전산업기사 필기 p.4-154(㉮ 위험도)
② 산업안전산업기사 필기 p.4-164(문제 40번)

KEY ① 2016년 5월 8일 기사 출제
② 2017년 3월 5일 기사 출제
③ 2018년 3월 4일 기사 출제
④ 2018년 8월 19일(문제 72번) 출제

77 낮은 압력에서 물질의 끓는점이 내려가는 현상을 이용하여 시행하는 분리법으로 온도를 높여서 가열할 경우 원료가 분해될 우려가 있는 물질을 증류할 때 사용하는 방법을 무엇이라 하는가?

① 진공증류　② 추출증류
③ 공비증류　④ 수증기증류

해설

증류방법
① 감압증류(진공증류)
　상압하에서 끓는점까지 가열할 경우 분해할 우려가 있는 물질의 증류를 감압하여 물질의 끓는점을 내려서 증류하는 방법
② 추출증류
　㉮ 분리하여야 하는 물질의 끓는점이 비슷한 경우
　㉯ 용매를 사용하여 혼합물로부터 어떤 성분을 뽑아 냄으로 특정 성분을 분리
③ 공비증류
　㉮ 일반적인 증류로 순수한 성분을 분리시킬 수 없는 혼합물의 경우
　㉯ 제3의 성분을 첨가하여 별개의 공비 혼합물을 만들어 끓는점이 원용액의 끓는점보다 충분히 낮아지도록 하여 증류함으로 증류잔류물이 순수한 성분이 되게 하는 증류방법
④ 수증기증류
　물에 용해되지 않는 휘발성 액체에 수증기를 직접 불어넣어 가열하면 액체는 원래의 끓는점보다 낮은 온도에서 유출

참고 산업안전산업기사 필기 p.4-144((2) 증류장치)

KEY 2011년 6월 12일(문제 80번) 출제

78 다음 중 증류탑의 일상 점검항목으로 볼 수 없는 것은?

① 도장의 상태
② 트레이(Tray)의 부식상태
③ 보온재, 보냉재의 파손여부
④ 접속부, 맨홀부 및 용접부에서의 외부 누출유무

해설

증류탑 일상 점검항목
① 보온재 및 보냉재의 파손상황
② 도장의 열화상황

[정답] 75 ② 76 ② 77 ① 78 ②

③ 플랜지부, 맨홀부, 용접부에서 외부 누출 여부
④ 기초볼트의 헐거움 여부
⑤ 증기배관에 열팽창에 의한 무리한 힘이 가해지고 있는지의 여부
⑥ 부식에 의해 두께가 얇아지고 있는지의 여부

참고) 산업안전산업기사 필기 p.4-146(3. 증류탑의 점검사항)

KEY) 2010년 7월 25일(문제 72번) 출제

5 건설공사 안전관리

81 유해위험방지계획서 제출 시 첨부서류로 옳지 않은 것은?

① 공사현장의 주변 현황 및 주변과의 관계를 나타내는 도면
② 공사개요서
③ 전체공정표
④ 작업인부의 배치를 나타내는 도면 및 서류

해설
건설업 유해위험방지계획서 첨부서류
① 공사개요서
② 공사현장의 주변 현황 및 주변과의 관계를 나타내는 도면(매설물 현황을 포함한다)
③ 건설물, 사용 기계설비 등의 배치를 나타내는 도면
④ 전체 공정표
⑤ 산업안전보건관리비 사용계획
⑥ 안전관리 조직표
⑦ 재해 발생 위험 시 연락 및 대피방법

KEY) ① 2016년 3월 6일(문제 113번) 출제
② 2017년 3월 5일(문제 105번) 출제
③ 2020년 9월 27일(문제 119번) 출제
④ 2021년 9월 12일(문제 107번) 출제

정보제공
산업안전보건법 시행규칙 [별표 10] 유해위험방지계획서 첨부서류

79 공기 중에 3[ppm]의 디메틸아민(demethyl-amine, TLV-TWA : 10[ppm])과 20[ppm]의 시클로핵산올(cyclohexanol, TLV-TWA : 50[ppm])이 있고 10[ppm]의 산화프로필렌(propyleneoxide, TLV-TWA : 20[ppm])이 존재한다면 혼합 TLV-TWA는 얼마인가?

① 12.5[ppm]   ② 22.5[ppm]
③ 27.5[ppm]   ④ 32.5[ppm]

해설
혼합 TLV-TWA(시간가중평균농도)
$$= \frac{C_1+C_2+C_3}{\frac{C_1}{T_1}+\frac{C_2}{T_2}+\frac{C_3}{T_3}} = \frac{3+20+10}{\frac{3}{10}+\frac{20}{50}+\frac{10}{20}} = 27.5[ppm]$$

KEY) ① 2002년 5월 26일(문제 80번) 출제
② 2006년 8월 6일(문제 69번) 출제

80 부탄의 공기 중 연소하한값 1.6[vol%]일 경우, 연소에 필요한 최소산소농도는 약 몇 [vol%]인가?

① 9.4   ② 10.4
③ 11.4   ④ 12.4

해설
최소산소농도
① $C_4H_{10} + 6.5O_2 \rightarrow 4CO_2 + 5H_2O$
② MOC(최소사용농도) = 연료의 연소하한치×산소 mol수
  = 1.6×6.5 = 10.4[%]

참고) 산업안전산업기사 필기 p.4-113(보충학습 및 실전문제)

KEY) ① 2005년 기사출제
② 2009년 5월 10일(문제 77번) 출제

82 추락·재해방지 설비 중 근로자의 추락재해를 방지 할 수 있는 설비로 작업발판 설치가 곤란한 경우에 필요한 설비는?

① 경사로   ② 추락방호망
③ 고정사다리   ④ 달비계

해설
작업발판 설치가 곤란한 경우 : 추락방호망 설치

참고) 산업안전산업기사 필기 p.5-147(합격날개 : 합격예측 및 관련법규)

[정답] 79 ③ 80 ② 81 ④ 82 ②

> [합격정보]
> 산업안전보건기준에 관한 규칙 제42조(추락의 방지)

83 건설업 산업안전보건관리비 계상 및 사용 기준에 따른 안전관리비의 개인보호구 및 안전장구 구입비 항목에서 안전관리비로 사용이 가능한 경우는?

① 안전보건관리자가 선임되지 않은 현장에서 안전보건업무를 담당하는 현장관계자용 무전기, 카메라, 컴퓨터, 프린터 등 업무용 기기
② 중대재해 목격으로 발생한 정신질환을 치료하기 위해 소요되는 비용
③ 근로자에게 일률적으로 지급하는 보냉·보온 장구
④ 감리원이나 외부에서 방문하는 인사에게 지급하는 보호구

> [해설]
> **근로자의 건강장해예방비 등**
> ① 법·영·규칙에서 규정하거나 그에 준하여 필요로 하는 각종 근로자의 건강장해 예방에 필요한 비용
> ② 중대재해 목격으로 발생한 정신질환을 치료하기 위해 소요되는 비용
> ③ 「감염병의 예방 및 관리에 관한 법률」제2조제1호에 따른 감염병의 확산 방지를 위한 마스크, 손소독제, 체온계 구입비용 및 감염병원체 검사를 위해 소요되는 비용
> ④ 법 제128조의2 등에 따른 휴게시설을 갖춘 경우 온도, 조명 설치·관리기준을 준수하기 위해 소요되는 비용
> ⑤ 마. 건설공사 현장에서 근로자 심폐소생을 위해 사용되는 자동심장충격기(AED) 구입에 소요되는 비용
> [KEY] ① 2017년 6월 7일 산업기사 출제
>   ② 2018년 3월 4일 기사 출제
>   ③ 2019년 3월 3일 산업기사 출제
>   ④ 2020년 6월 14일 산업기사 출제

> [합격정보]
> 건설업 산업안전보건관리비 계상 및 사용기준 : 고용노동부 고시 제2025-11호(시행 2025. 2. 12.)

84 가설통로의 설치기준으로 옳지 않은 것은?

① 경사가 15[°]를 초과하는 때에는 미끄러지지 않는 구조로 한다.
② 건설공사에 사용하는 높이 8[m] 이상인 비계다리에는 7[m] 이내마다 계단참을 설치한다.
③ 수직갱에 가설된 통로의 길이가 15[m] 이상일 경우에는 15[m] 이내 마다 계단참을 설치한다.
④ 추락의 위험이 있는 장소에는 안전난간을 설치한다.

> [해설]
> 수직갱에 가설된 통로의 길이가 15[m] 이상인 경우에는 10[m] 이내마다 계단참을 설치할 것
> [참고] 산업안전산업기사 필기 p.5-17(합격날개 : 합격예측 및 관련법규)
> [합격정보]
> 산업안전보건기준에 관한 규칙 제23조(가설통로의 구조)
> [KEY] 2021년 3월 7일(문제 112번) 출제

85 비계의 높이가 2[m] 이상인 작업장소에 작업발판을 설치할 경우 준수하여야 할 기준으로 옳지 않은 것은?

① 작업발판의 폭은 30[cm] 이상으로 한다.
② 발판재료간의 틈은 3[cm] 이하로 한다.
③ 추락의 위험성이 있는 장소에는 안전난간을 설치한다.
④ 발판재료는 뒤집히거나 떨어지지 않도록 2개 이상의 지지물에 연결하거나 고정시킨다.

> [해설]
> 작업발판 폭 : 40[cm]이상
> [참고] 산업안전산업기사 필기 p.5-94(합격날개 : 합격예측 및 관련법규)
> [KEY] 2021년 9월 12일(문제 102번) 출제
> [합격정보]
> 산업안전보건기준에 관한 규칙 제56조(작업발판의 구조)

[정답] 83 ② 84 ③ 85 ①

86 가설구조물의 문제점으로 옳지 않은 것은?

① 도괴재해의 가능성이 크다.
② 추락재해 가능성이 크다.
③ 부재의 결합이 간단하나 연결부가 견고하다.
④ 구조물이라는 통상의 개념이 확고하지 않으며 조립의 정밀도가 낮다.

[해설]

가설 구조물의 특징
① 연결재가 부족하여 불안정해지기 쉽다.
② 부재 결합이 간략하고 불완전 결합이 많다.
③ 구조물이라는 통상의 개념이 확고하지 않아 조립의 정밀도가 낮다.
④ 부재는 과소 단면이거나 결함이 있는 재료가 사용되기 쉽다.

[참고] 산업안전산업기사 필기 p.5-87(1. 가설 구조물의 특징)

87 거푸집 해체작업 시 유의사항으로 옳지 않은 것은?

① 일반적으로 수평부재의 거푸집은 연직부재의 거푸집보다 빨리 떼어낸다.
② 해체된 거푸집이나 각목 등에 박혀있는 못 또는 날카로운 돌출물은 즉시 제거하여야 한다.
③ 상하 동시 작업은 원칙적으로 금지하여 부득이한 경우에는 긴밀히 연락을 위하며 작업을 하여야 한다.
④ 거푸집·해체작업장 주위에는 관계자를 제외하고는 출입을 금지시켜야 한다.

[해설]

거푸집 해체 순서
① 거푸집은 일반적으로 연직부재를 먼저 떼어낸다.
② 이유 : 하중을 받지 않기 때문

[참고] 산업안전산업기사 필기 p.5-114(7. 거푸집의 해체시 안전수칙)

[KEY] ① 2017년 5월 7일 산업기사 출제
② 2017년 8월 26일 산업기사 출제
③ 2019년 4월 27일(문제 102번) 출제

88 법면 붕괴에 의한 재해 예방조치로서 옳은 것은?

① 지표수와 지하수의 침투를 방지한다.
② 법면의 경사를 증가한다.
③ 절토 및 성토높이를 증가한다.
④ 토질의 상태에 관계없이 구배조건을 일정하게 한다.

[해설]

붕괴방지공법
① 활동할 가능성이 있는 토사는 제거하여야 한다.
② 비탈면 또는 법면의 하단을 다져서 활동이 안 되도록 저항을 만들어야 한다.
③ 지표수가 침투되지 않도록 배수를 시키고 지하수위를 낮추기 위하여 수평 보링(boring)을 하여 배수시켜야 한다.
④ 말뚝(강관, H형강, 철근 콘크리트)을 박아 지반을 강화시킨다.

[참고] 산업안전산업기사 필기 p.5-56(2. 붕괴방지공법)

[KEY] ① 2016년 3월 6일 출제
② 2021년 5월 15일(문제 119번) 출제

[합격정보]
굴착공사 표준안전 작업지침 제31조(예방)

89 취급·운반의 원칙으로 옳지 않은 것은?

① 운반 작업을 집중하여 시킬 것
② 생산을 최고로 하는 운반을 생각할 것
③ 곡선 운반을 할 것
④ 연속 운반을 할 것

[해설]

취급, 운반의 5원칙
① 직선운반을 할 것
② 연속운반을 할 것
③ 운반작업을 집중화시킬 것
④ 생산을 최고로 하는 운반을 생각할 것
⑤ 최대한 시간과 경비를 절약할 수 있는 운반방법을 고려할 것

[참고] 산업안전산업기사 필기 p.5-171(합격날개 : 합격예측)

[KEY] ① 2017년 8월 26일 출제
② 2018년 4월 28일 기사 출제
③ 2019년 3월 3일 산업기사 출제

[정답] 86 ③ 87 ① 88 ① 89 ③

90 철골작업 시 철골부재에서 근로자가 수직 방향으로 이동하는 경우에 설치하여야 하는 고정된 승강로의 최대 답단 간격은 얼마 이내인가?

① 20[cm] ② 25[cm]
③ 30[cm] ④ 40[cm]

해설
승강로 답단간격

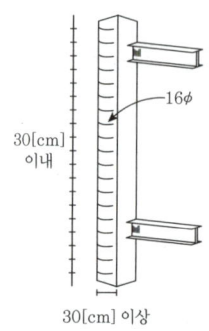

[그림] 고정된 승강로 Trap(답단)

참고 산업안전산업기사 필기 p.5-168(그림. 고정된 승강로 Trap)

KEY
① 2018년 8월 19일 기사 출제
② 2018년 7월 7일 기사 작업형 출제
③ 2018년 9월 15일(문제 11번) 출제

정보제공
산업안전보건기준에 관한 규칙 제381조(승강로의 설치)
사업주는 근로자가 수직방향으로 이동하는 철골부재(鐵骨部材)에는 답단(踏段) 간격이 30센티미터 이내인 고정된 승강로를 설치하여야 하며, 수평방향 철골과 수직방향 철골이 연결되는 부분에는 연결작업을 위하여 작업발판 등을 설치하여야 한다.

91 재해사고를 방지하기 위하여 크레인에 설치된 방호장치로 옳지 않은 것은?

① 공기정화장치
② 비상정지장치
③ 제동장치
④ 권과방지장치

해설
크레인의 방호장치

종류	용도
권과방지 장치	양중기의 권상용 와이어로프 또는 지브등의 붐 권상용 와이어로프의 권과 방지 ㉠ 나사형 제동개폐기 ㉡ 롤러형 제동개폐기 ㉢ 캠형 제동개폐기
과부하 방지 장치	정격하중 이상의 하중 부하시 자동으로 상승정지되면서 경보음이나 경보등 발생
비상 정지 장치	돌발사태 발생시 안전유지 위한 전원차단 및 크레인 급정지시키는 장치
제동 장치	운동체와 정지체의 기계적접촉에 의해 운동체를 감속하거나 정지 상태로 유지하는 기능을 하는 장치
기타 방호 장치	① 해지장치 ② 스토퍼(Stopper) ③ 이탈방지장치 ④ 안전밸브 등

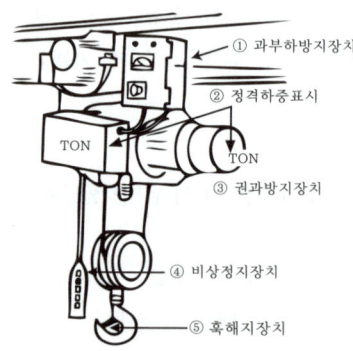

[그림] 크레인의 방호장치

참고 산업안전산업기사 필기 p.5-131(합격날개 : 합격예측)

KEY
① 2018년 8월 19일 기사 출제
② 2019년 3월 7일(문제 118번) 출제
③ 2021년 9월 12일(문제 103번) 출제

92 작업장 출입구 설치 시 준수해야 할 사항으로 옳지 않은 것은?

① 출입구의 위치·수 및 크기가 작업장의 용도와 특성에 맞도록 한다.
② 출입구에 문을 설치하는 경우에는 근로자가 쉽게 열고 닫을 수 있도록 한다.
③ 주된 목적이 하역운반기계용인 출입구에는 보행자용 출입구를 따로 설치하지 않는다.

[정답] 90 ③ 91 ① 92 ③

④ 계단이 출입구와 바로 연결된 경우에는 작업자의 안전한 통행을 위하여 그 사이에 1.2[m] 이상 거리를 두거나 안내표지 또는 비상벨 등을 설치한다.

해설

산업안전보건기준에 관한 규칙 제11조(작업장의 출입구)

사업주는 작업장에 출입구(비상구는 제외한다. 이하 같다)를 설치하는 경우 다음 각 호의 사항을 준수하여야 한다.
1. 출입구의 위치, 수 및 크기가 작업장의 용도와 특성에 맞도록 할 것
2. 출입구에 문을 설치하는 경우에는 근로자가 쉽게 열고 닫을 수 있도록 할 것
3. 주된 목적이 하역운반기계용인 출입구에는 인접하여 보행자용 출입구를 따로 설치할 것
4. 하역운반기계의 통로와 인접하여 있는 출입구에서 접촉에 의하여 근로자에게 위험을 미칠 우려가 있는 경우에는 비상등 · 비상벨 등 경보장치를 할 것
5. 계단이 출입구와 바로 연결된 경우에는 작업자의 안전한 통행을 위하여 그 사이에 1.2미터 이상 거리를 두거나 안내표지 또는 비상벨 등을 설치할 것. 다만, 출입구에 문을 설치하지 아니한 경우에는 그러하지 아니하다.

93
옥외에 설치되어 있는 주행크레인에 대하여 이탈방지장치를 작동시키는 등 그 이탈을 방지하기 위한 조치를 하여야 하는 순간풍속에 대한 기준으로 옳은 것은?

① 순간풍속이 초당 10[m]를 초과하는 바람이 불어올 우려가 있는 경우
② 순간풍속이 초당 20[m]를 초과하는 바람이 불어올 우려가 있는 경우
③ 순간풍속이 초당 30[m]를 초과하는 바람이 불어올 우려가 있는 경우
④ 순간풍속이 초당 40[m]를 초과하는 바람이 불어올 우려가 있는 경우

해설

옥외 주행크레인 이탈방지조치 풍속기준 : 30[m/sec]

참고 산업안전산업기사 필기 p.5-139(합격날개 : 합격예측 및 관련법규)

정보제공

산업안전보건기준에 관한 규칙 제140조(폭풍에 의한 이탈 방지)

94
지반 등의 굴착작업 시 연암의 굴착면 기울기로 옳은 것은?

① 1 : 0.3
② 1 : 0.5
③ 1 : 0.8
④ 1 : 1.0

해설

굴착면의 기울기 기준

지반의 종류	굴착면의 기울기
모래	1 : 1.8
연암 및 풍화암	1 : 1.0
경암	1 : 0.5
그 밖의 흙	1 : 1.2

예 1 : 0.5

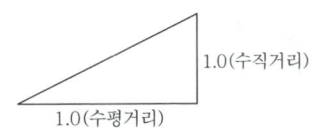

참고 산업안전산업기사 필기 p.5-56(표. 굴착면의 기울기 기준)

KEY
① 2016년 5월 8일 기사 · 산업기사 동시 출제
② 2020년 6월 7일(문제 111번) 출제
③ 2020년 9월 27일(문제 115번) 출제
④ 2021년 9월 12(문제 115번) 출제

정보제공

산업안전보건기준에 관한 규칙 [별표 11] 굴착면의 기울기 기준

95
사면지반 개량 공법으로 옳지 않은 것은?

① 전기 화학적 공법
② 석회 안정처리 공법
③ 이온 교환 공법
④ 옹벽 공법

해설

지반개량공법
① 점토질 지반개량공법 : 탈수공법(센드드레인, 페이퍼드레인, 프리로딩, 침투압, 생석회 말뚝)과 치환공법
② 사질토 지반개량공법 : 다짐공법(다짐말뚝, 컴포우저, 바이브로플로테이션, 전기충격, 폭파다짐), 배수공법(웰 포인트), 고결공법(약액주입)
③ 일시적 개량공법 : 웰 포인트, 동결, 소결공법이 있다.

[정답] 93 ③ 94 ④ 95 ④

> 참고
> ① 산업안전산업기사 필기 p.5-62(합격날개 : 합격예측)
> ② 산업안전산업기사 필기 p.5-63(합격날개 : 합격예측)

> KEY
> ① 2013년 6월 2일(문제 116번)
> ② 2015년 3월 8일(문제 118번)
> ③ 2016년 3월 6일(문제 106번) 출제

96
흙막이벽의 근입깊이를 깊게 하고, 전면의 굴착 부분을 남겨두어 흙의 중량으로 대항하게 하거나, 굴착 예정부분의 일부를 미리 굴착하여 기초콘크리트를 타설하는 등의 대책과 가장 관계 깊은 것은?

① 파이핑현상이 있을 때
② 히빙현상이 있을 때
③ 지하수위가 높을 때
④ 굴착깊이가 깊을 때

> 해설
> **히빙**
> (1) 히빙(Heaving)의 정의
>   연약성 점토지반 굴착시 굴착외측 흙의 중량에 의해 굴착저면의 흙이 활동전단 파괴되어 굴착내측으로 부풀어 오르는 현상
> (2) 방지대책
>   ① 흙막이 근입깊이를 깊게
>   ② 표토제거 하중감소
>   ③ 지반개량
>   ④ 굴착면 하중증가
>   ⑤ 어스앵커설치 등

> 참고
> 산업안전산업기사 필기 p.5-19(합격날개 : 합격예측)

> KEY
> ① 2014년 5월 25일(문제 110번)
> ② 2015년 3월 8일(문제 105번)
> ③ 2016년 3월 6일(문제 112번) 출제

97
사다리식 통로 등을 설치하는 경우 통로 구조로서 옳지 않은 것은?

① 발판의 간격은 일정하게 한다.
② 발판과 벽과의 사이는 15[cm] 이상의 간격을 유지한다.
③ 사다리의 상단은 걸쳐놓은 지점으로부터 60[cm] 이상 올라가도록 한다.
④ 폭은 40[cm] 이상으로 한다.

> 해설
> 사다리식 통로 폭 : 30[cm]이상

> 참고
> 산업안전산업기사 필기 p.5-18(합격날개 : 합격예측 및 관련법규)

> KEY
> ① 2016년 10월 1일 산업기사 출제
> ② 2017년 5월 7일 기사·산업기사 동시출제
> ③ 2018년 4월 28일 산업기사 출제

> 합격정보
> 산업안전보건기준에 관한 규칙 제24조(사다리식 통로 등의 구조)

98
콘크리트 타설작업을 하는 경우에 준수해야할 사항으로 옳지 않은 것은?

① 당일의 작업을 시작하기 전에 해당 작업에 관한 거푸집동바리 등의 변형·변위 및 지반의 침하 유무 등을 점검하고 이상이 있으면 보수한다.
② 작업 중에는 거푸집동바리 등의 변형·변위 및 침하 유무 등을 감시할 수 있는 감시자를 배치하여 이상이 있으면 작업을 빠른 시간 내 우선 완료하고 근로자를 대피시킨다.
③ 콘크리트 타설작업 시 거푸집붕괴의 위험이 발생할 우려가 있으면 충분한 보강 조치를 한다.
④ 콘크리트를 타설하는 경우에는 편심이 발생하지 않도록 골고루 분산하여 타설한다.

> 해설
> **산업안전보건기준에 관한 규칙 제334조(콘크리트의 타설작업)**
> 사업주는 콘크리트의 타설작업을 하는 경우에는 다음 각 호의 사항을 준수하여야 한다.
> 1. 당일의 작업을 시작하기 전에 해당 작업에 관한 거푸집동바리 등의 변형·변위 및 지반의 침하유무 등을 점검하고 이상이 있으면 보수할 것
> 2. 작업중에는 거푸집동바리 등의 변형·변위 및 침하유무 등을 감시할 수 있는 감시자를 배치하여 이상이 있으면 작업을 중지시키고 근로자를 대피시킬 것
> 3. 콘크리트의 타설작업시 거푸집붕괴의 위험이 발생할 우려가 있는 경우에는 충분한 보강조치를 할 것
> 4. 설계도서상의 콘크리트 양생기간을 준수하여 거푸집동바리 등을 해체할 것

[정답] 96 ② 97 ④ 98 ②

5. 콘크리트를 타설하는 경우에는 편심이 발생하지 않도록 골고루 분산하여 타설할 것

참고 산업안전산업기사 필기 p.5-95(합격날개 : 합격예측 및 관련법규)

KEY
① 2016년 5월 8일 기사 출제
② 2016년 10월 1일 산업기사 출제
③ 2017년 3월 5일 산업기사 출제
④ 2021년 5월 15일 기사 출제
⑤ 2021년 8월 14일 기사 출제

99 건설작업장에서 근로자가 상시 작업하는 장소의 작업면 조도기준으로 옳지 않은 것은?(단, 갱내 작업장과 감광재료를 취급하는 작업장의 경우는 제외)

① 초정밀 작업 : 600럭스[lux] 이상
② 정밀 작업 : 300럭스[lux] 이상
③ 보통 작업 : 150럭스[lux] 이상
④ 초정밀, 정밀, 보통작업을 제외한 기타 작업 : 75럭스[lux] 이상

해설

조명(조도)수준
① 초정밀작업 : 750[Lux] 이상
② 정밀작업 : 300[Lux] 이상
③ 보통작업 : 150[Lux] 이상
④ 그 밖의 작업 : 75[Lux] 이상

참고 산업안전산업기사 필기 p.2-169(합격날개 : 합격예측)

KEY
① 2017년 3월 5일 기사 출제
② 2017년 8월 26일 기사 출제
③ 2019년 3월 3일(문제 117번) 출제

정보제공
산업안전보건기준에 관한 규칙 제2조(조도)

100 강관틀비계를 조립하여 사용하는 경우 준수해야할 기준으로 옳지 않은 것은?

① 수직방향으로 6[m], 수평방향으로 8[m] 이내마다 벽이음을 할 것
② 높이가 20[m]를 초과하거나 중량물의 적재를 수반하는 작업을 할 경우에는 주틀 간의 간격을 2.4[m] 이하로 할 것
③ 길이가 띠장 방향으로 4[m] 이하이고 높이가 10[m]를 초과하는 경우에는 10[m] 이내마다 띠장 방향으로 버팀기둥을 설치할 것
④ 주틀 간에 교차 가새를 설치하고 최상층 및 5층 이내마다 수평재를 설치할 것

해설

높이 20[m]이상 시 주틀간의 간격 : 1.8[m] 이하

참고 산업안전산업기사 필기 p.5-105(합격날개 : 합격예측 및 관련법규)

KEY
① 2016년 5월 8일(문제 101번) 출제
② 2017년 9월 23일 산업기사 출제
③ 2018년 8월 19일 기사 출제
④ 2019년 9월 21일(문제 103번) 출제

합격정보
① 산업안전보건기준에 관한 규칙 (별표 5. 강관비계의 조립간격)
② 산업안전보건기준에 관한 규칙 제62조(강관틀비계)

[정답] 99 ① 100 ②

벼락치기·산업안전 필기

PART 04 연습은 실전처럼

2023년도 산업기사 제 1 회 (2023년 3월   1일 CBT 시행)
  산업기사 제 2 회 (2023년 5월 13일 CBT 시행)
  산업기사 제 3 회 (2023년 7월   8일 CBT 시행)

2024년도 산업기사 제 1 회 (2024년 2월 15일 CBT 시행)
  산업기사 제 2 회 (2024년 5월   9일 CBT 시행)
  산업기사 제 3 회 (2024년 7월   5일 CBT 시행)

2025년도 산업기사 제 1 회 (2025년 2월   7일 CBT 시행)
  산업기사 제 2 회 (2025년 5월 10일 CBT 시행)
  산업기사 제 3 회 (2025년 8월   9일 CBT 시행)

2023년도 산업기사 정기검정 제1회 (2023년 3월 1일 CBT 시행)

자격종목 및 등급(선택분야)
산업안전산업기사

※ 본 문제는 복원문제 및 예적(예상적중) 문제로 실제문제와 동일하지 않을 수 있습니다.

1 산업재해 예방 및 안전보건교육

01 산업재해 예방의 4원칙 중 "재해발생에는 반드시 원인이 있다."라는 원칙은?

① 대책 선정의 원칙 ② 원인 계기의 원칙
③ 손실 우연의 원칙 ④ 예방 가능의 원칙

해설

하인리히 산업재해예방의 4원칙
① 예방가능의 원칙
② 손실우연의 원칙
③ 원인연계(계기)의 원칙
④ 대책선정의 원칙

참고 산업안전산업기사 필기 p.3-38(6. 하인리히 산업재해예방의 4원칙)

KEY
① 2016년 5월 8일 산업기사 출제
② 2016년 10월 1일 기사 출제
③ 2017년 3월 5일 기사 출제
④ 2017년 5월 7일 산업기사 출제
⑤ 2017년 9월 23일 기사 출제
⑥ 2018년 3월 4일 기사·산업기사 동시 출제
⑦ 2018년 8월 19일 산업기사 출제
⑧ 2019년 3월 3일 기사·산업기사 동시 출제
⑨ 2019년 9월 21일 기사 출제
⑩ 2020년 6월 7일 기사 출제

02 하인리히의 재해구성비율에 따라 경상사고가 87건 발생하였다면 무상해사고는 몇 건이 발생하였겠는가?

① 300건 ② 600건
③ 900건 ④ 1,200건

해설

하인리히(H.W.Heinrich)의 1 : 29 : 300 법칙
① 경상 = 87건÷29 = 3
② 무상해 = 300×3 = 900건

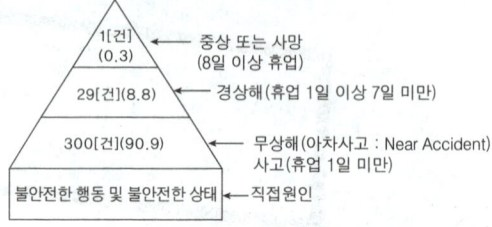

[그림] 하인리히 법칙[단위 : %]

참고 산업안전산업기사 필기 p.3-36(1. 하인리히(H.W.Heinrich)의 1 : 29 : 300)

KEY
① 2016년 10월 1일 기사 출제
② 2017년 9월 23일 산업기사 출제
③ 2018년 3월 4일 기사 출제
④ 2023년 2월 28일 기사 출제

03 조직이 리더에게 부여하는 권한으로 볼 수 없는 것은?

① 보상적 권한 ② 강압적 권한
③ 합법적 권한 ④ 위임된 권한

해설

조직이 지도자에게 부여하는 권한
① 보상적 권한
② 강압적 권한
③ 합법적 권한

참고 산업안전산업기사 필기 p.1-113(합격날개 : 합격예측)

KEY
① 2017년 3월 5일 산업기사 출제
② 2020년 6월 14일 산업기사 출제

보충학습

지도자 자신이 자신에게 부여하는 권한(부하직원들의 존경심)
① 위임된 권한
② 전문성의 권한

[정답] 01 ② 02 ③ 03 ④

04 안전심리의 5대 요소에 해당하는 것은?

① 기질(temper)
② 지능(intelligence)
③ 감각(sense)
④ 환경(environment)

해설

안전심리의 5요소
① 동기   ② 기질   ③ 감정
④ 습관   ⑤ 습성

참고 산업안전산업기사 필기 p.1-96 (1) 안전심리 5요소

KEY ① 2016년 5월 8일 기사 출제
② 2022년 3월 5일 기사 출제

보충학습

습관에 영향을 주는 4요소
① 동기   ② 기질   ③ 감정   ④ 습성

05 산업안전보건법령상 안전인증대상 기계기구등이 아닌 것은?

① 프레스   ② 전단기
③ 롤러기   ④ 산업용 원심기

해설

안전인증대상 기계기구의 종류
① 프레스
② 전단기(剪斷機) 및 절곡기(折曲機)
③ 크레인
④ 리프트
⑤ 압력용기
⑥ 롤러기
⑦ 사출성형기(射出成形機)
⑧ 고소(高所) 작업대
⑨ 곤돌라

참고 산업안전산업기사 필기 p.3-56(1. 안전인증대상 기계)

KEY ① 2017년 3월 5일 기사·산업기사 동시 출제
② 2020년 5월 15일 기사 출제

정보제공
산업안전보건법 시행령 제74조(안전인증대상기계등)

06 모랄 서베이(Morale Survey)의 효용이 아닌 것은?

① 조직 또는 구성원의 성과를 비교·분석한다.
② 종업원의 정화(Catharsis)작용을 촉진시킨다.
③ 경영관리를 개선하는 데에 대한 자료를 얻는다.
④ 근로자의 심리 또는 욕구를 파악하여 불만을 해소하고, 노동의욕을 높인다.

해설

모랄 서베이(사기양양)의 효용
① 근로자의 심리, 욕구를 파악하여 불만을 해소하고 노동 의욕을 높인다.
② 경영관리를 개선하는 데 자료를 얻는다.
③ 종업원의 정화작용을 촉진시킨다.

참고 산업안전산업기사 필기 p.1-75(1. 모랄 서베이의 효용)

KEY ① 2017년 8월 26일 기사 출제
② 2022년 3월 5일 기사 출제

07 추락 및 감전 위험방지용 안전모의 일반구조가 아닌 것은?

① 착장체   ② 충격흡수재
③ 선심   ④ 모체

해설

안전모의 구조

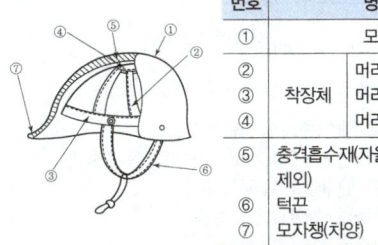

번호	명칭	
①	모체	
②	착장체	머리받침끈
③		머리받침(고정)대
④		머리받침고리
⑤	충격흡수재(자율안전확인에서 제외)	
⑥	턱끈	
⑦	모자챙(차양)	

참고 산업안전산업기사 필기 p.1-53(그림. 안전모의 구조)

KEY ① 2016년 10월 1일 산업기사 출제
② 2017년 9월 23일 산업기사 출제

[정답] 04 ① 05 ④ 06 ① 07 ③

08
레빈(Lewin)은 인간행동과 인간의 조건 및 환경조건의 관계를 다음과 같이 표시하였다. 이때 "f"를 설명한 것으로 옳은 것은?

$$B=f(P \cdot E)$$

① 행동　　② 조명
③ 지능　　④ 함수

해설

레빈의 법칙
$B=f(P \cdot E)$
① B : Behavior(인간의 행동)
② f : function(함수관계)
③ P : Person(개체 : 연령, 경험, 심신상태, 성격, 지능 등)
④ E : Environment(심리적 환경 : 인간관계, 작업환경 등)

참고 산업안전산업기사 필기 p.1-77 (7) K.Lewin의 법칙

KEY 2023년 2월 28일 기사 등 20회 이상 출제

09
상시 근로자수가 75명인 사업장에서 1일 8시간 씩 연간 320일을 작업하는 동안에 4건의 재해가 발생하였다면 이 사업장의 도수율은 약 얼마인가?

① 17.68　　② 19.67
③ 20.83　　④ 22.83

해설

도수(빈도)율 = $\dfrac{재해건수}{연근로시간수} \times 1,000,000$

$= \dfrac{4}{75 \times 8 \times 320} \times 10^6 = 20.83$

참고 산업안전산업기사 필기 p.3-43(3. 빈도율)

KEY
① 2016년 10월 1일 산업기사 출제
② 2017년 3월 5일 기사·산업기사 동시 출제
③ 2018년 8월 19일 기사 출제
④ 2019년 8월 4일 기사 출제
⑤ 2019년 9월 21일 기사 출제
⑥ 2020년 6월 14일 산업기사 출제

합격정보
산업재해 통계 업무처리 규정 제3조(산업재해 통계의 산출방법 및 정의)

10
위험예지훈련 기초 4라운드(4R)에 관한 내용으로 옳은 것은?

① 1R : 목표설정　　② 2R : 현상파악
③ 3R : 대책수립　　④ 4R : 본질추구

해설

위험예지훈련의 4R(단계)
① 1단계 : 현상파악
② 2단계 : 본질추구
③ 3단계 : 대책수립
④ 4단계 : 목표설정

참고 산업안전산업기사 필기 p.1-12(합격날개 : 합격예측)

KEY 2023년 3월 5일 기사 등 20회 이상 출제

11
산업재해에 있어 인명이나 물적 등 일체의 피해가 없는 사고를 무엇이라고 하는가?

① Near Accident
② Good Accident
③ Ture Accident
④ Original Accident

해설

아차사고(Near Miss : Near Accident)
① 무 인명상해(인적 피해)
② 무 재산손실(물적 피해) 사고

참고 산업안전산업기사 필기 p.1-6(합격예측 : Near Accident)

KEY 2017년 7월 23일 기사 출제

12
재해원인을 직접원인과 간접원인으로 나눌 때, 직접원인에 해당하는 것은?

① 기술적 원인　　② 관리적 원인
③ 교육적 원인　　④ 물적 원인

[정답] 08 ④　09 ③　10 ③　11 ①　12 ④

> **해설**

직접 원인(1차 원인)
시간적으로 사고발생에 가까운 원인
① 물적 원인 : 불안전한 상태(설비 및 환경)
② 인적 원인 : 불안전한 행동

> **참고** 산업안전산업기사 필기 p.3-30(합격날개 : 합격예측)

> **KEY** ① 2015년 3월 8일(문제 16번) 출제
> ② 2018년 9월 15일 기사 출제

> **보충학습**

간접 원인
재해의 가장 깊은 곳에 존재하는 재해원인
① 기초 원인 : 학교 교육적 원인, 관리적인 원인
② 2차 원인 : 신체적 원인, 정신적 원인, 안전교육적 원인, 기술적인 원인

13 산업안전보건법령상 특별안전보건 교육의 대상 작업에 해당하지 않는 것은?

① 석면해체·제거작업
② 밀폐된 장소에서 하는 용접작업
③ 화학설비 취급품의 검수·확인 작업
④ 2[m] 이상의 콘크리트 인공구조물의 해체 작업

> **해설**

특별안전보건교육 대상작업 : 화학설비의 탱크내 작업 등 39개 작업

> **참고** 산업안전산업기사 필기 p.1-157([표] 특별안전보건교육)

> **정보제공**

산업안전보건법 시행규칙 [별표7] 안전보건교육 교육대상별 교육내용

> **KEY** ① 2015년 5월 30일 문제 8번 출제
> ② 2019년 3월 3일 산업기사 출제

14 적응기제(Adjustment Mechanism)의 도피적 행동인 고립에 해당하는 것은?

① 운동시합에서 진 선수가 컨디션이 좋지 않았다고 말한다.
② 키가 작은 사람이 키 큰 친구들과 같이 사진을 찍으려 하지 않는다.
③ 자녀가 없는 여교사가 아동교육에 전념하게 되었다.
④ 동생이 태어나자 형이 된 아이가 말을 더듬는다.

> **해설**

고립(거부) : 외부와의 접촉을 끊음

> **참고** 산업안전산업기사 필기 p.1-115(보충학습 : 적응기제 3가지)

> **KEY** ① 2019년 3월 3일 기사, 산업기사 동시출제
> ② 2021년 9월 12일 건설안전기사 출제

15 다음 중 안전점검 체크리스트 작성 시 유의해야 할 사항과 관계가 가장 적은 것은?

① 사업장에 적합한 독자적인 내용으로 작성한다.
② 점검 항목은 전문적이면서 간략하게 작성한다.
③ 관계자의 의견을 통하여 정기적으로 검토·보완작성한다.
④ 위험성이 높고, 긴급을 요하는 순으로 작성한다.

> **해설**

Check List 판정(작성) 시 유의사항
① 판정 기준의 종류가 두 종류인 경우 적합 여부를 판정할 것
② 한 개의 절대 척도나 상대 척도에 의할 때는 수치로써 나타낼 것
③ 복수의 절대 척도나 상대 척도에 조합된 문항은 기준 점수 이하로 나타낼 것
④ 대안과 비교하여 양부를 판정할 것
⑤ 경험하지 않은 문제나 복잡하게 예측되는 문제 등은 관계자와 협의하여 종합 판정할 것

> **참고** 산업안전산업기사 필기 p.3-54(2. Check List 판정시 유의사항)

> **KEY** 2013년 1회 출제

[정답] 13 ③ 14 ② 15 ②

16 주의(attention)의 특성 중 여러 종류의 자극을 받을 때 소수의 특정한 것에만 반응하는 것은?

① 선택성   ② 방향성
③ 단속성   ④ 변동성

해설

주의의 특성 3가지
① 선택성 : 사람은 한 번에 여러 종류의 자극을 자각하거나 수용하지 못하며 소수의 특정한 것으로 한정해서 선택하는 기능이 있음
② 방향성 : 공간적으로 보면 시선의 초점에 맞았을 때는 쉽게 인지되지만 시선에서 벗어난 부분은 무시되기 쉬움
③ 변동(단속)성 : 주의는 리듬이 있어 언제나 일정한 수준을 지키지는 못함

참고 산업안전산업기사 필기 p.1-117(2. 인간의 주의특성)

KEY ① 2016년 5월 8일 기사 출제
② 2016년 10월 1일 기사 출제
③ 2023년 2월 28일 기사 출제

17 산업안전보건법령상 안전보건표지의 종류와 형태 중 그림과 같은 경고 표지는? (단, 바탕은 무색, 기본모형은 빨간색, 그림은 검은색이다.)

① 부식성물질 경고   ② 폭발성물질 경고
③ 산화성물질 경고   ④ 인화성물질 경고

해설

경고표지의 종류

인화성 물질경고	산화성 물질경고	폭발성 물질경고	급성독성 물질경고	부식성 물질경고

방사성 물질경고	고압전기 경고	매달린 물체경고	낙하물 경고	고온 경고

저온 경고	몸균형 상실경고	레이저 광선경고	발암성·변이 원성·생식독성·전신독성·호흡기과민성 물질 경고	위험장소 경고

참고 산업안전기사 필기 p.1-59(2. 경고표지)

KEY ① 2017년 9월 23일 기사 출제
② 2018년 3월 4일 기사 출제
③ 2019년 4월 27일 산업기사 출제
④ 2020년 6월 7일 기사 출제

정보제공

산업안전보건법 시행규칙 [별표6] 안전보건표지의 종류와 형태

18 매슬로우(A.H.Maslow)의 인간욕구 5단계 이론에서 각 단계별 내용이 잘못 연결된 것은?

① 1단계 : 자아실현의 욕구
② 2단계 : 안전에 대한 욕구
③ 3단계 : 사회적 욕구
④ 4단계 : 존경에 대한 욕구

해설

Maslow의 욕구단계이론
① 1단계 – 생리적 욕구 : 기아, 갈증, 호흡, 배설, 성욕 등 인간의 가장 기본적인 욕구 (종족 보존)
② 2단계 – 안전욕구 : 안전을 구하려는 욕구
③ 3단계 – 사회적 욕구 : 애정, 소속에 대한 욕구 (친화욕구)
④ 4단계 – 인정을 받으려는 욕구 : 자기 존경의 욕구로 자존심, 명예, 성취, 지위에 대한 욕구 (승인의 욕구)
⑤ 5단계 – 자아실현의 욕구 : 잠재적인 능력을 실현하고자 하는 욕구 (성취욕구)

참고 산업안전산업기사 필기 p.1-101 (5) 매슬로우의 욕구 5단계 이론

KEY ① 2014년 3월 2일(문제 18번)
② 2014년 5월 25일(문제 9번)
③ 2015년 5월 31일(문제 2번) 등 30회 이상 출제

[정답] 16 ① 17 ④ 18 ①

19 무재해운동의 기본이념 3가지에 해당하지 않는 것은?

① 무의 원칙
② 자주 활동의 원칙
③ 참가의 원칙
④ 선취 해결의 원칙

해설

무재해운동의 3원칙
① 무(zero)의 원칙
② 선취해결(안전제일)의 원칙
③ 참가의 원칙

참고 산업안전기사 필기 p.1-10(2. 무재해운동 기본 이념 3대 원칙)

KEY 2021년 5월 15일 기사 등 10회 이상 출제

20 다음 중 안전교육의 3단계에서 생활지도, 작업동작지도 등을 통한 안전의 습관화를 위한 교육을 무엇이라 하는가?

① 지식교육
② 기능교육
③ 태도교육
④ 인성교육

해설

태도교육의 교육목표 및 교육내용

교육목표	교육내용
① 작업 동작의 정확화	① 표준작업방법의 습관화
② 공구, 보호구 취급태도의 안전화	② 공구 보호구 취급과 관리 자세의 확립
③ 점검태도의 정확화	③ 작업 전후의 점검·검사요령의 정확한 습관화
④ 언어태도의 안전화 **결론** 안전은 마음가짐을 몸에 익히는 심리적 교육방법	④ 안전작업 지시전달 확인 등 언어태도의 습관화 및 정확화

참고 산업안전산업기사 필기 p.1-152(표. 단계별 교육 목표 및 내용

KEY ① 2011년 8월 21일(문제 6번) 출제
② 2013년 6월 2일(문제 18번) 출제
③ 2021년 5월 15일 기사 출제

2 인간공학 및 위험성 평가·관리

21 반복되는 사건이 많이 있는 경우에 FTA의 최소 컷셋을 구하는 알고리즘이 아닌 것은?

① Fussel Algorithm
② Boolean Algorithm
③ Monte Carlo Algorithm
④ Limnios & Ziani Algorithm

해설

FTA의 최소 컷셋을 구하는 알고리즘의 종류
① Boolean Algorithm(부울대수)
② Fussel Algorithm
③ Limnios & Ziani Algorithm

참고 산업안전산업기사 필기 p.2-78(합격날개:은행문제)

KEY ① 2014년 9월 20일 기사 출제
② 2016년 10월 1일 기사 출제
③ 2020년 8월 23일 산업기사 출제

보충학습

Monte Carlo alogorithm
카지노에서 따온 이름으로, 컴퓨터과학에서 사용하는 알고리즘의 한 종류

22 시각적 표시 장치를 사용하는 것이 청각적 표시 장치를 사용하는 것보다 좋은 경우는?

① 메시지가 후에 참고되지 않을 때
② 메시지가 공간적인 위치를 다룰 때
③ 메시지가 시간적인 사건을 다룰 때
④ 사람의 일이 연속적인 움직임을 요구할 때

[정답] 19 ② 20 ③ 21 ③ 22 ②

해설

청각장치와 시각장치의 사용 경위

청각장치 사용 예	시각장치 사용 예
① 전언이 간단할 경우	① 전언이 복잡할 경우
② 전언이 짧을 경우	② 전언이 길 경우
③ 전언이 후에 재참조되지 않을 경우	③ 전언이 후에 재참조될 경우
④ 전언이 시간적인 사상(event)을 다룰 경우	④ 전언이 공간적인 위치를 다룰 경우
⑤ 전언이 즉각적인 행동을 요구할 경우	⑤ 전언이 즉각적인 행동을 요구하지 않을 경우
⑥ 수신자의 시각 계통이 과부하 상태일 경우	⑥ 수신자의 청각 계통이 과부하 상태일 경우
⑦ 수신 장소가 너무 밝거나 암조응(暗調應) 유지가 필요할 경우	⑦ 수신 장소가 너무 시끄러울 경우
⑧ 직무상 수신자가 자주 움직이는 경우	⑧ 직무상 수신자가 한 곳에 머무르는 경우

참고 산업안전산업기사 필기 p.2-31(문제 43번, 표. 청각장치와 시각장치의 사용경위)

KEY ① 2017년 5월 7일 산업기사 출제
② 2021년 9월 12일 기사 등 10회 이상 출제

---

23 인체측정치 응용원칙 중 가장 우선적으로 고려해야 하는 원칙은?

① 조절식 설계　② 최대치 설계
③ 최소치 설계　④ 평균치 설계

해설

조절범위(조정범위 : 조절식 설계)
① 사무실 의자의 높낮이 조절, 자동차 좌석의 전후조절 등
② 통상 5[%]치에서 95[%]치까지에서 90[%] 범위를 수용대상으로 설계
③ 가장 우선적으로 고려한다.

참고 산업안전산업기사 필기 p.2-159(2. 조절범위)

KEY ① 2017년 9월 23일 기사 출제
② 2019년 3월 3일 기사 출제

보충학습

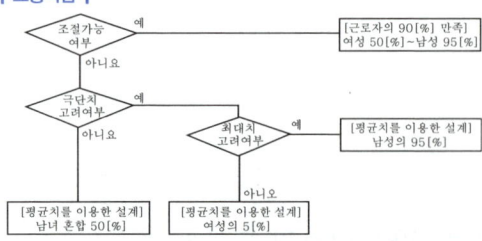

[그림] 인체측정치를 이용한 설계 흐름도

---

24 다음 FTA 그림에서 a, b, c의 부품고장률이 각각 0.01일 때, 최소 컷셋(minimal cutsets)과 신뢰도로 옳은 것은?

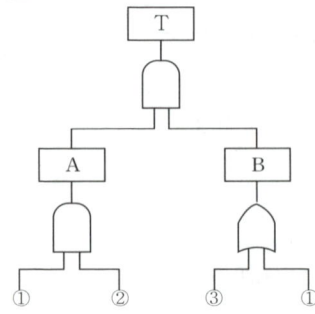

① {1, 2}, R(t)=99.99%
② {1, 2, 3}, R(t)=98.99%
③ {1, 3}
　{1, 2}, R(t)=96.99%
④ {1, 3}
　{1, 2, 3}, R(t)=97.99%

해설

컷셋과 신뢰도
(1) 최소 컷셋 구하기
　① $A = 1 \cdot 2$
　② $B = 3 + 1$
　③ $T = A \cdot B =$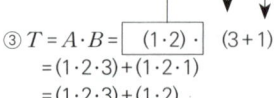
　　$= (1 \cdot 2 \cdot 3) + (1 \cdot 2 \cdot 1)$
　　$= (1 \cdot 2 \cdot 3) + (1 \cdot 2)$
　④ 다음과 같이 컷셋을 나타낼 수 있다.
　　$T = A \cdot B = (1 \cdot 2) \cdot (3, 1)$
　　$= \begin{matrix} 1, 2, 3 \\ 1, 2, 1 \end{matrix}$
　　$=$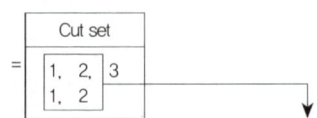
　⑤ 최소컷셋은 컷셋 중에서 공통이 되는 1, 2
(2) 신뢰도
　① $T = A \times B = 0.0001 \times 0.0199 = 0.00000199$
　② $A = 0.01 \times 0.01 = 0.0001$
　③ $B = 1 - (1 - 0.01)(1 - 0.01) = 0.0199$
　④ $1 - 0.00000199 = 0.9999801 \times 100 = 99.99$

[정답] 23 ①　24 ①

| 참고 | 산업안전산업기사 필기 p.2-77(5. 컷셋·미니멀 컷셋 요약)

| KEY | ① 2012년 5월 20일 문제 39번 출제
② 2023년 2월 28일 기사 출제

| 보충학습 |
FTA 최소컷셋의 알고리즘
① Boolean : 불대수 기본연산
② MOCUS : 쌍대 FT를 작성 후 적용
③ Limnios & Ziani

25 설비나 공법 등에서 나타날 위험에 대하여 정성적 또는 정량적인 평가를 행하고 그 평가에 따른 대책을 강구하는 것은?

① 설비보전   ② 동작분석
③ 안전계획   ④ 안전성 평가

| 해설 |
안전성 평가의 6단계
① 1단계 : 관계자료의 정비검토
② 2단계 : 정성적 평가
③ 3단계 : 정량적 평가
④ 4단계 : 안전대책
⑤ 5단계 : 재해정보에 의한 재평가
⑥ 6단계 : FTA에 의한 재평가

| 참고 | 산업안전산업기사 필기 p.2-37(1. 안전성 평가 6단계)

| KEY | ① 2016년 3월 6일 출제
② 2016년 10월 1일 기사 출제
③ 2023년 4월 1일 산업안전지도사 출제

27 다음은 1/100초 동안 발생한 3개의 음파를 나타낸 것이다. 음의 세기가 가장 큰 것과 가장 높은 음은 무엇인가?

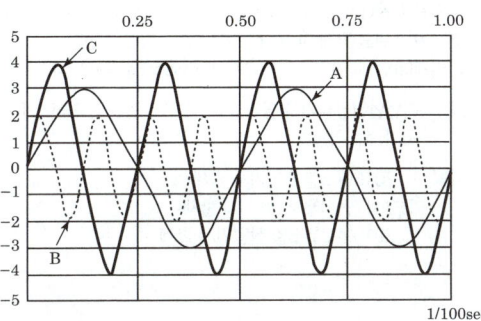

① 가장 큰 음의 세기 : A, 가장 높은 음 : B
② 가장 큰 음의 세기 : C, 가장 높은 음 : B
③ 가장 큰 음의 세기 : C, 가장 높은 음 : A
④ 가장 큰 음의 세기 : B, 가장 높은 음 : C

| 해설 |
음파 (Sound wave)
① 가장 큰음 : C
② 가장 높은 음 : B

| KEY | ① 2012년 3월 4일(문제 35번) 출제
② 2020년 6월 14일(문제 25번) 출제

| 보충학습 |
소리의 3요소
① 소리의 높낮이(고저) : 진동수가 클수록 고음이 난다.
② 소리의 세기(강약) : 진동수가 같을 때, 진폭이 클수록 강하다.
③ 소리 맵시(음색) : 음파의 모양(파형)에 따라 다르게 들린다.

| 합격자의 조언 |
실기 필답형 출제에도 출제됩니다.

26 다음 중 반복되는 사건이 많이 있는 경우에 FTA의 최소컷셋을 구하는 알고리즘이 아닌 것은?

① Boolean Algorithm
② Monte Carlo Algorithm
③ MOCUS Algorithm
④ Limnios & Ziani Algorithm

| 해설 |
Monte Carlo Algorithm
① 잘못된 결과를 낼 확률, 즉 Pr(error)이 0보다 큰 알고리즘이다.
② FTA에는 사용되지 않는다.
③ 시스템이 복잡해지면, 확률론적인 분석기법만으로는 분석이 곤란하여 컴퓨터 시뮬레이션을 이용한다.

| 참고 | 산업안전산업기사 필기 p.2-78(합격날개 : 은행문제)

| KEY | 2020년 8월 23일 산업기사 등 5회 이상 출제

[정답] 25 ④ 26 ② 27 ②

28 광원으로부터의 직사 휘광을 줄이기 위한 방법으로 적절하지 않은 것은?

① 휘광원 주위를 어둡게 한다.
② 가리개, 갓, 차양 등을 사용한다.
③ 광원을 시선에서 멀리 위치시킨다.
④ 광원의 수는 늘리고 휘도는 줄인다.

해설

광원으로부터의 직사휘광 처리방법
① 광원의 휘도를 줄이고 광원의 수를 늘린다.
② 광원을 시선에서 멀리 위치시킨다.
③ 휘광원 주위를 밝게 하여 광속 발산(휘도)비를 줄인다.
④ 가리개(shield), 갓(hood) 혹은 차양(visor)을 사용한다.

참고 산업안전산업기사 필기 p.2-169(① 광원으로부터의 직사휘광 처리방법)

KEY ① 2016년 5월 8일 기사 출제
② 2017년 9월 23일 기사 출제
③ 2019년 3월 3일 산업기사 출제

29 FT도에 사용되는 논리기호 중 AND 게이트에 해당하는 것은?

① 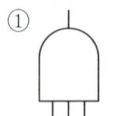　②

③ 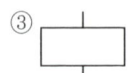　④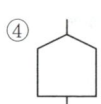

해설

FTA 기호

기호	명칭	설명
	결함사상	개별적인 결함사상
	통상사상	통상발생이 예상되는 사상(예상되는 원인)
	AND 게이트	모든 입력사상이 공존할 때 출력사상이 발생한다.
	OR 게이트	입력사상 중 어느 것이나 하나가 존재할 때 출력사상이 발생한다.

참고 산업안전산업기사 필기 p.2-70(표. FTA기호)

KEY ① 2014년 5월 25일(문제 38번) 출제
② 2014년 8월 17일(문제 34번) 출제

30 항공기 위치 표시장치의 설계원칙에 있어, 다음 보기의 설명에 해당하는 것은?

> 항공기의 경우 일반적으로 이동 부분의 영상은 고정된 눈금이나 좌표계에 나타내는 것이 바람직하다.

① 통합　② 양립적 이동
③ 추종표시　④ 표시의 현실성

해설

양립성[일명 모집단 전형(compatibility, 兩立性)]
① 자극들간의, 반응들간의 혹은 자극-반응들간의 관계가(공간, 운동, 개념적)인간의 기대에 일치되는 정도
② 양립성 정도가 높을수록, 정보처리시 정보변환(암호화, 재암호화)이 줄어들게 되어 학습이 더 빨리 진행
③ 반응시간이 더 짧아지고, 오류가 적어지며, 정신적 부하가 감소하게 된다.

참고 ① 산업안전산업기사 필기 p.2-179(6. 양립성)
② 산업안전산업기사 필기 p.2-6(합격날개 : 은행문제)

KEY 2018년 3월 4일(문제 27번) 출제

31 다음 중 통제비에 관한 설명으로 틀린 것은?

① C/D비라고도 한다.
② 최적통제비는 이동시간과 조종시간의 교차점이다.
③ 매슬로우(Maslow)가 정의하였다.
④ 통제기기와 시각표시 관계를 나타내는 비율이다.

[정답] 28 ① 29 ① 30 ② 31 ③

해설

최적 C/D비
① 이동 동작과 조종 동작을 절충하는 동작이 수반된다.
② 최적치는 두 곡선의 교점 부호이다.
③ C/D비가 작을수록 이동시간은 짧고, 조종은 어려워서 민감한 조종장치이다.
④ 통제비는 W.L.Jenkins의 시험이다.

참고 ① 산업안전산업기사 필기 p.2-175(2. 통제표시비)
② 산업안전산업기사 필기 p.2-176(합격날개 : 합격예측)

KEY 2019년 3월 4일 기사 출제

32 동전던지기에서 앞면이 나올 확률이 0.7이고, 뒷면이 나올 확률이 0.3일 때, 앞면이 나올 사건의 정보량(A)과 뒷면이 나올 사건의 정보량(B)은 각각 얼마인가?

① A : 0.88[bit], B : 1.74[bit]
② A : 0.51[bit], B : 1.74[bit]
③ A : 0.88[bit], B : 2.25[bit]
④ A : 0.51[bit], B : 2.25[bit]

해설

정보량 계산

① 앞면 = $\dfrac{\log\left(\dfrac{1}{0.7}\right)}{\log 2}$ = 0.51[bit]

② 뒷면 = $\dfrac{\log\left(\dfrac{1}{0.3}\right)}{\log 2}$ = 1.74[bit]

참고 산업안전산업기사 필기 p.2-78(5. 정보의 측정단위)

KEY ① 2013년 3월 10일(문제 27번)
② 2015년 5월 31일(문제 32번)
③ 2021년 8월 14일 기사 등 10회 이상 출제

보충학습

bit(binary unit의 합성어)
① bit란 실현가능성이 같은 2개의 대안 중 하나가 명시되었을 때 얻을 수 있는 정보량
② 정보량 : 실현가능성이 같은 n개의 대안이 있을 때 총 정보량
$H = \log_2 n$

33 모든 시스템 안전 프로그램 중 최초 단계의 분석으로 시스템 내의 위험요소가 어떤 상태에 있는지를 정성적으로 평가하는 방법은?

① CA   ② FHA
③ PHA   ④ FMEA

해설

예비위험분석(PHA : Preliminary Hazards Analysis)
① PHA는 모든 시스템안전 프로그램의 최초 단계의 분석기법
② 위험요소가 얼마나 위험한 상태에 있는가를 정성적으로 평가하는 것이다.

참고 산업안전산업기사 필기 p.2-60(2. 예비위험분석)

KEY ① 2016년 5월 8일 산업기사 출제
② 2023년 2월 28일 기사 등 10회 이상 출제

34 다음 그림 중 형상 암호화된 조종 장치에서 단회전용 조종장치로 가장 적절한 것은?

①   ②

③   ④

해설

제어장치의 형태코드법

① 부류A(복수회전) : 연속조절에 사용하는 놉(knob)으로 빙글빙글 돌릴 수 있는 조절범위가 1회전 이상이며 놉(knob)의 위치가 제어조작의 정보로 중요하지 않다.( ) : 다회전용

② 부류B(분별회전) : 연속조절에 사용하는 놉(knob)으로 빙글빙글 돌릴 필요가 없고 조절범위가 1회전 미만이며 놉(knob)의 위치가 제어조작의 정보로 중요하다.( ) : 단회전용

③ 부류C(멈춤쇠 위치조정 : 이산 멈춤 위치용) : 놉(knob)의 위치가 제어조작의 중요 정보가 되는 것으로 분산 설정 제어장치로 사용한다. ( )

KEY ① 2010년 7월 25일(문제 32번) 출제
② 2019년 3월 3일(문제 36번) 출제

[정답] 32 ② 33 ③ 34 ①

35 동작경제의 원칙에 해당하지 않는 것은?

① 가능하다면 낙하식 운반방법을 사용한다.
② 양손을 동시에 반대 방향으로 움직인다.
③ 자연스러운 리듬이 생기지 않도록 동작을 배치한다.
④ 양손을 동시에 작업을 시작하고, 동시에 끝낸다.

해설

동작경제의 3원칙(길브레드: Gilbrett)
(1) 동작능력 활용의 원칙
 ① 발 또는 왼손으로 할 수 있는 것은 오른손을 사용하지 않는다.
 ② 양손으로 동시에 작업하고 동시에 끝낸다.
(2) 작업량 절약의 원칙
 ① 적게 운동할 것
 ② 재료나 공구는 취급하는 부근에 정돈할 것
 ③ 동작의 수를 줄일 것
 ④ 동작의 양을 줄일 것
 ⑤ 물건을 장시간 취급할 시 장구를 사용할 것
(3) 동작개선의 원칙
 ① 동작을 자동적으로 리드미컬한 순서로 할 것
 ② 양손은 동시에 반대 방향으로, 좌우 대칭적으로 운동하게 할 것
 ③ 관성, 중력, 기계력 등을 이용할 것

참고 산업안전산업기사 필기 p.2-76(합격날개: 합격예측)

KEY 2015년 3월 8일(문제 35번) 출제

36 인간-기계 시스템에서 기계와 비교한 인간의 장점으로 볼 수 없는 것은?(단, 인공지능과 관련된 사항은 제외한다.)

① 완전히 새로운 해결책을 찾아낸다.
② 여러 개의 프로그램된 활동을 동시에 수행한다.
③ 다양한 경험을 토대로 하여 의사결정을 한다.
④ 상황에 따라 변화하는 복잡한 자극 형태를 식별한다.

해설

정보처리 결정에서 인간의 장점
① 많은 양의 정보를 장시간 보관
② 관찰을 통한 일반화
③ 귀납적 추리
④ 원칙 적용
⑤ 다양한 문제 해결(정서적)

참고 산업안전산업기사 필기 p.2-10(표. 인간과 기계의 기능 비교)

KEY
① 2018년 4월 28일 기사 출제
② 2018년 8월 19일 기사 출제
③ 2018년 9월 15일 기사 출제
④ 2019년 9월 21일 출제
⑤ 2023년 6월 4일 기사 출제

37 다음 중 예비위험분석(PHA)에서 위험의 정도를 분류하는 4가지 범주에 속하지 않는 것은?

① catastrophic   ② critical
③ control   ④ marginal

해설

PHA 위험정도 분류 4가지 범주
① Class-1: 파국(catastrophic)
② Class-2: 중대(critical)
③ Class-3: 한계(marginal)
④ Class-4: 무시가능(negligible)

참고 산업안전산업기사 필기 p.2-60(3. PHA의 카테고리 분류)

KEY 2022년 3월 5일 기사 등 5회 이상 출제

38 자연습구온도가 20[℃]이고, 흑구온도가 30[℃]일 때, 실내의 습구흑구온도지수(WBGT: wet-bulb globe temperature)는 얼마인가?

① 20[℃]   ② 23[℃]
③ 25[℃]   ④ 30[℃]

해설

습구흑구온도지수
WBGT = 0.7×자연습구온도(T_w) + 0.3×흑구온도(T_g)
 = (0.7×20) + (0.3×30) = 23[℃]

참고 산업안전산업기사 필기 p.2-130(2. 습구흑구온도지수)

KEY
① 2016년 5월 8일 기사 출제
② 2023년 6월 4일 기사 등 5회 이상 출제

[정답] 35 ③ 36 ② 37 ③ 38 ②

39 화학공장(석유화학사업장 등)에서 가동문제를 파악하는 데 널리 사용되며, 위험요소를 예측하고, 새로운 공정에 대한 가동문제를 예측하는 데 사용되는 위험성평가방법은?

① SHA
② EVP
③ CCFA
④ HAZOP

> **해설**
> **HAZOP**
> ① 화학공장 등의 가동문제 파악
> ② 공정이나 설계도 등의 체계적인 검토
> ③ 정성적인 방법
>
> **참고** 산업안전산업기사 필기 p.2-66(10. 위험 및 운용성 분석)
>
> **KEY** 2020년 6월 14일(문제 38번) 출제

40 다음 중 음(音)의 크기를 나타내는 단위로만 나열된 것은?

① dB, nit
② phon, lb
③ dB, psi
④ phon, dB

> **해설**
> **단위설명**
> ① 음의 단위 : phon, dB
> ② 휘도의 단위 : nit
> ③ 무게의 단위 : lb
> ④ 압력의 단위 : psi
>
> **참고** 산업안전산업기사 필기 p.2-173(합격날개 : 합격예측)
>
> **KEY** ① 2008년 7월 27일(문제 25번)
> ② 2010년 5월 9일(문제 21번)
> ③ 2022년 4월 24일 기사 출제

3 기계·기구 및 설비안전관리

41 아세틸렌 용접장치의 발생기실을 옥외에 설치한 경우에는 그 개구부는 다른 건축물로부터 몇 [m] 이상 떨어져야 하는가?

① 1
② 1.5
③ 2.5
④ 3

> **해설**
> **발생기실 설치기준**
> ① 사업주는 아세틸렌 용접장치의 아세틸렌 발생기(이하 "발생기"라 한다)를 설치하는 경우에는 전용의 발생기실에 설치하여야 한다.
> ② 발생기실은 건물의 최상층에 위치하여야 하며, 화기를 사용하는 설비로부터 3[m]를 초과하는 장소에 설치하여야 한다.
> ③ 발생기실을 옥외에 설치한 경우에는 그 개구부를 다른 건축물로부터 1.5[m] 이상 떨어지도록 하여야 한다.
>
> **참고** 산업안전산업기사 필기 p.3-116(합격날개 : 합격예측)
>
> **KEY** 2020년 9월 27일 기사 등 10회 이상 출제
>
> **정보제공** 산업안전보건기준에 관한 규칙 제286조(발생기실의 설치장소 등)

42 프레스 작업 중 작업자의 신체일부가 위험한 작업점으로 들어가면 자동적으로 정지되는 기능이 있는데, 이러한 안전대책을 무엇이라고 하는가?

① 풀 프루프(fool proof)
② 페일 세이프(fail safe)
③ 인터록(inter lock)
④ 리미트 스위치(limit switch)

> **해설**
> **풀프루프(fool proof)**
> ① 기계장치 설계단계에서 안전화를 도모하는 것으로 근로자가 기계 등의 취급을 잘 못해도 사고로 연결 되는 일이 없도록 하는 안전기구로 인간과오(human error)를 방지하기 위한 것이다.
> ② 용도는 가드(guard), 세이프티블록(safety block : 안전블록), 카메라의 이중 촬영방지기구 등이 있다.
>
> **참고** 산업안전산업기사 필기 p.3-4(2. fool proof의 기능을 가질 것)
>
> **KEY** ① 2016년 3월 6일 기사 출제
> ② 2023년 6월 4일 기사 등 5회 이상 출제
>
> **보충학습**
> ① 페일 세이프 : 기계나 그 부품에 고장이나 기능 불량이 생겨도 항상 안전하게 작동하는 구조와 기능
> ② 인터록 : 안전한 상태를 확보하도록 한 기계적 전기적 구조로 되어 있는 방호장치로 주어진 조건에 만족하지 않으면 작동할 수 없도록 한 기구
> ③ 리미트 스위치 : 기계의 움직임이 일정한 장소나 위치에 이르게 되면 작동하는 스위치

[**정답**] 39 ④ 40 ④ 41 ② 42 ①

43 500[rpm]으로 회전하는 연삭기의 숫돌지름이 200[mm]일 때 원주속도[m/min]는?

① 628 ② 62.8
③ 314 ④ 31.4

해설
원주속도
$$V = \frac{\pi DN}{1,000} = \frac{3.14 \times 200 \times 500}{1,000} = 314[m/min]$$

참고 산업안전산업기사 필기 p.3-162(문제 17번) 적중
KEY 2018년 3월 4일(문제 41번) 출제

44 선반 작업의 안전사항으로 틀린 것은?

① 베드(bed) 위에 공구를 올려놓지 않아야 한다.
② 바이트를 교환할 때는 기계를 정지시키고 한다.
③ 바이트는 끝을 길게 장치한다.
④ 반드시 보안경을 착용한다.

해설
선반작업시 바이트(bite)도 짧게 장착합니다.

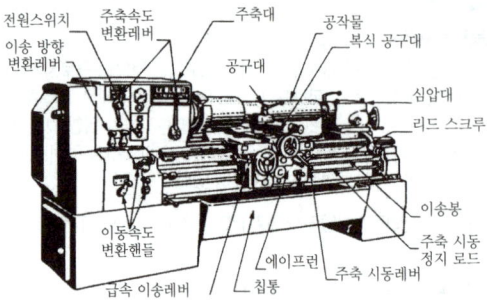

[그림] 선반의 각부 명칭

참고 산업안전산업기사 필기 p.3-84(3. 선반재해 방지대책)
KEY ① 2020년 6월 14일(문제 47번) 출제
② 2023년 2월 28일 기사 출제

45 산업안전보건법령상 양중기의 달기체인에 대한 사용금지 사항으로 틀린 것은?

① 달기체인의 한 꼬임에서 끊어진 소선의 수가 10[%] 이상인 것
② 링의 단면지름이 달기체인이 제조된 때의 해당 링의 지름의 10[%]를 초과하여 감소한 것
③ 달기체인의 길이가 달기체인이 제조된 때의 길이의 5[%]를 초과한 것
④ 균열이 있거나 심하게 변형된 것

해설
달기체인 사용금지 기준
① 달기체인의 길이가 달기체인이 제조된 때의 길이의 5[%]를 초과한 것
② 링의 단면지름이 달기체인이 제조된 때의 해당 링의 지름의 10[%]를 초과하여 감소한 것
③ 균열이 있거나 심하게 변형된 것

KEY ① 2019년 8월 4일 산업기사 출제
② 2020년 6월 14일 산업기사 출제

정보제공 산업안전보건기준에 관한 규칙 제166조(이음매가 있는 와이어로프 등의 사용금지)

46 피복 아크 용접 작업 시 생기는 결함에 대한 설명 중 틀린 것은?

① 스패터(spatter) : 용융된 금속의 작은 입자가 튀어나와 모재에 묻어있는 것
② 언더컷(under cut) : 전류가 과대하고 용접 속도가 너무 빠르며, 아크를 짧게 유지하기 어려운 경우 모재 및 용접부의 일부가 녹아서 발생하는 홈 또는 오목하게 생긴 부분
③ 크레이터(crater) : 용착금속 속에 남아있는 가스로 인하여 생긴 구멍
④ 오버랩(overlap) : 용접봉의 운행이 불량하거나 용접봉의 용융 온도가 모재보다 낮을 때 과잉 용착금속이 남아있는 부분

[정답] 43 ③ 44 ③ 45 ① 46 ③

> [해설]

용접결함

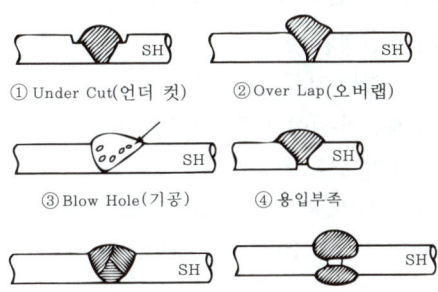

[그림] 용접결함의 종류

 ① 2015년 8월 16일 기사 출제
② 2019년 3월 3일 기사·산업기사 동시 출제
③ 2023년 6월 4일(문제 43번) 출제

> [보충학습]

① 크레이터(Crater) : 용접 길이의 끝부분에 오목하게 파진 부분
② 피트(Pit) : 용착금속 속에 남아있는 가스로 인하여 생긴 구멍

47 컨베이어 작업시작 전 점검해야 할 사항으로 거리가 먼 것은?

① 원동기 및 풀리 기능의 이상 유무
② 이탈 등의 방지장치 기능의 이상 유무
③ 비상정지장치기능의 이상 유무
④ 자동전격방지장치의 이상 유무

> [해설]

컨베이어의 작업시작전 점검사항

① 원동기 및 풀리기능의 이상 유무
② 이탈 등의 방지장치 기능의 이상 유무
③ 비상정지장치 기능의 이상 유무
④ 원동기·회전축·기어 및 풀리 등의 덮개 또는 울 등의 이상 유무

 산업안전산업기사 필기 p.3-54(표. 작업시작전 기계·기구 및 점검내용)

 ① 2017년 8월 26일 기사 출제
② 2018년 3월 4일(문제 43번) 출제

> [정보제공]

산업안전보건기준에 관한 규칙 [별표 3] 작업시작전 점검사항

48 다음 중 연삭기를 이용한 작업을 할 경우 연삭 숫돌을 교체한 후에는 얼마 동안 시험운전을 하여야 하는가?

① 1[분] 이상   ② 3[분] 이상
③ 10[분] 이상   ④ 15[분] 이상

> [해설]

연삭작업의 안전기준

① 덮개의 설치 기준 : 직경이 50[mm] 이상인 연삭숫돌
② 작업 시작하기 전 1[분] 이상, 연삭 숫돌을 교체한 후 3[분] 이상 시운전(숫돌파열이 가장 많이 발생하는 경우는 스위치를 넣는 순간)
③ 시운전에 사용하는 연삭숫돌은 작업시작 전 결함유무 확인 후 사용
④ 연삭숫돌의 최고 사용회전속도 초과 사용금지
⑤ 측면을 사용하는 것을 목적으로 하는 연삭숫돌 이외의 연삭숫돌은 측면 사용금지

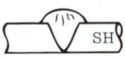 산업안전산업기사 필기 p.3-97(3. 연삭기 구조면에 있어서 안전대책)

 ① 2013년 6월 2일(문제 41번) 출제
② 2013년 8월 18일(문제 55번) 출제
③ 2022년 4월 24일 기사 등 10회 이상 출제

> [합격정보]

산업안전보건기준에 관한 규칙 제122조(연삭숫돌의 덮개 등)

49 보일러에서 압력제한스위치의 역할은?

① 최고사용압력과 상용압력 사이에서 보일러의 버너연소를 차단
② 최고사용압력과 상용압력 사이에서 급수펌프 작동을 제한
③ 최고사용압력 도달 시 과열된 공기를 대기에 방출하여 압력 조절
④ 위험압력 시 버너, 급수펌프 및 고저수위조절장치 등을 통제하여 일정압력 유지

[정답] 47 ④ 48 ② 49 ①

해설

압력제한스위치
① 보일러의 과열방지를 위해 최고사용압력과 상용압력 사이에서 버너연소를 차단할 수 있도록 압력제한스위치 부착 사용
② 압력계가 설치된 배관상에 설치

참고 산업안전산업기사 필기 p.3-124(3. 방호장치의 종류)

KEY ① 2010년 7월 25일(문제 58번) 출제
② 2021년 5월 15일 기사 출제

50 지게차의 안정도 기준으로 틀린 것은?

① 기준부하상태에서 주행시의 전후 안정도는 8[%] 이내이다.
② 하역작업시의 좌우안정도는 최대하중상태에서 포크를 가장 높이 올리고 마스트를 가장 뒤로 기울인 상태에서 6[%] 이내이다.
③ 하역작업시의 전후안정도는 최대하중상태에서 포크를 가장 높이 올린 경우 4[%] 이내이며, 5톤 이상은 3.5[%] 이내이다.
④ 기준무부하상태에서 주행시의 좌우안정도는 $(15+1.1 \times V)[\%]$ 이내이고, V는 구내최고속도(km/h)를 의미한다.

해설

지게차의 안정조건

안정도	도해
하역작업시 전후 안정도 4[%] (5[t] 이상의 것은 3.5[%])	
주행시의 전후 안정도18[%]	

참고 산업안전산업기사 필기 p.3-139(표 : 지게차의 안정조건)

KEY ① 2016년 5월 8일 출제
② 2016년 8월 21일 출제
③ 2017년 3월 5일(문제 43번) 출제

51 산업안전보건법령상 양중기에 사용하지 않아야 하는 달기 체인의 기준으로 틀린 것은?

① 심하게 변형된 것
② 균열이 있는 것
③ 달기 체인의 길이가 달기 체인이 제조된 때의 길이의 3[%]를 초과한 것
④ 링의 단면지름이 달기 체인이 제조된 때의 해당 링의 지름의 10[%]를 초과하여 감소한 것

해설

달기체인의 사용금지 기준
① 달기 체인의 길이가 달기 체인이 제조된 때의 길이의 5[%]를 초과한 것
② 링의 단면지름이 달기 체인이 제조된 때의 해당 링의 지름의 10[%]를 초과하여 감소한 것
③ 균열이 있거나 심하게 변형된 것

참고 산업안전산업기사 필기 p.3-157(합격날개 : 합격예측 및 관련법규)

KEY ① 2019년 8월 4일 (문제 57번) 출제
② 2023년 3월 1일(문제 45번) 확인

정보제공
산업안전보건기준에 관한 규칙 제166조(이음매가 있는 와이어로프등의 사용금지)

52 소성가공의 종류가 아닌 것은?

① 단조　② 압연
③ 인발　④ 연삭

해설

소성과 절삭
① 소성가공 : 재료의 전·연성을 이용(chip이 나오지 않음)
② 절삭가공 : 가공시 칩(chip)이 발생 선반, 밀링, 연삭 등

참고 ① 산업안전산업기사 필기 p.3-92(5. 연삭기)
② 산업안전산업기사 필기 p.3-117(합격날개 : 합격예측)

KEY ① 2016년 3월 6일(문제 52번) 출제
② 2023년 6월 17일 지도사 2차 출제

[정답] 50 ① 51 ③ 52 ④

> **보충학습**
>
> **소성가공의 종류**
> ① 단조가공(forging)
> ② 압연가공(rolling)
> ③ 인발가공(drawing)
> ④ 압출가공(extruding)
> ⑤ 프레스가공(press working)
> ⑥ 전조가공(form rolling)

53 다음 중 목재가공용 둥근톱에 설치해야 하는 분할날의 두께에 관한 설명으로 옳은 것은?

① 톱날 두께의 1.1배 이상이고, 톱날의 치진폭보다 커야 한다.
② 톱날 두께의 1.1배 이상이고, 톱날의 치진폭보다 작아야 한다.
③ 톱날 두께의 1.1배 이내이고, 톱날의 치진폭보다 커야 한다.
④ 톱날 두께의 1.1배 이내이고, 톱날의 치진폭보다 작아야 한다.

> **해설**
>
> **분할날(spreader)의 두께**
> ① 분할날의 두께는 톱날 1.1배 이상이고 톱날의 치진폭 미만으로 할 것
> ② 공식 : $1.1t_1 \leq t_2 < b$

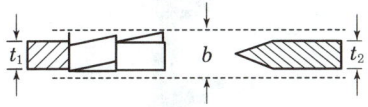

t_1 : 톱날두께 b : 톱날치진폭 t_2 : 분할날두께

> 참고) 산업안전산업기사 필기 p.3-135(ⓒ 분할날의 두께)
>
> KEY ▶ ① 2017년 3월 5일 기사·산업기사 동시 출제
>   ② 2023년 2월 28일 기사 등 5회 이상 출제

54 다음 중 컨베이어(conveyor)의 역전방지장치 형식이 아닌 것은?

① 라쳇식
② 전기브레이크식
③ 램식
④ 롤러식

> **해설**
>
> **역전방지 구분**
>
> | 구분 | 종류 |
> |---|---|
> | 기계적인 것 | 라쳇식, 롤러식, 밴드식, 웜기어 |
> | 전기적인 것 | 전기브레이크, 스러스트브레이크 |
>
> 참고) 산업안전산업기사 필기 p.3-141(4. 컨베이어의 역전방지 장치)
>
> KEY ▶ 2023년 2월 28일 기사 등 10회 이상 출제

55 반복하중을 받는 기계 구조물 설계시 우선 고려해야 할 설계 인자는?

① 극한강도
② 크리프강도
③ 피로한도
④ 항복점

> **해설**
>
> **피로(Fatigue)**
> ① 재료에 반복하여 하중을 가하면, 반복하는 횟수가 많아짐에 따라 재료의 강도가 저하되는 현상
> ② 반복하중 설계시 우선고려인자 : 피로한도
>
> 참고) 산업안전산업기사 필기 p.3-220(1. 용어정의)
>
> KEY ▶ ① 2017년 5월 7일 기사 출제
>   ② 2023년 6월 4일 기사 출제

56 개구부에서 회전하는 롤러의 위험점까지 최단거리가 60[mm]일 때 개구부 간격은?

① 10[mm]
② 12[mm]
③ 13[mm]
④ 15[mm]

> **해설**
>
> **롤러 가드의 개구부 간격**
> $Y = 6 + 0.15X = 6 + 0.15 \times 60 = 15[mm]$
> X : 가드와 위험점 간의 거리(mm : 안전거리)
> Y : 가드 개구부의 간격(mm : 안전간극)
> (단, $X \geq 160[mm]$일 때, $Y = 30[mm]$)
>
> 참고) 산업안전산업기사 필기 p.3-12(합격날개 : 합격예측)

[정답] 53 ② 54 ③ 55 ③ 56 ④

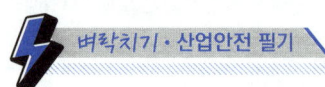

KEY ① 2016년 8월 21일 산업기사 출제
② 2017년 5월 7일 기사 출제
③ 2018년 8월 19일 산업기사 출제
④ 2020년 8월 14일 기사 등 10회 이상 출제

참고 산업안전산업기사 필기 p.3-113(합격날개 : 합격예측 및 관련법규)

KEY ① 2016년 8월 21일 기사 출제
② 2017년 3월 5일 기사·산업기사 동시 출제
③ 2023년 6월 4일 기사 등 10회 이상 출제

합격정보
산업안전보건법 시행령 제77조(자율안전확인대상기계등) 1항 2호 다목

57 보일러수에 불순물이 많이 포함되어 있을 경우, 보일러수의 비등과 함께 수면부위에 거품을 형성하여 수위가 불안정하게 되는 현상은?

① 프라이밍(priming)
② 포밍(foaming)
③ 캐리오버(carry over)
④ 워터해머(water hammer)

해설
포밍발생원인
① 보일러가 과잉 농축되었을 때
② 열부하가 급격하게 변동해 증감될 때
③ 운전 중 수위조절이 원활하게 이루어지지 못한 경우
④ 보일러의 운전 압력을 너무 낮게 설정해 놓았을 때
⑤ 기수분리기의 불량 등 기계적 고장

참고 산업안전산업기사 필기 p.3-119(1. 보일러 이상현상의 종류)

KEY ① 2016년 8월 21일 산업기사 출제
② 2021년 3월 7일 기사 출제

58 롤러기의 방호장치 중 복부조작식 급정지 장치의 설치위치 기준에 해당하는 것은?(단, 위치는 급정지 장치의 조작부의 중심점을 기준으로 한다.)

① 밑면에서 1.8[m] 이상
② 밑면에서 0.8[m] 미만
③ 밑면에서 0.8[m] 이상 1.1[m] 이내
④ 밑면에서 0.4[m] 이상 0.8[m] 이내

해설
급정지 장치의 설치위치

급정지장치 조작부의 종류	위 치
손으로 조작하는 것	밑면에서 1.8[m] 이내
작업자의 복부로 조작하는 것	밑면에서 0.8[m] 이상, 1.1[m] 이내
작업자의 무릎으로 조작하는 것	밑면에서 0.6[m] 이내

59 드릴머신에서 얇은 철판이나 동판에 구멍을 뚫을 때 올바른 작업방법은?

① 테이블에 고정한다.
② 클램프로 고정한다.
③ 드릴 바이스에 고정한다.
④ 각목을 밑에 깔고 기구로 고정한다.

해설
공작물 고정방법
① 얇은 철판은 휘어지므로 각목을 깔고 작업한다.
② 바이스 : 작은 공작물 고정에 사용한다.
③ 볼트와 고정구(클램프) : 공작물이 크고 복잡할 경우 사용한다.
④ 지그 : 대량생산과 정밀도를 요구할 경우 사용한다.

[그림] 직립 드릴링머신

참고 산업안전산업기사 필기 p.3-92(2. 드릴작업 시 안전대책)

KEY ① 2018년 8월 19일 산업기사 출제
② 2021년 5월 15일 기사 출제

[정답] 57 ② 58 ③ 59 ④

60 산업안전보건법령에 따라 압력용기에 설치하는 안전밸브의 설치 및 작동에 관한 설명으로 틀린 것은?

① 다단형 압축기에는 각 단별로 안전밸브 등을 설치하여야 한다.
② 안전밸브는 이를 통하여 보호하려는 설비의 최저사용압력 이하에서 작동되도록 설정하여야 한다.
③ 화학공정 유체와 안전밸브의 디스크 또는 시트가 직접 접촉될 수 있도록 설치된 경우에는 매년 1회 이상 국가교정기관에서 교정을 받은 압력계를 이용하여 검사한 후 납으로 봉인하여 사용한다.
④ 공정안전보고서 이행상태 평가결과가 우수한 사업장의 안전밸브의 경우 검사주기는 4년마다 1회 이상이다.

해설

안전밸브의 작동요건
① 안전밸브 등을 통하여 보호하려는 설비의 최고사용압력 이하에서 작동되도록 하여야 한다.
② 다만, 안전밸브 등이 2개 이상 설치된 경우에 1개는 최고사용압력의 1.05배(외부화재를 대비한 경우에는 1.1배) 이하에서 작동되도록 설치할 수 있다.

참고 산업안전산업기사 필기 p.4-99(합격날개 : 합격예측 및 관련법규)

KEY ① 2014년 3월 2일(문제 51번) 출제
② 2019년 3월 3일(문제 60번) 출제

정보제공 산업안전보건기준에 관한 규칙 제264조(안전밸브 등의 작동요건)

4. 전기 및 화학설비 안전관리

61 전기불꽃이나 과열에 대해서 회로특성상 폭발의 위험을 방지할 수 있는 방폭구조는?

① 내압방폭구조   ② 유입방폭구조
③ 안전증방폭구조   ④ 압력방폭구조

해설

안전증방폭구조(e)
정상 운전중에 폭발성 가스 또는 증기에 점화원이 될 전기불꽃, 아크 또는 고온이 되어서는 안 될 부분에 이런 것의 발생을 방지하기 위하여 기계적, 전기적 구조상 또는 온도상승에 대해서 특히 안전도를 증강시킨 구조

참고 ① 산업안전산업기사 필기 p.4-54(3. 안전증방폭구조)
② 2014년 3월 2일(문제 69번)
③ 2014년 5월 25일(문제 63번)

KEY ① 2013년 6월 2일(문제 69번)
② 2020년 9월 27일 기사 등 5회 이상 출제

62 다음 중 정전기 재해의 방지대책으로 가장 적절한 것은?

① 절연도가 높은 플라스틱을 사용한다.
② 대전하기 쉬운 금속은 접지를 실시한다.
③ 작업장 내의 온도를 낮게 해서 방전을 촉진시킨다.
④ (+), (−) 전하의 이동을 방해하기 위하여 주위의 습도를 낮춘다.

해설

정전기 방지 대책

정전기 방지대책
- 발생 및 대전
  - 접지
  - 정전화, 정전작업복 착용
  - 유속제한, 정치시간 확보
  - 대전방지제 사용
  - 가습
  - 제전기 사용
  - 제조장치 및 탱크의 불활성화
- 전격
  - 대전억제
  - 대전전하의 신속한 누설
- 화재 및 폭발
  - 환기에 의한 위험물질의 제거
  - 집진에 의한 분진의 제거

참고 산업안전산업기사 필기 p.4-36(그림. 정전기방지대책)

KEY ① 2016년 5월 8일 기사 출제
② 2016년 8월 21일 기사 출제
③ 2017년 5월 7일 산업기사 출제
④ 2023년 6월 4일 기사 등 10회 이상 출제

[정답] 60 ② 61 ③ 62 ②

63 근로자가 활선작업용 기구를 사용하여 작업할 경우 근로자의 신체 등과 충전전로 사이의 선간전압별 접근한계거리가 틀린 것은?

① 15[kV] 초과 37[kV] 이하 : 80[cm]
② 37[kV] 초과 88[kV] 이하 : 110[cm]
③ 121[kV] 초과 145[kV] 이하 : 150[cm]
④ 242[kV] 초과 362[kV] 이하 : 380[cm]

해설

충전전로 접근 한계 거리

충전전로의 선간전압 (단위 : [kV])	충전전로에 대한 접근 한계거리 (단위 : [cm])
0.3 이하	접촉금지
0.3 초과 0.75 이하	30
0.75 초과 2 이하	45
2 초과 15 이하	60
15 초과 37 이하	90
37 초과 88 이하	110
88 초과 121 이하	130
121 초과 145 이하	150
145 초과 169 이하	170
169 초과 242 이하	230
242 초과 362 이하	380
362 초과 550 이하	550
550초과 800 이하	790

참고 산업안전산업기사 필기 p.4-89(문제 32번)

KEY ① 2016년 5월 8일 기사 출제
② 2018년 3월 4일 기사 출제
③ 2023년 3월 5일 기사 등 10회 이상 출제

정보제공
산업안전보건기준에 관한 규칙 제321조(충전전로에서의 전기작업)

64 다음 중 전류밀도, 통전전류, 접촉면적과 피부 저항과의 관계를 설명한 것으로 옳은 것은?

① 같은 크기의 전류가 흘러도 접촉면적이 커지면 피부저항은 작게 된다.
② 같은 크기의 전류가 흘러도 접촉면적이 커지면 전류밀도는 커진다.
③ 전류밀도와 접촉면적은 비례한다.
④ 전류밀도와 전류는 반비례한다.

해설
접촉면적이 작으면 피부저항은 크고 접촉면적이 넓으면 피부저항은 작다.

참고 산업안전산업기사 필기 p.4-25(문제 3번)

KEY 2012년 3월 4일(문제 64번) 출제

보충학습

ESR(electric skin resistance)
피부전기저항은 피부에 전류를 흘렸을 때 그에 대항하여 생기는 피부 내의 전기저항

65 다음 중 누전화재라는 것을 입증하기 위한 요건이 아닌 것은?

① 누전점   ② 발화점
③ 접지점   ④ 접속점

해설

전기누전으로 인한 화재의 조사사항
① 누전점 : 전류가 유입된 것으로 예상되는 곳
② 발화점 : 발화된 곳으로 예상되는 장소
③ 접지점 : 접지의 위치 및 저항값의 적정성

참고 산업안전산업기사 필기 p.4-75(합격날개 : 합격예측 및 관련법규)

KEY 2013년 3월 10일(문제 70번) 출제

66 절연체에 발생한 정전기는 일정 장소에 축적되었다가 점차 소멸되는데 처음 값의 몇[%]로 감소되는 시간을 그 물체의 "시정수" 또는 "완화시간" 이라고 하는가?

① 25.8   ② 36.8
③ 45.8   ④ 67.8

해설

시정수(완화시간 : time constant)
① 절연체에 발생한 정전기는 일정장소에 축적되었다가 점차 감소되는데 처음 값의 36.8[%]로 감소되는 시간을 시정수라한다.
② 완화시간은 영전위 소요시간의 1/4~1/15 정도이다.

참고 산업안전산업기사 필기 p.4-33(2. 완화시간)

[정답] 63 ① 64 ① 65 ④ 66 ②

KEY ① 2017년 5월 7일 기사 출제
② 2020년 6월 14일(문제 70번) 출제

67 송전선의 경우 복도체 방식으로 송전하는데 이는 어떤 방전 손실을 줄이기 위한 것인가?

① 코로나방전
② 평등방전
③ 불꽃방전
④ 자기방전

해설

코로나방전(Corona Discharge)
① 국부적으로 전계가 집중되기 쉬운 돌기상 부분에서는 발광방전에 도달하기 전에 먼저 지속방전이 발생하고, 다른 부분은 절연이 파괴되지 않은 상태의 방전이며 국부파괴(Partial Breakdown) 상태이다.
② 공기중 O_3 발생

참고 산업안전산업기사 필기 p.4-34(3. 방전의 형태 및 영향)

KEY ① 2016년 5월 8일 기사·산업기사 동시 출제
② 2017년 3월 5일 기사·산업기사 동시 출제
③ 2023년 2월 28일 기사 출제

68 방폭전기기기를 선정할 경우 고려할 사항으로 가장 거리가 먼 것은?

① 접지공사의 종류
② 가스 등의 발화온도
③ 설치될 지역의 방폭지역 등급
④ 내압방폭구조의 경우 최대 안전틈새

해설

방폭전기기기의 선정시 고려할 사항
① 방폭전기기기가 설치될 지역의 방폭지역 등급 구분
② 가스 등의 발화온도
③ 내압방폭구조의 경우 최대 안전틈새
④ 본질안전방폭구조의 경우 최소 점화전류
⑤ 압력방폭구조, 유입방폭구조, 안전증방폭구조의 경우 최고 표면온도
⑥ 방폭전기기기가 설치될 장소의 주변온도, 표고, 상대습도, 먼지, 부식성 가스 또는 습기등의 환경조건

참고 산업안전산업기사 필기 p.4-61(3. 방폭전기기기의 선정요건)

KEY 2015년 3월 8일(문제 69번) 출제

69 인체가 전격을 당했을 경우 통전시간이 1초라면 심실세동을 일으키는 전류값[mA]은?(단, 심실세동 전류값은 Dalziel의 관계식을 이용한다.)

① 100
② 165
③ 180
④ 215

해설

심실세동(치사)전류

전격의 영향	통전전류(값)
심근의 미세한 진동으로 혈액을 송출하는 펌프의 기능이 장애를 받는 현상을 심실세동이라 하며 이때의 전류	$I = \dfrac{165}{\sqrt{T}}[\text{mA}]$ I : 심실세동전류[mA] T : 통전시간(s)

참고 산업안전산업기사 필기 p.4-17(3. 통전전류에 따른 인체의 영향)

KEY ① 2013년 8월 18일 문제 68번 출제
② 2015년 3월 8일 기사 출제
③ 2017년 3월 5일, 5월 7일 기사 출제
④ 2018년 4월 28일 기사 출제
⑤ 2023년 6월 4일 출제

70 전기설비 등에는 누전에 의한 감전의 위험을 방지하기 위하여 전기기계·기구의 접지를 실시하도록 하고 있다. 전기기계·기구의 접지에 대한 설명 중 틀린 것은?

① 특별고압의 전기를 취급하는 변전소·개폐소 그 밖에 이와 유사한 장소에서는 지락(地絡) 사고가 발생할 경우 접지극의 전위상승에 의한 감전위험을 감소시키기 위한 조치를 하여야 한다.
② 코드 및 플러그를 접속하여 사용하는 전압이 대지전압 110[V]를 넘는 전기기계·기구가 노출된 비충전 금속체에는 접지를 반드시 실시하여야 한다.
③ 접지설비에 대하여는 상시 적정상태 유지여부를 점검하고 이상을 발견한 때에는 즉시 보수하거나 재설치하여야 한다.

[정답] 67 ① 68 ① 69 ② 70 ②

④ 전기기계·기구의 금속체 외함·금속제 외피 및 철대에는 접지를 실시하여야 한다.

해설

누전차단기를 설치하여야 되는 장소
① 전기기계·기구 중 대지전압이 150[V]를 초과하는 이동형 또는 휴대형의 것
② 물 등 도전성이 높은 액체에 의한 습윤장소
③ 철판·철골 위 등 도전성이 높은 장소
④ 임시배선의 전로가 설치되는 장소

참고 산업안전산업기사 필기 p.4-6(2. 누전차단기 설치 장소)

KEY ① 2019년 8월 4일 (문제 62번) 출제
② 2020년 6월 14일(문제 70번) 출제

합격정보
산업안전보건기준에 관한 규칙 제304조(누전차단기에 의한 감전방지)

---

71 소화방법에 대한 주된 소화원리로 틀린 것은?

① 물을 살포한다. : 냉각소화
② 모래를 뿌린다. : 질식소화
③ 초를 불어서 끈다. : 억제소화
④ 담요로 덮는다. : 질식소화

해설

제거소화
가연물(연료)을 제거하거나 가연성 액체의 농도를 희석시켜 연소를 저지하는 것을 말한다.
① 촛불 : 고체파라핀의 액체상태 표면에서 발생한 증기가 연소하는 것으로 입김으로 가연성 증기를 날려보냄으로써 소화
② 유전화재 : 발생증기의 연소이므로 폭약을 사용하여 순간적으로 폭풍을 일으켜 발생증기를 날려보냄으로써 소화
③ 산불 : 화재진행방향의 나무를 잘라 제거
④ 가스화재 : 밸브를 잠그고 가스공급을 차단
⑤ 전기화재 : 전원을 차단

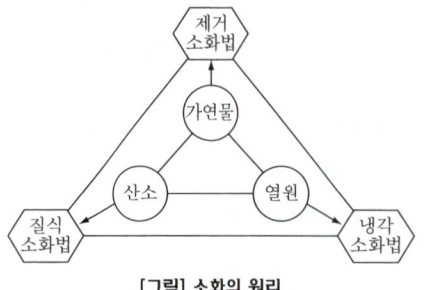

[그림] 소화의 원리

참고 산업안전산업기사 필기 p.4-106(2. 소화의 종류)

KEY ① 2014년 8월 17일(문제 73번) 출제
② 2021년 3월 7일 기사 출제

---

72 다음 중 분진폭발의 가능성이 가장 낮은 물질은?

① 소맥분   ② 마그네슘
③ 질석가루   ④ 석탄

해설

분진 폭발 물질
① 금속 : Al, Mg, Fe, Mn, Si, Sn
② 분말 : 티탄, 바나듐, 아연, Dow합금
③ 농산물 : 밀가루, 녹말, 솜, 쌀, 콩, 코코아, 커리

참고 산업안전산업기사 필기 p.4-103(표. 증기폭발, 분진폭발, 분해폭발)

KEY ① 2016년 5월 8일 기사 출제
② 2017년 8월 26일 기사 출제

보충학습

질석
① 질석은 퍼미큐라이트 라고 하는 건축용자재로서 파종이나 삽목에 토양으로 사용하는 재료
② 주로 펄라이트와 배합을 해서 사용

---

73 산업안전보건법령에서 정한 위험물질의 종류에서 "물반응성 물질 및 인화성 고체"에 해당하는 것은?

① 니트로화합물   ② 과염소산
③ 아조화합물   ④ 칼륨

해설

물반응성 물질 및 인화성 고체의 종류
① 리튬
② 칼륨·나트륨
③ 황
④ 황린
⑤ 황화인·적린
⑥ 셀룰로이드류
⑦ 알킬알루미늄 및 알킬리튬
⑧ 마그네슘 분말
⑨ 금속 분말(마그네슘 분말은 제외한다)

[정답] 71 ③ 72 ③ 73 ④

⑩ 알칼리금속(리튬·칼륨 및 나트륨은 제외한다)
⑪ 유기 금속화합물(알킬알루미늄 및 알킬리튬은 제외한다)
⑫ 금속의 수소화물
⑬ 금속의 인화물
⑭ 칼슘 탄화물, 알루미늄 탄화물
⑮ 그 밖에 ①항 부터 ⑩항 까지의 물질과 같은 정도의 발화성 또는 인화성이 있는 물질
⑯ ①항 부터 ⑮항 까지의 물질을 함유한 물질

참고) 산업안전산업기사 필기 p.4-129(2. 물 반응성 물질 및 인화성 고체)

KEY▶ 2017년 3월 5일(문제 72번) 출제

정보제공
산업안전보건기준에 관한규칙 [별표 1] 위험물질의 종류

74 건조설비구조에 관한 설명으로 옳지 않은 것은?

① 건조설비의 외면은 불연성 재료로 한다.
② 위험물 건조설비의 측벽이나 바닥은 견고한 구조로 한다.
③ 건조설비의 내부는 청소할 수 있는 구조로 되어서는 안 된다.
④ 건조설비의 내부 온도는 국부적으로 상승되는 구조로 되어서는 안 된다.

해설
건조설비 내부는 청소하기 쉬운 구조로 할 것

참고) 산업안전산업기사 필기 p.4-148(합격날개 : 합격예측 및 관련법규)

KEY▶ 2015년 3월 8일 출제

보충학습
건조설비의 구조 등
사업주는 건조설비를 설치하는 경우에 다음 각 호와 같은 구조로 설치하여야 한다. 다만, 건조물의 종류, 가열건조의 정도, 열원(熱源)의 종류 등에 따라 폭발이나 화재가 발생할 우려가 없는 경우에는 그러하지 아니하다.
① 건조설비의 바깥 면은 불연성 재료로 만들 것
② 건조설비(유기과산화물을 가열 건조하는 것은 제외한다)의 내면과 내부의 선반이나 틀은 불연성 재료로 만들 것
③ 위험물 건조설비의 측벽이나 바닥은 견고한 구조로 할 것
④ 위험물 건조설비는 그 상부를 가벼운 재료로 만들고 주위상황을 고려하여 폭발구를 설치할 것
⑤ 위험물 건조설비는 건조하는 경우에 발생하는 가스·증기 또는 분진을 안전한 장소로 배출시킬 수 있는 구조로 할 것
⑥ 액체연료 또는 인화성 가스를 열원의 연료로 사용하는 건조설비는 점화하는 경우에는 폭발이나 화재를 예방하기 위하여 연소실이나 그 밖에 점화하는 부분을 환기시킬 수 있는 구조로 할 것
⑦ 건조설비의 내부는 청소하기 쉬운 구조로 할 것
⑧ 건조설비의 감시창·출입구 및 배기구 등과 같은 개구부는 발화 시에 불이 다른 곳으로 번지지 아니하는 위치에 설치하고 필요한 경우에는 즉시 밀폐할 수 있는 구조로 할 것
⑨ 건조설비는 내부의 온도가 국부적으로 상승하지 아니하는 구조로 설치할 것
⑩ 위험물 건조설비 열원으로서 직화를 사용하지 아니할 것
⑪ 위험물 건조설비가 아닌 건조설비의 열원으로서 직화를 사용하는 경우에는 불꽃 등에 의한 화재를 예방하기 위하여 덮개를 설치하거나 격벽을 설치할 것

75 다음 중 폭발한계에 영향을 주는 요소에 관한 설명으로 틀린 것은?

① 일반적으로 폭발범위는 온도상승에 의해서 넓게 된다.
② 폭발하한값은 일반적으로 압력상승에 따라 증가한다.
③ 폭발상한값은 산소농도가 증가하면 현저히 증가한다.
④ 폭발범위는 위쪽으로 전파하는 화염에서 측정할 경우 가장 넓은 값이 나온다.

해설
인화성 가스의 폭발범위
① 폭발한계(연소범위)란 인화성 물질이 기체상태에서 공기와 혼합하여 일정농도 범위내에서 연소가 일어나는 범위를 말한다.(인화성 가스와 공급 혼합비)
② 폭발한계는 하한계(하한값)와 상한계(상한값)로 표시한다.
③ 상한계란 용량으로 연소가 계속되는 최대용량비를 말한다.
④ 하한계란 용량으로 연소가 계속되는 최저용량비를 말한다.
⑤ 위험성은 하한계가 낮으면 낮을수록 연소범위가 넓으면 넓을수록 위험하다.
⑥ 압력상승 시는 하한계는 불변, 상한계만 상승한다.

참고) 산업안전산업기사 필기 p.4-118(문제 17번)

KEY▶ 2011년 3월 20일(문제 78번) 출제

[정답] 74 ③ 75 ②

76 물질안전보건자료(MSDS)의 작성 항목이 아닌 것은?

① 물리화학적 특성
② 유해물질의 제조법
③ 독성에 관한 정보
④ 응급처치요령

해설

MSDS(물질안전보건자료) 작성 항목
① 물리·화학적 특성
② 독성에 관한 정보
③ 폭발·화재 시의 대처방법
④ 응급처치 요령
⑤ 그 밖에 고용노동부장관이 정하는 사항

참고
① 산업안전보건법 제110조(물질안전보건자료의 작성·비치 등)
② 산업안전보건법 시행규칙 제156조(변경이 필요한 물질안전보건자료의 항목 및 제출시기)
③ 산업안전산업기사 필기 p.1-233[6.MSDS (물질 안전보건자료)의 작성·비치]

KEY
① 2010년 7월 25일(문제 73번) 출제
② 2014년 3월 2일(문제 76번) 출제

77 여러 가지 성분의 액체 혼합물을 각 성분별로 분리하고자 할 때 비점의 차이를 이용하여 분리하는 화학설비를 무엇이라 하는가?

① 건조기
② 반응기
③ 진공관
④ 증류탑

해설

증류탑(Distillation tower)
① 용액의 성분을 증발시켜서 끓는 점 차이를 이용하여 증발분을 응축하여 원하는 성분별로 분류하는 기기
② 운전개시 전 탑 내의 잔류산소 : 2[%] 이하

참고 산업안전산업기사 필기 p.4-145(2. 증류탑)

KEY 2017년 3월 5일 기사·산업기사 동시 출제

78 배관용 부품에 있어 사용되는 용도가 다른 것은?

① 엘보(elbow)
② 티이(T)
③ 크로스(cross)
④ 밸브(valve)

해설

배관부품용도

용도	종류
두 개의 관을 연결할 때	플랜지, 유니언, 커플링, 니플, 소켓
관로의 방향을 바꿀 때	엘보, Y지관, 티, 십자
관로의 크기를 바꿀 때	축소관, 부싱
가지관을 설치할 때	티(T), Y지관, 십자
유로를 차단할 때	플러그, 캡, 밸브
유량 조절	밸브

참고 산업안전산업기사 필기 p.4-152(합격날개 : 합격예측)

KEY 2023년 2월 28일 기사 등 10회 이상 출제

79 다음 중 산업안전보건기준에 관한 규칙에서 규정하는 급성 독성 물질에 해당되지 않는 것은?

① 쥐에 대한 경구투입실험에 의하여 실험동물의 50[%]를 사망시킬 수 있는 물질의 양이 [kg]당 300[mg]-(체중) 이하인 화학물질
② 쥐에 대한 경피흡수실험에 의하여 실험동물의 50[%]를 사망시킬 수 있는 물질의 양이 [kg]당 1,000[mg]-(체중) 이하인 화학물질
③ 토끼에 대한 경피흡수실험에 의하여 실험동물의 50[%]를 사망시킬 수 있는 물질의 양이 [kg]당 1,000[mg]-(체중) 이하인 화학물질
④ 쥐에 대한 4시간 동안의 흡입실험에 의하여 실험동물의 50[%]를 사망시킬 수 있는 가스의 농도가 3,000[ppm] 이상인 화학물질

해설

독성 물질 시험
① 쥐에 대한 경구 투입실험에 의하여 실험동물의 50[%]를 사망시킬 수 있는 물질의 양
② 즉 LD_{50}(경구, 쥐)이 킬로그램당(체중) 300[mg] 이하인 화학물질

참고 산업안전산업기사 필기 p.4-130(6. 급성독성물질)

[정답] 76 ② 77 ④ 78 ④ 79 ④

KEY ① 2018년 3월 4일 (문제 77번) 출제
② 2020년 6월 14일(문제 80번) 출제

정보제공
산업안전보건기준에 관한 규칙 [별표 1] 위험물질의 종류

80 건조설비의 사용에 있어 500~800[℃]범위의 온도에 가열된 스테인리스강에서 주로 일어나며, 탄화크롬이 형성되었을 때 결정경계면의 크롬함유량이 감소하여 발생되는 부식형태는?

① 전면부식 ② 층상부식
③ 입계부식 ④ 격간부식

해설
입계부식 방지법
① 고온 용체화 : (용접후) 1,000[℃]이상의 고온 처리(탄화물을 분해)후 급냉 (수냉) → Cr탄화물이 재용해되어 고용체가 된다.
② 안정화 : Cr보다 탄화물 생성이 용이한 합금원소(347형과 321형에 Nb와 Ti)를 첨가해 Cr탄화물이 형성되지 못하게
③ 저탄소화(0.03[%])이하 : (Cr탄화물이 형성하지 않을 정도로) 탄소 함량을 0.03wt[%] 이하로 낮추어 크롬탄화물이 생성되는 것을 방지
  예) 304L 스테인리스강

참고 산업안전산업기사 필기 p.4-189(합격날개 : 은행문제)

KEY ① 2015년 8월 16일(문제 76번) 출제
② 2019년 3월 3일(문제 79번) 출제

보충학습
① 전면부식 : 금속의 표면이 거의 균일하게 침식되는 현상
② 층상부식 : 압연, 압출 등의 가공에 의해 생긴 층상의 조직에 따라 생기는 부식현상

5 건설공사 안전관리

81 깊이 10.5[m] 이상의 굴착공사시 흙막이 구조의 안전을 위하여 설치하여야 할 계측기가 아닌 것은?

① 양중기 ② 수위계
③ 경사계 ④ 응력계

해설
계측기의 종류
① 수위계   ② 경사계
③ 하중 및 침하계 ④ 응력계

KEY ① 2010년 3월 7일(문제 81번) 출제
② 2017년 3월 5일(문제 82번) 출제

정보제공
굴착공사표준안전작업지침 제15조(착공전조사) : 2023년 7월 1일 법 개정

82 안전난간의 구조 및 설치기준으로 옳지 않은 것은?

① 안전난간은 상부난간대, 중간난간대, 발끝막이판, 난간기둥으로 구성할 것
② 상부난간대와 중간난간대의 난간 길이 전체에 걸쳐 바닥면 등과 평행을 유지할 것
③ 발끝막이판은 바닥면 등으로부터 10[cm] 이상의 높이를 유지할 것
④ 안전난간은 구조적으로 가장 취약한 지점에서 가장 취약한 방향으로 작용하는 80[kg] 이상의 하중에 견딜 수 있는 튼튼한 구조일 것

해설
안전난간의 구조 및 설치기준
① 상부난간대, 중간난간대, 발끝막이판 및 난간기둥으로 구성할 것. 다만, 중간난간대, 발끝막이판 및 난간기둥은 이와 비슷한 구조와 성능을 가진 것으로 대체할 수 있다.
② 상부난간대는 바닥면·발판 또는 경사로의 표면(이하 "바닥면 등"이라 한다)으로부터 90[cm] 이상 지점에 설치하고, 상부 난간대를 120[cm] 이하에 설치하는 경우에는 중간난간대는 상부 난간대와 바닥면 등의 중간에 설치하여야 하며, 120 [cm] 이상 지점에 설치하는 경우에는 중간 난간대를 2단 이상으로 균등하게 설치하고 난간의 상하 간격은 60[cm] 이하가 되도록 할 것
③ 발끝막이판은 바닥면 등으로부터 10[cm] 이상의 높이를 유지할 것. 다만, 물체가 떨어지거나 날아올 위험이 없거나 그 위험을 방지할 수 있는 망을 설치하는 등 필요한 예방 조치를 한 장소는 제외한다.
④ 난간기둥은 상부난간대와 중간난간대를 견고하게 떠받칠 수 있도록 적정한 간격을 유지할 것
⑤ 상부난간대와 중간난간대는 난간 길이 전체에 걸쳐 바닥면 등과 평행을 유지할 것

[정답] 80 ③ 81 ① 82 ④

⑥ 난간대는 지름 2.7[cm] 이상의 금속제 파이프나 그 이상의 강도가 있는 재료일 것
⑦ 안전난간은 구조적으로 가장 취약한 지점에서 가장 취약한 방향으로 작용하는 100[kg] 이상의 하중에 견딜 수 있는 튼튼한 구조일 것

참고 ▶ 산업안전산업기사 필기 p.5-151(합격날개 : 합격예측 및 관련법규)

KEY ▶ 2023년 2월 28일 기사 등 5회 이상 출제

정보제공 ▶ 산업안전보건기준에 관한 규칙 제13조(안전난간의 구조 및 설치요건)

83 화물을 적재하는 경우 준수하여야 할 사항으로 옳지 않은 것은?

① 침하 우려가 없는 튼튼한 기반 위에 적재할 것
② 화물의 압력정도와 관계없이 건물의 벽이나 칸막이 등을 이용하여 화물을 기대어 적재할 것
③ 하중이 한쪽으로 치우치지 않도록 쌓을 것
④ 불안정할 정도로 높이 쌓아 올리지 말 것

해설
화물 적재시 준수사항
① 침하의 우려가 없는 튼튼한 기반위에 적재할 것
② 건물의 칸막이나 벽 등이 화물의 압력에 견딜만큼의 강도를 지니지 아니한 때에는 칸막이나 벽에 기대어 적재하지 않도록 할 것
③ 불안정할 정도로 높이 쌓아 올리지 말 것
④ 하중이 한쪽으로 치우치지 않도록 쌓을 것

참고 ▶ 산업안전산업기사 필기 p.5-184(합격날개 : 합격예측 및 관련법규)

KEY ▶ ① 2017년 8월 26일 산업기사 출제
② 2019년 4월 27일 기사 출제

정보제공 ▶ 산업안전보건기준에 관한 규칙 제393조(화물의 적재)

84 이동식 비계 작업 시 주의사항으로 옳지 않은 것은?

① 비계의 최상부에서 작업을 하는 경우에는 안전난간을 설치한다.
② 이동 시 작업지휘자가 이동식 비계에 탑승하여 이동하며 안전여부를 확인하여야 한다.
③ 비계를 이동시키고자 할 때는 바닥의 구멍이나 머리 위의 장애물을 사전에 점검한다.
④ 작업발판은 항상 수평을 유지하고 작업발판 위에서 안전난간을 딛고 작업을 하거나 받침대 또는 사다리를 사용하여 작업하지 않도록 한다.

해설
비계 이동시 작업지휘나 작업원이 탄채로 이동하면 안된다.

[그림] 이동식 비계

참고 ▶ 산업안전산업기사 필기 p.5-96(4. 이동식 비계)

KEY ▶ ① 2011년 8월 21일(문제 81번) 출제
② 2020년 6월 14일(문제 85번) 출제

정보제공 ▶ 산업안전보건기준에 관한 규칙 제68조(이동식비계)

85 해체용 기계·기구의 취급에 대한 설명으로 틀린 것은?

① 해머는 적절한 직경과 종류의 와이어로프에 매달아 사용해야 한다.
② 압쇄기는 셔블(shovel)에 부착설치하여 사용한다.
③ 차체에 무리를 초래하는 중량의 압쇄기 부착을 금지한다.
④ 해머 사용 시 충분한 견인력을 갖춘 도저에 부착하여 사용한다.

[정답] 83 ② 84 ② 85 ④

해설

해체용 기계·기구의 안전기준
① 해머는 적절한 직경과 종류의 와이어로프에 매달아 사용해야 한다.
② 압쇄기는 셔블(shovel)에 부착설치하여 사용한다.
③ 차체에 무리를 초래하는 중량의 압쇄기 부착을 금지한다.
④ 해머는 이동식 크레인에 부착한다.

참고 산업안전산업기사 필기 p.5-139(3. 철해머)

KEY 2015년 3월 8일(문제 89번) 출제

86 철근콘크리트공사에서 슬래브에 대하여 거푸집동바리를 설치할 때 고려해야 할 사항으로 가장 거리가 먼 것은?

① 철근콘크리트의 고정하중
② 타설시의 충격하중
③ 콘크리트의 측압에 의한 하중
④ 작업인원과 장비에 의한 하중

해설

연직방향 하중
① 타설콘크리트 고정하중
② 타설시 충격하중
③ 작업원 등의 작업하중

참고 산업안전산업기사 필기 p.5-146(1. 연직방향 하중)

KEY 2015년 3월 8일(문제 89번) 출제

보충학습
연직하중(W) = 고정하중 + 활하중
  = (콘크리트 + 거푸집)중량 + (충격 + 작업)하중
  = ($r \cdot t$ + 40)[kg/m²] + 250[kg/m²]
(r : 철근콘크리트 단위중량[kg/m³], t : 슬래브 두께[m])

87 산업안전보건관리비 중 안전시설비 등의 항목에서 사용가능한 내역은?

① 외부인 출입금지, 공사장 경계표시를 위한 가설울타리
② 용접 작업 등 화재 위험작업 시 사용하는 소화기의 구입·임대비용
③ 절토부 및 성토부 등의 토사유실 방지를 위한 설비
④ 공사 목적물의 품질 확보 또는 건설장비 자체의 운행 감시, 공사 진척상황 확인, 방범 등의 목적을 가진 CCTV 등 감시용 장비

해설

안전시설비 사용가능내역
① 산업재해 예방을 위한 안전난간, 추락방호망, 안전대 부착설비, 방호장치(기계·기구와 방호장치가 일체로 제작된 경우, 방호장치 부분의 가액에 한함)등 안전시설의 구입·임대 및 설치를 위해 소요되는 비용
② 「건설기술진흥법」제62조의3에 따른 스마트 안전방비 구입·임대 비용의 5분의 1에 해당하는 비용. 다만, 제4조에 따라 계상된 안전보건관리비 총액의 10분의 1을 초과할 수 없다.
③ 용접 작업 등 화재 위험작업 시 사용하는 소화기의 구입·임대 비용

KEY ① 2017년 5월 7일 기사 출제
  ② 2018년 3월 4일 기사 출제
  ③ 2019년 3월 3일(문제 92번) 출제

정보제공
고용노동부고시 2025-11(2025.2.12) 개정

88 철근을 인력으로 운반할 때의 주의사항으로서 옳지 않은 것은?

① 긴 철근은 2[인] 1[조]가 되어 어깨메기로 하여 운반한다.
② 긴 철근을 부득이 1[인]이 운반할 때는 철근의 한쪽을 어깨에 메고 다른 한쪽 끝을 땅에 끌면서 운반한다.
③ 1[인]이 1회에 운반할 수 있는 적당한 무게한도는 운반자의 몸무게 정도이다.
④ 운반시에는 항상 양끝을 묶어 운반한다.

해설

철근 인력 운반 시 주의사항
① 1[인]당 무게는 25[kg] 정도가 적절하며, 무리한 운반을 삼가야 한다.
② 2[인] 이상이 1[조]가 되어 어깨메기로 하여 운반하는 등 안전을 도모하여야 한다.
③ 긴 철근을 부득이 한 사람이 운반하는 경우에는 한쪽을 어깨에 메고 한쪽 끝을 끌면서 운반하여야 한다.
④ 운반하는 경우에는 양끝을 묶어 운반하여야 한다.

[정답] 86 ③ 87 ② 88 ③

⑤ 내려놓을 때는 천천히 내려놓고 던지지 않아야 한다.
⑥ 공동 작업을 하는 경우에는 신호에 따라 작업을 하여야 한다.

참고 산업안전산업기사 필기 p.5-205(문제 59번)

KEY 2011년 3월 20일(문제 95번) 출제

89 철골작업을 중지하여야 하는 풍속과 강우량 기준으로 옳은 것은?

① 풍속 : 10[m/sec] 이상, 강우량 : 1[mm/h] 이상
② 풍속 : 5[m/sec] 이상, 강우량 : 1[mm/h] 이상
③ 풍속 : 10[m/sec] 이상, 강우량 : 2[mm/h] 이상
④ 풍속 : 5[m/sec] 이상, 강우량 : 2[mm/h] 이상

해설
작업중지기준

구분	일반 작업	철골 공사
강풍	10분간 평균풍속이 10[m/sec] 이상	평균풍속이 10[m/sec] 이상
강우	1회 강우량이 50[mm] 이상	1시간당 강우량이 1[mm] 이상
강설	1회 강설량이 25[cm] 이상	1시간당 강설량이 1[cm] 이상

참고 산업안전산업기사 필기 p.5-148(표. 악천후 시 작업중지 기준)

KEY
① 2016년 5월 8일 기사·산업기사 동시 출제
② 2016년 10월 1일 산업기사 출제
③ 2017년 5월 7일 기사 출제
④ 2017년 9월 23일 산업기사 출제
⑤ 2023년 2월 28일 기사 등 10회 이상 출제

정보제공 산업안전보건기준에 관한 규칙 제383조(작업의 제한)

90 흙의 동상방지대책으로 틀린 것은?

① 동결되지 않은 흙으로 치환하는 방법
② 흙속의 단열재료를 매입하는 방법
③ 지표의 흙을 화학약품으로 처리하는 방법
④ 세립토층을 설치하여 모관수의 상승을 촉진시키는 방법

해설
흙의 동상방지대책
① 배수구를 설치하여 지하수위를 낮춘다.
② 지하수 상승을 방지하기 위해 차단층(콘크리트, 아스팔트, 모래 등)을 설치한다.
③ 흙속에 단열재료를 넣는다.
④ 동결심도 상부의 흙을 비동결 흙으로 치환한다.
⑤ 흙을 화학약품 처리하여 동결온도를 내린다.(지표의 흙만 화학처리)

참고 산업안전산업기사 필기 p.5-76(문제 2번)

KEY 2015년 3월 8일(문제 93번) 출제

91 강관틀비계의 높이가 20[m]를 초과하는 경우 주틀간의 간격은 최대 얼마 이하로 사용해야 하는가?

① 1.0[m]   ② 1.5[m]
③ 1.8[m]   ④ 2.0[m]

해설
강관틀 비계의 높이가 20[m] 초과시 주틀간의 간격 : 1.8[m] 이하

참고 ① 산업안전산업기사 필기 p.5-96(② 조립)
② 산업안전산업기사 필기 p.5-101(합격날개 : 합격예측 및 관련법규)

KEY 2019년 3월 3일(문제 97번) 출제

정보제공 산업안전보건기준에 관한 규칙 제62조(강관틀비계)

92 유해위험방지계획서 제출대상 공사에 해당하는 것은?

① 지상높이가 21[m]인 건축물 해체공사
② 최대지간거리가 50[m]인 다리의 건설공사
③ 연면적 5,000[m²]인 동물원 건설공사
④ 깊이가 9[m]인 굴착공사

[**정답**] 89 ① 90 ④ 91 ③ 92 ②

해설

유해위험방지계획서 제출대상 건설공사

(1) 건축물 또는 시설 등의 건설·개조 또는 해체공사
　가. 지상높이가 31미터 이상인 건축물 또는 인공구조물
　나. 연면적 3만제곱미터 이상인 건축물
　다. 연면적 5천제곱미터 이상인 시설
　　① 문화 및 집회시설(전시장 및 동물원·식물원은 제외한다)
　　② 판매시설, 운수시설(고속철도의 역사 및 집배송시설은 제외한다)
　　③ 종교시설
　　④ 의료시설 중 종합병원
　　⑤ 숙박시설 중 관광숙박시설
　　⑥ 지하도상가
　　⑦ 냉동·냉장 창고시설
(2) 연면적 5천제곱미터 이상인 냉동·냉장 창고시설의 설비공사 및 단열공사
(3) 최대지간길이가 50[m] 이상인 다리건설 등 공사
(4) 터널건설 등의 공사
(5) 다목적댐, 발전용댐 및 저수용량 2천만톤 이상의 용수전용댐, 지방상수도 전용댐 건설 등의 공사
(6) 깊이 10[m] 이상인 굴착공사

참고 산업안전산업기사 필기 p.2-44(3. 유해·위험방지계획서 제출대상 건설공사)

KEY 2022년 4월 24일 기사 등 10회 이상 출제

---

93 다음에서 설명하고 있는 건설장비의 종류는?

> 앞뒤 두 개의 차륜이 있으며(2축 2륜), 각각의 차축이 평행으로 배치된 것으로 찰흙, 점성토 등의 두꺼운 흙을 다짐하는데 적당하나 단단한 각재를 다지는 데는 부적당하며 머캐덤 롤러 다짐 후의 아스팔트 포장에 사용된다.

① 클램쉘　　　　② 탠덤 롤러
③ 트랙터 셔블　　④ 드래그 라인

해설

탠덤 롤러(Tandem Roller)
도로용 롤러이며, 2륜으로 구성되어 있고, 아스팔트 포장의 끝손질 점성토 다짐에 사용된다.

참고 산업안전산업기사 필기 p.5-74(2. 전압식 다짐장비)

KEY 2017년 3월 5일(문제 94번) 출제

---

94 다음 그림은 풍화암에서 토사붕괴를 예방하기 위한 기울기를 나타낸 것이다. x의 값은?

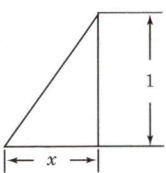

① 1.0　　　　② 0.8
③ 0.5　　　　④ 0.3

해설

굴착면의 기울기 기준

지반의 종류	굴착면의 기울기
모래	1 : 1.8
연암 및 풍화암	1 : 1.0
경암	1 : 0.5
그 밖의 흙	1 : 1.2

예 ① 1 : 0.5　　② 1 : 1

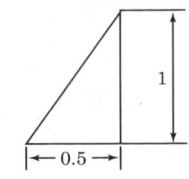 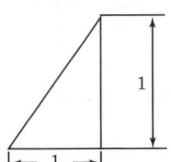

③ 1 : 1.8

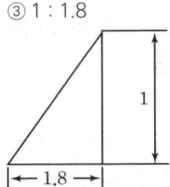

참고 산업안전산업기사 필기 p.5-56(표. 굴착면의 기울기 기준)

KEY
① 2016년 5월 8일 기사·산업기사 동시 출제
② 2017년 3월 5일 기사 출제
③ 2017년 9월 23일 기사 출제
④ 2018년 8월 19일 산업기사 출제
⑤ 2019년 4월 27일 기사·산업기사 동시 출제
⑥ 2023년 2월 28일 기사 출제

정보제공
산업안전보건기준에 관한 규칙 [별표 11] 굴착면의 기울기 기준

[**정답**] 93 ②　94 ①

95 흙막이지보공을 설치하였을 때 정기적으로 점검하고 이상을 발견하면 즉시 보수하여야 하는 사항으로 거리가 먼 것은?

① 부재의 손상 변형, 부식, 변위 및 탈락의 유무와 상태
② 부재의 접속부, 부착부 및 교차부의 상태
③ 침하의 정도
④ 발판의 지지 상태

해설

흙막이지보공 정기점검사항
① 부재의 손상·변형·부식·변위 및 탈락의 유무와 상태
② 버팀대의 긴압의 정도
③ 부재의 접속부·부착부 및 교차부의 상태
④ 침하의 정도

참고 산업안전산업기사 필기 p.5-106(합격날개 : 합격예측 및 관련 법규)

KEY
① 2017년 3월 5일 기사 출제
② 2017년 9월 23일 기사 출제
③ 2019년 3월 3일 기사·산업기사 동시 출제
④ 2023년 2월 28일 기사 출제

정보제공 산업안전보건기준에 관한 규칙 제347조(붕괴등의 위험방지)

96 다음은 지붕 위에서의 위험방지를 위한 내용이다. 빈칸에 알맞은 수치로 옳은 것은?

슬레이트, 선라이트(sunlight)등 강도가 약한 재료로 덮은 지붕 위에서 작업을 할 때에 발이 빠지는 등 근로자가 위험해질 우려가 있는 경우 폭 ( ) 이상의 발판을 설치하거나 안전방망을 치는 등 위험을 방지하기 위하여 필요한 조치를 하여야 한다.

① 20[cm]   ② 25[cm]
③ 30[cm]   ④ 40[cm]

해설
슬레이트 및 선라이트 작업시 작업발판 폭 : 30[cm]이상

참고 산업안전산업기사 필기 p.5-149(합격날개 : 합격예측 및 관련 법규)

KEY 2019년 4월 27일 산업기사 등 5회 이상 출제

정보제공 산업안전보건기준에 관한 규칙 제45조(지붕 위에서의 위험 방지)

보충학습
사업주는 슬레이트, 선라이트(sunlight) 등 강도가 약한 재료로 덮은 지붕 위에서 작업을 할 때에 발이 빠지는 등 근로자가 위험해질 우려가 있는 경우 폭 30[cm] 이상의 발판을 설치하거나 안전방망을 치는 등 위험을 방지하기 위하여 필요한 조치를 하여야 한다.

97 강관비계 중 단관비계의 조립간격(벽체와의 연결간격)으로 옳은 것은?

① 수직방향 : 6[m], 수평방향 : 8[m]
② 수직방향 : 5[m], 수평방향 : 5[m]
③ 수직방향 : 4[m], 수평방향 : 6[m]
④ 수직방향 : 8[m], 수평방향 : 6[m]

해설

강관비계 및 통나무비계 조립 간격

구 분	조립 간격(단위:m)	
	수직방향	수평방향
단관비계	5	5
틀비계(높이가 5[m] 미만의 것을 제외한다.)	6	8
통나무비계(외줄, 쌍줄, 돌출 비계)	5.5	7.5

참고 산업안전산업기사 필기 p.5-127(문제 35번)

KEY
① 2004년 5월 23일(문제 93번) 출제
② 2014년 3월 2일(문제 90번) 출제

98 옹벽 축조를 위한 굴착작업에 대한 다음 설명 중 옳지 않은 것은?

① 수평방향으로 연속적으로 시공한다.
② 하나의 구간을 굴착하면 방치하지 말고 기초 및 본체구조물 축조를 마무리한다.

[정답] 95 ④   96 ③   97 ②   98 ①

③ 절취경사면에 전석, 낙석의 우려가 있고 혹은 장기간 방치할 경우에는 숏크리트, 록볼트, 캔버스 및 모르타르 등으로 방호한다.
④ 작업위치의 좌우에 만일의 경우에 대비한 대피통로를 확보하여 둔다.

해설

옹벽축조시공시 굴착기준
① 수평방향의 연속시공을 금하며, 블럭으로 나누어 단위시공 단면적을 최소화하여 분단시공을 한다.
② 하나의 구간을 굴착하면 방치하지 말고 기초 및 본체구조물 축조를 마무리한다.
③ 절취경사면에 전석, 낙석의 우려가 있고 혹은 장기간 방치할 경우에는 숏크리트, 록볼트, 캔버스 및 모르타르 등으로 방호한다.
④ 작업위치의 좌우에 만일의 경우에 대비한 대피통로를 확보하여 둔다.

KEY
① 2010년 7월 25일(문제 84번) 출제
② 2020년 6월 14일(문제 92번) 출제

---

99 달비계(곤돌라의 달비계는 제외)의 최대 적재하중을 정하는 경우 달기와이어로프 및 달기강선의 안전계수 기준으로 옳은 것은?

① 5 이상
② 7 이상
③ 8 이상
④ 10 이상

해설

안전계수
① 달기와이어로프 및 달기강선의 안전계수는 10 이상
② 달기체인 및 달기훅의 안전계수는 5 이상
③ 달기강대와 달비계의 하부 및 상부지점의 안전계수는 강재의 경우 2.5 이상, 목재의 경우 5 이상

참고 산업안전산업기사 필기 p.5-91(합격날개 : 합격예측 및 관련법규)

KEY
① 2016년 10월 1일 산업기사 출제
② 2018년 3월 4일 기사 · 산업기사 동시 출제 등 10회 이상 출제

정보제공
산업안전보건기준에 관한 규칙 제55조(작업발판의 최대적재량)

---

100 콘크리트 타설작업을 하는 경우에 준수해야 할 사항으로 옳지 않은 것은?

① 당일의 작업을 시작하기 전에 해당 작업에 관한 거푸집동바리 등의 변형·변위 및 지반의 침하 유무 등을 점검하고 이상이 있으면 보수할 것
② 작업 중에는 거푸집동바리 등의 변형·변위 및 침하 유무 등을 감시할 수 있는 감시자를 배치하여 이상이 있으면 작업을 중지하고 근로자를 대피시킬 것
③ 설계도서상의 콘크리트 양생기간을 준수하여 거푸집동바리등을 해체할 것
④ 콘크리트를 타설하는 경우에는 편심을 유발하여 한쪽 부분부터 밀실하게 타설되도록 유도할 것

해설

콘크리트 타설작업시 준수사항
① 당일의 작업을 시작하기 전에 해당 작업에 관한 거푸집동바리 등의 변형·변위 및 지반의 침하유무 등을 점검하고 이상이 있으면 보수할 것
② 작업중에는 거푸집동바리 등의 변형·변위 및 침하유무 등을 감시할 수 있는 감시자를 배치하여 이상이 있으면 작업을 중지시키고 근로자를 대피시킬 것
③ 콘크리트의 타설작업시 거푸집붕괴의 위험이 발생할 우려가 있는 경우에는 충분한 보강조치를 할 것
④ 설계도서상의 콘크리트 양생기간을 준수하여 거푸집동바리 등을 해체할 것
⑤ 콘크리트를 타설하는 경우에는 편심이 발생하지 않도록 골고루 분산하여 타설할 것

참고 산업안전산업기사 필기 p.5-91(합격날개:합격예측 및 관련법규)

KEY
① 2016년 5월 8일 기사 출제
② 2016년 10월 1일 출제
③ 2021년 8월 14일 기사 출제

정보제공
산업안전보건기준에 관한규칙 제334조(콘크리트 타설작업)

[정답] 99 ④ 100 ④

2023년도 산업기사 정기검정 제2회 (2023년 5월 13일 CBT 시행)

자격종목 및 등급(선택분야)
산업안전산업기사

※ 본 문제는 복원문제 및 예적(예상적중) 문제로 실제문제와 동일하지 않을 수 있습니다.

1 산업재해 예방 및 안전보건교육

01 다음 중 타박, 충돌, 추락 등으로 피부 표면보다는 피하조직 등 근육부를 다친 상해를 무엇이라 하는가?

① 골절
② 자상
③ 부종
④ 좌상

[해설]
자상과 좌상
① 자상(찔림) : 칼날 등 날카로운 물건에 찔린 상해
② 좌상(타박상 : 삠) : 타박, 충돌, 추락 등으로 피부표면보다는 피하조직 또는 근육부를 다친 상해

[참고] 산업안전산업기사 필기 p.3-40(합격날개 : 은행문제)

[KEY] ① 2015년 5월 31일(문제 4번) 출제
② 2018년 9월 15일 산업기사 출제

[보충학습]
산업안전산업기사 필기 p.1-48(합격날개 : 은행문제)

02 ERG(Existence Relation Growth)이론을 주창한 사람은?

① 매슬로우(Maslow)
② 맥그리거(McGregor)
③ 테일러(Taylor)
④ 알더퍼(Alderfer)

[해설]
Alderfer(ERG 이론 : 1979년 발표)
① 존재 욕구(E)
② 관계 욕구(R)
③ 성장 욕구(G)

[참고] 산업안전산업기사 필기 p.1-101(표. Maslow의 이론과 Alderfer 이론과의 관계)

[KEY] ① 2016년 5월 8일(문제 4번) 출제
② 2021년 9월 12일 기사 출제

03 비통제의 집단행동 중 폭동과 같은 것을 말하며, 군중보다 합의성이 없고, 감정에 의해서만 행동하는 특성은?

① 패닉(Panic)
② 모브(Mob)
③ 모방(Imitation)
④ 심리적 전염(Mental Epidemic)

[해설]
비통제 집단행동
① 군중(Crowd) : 공통된 규범이나 조직성 없이 우연히 조직된 인간의 일시적 집합
② 모브(Mob) : 비통제의 집단 행동 중 폭동과 같은 것을 의미. 군중보다 합의성이 없고 감정에 의해서만 행동
③ 패닉(Panic) : 위험을 회피하기 위해서 일어나는 집합적인 도주 현상(방어적 행동)
④ 심리적 전염(Mental Epidemic)

[참고] 산업안전산업기사 필기 p.1-109(합격날개:합격예측)

[KEY] ① 2017년 3월 5일 기사 출제
② 2017년 5월 7일(문제 5번) 출제

04 주의의 수준에서 중간 수준에 포함되지 않는 것은?

① 다른 곳에 주의를 기울이고 있을 때
② 가시시야 내 부분
③ 수면 중
④ 일상과 같은 조건일 경우

[해설]
주의의 중간레벨(수준)
① 다른 곳에 주의를 기울이고 있을 때
② 일상과 같은 조건일 경우
③ 가시시야 내 부분

[정답] 01 ④ 02 ④ 03 ② 04 ③

PART 4. 연습은 실전처럼 · 2023년~2025년 과년도 전회차 문제해설

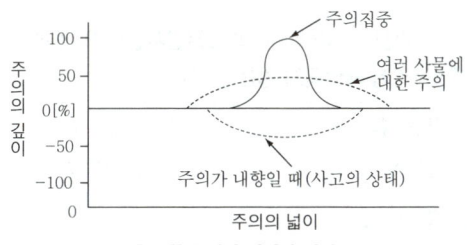

[그림] 주의의 깊이와 넓이

참고 산업안전산업기사 필기 p.1-118(3. 주의의 수준)

KEY 2019년 4월 27일(문제 8번) 출제

보충학습

O(zero)레벨(수준)
① 수면중
② 자극에 의한 반응시간 내

---

05 안전모의 시험성능기준 항목이 아닌 것은?

① 내관통성
② 충격흡수성
③ 내구성
④ 난연성

해설

안전모의 시험성능기준 항목
① 내관통성   ② 충격흡수성
③ 내전압성   ④ 내수성
⑤ 난연성   ⑥ 턱끈풀림

번호	명칭	
①	모체	
②	착장체	머리받침끈
③		머리받침(고정)대
④		머리받침고리
⑤	충격흡수재(자율안전확인에서 제외)	
⑥	턱끈	
⑦	모자챙(차양)	

[그림] 안전모

참고 산업안전산업기사 필기 p.1-52(합격날개 : 합격예측)

KEY ① 2016년 10월 1일 기사
② 2017년 3월 5일 출제
③ 2017년 8월 26일 산업기사 출제
④ 2018년 4월 28일(문제 1번) 출제

합격정보
보호구 안전인증 고시 제4조(성능기준 및 시험방법)

---

06 연평균 1,000[명]의 근로자를 채용하고 있는 사업장에서 연간 24[명]의 재해자가 발생하였다면 이 사업장의 연천인율은 얼마인가?(단, 근로자는 1[일] 8시간씩 연간 300 [일]을 근무한다.)

① 10   ② 12
③ 24   ④ 48

해설

$$연천인율 = \frac{연간\ 재해자수}{연평균\ 근로자수} \times 1,000$$

$$= \frac{24}{1,000} \times 1,000 = 24$$

참고 산업안전산업기사 필기 p.3-46(2. 연천인율)

KEY ① 2014년 5월 25일(문제 4번) 출제
② 2021년 5월 15일 기사 등 10회 이상 출제

---

07 맥그리거(McGregor)의 X이론에 따른 관리처방이 아닌 것은?

① 목표에 의한 관리
② 권위주의적 리더십 확립
③ 경제적 보상체제의 강화
④ 면밀한 감독과 엄격한 통제

해설

X·Y 이론의 관리처방

X 이론	Y 이론
경제적 보상 체제의 강화	민주적 리더십의 확립
권위주의적 리더십의 확보	분권화의 권한과 위임
면밀한 감독과 엄격한 통제	목표에 의한 관리
상부책임제도의 강화	직무확장
조직구조의 고층성	비공식적 조직의 활용
	자체평가제도의 활성화

참고 산업안전산업기사 필기 p.1-100(표 : X·Y 이론의 관리처방)

KEY ① 2017년 3월 5일 기사 출제
② 2017년 5월 7일(문제 2번) 등 10회 이상 출제
③ 2023년 3월 1일 기사 출제

[정답] 05 ③ 06 ③ 07 ①

08 리더십(leadership)의 특성에 대한 설명으로 옳은 것은?

① 지휘형태는 민주적이다.
② 권한부여는 위에서 위임된다.
③ 구성원과의 관계는 넓다.
④ 권한근거는 법적 또는 공식적으로 부여된다.

해설

leadership과 headship의 비교

개인과 상황 변수	leadership	headship
권한 행사	선출된 리더	임명적 헤드
권한 부여	밑으로부터 동의	위에서 위임
권한 귀속	집단 목표에 기여한 공로 인정	공식화된 규정에 의함
상사와 부하와의 관계	개인적인 영향	지배적
부하와의 사회적 관계 (간격)	좁음	넓음
지휘 형태	민주주의적	권위주의적
책임 귀속	상사와 부하	상사
권한 근거	개인적	법적 또는 공식적

참고 산업안전산업기사 필기 p.1-113(5. leadership과 headship의 비교)

KEY
① 2016년 3월 6일 기사 출제
② 2016년 8월 21일 기사 출제
③ 2016년 10월 1일 기사 출제
④ 2019년 9월 21일 기사 출제
⑤ 2020년 8월 23일(문제 1번) 등 10회 이상 출제

09 다음 중 교육의 3요소에 해당되지 않는 것은?

① 교육의 주체   ② 교육의 객체
③ 교육결과의 평가 ④ 교육의 매개체

해설

교육의 3요소
① 교육의 주체 : 강사
② 교육의 객체 : 학생, 수강자
③ 교육의 매개체 : 교재

참고 산업안전산업기사 필기 p.1-137(1. 안전교육의 3요소)

KEY
① 2012년 5월 20일(문제 6번) 출제
② 2021년 8월 15일 기사 등 10회 이상 출제

10 파블로프(Pavlov)의 조건반사설에 의한 학습이론의 원리에 해당되지 않는 것은?

① 일관성의 원리   ② 시간의 원리
③ 강도의 원리   ④ 준비성의 원리

해설

파블로프의 조건반사설
① 일관성의 원리
② 강도의 원리
③ 시간의 원리
④ 계속성의 원리

참고 산업안전산업기사 필기 p.1-122(표. S-R 학습이론의 종류)

KEY
① 2016년 5월 8일 기사 출제
② 2018년 4월 28일(문제 20번) 출제

11 OJT(On the Job Tranining)에 관한 설명으로 옳은 것은?

① 집합교육형태의 훈련이다.
② 다수의 근로자에게 조직적 훈련이 가능하다.
③ 직장의 설정에 맞게 실제적 훈련이 가능하다.
④ 전문가를 강사로 활용할 수 있다.

해설

OJT의 특징
① 개개인에게 적절한 지도훈련이 가능하다.
② 직장의 실정에 맞게 실제적 훈련이 가능하다.
③ 즉시 업무에 연결되는 관계로 몸과 관련이 있다.
④ 훈련에 필요한 업무의 계속성이 끊어지지 않는다.
⑤ 효과가 곧 업무에 나타나며 훈련의 좋고 나쁨에 따라 개선이 쉽다.
⑥ 훈련효과를 보고 상호 신뢰, 이해도가 높아지는 것이 가능하다.

참고 산업안전산업기사 필기 p.1-142(표. OJT와 OFF JT 특징)

KEY 2016년 5월 8일(문제 14번) 등 20회 이상 출제

[정답] 08 ① 09 ③ 10 ④ 11 ③

12 산업안전보건법령상 산업재해 조사표에 기록되어야 할 내용으로 옳지 않은 것은?

① 사업장 정보
② 재해 정보
③ 재해발생개요 및 원인
④ 안전교육 계획

해설

산업재해 조사표 기록내용
① 사업장 정보
② 재해정보
③ 재해발생 개요 및 원인
④ 재발방지 계획
⑤ 직장복귀 계획

참고 ① 산업안전산업기사 필기 p.3-40(참고1. 산업재해 조사표)
② 산업안전산업기사 필기 p.3-40(합격날개 : 은행문제3)

KEY 2019년 4월 27일(문제 3번) 출제

정보제공
산업안전보건법 시행규칙 30호[별지 서식]

13 다음 중 보호구 안전인증기준에 있어 방독마스크에 관한 용어의 설명으로 틀린 것은?

① "파과"란 대응하는 가스에 대하여 정화통 내부의 흡착제가 포화상태가 되어 흡착능력을 상실한 상태를 말한다.
② "파과곡선"이란 파과시간과 유해물질의 종류에 대한 관계를 나타낸 곡선을 말한다.
③ "겸용 방독마스크"란 방독마스크(복합용 포함)의 성능에 방진마스크의 성능이 포함된 방독마스크를 말한다.
④ "전면형 방독마스크"란 유해물질 등으로부터 안면부 전체(입, 코, 눈)를 덮을 수 있는 구조의 방독마스크를 말한다.

해설

"파과곡선 : 파과시간과 유해물질 농도와의 관계를 나타낸 곡선을 말한다.

보충학습
① 파과 : 대응하는 가스에 대하여 정화통 내부의 흡착제가 포화상태가 되어 흡착능력을 상실한 상태
② 파과시간 : 어느 일정농도의 유해물질 등을 포함한 공기를 일정 유량으로 정화통에 통과하기 시작부터 파과가 보일 때까지의 시간
③ 파과곡선 : 파과시간과 유해물질 등에 대한 농도와의 관계를 나타낸 곡선
④ 전면형 방독마스크 : 유해물질 등으로부터 안면부 전체(입, 코, 눈)를 덮을 수 있는 구조의 방독마스크
⑤ 반면형 방독마스크 : 유해물질 등으로부터 안면부의 입과 코를 덮을 수 있는 구조의 방독마스크
⑥ 복합용 방독마스크 : 2종류 이상의 유해물질 등에 대한 제독능력이 있는 방독마스크
⑦ 겸용 방독마스크 : 방독마스크(복합용 포함)의 성능에 방진마스크의 성능이 포함된 방독마스크

참고 산업안전산업기사 필기 p.1-55(합격날개 : 합격예측)

KEY 2013년 6월 2일(문제 3번) 출제

합격정보
보호구 안전인증 고시 제13조(정의)

14 부주의 현상 중 의식의 우회에 대한 예방대책으로 옳은 것은?

① 안전교육
② 표준작업제도 도입
③ 상담
④ 적성배치

해설

내적 원인과 대책
① 소질적 문제 : 적성 배치
② 의식의 우회 : 카운슬링(상담)
③ 경험, 미경험자 : 안전교육훈련

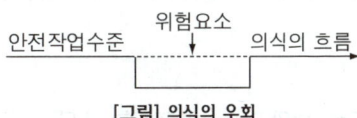

[그림] 의식의 우회

참고 산업안전산업기사 필기 p.1-121(2. 부주의의 원인과 대책)

KEY ① 2017년 5월 7일 출제
② 218년 4월 28일(문제 18번) 출제

[정답] 12 ④ 13 ② 14 ③

15 기능(기술)교육의 진행방법 중 하버드 학파의 5단계 교수법의 순서로 옳은 것은?

① 준비 → 연합 → 교시 → 응용 → 총괄
② 준비 → 교시 → 연합 → 총괄 → 응용
③ 준비 → 총괄 → 연합 → 응용 → 교시
④ 준비 → 응용 → 총괄 → 교시 → 연합

해설

하버드 학파의 5단계 교수법
① 제1단계 : 준비시킨다.   ② 제2단계 : 교시시킨다.
③ 제3단계 : 연합한다.   ④ 제4단계 : 총괄한다.
⑤ 제5단계 : 응용시킨다.

참고 산업안전산업기사 필기 p.1-145(3. 하버드 학파의 5단계 교수법)

KEY 2020년 8월 23일(문제 6번) 등 5회 이상 출제

16 인간의 특성에 관한 측정검사에 대한 과학적 타당성을 갖기 위하여 반드시 구비해야 할 조건에 해당되지 않는 것은?

① 주관성   ② 신뢰도
③ 타당도   ④ 표준화

해설

심리검사의 구비조건 5가지
① 표준화 : 검사절차의 일관성과 통일성의 표준화
② 객관성 : 채점자의 편견, 주관성 배제
③ 규준 : 검사결과를 해석하기 위한 비교의 틀
④ 신뢰성 : 검사응답의 일관성(반복성)
⑤ 타당성 : 측정하고자 하는 것을 실제로 측정하는 것

참고 산업안전산업기사 필기 p.1-72(합격날개 : 합격예측)

KEY 2015년 5월 31일(문제 10번) 등 5회 이상 출제

17 French와 Raven이 제시한, 리더가 가지고 있는 세력의 유형이 아닌 것은?

① 전문세력(expert power)
② 보상세력(reward power)
③ 위임세력(entrust power)
④ 합법세력(legitimate power)

해설

French와 Raven의 리더가 가지고 있는 세력의 유형
① 보상세력
② 합법세력
③ 전문세력
④ 강압세력
⑤ 참조세력

참고 산업안전산업기사 필기 p.1-113(합격날개 : 합격예측)

KEY ① 2011년 3월 20일(문제 19번) 출제
    ② 2014년 5월 25일(문제 20번) 출제
    ③ 2019년 4월 27일(문제 19번) 출제

18 기업 내 정형교육 중 TWI의 훈련내용이 아닌 것은?

① 작업방법훈련   ② 작업지도훈련
③ 사례연구훈련   ④ 인간관계훈련

해설

기업 내 정형교육 중 TWI의 훈련내용 4가지
① 작업 방법 훈련(Job Method Training, JMT) : 작업개선
② 작업 지도 훈련(Job Instruction Training, JIT) : 작업지도·지시
③ 인간 관계 훈련(Job Relations Training, JRT) : 부하 통솔
④ 작업 안전 훈련(Job Safety Training, JST) : 작업안전

참고 산업안전산업기사 필기 p.1-145(4. 관리감독자 교육)

KEY ① 2016년 3월 6일 기사·산업기사 동시 출제
    ② 2016년 8월 21일 출제 등 10회 이상 출제

19 근로자가 작업대 위에서 전기공사 작업 중 감전에 의하여 지면으로 떨어져 다리에 골절상해를 입은 경우의 기인물과 가해물로 옳은 것은?

① 기인물-작업대, 가해물-지면
② 기인물-전기, 가해물-지면
③ 기인물-지면, 가해물-전기
④ 기인물-작업대, 가해물-전기

【 정답 】 15 ② 16 ① 17 ③ 18 ③ 19 ②

해설

재해발생의 요인분석 3가지
① 기인물 : 불안전한 상태에 있는 물체(환경포함 : 전기)
② 가해물 : 직접 사람에게 접촉되어 위해를 가한 물체(지면)
③ 사고의 형태(재해형태) : 물체(가해물)와 사람과의 접촉현상

참고 산업안전산업기사 필기 p.1-27(합격날개 : 합격예측)

KEY 2018년 4월 28일(문제 12번) 출제

---

20 학습 성취에 직접적인 영향을 미치는 요인과 가장 거리가 먼 것은?

① 적성
② 준비도
③ 개인차
④ 동기유발

해설

학습성취에 직접적인 영향을 미치는 요인
① 준비도
② 개인차
③ 동기유발

참고 산업안전산업기사 필기 p.1-157(합격날개 : 은행문제 2)

KEY 2020년 8월 23일(문제 12번) 출제

---

2 인간공학 및 위험성 평가·관리

21 시스템 안전 분석기법 중 인적 오류와 그로 인한 위험성의 예측과 개선을 위한 기법은 무엇인가?

① FTA
② ETBA
③ THERP
④ MORT

해설

THERP(인간과오율 예측기법)
① 인간의 과오(human error)를 정량적으로 평가
② 1963년 Swain이 개발된 기법

참고 산업안전산업기사 필기 p.2-65(8.THERP)

KEY ① 2017년 3월 5일 출제
② 2023년 2월 28일 기사 등 5회 이상 출제

---

22 FT도에 사용되는 기호 중 "전이기호"를 나타내는 기호는?

①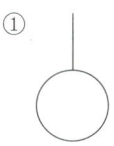
②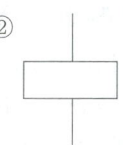
③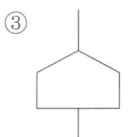
④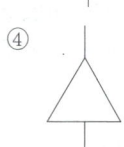

해설

FTA기호
① 기본사상
② 결함사상
③ 통상사상

참고 산업안전산업기사 필기 p.2-70(표. FTA기호)

KEY ① 1993년부터 2023년까지 계속 출제
② 2018년 4월 28일(문제 30번) 출제

---

23 다음 중 체계 설계 과정의 주요 단계 중 가장 먼저 실시되어야 하는 것은?

① 기본설계
② 계면설계
③ 체계의 정의
④ 목표 및 성능 명세 결정

해설

인간-기계 시스템 설계 순서
① 1단계 : 시스템의 목표와 성능 명세 결정
② 2단계 : 시스템의 정의
③ 3단계 : 기본설계
④ 4단계 : 인터페이스설계
⑤ 5단계 : 보조물설계
⑥ 6단계 : 시험 및 평가

참고 산업안전산업기사 필기 p.2-29(문제 31번) 적중

KEY ① 2011년 3월 20일(문제 29번) 출제
② 2019년 3월 3일 기사 출제
③ 2019년 4월 27일(문제 21번) 등 5회 이상 출제

[정답] 20 ① 21 ③ 22 ④ 23 ④

24 표시 값의 변화방향이나 변화속도를 나타내어 전반적인 추이의 변화를 관측할 필요가 있는 경우에 가장 적합한 표시장치 유형은?

① 계수형(digital)
② 묘사형(descriptive)
③ 동목형(Moving Scale)
④ 동침형(Moving Pointer)

해설

정량적 표시 장치

구분	형태	특징
아날로그	정목동침형 (지침이동형)	정량적인 눈금이 정성적으로 사용되어 원하는 값으로부터의 대략적인 편차나, 고도를 읽을 때 그 변화방향과 율 등을 알고자 할 때
	정침동목형 (지침고정형)	나타내고자 하는 값의 범위가 클 때, 비교적 작은 눈금판에 모두 나타내고자 할 때
디지털	계수형 (숫자로 표시)	• 수치를 정확하게 충분히 읽어야 할 경우 • 원형 표시 장치보다 판독오차가 적고 판독시간도 짧다.(원형 : 3.54초, 계수형 : 0.94초)

KEY ① 2016년 5월 8일 기사 출제
② 2018년 3월 4일 기사 출제
③ 2020년 8월 23일(문제 28번) 출제

25 인간공학의 주된 연구 목적과 가장 거리가 먼 것은?

① 제품품질 향상
② 작업의 안정성 향상
③ 작업환경의 쾌적성 향상
④ 기계조작의 능률성 향상

해설

인간공학의 목표
① 첫째 : 안전성 향상과 사고방지
② 둘째 : 기계조작의 능률성과 생산성의 향상
③ 셋째 : 쾌적성

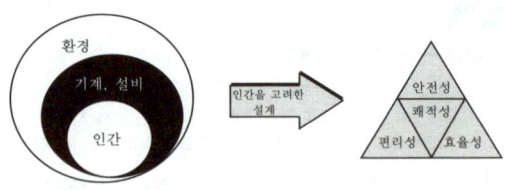

[그림] 인간공학의 목적

참고 산업안전산업기사 필기 p.2-2(합격날개 : 합격예측)

KEY ① 2014년 5월 25일(문제 23번) 출제
② 2015년 5월 31일(문제 21번) 출제

26 FT도에서 정상사상 A의 발생확률은?(단, 사상 B_1의 발생확률은 0.30이고, B_2의 발생확률은 0.20이다.)

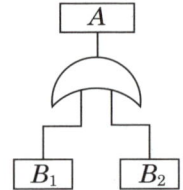

① 0.06
② 0.44
③ 0.56
④ 0.94

해설

발생확률 계산
$R_s = 1 - (1 - B_1)(1 - B_2)$
$= 1 - (1 - 0.3)(1 - 0.2)$
$= 0.44$

참고 산업안전산업기사 필기 p.2-95(문제 53번) 직중

KEY 2016년 5월 8일(문제 21번) 출제

[정답] 24 ④ 25 ① 26 ②

27 휴먼 에러의 배후 요소 중 작업방법, 작업순서, 작업정보, 작업환경과 가장 관련이 깊은 것은?

① man
② machine
③ media
④ management

해설

미디어(Media)
① 인간과 기계를 잇는 매체란 뜻으로 작업의 방법이나 순서, 작업 정보의 실태나 환경과의 관계, 정리정돈 등이 포함된다.
② 환경개선 작업방법 개선 등

참고 산업안전산업기사 필기 p.2-19(1. 휴먼에러요인)

KEY ① 2023년 4월 1일 산업안전지도사 출제
② 2018년 4월 28일(문제 33번) 출제

보충학습

4M의 종류
① Man(인간) : 인간적 인자, 인간관계
② Machine(기계) : 방호설비, 인간공학적 설계
③ Media(매체) : 작업방법, 작업환경
④ Management(관리) : 교육훈련, 안전법규 철저, 안전기준의 정비

---

28 산업안전보건법에 따라 상시 작업에 종사하는 장소에서 보통작업을 하고자 할 때 작업면의 최소 조도(lux)로 맞는 것은? (단, 작업장은 일반적인 작업장소이며, 감광재료를 취급하지 않는 장소이다.)

① 75
② 150
③ 300
④ 750

해설

조명(조도)수준
① 초정밀작업 : 750[lux] 이상
② 정밀작업 : 300[lux] 이상
③ 보통작업 : 150[lux] 이상
④ 그 밖의 작업 : 75[lux] 이상

참고 산업안전산업기사 필기 p.2-169(합격날개:합격예측)

KEY 2017년 5월 7일(문제 21번) 등 5회 이상 출제

정보제공
산업안전보건기준에 관한 규칙 제8조(조도)

---

29 부품배치의 원칙 중 부품의 일반적인 위치를 결정하기 위한 기준으로 가장 적합한 것은?

① 중요성의 원칙, 사용빈도의 원칙
② 기능별 배치의 원칙, 사용순서의 원칙
③ 중요성의 원칙, 사용순서의 원칙
④ 사용빈도의 원칙, 사용순서의 원칙

해설

부품배치의 4원칙
① 중요성의 원칙(위치결정)
② 사용빈도의 원칙(위치결정)
③ 기능별 배치의 원칙(배치결정)
④ 사용순서의 원칙(배치결정)

참고 산업안전산업기사 필기 p.2-161(2. 부품배치의 원칙)

KEY ① 2013년 3월 10일(문제 32번) 출제
② 2013년 6월 2일(문제 31번) 등 5회 이상 출제

---

30 주물공장 A작업자의 작업지속시간과 휴식시간을 열압박지수(HSI)를 활용하여 계산하니 각각 45분, 15분이었다. A작업자의 1일 작업량(TW)은 얼마인가? (단, 휴식시간은 포함하지 않으며, 1일 근무시간은 8시간이다.)

① 4.5시간
② 5시간
③ 5.5시간
④ 6시간

해설

작업량계산
① 1[일] 작업량 $= \dfrac{WT}{WT+RT} \times 8$

$= \dfrac{작업지속시간}{작업지속시간+휴식시간} \times 8$

② 1[일] 작업량 $= \dfrac{45}{45+15} \times 8 = 6[시간]$

참고 산업안전산업기사 필기 p.2-171(4.열 압박지수)

KEY ① 2011년 8월 21일(문제 24번) 출제
② 2020년 8월 23일(문제 24번) 출제

보충학습
1[일] 작업시간 : 8[시간]

[**정답**] 27 ③ 28 ② 29 ① 30 ④

31 인간의 시각특성을 설명한 것으로 옳은 것은?

① 적응은 수정체의 두께가 얇아져 근거리의 물체를 볼 수 있게 되는 것이다.
② 시야는 수정체의 두께 조절로 이루어진다.
③ 망막은 카메라의 렌즈에 해당된다.
④ 암조응에 걸리는 시간은 명조응보다 길다.

해설

암조응(Dark Adaptation)
① 밝은 곳에서 어두운 곳으로 갈 때 : 원추세포의 감수성 상실, 간상세포에 의해 물체 식별
② 완전 암조응 : 보통 30~40분 소요(명조응 : 수초 내지 1~2분)

[표] 눈의 구조·기능·모양

구조	기 능
각막	최초로 빛이 통과하는 곳, 눈을 보호
홍채	동공의 크기를 조절해 빛의 양 조절
모양체	수정체의 두께를 변화시켜 원근 조절
수정체	렌즈의 역할, 빛을 굴절시킴
망막	상이 맺히는 곳, 시세포 존재, 두뇌전달
맥락막	망막을 둘러싼 검은 막, 어둠 상자 역할

모 양

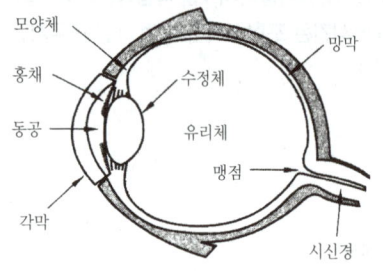

참고 산업안전산업기사 필기 p.2-175(7. 암조응)

KEY ① 2006년 8월 6일(문제 31번) 출제
② 2019년 4월 27일(문제 24번) 출제

32 설비보전 방식의 유형 중 궁극적으로는 설비의 설계, 제작 단계에서 보전 활동이 불필요한 체계를 목표로 하는 것은?

① 개량보전(corrective maintenance)
② 예방보전(preventive maintenance)
③ 사후보전(break-down maintenance)
④ 보전예방(maintenance prevention)

해설

보전예방(Maintenance Prevention : MP)

구분	특징
실시 시기	① 기계설비의 노후화가 진행되어 일반적인 보전으로 cost나 생산성에 있어 효율성이 없을 경우 ② 부품 등의 공급에 지장이 있는 경우
실시 방법	① 설비의 갱신 ② 갱신의 경우 보전성, 안전성, 신뢰성 등의 보전실시 ③ 기존설비의 보전보다 설계, 제작단계까지 소급하여 보전이 필요없을 정도의 안전한 설계 및 제작 필요

참고 산업안전산업기사 필기 p.2-49(표. 보전예방)

KEY 2016년 5월 8일(문제 27번) 출제

33 다음 중 불대수(Boolean algebra)의 관계식으로 옳은 것은?

① $A(A \cdot B) = B$
② $A + B = A \cdot B$
③ $A + A \cdot B = A \cdot B$
④ $(A+B)(A+C) = A + B \cdot C$

해설

불대수 관계식
① $A(A \cdot B) = B \to 결합 \to (A \cdot A) \cdot B = A \cdot B$
② $A + B = A \cdot B \to 교환 \to A + B = B + A$
③ $A + A \cdot B = A \cdot B \to 분배 \to A \cdot (1+B) = A \cdot 1 = A$
④ $(A+B)(A+C) = A + B \cdot C \to 전개 \to$
$\qquad AA + BA + AC + BC$
$\qquad = A + AB + AC + BC$
$\qquad = A \cdot (1 + B + C) + BC = A + BC$

참고 산업안전산업기사 필기 p.2-59(7. 불대수의 기본공식)

KEY ① 2012년 제1회 출제
② 2014년 5월 25일(문제 26번) 출제

[정답] 31 ④ 32 ④ 33 ④

34 인체의 동작 유형 중 굽혔던 팔꿈치를 펴는 동작을 나타내는 용어는?

① 내전(adduction)
② 회내(pronation)
③ 굴곡(flexion)
④ 신전(extension)

해설

인체유형의 기본적인 동작
① 굴곡(flexion) : 부위간의 각도가 감소(팔꿈치 굽히기)
② 신전(extension) : 부위간의 각도가 증가(팔꿈치 펴기 운동)
③ 내전(adduction) : 몸의 중심선으로의 이동(팔·다리 내리기 운동)
④ 외전(abduction) : 몸의 중심선으로부터의 이동(팔·다리 옆으로 들기 운동)
⑤ 회외 : 손바닥을 외측으로 돌리는 동작
⑥ 회내 : 손바닥을 몸통(내측) 쪽으로 돌리는 동작

참고 산업안전산업기사 필기 p.2-166(2. 신체부위의 운동)

KEY 2015년 5월 31일(문제 25번) 출제

35 사고의 발단이 되는 초기 사상이 발생할 경우 그 영향이 시스템에서 어떤 결과(정상 또는 고장)로 진전해 가는지를 나뭇가지가 갈라지는 형태로 분석하는 방법은?

① FTA
② PHA
③ FHA
④ ETA

해설

ETA(Event Tree Analysis) : 사건수분석
① 사상의 안전도를 사용하는 시스템 모델의 하나이다.
② 귀납적, 정량적 분석 방법(정상 또는 고장)이다.
③ 재해의 확대 요인의 분석에 적합하다.(나뭇가지가 갈라지는 형태)
④ ETA의 작성은 좌에서 우로 진행한다.
⑤ 각 사상의 확률의 합은 1.00이다.

참고 산업안전산업기사 필기 p.2-65(9. ETA, FAFR, CA)

KEY 2016년 5월 8일(문제 21번) 등 5회 이상 출제

36 작업기억(working memory)에 관련된 설명으로 옳지 않은 것은?

① 오랜 기간 정보를 기억하는 것이다.
② 작업기억 내의 정보는 시간이 흐름에 따라 쇠퇴할 수 있다.
③ 작업기억의 정보는 일반적으로 시각, 음성, 의미 코드의 3가지로 코드화된다.
④ 리허설(rehearsal)은 정보를 작업기억 내에 유지하는 유일한 방법이다.

해설

작업기억(working memory)의 특징
① 작업기억 내의 정보는 시간이 흐름에 따라 쇠퇴할 수 있다.
② 작업기억의 정보는 일반적으로 시각, 음성, 의미 코드의 3가지로 코드화된다.
③ 리허설(rehearsal)은 정보를 작업기억 내에 유지하는 유일한 방법이다.

참고 산업안전산업기사 필기 p.2-71(합격날개 : 은행문제)

KEY 2020년 8월 23일(문제 22번) 출제

37 한 사무실에서 타자기의 소리 때문에 말소리가 묻히는 현상을 무엇이라 하는가?

① dBA
② CAS
③ phon
④ masking

해설

masking(은폐)현상
dB가 높은 음과 낮은 음이 공존할 때 낮은 음이 강한 음에 가로막혀 숨겨져 들리지 않게 되는 현상

참고 산업안전산업기사 필기 p.2-173(합격날개:합격예측)

KEY ① 2017년 5월 7일(문제 35번) 출제
② 2023년 6월 4일 기사 출제

💬 **합격자의 조언**
21C 현실과 다른 문제도 출제됩니다.

[정답] 34 ④ 35 ④ 36 ① 37 ④

38 인간오류의 분류 중 원인에 의한 분류의 하나로 작업자 자신으로부터 발생하는 에러로 옳은 것은?

① command error
② Secondary error
③ Primary error
④ Third error

해설

실수원인의 level(수준적) 분류

① 1차실수(Primary error : 주과오) : 작업자 자신으로부터 발생한 실수
② 2차실수(Secondary error : 2차과오) : 작업형태나 조건 중에서 문제가 생겨 발생한 실수, 어떤 결함에서 파생
③ 커맨드 실수(Command error : 지시과오) : 직무를 하려고 해도 필요한 정보, 물건, 에너지 등이 없어 발생하는 실수

참고 산업안전산업기사 필기 p.2-20[4. 실수원인의 level(수준적) 분류]

KEY 2019년 4월 27일(문제 30번) 출제

39 다음 중 귀의 구조에서 고막에 가해지는 미세한 압력의 변화를 증폭하는 곳은?

① 외이(Outer Ear)
② 중이(Middle Ear)
③ 내이(Inner Ear)
④ 달팽이관(Cochlea)

해설

귀의 구조 및 기능

구조		기능
외이	귓바퀴	소리를 모음
	외이도	소리의 이동 통로
중이	고막	소리에 의해 최초로 진동하는 얇은 막
	청소골	고막의 소리를 증폭시켜 내이(난원창)로 전달(22배 증폭)
	유스타키오관	외이와 중이의 압력 조절
내이	달팽이관	(임파액으로 차 있음) 청세포가 분포되어 있어 소리 자극을 청신경으로 전달
	전정기관	위치감각	평형감각기관
	반고리관	회전감각	

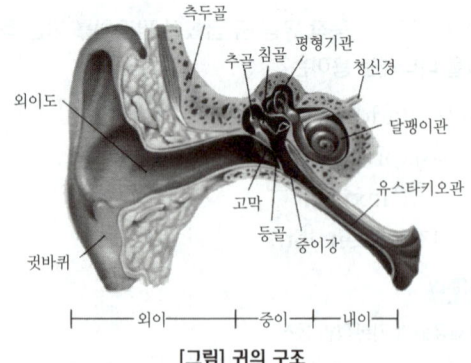

[그림] 귀의 구조

참고 산업안전산업기사 필기 p.2-174(합격날개 : 합격예측)

KEY 2015년 5월 31일(문제 37번) 출제

40 인간공학적인 의자설계를 위한 일반적 원칙으로 적절하지 않은 것은?

① 척추의 허리부분은 요부 전만을 유지한다.
② 허리 강화를 위하여 쿠션은 설치하지 않는다.
③ 좌판의 앞 모서리 부분은 5[cm] 정도 낮아야 한다.
④ 좌판과 등받이 사이의 각도는 90~105[°]를 유지하도록 한다.

해설

의자설계 기본원칙

① 체중분포 : 둔부(臀部)중심에서 바깥으로 점차 체중이 작게 걸리도록 좌판(坐板)의 재질이 -2[cm] 이상 내려가지 않도록 한다.
② 좌판의 높이 : 의자 밑바닥에서 앉는 면까지의 높이는 오금(무릎의 구부리는 안쪽)높이보다 높지 않고 앞쪽은 약간 낮게 한다.
③ 좌판각도 : 의자 앉는 면의 앞과 뒤의 기울어진 각도가 있어야 한다.
④ 좌판 깊이와 폭 : 장딴지 여유와 대퇴압박이 닿지 않도록 한다.
⑤ 몸통의 안정 : 사무용 의자(좌판각도 3도, 등판 100도 정도)/휴식 및 독서는 더 큰 각도로 한다.
⑥ 휴식용 의자 : 사무용 의자보다 7~8[cm] 낮은 좌판 27~38[cm], 좌판각도 25~26도, 등판각도 105~108도, 등판에는 5[cm] 정도의 완충재로 한다.

참고 산업안전산업기사 필기 p.2-163(합격날개 : 합격예측)

KEY 2018년 4월 28일(문제 38번) 출제

[정답] 38 ③ 39 ② 40 ②

3 기계·기구 및 설비안전관리

41 기계의 안전조건 중 구조의 안전화가 아닌 것은?

① 기계재료의 선정 시 재료 자체에 결함이 없는지 철저히 확인한다.
② 사용 중 재료의 강도가 열화될 것을 감안하여 설계 시 안전율을 고려한다.
③ 기계작동 시 기계의 오동작을 방지하기 위하여 오동작 방지회로를 적용한다.
④ 가공경화와 같은 가공결함이 생길 우려가 있는 경우는 열처리 등으로 결함을 방지한다.

해설

구조의 안전화 3원칙
① 재료 ② 설계 ③ 가공

참고 ① 산업안전산업기사 필기 p.3-191(2. 구조적 결함 분류)
② 산업안전산업기사 필기 p.3-199(합격날개 : 합격예측)

KEY 2016년 5월 8일(문제 42번) 출제

42 프레스 작업 시 왕복운동하는 부분과 고정부분 사이에서 형성되는 위험점은?

① 물림점 ② 협착점
③ 절단점 ④ 회전말림점

해설

협착점(Squeeze-point)
왕복운동을 하는 동작부분과 움직임이 없는 고정부분 사이에서 형성되는 위험점 예 프레스기, 전단기, 성형기, 조형기, 굽힘기계(bending machine) 등

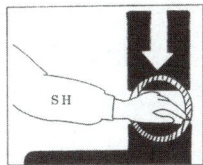
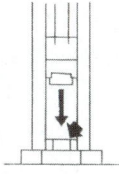

[그림] 협착점

참고 산업안전산업기사 필기 p.3-205(1. 협착점)

KEY ① 2017년 3월 5일 출제
② 2017년 5월 7일 출제
③ 2017년 8월 26일 출제
④ 2019년 4월 27일(문제 55번) 출제

43 다음 중 접근반응형 방호장치에 해당되는 것은?

① 손쳐내기식 방호장치
② 광전자식 방호장치
③ 가드식 방호장치
④ 양수조작식 방호장치

해설

접근반응형 방호장치
① 위험 범위 내로 신체가 접근할 경우 이를 감지하여 즉시 기계의 작동을 정지시키거나 전원이 차단되도록 하는 방법
② 프레스의 광전자식 방호장치가 해당

참고 산업안전산업기사 필기 p.3-57(4. 방호장치의 종류)

KEY ① 2013년 6월 2일(문제 58번) 출제
② 2023년 6월 4일 기사 등 5회 이상 출제

44 작업장 내 운반을 주목적으로 하는 구내운반차가 준수해야 할 사항으로 옳지 않은 것은?

① 주행을 제동하거나 정지상태를 유지하기 위하여 유효한 제동장치를 갖출 것
② 경음기를 갖출 것
③ 핸들의 중심에서 차체 바깥 측까지의 거리가 65[cm] 이내일 것
④ 운전자석이 차 실내에 있는 것은 좌우에 한 개씩 방향지시기를 갖출 것

해설

구내운반차 작업 시 준수사항
① 주행을 제동하거나 정지상태를 유지하기 위하여 유효한 제동장치를 갖출 것
② 경음기를 갖출 것
③ 운전석이 차 실내에 있는 것은 좌우에 한 개씩 방향지시기를 갖출 것

[정답] 41 ③ 42 ② 43 ② 44 ③

④ 전조등과 후미등을 갖출 것. 다만, 작업을 안전하게 하기 위하여 필요한 조명이 있는 장소에서 사용하는 구내운반차에 대해서는 그러하지 아니하다.

참고 산업안전산업기사 필기 p.3-186(문제 155번) 적중

KEY 2017년 5월 7일(문제 45번) 출제

정보제공 산업안전보건기준에 관한 규칙 제184조(제동장치 등)

45 산업안전보건법령상 양중기에서 절단하중이 100톤인 와이어로프를 사용하여 화물을 직접적으로 지지하는 경우, 화물의 최대허용하중(톤)은?

① 20 ② 30
③ 40 ④ 50

해설

최대허용하중 = $\dfrac{\text{절단하중}}{\text{안전율(계수)}} = \dfrac{100}{5} = 20[\text{ton}]$

참고 산업안전산업기사 필기 p.3-2(합격날개 : 합격예측)

KEY ① 2006년 8월 6일 (문제 41번) 출제
② 2020년 8월 23일(문제 48번) 출제

정보제공 산업안전보건기준에 관한 규칙 제163조(와이어로프 등 달기구의 안전계수)

보충학습

안전계수
① 근로자가 탑승하는 운반구를 지지하는 달기와이어로프 또는 달기체인의 경우 : 10 이상
② 화물의 하중을 직접 지지하는 달기와이어로프 또는 달기체인의 경우 : 5 이상
③ 훅, 샤클, 클램프, 리프팅 빔의 경우 : 3 이상
④ 그 밖의 경우 : 4 이상

46 다음 중 드릴링 작업에서 반복적 위치에서의 작업과 대량생산 및 정밀도를 요구할 때 사용하는 고정 장치로 가장 적합한 것은?

① 바이스(vise)   ② 지그(jig)
③ 클램프(clamp) ④ 렌치(wrench)

해설

공작물 고정 방법
① 바이스 : 일감이 작을 때
② 볼트와 고정구 : 일감이 크고 복잡할 때
③ 지그(jig) : 대량생산과 정밀도를 요구할 때

[그림] 지그   [그림] 클램프

참고 산업안전산업기사 필기 p.3-92(3. 방호장치 및 공작물 고정방법)

KEY 2015년 5월 31일(문제 53번) 출제

47 지게차의 헤드가드가 갖추어야 할 조건에 대한 설명으로 틀린 것은?

① 강도는 지게차 최대하중의 2배 값(4톤을 넘는 값에 대해서는 4톤으로 한다)의 등분포정하중에 견딜 수 있을 것
② 상부틀의 각 개구의 폭 또는 길이가 26[cm] 미만일 것
③ 운전자가 앉아서 조작하는 방식의 지게차의 경우에는 운전자 좌석의 윗면에서 헤드가드의 상부틀의 아랫면까지의 높이가 0.903[m] 이상일 것
④ 운전자가 서서 조작하는 방식의 지게차는 운전석의 바닥면에서 헤드가드 상부틀의 하면까지의 높이가 1.905[m] 이상일 것

해설

상부틀의 각 개구의 폭 또는 길이 : 16[cm] 미만

[정답] 45 ① 46 ② 47 ②

PART 4. 연습은 실전처럼 · 2023년~2025년 과년도 전회차 문제해설

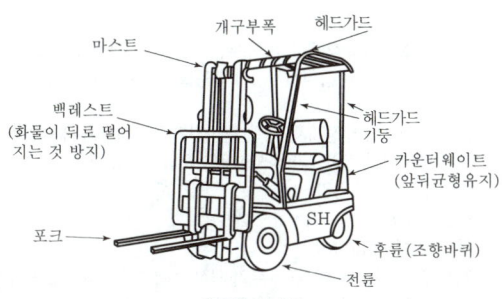

[그림] 지게차

참고
① 산업안전산업기사 필기 p.3-152(합격날개 : 합격예측)
② 산업안전산업기사 필기 p.5-71(3. 지게차헤드가드 구비조건)

KEY
① 2016년 3월 6일 출제
② 2016년 8월 21일 기사 출제
③ 2018년 4월 28일(문제 49번) 등 10회 이상 출제

48 다음 중 셰이퍼(shaper)의 크기를 표시하는 것은?

① 램의 행정
② 새들의 크기
③ 테이블의 면적
④ 바이트의 최대 크기

해설

셰이퍼의 크기 표시 방법
① 램이 움직일 수 있는 거리
② 램의 최대 행정
③ 테이블의 크기

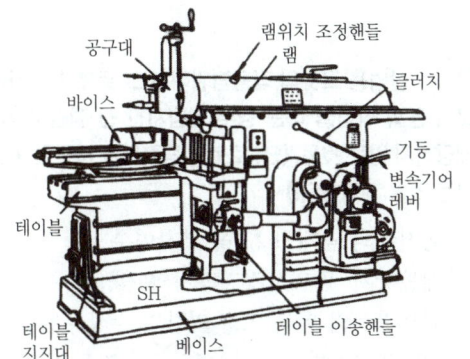

[그림] 셰이퍼의 구조와 명칭

참고
① 산업안전산업기사 필기 p.3-88(2. 셰이퍼)
② 산업안전산업기사 필기 p.3-89(합격날개 : 합격예측)

KEY 2015년 5월 25일(문제 59번) 출제

49 밀링작업 시 안전수칙에 해당되지 않는 것은?

① 칩이나 부스러기는 반드시 브러시를 사용하여 제거한다.
② 가공 중에는 가공면을 손으로 점검하지 않는다.
③ 기계를 가동 중에는 변속시키지 않는다.
④ 바이트는 가급적 짧게 고정시킨다.

해설

밀링 Tip
① 밀링머신에서는 TIP(팁)이라고 합니다.
② TIP은 규격품입니다.
③ 선반은 bite(바이트) 입니다.

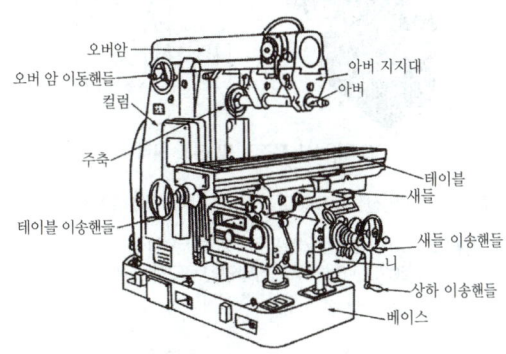

[그림] 밀링머신의 구조 및 명칭

참고 산업안전산업기사 필기 p.3-87(5. 밀링작업시 안전수칙)

KEY
① 2016년 3월 6일 기사 출제
② 2018년 3월 4일 기사 출제
③ 2018년 4월 28일 기사 출제
④ 2020년 6월 14일(문제 59번) 등 5회 이상 출제

50 가공물 또는 공구를 회전시켜 나사나 기어 등을 소성가공하는 방법은?

① 압연
② 압출
③ 인발
④ 전조

[정답] 48 ① 49 ④ 50 ④

해설

소성가공
(1) 전조
   ① 다이(Die)나 Roll과 같은 성형공구를 회전 또는 직선운동시키면서 그 사이에 소재를 넣어 공구의 표면형상으로 각인하는 것이다.
   ② 일종의 특수압연이라 볼 수 있다.
(2) 전조제품
   ① 원통 롤러 ② Ball
   ③ Ring   ④ 기어
   ⑤ 나사   ⑥ Spline축
   ⑦ 냉각 Fin이 붙은 관

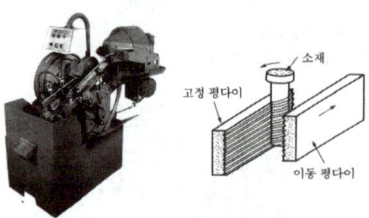

[그림] 나사 전조기 및 전조 원리

참고 산업안전산업기사 필기 p.3-219(합격예측 : 전조)

KEY ① 2012년 5월 20일(문제 20번) 출제
② 2023년 6월 17일 산업안전지도사 출제

---

51 클러치 프레스에 부착된 양수기동식 방호장치에 있어서 확동 클러치의 봉합개소의 수가 4, 분당 행정수가 300 [spm]일 때 양수기동식 조작부의 최소 안전거리는?(단, 인간의 손의 기준 속도는 1.6[m/s]로 한다.)

① 240[mm]   ② 260[mm]
③ 340[mm]   ④ 360[mm]

해설

안전거리 계산
① $T_m = \left(\dfrac{1}{4} + \dfrac{1}{2}\right) \times \dfrac{60{,}000}{300} = 150[mm]$
② $D_m = 1.6 \times T_m = 1.6 \times 150 = 240[mm]$

참고 산업안전산업기사 필기 p.3-105(합격날개 : 합격예측)

KEY 2017년 5월 7일(문제 50번) 등 5회 이상 출제

보충학습
① 양수조작식 안전거리
   $D = 1600 \times (Tc + Ts)$

D : 안전거리[mm]
Tc : 방호장치의 작동시간[즉, 누름버튼으로부터 한 손이 떨어졌을 때부터 급정지기구가 작동을 개시할 때까지의 시간(초)]
Ts : 프레스의 급정지시간[즉, 급정지기구가 작동을 개시했을 때부터 슬라이드가 정지할 때까지의 시간(초)]

② 양수기동식 안전거리
$D_m = 1.6 T_m$
D_m : 안전거리[mm]
T_m : 양손으로 누름단추 누르기 시작할 때부터 슬라이드가 하사점에 도달하기까지 소요시간[ms]
$T_m = \left(\dfrac{1}{\text{클러치 맞물림 개소수}} + \dfrac{1}{2}\right) \times \dfrac{60{,}000}{\text{매분 행정수}}[ms]$

---

52 구멍이 있거나 노치(notch) 등이 있는 재료에 외력이 작용할 때 가장 현저하게 나타나는 현상은?

① 가공경화   ② 피로
③ 응력집중   ④ 크리프(creep)

해설

응력집중(stress concentration : 應力集中)
① 국부적으로 응력이 크게되는 것을 말한다.
② 노치가 있는 경우에는 노치의 부근, 불연속부가 있는 경우는 불연속부 부근의 응력은 평균응력보다 큰 값이 된다.
③ 응력집중부에서의 응력과 평균응력과의 비를 응력집중률이라 한다.

참고 산업안전산업기사 필기 p.3-220(1. 용어정의)

KEY 2018년 4월 28일(문제 54번) 출제

---

53 산업용 로봇의 작동범위에서 그 로봇에 관하여 교시 등의 작업을 하는 경우 작업시간 전 점검사항에 해당하지 않는 것은?(단, 로봇의 동력원을 차단하고 행하는 것을 제외한다.)

① 회전부의 덮개 또는 울 부착여부
② 제동장치 및 비상정지장치의 기능
③ 외부전선의 피복 또는 외장의 손상유무
④ 머니퓰레이터(manipulator) 작동의 이상유무

[정답] 51 ① 52 ③ 53 ①

> **해설**
>
> **산업용 로봇의 작업시작전 점검사항**
> ① 외부전선의 피복 또는 외장의 손상유무
> ② 머니플레이터(manipulator) 작동의 이상유무
> ③ 제동장치 및 비상정지장치의 기능

> **참고** 산업안전산업기사 필기 p.3-54[2. 로봇의 작동범위 내에서 그 로봇에 관하여 교시 등(로봇의 동력원을 차단하고 행하는 것을 제외한다)의 작업을 할 때]

> **KEY**
> ① 2018년 3월 4일 기사 출제
> ② 2019년 4월 27일(문제 42번) 출제

> **정보제공**
> 산업안전보건기준에 관한 규칙 [별표 3] 작업시작 전 점검사항

54 다음 중 금형의 설계 및 제작시 안전화 조치와 가장 거리가 먼 것은?

① 펀치의 세장비가 맞지 않으면 길이를 짧게 조정한다.
② 강도 부족으로 파손되는 경우 충분한 강도를 갖는 재료로 교체한다.
③ 열처리 불량으로 인한 파손을 막기 위해 담금질(Quenching)을 실시한다.
④ 캠 및 기타 충격이 반복해서 가해지는 부분에는 완충장치를 한다.

> **해설**
>
> 열처리불량 파손시 인성부여 : 뜨임

> **KEY** 2015년 5월 31일(문제 47번) 출제

> **보충학습**
>
> **강의 일반 열처리**
>
> | 구분 | 특징 |
> |---|---|
> | 담금질(quenching) | 고온에서 재료를 급랭시켜 재질을 경화시키는 열처리법 |
> | 뜨임(tempering) | 담금질된 재료를 적당한 온도로 가열 후 서서히 냉각시켜 담금질된 재료에 인성을 부여하는 열처리법 |
> | 풀림(annealing) | 재료를 적당한 온도로 가열하고 서서히 냉각시켜 연화시키고 또 균일하게 하는 열처리법 |
> | 불림(normalizing) | 압연 또는 단조한 재료에 대한 재질을 균질화하기 위한 열처리법 |

55 동력식 수동대패기계의 덮개와 송급 테이블 면과의 간격기준은 몇 [mm] 이하여야 하는가?

① 3 ② 5
③ 8 ④ 12

> **해설**
>
> **동력식 수동대패기계 간극**

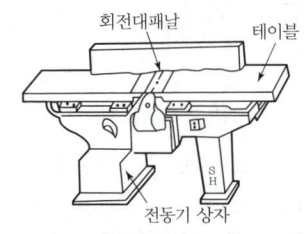

[그림] 동력식 수동대패

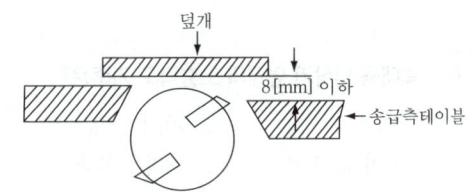

[그림] 덮개와 테이블 간의 틈새

> **참고** 산업안전산업기사 필기 p.3-137(2. 방호 조치)
>
> **KEY** 2017년 5월 7일(문제 47번) 출제

56 산소-아세틸렌가스 용접에서 산소 용기의 취급 시 주의사항으로 틀린 것은?

① 산소 용기의 운반 시 밸브를 닫고 캡을 씌워서 이동할 것
② 기름이 묻은 손이나 장갑을 끼고 취급하지 말 것
③ 원활한 산소 공급을 위하여 산소 용기는 눕혀서 사용할 것
④ 통풍이 잘되고 직사광선이 없는 곳에 보관할 것

[**정답**] 54 ③ 55 ③ 56 ③

해설
산소용기
산소용기와 아세틸렌가스 등의 용기는 눕혀서 사용하시면 안됩니다.(이유 : 폭발도 하지만 굴러다닙니다.)

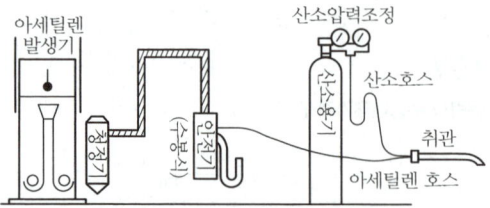

[그림] 아세틸렌용접장치

참고 산업안전산업기사 필기 p.3-177(문제 98번) 적중

KEY
① 2020년 6월 7일 기사(문제 55번) 출제
② 2020년 8월 23일(문제 59번) 출제

57 휴대용 연삭기 덮개의 노출각도 기준은?
① 60[°] 이내
② 90[°] 이내
③ 150[°] 이내
④ 180[°] 이내

해설
휴대용연삭기 노출각도 : 180[°] 이내

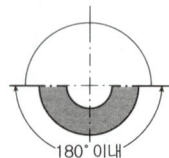

[그림] 휴대용 연삭기, 스윙연삭기, 슬라브연삭기, 기타 이와 비슷한 연삭기의 덮개 각도

참고 산업안전산업기사 필기 p.3-97(그림. 연삭기 종류 및 덮개의 표준현상)

KEY
① 2016년 8월 21일 기사 출제
② 2017년 3월 5일 출제
③ 2017년 5월 7일 기사 · 산업기사 출제
④ 2017년 8월 26일 출제
⑤ 2018년 4월 28일 기사 · 산업기사 동시 출제

정보제공
방호장치자율안전인증고시 [별표 4] 연삭기 덮개의 성능기준

58 동력 프레스를 분류하는데 있어서 그 종류에 속하지 않는 것은?
① 크랭크 프레스
② 토글 프레스
③ 마찰 프레스
④ 터릿 프레스

해설
동력프레스의 종류
① 기계프레스
② 핀클러치프레스
③ 키클러치프레스
④ 크랭크프레스
⑤ 액압프레스

참고
① 산업안전산업기사 필기 p.3-99(2. 프레스 종류 및 요약)
② 산업안전산업기사 필기 p.3-96(합격날개 : 은행문제 적중)

KEY
① 2016년 8월 21일 기사 출제
② 2017년 8월 26일 출제
③ 2018년 4월 28일(문제 52번) 출제

59 목재가공용 둥근톱의 목재 반발예방장치가 아닌 것은?
① 반발방지 발톱(finger)
② 분할날(spreader)
③ 덮개(cover)
④ 반발방지 롤(roll)

해설
둥근톱기계의 반발예방장치 3가지
① 반발방지 발톱(finger)
② 분할날(spreader)
③ 반발방지 롤(roll)

참고 산업안전산업기사 필기 p.3-133(합격날개 : 합격예측 및 관련법규)

KEY
① 2016년 5월 8일(문제 51번) 출제
② 2023년 6월 4일 기사 출제

보충학습
둥근톱기계의 반발예방장치
사업주는 목재가공용 둥근톱기계[가로 절단용 둥근톱기계 및 반발(反撥)에 의하여 근로자에게 위험을 미칠 우려가 없는 것은 제외한다]에 분할날 등 반발예방장치를 설치하여야 한다.

[정답] 57 ④ 58 ④ 59 ③

60 근로자에게 위험을 미칠 우려가 있는 원동기, 축이음, 풀리 등에 설치하여야 하는 것은?

① 덮개 ② 압력계
③ 통풍장치 ④ 과압방지기

[해설]

원동기·회전축 등의 위험 방지
사업주는 기계의 원동기·회전축·기어·풀리·플라이휠·벨트 및 체인 등 근로자가 위험에 처할 우려가 있는 부위에 덮개·울·슬리브 및 건널다리 등을 설치하여야 한다.

[참고] 산업안전산업기사 필기 p.3-203(합격날개 : 합격예측 및 관련법규)

[KEY] ① 2017년 3월 5일 기사·산업기사 동시 출제
② 2019년 4월 27일(문제 57번) 출제

[정보제공] 산업안전보건기준에 관한 규칙 제87조(원동기 회전축 등의 위험 방지)

---

4 전기 및 화학설비 안전관리

61 다음 중 통전경로별 위험도가 가장 높은 경로는?

① 왼손-등 ② 오른손-가슴
③ 왼손-가슴 ④ 오른손-양발

[해설]

통전경로별 위험도

통전경로	위험도
오른손-등	0.3
왼손-오른손	0.4
왼손-등	0.7
한손 또는 양손-앉아 있는 자리	0.7
오른손-한발 또는 양발	0.8
양손-양발	1.0
왼손-한발 또는 양발	1.0
오른손-가슴	1.3
왼손-가슴	1.5

[참고] 산업안전산업기사 필기 p.4-30(문제 26번)

[KEY] ① 2015년 5월 31일(문제 68번) 출제
② 2023년 4월 1일 지도사 출제

62 정전기 발생에 영향을 주는 요인이 아닌 것은?

① 물체의 특성
② 물체의 표면상태
③ 접촉면적 및 압력
④ 응집 속도

[해설]

정전기 발생에 영향을 주는 요인
① 물질(체)의 특성
② 물질의 이력
③ 물질의 표면
④ 정전기분리속도
⑤ 접촉면적 및 압력

[참고] 산업안전산업기사 필기 p.4-32(1. 정전기 발생 원리)

[KEY] ① 2016년 8월 21일 기사 출제
② 2017년 3월 5일 기사 출제
③ 2017년 5월 7일 기사 출제 등 5회 이상 출제

63 파이프 등에 유체가 흐를 때 발생하는 유동대전에 가장 큰 영향을 미치는 요인은?

① 유체의 이동거리
② 유체의 점도
③ 유체의 속도
④ 유체의 양

[해설]

유동대전
① 액체류가 파이프 등 내부에서 유동 시 관벽과 액체 사이에서 발생
② 액체 유동속도가 정전기발생에 큰 영향
③ 배관 내 유체의 정전하량(대전량) 유속의 1.5 ~ 2승에 비례
④ 배관 내 유체의 제한속도 : 가솔린이나 벤젠 등이 흐를 때 유속은 1[m/sec] 이하로 제한

[참고] 산업안전산업기사 필기 p.4-49(문제 19번) 적중

[KEY] ① 2016년 5월 8일 기사 출제
② 2018년 8월 19일 출제
③ 2019년 4월 27일(문제 68번) 출제

[정답] 60 ① 61 ③ 62 ④ 63 ③

64 제전기의 설치 장소로 가장 적절한 것은?

① 대전물체의 뒷면에 접지물체가 있는 경우
② 정전기의 발생원으로부터 5~20[cm] 정도 떨어진 장소
③ 오물과 이물질이 자주 발생하고 묻기 쉬운 장소
④ 온도가 150[℃], 상대습도가 80[%] 이상인 장소

해설

제전기 설치 장소
① 제전기를 설치하기 전후의 전위를 측정하여 제전의 목표치를 만족하는 위치 또는 제전효율이 90[%] 이상이 되는 위치
② 제전기를 설치하기 전에 대전물체의 전위를 측정하여 그 전위가 될 수 있는 한 높은 위치
③ 정전기의 발생원에서 최소한 설치거리 이상 떨어져 있으면서 될 수 있는 한 발생원에 가까운 위치로서 일반적으로 정전기의 발생원에서 5~20[cm] 이상 떨어진 위치
④ 제전기의 설치위치는 원칙적으로 대전물체 배면의 접지체 또는 다른 제전기가 설치되어 있는 위치, 정전기의 발생원, 제전기에 오물이 묻기 쉬운 장소는 피하고 온도가 150[℃], 상대습도가 80[%] 이상이 되는 환경은 피해야 한다.

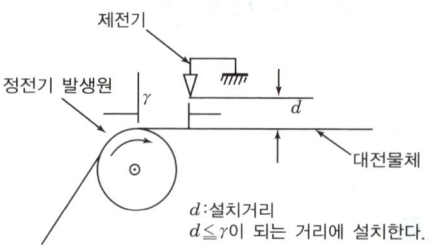

[그림] 제전기의 설치

참고 산업안전산업기사 필기 p.4-41(9. 제전기)
KEY 2020년 8월 23일(문제 61번) 출제

65 전압과 인체저항과의 관계를 잘못 설명한 것은?

① 정(+)의 저항온도계수를 나타낸다.
② 내부조직의 저항은 전압에 관계없이 일정하다.
③ 1,000[V] 부근에서 피부의 전기저항은 거의 사라진다.
④ 남자보다 여자가 일반적으로 전기저항이 작다.

해설

전압과 인체저항
① 부(-)의 저항온도계수를 나타낸다.
  ㉮ 정(+)의 온도계수 : 온도 상승에 따라 저항이 증가하는 것
  ㉯ 부(-)의 온도계수 : 온도 상승에 따라 저항이 감소하는 것
② 내부조직의 저항은 전압에 관계없이 일정하다. : 내부조직의 전기저항은 직선적으로 직류, 교류에 관계없이 거의 일정하다.
③ 1,000[V] 부근에서 피부의 전기저항은 거의 사라진다. : 전압이 올라가면 피부저항이 내려가는데 1,000[V]에서 피부는 완전히 절연이 파괴되고 내부저항 500[Ω]만 남는다.
④ 남자보다 여자가 일반적으로 전기저항이 작다. : 전기저항은 몸무게에 따라 달라지므로 여자에 비해 남자가 몸무게가 커서 여자가 일반적으로 전기저항이 작다.

참고 산업안전산업기사 필기 p.4-18(2. 인체의 전기저항)
KEY 2014년 5월 25일(문제 64번) 출제

66 일반적인 방전형태의 종류가 아닌 것은?

① 스트리머(streamer)방전
② 적외선(infrared-ray)방전
③ 코로나(corona)방전
④ 연면(surface)방전

해설

방전(discharge) 형태의 종류
① 코로나(corona)방전
② 스트리머(streamer)방전
③ 스파크(spark)방전
④ 연면(surface)방전
⑤ 브러시(brush)방전

참고 산업안전산업기사 필기 p.4-34(3. 방전의 형태 및 영향)
KEY 2016년 5월 8일(문제 68번) 출제

67 고압 또는 특고압의 기계기구·모선 등을 옥외에 시설하는 발전소·변전소·개폐소 또는 이에 준하는 곳에 구내에 취급자 이외의 자가 들어가지 못하도록 하기 위한 시설의 기준에 대한 설명으로 틀린 것은?

[정답] 64 ② 65 ① 66 ② 67 ①

① 울타리·담 등의 높이는 1.5[m] 이상으로 시설하여야 한다.
② 출입구에는 출입금지의 표시를 하여야 한다.
③ 출입구에는 자물쇠장치 기타 적당한 장치를 하여야 한다.
④ 지표면과 울타리·담 등의 하단사이의 간격은 15[cm] 이하로 하여야 한다.

해설

울타리·담 시설기준
① 울타리·담 등의 높이는 2[m] 이상으로 하고 지표면과 울타리·담 등의 하단사이의 간격은 15[cm] 이하로 할 것
② 울타리·담 등과 고압 및 특고압의 충전부분이 접근하는 경우에는 울타리·담 등의 높이와 울타리·담 등으로부터 충전부분까지 거리의 합계는 전로의 사용전압이 35,000[V] 이하인 경우 5[m] 이상으로 할 것
③ 출입구에는 출입금지의 표시를 할 것
④ 출입구에는 자물쇠장치 기타 적당한 장치를 할 것

KEY 2018년 4월 28일(문제 68번) 출제

정보제공
전기설비기준 제44조(발전소 등의 울타리·담 등의 시설)

---

68 산업안전보건법상 전기기계·기구의 누전에 의한 감전 위험을 방지하기 위하여 접지를 하여야 하는 사항으로 틀린 것은?

① 전기기계·기구의 금속제 내부 충전부
② 전기기계·기구의 금속제 외함
③ 전기기계·기구의 금속제 외피
④ 전기기계·기구의 금속제 철대

해설

전기기계·기구의 접지
① 전기기계·기구의 금속제 외함
② 전기기계·기구의 금속제 외피
③ 전기기계·기구의 금속제 철대

KEY ① 2012년 5월 20일(문제 63번) 출제
② 2019년 4월 27일(문제 64번) 출제

정보제공
산업안전보건기준에 관한 규칙 제302조(전기기계·기구의 접지)

---

69 교류아크용접작업 시 감전을 예방하기 위하여 사용하는 자동전격방지기의 2차 전압은 몇 [V] 이하로 유지하여야 하는가?

① 25 ② 35
③ 50 ④ 40

해설

전동전격방지기 2차 전압 : 25[V] 이하

참고 산업안전산업기사 필기 p.4-78(2. 방호장치의 성능)

KEY 2016년 5월 8일(문제 66번) 등 5회 이상 출제

보충학습

교류아크용접기 등
① 사업주는 아크용접 등(자동용접은 제외한다)의 작업에 사용하는 용접봉의 홀더에 대하여 「산업표준화법」에 따른 한국산업표준에 적합하거나 그 이상의 절연내력 및 내열성을 갖춘 것을 사용하여야 한다.
② 사업주는 다음 각 호의 어느 하나에 해당하는 장소에서 교류아크용접기(자동으로 작동되는 것은 제외한다)를 사용하는 경우에는 교류아크용접기에 자동전격 방지기를 설치하여야 한다.
 ㉮ 선박의 이중 선체 내부, 밸러스트(Ballast)탱크, 보일러 내부 등도 전체에 둘러싸인 장소
 ㉯ 추락할 위험이 있는 높이 2[m] 이상의 장소로 철골 등 도전성이 높은 물체에 근로자가 접촉할 우려가 있는 장소
 ㉰ 근로자가 물·땀 등으로 인하여 도전성이 높은 습윤 상태에서 작업하는 장소

---

70 감전을 방지하기 위하여 정전작업 요령을 관계 근로자에게 주지시킬 필요가 없는 것은?

① 전원설비 효율에 관한 사항
② 단락접지 실시에 관한 사항
③ 전원 재투입 순서에 관한 사항
④ 작업 책임자의 임명, 정전범위 및 절연용 보호구 작업 등 필요한 사항

해설

정전 작업 시 5대 안전수칙
① 작업 전 전원차단
② 전원투입방지
③ 작업장소의 무전압 여부 확인
④ 단락접지
⑤ 작업장소의 보호

[정답] 68 ① 69 ① 70 ①

참고) 산업안전산업기사 필기 p.4-76(1. 정전작업 시 조치사항)

KEY ① 2016년 8월 21일 출제
② 2017년 5월 7일 기사·산업기사 동시 출제
③ 2023년 6월 4일 기사 등 5회 이상 출제

71 다음 중 최소발화에너지에 관한 설명으로 틀린 것은?

① 압력이 상승하면 작아진다.
② 온도가 상승하면 작아진다.
③ 산소농도가 높아지면 작아진다.
④ 유체의 유속이 높아지면 작아진다.

해설

최소발화에너지(MIE)
(1) 처음 연소에 필요한 최소한의 에너지
(2) 영향 요소
 ① 특정 화합물이나 혼합물   ② 농도
 ③ 압력   ④ 온도
(3) MIE의 변화 요인
 ① 압력이나 온도의 증가에 따라 감소하며, 공기 중에서보다 산소 중에서 더 감소함
 ② 분진의 MIE는 일반적으로 인화성가스보다 큰 에너지 준위를 가짐
 ③ 질소 농도 증가는 MIE를 증가시킴

참고) 산업안전산업기사 필기 p.4-188(보충학습 : 1. 발화에너지)

KEY 2013년 6월 23일(문제 78번) 출제

72 다음 중 폭발하한농도(vol%)가 가장 높은 것은?

① 일산화탄소   ② 아세틸렌
③ 디에틸에테르 ④ 아세톤

해설

주요 인화성 가스의 폭발범위

인화성 가스	폭발하한 값(%)	폭발상한 값(%)
아세틸렌(C_2H_2)	2.5	81
산화에틸렌(C_2H_4O)	3	80
수소(H_2)	4	75
일산화탄소(CO)	12.5	74
프로판(C_3H_8)	2.1	9.5
에탄(C_2H_6)	3	12.5
메탄(CH_4)	5	15
부탄(C_4H_{10})	1.8	8.4

참고) 산업안전산업기사 필기 p.4-153(표1. 공기중의 폭발한계)

KEY ① 2017년 3월 5일 산업기사 출제
② 2020년 8월 23일(문제 76번) 등 5회 이상 출제

73 다음 중 열교환기의 가열 열원으로 사용되는 것은?

① 다우섬   ② 염화칼슘
③ 프레온   ④ 암모니아

해설

열교환기 가열열원
① 대부분 정제된 광유(Mineral oil) 사용
② 낮은 온도에서는 염화칼슘용액, 메탄올, 글리콜 수용액, 다우섬(Dowtherm), 실섬(Syltherm) 등을 사용

참고) 산업안전산업기사 필기 p.4-146(3. 열교환기)

KEY 2015년 5월 31일(문제 76번) 출제

보충학습
다우섬
① 미국 Dow Chemical Co.의 고안으로 전열 매체로 250~400[℃]의 가열에 적합한 끓는 점이 높은 유기물의 상품명. 고온 증류, 고온 증발, 에스테르화 반응, 촉매 반응 장치의 온도 유지 등의 목적으로 사용
② 저압력으로 좋기 때문에 고압증기, 뜨거운 물 대신 널리 사용
[출처 : 도서출판 세화(화학대사전)]

74 산업안전보건법령상 관리대상 유해물질의 운반 및 저장 방법으로 적절하지 않은 것은?

① 저장장소에는 관계 근로자가 아닌 사람의 출입을 금지하는 표시를 한다.
② 저장장소에서 관리대상 유해물질의 증기가 실외로 배출되지 않도록 적절한 조치를 한다.
③ 관리대상 유해물질을 저장할 때 일정한 장소를 지정하여 저장하여야 한다.

[정답] 71 ④ 72 ① 73 ① 74 ②

④ 물질이 새거나 발산될 우려가 없는 뚜껑 또는 마개가 있는 튼튼한 용기를 사용한다.

> **해설**
>
> **관리대상물질의 저장방법**
> ① 관리대상 유해물질의 증기를 실외로 배출시키는 설비를 설치할 것
> ② 저장장소에는 관계 근로자가 아닌 사람의 출입을 금지하는 표시를 한다.
> ③ 관리대상 유해물질을 저장할 때 일정한 장소를 지정하여 저장하여야 한다.
> ④ 물질이 새거나 발산될 우려가 없는 뚜껑 또는 마개가 있는 튼튼한 용기를 사용한다.
>
> **참고** 산업안전산업기사 필기 p.4-137(합격날개 : 합격예측 및 관련법규)
>
> **KEY** 2018년 4월 28일(문제 76번) 출제
>
> **정보제공** 산업안전보건기준에 관한 규칙 제443조(관리대상물질의 저장)

75 반응기가 이상과열인 경우 반응폭주를 방지하기 위하여 작동하는 장치로 가장 거리가 먼 것은?

① 고온경보장치
② 블로다운시스템
③ 긴급차단장치
④ 자동 shutdown장치

> **해설**
>
> **Blow-down 시스템**
> 응축성 증기, 열액 등의 공정 액체를 빼내서 안전하게 보전 또는 처리하기 위한 장치
>
> [표] 구성 요소
>
> | 구분 | 기능 |
> |---|---|
> | 펌프 | 반응기, 탑 등에서 내용물을 빼내는 장치 |
> | 탱크 | 빼낸 내용물을 안전하게 유지하는 장치 |
> | 증발기 | 내용물을 연소 처리하는 경우 가스화하기 위한 장치 |
>
> **참고** ① 산업안전산업기사 필기 p.4-146(합격날개 : 은행문제)
> ② 산업안전산업기사 필기 p.4-141(3. blow-down)
>
> **KEY** 2016년 5월 8일(문제 75번) 출제

76 다음 중 증류탑의 원리로 거리가 먼 것은?

① 끓는점(휘발성) 차이를 이용하여 목적 성분을 분리한다.
② 열이동은 도모하지만 물질이동은 관계하지 않는다.
③ 기-액 두 상의 접촉이 충분히 일어날 수 있는 접촉 면적이 필요하다.
④ 여러 개의 단을 사용하는 다단탑이 사용될 수 있다.

> **해설**
>
> **증류탑의 원리**
> ① 공장에서 대량의 액체 화합물을 분리하는 데 사용하며, 내부의 칸막이에서 여러 번 분별 증류가 일어나도록 설계되어 있다.
> ② 끓는점이 낮은 물질이 위쪽에서 분리되고 끓는점이 높은 물질이 아래쪽에서 분리된다.

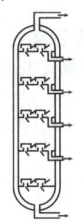

[그림] 증류탑

> **참고** 산업안전산업기사 필기 p.4-145(합격날개:합격예측)
>
> **KEY** ① 2017년 3월 5일 출제
> ② 2017년 5월 7일(문제 77번) 출제

77 다음 중 개방형 스프링식 안전밸브의 장점이 아닌 것은?

① 구조가 비교적 간단하다.
② 증기용에 어큐뮬레이션을 3[%] 이내로 할 수 있다.
③ 스프링, 밸브봉 등이 외기의 영향을 받지 않는다.
④ 밸브시트와 밸브스템 사이에서 누설을 확인하기 쉽다.

[정답] 75 ② 76 ② 77 ③

> 해설

개방형 스프링식 안전밸브 장점
① 구조가 비교적 간단하다.
② 증기용에 어큐뮬레이션을 3[%] 이내로 할 수 있다.
③ 밸브시트와 밸브시스템 사이에서 누설을 확인하기 쉽다.

[그림] 개방형   [그림] 밀폐형

> 참고 산업안전산업기사 필기 p.4-141(합격날개 : 합격예측)

> KEY 2015년 5월 31일(문제 75번) 출제

> 보충학습

개방식 스프링 안전밸브의 단점
① 옥내에서 가연성 가스나 독성가스용으로 사용할 수 없다.
② 배출관에 배압이 걸리는 경우에는 사용할 수 없다.
③ 스프링, 밸브봉 등이 외기의 영향을 받기 쉽다.

---

78 다음 중 폭굉(detonation) 현상에 있어서 폭굉파의 진행전면에 형성되는 것은?

① 증발열 ② 충격파
③ 역화   ④ 화염의 대류

> 해설

폭굉파
① 진행속도가 1,000~3,500[m/sec]에 달하는 경우
② 폭굉파의 선파속노는 음속을 앞지르기 때문에 그 진행선변에 충격파가 형성되어 파괴작용을 동반
③ 충격파 파장이 아주 짧은 단일 압축파로 직진하는 성질로 인하여 파면선단에 물체가 있을 경우 심한 파괴작용 동반

> 참고 산업안전산업기사 필기 p.4-100(4. 폭굉의 조건)

> KEY ① 2017년 5월 7일 출제
② 2019년 4월 27일(문제 72번) 출제

---

79 염소산칼륨에 관한 설명으로 옳은 것은?

① 탄소, 유기물과 접촉 시에도 분해폭발 위험은 거의 없다.
② 열에 강한 성질이 있어서 500[℃]의 고온에서도 안정적이다.
③ 찬물이나 에탄올에도 매우 잘 녹는다.
④ 산화성 고체물질이다.

> 해설

염소산 칼륨(KClO₃)
① 제1류 위험물 : 산화성고체
② 상온에서 고체상태, 마찰 충격 등으로 많은 산소를 방출
③ 가연물의 연소를 돕는 조연성 물질이며, 강산화성 물질
④ 유기물, 탄소, 황 등과 혼합하여 가열하거나 충격을 부여하면 폭발
⑤ 극약, 녹는점 368[℃], 비중 2.326(39[℃])이다.
⑥ 가열하면 400[℃]에서 분해하여 과염소산칼륨과 염화칼륨이 되며, 더 가열하면 산소를 방출하고 전부 염화칼륨이 된다.

> 참고 산업안전산업기사 필기 p.4-133(3. 유해화학물질 취급 시 주의사항)

> KEY 2020년 8월 23일(문제 71번) 출제

---

80 휘발유를 저장하던 이동저장탱크에 등유나 경유를 이동저장탱크의 밑 부분으로부터 주입할 때에 액표면의 높이가 주입관의 선단의 높이를 넘을 때까지 주입속도는 몇 [m/s] 이하로 하여야 하는가?

① 0.5   ② 1.0
③ 1.5   ④ 2.0

> 해설

등유·경유 주입
주입속도 : 1[m/s] 이하

> 참고 산업안전산업기사 필기 p.4-148(합격날개 : 합격예측 및 관련법규)

> KEY 2017년 5월 7일(문제 73번) 출제

> 정보제공

산업안전보건기준에 관한 규칙 제228조(가솔린이 남아 있는 설비에 등유 등의 주입)

[정답] 78 ② 79 ④ 80 ②

5 건설공사 안전관리

81 연약지반을 굴착할 때, 흙막이벽 뒤쪽 흙의 중량이 바닥의 지지력보다 커지면, 굴착저면에서 흙이 부풀어 오르는 현상은?

① 슬라이딩(Sliding)
② 보일링(Boiling)
③ 파이핑(Piping)
④ 히빙(Heaving)

해설

히빙(Heaving) 현상
연약성 점토지반 굴착시 굴착외측 흙의 중량에 의해 굴착저면의 흙이 활동 전단 파괴되어 굴착내측으로 부풀어 오르는 현상

참고 산업안전산업기사 필기 p.5-6(합격날개 : 합격예측)

KEY ① 2016년 10월 1일 기사출제
② 2019년 4월 27일(문제 86번) 등 5회 이상 출제

82 산업안전보건법령에 따른 크레인을 사용하여 작업을 하는 때 작업시작 전 점검사항에 해당되지 않는 것은?

① 권과방지장치·브레이크·클러치 및 운전장치의 기능
② 주행로의 상측 및 트롤리(trolley)가 횡행하는 레일의 상태
③ 원동기 및 풀리(pulley)기능의 이상 유무
④ 와이어로프가 통하고 있는 곳의 상태

해설

크레인을 사용하여 작업을 할 때 작업시작전 점검사항
① 권과방지장치·브레이크·클러치 및 운전장치의 기능
② 주행로의 상측 및 트롤리가 횡행(橫行)하는 레일의 상태
③ 와이어로프가 통하고 있는 곳의 상태

참고 산업안전산업기사 필기 p.3-54(표4. 작업시작 전 점검사항)

KEY ① 2016년 3월 6일 기사 출제
② 2017년 3월 5일 기사 출제
③ 2017년 9월 23일 산업기사 등 5회 이상 출제

정보제공 산업안전보건기준에 관한 규칙 [별표 3]작업시작전 점검사항

83 말비계에 설치되는 작업발판의 폭에 대한 기준으로 옳은 것은?

① 20[cm] 이상
② 40[cm] 이상
③ 60[cm] 이상
④ 80[cm] 이상

해설

말비계 작업발판 폭 : 40[cm] 이상

참고 산업안전산업기사 필기 p.5-103(합격날개 : 합격예측)

KEY 2020년 8월 23일(문제 89번) 등 5회 이상 출제

보충학습

말비계
말비계를 조립하여 사용할 경우에는 다음 각호의 사항을 준수하여야 한다.
① 지주부재의 하단에는 미끄럼 방지장치를 하고, 양측 끝부분에 올라서서 작업하지 않도록 할 것
② 지주부재와 수평면과의 기울기를 75[°] 이하로 하고, 지주부재와 지주부재 사이를 고정시키는 보조부재를 설치할 것
③ 말비계의 높이가 2[m]를 초과할 경우에는 작업발판의 폭을 40[cm] 이상으로 할 것

84 다음은 이음매가 있는 권상용 와이어로프의 사용금지 규정이다. ( ) 안에 알맞은 숫자는?

> 와이어로프의 한 꼬임에서 소선의 수가 ( )[%] 이상 절단된 것을 사용하면 안된다.

① 5
② 7
③ 10
④ 15

해설

달비계 와이어로프 사용금지 기준
① 이음매가 있는 것
② 와이어로프의 한 꼬임[(스트랜드(strand)를 말한다. 이하 같다)에서 끊어진 소선(素線)[필러(pillar)선은 제외한다)]의 수가 10[%] 이상(비자전로프의 경우에는 끊어진 소선의 수가 와이어로프 호칭지름의 6배 길이 이내에서 4[개] 이상이거나 호칭지름 30배 길이 이내에서 8[개] 이상)인 것
③ 지름의 감소가 공칭지름의 7[%]를 초과하는 것
④ 꼬인 것
⑤ 심하게 변형되거나 부식된 것
⑥ 열과 전기충격에 의해 손상된 것

[정답] 81 ④ 82 ③ 83 ② 84 ③

참고 산업안전산업기사 필기 p.5-102(합격날개 : 합격예측 및 관련법규)
KEY ① 2015년 5월 31일 기사 출제
② 2023년 6월 4일 기사 등 10회 이상 출제
정보제공 산업안전보건기준에 관한 규칙 제63조(달비계의 구조)

참고 산업안전산업기사 필기 p.5-7(2. 보링의 종류)
KEY 2017년 5월 7일(문제 98번) 출제

85 산업안전보건법령에 따른 중량물을 취급하는 작업을 하는 경우의 작업계획서 내용에 포함되지 않는 사항은?

① 추락위험을 예방할 수 있는 안전대책
② 낙하위험을 예방할 수 있는 안전대책
③ 전도위험을 예방할 수 있는 안전대책
④ 위험물 누출위험을 예방할 수 있는 안전대책

해설

중량물의 취급 작업
① 추락위험을 예방할 수 있는 안전대책
② 낙하위험을 예방할 수 있는 안전대책
③ 전도위험을 예방할 수 있는 안전대책
④ 협착위험을 예방할 수 있는 안전대책
⑤ 붕괴위험을 예방할 수 있는 안전대책

참고 산업안전산업기사 필기 p.5-192(11. 중량물 취급작업)
KEY ① 2018년 6월 30일 실기필답형 출제
② 2018년 4월 28일(문제 89번) 등 5회 이상 출제
정보제공 산업안전보건기준에 관한 규칙 [별표 4] 사전조사 및 작업계획서 내용

86 지반의 조사방법 중 지질의 상태를 가장 정확히 파악할 수 있는 보링방법은?

① 충격식 보링(percussion boring)
② 수세식 보링(wash boring)
③ 회전식 보링(rotary boring)
④ 오거 보링(auger boring)

해설

회전식 보링(Rotary Boring)
① 비트(Bit)를 약 40~150[rpm]의 속도로 회전시켜 흙을 펌프를 이용하여 지상으로 퍼내 지층상태를 판단하는 것
② 가장 정확한 지층상태 확인가능

87 철근콘크리트 현장타설공법과 비교한 PC(pre-cast concrete)공법의 장점으로 볼 수 없는 것은?

① 기후의 영향을 받지 않아 동절기 시공이 가능하고, 공기를 단축할 수 있다.
② 현장작업이 감소되고, 생산성이 향상되어 인력절감이 가능하다.
③ 공사비가 매우 저렴하다.
④ 공장 제작이므로 콘크리트 양생 시 최적조건에 의한 양질의 제품생산이 가능하다.

해설

프리캐스트 콘크리트(Precast concrete)
① 보, 기둥, 슬라브 등을 공장에서 미리 만들어 현장에서 조립하는 콘크리트
② 인력절감, 공기단축
③ 균등한 품질확보
④ 부재의 규격화, 대량생산 가능
⑤ 공사비 절감, 생산성 향상
⑥ 접합부위, 연결부위의 일체성확보가 RC공사에 비해 불리하다.
⑦ 외기에 영향을 받지 않으므로 동절기 시공이 가능하다.
⑧ 다양한 형상제작이 곤란하므로 설계상의 제약이 따른다.
⑨ 대규모 공사에 적용하는 것이 유리하다.

참고 건설안전산업기사 필기 p.5-50(7. 프리캐스트 콘크리트)
KEY 2020년 8월 23일(문제 97번) 출제

88 추락재해 방호용 방망의 신품에 대한 인장강도는 얼마인가?(단, 그물코의 크기가 10[cm]이며, 매듭없는 방망)

① 220[kg]   ② 240[kg]
③ 260[kg]   ④ 280[kg]

[정답] 85 ④ 86 ③ 87 ③ 88 ②

해설

방망사의 신품에 대한 인장강도

그물코의 크기 (단위 :[cm])	방망의 종류 (단위 : [kg])	
	매듭없는 방망	매듭 방망
10	240	200
5		110

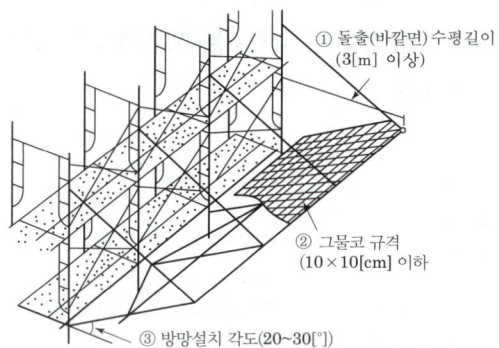

[그림] 추락 방호망

참고 산업안전산업기사 필기 p.5-50(1. 방망사의 강도)

KEY ① 2016년 5월 8일 기사 출제
② 2017년 3월 5일 기사 출제
③ 2017년 8월 26일 기사 등 5회 이상 출제

---

89 무한궤도식 장비와 타이어식(차륜식) 장비의 차이점에 관한 설명으로 옳은 것은?

① 무한궤도식은 기동성이 좋다.
② 타이어식은 승차감과 주행성이 좋다.
③ 무한궤도식은 경사지반에서의 작업에 부적당하다.
④ 타이어식은 땅을 다지는 데 효과적이다.

해설
자동차와 불도저를 생각하면 답이 보인다.

참고 ① 산업안전산업기사 필기 p.5-61(합격날개 : 은행문제)
② 산업안전산업기사 필기 p.5-66(2. 불도저 분류)

KEY 2019년 4월 27일(문제 92번) 출제

---

90 사다리식 통로의 설치기준으로 틀린 것은?

① 폭은 30[cm] 이상으로 할 것
② 발판과 벽과의 사이는 15[cm] 이상의 간격을 유지할 것
③ 사다리의 상단은 걸쳐놓은 지점으로부터 60[cm] 이상 올라가도록 할 것
④ 사다리식 통로의 길이가 10[m] 이상인 경우에는 7[m] 이내마다 계단참을 설치할 것

해설

사다리식 통로 설치기준

① 견고한 구조로 할 것
② 심한 손상·부식 등이 없는 재료를 사용할 것
③ 발판의 간격은 일정하게 할 것
④ 발판과 벽과의 사이는 15[cm] 이상의 간격을 유지할 것
⑤ 폭은 30[cm] 이상으로 할 것
⑥ 사다리가 넘어지거나 미끄러지는 것을 방지하기 위한 조치를 할 것
⑦ 사다리의 상단은 걸쳐놓은 지점으로부터 60 [cm] 이상 올라가도록 할 것
⑧ 사다리식 통로의 길이가 10[m] 이상인 경우에는 5[m] 이내마다 계단참을 설치할 것
⑨ 사다리식 통로의 기울기는 75도 이하로 할 것. 다만, 고정식 사다리식 통로의 기울기는 90도 이하로 하고, 그 높이가 7미터 이상인 경우에는 다음 각 목의 구분에 따른 조치를 할 것
  가. 등받이울이 있어도 근로자 이동에 지장이 없는 경우: 바닥으로부터 높이가 2.5[m] 되는 지점부터 등받이울을 설치할 것
  나. 등받이울이 있으면 근로자가 이동이 곤란한 경우: 한국산업표준에서 정하는 기준에 적합한 개인용 추락 방지 시스템을 설치하고 근로자로 하여금 한국산업표준에서 정하는 기준에 적합한 전신안전대를 사용하도록 할 것
⑩ 접이식 사다리 기둥은 사용 시 접혀지거나 펼쳐지지 않도록 철물 등을 사용하여 견고하게 조치할 것

참고 산업안전보건기준에 관한 규칙 제24조(사다리식 통로 등의 구조)

KEY 2014년 5월 25일(문제 99번) 출제

---

91 지반의 투수계수에 영향을 주는 인자에 해당하지 않는 것은?

① 토립자의 단위중량
② 유체의 점성계수
③ 토립자의 공극비
④ 유체의 밀도

[정답] 89 ② 90 ④ 91 ①

해설

투수계수(透水係數, hydraulic conductivity)
① 지층의 투수도를 나타내는 지표로 일정 단위의 단면적을 단위 시간에 통과하는 수량(水量)으로 정의된다.
② 다공질재료의 물질성질에 의해 결정되는 것이지만 실내에서 실험적으로 이것을 구할 때는 실험 시의 수온에 따라 점성계수가 관련되므로 표준수온을 15[℃]로 하여 이것을 환산하는 방법이 사용되고 있다.
③ 투수계수의 기호는 K로 표시되며, 단위로 cm/sec, m/sec, m/day 등을 사용한다.

[표] 지층과 투수계수의 관계

투수도 (透水度)	투수계수 [cm/sec]	지반을 구성하는 토(土)
높음	10^{-1} 이상	조립 또는 중립의 역(礫)
보통	$10^{-1} \sim 10^{-3}$	세력(細礫)·조사(組砂)·중사(中砂)·세사(細砂)
낮음	$10^{-3} \sim 10^{-5}$	극세사(極細砂)·실트질 모래·석분(石粉)
극히 낮음	$10^{-5} \sim 10^{-7}$	단단한 실트·단단한 점토질 실트·점토
불투수	10^{-7}	이하균질의 점토

참고 산업안전산업기사 필기 p.5-9(합격날개 : 합격예측)

KEY 2016년 5월 8일(문제 87번) 출제

보충학습
투수계수에 영향을 주는 인자
① 유체의 점성계수 ② 유체의 밀도 ③ 토립자의 공극비

92
다음은 산업안전보건법령에 따른 승강설비의 설치에 관한 내용이다. (   )에 들어갈 내용으로 옳은 것은?

> 사업주는 높이 또는 깊이가 (   )를 초과하는 장소에서 작업하는 경우 해당 작업에 종사하는 근로자가 안전하게 승강하기 위한 건설작업용 리프트 등의 설비를 설치하는 것이 작업의 성질상 곤란한 경우에는 그러하지 아니하다.

① 2[m]   ② 3[m]
③ 4[m]   ④ 5[m]

해설
승강설비 높이 및 깊이 기준 : 2[m] 초과

참고 산업안전산업기사 필기 p.5-149(합격날개 : 합격예측 및 관련 법규)

KEY
① 2017년 5월 7일 기사 출제
② 2017년 8월 26일 기사 출제
③ 2020년 8월 23일(문제 94번) 출제

93
다음 중 굴착기의 전부장치와 거리가 먼 것은?

① 붐(Boom)   ② 암(Arm)
③ 버킷(Bucket)   ④ 블레이드(Blade)

해설

굴착기
(1) 정의
굴착기는 주행하는 하부본체에 동력을 장착한 상부회전체 및 교체 가능한 전부장치로 구성되어 굴착 및 적재 등의 많은 작업을 할 수 있는 다목적 기계이다.

(2) 전부장치
① 백호(Back Hoe)
엑스카베이터(excavator)라고도 하며 본체의 작업위치보다 낮은 굴착에 쓰이고 공사장 지하 및 도랑파기 등에 적합하다.
② 셔블(Shovel)
작업위치보다 높은 곳 굴착작업에 이용되는 것으로 삽의 역할을 한다. 파워셔블은 토량을 빠른 속도로 굴착 운반할 때 사용
③ 드래그 라인(Drag Line)
자연보다 낮은 곳을 넓게 굴착하는 데 사용하며 작업반경이 넓고, 수중굴착 및 긁어 파기에 이용된다.
④ 어스드릴(Earth Drill)
무소음으로 직경이 크고 깊은 구멍을 굴착하여 도심의 소음방지면에서 건축물의 기초공사에 주로 사용한다.
⑤ 파일 드라이버(Pile Driver)
콘크리트나 시트에 말뚝이나 기둥을 박는 역할을 한다.
⑥ 클램쉘(Clam shell)
조개장치로서 정확한 수중굴착에 사용된다.

참고 산업안전산업기사 필기p.5-62(3. 작업에 따른 분류)

KEY 2016년 5월 8일(문제 82번) 출제

보충학습
블레이드
① 불도저의 부속장치
② 불도저는 배토정지용 기계

[정답] 92 ① 93 ④

94 다음 (   )안에 들어갈 말로 옳은 것은?

> 콘크리트 측압은 콘크리트 타설속도, (   ), 단위용적질량, 온도, 철근배근상태 등에 따라 달라진다.

① 타설높이
② 골재의 형상
③ 콘크리트 강도
④ 박리제

해설

콘크리트 측압결정요소
콘크리트 측압은 콘크리트 타설속도, 타설높이, 단위용적중량, 온도, 철근배근상태 등에 따라 달라진다.

참고 산업안전산업기사 필기 p.5-151(3. 측압에 영향을 주는 요인)

KEY 2014년 5월 25일(문제 85번) 등 10회 이상 출제

95 차량계 하역운반기계 등을 이송하기 위하여 자주(自走) 또는 견인에 의하여 화물자동차에 싣거나 내리는 작업을 할 때 발판·성토 등을 사용하는 경우 기계의 전도 또는 전락에 의한 위험을 방지하기 위하여 준수하여야 할 사항으로 옳지 않은 것은?

① 싣거나 내리는 작업은 견고한 경사지에서 실시할 것
② 가설대 등을 사용하는 경우에는 충분한 폭 및 강도와 적당한 경사를 확보할 것
③ 발판을 사용하는 경우에는 충분한 길이·폭 및 강도를 가진 것을 사용할 것
④ 지정운전자의 성명·연락처 등을 보기 쉬운 곳에 표시하고 지정운전자 외에는 운전하지 않도록 할 것

해설

차량계 하역운반기계 전도·전락방지 대책
① 싣거나 내리는 작업은 평탄하고 견고한 장소에서 할 것
② 발판을 사용하는 경우에는 충분한 길이·폭 및 강도를 가진 것을 사용하고 적당한 경사를 유지하기 위하여 견고하게 설치할 것
③ 가설대 등을 사용하는 경우에는 충분한 폭 및 강도와 적당한 경사를 확보할 것
④ 지정운전자의 성명·연락처 등을 보기 쉬운 곳에 표시하고 지정운전자 외에는 운전하지 않도록 할 것

참고 산업안전산업기사 필기 p.5-136(합격날개 : 합격예측 및 관련법규)

KEY 2017년 5월 7일(문제 82번) 출제

정보제공 산업안전보건기준에 관한 규칙 제174조(차량계 하역운반기계 등의 이송)

96 공사현장에서 낙하물방지망 또는 방호선반을 설치할 때 설치높이 및 벽면으로부터 내민 길이 기준으로 옳은 것은?

① 설치높이 : 10[m] 이내마다, 내민 길이 2[m] 이상
② 설치높이 : 15[m] 이내마다, 내민 길이 2[m] 이상
③ 설치높이 : 10[m] 이내마다, 내민 길이 3[m] 이상
④ 설치높이 : 15[m] 이내마다, 내민 길이 3[m] 이상

해설

낙하물(안전)방망 설치기준
① 추락방호망의 설치위치는 가능하면 작업면으로부터 가까운 지점에 설치하여야 하며, 작업면으로부터 망의 설치지점까지의 수직거리는 10[m]를 초과하지 아니할 것
② 추락방호망은 수평으로 설치하고, 망의 처짐은 짧은 변 길이의 12[%] 이상이 되도록 할 것
③ 건축물 등의 바깥쪽으로 설치하는 경우 망의 내민 길이는 벽면으로부터 3[m] 이상 되도록 할 것. 다만, 그물코가 20[mm] 이하인 망을 사용한 경우에는 낙하물방지망을 설치한 것으로 본다.

참고 산업안전산업기사 필기 p.5-58(2. 낙하·비래재해의 예방대책에 관한 사항)

KEY 2015년 5월 31일(문제 94번) 등 5회 이상 출제

정보제공 산업안전보건기준에 관한 규칙 제42조(추락의 방지)

보충학습
내민길이
① 낙하물 방지망 및 추락방호망 : 2[m] 이상
② 추락방호망(바깥면용) : 3[m] 이상

[정답] 94 ① 95 ① 96 ①

97. 옹벽이 외력에 대하여 안정하기 위한 검토 조건이 아닌 것은?

① 전도
② 활동
③ 좌굴
④ 지반 지지력

해설

옹벽의 안정조건 3가지
① 활동 ② 전도 ③ 지반지지력

참고 산업안전산업기사 필기 p.5-59(3. 옹벽의 안정조건 3가지)

KEY 2015년 5월 31일(문제 89번) 출제

98. 철근콘크리트 슬래브에 발생하는 응력에 관한 설명으로 옳지 않은 것은?

① 전단력은 일반적으로 단부보다 중앙부에서 크게 작용한다.
② 중앙부 하부에는 인장응력이 발생한다.
③ 단부 하부에는 압축응력이 발생한다.
④ 휨응력은 일반적으로 슬래브의 중앙부에서 크게 작용한다.

해설

전단력은 단부에서 크게 작용한다.

참고 산업안전산업기사 필기 p.5-147(합격날개 : 은행문제)

KEY ① 2014년 8월 17일(문제 91번) 출제
② 2019년 4월 27일(문제 85번) 출제

99. 다음 중 구조물의 해체작업을 위한 기계·기구가 아닌 것은?

① 쇄석기
② 데릭
③ 압쇄기
④ 철제 해머

해설

데릭(derrick)
① 철골세우기용 대표적 기계
② 가장 일반적인 기중기

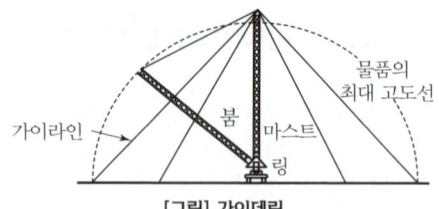

[그림] 가이데릭

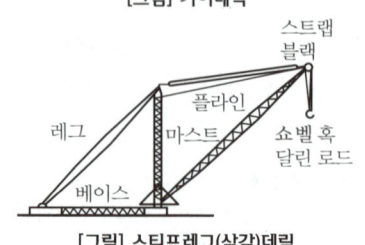

[그림] 스티프레그(삼각)데릭

참고 ① 산업안전산업기사 필기 p.5-137(1. 가이데릭)
② 산업안전산업기사 필기 p.5-157(합격날개 : 합격예측)

KEY 2018년 4월 28일(문제 83번) 출제

100. 강관비계의 구조에서 비계기둥 간의 최대 허용 적재 하중으로 옳은 것은?

① 500[kg]
② 400[kg]
③ 300[kg]
④ 200[kg]

해설

강관비계의 비계기둥 간의 적재하중 : 400[kg]

참고 ① 산업안전산업기사 필기 p.5-94(라. 비계기둥 간의 적재하중)
② 산업안전산업기사 필기 p.5-99(합격날개 : 합격예측 및 관련법규)

KEY ① 2016년 10월 1일 기사 출제
② 2017년 3월 5일 기사 출제
③ 2018년 4월 28일(문제 83번) 출제

정보제공
산업안전보건기준에 관한 규칙 제60조(강관비계의 구조)

【정답】 97 ③ 98 ① 99 ② 100 ②

2023년도 산업기사 정기검정 제3회 (2023년 7월 8일 CBT 시행)

자격종목 및 등급(선택분야)
산업안전산업기사

※ 본 문제는 복원문제 및 예적(예상적중) 문제로 실제문제와 동일하지 않을 수 있습니다.

1 산업재해 예방 및 안전보건교육

01 다음 중 안전교육의 4단계를 올바르게 나열한 것은?

① 도입 → 확인 → 제시 → 적용
② 도입 → 제시 → 적용 → 확인
③ 확인 → 제시 → 도입 → 적용
④ 제시 → 확인 → 도입 → 적용

해설

안전교육 단계별 교육시간

교육의 4단계	강의식	토의식
1단계 : 도입	5[분]	5[분]
2단계 : 제시	40[분]	10[분]
3단계 : 적용	10[분]	40[분]
4단계 : 확인	5[분]	5[분]

참고 산업안전산업기사 필기 p.1-157(합격날개 : 합격예측)

KEY 2014년 8월 7일(문제 10번) 출제

02 안전보건관리조직의 형태 중 라인(Line)형 조직의 특성이 아닌 것은?

① 소규모 사업장(100명 이하)에 적합하다.
② 라인에 과중한 책임을 지우기가 쉽다.
③ 안전관리 전담 요원을 별도로 지정한다.
④ 모든 명령은 생산 계통을 따라 이루어진다.

해설

Line형은 전담안전요원이 없는 조직이다.

참고 산업안전산업기사 필기 p.1-23(2. 안전보건관리 조직 형태)

KEY
① 2016년 3월 6일 기사·산업기사 동시 출제
② 2016년 10월 1일 출제
③ 2017년 3월 5일 기사 출제
④ 2017년 5월 7일 기사 출제
⑤ 2017년 8월 26일 기사·산업기사 동시 출제

03 레빈(Lewin)의 법칙에서 환경조건(E)에 포함되는 것은?

$$B = f(P \cdot E)$$

① 지능   ② 소질
③ 적성   ④ 인간관계

해설

K. Lewin의 법칙

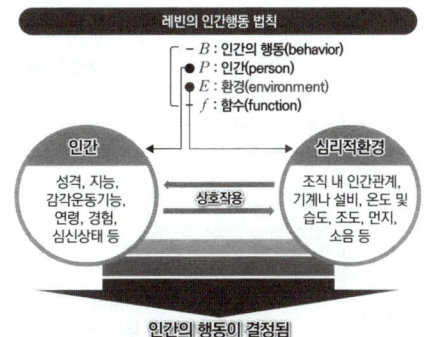

참고 산업안전산업기사 필기 p.1-77(7. K. Lewin의 법칙)

KEY
① 2016년 10월 1일 기사 출제
② 2017년 5월 7일 기사 출제
③ 2017년 8월 26일 기사 출제
④ 2017년 9월 23일 기사 출제
⑤ 2019년 4월 27일 산업기사 출제

[**정답**] 01 ② 02 ③ 03 ④

04 다음에서 설명하는 착시 현상과 관계가 깊은 것은?

그림에서 선 ab와 선 cd는 그 길이가 동일한 것이지만, 시각적으로는 선 ab가 선 cd보다 길어 보인다.

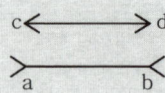

① 헬몰쯔의 착시
② 쾰러의 착시
③ 뮬러-라이어의 착시
④ 포겐 도르프의 착시

해설

착시의 종류

구분	그림	현상
Müller-Lyer의 착시	(a) >—< (b) <—>	(a)가 (b)보다 길게 보인다. 실제는 (a)=(b)이다.
Helmholtz의 착시	(a) 세로선들 (b) 가로선들	(a)는 세로로 길어 보이고, (b)는 가로로 길어 보인다.
Hering의 착시	방사형	가운데 두 직선이 곡선으로 보인다.
Köhler의 착시	호(弧)와 직선	우선 평행의 호(弧)를 본 경우에 직선은 호의 반대반향으로 굽어 보인다.
Poggendorf의 착시	(a)(b)(c) 사선	(a)와 (c)가 일직선상으로 보인다. 실제는 (a)와 (b)가 일직선이다.

참고 산업안전산업기사 필기 p.1-116(2. 착시의 종류)

KEY 2016년 3월 6일(문제 12번)

05 사고예방대책의 기본원리 5단계 중 사실의 발견 단계에 해당하는 것은?

① 작업환경 측정
② 안전성 진단, 평가
③ 점검, 검사 및 조사실시
④ 안전관리 계획수립

해설

제2단계 : 사실의 발견
① 사고 및 활동 기록의 검토
② 작업 분석
③ 점검 및 검사
④ 사고조사
⑤ 각종 안전회의 및 토의
⑥ 작업공정분석
⑦ 관찰

참고 산업안전산업기사 필기 p.3-38(2. 제 2단계 : 사실의 발견)

KEY ① 2016년 10월 1일 출제
② 2017년 3월 5일 기사 출제
③ 2018년 3월 4일 기사 출제

06 산업안전보건법령상 타워크레인 지지에 관한 사항으로 ( )에 알맞은 내용은?

타워크레인을 와이어로프로 지지하는 경우, 설치각도는 수평면에서 (㉠)도 이내로 하되, 지지점은 (㉡)개소 이상으로 하고, 같은 각도로 설치하여야 한다.

① ㉠ : 45, ㉡ : 3
② ㉠ : 45, ㉡ : 4
③ ㉠ : 60, ㉡ : 3
④ ㉠ : 60, ㉡ : 4

해설

타워크레인의 지지
① 와이어로프 설치각도 수평면에서 60도 이내
② 지지점은 4개소 이상

참고 산업안전산업기사 필기 p.5-138(합격날개 : 합격예측 및 관련법규)

[정답] 04 ③ 05 ③ 06 ④

KEY ① 2018년 3월 4일 출제
② 2020년 8월 22일 출제

합격정보
산업안전보건기준에 관한 규칙 제142조(타워크레인의 지지)

07 기억과정에 있어 "파지(Retention)"에 대한 설명으로 가장 적절한 것은?

① 사물의 인상을 마음속에 간직하는 것
② 사물의 보존된 인상이 다시 의식으로 떠오르는 것
③ 과거의 경험이 어떤 형태로 미래의 행동에 영향을 주는 작용
④ 과거의 학습경험을 통하여 학습된 행동이나 내용이 지속되는 것

해설

파지(Retention)
① 과거의 학습경험이 현재와 미래의 행동에 영향을 주는 작용
② 기명으로 인해 발생한 흔적을 재생이 가능하도록 유지시키는 기억의 단계
③ 기명에 의해 생긴 지각이나 표상의 흔적을 재생이 가능한 형태로 보존시키는 것을 말한다. ❗ 우리가 흔히 말하는 기억은 파지에 해당한다.)

참고 산업안전산업기사 필기 p.1-147(1. 파지와 망각)

KEY 2008년 7월 27일(문제 11번)출제

08 50인의 상시 근로자를 가지고 있는 어느 사업장에 1년간 3건의 부상자를 내고 그 휴업일수가 219일이라면 강도율은?

① 1.37
② 1.50
③ 1.86
④ 2.21

해설

$$강도율 = \frac{총요양근로손실일수}{연근로시간수} \times 1,000$$

$$= \frac{219 \times \frac{300}{365}}{50 \times 2,400} \times 1,000 = 1.50$$

참고 산업안전산업기사 필기 p.3-47(4. 강도율)

KEY ① 2016년 3월 6일 기사·산업기사 동시 출제
② 2016년 10월 1일 기사 출제
③ 2017년 3월 5일 기사 출제

09 기업조직의 원리 중 지시 일원화의 원리에 대한 설명으로 가장 적절한 것은?

① 지시에 따라 최선을 다해서 주어진 임무나 기능을 수행하는 것
② 책임을 완수하는 데 필요한 수단을 상사로부터 위임받은 것
③ 언제나 직속 상사에게서만 지시를 받고 특정 부하 직원들에게만 지시하는 것
④ 가능한 조직의 각 구성원이 한 가지 특수 직무만을 담당하도록 하는 것

해설

지시 일원화 원리 : 직속상사에게 지시받고 특정부하에게만 지시

KEY 2019년 8월 4일(문제 5번) 출제

10 인간의 욕구에 대한 적응기제(Adjustment Mechanism)를 공격적 기제, 방어적 기제, 도피적 기제로 구분할 때 다음 중 도피적 기제에 해당하는 것은?

① 보상
② 고립
③ 승화
④ 합리화

해설

적응기제의 분류
(1) 방어적 기제
　① 보상　　　② 합리화
　③ 동일시　　④ 승화
(2) 도피적 기제
　① 고립　　　② 퇴행
　③ 억압　　　④ 백일몽
(3) 공격적 기제
　① 직접적　　② 간접적

참고 산업안전산업기사 필기 p.1-115(보충학습)

KEY 2020년 9월 19일 등 10회 이상 출제

[**정답**] 07 ④　08 ②　09 ③　10 ②

11 위험예지훈련의 방법으로 적절하지 않은 것은?

① 반복 훈련한다.
② 사전에 준비한다.
③ 자신의 작업으로 실시한다.
④ 단위 인원수를 많게 한다.

해설

위험예지훈련 방법
① 반복훈련한다.
② 사전에 준비한다.
③ 자신의 작업으로 실시한다.
④ 단위 인원수를 최소로 한다.

KEY 2018년 8월 19일(문제 8번) 출제

12 허즈버그(Herzberg)의 동기·위생이론 중 위생요인에 해당하지 않는 것은?

① 보수   ② 책임감
③ 작업조건   ④ 감독

해설

위생요인과 동기요인

위생요인(직무환경)	동기요인(직무내용)
회사 정책과 관리, 개인 상호간의 관계, 감독, 임금, 보수, 작업조건, 지위, 안전	성취감, 책임감, 안정감, 성장과 발전, 도전감, 일 그 자체(일의 내용)

참고 산업안전산업기사 필기 p.1-99(표. 위생요인과 동기요인)

KEY ① 2017년 3월 5일 출제
        ② 2017년 5월 7일 기사 출제

13 벨트식, 안전그네식 안전대의 사용구분에 따른 분류에 해당되지 않는 것은?

① U자 걸이용   ② D링 걸이용
③ 안전블록   ④ 추락방지대

해설

안전대의 종류

종류	사용 구분
벨트식(B식) 안전그네식(H식)	U자걸이 전용
	1개걸이 전용
안전그네식(H식)	안전블록
	추락방지대

참고 산업안전산업기사 필기 p.1-53(2. 안전대)

KEY 2016년 8월 21일(문제 14번) 출제

14 교육훈련의 효과는 5관을 최대한 활용하여야 하는데 다음 중 효과가 가장 큰 것은?

① 청각   ② 시각
③ 촉각   ④ 후각

해설

5감(관)의 교육효과치
① 시각효과 : 60[%]   ② 청각효과 : 20[%]
③ 촉각효과 : 15[%]   ④ 미각효과 : 3[%]
⑤ 후각효과 : 2[%]

참고 산업안전산업기사 필기 p.1-139(7. 오감을 활용한다)

KEY 2013년 8월 18일(문제 10번) 출제

💬 **합격자의 조언**
한 항목에서 2문제 출제(문제 10번, 문제 24번)

15 무재해운동 추진기법 중 다음에서 설명하는 것은?

> 작업을 오조작 없이 안전하게 하기 위하여 작업공정의 요소에서 자신의 행동을 하고 대상을 가리킨 후 큰 소리로 확인 하는 것

① 지적확인   ② T.B.M
③ 터치 앤드 콜   ④ 삼각 위험예지훈련

[**정답**] 11 ④ 12 ② 13 ② 14 ② 15 ①

PART 4. 연습은 실전처럼 • 2023년~2025년 과년도 전회차 문제해설

해설

지적확인이란
① 작업을 안전하게 오조작 없이 하기 위하여 작업공정의 요소요소에서 자신의 행동을 [○○좋아!]라고 대상을 지적하여 큰 소리로 확인하는 것을 말한다.
② 눈, 팔, 손, 입, 귀 등 5관의 감각기관을 총동원하여 확인한다.

참고 산업안전산업기사 필기 p.1-13(합격날개 : 합격예측)

KEY 2017년 5월 7일 출제

---

16 타일러(Taylor)의 과학적 관리와 거리가 가장 먼 것은?

① 시간-동작 연구를 적용하였다.
② 생산의 효율성을 상당히 향상시켰다.
③ 인간중심의 관점으로 일을 재설계한다.
④ 인센티브를 도입함으로써 작업자들을 동기화시킬 수 있다.

해설

Frederick W.Taylor 과학적 관리
① 과학적 관리의 원칙(생산성과 종업원의 임금 동시 향상) : 작업환경의 재설계)
  ㉠ 과학적 방법
  ㉡ 과학적 선발과 교육
  ㉢ 개인주의가 아닌 협동심 고취
  ㉣ 경영층과 근로자들의 일을 최적화 하기 위한 작업의 균등분배
② 단점
  ㉠ 고임금을 희망하는 근로자들을 비인간적으로 착취
  ㉡ 최소 인원으로 작업이 가능하여 대량의 실업자 유발

참고 산업안전산업기사 필기 p.1-134(문제 72번) 적중

KEY 2016년 10월 1일 출제

---

17 안전심리의 5대 요소 중 능동적인 감각에 의한 자극에서 일어난 사고의 결과로서, 사람의 마음을 움직이는 원동력이 되는 것은?

① 기질(temper)
② 동기(motive)
③ 감정(emotion)
④ 습관(custom)

해설

동기(motive)
① 동기는 능동적인 감각에 의한 자극에서 일어나는 사고(思考)의 결과
② 사람의 마음을 움직이는 원동력

참고 산업안전산업기사 필기 p.1-96(1. 안전심리 5요소)

KEY
① 2016년 5월 8일 기사 출제
② 2018년 3월 4일 산업기사 출제
③ 2018년 8월 19일 산업기사 출제
④ 2019년 4월 27일 기사 · 산업기사 동시 출제

---

18 다음 중 산업재해의 발생 유형으로 볼 수 없는 것은?

① 지그재그형   ② 집중형
③ 연쇄형   ④ 복합형

해설

재해발생의 메커니즘(3가지의 구조적 요소)
① 단순자극형(집중형) : 상호자극에 의하여 순간적으로 재해가 발생하는 유형이다.

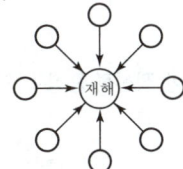

② 연쇄형 : 하나의 사고요인이 또 다른 요인을 발생시키면서 재해를 발생하는 유형이다.

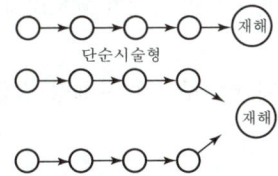

③ 복합형 : 연쇄형과 단순자극형의 복합적인 발생유형이다.

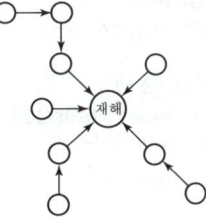

[정답] 16 ③ 17 ② 18 ①

참고 ▶ 산업안전산업기사 필기 p.3-35(2. 산업재해발생의 메커니즘 3가지)

KEY ▶ 2012년 8월 26일(문제 20번) 출제

19 학습의 전개 단계에서 주제를 논리적으로 체계화하는 방법이 아닌 것은?

① 간단한 것에서 복잡한 것으로
② 부분적인 것에서 전체적인 것으로
③ 미리 알려져 있는 것에서 미지의 것으로
④ 많이 사용하는 것에서 적게 사용하는 것으로

해설

학습의 전개과정
① 쉬운 것부터 어려운 것으로 실시
② 과거에서 현재, 미래의 순으로 실시
③ 많이 사용하는 것에서 적게 사용하는 순으로 실시
④ 간단한 것에서 복잡한 것으로 실시

참고 ▶ 산업안전산업기사 필기 p.1-141(5. 학습의 전개 과정)

20 피로에 의한 정신적 증상과 가장 관련이 깊은 것은?

① 주의력이 감소 또는 경감된다.
② 작업의 효과나 작업량이 감퇴 및 저하된다.
③ 작업에 대한 몸의 자세가 흐트러지고 지치게 된다.
④ 작업에 대하여 무감각·무표정·경련 등이 일어난다.

해설

피로의 정신적 증상(심리적 현상)
① 주의력이 감소 또는 경감된다.
② 불쾌감이 증가된다.
③ 긴장감이 해지 또는 해소된다.
④ 권태, 태만해지고 관심 및 흥미감이 상실된다.
⑤ 졸음, 두통, 싫증, 짜증이 일어난다.

참고 ▶ 산업안전산업기사 필기 p.1-104(3. 피로의 증상)

KEY ▶ ① 2017년 5월 7일 기사 출제
② 2018년 3월 4일 기사 출제

2 인간공학 및 위험성 평가·관리

21 다음 중 시스템에 영향을 미칠 우려가 있는 모든 요소의 고장을 형태별로 해석하여 그 영향을 검토하는 분석방법은?

① FTA   ② ETA
③ MORT   ④ FMEA

해설

FMEA의 정의
① FMEA는 서브시스템 위험분석이나 시스템 위험분석을 위하여 일반적으로 사용되는 전형적인 정성적, 귀납적 분석방법
② 시스템에 영향을 미치는 모든 요소의 고장을 형태별로 분석하여 그 영향을 검토

참고 ▶ 산업안전산업기사 필기 p.2-62(4. 고장형태와 영향분석)

KEY ▶ 2015년 3월 8일(문제 33번) 출제

22 FT에서 사용되는 사상기호에 대한 설명으로 맞는 것은?

① 위험지속기호 : 정해진 횟수 이상 입력이 될 때 출력이 발생한다.
② 억제게이트 : 조건부 사건이 일어나는 상황 하에서 입력이 발생할 때 출력이 발생한다.
③ 우선적 AND 게이트 : 사건이 발생할 때 정해진 순서대로 복수의 출력이 발생한다.
④ 배타적 OR 게이트 : 동시에 2개 이상의 입력이 존재하는 경우에 출력이 발생한다.

해설

억제 Gate(논리기호)
① 수정 Gate의 일종으로 억제 모디파이어(Inhibit Modifier)라고도 한다.
② 입력현상이 일어나 조건을 만족하면 출력이 생기고, 조건이 만족되지 않으면 출력이 생기지 않는다.

[정답] 19 ② 20 ① 21 ④ 22 ②

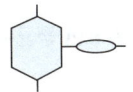

[그림] 억제 Gate

> 참고) 산업안전산업기사 필기 p.2-71(합격날개 : 합격예측)

> KEY ① 2019년 3월 3일 기사 출제
> ② 2019년 8월 4일(문제 30번) 출제

23 인간공학의 연구방법에서 인간-기계 시스템을 평가하는 척도로서 인간기준이 아닌 것은?

① 사고 빈도
② 인간성능 척도
③ 객관적 반응
④ 생리학적 지표

해설
인간기준 4가지의 평가 척도
① 인간성능척도
② 생리학적 지표
③ 사고 빈도
④ 주관적 반응

> 참고) 산업안전산업기사 필기 p.2-4(합격날개:합격예측)

> KEY 2016년 8월 21일(문제 21번) 출제

24 체계 설계 과정 중 기본설계 단계의 주요활동으로 볼 수 없는 것은?

① 작업 설계
② 체계의 정의
③ 기능의 할당
④ 인간 성능 요건 명세

해설
제3단계 : 기본설계
① 기능의 할당
② 인간 성능 요건 명세
③ 직무 분석
④ 작업 설계

> 참고) 산업안전산업기사 필기 p.2-6(합격날개 : 합격예측)

> KEY ① 2013년 6월 2일(문제 28번) 출제
> ② 2016년 3월 6일 기사 출제
> ③ 2018년 3월 4일 출제

25 시각적 표시장치와 청각적 표시장치 중 시각적 표시장치를 선택해야 하는 경우는?

① 메시지가 긴 경우
② 메시지가 후에 재참조되지 않는 경우
③ 직무상 수신자가 자주 움직이는 경우
④ 메시지가 시간적 사상(event)을 다룬 경우

해설
정보전송방법
① 시각적 표시장치 사용 : ①
② 청각적 표시장치 사용 : ②, ③, ④

> 참고) 산업안전산업기사 필기 p.2-31(문제 43번)

> KEY ① 2017년 5월 7일 출제
> ② 2018년 3월 4일, 4월 28일, 8월 19일, 9월 15일 출제
> ③ 2019년 4월 27일, 8월 4일, 9월 21일 출제
> ④ 2020년 6월 7일 출제
> ⑤ 2021년 3월 2일 PBT, 3월 7일(문제 53번) 출제
> ⑥ 2021년 5월 15일(문제 60번) 출제

💬 **합격자의 조언**
최근문제(정보)가 당락을 결정합니다.

26 정신적 작업 부하 척도와 가장 거리가 먼 것은?

① 부정맥
② 혈액성분
③ 점멸융합주파수
④ 눈 깜박임률(blink rate)

해설
용어정의
① 피부전기반사(GSR : Galvanic Skin Reflex) : 작업부하의 정신적 부담도가 피로와 함께 증대하는 양상을 수장(手掌) 내측의 전기저항의 변화에서 측정하는 것으로, 피부전기저항 또는 정신전류현상이라고 한다.
② 플리커값 : 정신적 부담이 대뇌피질의 활동수준에 미치고 있는 영향을 측정한 값

> 참고) ① 산업안전산업기사 필기 p.2-160(합격날개 : 합격예측)
> ② 산업안전산업기사 필기 p.2-160(합격날개 : 은행문제)

> KEY 2017년 8월 26일(문제 32번) 출제

[정답] 23 ③ 24 ② 25 ① 26 ②

27 어떤 기기의 고장률이 시간당 0.002로 일정하다고 한다. 이 기기를 100시간 사용했을 때 고장이 발생할 확률은?

① 0.1813　　② 0.2214
③ 0.6253　　④ 0.8187

해설

고장발생확률
① 신뢰도 $R(t) = e^{-\lambda t}$ (λ : 0.002, t : 100)
　$R(t) = e^{-(0.002 \times 100)} = 0.8187$
② 고장발생확률(불신뢰도)
　$F(t) = 1 - R(t) = 1 - 0.8187 = 0.1813$

참고 산업안전산업기사 필기 p.2-83(2. MTBF)

KEY 2008년 3월 2일(문제 25번) 출제

---

28 다음 중 카메라의 필름에 해당하는 우리 눈의 부위는?

① 망막　　② 수정체
③ 동공　　④ 각막

해설

눈 부위의 기능

구분	기능
각막	최초로 빛이 통과하는 곳. 눈을 보호
홍채	동공의 크기를 조절해 빛의 양 조절
모양체	수정체의 두께를 변화시켜 원근 조절
수정체	렌즈의 역할. 빛을 굴절시킴
망막	상이 맺히는 곳. 시세포 존재 예 카메라 필름
맥락막	망막을 둘러싼 검은 막, 어둠상자 역할

참고 산업안전산업기사 필기 p.2-174(표 : 눈의 구조·기능·모양)

KEY 2012년 8월 26일(문제 22번) 출제

---

29 사후 보전에 필요한 평균수리시간을 나타내는 것은?

① MDT　　② MTTF
③ MTBF　　④ MTTR

해설

MTTR(평균수리시간 : Mean Time To Repair)
체계의 고장발생 순간부터 완료되어 정상적으로 작동을 시작하기까지의 평균고장시간

① $MTTR = \dfrac{1}{U(평균수리율)}$

② MDT(평균정지시간) = $\dfrac{총보전작업시간}{총보전작업건수}$

참고 산업안전산업기사 필기 p.2-84(3. MTTR)

KEY ① 2015년 3월 8일(문제 38번) 출제
　　② 2017년 3월 5일 기사 출제

보충학습
① MTTF(평균고장시간) : 제품 고장시 수명이 다하는 것으로 고장까지의 평균시간
② MTBF(평균고장간격) : 고장이 발생하여도 다시 수리를 해서 쓸 수 있는 제품을 의미

---

30 일반적인 조종장치의 경우, 어떤 것을 켤 때 기대되는 운동방향이 아닌 것은?

① 레버를 앞으로 민다.
② 버튼을 우측으로 민다.
③ 스위치를 위로 올린다.
④ 다이얼을 반시계 방향으로 돌린다.

해설

조종장치의 기대 운동방향
① 레버를 앞으로 민다.
② 버튼을 우측으로 민다.
③ 스위치를 위로 올린다.
④ 다이얼은 시계방향으로 돌린다.

KEY 2017년 8월 26일(문제 38번) 출제

[정답] 27 ①　28 ①　29 ④　30 ④

31 다음 중 예비위험분석(PHA)에 대한 설명으로 가장 적합한 것은?

① 관련된 과거 안전점검결과의 조사에 적절하다.
② 안전관련 법규 조항의 준수를 위한 조사방법이다.
③ 시스템 고유의 위험성을 파악하고 예상되는 재해의 위험 수준을 결정한다.
④ 초기의 단계에서 시스템 내의 위험요소가 어떠한 위험상태에 있는가를 정성적 평가하는 것이다.

해설

예비위험분석(PHA : Preliminary Hazards Analysis)
PHA는 모든 시스템안전 프로그램의 최초 단계의 분석으로서 시스템 내의 위험요소가 얼마나 위험한 상태에 있는가를 정성적으로 평가하는 것이다.

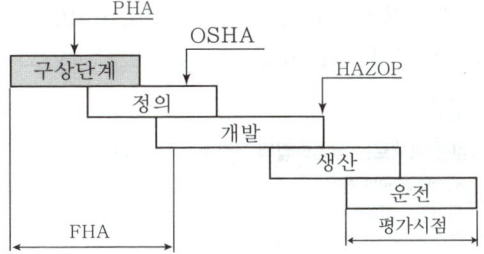

[그림] PHA, OSHA, FHA, HAZOP

참고) 산업안전산업기사 필기 p.2-60(2. 예비위험분석)

💬 합격자의 조언
2014년 8월 17일 기사 출제

32 인간의 오류모형에서 상황해석을 잘못하거나 목표를 잘못 이해하고 착각하여 행하는 경우를 뜻하는 용어는?

① 실수(Slip)
② 착오(Mistake)
③ 건망증(Lapse)
④ 위반(Violation)

해설

인간의 오류 5가지 모형

구분	특징
착각(Illusion)	감각적으로 물리현상을 왜곡하는 지각 오류
착오(Mistake)	상황해석을 잘못하거나 목표를 잘못 이해하고 착각하여 행하는 인간의 실수로 위치, 순서, 패턴, 형상, 기억오류 등 외부적 요인에 의해 나타나는 오류
실수(Slip)	의도는 올바른 것이었지만, 행동이 의도한 것과는 다르게 나타나는 오류
건망증(Lapse)	일련의 과정에서 일부를 빠뜨리거나 기억의 실패에 의해 발생하는 오류
위반(Violation)	정해진 규칙을 알고 있음에도 의도적으로 따르지 않거나 무시한 경우에 발생하는 오류

참고) 산업안전산업기사 필기 p.2-19(합격날개 : 합격예측)

KEY ① 2009년 5월 10일 출제
② 2017년 8월 26일 출제
③ 2019년 3월 3일 출제
④ 2019년 4월 27일 출제

33 다음 중 제어장치에서 조종장치의 위치를 1[cm] 움직였을 때 표시장치의 지침이 4[cm] 움직였다면 이 기기의 비는 약 얼마인가?

① 0.25
② 0.6
③ 1.5
④ 1.7

해설

통제표시(C/R)비

$$= \frac{X}{Y} = \frac{\text{조종장치의 변위량}}{\text{표시장치의 변위량}} = \frac{1}{4} = 0.25[cm]$$

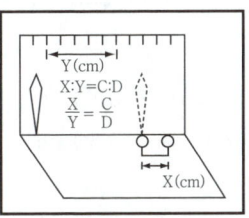

[그림] 통제표시비

참고) 산업안전산업기사 필기 p.2-176(3. 통제표시비의 개념)

KEY 2013년 8월 18일(문제 30번) 출제

[정답] 31 ④ 32 ② 33 ①

34 통신에서 잡음 중의 일부를 제거하기 위해 필터(filter)를 사용하였다면, 어느 것의 성능을 향상시키는 것인가?
① 신호의 양립성　② 신호의 산란성
③ 신호의 표준성　④ 신호의 검출성

해설
신호의 검출성(통신잡음 제거 시 filter 사용)
① 통신에서 대역폭 필터를 설치하여 원하는 대역폭 외의 신호는 제거
② 선택한 대역폭 내의 신호만 검출

KEY 2013년 6월 2일(문제 40번) 출제

보충학습
암호체계 사용상의 일반적 지침
① 암호의 검출성(detectability)
② 암호의 변별성(discriminability)
③ 부호의 양립성(compatibility)
④ 부호의 의미
⑤ 암호의 표준화(standardization)
⑥ 다차원 암호의 사용(multidimensional)

35 인간-기계 시스템의 신뢰도를 향상시킬 수 있는 방법으로 가장 적절하지 않은 것은?
① 중복설계　② 고가재료 사용
③ 부품개선　④ 충분한 여유용량

해설
신뢰도 개선 방법
① 간단한 설계
② 여유있는 설계(여유용량, 안전계수)
③ 부품 개선
④ 중복설계

참고 산업안전산업기사 필기 p.2-17(5. 신뢰도 개선 및 설계)

KEY 2016년 8월 21일(문제 27번) 출제

36 위험조정을 위해 필요한 기술은 조직형태에 따라 다양하며 4가지로 분류하였을 때 이에 속하지 않는 것은?

① 보류(Retention)
② 계속(Continuation)
③ 전가(Transfer)
④ 감축(Reduction)

해설
Risk 처리(위험조정)기술 4가지
① 위험회피(Avoidance)
② 위험제거(경감, 감축 : Reduction)
③ 위험보유(Retention)
④ 위험전가(Transfer) : 보험으로 위험조정

참고 산업안전산업기사 필기 p.2-58(6. Risk처리기술 4가지)

KEY 2015년 8월 16일(문제 39번) 출제

37 개선의 ECRS의 원칙에 해당하지 않는 것은?
① 제거(Eliminate)　② 결합(Combine)
③ 재조정(Rearrange)　④ 안전(Safety)

해설
작업분석(새로운 작업방법의 개발원칙 : ECRS)
① 제거(Eliminate)
② 결합(Combine)
③ 재조정(Rearrange)
④ 단순화(Simplify)

참고 산업안전산업기사 필기 p.1-13(합격날개 : 합격예측)

KEY ① 2017년 5월 7일(문제 41번) 출제
② 2019년 8월 4일 기사 출제

38 FT도에서 사용되는 다음 기호의 의미로 맞는 것은?

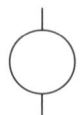

① 결함사상　② 통상사상
③ 기본사상　④ 제외사상

[정답] 34 ④　35 ②　36 ②　37 ④　38 ③

해설

FTA의 기호

기호	명칭	입·출력 현상
▭	결함사상	개별적인 결함사상
◯	기본사상	더 이상 전개되지 않는 기본적인 사상
⌂	통상사상	통상 발생이 예상되는 사상(예상되는 원인)
◇	생략사상	정보 부족, 해석 기술의 불충분으로 더 이상 전개할 수 없는 사상, 작업 진행에 따라 해석이 가능할 때는 다시 속행한다.

참고 | 산업안전산업기사 필기 p.2-70(표. FTA 기호)

KEY ▶ 2017년 8월 26일(문제 23번) 출제

---

39 의자 좌판의 높이 결정 시 사용할 수 있는 인체측정치는?

① 앉은 키
② 앉은 무릎 높이
③ 앉은 팔꿈치 높이
④ 앉은 오금 높이

해설

의자 좌판의 높이
① 좌판 앞부분이 대퇴를 압박하지 않도록 오금 높이보다 높지 않아야 한다.
② 치수는 5[%]치 이상 되는 모든 사람을 수용할 수 있게 선택한다.
③ 신발의 뒤꿈치가 수 센티미터를 더한다는 점을 감안해야 한다.

참고 | 산업안전산업기사 필기 p.2-161(2. 의자 좌판의 높이)

KEY ▶ 2016년 8월 21일(문제 35번) 출제

---

40 필요한 작업 또는 절차의 잘못된 수행으로 발생하는 과오는?

① 시간적 과오(time error)
② 생략적 과오(omission error)
③ 순서적 과오(sequential error)
④ 수행적 과오(commission error)

해설

Commission error(작위실수) : 직무의 불확실한 수행

참고 | 산업안전산업기사 필기 p.2-20(2. 인간 실수의 분류)

KEY ▶ ① 2019년 3월 3일 기사 출제
② 2019년 8월 4일 기사·산업기사 동시 출제

---

3 기계·기구 및 설비안전관리

41 산업안전보건법령상 프레스를 사용하여 작업을 할 때 작업시작 전 점검항목에 해당하지 않는 것은?

① 전선 및 접속부 상태
② 클러치 및 브레이크의 기능
③ 프레스의 금형 및 고정볼트 상태
④ 1행정 1정지기구·급정지장치 및 비상정지장치의 기능

해설

프레스 작업시작 전 점검항목
① 클러치 및 브레이크의 기능
② 크랭크축·플라이휠·슬라이드·연결봉 및 연결나사의 풀림 유무
③ 1행정 1정지기구·급정지장치 및 비상정지장치의 기능
④ 슬라이드 또는 칼날에 의한 위험방지 기구의 기능
⑤ 프레스의 금형 및 고정볼트 상태
⑥ 방호장치의 기능
⑦ 전단기(剪斷機)의 칼날 및 테이블의 상태

참고 | 산업안전산업기사 필기 p.3-54(표. 작업 시작 전 기계·기구 및 점검내용)

KEY ▶ 2015년 8월 16일(문제 55번) 출제

정보제공 | 산업안전보건기준에 관한 규칙 [별표 3] 작업시작 전 점검사항

---

42 연삭기의 방호장치에 해당하는 것은?

① 주수 장치
② 덮개 장치
③ 제동 장치
④ 소화 장치

[정답] 39 ④ 40 ④ 41 ① 42 ②

> [해설]

연삭기 방호장치
① 덮개
② 규격 : 숫돌지름 5[cm] 이상

> [참고] 산업안전산업기사 필기 p.3-94(4. 연삭기 구조면에 있어서 안전대책)

> [KEY] 2016년 8월 21일 산업기사 출제

43 다음 중 욕조 형태를 갖는 일반적인 기계 고장 곡선에서의 기본적인 3가지 고장 유형에 해당하지 않는 것은?

① 피로고장
② 우발고장
③ 초기고장
④ 마모고장

> [해설]

기계설비의 고장유형

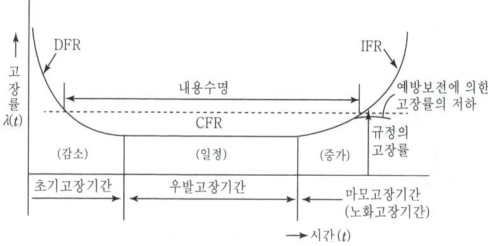

> [참고] 산업안전산업기사 필기 p.3-5(그림. 기계설비의 고장유형)

> [KEY] ① 2018년 4월 28일 출제
> ② 2018년 8월 19일 기사 · 산업기사 동시출제

44 롤러에 설치하는 급정지 장치 조작부의 종류와 그 위치로 옳은 것은?(단, 위치는 조작부의 중심점을 기준으로 함)

① 발조작식은 밑면으로부터 0.2[m] 이내
② 손조작식은 밑면으로부터 1.8[m] 이내
③ 복부조작식은 밑면으로부터 0.6[m] 이상 1[m] 이내
④ 무릎조작식은 밑면으로부터 0.2[m] 이상 0.4[m] 이내

> [해설]

급정지장치 조작부 위치

급정지장치 조작부의 종류	위치
손으로 조작하는 것	밑면으로부터 1.8[m] 이내
복부로 조작하는 것	밑면으로부터 0.8[m] 이상, 1.1[m] 이내
무릎으로 조작하는 것	밑면으로부터 0.6[m] 이내

> [참고] 산업안전산업기사 필기 p.3-113(합격날개 : 합격예측 및 관련법규)

> [KEY] ① 2016년 8월 21일 기사 출제
> ② 2017년 3월 5일 기사·산업기사 동시 출제
> ③ 2017년 5월 7일 출제
> ④ 2017년 8월 26일 기사·산업기사 동시 출제

45 산업안전보건법령상 지게차의 최대하중의 2배 값이 6톤일 경우 헤드가드의 강도는 몇 톤의 등분포정하중에 견딜 수 있어야 하는가?

① 4
② 6
③ 8
④ 10

> [해설]

지게차 헤드가드 설치기준
① 강도는 지게차의 최대하중의 2배 값(4[t]을 넘는 값에 대해서는 4[t]으로 한다)의 등분포정하중(等分布靜荷重)에 견딜 수 있을 것
② 상부틀의 각 개구의 폭 또는 길이가 16[cm] 미만일 것
③ 운전자가 앉아서 조작하거나 서서 조작하는 지게차의 헤드가드는 「산업표준화법」 제12조에 따른 한국산업표준에서 정하는 높이 기준 이상일 것(좌식 : 0.903[m], 입식 : 1.905[m] 이상)

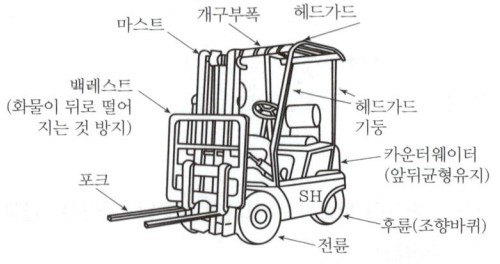

[그림] 지게차 구조

> [참고] 산업안전산업기사 필기 p.3-152(합격날개 : 합격예측)

[정답] 43 ① 44 ② 45 ①

KEY
① 2016년 3월 6일 산업기사 출제
② 2016년 8월 21일 출제
③ 2017년 3월 5일 산업기사 출제
④ 2018년 8월 19일 산업기사 출제
⑤ 2019년 4월 27일 기사·산업기사 동시 출제
⑥ 2020년 9월 27일 (문제 52번) 출제

정보제공
산업안전보건기준에 관한 규칙 제180조(헤드가드)

46 기계설비의 안전조건 중 외관의 안전화에 해당되는 조치는?

① 고장 발생을 최소화하기 위해 정기점검을 실시하였다.
② 강도의 열화를 생각하여 안전율을 최대로 고려하여 설계하였다.
③ 전압강하, 정전 시의 오동작을 방지하기 위하여 자동제어 장치를 설치하였다.
④ 작업자가 접촉할 우려가 있는 기계의 회전부를 덮개로 씌우고 안전색채를 사용하였다.

해설
기계설비 안전조건
① 외관적 안전화 : 문항 ④에 해당
② 구조적 안전화 : 문항 ②에 해당
③ 기능적 안전화 : 문항 ③에 해당
④ 작업의 안전화 : 문항 ①에 해당

참고 산업안전산업기사 필기 p.3-2(1.외관의 안전화)

KEY 2015년 3월 8일(문제 42번)

47 다음 중 아세틸렌 용접장치에서 역화의 발생 원인과 가장 관계가 먼 것은?

① 압력조정기가 고장으로 작동이 불량할 때
② 수봉식 안전기가 지면에 대해 수직으로 설치될 때
③ 토치의 성능이 좋지 않을 때
④ 팁이 과열되었을 때

해설
아세틸렌 용접장치의 역화원인
① 압력조정기 고장
② 과열되었을 때
③ 산소공급이 과다할 때
④ 토치의 성능이 좋지 않을 때
⑤ 토치 팁에 이물질이 묻었을 때

참고 산업안전산업기사 필기 p.3-119(합격예측 : 아세틸렌 용접장치의 역화원인)

KEY 2012년 8월 26일(문제 47번) 출제

48 왕복운동을 하는 기계의 동작부분과 고정부분 사이에 형성되는 위험점으로 프레스, 전단기 등에서 주로 나타나는 곳은?

① 끼임점   ② 절단점
③ 협착점   ④ 접선 물림점

해설
협착점(Squeeze-point)
왕복운동을 하는 동작부분과 움직임이 없는 고정부분 사이에서 형성되는 위험점(예 프레스기, 전단기, 성형기, 조형기, 굽힘기계(bending machine) 등)

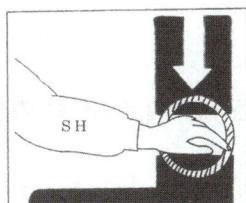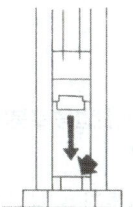

[그림] 협착점

참고 산업안전산업기사 필기 p.3-205(2. 위험점의 분류)

KEY
① 2006년 5월 14일(문제 55번) 출제
② 2017년 3월 5일 출제
③ 2017년 5월 7일 출제

[정답] 46 ④ 47 ② 48 ③

49 산업안전보건법령에 따라 컨베이어에 부착해야 할 방호장치로 적합하지 않은 것은?

① 비상정지장치
② 과부하방지장치
③ 역주행방지장치
④ 덮개 또는 낙하방지용 울

해설

컨베이어 방호장치
① 안전(방호)장치
　비상정지장치
② 화물의 낙하위험방지
　덮개 및 울 설치
③ 역전방지장치
　㉮ 기계식
　　㉠ 라쳇식 ㉡ 롤러식 ㉢ 밴드식
　㉯ 전기식
　　㉠ 전기브레이크 ㉡ 슬러스트브레이크
④ 이탈방지장치
　㉮ 전자식 브레이크
　㉯ 유압조작식 브레이크

참고 산업안전산업기사 필기 p.3-149(4. 컨베이어의 안전장치)

KEY ① 2016년 8월 21일 출제
② 2017년 5월 7일 기사·산업기사 동시 출제

50 산업용 로봇의 동작 형태별 분류에 속하지 않는 것은?

① 원통좌표 로봇
② 수평좌표 로봇
③ 극좌표 로봇
④ 관절 로봇

해설

산업용 로봇의 동작형태에 의한 분류

분류	특징
원통좌표 로봇 (cylinderical robot)	팔의 자유도가 주로 원통좌표 형식인 로봇
극좌표 로봇(polar robot, spherical robot)	팔의 자유도가 주로 극좌표 형식인 로봇
직각좌표 로봇(rectangular robot, cartesian robot)	팔의 자유도가 주로 직각좌표 형식인 로봇
관절 로봇(articulated robot)	자유도가 주로 다관절인 로봇

참고 산업안전산업기사 필기 p.3-129(3. 기능수준에 따른 분류)

KEY 2015년 5월 31일(문제 56번) 출제

51 강자성체를 자화하여 표면의 누설자속을 검출하는 비파괴 검사 방법은?

① 방사선 투과 시험
② 인장시험
③ 초음파 탐상 시험
④ 자분 탐상 시험

해설

자기(분) 탐상검사(MT : Magnetic Test)
① 강자성체(Fe, Ni, Co 및 그 합금)에 발생한 표면 크랙을 찾아내는 것
② 결함을 가지고 있는 시험에 적절한 자장을 가해 자속(磁束)을 흐르게 하여 결함부에 의해 누설된 누설자속에 의해 생긴 자장에 자분을 흡착시켜 큰 자분 모양으로 나타내어 육안으로 결함을 검출하는 방법

참고 산업안전산업기사 필기 p.3-223(4. 자기 탐상검사)

KEY 2019년 3월 3일 기사 (문제 57번) 출제

52 산업안전보건법령에 따라 목재가공용 기계에 설치하여야 하는 방호장치의 내용으로 틀린 것은?

① 목재가공용 둥근톱기계에는 분할날 등 반발예방장치를 설치하여야 한다.
② 목재가공용 둥근톱기계에는 톱날접촉예방장치를 설치하여야 한다.
③ 모떼기기계에는 가공 중 목재의 회전을 방지하는 회전방지장치를 설치하여야 한다.
④ 작업 대상물이 수동으로 공급되는 동력식 수동대패기계에 날접촉예방장치를 설치하여야 한다.

해설

모떼기기계 방호장치 : 날접촉예방장치

KEY 2014년 8월 17일(문제 57번) 출제

[정답] 49 ② 50 ② 51 ④ 52 ③

보충학습
모떼기기계의 날접촉예방장치
사업주는 모떼기기계(자동이송장치를 부착한 것은 제외한다)에 날접촉예방장치를 설치하여야 한다. 다만, 작업의 성질상 날접촉 예방장치를 설치하는 것이 곤란하여 해당 근로자에게 적절한 작업 공구 등을 사용하도록 한 경우에는 그러하지 아니하다.

합격정보
산업안전보건기준에 관한 규칙 제108조(띠톱기계의 날접촉 예방장치 등)

53 롤러의 위험점 전방에 개구 간격 16.5[mm]의 가드를 설치하고자 한다면, 개구부에서 위험점까지의 거리는 몇 [mm] 이상이어야 하는가?(단, 위험점이 전동체는 아니다.)

① 70   ② 80
③ 90   ④ 100

해설
위험점 거리
① $Y = 6 + 0.15X$
② $16.5 = 6 + 0.15X$
③ $X = 70[mm]$

참고 산업안전산업기사 필기 p.3-12(합격날개 : 합격예측)

KEY ① 2016년 8월 21일 출제
② 2017년 5월 7일 기사 출제

54 다음 중 재료에 있어서의 결함에 해당하지 않는 것은?

① 미세 균열   ② 용접 불량
③ 불순물 내재   ④ 내부 구멍

해설
재료의 결함
① 조직의 결함으로 인하여 예상강도를 얻지 못한다.
② 재료 내부의 미소 크랙으로 인한 피로파괴가 발생된다.
③ 가공 조건이나 사용 환경에 부적합한 재료의 사용으로 발생된다.
④ 재료의 결함은 미세균열, 불순물내재, 내부구멍 등으로 재료의 변형을 가져오며 아주 위험하다.

참고 산업안전산업기사 필기 p.3-4(2. 구조의 결함분류)

KEY 2013년 8월 18일(문제 45번) 출제

보충학습
용접불량 : 작업 시 결함

55 연삭숫돌의 상부를 사용하는 것을 목적으로 하는 탁상용 연삭기 덮개의 노출각도는?

① 60[°] 이내   ② 65[°] 이내
③ 80[°] 이내   ④ 125[°] 이내

해설
탁상용 연삭기 덮개 노출각

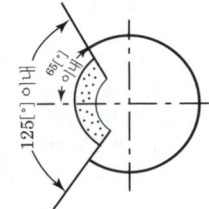 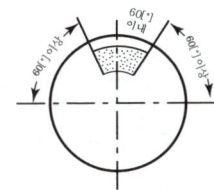

① 일반연삭작업 등에 사용하는 것을 목적으로 하는 탁상용 연산기의 덮개 각도
② 연삭숫돌의 상부를 사용하는 것을 목적으로 하는 탁상용 연삭기의 덮개 각도

참고 산업안전산업기사 필기 p.3-97(그림. 연삭기 종류 및 덮개의 표준 현상)

KEY ① 2016년 8월 21일 기사 출제
② 2017년 3월 5일 출제
③ 2017년 5월 7일 출제

56 프레스기에 사용하는 양수조작식 방호장치의 일반구조에 관한 설명 중 틀린 것은?

① 1행정 1정지 기구에 사용할 수 있어야 한다.
② 누름버튼을 양손으로 동시에 조작하지 않으면 작동시킬 수 없는 구조이어야 한다.
③ 양쪽버튼의 작동시간 차이는 최대 0.5[초] 이내일 때 프레스가 동작되도록 해야 한다.
④ 방호장치는 사용전원전압의 ±50[%]의 변동에 대하여 정상적으로 작동되어야 한다.

[정답] 53 ① 54 ② 55 ① 56 ④

해설

양수 조작식 방호장치의 일반구조

① 정상동작표시등은 녹색, 위험표시등은 빨간색으로 하며, 쉽게 근로자가 볼 수 있는 곳에 설치
② 슬라이드 하강 중 정전 또는 방호장치의 이상 시에 정지할 수 있는 구조
③ 방호장치는 릴레이, 리미트스위치 등의 전기부품의 고장, 전원 전압의 변동 및 정전에 의해 슬라이드가 불시에 동작하지 않아야 하며, 사용전원전압의 ±(100분의 20)의 변동에 대하여 정상으로 작동
④ 1행정1정지 기구에 사용할 수 있어야 한다.
⑤ 누름버튼을 양손으로 동시에 조작하지 않으면 작동시킬 수 없는 구조이어야 하며, 양쪽버튼의 작동시간 차이는 최대 0.5초 이내일 때 프레스가 동작
⑥ 1행정마다 누름버튼에서 양손을 떼지 않으면 다음 작업의 동작을 할 수 없는 구조
⑦ 램의 하행정중 버튼(레버)에서 손을 뗄 시 정지하는 구조
⑧ 누름버튼의 상호간 내측거리는 300[mm] 이상
⑨ 누름버튼(레버 포함)은 매립형의 구조(다만, 개구부에서 조작되지 않는 구조의 개방형 누름버튼(레버 포함)은 매립형으로 본다)
 ㉠ 누름버튼(레버 포함)의 전 구간(360[°])에서 매립된 구조
 ㉡ 누름버튼(레버 포함)은 방호장치 상부표면 또는 버튼을 둘러싼 개방된 외함의 수평면으로부터 하단(2[mm] 이상)에 위치

참고 산업안전산업기사 필기 p.3-104(4. 양수조작식)

KEY 2016년 8월 21일(문제 49번) 출제

---

57 선반에서 일감의 길이가 지름에 비하여 상당히 길 때 사용하는 부속품으로 절삭 시 절삭저항에 의한 일감의 진동을 방지하는 장치는?

① 칩 브레이커 ② 척 커버
③ 방진구 ④ 실드

해설

방진(진동방지)구
① 선반작업시 일감의 진동 방지로 사용
② 일감의 길이가 지름의 12배 이상일 때 사용

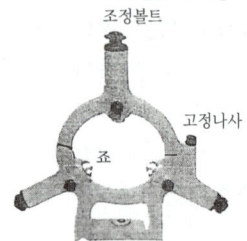

[그림] 고정식 방진구

참고 산업안전산업기사 필기 p.3-84(4. 선반 작업시 안전수칙)

KEY ① 2016년 5월 8일, 8월 21일 산업기사 출제
② 2019년 4월 27일, 8월 4일 기사 출제
③ 2020년 6월 7일 기사 출제

---

58 그림과 같이 2줄의 와이어로프로 중량물을 달아 올릴 때, 로프에 가장 힘이 적게 걸리는 각도(θ)는?

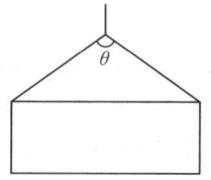

① 30[°] ② 60[°]
③ 90[°] ④ 120[°]

해설

sling wire 한 가닥에 걸리는 하중

하중 $= \dfrac{\text{하물의 무게}}{2} \div \cos\dfrac{\theta}{2}$

[표] 각도변화

①	②	③	④
$\dfrac{W/2}{\cos\frac{30}{2}}=0.51$	$\dfrac{W/2}{\cos\frac{60}{2}}=0.57$	$\dfrac{W/2}{\cos\frac{120}{2}}=1$	$\dfrac{W/2}{\cos\frac{150}{2}}=1.9$

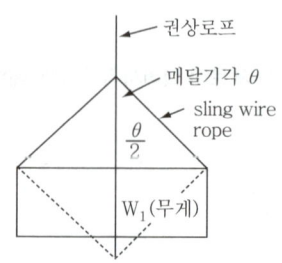

참고 산업안전산업기사 필기 p.3-150(합격날개 : 합격예측 및 관련법규)

KEY ① 2006년 3월 5일(문제 47번) 출제
② 2008년 5월 11일(문제 48번) 출제

[정답] 57 ③ 58 ①

59 보일러수에 유지류, 고형물 등에 의한 거품이 생겨 수위를 판단하지 못하는 현상은?

① 역화
② 포밍
③ 프라이밍
④ 캐리오버

해설

보일러 취급 시 이상현상
① 포밍(foaming : 물거품 솟음)
  보일러수 중에 유지류, 용해 고형물, 부유물 등에 의해 보일러 수면에 거품이 생겨 올바른 수위를 판단하지 못하는 현상
② 플라이밍(flyming : 비수 현상)
  보일러 부하의 급변, 수위 상승 등에 의해 수분이 증기와 분리되지 않아 보일러 수면이 심하게 솟아올라 올바른 수위를 판단하지 못하는 현상
③ 캐리오버(carriover : 기수 공발)
  보일러수 중에 용해 고형분이나 수분이 발생, 증기 중에 다량 함유되어 증기의 순도를 저하시킴으로써 관내 응축수가 생겨 워터 해머의 원인이 되고 증기 과열기나 터빈 등의 고장 원인이 된다.
④ 수격 작용 : 물망치 작용(워터 해머 : water hammer)
  고여 있던 응축수가 밸브를 급격히 개폐 시에 고온 고압의 증기에 이끌려 배관을 강하게 치는 현상으로 배관 파열을 초래한다.
⑤ 역화(Back Fire)
  보일러 시동 시 연료가 나온 다음 시간을 두고 착화하는 등으로 인해 미연소가스가 노내에 잔류하며 비정상적인 폭발적 연소를 일으킨다.

참고 산업안전산업기사 필기 p.3-123(1. 보일러 이상 현상의 종류)

KEY 2016년 8월 21일(문제 48번) 출제

60 프레스 금형의 설치 및 조정 시 슬라이드 불시 하강을 방지하기 위하여 설치해야 하는 것은?

① 인터록
② 클러치
③ 게이트 가드
④ 안전블록

해설

안전블록
프레스 등의 금형을 부착·해체 또는 조정하는 작업을 할 때에 해당 작업에 종사하는 근로자의 신체가 위험한계 내에 있는 경우 슬라이드가 갑자기 작동함으로써 근로자에게 발생할 우려가 있는 위험을 방지하기 위하여 안전블록을 사용하는 등 필요한 조치를 하여야 한다.

참고 산업안전산업기사 필기 p.3-100(합격날개 및 관련법규)

KEY ① 2016년 3월 6일 출제
② 2016년 8월 21일 기사 · 산업기사 동시 출제
③ 2017년 8월 26일 기사 출제
④ 2018년 3월 4일 기사 출제

정보제공 산업안전보건기준에 관한 규칙 제104조(금형조정작업의 위험방지)

4 전기 및 화학설비 안전관리

61 콘덴서 및 전력 케이블 등을 고압 또는 특별고압전기회로에 접촉하여 사용할 때 전원을 끊은 뒤에도 감전될 위험성이 있는 주된 이유로 볼 수 있는 것은?

① 잔류전하
② 접지선 불량
③ 접속기구 손상
④ 절연 보호구 미사용

해설

잔류전하
콘덴서 및 전력 케이블 등을 고압 또는 특별고압전기회로에 접촉하여 사용할 때 전원을 끊은 뒤에도 감전될 위험성이 있다.

참고 산업안전산업기사 필기 p.4-37(합격날개 : 합격예측)

KEY 2015년 8월 16일(문제 66번) 출제

62 정전기 재해를 예방하기 위해 설치하는 제전기의 제전효율은 설치 시에 얼마 이상이 되어야 하는가?

① 40[%] 이상
② 50[%] 이상
③ 70[%] 이상
④ 90[%] 이상

해설

제전기 설치시 제전효율 : 90[%] 이상

참고 산업안전산업기사 필기 p.4-41(은행문제)

KEY ① 2020년 9월 19일(문제 64번) 출제
② 2021년 8월 14일 기사 출제

[정답] 59 ② 60 ④ 61 ① 62 ④

63 산업안전보건기준에 관한 규칙에 따라 꽂음접속기를 설치 또는 사용하는 경우 준수하여야 할 사항으로 틀린 것은?

① 서로 다른 전압의 꽂음접속기는 서로 접속되지 아니한 구조의 것을 사용할 것
② 습윤한 장소에 사용되는 꽂음접속기는 방수형 등 그 장소에 적합한 것을 사용할 것
③ 근로자가 해당 꽂음접속기를 접속시킬 경우에는 땀 등으로 젖은 손으로 취급하지 않도록 할 것
④ 꽂음접속기에 잠금장치가 있을 때에는 접속 후 개방하여 사용할 것

해설
꽂음접속기는 접속 후 잠그고 사용할 것

정보제공
산업안전보건기준에 관한 규칙 제316조(꽂음접속기의 설치·사용 시 준수사항)

64 누설전류로 인해 화재가 발생될 수 있는 누전화재의 3요소에 해당하지 않는 것은?

① 누전점   ② 인입점
③ 접지점   ④ 발화점

해설
누전화재라는 것을 입증하기 위한 요건
① 누전점 : 전류의 유입점
② 발화점 : 발화된 장소
③ 접지점 : 확실한 접지점의 소재 및 직딩한 접지저항치

참고 산업안전산업기사 필기 p.4-6(6. 누전화재라는 것을 입증하기 위한 요건)

KEY ① 2017년 8월 26일 기사 출제
② 2018년 8월 19일(문제 65번) 출제

65 다음 중 전기 설비의 방폭구조를 나타내는 기호로 틀린 것은?

① 내압방폭구조 : d
② 압력방폭구조 : p
③ 안전증방폭구조 : e
④ 본질안전방폭구조 : s

해설
방폭구조의 종류
(1) 인화성물질의 증기 또는 인화성가스에 의한 폭발위험이 있는 농도에 달할 우려가 있는 장소에서 사용하는 전기기계·기구는 다음 각 호의 1의 방폭성능을 가진 방폭구조 전기기계·기구이어야 한다.
　① 내압방폭구조(d)　　② 안전증방폭구조(e)
　③ 본질안전방폭구조(ia 또는 ib)　④ 압력방폭구조(P)
　⑤ 유입방폭구조(O)　　⑥ 특수방폭구조(S)
(2) 가연성 또는 폭발성 분진에 의한 폭발위험이 있는 농도에 달할 우려가 있는 장소에서 사용하는 전기기계·기구는 다음 각 호의 1의 방폭성능을 가진 방폭구조 전기기계·기구이어야 한다.
　① 보통방진방폭구조(DP)
　② 특수방진방폭구조(SDP)
　③ 방진특수방폭구조(XDP)

참고 산업안전산업기사 필기 p.4-56(표 : 방폭구조 표시기준)

KEY 2013년 8월 18일(문제 66번) 출제

66 전류가 흐르는 상태에서 단로기를 끊었을 때 여러 가지 파괴 작용을 일으킨다. 다음 그림에서 유입차단기의 차단순서와 투입순서가 안전수칙에 가장 적합한 것은?

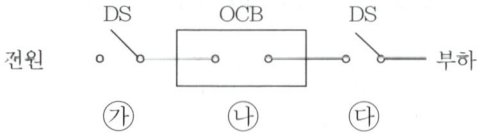

① 차단 : ㉮→㉯→㉰, 투입 : ㉮→㉯→㉰
② 차단 : ㉯→㉰→㉮, 투입 : ㉯→㉰→㉮
③ 차단 : ㉰→㉯→㉮, 투입 : ㉰→㉮→㉯
④ 차단 : ㉯→㉰→㉮, 투입 : ㉰→㉮→㉯

[정답] 63 ④　64 ②　65 ④　66 ④

해설

유입차단기(Oil Circuit Breaker)

① 유입차단기의 작동순서

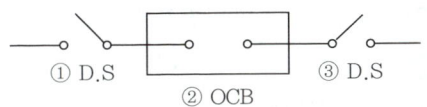

- 투입순서 : ③-①-②
- 차단순서 : ②-③-①

② By-pass회로 사용시 유입차단기의 작동순서

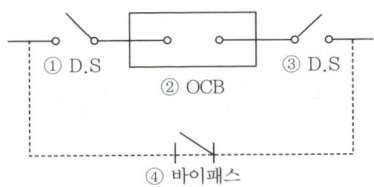

- ④ 투입 후 ②-③-① 순으로 차단

참고 산업안전산업기사 필기 p.4-7(11. 유입차단기 투입 및 차단순서)

KEY
① 1993년 9월 12일 출제
② 2018년 3월 4일(문제 78번) 출제
③ 2019년 4월 27일(문제 71번) 출제

---

67 산업안전보건법령상 방폭전기설비의 위험장소 분류에 있어 보통 상태에서 위험 분위기를 발생할 염려가 있는 장소로서 폭발성 가스가 보통상태에서 집적되어 위험농도로 될 염려가 있는 장소를 몇 종 장소라 하는가?

① 0종 장소　　　② 1종 장소
③ 2종 장소　　　④ 3종 장소

해설

위험장소의 구분

① 0종 장소 : 장치 및 기기들이 정상 가동되는 경우에 폭발성 가스가 항상 존재하는 장소이다.
② 1종 장소 : 장치 및 기기들이 정상 가동 상태에서 폭발성 가스가 가끔 누출되어 위험 분위기가 존재하는 장소이다.
③ 2종 장소 : 작업자의 조작상 실수나 이상운전으로 폭발성 가스가 누출되거나 유출된 가스가 체류하여 폭발을 일으킬 우려가 있는 장소이다.

참고 산업안전산업기사 필기 p.4-52(3. 가스폭발 위험장소)

KEY 2015년 8월 16일(문제 61번) 출제

---

68 페인트를 스프레이로 뿌려 도장작업을 하는 작업 중 발생할 수 있는 정전기 대전으로만 이루어진 것은?

① 유동대전, 충돌대전　② 유동대전, 마찰대전
③ 분출대전, 충돌대전　④ 분출대전, 유동대전

해설

정전기 대전의 종류

(1) 마찰대전
① 고체, 액체, 분체류
② 두 물체 사이의 마찰로 인한 접촉, 분리
　예 롤러기
(2) 유동대전
① 액체류가 파이프 등 내부에서 유동시 관벽과 액체 사이에서 발생
② 액체 유동속도가 정전기 발생에 큰 영향
③ 배관 내 유체의 정전하량(대전량) 유속의 1.5~2승에 비례
④ 배관내 유체의 제한속도
　가솔린이나 벤젠 등이 흐를 때 유속은 1[m/sec] 이하로 제한
(3) 박리대전
① 일정 압력으로 밀착된 물체가 떨어지면서 자유 전자의 이동으로 발생
② 마찰대전보다 더 큰 정전기 발생
　예 테이프, 필름
(4) 충돌대전
입자와 다른 고체와의 충돌, 급속한 분리에 의해 발생
(5) 분출대전
기체, 액체, 분체류가 단면적이 작은 분출구를 통과할 때 생성
(6) 파괴대전
물체파괴(정부(+, −)전하의 균형 상태에서 불균형 상태로 전화될 때 발생)
(7) 비말대전 : 분출한 액체가 비산해서 분리과정에서 발생

참고 산업안전산업기사 필기 p.4-49(문제 19번)

KEY
① 2016년 5월 8일 기사 출제
② 2017년 5월 7일 기사·산업기사 동시 출제

---

69 인체가 전격(감전)으로 인한 사고 시 통전전류에 의한 인체반응으로 틀린 것은?

① 교류가 직류보다 일반적으로 더 위험하다.
② 주파수가 높아지면 감지전류는 작아진다.
③ 심장을 관통하는 경로가 가장 사망률이 높다.
④ 가수전류는 불수전류보다 값이 대체적으로 작다.

[**정답**] 67 ② 68 ③ 69 ②

> **해설**

전격위험도 결정조건(1차적 감전위험요소)
① 통전전류의 크기
② 통전시간
③ 통전경로
④ 전원의 종류(직류보다 상용주파수의 교류전원이 더 위험한 이유 : 극성변화)
⑤ 주파수 및 파형
⑥ 전격인가위상

[참고] 산업안전산업기사 필기 p.4-19(1. 감전재해의 요인)

[KEY] 2016년 8월 21일(문제 69번) 출제

70 절연물은 여러 가지 원인으로 전기저항이 저하되어 이른바 절연불량을 일으켜 위험한 상태가 되는데 절연불량의 주요 원인이 아닌 것은?

① 정전에 의한 전기적 원인
② 온도상승에 의한 열적 요인
③ 진동, 충격 등에 의한 기계적 요인
④ 높은 이상전압 등에 의한 전기적 요인

> **해설**

전기기기의 절연저항값이 저하하는 요인
① 온도상승
② 진동
③ 충격
④ 높은 이상전압

[참고] 산업안전산업기사 필기 p.4-17(합격날개 : 합격예측)

[KEY] 2017년 8월 26일(문제 61번) 출제

71 산업안전보건기준에 관한 규칙상 (　)안의 내용으로 알맞은 것은?

사업주는 급성 독성물질이 지속적으로 외부에 유출될 수 있는 화학설비 및 그 부속설비에 파열판과 안전밸브를 직렬로 설치하고 그 사이에는 (　)를 설치하여야 한다.

① 온도지시계 또는 과열방지장치
② 압력지시계 또는 자동경보장치
③ 유량지시계 또는 유속지시계
④ 액위지시계 또는 과압방지장치

> **해설**

산업안전보건기준에 관한 규칙
제263조(파열판 및 안전밸브의 직렬설치) 사업주는 급성독성물질이 지속적으로 외부에 유출될 수 있는 화학설비 및 그 부속설비에는 파열판과 안전밸브를 직렬로 설치하고 그 사이에는 압력지시계 또는 자동경보 장치를 설치하여야 한다.

[참고] 산업안전산업기사 필기 p.4-98(합격날개 : 합격예측 및 관련법규)

[KEY] 2018년 8월 19일 기사 · 산업기사 동시 출제

72 유해물질의 농도를 c, 노출시간을 t라 할 때 유해물지수(k)와의 관계인 Haber의 법칙을 바르게 나타낸 것은?

① $k = c + t$
② $k = \dfrac{c}{k}$
③ $k = c \times t$
④ $k = c - t$

> **해설**

Haber 법칙
① 유해물질의 농도와 접촉시간 : Haber의 법칙
② 유해지수(K) = 유해물질의 농도 × 노출시간

[참고] 산업안전산업기사 필기 p.4-135(1. 유해물질의 유해 요인)

[KEY] 2019년 8월 4일(문제 77번) 출제

73 다음 중 화재의 종류가 옳게 연결된 것은?

① A급화재-유류화재
② B급화재-유류화재
③ C급화재-일반화재
④ D급화재-일반화재

[정답] 70 ① 71 ② 72 ③ 73 ②

해설

화재의 종류
① A급화재 : 일반 가연물화재(백색표시)
② B급화재 : 유류화재(황색표시)
③ C급화재 : 전기화재(청색표시)
④ D급화재 : 금속화재(색표시 없음)

참고 ① 산업안전산업기사 필기 p.4-115(문제 1번)
② 산업안전산업기사 필기 p.4-98(2. 연소의 종류)

KEY 2014년 8월 17일(문제 63번)

74 아세톤에 관한 설명으로 옳은 것은?

① 인화점은 557.8[℃]이다.
② 무색의 휘발성 액체이며 유독하지 않다.
③ 20[%] 이하의 수용액에서는 인화 위험이 없다.
④ 일광이나 공기에 노출되면 과산화물을 생성하여 폭발성으로 된다.

해설

아세톤(CH_3COCH_3 : 디메틸게톤)
① 수용성의 인화성물질(인화점 : -18[℃])
② 일광이나 공기중에 노출되면 폭발성의 과산화물 생성
③ 피부에 닿으면 탈지작용을 일으킴
④ 저장용기는 밀봉하여 냉암소에 보관

KEY 2015년 8월 16일(문제 71번) 출제

보충학습

[표] 물질의 성장

물질명	화학식	인화점 [℃]	비중 (물=1)	수용성
아세트 알데히드	CH_3CHO	-37.7	0.78	물에 작 녹음(용)
가솔린	$C_5H_{12} \sim C_9H_{20}$	-42~-20	0.7~0.8	물에 녹지 않음(불)
에테르	$C_2H_5C_2H_5$	-45	0.71	물에 잘 녹지 않음(난)
아세톤	$C_2H_5OC_2H_5$	-18	0.79	물에 잘 녹음(용)

75 LPG에 대한 설명으로 옳지 않은 것은?

① 강한 독성 가스로 분류된다.
② 질식의 우려가 있다.
③ 누설시 인화, 폭발성이 있다.
④ 가스의 비중은 공기보다 크다.

해설

LPG
① 일반적으로 프로판가스(liquefied propane gas)로 알려져 있다.
② 석유 채굴 시 유전에서 원유와 함께 천연가스가 분출하는데 이것을 -200[℃]에서 냉각, 혹은 상온에서 7~10기압의 고압으로 압축하여 액화시킨 연료이다.
③ LPG의 주성분은 프로판(C_3H_8) 이외에 프로필렌(C_3H_6), 부탄(C_4H_{10}), 부틸렌 등이며, 발열량이 다른 연료에 비해 높다.
④ LPG는 액화·기화가 용이하고, 기체가 액체로 변하면 체적이 작아진다.
⑤ 부탄은 자동차 연료(택시, 승합차 등), 난방, 이동용 버너 연료 등으로 사용된다.
⑥ 프로판은 주로 취사용으로 사용되며 아파트 등 대형 건물의 난방, 산업체의 공업용으로도 쓰인다.
⑦ LPG는 원래 무색·무취이나 질식 및 화재 등의 위험성 또는 환각의 위험성 때문에 쉽게 식별할 수 있는 냄새를 화학적으로 첨가한다.
⑧ 산소 소모가 많기 때문에 밀폐된 공간에서의 사용이 위험하고, 흡입하게 되면 뇌의 산소공급 부족으로 환각 현상을 일으킨다.

KEY 2017년 8월 26일(문제 73번) 출제

76 산업안전보건법령에서 정한 위험물을 기준량 이상으로 제조하거나 취급하는 설비 중 특수화학설비에 해당하지 않는 것은?

① 발열반응이 일어나는 반응장치
② 증류·정류·증발·추출 등 분리를 하는 장치
③ 가열로 또는 가열기
④ 고로 등 점화기를 직접 사용하는 열교환기류

해설

고로 등 점화기를 직접 사용하는 열교환기류 : 화학설비

참고 산업안전산업기사 필기 p.4-167(문제 59번)

KEY ① 2016년 8월 21일 기사 출제
② 2017년 3월 5일 기사 출제

[정답] 74 ④ 75 ① 76 ④

77. 다음 중 만성중독과 가장 관계가 깊은 유독성 지표는?

① LD₅₀(Median lethal dose)
② MLD(Minimum lethal dose)
③ TLV(Threshold limit value)
④ LC₅₀(Median lethal concentration)

해설

중독지수
① TLV : 1[일] 8[시간]의 작업시 폭로된 평균농도
② LD₅₀ : 독극물 1회 투여로 7~10[일] 이내 실험동물수 50[%] 사망
③ LC₅₀ : 호흡기 장애로 실험동물수 50[%] 사망

참고 산업안전산업기사 필기 p.4-158(문제 18번)

KEY ① 1992년 출제
② 2014년 8월 17일(문제 78번) 출제

보충학습
① 만성중독과 가장 관계가 깊은 유독성 지표 : TLV
• TLV : 미국 산업위생전문가회의에서 채택한 허용농도 기준
② 만성중독의 판정에 사용되는 지수
㉮ TLV   ㉯ VHI   ㉰ 중독지수

78. 다음 중 건조설비의 사용상 주의사항으로 적절하지 않은 것은?

① 건조설비 가까이 가연성 물질을 두지 말 것
② 고온으로 가열 건조한 물질은 즉시 격리 저장할 것
③ 위험물 건조설비를 사용할 때는 미리 내부를 청소하거나 환기시킨 후 사용할 것
④ 건조 시 발생하는 가스·증기 또는 분진에 의한 화재·폭발의 위험이 있는 물질은 안전한 장소로 배출할 것

해설

건조설비 사용 시 주의사항
① 위험물 건조설비를 사용하는 경우에는 미리 내부를 청소하거나 환기할 것
② 위험물 건조설비를 사용하는 경우에는 건조로 인하여 발생하는 가스·증기 또는 분진에 의하여 폭발·화재의 위험이 있는 물질을 안전한 장소로 배출시킬 것

③ 위험물 건조설비를 사용하여 가열건조하는 건조물은 쉽게 이탈되지 않도록 할 것
④ 고온으로 가열건조한 인화성 액체는 발화의 위험이 없는 온도로 냉각한 후에 격납시킬 것
⑤ 건조설비(바깥면이 현저히 고온이 되는 설비만 해당)에 가까운 장소에는 인화성 액체를 두지 않도록 할 것

참고 산업안전산업기사 필기 p.4-149(합격날개 : 합격예측 및 관련법규)

KEY 2016년 8월 21일(문제 79번) 출제

정보제공
산업안전보건기준에 관한 규칙 제283조(건조설비의 사용)

79. 다음 중 고체연소의 종류에 해당하지 않는 것은?

① 표면연소   ② 증발연소
③ 분해연소   ④ 예혼합연소

해설

기체 연소
① 확산연소(불균질 연소) : 가연성 기체를 대기 중에 분출·확산시켜 연소하는 방식(불꽃은 있으나 불티가 없는 연소)
② 혼합연소(예혼합 연소, 균질연소) : 먼저 가연성 기체를 공기와 혼합시켜 놓고 연소하는 방식

참고 ① 산업안전산업기사 필기 4-98(2. 연소의 종류)
② 2017년 5월 7일 기사(문제 93번)

KEY 2017년 5월 7일 산업기사 출제

80. 다음은 산업안전보건법령에 따른 위험물질의 종류 중 부식성 염기류에 관한 내용이다. ( )안에 알맞은 수치는?

> 농도가 (   )[%] 이상인 수산화나트륨, 수산화칼륨, 그 밖에 이와 같은 정도 이상의 부식성을 가지는 염기류

① 20   ② 40
③ 60   ④ 80

[정답] 77 ③ 78 ② 79 ④ 80 ②

해설

부식성 물질
① 부식성 산류
  ㉮ 농도가 20[%] 이상인 염산, 황산, 질산, 기타 이와 동등 이상의 부식성을 지니는 물질
  ㉯ 농도가 60[%] 이상인 인산, 아세트산, 플루오르산, 기타 이와 동등 이상의 부식성을 가지는 물질
② 부식성 염기류 : 농도가 40[%] 이상인 수산화나트륨, 수산화칼슘, 기타 이와 동등 이상의 부식성을 가지는 염기류

참고 산업안전산업기사 필기 p.4-130(7. 부식성 물질)

KEY ① 2016년 3월 6일 출제
     ② 2017년 8월 26일 기사·산업기사 동시출제

정보제공
산업안전보건기준에 관한 규칙 [별표 1] 위험물질의 종류

---

5 건설공사 안전관리

81 다음 빈칸에 알맞은 숫자를 순서대로 옳게 나타낸 것은?

> 강관비계의 경우, 띠장간격은 ( )[m] 이하로 설치하되, 첫 번째 띠장은 지상으로부터 ( )[m] 이하의 위치에 설치한다.

① 2, 2
② 2.5, 3
③ 1.85, 2
④ 1, 3

해설

강관비계의 띠장간격
① 띠장 간격은 2[m] 이하로 설치한다.(비계기둥의 간격은 띠장방향 1.85[m] 이하)
② 띠장은 지상으로부터 2[m] 이하의 위치에 설치한다.
③ 작업의 성질상 이를 준수하기가 곤란하여 쌍기둥틀 등에 의하여 해당 부분을 보강한 경우에는 그러하지 아니하다.

참고 산업안전산업기사 필기 p.5-98(합격날개 : 합격예측 및 관련법규)

KEY ① 2017년 3월 5일 기사 출제
     ② 2017년 8월 26일 기사·산업기사 동시출제

정보제공
산업안전보건기준에 관한 규칙 제60조(강관비계의 구조)

---

82 부두, 안벽 등 하역작업을 하는 장소에 대하여 부두 또는 안벽의 선을 따라 설치할 때 통로의 최소폭은?

① 70[cm]   ② 80[cm]
③ 90[cm]   ④ 10[cm]

해설

통로설치(항만, 하역)기준
① 작업장 및 통로의 위험한 부분에는 안전하게 작업할 수 있는 조명을 유지할 것
② 부두 또는 안벽의 선을 따라 통로를 설치하는 경우에는 폭을 90[cm] 이상으로 할 것
③ 육상에서의 통로 및 작업장소로서 다리 또는 선거(船渠) 갑문(閘門)을 넘는 보도(步道) 등의 위험한 부분에는 안전난간 또는 울타리 등을 설치할 것

참고 산업안전보건기준에 관한 규칙 제390조(하역작업장의 조치기준)

KEY 2013년 8월 18일(문제 82번) 출제

---

83 철골공사 시 무너짐의 위험이 있어 강풍에 대한 안전 여부를 확인해야 할 필요성이 가장 높은 경우는?

① 연면적당 철골량이 일반 건물보다 많은 경우
② 기둥에 H형강을 사용하는 경우
③ 이음부가 공장용접인 경우
④ 단면구조가 현저한 차이가 있으며 높이가 20[m] 이상인 건물

해설

강풍시 검토사항
① 높이 20[m] 이상인 구조물
② 구조물의 폭과 높이의 비가 1 : 4 이상인 구조물
③ 건물, 호텔 등에서 단면 구조에 현저한 차이가 있는 것
④ 연면적당 철골량이 50[kg/m²] 이하인 구조물
⑤ 기둥이 타이 플레이트(tie plate)형인 구조물
⑥ 이음부가 현장 용접인 경우

참고 산업안전산업기사 필기 p.5-154(3. 철골의 자립도 검토)

KEY ① 2017년 9월 23일 기사 출제
     ② 2018년 3월 4일 기사 출제
     ③ 2019년 4월 27일 기사 출제

[정답] 81 ① 82 ③ 83 ④

84 흙을 크게 분류하면 사질토와 점성토로 나눌 수 있는 데 그 차이점으로 옳지 않은 것은?

① 흙의 내부 마찰각은 사질토가 점성토보다 크다.
② 지지력은 사질토가 점성토보다 크다.
③ 점착력은 사질토가 점성토보다 작다.
④ 장기침하량은 사질토가 점성토보다 크다.

해설

사질토와 점성토 비교
① 흙의 내부 마찰각은 사질토가 점성토보다 크다.
② 지지력은 사질토가 점성토보다 크다.
③ 점착력은 사질토가 점성토보다 작다.
④ 장기침하량은 점성토가 사질토보다 크다.

참고 산업안전산업기사 필기 p.5-7(합격날개 : 합격예측)

KEY 2015년 8월 16일(문제 81번) 출제

85 발파작업에 종사하는 근로자가 준수해야 할 사항으로 옳지 않은 것은?

① 얼어붙은 다이나마이트는 화기에 접근시키거나 그 밖의 고열물에 직접 접촉시키는 등 위험한 방법으로 융해되지 않도록 할 것
② 발파공의 충진재료는 점토·모래 등의 사용을 금할 것
③ 장전구(裝塡具)는 마찰·충격·정전기 등에 의한 폭발의 위험이 없는 안전한 것을 사용할 것
④ 전기뇌관에 의한 발파의 경우 점화하기 전에 화약류를 장전한 장소로부터 30[m] 이상 떨어진 안전한 장소에서 전선에 대하여 저항측정 및 도통(導通)시험을 할 것

해설

발파공의 충진재료
① 점토
② 모래
③ 발화성 및 인화성 위험이 없는 재료

참고 산업안전산업기사 필기 p.5-108(합격날개 : 합격예측 및 관련법규)

KEY ① 2017년 9월 23일 기사·산업기사 동시 출제
② 2018년 4월 28일 출제

정보제공
산업안전보건기준에 관한 규칙 제348조(발파의 작업 기준)

86 건축공사에서 대상액이 5억원 이상 50억원 미만인 경우에 산업안전보건관리비의 비율(가) 및 기초액(나)으로 옳은 것은?

① (가) 2.28[%], (나) 4,325,000원
② (가) 1.99[%], (나) 5,499,000원
③ (가) 2.35[%], (나) 5,400,000원
④ (가) 1.57[%], (나) 4,411,000원

해설

공사종류 및 규모별 안전관리비 계상기준표

구분 공사종류	대상액 5억원 미만	대상액 5억원 이상 50억원 미만		대상액 50억원 이상	영 별표5에 따른 보건관리자 선임대상 건설공사
		비율(X)	기초액(C)		
건축공사	3.11[%]	2.28[%]	4,325,000원	2.37[%]	2.64[%]
토목공사	3.15[%]	2.53[%]	3,300,000원	2.60[%]	2.73[%]
중건설공사	3.64[%]	3.05[%]	2,975,000원	3.11[%]	3.39[%]
특수건설공사	2.07[%]	1.59[%]	2,450,000원	1.64[%]	1.78[%]

참고 산업안전산업기사 필기 p.5-43(1. 안전관리비 항목 및 사용내역)

KEY ① 2016년 3월 6일, 10월 1일 출제
② 2017년 3월 5일, 8월 26일 출제
③ 2019년 3월 3일 출제
④ 2020년 6월 14일 출제
⑤ 2020년 8월 22일 기사(문제 106번) 출제

87 가설구조물의 특징으로 옳지 않은 것은?

① 연결재가 적은 구조로 되기 쉽다.
② 부재의 결합이 매우 복잡하다.
③ 구조상의 결함이 있는 경우 중대재해로 이어질 수 있다.
④ 사용부재가 과소단면이거나 결함재료를 사

[정답] 84 ④ 85 ② 86 ① 87 ②

용하기 쉽다.

해설

가설 구조물의 특징
① 연결재가 부족하여 불안정해지기 쉽다.
② 부재 결합이 간략하고 불완전 결합이 많다.
③ 구조물이라는 통상의 개념이 확고하지 않아 조립의 정밀도가 낮다.
④ 부재는 과소 단면이거나 결함이 있는 재료가 사용되기 쉽다.

참고 산업안전산업기사 필기 p.5-87(1. 가설 공사 개요)

KEY 2003년 8월 10일 기사 출제

88 터널 계측관리 및 이상발견 시 조치에 관한 설명으로 옳지 않은 것은?

① 숏크리트가 벗겨지면 두께를 감소시키고 뿜어붙이기를 금한다.
② 터널의 계측관리는 일상계측과 대표계측으로 나뉜다.
③ 록볼트의 축력이 증가하여 지압판이 휘게 되면 추가볼트를 시공한다.
④ 지중변위가 크게 되고 이완영역이 이상하게 넓어지면 추가볼트를 시공한다.

해설

숏크리트가 벗겨지면 반드시 뿜어붙이기를 해야 한다.

KEY 2017년 8월 26일(문제 96번) 출제

89 산업안전보건기준에 관한 규칙에 따라 계단 및 계단참을 설치하는 경우 매 [m²]당 최소 얼마 이상의 하중에 견딜 수 있는 강도를 가진 구조로 설치하여야 하는가?

① 500[kg]   ② 600[kg]
③ 700[kg]   ④ 800[kg]

해설

계단의 강도
계단 및 계단참은 500[kg/m²] 이상

KEY 2015년 8월 16일(문제 85번) 출제

정보제공

산업안전보건기준에 관한 규칙 제26조(계단의 강도)

90 철근의 가스절단 작업 시 안전상 유의해야 할 사항으로 옳지 않은 것은?

① 작업장에는 소화기를 비치하도록 한다.
② 호스, 전선 등은 다른 작업장을 거치는 곡선상의 배선이어야 한다.
③ 전선의 경우 피복이 손상되어 있는지를 확인하여야 한다.
④ 호스는 작업 중에 겹치거나 밟히지 않도록 한다.

해설

철근 가스절단시 안전대책
① 작업장에는 소화기를 비치하도록 한다.
② 전선의 경우 피복이 손상되어 있는지를 확인하여야 한다.
③ 호스는 작업 중에 겹치거나 밟히지 않도록 한다.

KEY 2019년 8월 4일(문제 92번) 출제

91 건설공사 유해·위험방지계획서를 제출하는 경우 자격을 갖춘 자의 의견을 들은 후 제출하여야 하는데 이 자격에 해당하지 않는 자는?

① 건설안전기사로서 건설안전관련 실무경력이 4년인 자
② 건설안전기술사
③ 토목시공기술사
④ 건설안전분야 산업안전지도사

해설

유해·위험방지계획서 심사가능자
① 건설안전 분야 산업안전지도사
② 건설안전기술사 또는 토목·건축 분야 기술사
③ 건설안전산업기사 이상으로서 건설안전 관련 실무경력이 7년(기사는 5년) 이상인 사람

정보제공

[정답] 88 ① 89 ① 90 ② 91 ①

산업안전보건법 시행규칙 제43조(유해위험방지계획서의 건설안전분야 자격 등)

KEY 2014년 5월 25일(문제 90번)

산업안전보건기준에 관한 규칙 제350조(인화성가스의 농도측정 등)

92 차량계 건설기계를 사용하여 작업하고자 할 때 작업계획서에 포함되어야 할 사항으로 틀린 것은?

① 차량계 건설기계의 제동장치 이상유무
② 차량계 건설기계의 운행경로
③ 차량계 건설기계의 종류 및 성능
④ 차량계 건설기계에 의한 작업방법

해설

차량계 건설기계 작업계획서 내용 3가지
① 사용하는 차량계 건설기계의 종류 및 성능
② 차량계 건설기계의 운행경로
③ 차량계 건설기계에 의한 작업방법

참고 산업안전산업기사 필기 p.5-190(표, 사전조사 및 작업계획서 내용)

KEY 2014년 8월 17일(문제 86번) 출제

93 터널공사 시 자동경보장치가 설치된 경우에 이 자동경보장치에 대하여 당일 작업시작 전 점검하고 이상을 발견하면 즉시 보수하여야 하는 사항이 아닌 것은?

① 계기의 이상 유무
② 검지부의 이상 유무
③ 경보장치의 작동 상태
④ 환기 또는 조명시설의 이상 유무

해설

터널건설작업시 자동경보장치 당일 작업시작전 점검사항 3가지
① 계기의 이상유무
② 검지부의 이상 유무
③ 경보장치의 작동상태

참고 산업안전산업기사 필기 p.5-108(합격날개 : 합격예측 및 관련법규)

KEY 2020년 8월 22일 기사 (문제 102번) 출제

정보제공

94 달비계의 최대 적재하중을 정하는 경우 달기 와이어로프의 최대하중이 50[kg]일 때 안전계수에 의한 와이어로프의 절단하중은 얼마인가?

① 1,000[kg] ② 700[kg]
③ 500[kg]   ④ 300[kg]

해설

절단하중 = 최대하중 × 안전계수 = 50 × 10 = 500[kg]

참고 산업안전산업기사 필기 p.5-91(합격날개 : 합격예측 및 관련법규)

KEY ① 2016년 10월 1일 출제
② 2018년 3월 4일 기사·산업기사 동시 출제

정보제공

산업안전보건기준에 관한 규칙 제55조(작업발판의 최대 적재 하중)

보충학습

안전계수
① 달기와이어로프 및 달기강선의 안전계수 : 10 이상
② 달기체인 및 달기훅의 안전계수 : 5 이상
③ 달기강대와 달비계의 하부 및 상부지점의 안전계수 강재 : 2.5 이상, 목재 : 5 이상

95 채석작업을 하는 때 채석작업계획에 포함되어야 하는 사항에 해당되지 않는 것은?

① 굴착면의 높이와 기울기
② 기둥침하의 유무 및 상태 확인
③ 암석의 분할방법
④ 표토 또는 용수의 처리방법

해설

채석작업 시 작업계획서 내용
① 노천굴착과 갱내굴착의 구별 및 채석 방법
② 굴착면의 높이와 기울기
③ 굴착면 소단(小段)의 위치와 넓이
④ 갱내에서의 낙반 및 붕괴방지 방법
⑤ 발파방법
⑥ 암석의 분할방법

[정답] 92 ① 93 ④ 94 ③ 95 ②

⑦ 암석의 가공장소
⑧ 사용하는 굴착기계·분할기계·적재기계 또는 운반기계(이하 "굴착기계 등"이라 한다)의 종류 및 성능
⑨ 토석 또는 암석의 적재 및 운반방법과 운반경로
⑩ 표토 또는 용수(湧水)의 처리방법

> 참고 산업안전산업기사 필기 p.5-190(보충학습:사전조사 및 작업계획서 내용)

> KEY 2015년 5월 31일(문제 87번)

96 동바리등을 조립하는 경우의 준수사항으로 옳지 않은 것은?

① 강재와 강재의 접속부 및 교차부는 볼트·클램프 등 전용철물을 사용하여 단단히 연결할 것
② 동바리로 사용하는 강관(파이프 서포트는 제외)은 높이 2[m] 이내마다 수평연결재를 2개 방향으로 만들고 수평연결재의 변위를 방지할 것
③ 동바리의 이음은 맞댄이음으로 하고 장부이음의 적용은 절대 금할 것
④ 거푸집이 곡면인 경우에는 버팀대의 부차 등 그 거푸집의 부상(浮上)을 방지하기 위한 조치를 할 것

해설
동바리 이음
같은 품질의 재료를 사용

> 참고 산업안전산업기사 필기 p.5-92(합격날개 : 합격예측 및 관련법규)

> KEY 2017년 8월 16일(문제 88번) 출제

> 정보제공
산업안전보건기준에 관한 규칙 제332조(동바리 조립 시의 안전조치)

97 지반의 종류가 암반 중 풍화암일 경우 굴착면 기울기 기준으로 옳은 것은?

① 1 : 0.3   ② 1 : 0.5
③ 1 : 1.0   ④ 1 : 1.5

해설
굴착면의 기울기 기준

지반의 종류	굴착면의 기울기
모래	1 : 1.8
연암 및 풍화암	1 : 1.0
경암	1 : 0.5
그 밖의 흙	1 : 1.2

(2) 예 1 : 1.0

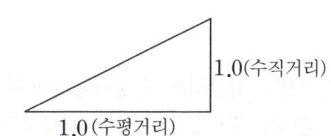

> 참고 산업안전산업기사 필기 p.5-56(표. 굴착면의 기울기 기준)

> KEY ① 2016년 5월 8일 기사·산업기사 동시 출제
> ② 2020년 6월 7일 기사 (문제 111번) 출제
> ③ 2020년 9월 27일 기사 (문제 115번) 출제

> 정보제공
① 산업안전보건기준에 관한 규칙 [별표 11] 굴착면의 기울기 기준
② 2023년 11월 14일 법 개정

98 잠함, 우물통, 수직갱, 그 밖에 이와 유사한 건설물 또는 설비의 내부에서 굴착작업을 하는 경우에 준수해야 할 기준으로 옳지 않은 것은?

① 산소 결핍 우려가 있는 경우에는 산소의 농도를 측정하는 사람을 지명하여 측정하도록 할 것
② 근로자가 안전하게 오르내리기 위한 설비를 설치할 것
③ 굴착 깊이가 10[m]를 초과하는 경우에는 해당 작업장소와 외부와의 연락을 위한 통신설비 등을 설치할 것
④ 굴착깊이가 20[m]를 초과하는 경우에는 송

[정답] 96 ③ 97 ③ 98 ③

기를 위한 설비를 설치하여 필요한 양의 공기를 공급할 것

해설

통신설비 설치기준
굴착깊이 20[m] 초과하는 경우 외부와의 연락을 위한 통신설비 설치

참고) 산업안전산업기사 필기 p.5-146(합격날개 : 합격예측 및 관련법규)

정보제공) 산업안전보건기준에 관한 규칙 제377조(잠함 등 내부에서의 작업)

99 옥내작업장에는 비상시에 근로자에게 신속하게 알리기 위한 경보용 설비 또는 기구를 설치하여야 한다. 그 설치대상 기준으로 옳은 것은?

① 연면적이 400[m²] 이상이거나 상시 40명 이상의 근로자가 작업하는 옥내작업장
② 연면적이 400[m²] 이상이거나 상시 50명 이상의 근로자가 작업하는 옥내작업장
③ 연면적이 500[m²] 이상이거나 상시 40명 이상의 근로자가 작업하는 옥내작업장
④ 연면적이 500[m²] 이상이거나 상시 50명 이상의 근로자가 작업하는 옥내작업장

해설

제19조(경보용 설비 등) 사업주는 연면적이 400[m²] 이상이거나 상시 50인 이상의 근로자가 작업하는 옥내작업장에는 비상시에 근로자에게 신속하게 알리기 위한 경보용 설비 또는 기구를 설치하여야 한다.

KEY) 2019년 8월 4일(문제 89번) 출제

100 차량계 하역운반기계의 운전자가 운전위치를 이탈하는 경우의 조치사항으로 부적절한 것은?

① 포크 및 버킷을 가장 높은 위치에 두어 근로자 통행을 방해하지 않도록 하였다.
② 원동기를 정지시키고 브레이크를 걸었다.
③ 시동키를 운전대에서 분리시켰다.
④ 경사지에서 갑작스런 주행이 되지 않도록 바퀴에 블록 등을 놓았다.

해설

차량계 하역운반기계 운전위치 이탈시 조치사항(건설기계 공통)
① 포크 및 셔블 등의 하역장치를 가장 낮은 위치에 둘 것
② 원동기를 정지시키고 브레이크를 확실히 거는 등 불시 주행을 방지하기 위한 조치를 할 것

참고) 산업안전산업기사 필기 p.5-172(2. 운전위치 이탈시 조치사항)

KEY) 2018년 8월 19일(문제 83번) 출제

정보제공) 산업안전보건기준에 관한 규칙 제99조(운전위치 이탈시의 조치)

[정답] 99 ② 100 ①

2024년도 산업기사 정기검정 제1회 (2024년 2월 15일 시행)

자격종목 및 등급(선택분야)
산업안전산업기사

※ 본 문제는 복원문제 및 예적(예상적중) 문제로 실제문제와 동일하지 않을 수 있습니다.

1 산업재해 예방 및 안전보건교육

01 산업재해 예방의 4원칙 중 "재해발생에는 반드시 원인이 있다."라는 원칙은?

① 대책 선정의 원칙 ② 원인 계기의 원칙
③ 손실 우연의 원칙 ④ 예방 가능의 원칙

해설
하인리히 산업재해예방의 4원칙
① 예방가능의 원칙
② 손실우연의 원칙
③ 원인연계(계기)의 원칙
④ 대책선정의 원칙

참고 산업안전산업기사 필기 p.3-38(6. 하인리히 산업재해예방의 4원칙)

KEY
① 2016년 5월 8일 출제
② 2016년 10월 1일 기사 출제
③ 2017년 3월 5일, 9월 23일 기사 출제
④ 2017년 5월 7일 출제
⑤ 2018년 3월 4일 기사·산업기사 동시 출제
⑥ 2018년 8월 19일 출제
⑦ 2019년 3월 3일 기사·산업기사 동시 출제
⑧ 2019년 9월 21일 기사 출제
⑨ 2020년 6월 7일 기사 출제
⑩ 2023년 3월 1일(문제 1번) 출제

02 산업안전보건법령상 안전보건표지의 종류와 형태 중 그림과 같은 경고 표지는? (단, 바탕은 무색, 기본모형은 빨간색, 그림은 검은색이다.)

① 부식성물질 경고 ② 폭발성물질 경고
③ 산화성물질 경고 ④ 인화성물질 경고

해설
경고표지의 종류

인화성 물질경고	산화성 물질경고	폭발성 물질경고	급성독성 물질경고	부식성 물질경고
방사성 물질경고	고압전기 경고	매달린 물체경고	낙하물 경고	고온 경고
저온 경고	몸균형 상실경고	레이저 광선경고	발암성·변이 원성·생식독 성·전신독성· 호흡기과민성 물질 경고	위험장소 경고

참고 산업안전산업기사 필기 p.1-59(2. 경고표지)

KEY
① 2017년 9월 23일 기사 출제
② 2018년 3월 4일 기사 출제
③ 2019년 4월 27일 산업기사 출제
④ 2020년 6월 7일 기사 출제
⑤ 2023년 3월 1일(문제 17번) 출제

합격정보
산업안전보건법 시행규칙 [별표6] 안전보건표지의 종류와 형태

03 매슬로우(A.H.Maslow)의 인간욕구 5단계 이론에서 각 단계별 내용이 잘못 연결된 것은?

① 1단계 : 자아실현의 욕구
② 2단계 : 안전에 대한 욕구
③ 3단계 : 사회적 욕구
④ 4단계 : 존경에 대한 욕구

[정답] 01 ② 02 ④ 03 ①

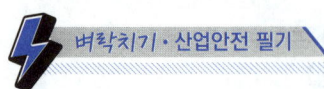

> **해설**
>
> **Maslow의 욕구단계이론**
> ① 1단계 – 생리적 욕구 : 기아, 갈증, 호흡, 배설, 성욕 등 인간의 가장 기본적인 욕구 (종족 보존)
> ② 2단계 – 안전욕구 : 안전을 구하려는 욕구
> ③ 3단계 – 사회적 욕구 : 애정, 소속에 대한 욕구 (친화욕구)
> ④ 4단계 – 인정을 받으려는 욕구 : 자기 존경의 욕구로 자존심, 명예, 성취, 지위에 대한 욕구 (승인의 욕구)
> ⑤ 5단계 – 자아실현의 욕구 : 잠재적인 능력을 실현하고자 하는 욕구 (성취욕구)
>
> **참고** 산업안전산업기사 필기 p.1-101 (5) 매슬로우의 욕구 5단계 이론
>
> **KEY** ① 2023년 3월 1일(문제 18번) 등 30회 이상 출제
> ② 2024년 5월 14일 기사 출제

04 무재해운동의 기본이념 3가지에 해당하지 않는 것은?

① 무의 원칙
② 자주 활동의 원칙
③ 참가의 원칙
④ 선취 해결의 원칙

> **해설**
>
> **무재해운동의 3원칙**
> ① 무(zero)의 원칙
> ② 선취해결(안전제일)의 원칙
> ③ 참가의 원칙
>
> **참고** 산업안전산업기사 필기 p.1-10(2. 무재해운동 기본 이념 3대 원칙)
>
> **KEY** 2023년 3월 1일 기사·산업기사 등 10회 이상 출제

05 다음 중 안전교육의 3단계에서 생활지도, 작업동작지도 등을 통한 안전의 습관화를 위한 교육을 무엇이라 하는가?

① 지식교육
② 기능교육
③ 태도교육
④ 인성교육

> **해설**
>
> **태도교육의 교육목표 및 교육내용**
>
> | 교육목표 | 교육내용 |
> |---|---|
> | ① 작업 동작의 정확화 | ① 표준작업방법의 습관화 |
> | ② 공구, 보호구 취급태도의 안전화 | ② 공구 보호구 취급과 관리 자세의 확립 |
> | ③ 점검태도의 정확화 | ③ 작업 전후의 점검·검사요령의 정확한 습관화 |
> | ④ 언어태도의 안전화 | ④ 안전작업 지시전달 확인 등 언어태도의 습관화 및 정확화 |
> | **결론** 안전은 마음가짐을 몸에 익히는 심리적 교육방법 | |
>
> **참고** 산업안전산업기사 필기 p.1-152(표. 단계별 교육 목표 및 내용)
>
> **KEY** ① 2011년 8월 21일(문제 6번) 출제
> ② 2013년 6월 2일(문제 18번) 출제
> ③ 2021년 5월 15일 기사 출제
> ④ 2023년 3월 1일(문제 20번) 출제

06 리더십(leadership)의 특성에 대한 설명으로 옳은 것은?

① 지휘형태는 민주적이다.
② 권한부여는 위에서 위임된다.
③ 구성원과의 관계는 넓다.
④ 권한근거는 법적 또는 공식적으로 부여된다.

> **해설**
>
> **leadership과 headship의 비교**
>
> | 개인과 상황 변수 | leadership | headship |
> |---|---|---|
> | 권한 행사 | 선출된 리더 | 임명적 헤드 |
> | 권한 부여 | 밑으로부터 동의 | 위에서 위임 |
> | 권한 귀속 | 집단 목표에 기여한 공로 인정 | 공식화된 규정에 의함 |
> | 상사와 부하와의 관계 | 개인적인 영향 | 지배적 |
> | 부하와의 사회적 관계 (간격) | 좁음 | 넓음 |
> | 지휘 형태 | 민주주의적 | 권위주의적 |
> | 책임 귀속 | 상사와 부하 | 상사 |
> | 권한 근거 | 개인적 | 법적 또는 공식적 |

[정답] 04 ② 05 ③ 06 ①

> 참고 │ 산업안전산업기사 필기 p.1-113(5. leadership과 headship의 비교)

> KEY │ ① 2016년 3월 6일, 8월 21일, 10월 1일 기사 출제
> ② 2019년 9월 21일 기사 출제
> ③ 2020년 8월 23일(문제 1번) 출제
> ④ 2023년 5월 13일(문제 8번) 등 10회 이상 출제

07 파블로프(Pavlov)의 조건반사설에 의한 학습이론의 원리에 해당되지 않는 것은?

① 일관성의 원리 ② 시간의 원리
③ 강도의 원리 ④ 준비성의 원리

> 해설
>
> **파블로프의 조건반사설**
> ① 일관성의 원리
> ② 강도의 원리
> ③ 시간의 원리
> ④ 계속성의 원리

> 참고 │ 산업안전산업기사 필기 p.1-121(표. S-R 학습이론의 종류)

> KEY │ ① 2016년 5월 8일 기사 출제
> ② 2018년 4월 28일(문제 20번) 출제
> ③ 2023년 5월 13일(문제 10번) 출제

08 기업 내 정형교육 중 TWI의 훈련내용이 아닌 것은?

① 작업방법훈련 ② 작업지도훈련
③ 사례연구훈련 ④ 인간관계훈련

> 해설
>
> **기업 내 정형교육 중 TWI의 훈련내용 4가지**
> ① 작업 방법 훈련(Job Method Training, JMT) : 작업개선
> ② 작업 지도 훈련(Job Instruction Training, JIT) : 작업지도·지시
> ③ 인간 관계 훈련(Job Relations Training, JRT) : 부하 통솔
> ④ 작업 안전 훈련(Job Safety Training, JST) : 작업안전

> 참고 │ 산업안전산업기사 필기 p.1-145(2. 관리감독자 교육)

> KEY │ ① 2016년 3월 6일 기사·산업기사 동시 출제
> ② 2016년 8월 21일 출제 등 10회 이상 출제
> ③ 2023년 5월 13일(문제 18번) 출제

09 학습 성취에 직접적인 영향을 미치는 요인과 가장 거리가 먼 것은?

① 적성 ② 준비도
③ 개인차 ④ 동기유발

> 해설
>
> **학습성취에 직접적인 영향을 미치는 요인**
> ① 준비도
> ② 개인차
> ③ 동기유발

> 참고 │ 산업안전산업기사 필기 p.1-157(합격날개 : 은행문제 2)

> KEY │ ① 2020년 8월 23일(문제 12번) 출제
> ② 2023년 5월 13일(문제 20번) 출제

10 레빈(Lewin)의 법칙에서 환경조건(E)에 포함되는 것은?

$$B = f(P \cdot E)$$

① 지능 ② 소질
③ 적성 ④ 인간관계

> 해설
>
> **K. Lewin의 법칙**

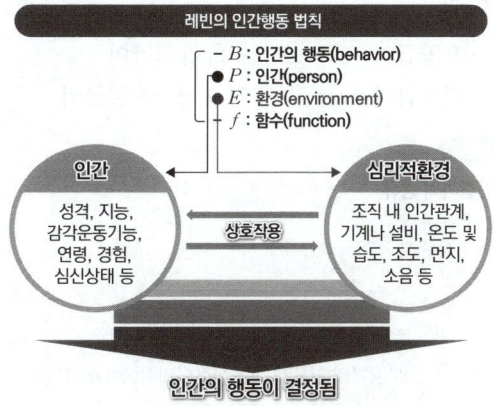

> 참고 │ 산업안전산업기사 필기 p.1-77(7. K. Lewin의 법칙)

【 정답 】 07 ④ 08 ③ 09 ① 10 ④

KEY	① 2016년 10월 1일 기사 출제
	② 2017년 5월 7일, 8월 26일, 9월 23일 기사 출제
	③ 2019년 4월 27일 산업기사 출제
	④ 2023년 7월 8일(문제 3번) 출제

11 허즈버그(Herzberg)의 동기·위생이론 중 위생요인에 해당하지 않는 것은?

① 보수　　　　② 책임감
③ 작업조건　　④ 감독

해설

위생요인과 동기요인

위생요인(직무환경)	동기요인(직무내용)
회사 정책과 관리, 개인 상호간의 관계, 감독, 임금, 보수, 작업 조건, 지위, 안전	성취감, 책임감, 안정감, 성장과 발전, 도전감, 일 그 자체(일의 내용)

참고 산업안전산업기사 필기 p.1-99(표. 위생요인과 동기요인)

KEY	① 2017년 3월 5일 출제
	② 2017년 5월 7일 기사 출제
	③ 2023년 7월 8일(12번) 출제

12 재해손실비 중 직접손실비에 해당하지 않는 것은?

① 요양급여　　② 휴업급여
③ 간병급여　　④ 생산손실급여

해설

간접비의 종류

① 인적 손실
② 물적 손실
③ 생산 손실
④ 특수 손실
⑤ 그 밖의 손실

참고 산업안전산업기사 필기 p.3-49(표. 직접비와 간접비)

KEY	① 2002년 3월 10일(문제 3번)
	② 2014년 3월 2일(문제 5번) 출제
	③ 2022년 3월 5일 기사 출제
	④ 2022년 3월 2일(문제7번) 출제

13 기계·기구 또는 설비의 신설, 변경 또는 고장수리 등 부정기적인 점검을 말하며 기술적 책임자가 시행하는 점검을 무슨 점검이라 하는가?

① 정기점검　　② 수시점검
③ 특별점검　　④ 임시점검

해설

특별점검

① 기계, 기구, 설비의 신설, 변경 또는 고장, 수리 등을 할 경우
② 정기점검기간을 초과하여 사용하지 않던 기계설비를 다시 사용하고자 할 경우
③ 강풍(순간풍속 30[m/s] 초과) 또는 지진(중진 이상 지진) 등의 천재지변 후

참고 산업안전산업기사 필기 p.3-52(2. 안전점검의 종류)

KEY	① 2010년 3월 7일(문제 16번) 출제
	② 2022년 3월 2일(문제 7번) 출제

14 산업안전보건법령상 관리감독자가 수행하는 안전 및 보건에 관한 업무에 속하지 않는 것은?

① 해당 작업의 작업장 정리·정돈 및 통로 확보에 대한 확인·감독
② 해당 작업에서 발생한 산업재해에 관한 보고 및 이에 대한 응급조치
③ 해당 사업장 안전교육계획의 수립 및 안전교육 실시에 관한 보좌 및 지도·조언
④ 관리감독자에게 소속된 근로자의 작업복·보호구 및 방호장치의 점검과 그 착용·사용에 관한 교육·지도

해설

관리감독자 업무 내용

① 사업장내 관리감독자가 지휘·감독하는 작업과 관련되는 기계·기구 또는 설비의 안전보건점검 및 이상유무의 확인
② 관리감독자에게 소속된 근로자의 작업복·보호구 및 방호장치의 점검과 그 착용·사용에 관한 교육·지도
③ 해당 작업에서 발생한 산업재해에 관한 보고 및 이에 대한 응급조치
④ 해당 작업의 작업장의 정리·정돈 및 통로확보의 확인·감독

[정답] 11 ② 12 ④ 13 ③ 14 ③

⑤ 해당 사업장의 다음 각 목의 어느 하나에 해당하는 사람의 지도·조언에 대한 협조
 ㉮ 산업보건의
 ㉯ 안전관리자(안전관리전문기관에 위탁한 사업장의 경우에는 그 전문기관의 해당 사업장 담당자)
 ㉰ 보건관리자(보건관리전문기관에 위탁한 사업장의 경우에는 그 전문기관의 해당 사업장 담당자)
 ㉱ 안전보건관리담당자(안전보건관리담당자의 업무를 안전관리 전문기관 또는 보건관리전문기관에 위탁한 사업장은 그 전문기관의 해당 사업장 담당자)
⑥ 위험성평가를 위한 업무에 기인하는 유해·위험요인의 파악 및 그 결과에 따른 개선조치의 시행
⑦ 그 밖에 해당 작업의 안전보건에 관한 사항으로서 고용노동부령으로 정하는 사항

참고 │ 산업안전산업기사 필기 p.1-28(4. 관리감독자 업무내용)

합격정보
산업안전보건법 시행령 제15조(관리감독자 업무 등)

KEY ▶ 2021년 8월 8일(문제 4번) 출제

💬 **안전관리자의 증언**
안전교육 실시, 보좌, 지도, 조언은 나(안전관리자)의 업무이다.

---

15 재해의 간접원인 중 기술적 원인에 속하지 않는 것은?

① 경험 및 훈련의 미숙
② 구조, 재료의 부적합
③ 점검, 정비, 보존 불량
④ 건물, 기계장치의 설계 불량

해설

기술적 원인
① 기계·기구·설비 등의 보호
② 경계 설비, 보호구 정비 구조재료의 부적당 등

참고 │ 산업안전산업기사 필기 p.3-33(2. 간접원인)

KEY ▶ ① 2016년 5월 8일 출제
      ② 2017년 5월 7일 출제
      ③ 2018년 3월 4일 출제
      ④ 2021년 8월 8일(문제 10번) 출제

---

16 다음 중 정상적 상태이지만 생리적 상태가 휴식할 때에 해당하는 의식수준은?

① phase Ⅰ   ② phase Ⅱ
③ phase Ⅲ   ④ phase Ⅳ

해설

의식 level의 단계별 생리적 상태
① 범주(Phase) 0 : 수면, 뇌발작
② 범주(Phase) Ⅰ : 피로, 단조로움, 졸음, 술취함
③ 범주(Phase) Ⅱ : 안정기거, 휴식시, 정례작업시
④ 범주(Phase) Ⅲ : 적극활동시
⑤ 범주(Phase) Ⅳ : 긴급방위반응, 당황해서 panic

참고 │ 산업안전산업기사 필기 p.1-118(4. 의식레벨의 단계)

KEY ▶ ① 2016년 10월 1일 산업기사 출제
      ② 2018년 4월 28일 기사 출제
      ③ 2018년 9월 15일 산업기사 출제
      ④ 2019년 3월 3일 기사 출제
      ⑤ 2021년 8월 8일(문제 17번) 출제

---

17 다음 중 하버드 학파의 5단계 교수법에 해당되지 않는 것은?

① 추론한다.   ② 교시한다.
③ 연합시킨다.   ④ 총괄시킨다.

해설

하버드 학파의 5단계 교수법
① 제1단계 : 준비시킨다.
② 제2단계 : 교시시킨다.
③ 제3단계 : 연합한다.
④ 제4단계 : 총괄한다.
⑤ 제5단계 : 응용시킨다.

참고 │ 산업안전산업기사 필기 p.1-145(3. 하버드 학파의 5단계 교수법)

KEY ▶ ① 2018년 4월 28일(문제 21번) 출제
      ② 2021년 8월 8일(문제 18번) 출제

[정답] 15 ①   16 ②   17 ①

18 아담스(Edward Adams)의 사고연쇄 반응이론 중 관리자가 의사결정을 잘못하거나 감독자가 관리적 잘못을 하였을 때의 단계에 해당하는 것은?

① 사고
② 작전적 에러
③ 관리구조결함
④ 전술적 에러

해설

아담스(Adams)의 사고 연쇄 이론
① 제1단계 : 관리구조
② 제2단계 : 작전적 에러(관리감독에러)
③ 제3단계 : 전술적 에러(불안전한 행동 or 조작)
④ 제4단계 : 사고(물적 사고)
⑤ 제5단계 : 상해 또는 손실

참고 산업안전기사 필기 p.3-34(합격날개 : 합격예측)

KEY ① 2017년 5월 7일(문제 9번) 기사 출제
② 2024년 2월 15일 기사 출제

19 KOSHA GUIDE(안전보건 기술지침)의 설명이 틀린 것은?

① 법령에서 정한 최소 수준이 아닌 더 높은 수준의 기술적 사항을 정리한 자료이다.
② 자율적 안전보건가이드이다.
③ 분류기준 D는 안전설계 지침이다.
④ 법적 구속력이 있다.

해설

KOSHA GUIDE
① 안전보건기술지침이다.
② 문항 ④번이 틀린 이유 : 법적 구속력이 없다.

참고 산업안전기사 필기 p 1-17(7 KOSHA GUIDE)

KEY ① 2024년 2월 15일 기사 출제
② 2024년 5월 14일 기사·산업기사 출제

20 제조업자는 제조물의 결함으로 인하여 생명·신체 또는 재산에 손해를 입은 자에게 그 손해를 배상하여야 하는데 이를 무엇이라 하는가? (단, 당해 제조물에 대해서만 발생한 손해는 제외한다.)

① 입증 책임
② 담보 책임
③ 연대 책임
④ 제조물 책임

해설

제조물책임(PL)
① 제조물 책임이란 결함 제조물로 인해 생명·신체 또는 재산 손해가 발생할 경우 제조업자 또는 판매업자가 그 손해에 대하여 배상 책임을 지는 것
② 유럽에서는 100여년의 역사를 가지고 있으며, 미국, 일본에서도 1960~70년대부터 사회문제로 대두되어 '소비자 위험부담시대'에서 '판매자 위험부담시대'로 변환
③ 제조업에서 사고발생을 방지할 책임이 있기 때문에 결함 제조물에 대한 전적인 책임이 있다.

참고 산업안전산업기사 필기 p.1-8(2. 제조물 책임)

KEY ① 2019년 3월 3일 기사 출제
② 2024년 2월 15일 기사 출제

2 인간공학 및 위험성 평가·관리

21 신체반응의 측정에서 상완을 자연스럽게 수직으로 늘어뜨린 채, 전완만으로 편하게 뻗어 파악할 수 있는 구역을 무엇이라 하는가?

① 정상작업역
② 최대작업역
③ 최소작업역
④ 전완작업역

해설

작업역(작업구역)
① 정상작업역 : 상완을 자연스럽게 수직으로 늘어뜨린 채, 전완만으로 편하게 뻗어 파악할 수 있는 구역(34~45[cm])
② 최대작업역 : 전완과 상완을 곧게 펴서 파악할 수 있는 구역(56~ 65[cm])

참고 산업안전산업기사 필기 p.2-161(합격날개 : 합격예측)

22 조종장치를 15[mm] 움직였을 때, 표시계기의 지침이 25[mm] 움직였다면 이 기기의 C/R비는?

① 0.4
② 0.5
③ 0.6
④ 0.7

[정답] 18 ② 19 ④ 20 ④ 21 ① 22 ③

> 해설

$\dfrac{C}{R} = \dfrac{조종장치의\ 이동거리}{표시장치의\ 이동거리} = \dfrac{15}{25} = 0.6$

참고) 산업안전산업기사 필기 p.2-177(합격날개 : 합격예측)

KEY ▶ ① 2018년 4월 28일 출제
② 2018년 9월 15일 출제
③ 2019년 4월 27일 출제
④ 2019년 8월 4일 출제
⑤ 2022년 7월 2일 출제

23 반복되는 사건이 많이 있는 경우에 FTA의 최소 컷셋을 구하는 알고리즘이 아닌 것은?

① Fussel Algorithm
② Boolean Algorithm
③ Monte Carlo Algorithm
④ Limnios & Ziani Algorithm

> 해설

FTA의 최소 컷셋을 구하는 알고리즘의 종류
① Boolean Algorithm(부울대수)
② Fussel Algorithm
③ Limnios & Ziani Algorithm

참고) 산업안전산업기사 필기 p.2-78(합격날개 : 은행문제)

KEY ▶ ① 2014년 9월 20일 기사 출제
② 2016년 10월 1일 기사 출제
③ 2020년 8월 23일 산업기사 출제
④ 2023년 3월 1일(문제 21번) 출제

> 보충학습

Monte Carlo Alogorithm
카지노에서 따온 이름으로, 컴퓨터과학에서 사용하는 알고리즘의 한 종류

24 FT도에 사용되는 논리기호 중 AND 게이트에 해당하는 것은?

① 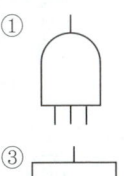   ②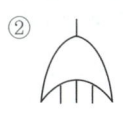

③ 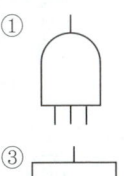   ④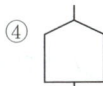

> 해설

FTA 기호

기호	명칭	설명
	결함사상	개별적인 결함사상
	통상사상	통상발생이 예상되는 사상(예상되는 원인)
	AND 게이트	모든 입력사상이 공존할 때만 출력사상이 발생한다.
	OR 게이트	입력사상 중 어느 것이나 하나가 존재할 때 출력사상이 발생한다.

참고) 산업안전산업기사 필기 p.2-70(표. FTA기호)

KEY ▶ ① 2014년 5월 25일(문제 38번) 출제
② 2014년 8월 17일(문제 34번) 출제
③ 2023년 3월 1일(문제 29번) 출제

25 시스템 안전 분석기법 중 인적 오류와 그로 인한 위험성의 예측과 개선을 위한 기법은 무엇인가?

① FTA
② ETBA
③ THERP
④ MORT

> 해설

THERP(인간과오율 예측기법)
① 인간의 과오(human error)를 정량적으로 평가
② 1963년 Swain이 개발된 기법

참고) 산업안전산업기사 필기 p.2-65(8.THERP)

KEY ▶ ① 2017년 3월 5일 출제
② 2023년 2월 28일 기사 출제
③ 2023년 5월 13일(문제 21번) 등 5회 이상 출제

[정답] 23 ③ 24 ① 25 ③

26 다음 중 체계 설계 과정의 주요 단계 중 가장 먼저 실시되어야 하는 것은?

① 기본설계
② 계면설계
③ 체계의 정의
④ 목표 및 성능 명세 결정

해설
인간-기계 시스템 설계 순서
① 1단계 : 시스템의 목표와 성능 명세 결정
② 2단계 : 시스템의 정의
③ 3단계 : 기본설계
④ 4단계 : 인터페이스설계
⑤ 5단계 : 보조물설계
⑥ 6단계 : 시험 및 평가

참고 산업안전산업기사 필기 p.2-29(문제 31번) 적중

KEY ① 2011년 3월 20일(문제 29번) 출제
② 2019년 3월 3일 기사 출제
③ 2019년 4월 27일(문제 21번) 출제
④ 2023년 5월 13일(문제 23번) 등 5회 이상 출제
⑤ 2024년 2월 15일(문제 29번) 출제

27 산업안전보건법에 따라 상시 작업에 종사하는 장소에서 보통작업을 하고자 할 때 작업면의 최소 조도(lux)로 맞는 것은? (단, 작업장은 일반적인 작업장소이며, 감광재료를 취급하지 않는 장소이다.)

① 75   ② 150
③ 300   ④ 750

해설
조명(조도)수준
① 초정밀작업 : 750[lux] 이상
② 정밀작업 : 300[lux] 이상
③ 보통작업 : 150[lux] 이상
④ 그 밖의 작업 : 75[lux] 이상

참고 산업안전산업기사 필기 p.2-169(합격날개 : 합격예측)

KEY ① 2017년 5월 7일(문제 21번) 출제
② 2023년 5월 13일(문제 28번) 등 5회 이상 출제

합격정보
산업안전보건기준에 관한 규칙 제8조(조도)

28 다음 중 시스템에 영향을 미칠 우려가 있는 모든 요소의 고장을 형태별로 해석하여 그 영향을 검토하는 분석방법은?

① FTA   ② ETA
③ MORT   ④ FMEA

해설
FMEA의 정의
① FMEA는 서브시스템 위험분석이나 시스템 위험분석을 위하여 일반적으로 사용되는 전형적인 정성적, 귀납적 분석방법
② 시스템에 영향을 미치는 모든 요소의 고장을 형태별로 분석하여 그 영향을 검토

참고 산업안전산업기사 필기 p.2-62(4. 고장형태와 영향분석)

KEY ① 2015년 3월 8일(문제 33번) 출제
② 2023년 7월 8일(문제 21번) 출제

29 체계 설계 과정 중 기본설계 단계의 주요활동으로 볼 수 없는 것은?

① 작업 설계
② 체계의 정의
③ 기능의 할당
④ 인간 성능 요건 명세

해설
제3단계 : 기본설계
① 기능의 할당
② 인간 성능 요건 명세
③ 직무 분석
④ 작업 설계

참고 산업안전산업기사 필기 p.2-29(문제 31번) 적중

KEY ① 2013년 6월 2일(문제 28번) 출제
② 2016년 3월 6일 기사 출제
③ 2018년 3월 4일 출제
④ 2023년 7월 8일(문제 24번) 출제
⑤ 2024년 2월 15일(문제 26번) 출제

[정답] 26 ④ 27 ② 28 ④ 29 ②

30 다음 중 정보의 청각적 제시방법이 적절한 경우는?

① 수신자가 여러 곳으로 움직여야 할 때
② 정보가 복잡하고 길 때
③ 정보가 공간적인 위치를 다룰 때
④ 즉각적인 행동을 요구하지 않을 때

해설

청각적 제시방법이 적절한 경우
① 전언이 간단할 경우
② 전언이 짧을 경우
③ 전언이 후에 재 참조되지 않을 경우
④ 전언이 시간적인 사상(event)을 다룰 경우
⑤ 전언이 즉각적인 행동을 요구할 경우
⑥ 수신자의 시각 계통이 과부하 상태일 경우
⑦ 수신 장소가 너무 밝거나 암조응 유지가 필요할 경우
⑧ 직무상 수신자가 자주 움직이는 경우

참고 산업안전산업기사 필기 p.2-31(문제 43번) 적중

KEY
① 1998년 9월 6일(문제 32번) 출제
② 2001년 6월 3일(문제 26번) 출제
③ 2001년 9월 23일(문제 33번) 출제
④ 2003년 5월 25일(문제 24번) 출제
⑤ 2006년 3월 5일(문제 34번) 출제
⑥ 2006년 9월 10일(문제 24번) 출제
⑦ 2022년 3월 2일(문제 25번) 출제

31 신체 부위의 운동 중 몸의 중심선으로 이동하는 운동을 무엇이라 하는가?

① 굴곡 운동   ② 내전 운동
③ 신전 운동   ④ 외전 운동

해설

신체부위 운동구분
① 내전(adduction) : 몸의 중심선으로의 이동
② 외전(abduction) : 몸의 중심선으로부터 멀어지는 이동
③ 외선 : 몸의 중심선으로부터 회전하는 동작
④ 내선 : 몸의 중심선으로 회전하는 동작
⑤ 굴곡 : 신체 부위 간의 각도의 감소

참고
① 산업안전산업기사 필기 p.2-166(2. 신체부위의 운동)
② 산업안전산업기사 필기 p.2-196(문제 26번)

KEY
① 2009년 5월 10일(문제 23번) 출제
② 2022년 3월 2일(문제 31번) 출제

32 인간공학의 중요한 연구과제인 계면(interface) 설계에 있어서 다음 중 계면에 해당되지 않는 것은?

① 작업공간   ② 표시장치
③ 조종장치   ④ 조명시설

해설

인간-기계체계 단계
① 제1단계 : 목표 및 성능 설정
   체계가 설계되기 전에 우선 목적이나 존재 이유 및 목적은 통상 개괄적으로 표현
② 제2단계 : 시스템의 정의
   목표, 성능 결정 후 목적을 달성하기 위해 어떤 기본적인 기능이 필요한지 결정
③ 제3단계 : 기본설계
   ㉮ 기능의 할당   ㉯ 인간 성능 요건 명세
   ㉰ 직무 분석   ㉱ 작업 설계
④ 제4단계 : 계면(인터페이스)설계
   체계의 기본설계가 정의되고 인간에게 할당된 기능과 직무가 윤곽이 잡히면 인간-기계의 경계를 이루는 면과 인간-소프트웨어 경계를 이루는 면의 특성에 신경을 쓸 수가 있다.
    작업공간, 표시장치, 조종장치, 제어, 컴퓨터대화 등
⑤ 제5단계 : 촉진물(보조물) 설계
   체계설계과정 중 이 단계에서의 주 초점은 만족스러운 인간성능을 증진시킬 보조물에 대해서 계획하는 것이다. 지시수첩, 성능보조자료 및 훈련도구와 계획이 있다.

참고 산업안전산업기사 필기 p.2-12 (1) 체계설계 과정의 주요단계

KEY
① 2014년 5월 25일(문제 39번) 출제
② 2022년 3월 2일(문제 38번) 출제

보충학습

감성공학
① 인간-기계 체계 인터페이스(계면) 설계에 감성적 차원의 조화성을 도입하는 공학이다.
② 인간과 기계(제품)가 접촉하는 계면에서의 조화성은 신체적 조화성, 지적 조화성, 감성적 조화성의 3가지 차원에서 고찰할 수 있다.
③ 신체적·지적 조화성은 제품의 인상(감성적 조화성)으로 추상화된다.

33 사용자의 잘못된 조작 또는 실수로 인해 기계의 고장이 발생하지 않도록 설계하는 방법은?

① FMEA   ② HAZOP
③ fail safe   ④ fool proof

[정답] 30 ①   31 ②   32 ④   33 ④

해설

풀 프루프(fool proof)
① 인간의 실수가 있어도 안전장치가 설치되어 사고나 재해로 연결되지 않는 구조
② 바보가 작동을 시켜도 안전하다는 뜻

참고 산업안전산업기사 필기 p.1-6(합격날개 : 합격예측)

KEY
① 2020년 5월 24일 실기 필답형 출제
② 2020년 8월 23일(문제 33번) 출제
③ 2022년 3월 2일(문제 40번) 출제
④ 2024년 2월 15일(문제 42번) 출제

---

34 FTA(Fault Tree Analysis)에서 사용되는 사상기호 중 통상의 작업이나 기계의 상태에서 재해의 발생원인이 되는 요소가 있는 것을 나타내는 것은?

① 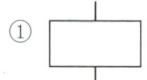   ②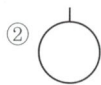

③ 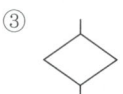   ④

해설

FTA 기호

기 호	명 칭	기 호	명 칭
	결함사상		생략사상
	기본사상		통상사상

참고 산업안전산업기사 필기 p.2-70(표 : FTA 기호)

KEY
① 2007년 8월 5일(문제 33번) 출제
② 2016년 10월 1일 산업기사 출제
③ 2017년 5월 7일 기사 출제
④ 2017년 8월 19일 산업기사 출제
⑤ 2017년 8월 26일 기사, 산업기사 출제
⑥ 2018년 3월 4일 기사 출제
⑦ 2018년 8월 19일 산업기사 출제
⑧ 2020년 6월 14일 산업기사 출제
⑨ 2021년 5월 15일, 8월 14일(문제 33번) 출제
⑩ 2022년 4월 17일(문제 30번) 출제

---

35 동전던지기에서 앞면이 나올 확률이 0.2이고, 뒷면이 나올 확률이 0.8일 때, 앞면이 나올 확률의 정보량과 뒷면이 나올 확률의 정보량이 맞게 연결된 것은?

① 앞면:약 2.32[bit], 뒷면:약 0.32[bit]
② 앞면:약 2.32[bit], 뒷면:약 1.32[bit]
③ 앞면:약 3.32[bit], 뒷면:약 0.32[bit]
④ 앞면:약 3.32[bit], 뒷면:약 1.52[bit]

해설

정보량 계산

① 앞면 $=\dfrac{\log\left(\dfrac{1}{0.2}\right)}{\log 2}=2.32[bit]$

② 뒷면 $=\dfrac{\log\left(\dfrac{1}{0.8}\right)}{\log 2}=0.32[bit]$

KEY
① 2013년 3월 10일(문제 27번) 출제
② 2015년 5월 31일(문제 32번) 출제
③ 2022년 7월 2일(문제 29번) 출제

보충학습

bit(binary unit의 합성어)
① bit : 실현가능성이 같은 2개의 대안 중 하나가 명시되었을 때 얻을 수 있는 정보량
② 정보량 : 실현가능성이 같은 n개의 대안이 있을 때
③ 총 정보량 (H) = $\log_2 n$

---

36 건습지수로서 습구온도와 건구온도의 가중평균치를 나타내는 Oxford지수의 공식으로 맞는 것은?

① WD=0.65WB+0.35DB
② WD=0.75WB+0.25DB
③ WD=0.85WB+0.15DB
④ WD=0.95WB+0.05DB

해설

Oxford지수 공식
건습지수(WD) = 0.85WB+0.15DB

참고 산업안전산업기사 필기 p.2-167(6. Oxford 지수)

KEY
① 2017년 3월 5일 기사 출제
② 2017년 9월 23일 기사 출제
③ 2021년 3월 2일(문제 22번) 출제

[정답] 34 ④ 35 ① 36 ③

37 다음 설명에 해당하는 시스템 위험분석방법은?

[다음]
- 시스템의 정의 및 개발 단계에서 실행한다.
- 시스템의 기능, 과업, 활동으로부터 발생되는 위험에 초점을 둔다.

① 모트(MORT)
② 결함수분석(FTA)
③ 예비위험분석(PHA)
④ 운용위험분석(OHA)

해설

운용 및 지원위험분석
(O&SHA : operating and support hazard analysis)
① 지정된 시스템의 모든 사용단계에서 생산, 보전, 시험, 운반, 저장, 운전, 비상탈출, 구조, 훈련, 폐기 등에 사용되는 인원, 순서, 설비에 관하여 위험을 동정하고 제어
② ①의 인원, 순서, 설비에 관한 안전요건을 결정하기 위해 실시하는 분석법

참고 산업안전산업기사 필기 p.2-64(합격날개:합격예측)

KEY
① 2014년 5월 25일(문제 29번) 출제
② 2021년 3월 2일(문제 28번) 출제

38 인체측정 자료를 장비, 설비 등의 설계에 적용하기 위한 응용원칙에 해당하지 않는 것은?

① 조절식 설계
② 극단치를 이용한 설계
③ 구조적 치수 기준의 설계
④ 평균치를 기준으로 한 설계

해설

인간계측자료의 응용 3원칙
① 최대치수와 최소치수 설계(극단치 설계)
② 조절범위(조절식 설계)
③ 평균치를 기준으로 한 설계

참고 산업안전기사 필기 p.2-159(2. 신체반응의 측정)

KEY
① 2017년 3월 5일, 9월 23일 출제
② 2017년 8월 26일 기사 출제
③ 2018년 3월 4일 출제
④ 2019년 8월 4일 기사 출제
⑤ 2021년 3월 2일(문제 32번) 출제

39 국제노동기구(ILO)에서 구분한 "일시 전노동 불능"에 관한 설명으로 옳은 것은?

① 부상의 결과로 근로기능을 완전히 잃은 부상
② 부상의 결과로 신체의 일부가 근로기능을 완전히 상실한 부상
③ 의사의 소견에 따라 일정 기간 동안 노동에 종사할 수 없는 상해
④ 의사의 소견에 따라 일시적으로 근로시간 중 치료를 받는 정도의 상해

해설

ILO의 국제 노동 통계의 구분(근로불능 상해의 종류)
① 사망 : 안전 사고로 사망하거나 혹은 입은 사고의 결과로 생명을 잃는 것 - 노동 손실일수 7,500일
② 영구 전노동불능 상해 : 부상 결과로 노동 기능을 완전히 잃게 되는 부상(신체 장애 등급 제1급에서 제3급에 해당) - 노동 손실일수 7,500일
③ 영구 일부노동불능 상해 : 부상 결과로 신체 부분의 일부가 노동 기능을 상실한 부상(신체 장애 등급 제4급에서 제14급에 해당)
④ 일시 전노동불능 상해 : 의사의 소견(진단)에 따라 일정기간 정규 노동에 종사할 수 없는 상해 정도(신체 장애가 남지 않는 일반적인 휴업 재해)

참고 산업안전산업기사 필기 p.1-5(8. ILO의 구분)

KEY
① 2021년 제1회 CBT(문제 19번) 출제
② 2021년 3월 2일(문제 38번) 출제

40 어떤 소리가 1,000[Hz], 60[dB]인 음과 같은 높이임에도 4배 더 크게 들린다면, 이 소리의 음압수준은 얼마인가?

① 70[dB]   ② 80[dB]
③ 90[dB]   ④ 100[dB]

해설

음압수준
① 10[dB] 증가 시 소음은 2배 증가
② 20[dB] 증가 시 소음은 4배 증가

결론 $4\text{sone} = 2^{\frac{L_1-60}{10}}$ $10 \times \log 4 = (L_1 - 60)\log 2$

$$L_1 = \frac{10 \times \log 4}{\log 2} + 60 = 80$$

[정답] 37 ④   38 ③   39 ③   40 ②

[참고] 산업안전산업기사 필기 p.2-173(합격날개 : 합격예측)

[KEY]
① 2002년, 2003년 연속 출제
② 2009년 8월 30일(문제 53번) 출제
③ 2018년 4월 28일(문제 35번) 출제
④ 2021년 8월 8일(문제 23번) 출제
⑤ 2024년 3월 30일 산업안전지도사 출제

[보충학습]

[표] phon과 sone의 관계

sone	1	2	4	8	16	32
phon	40	50	60	70	80	90
sone	64	128	256	512	1024	
phon	100	110	120	130	140	

[예] 10[phon]이 증가하면 2배의 소리 크기가 되며, 20[phon]이 증가하면 4배의 소리 크기가 된다.

3 기계·기구 및 설비안전관리

41 아세틸렌 용접장치의 발생기실을 옥외에 설치한 경우에는 그 개구부는 다른 건축물로부터 몇 [m] 이상 떨어져야 하는가?

① 1
② 1.5
③ 2.5
④ 3

[해설]
발생기실 설치기준
① 사업주는 아세틸렌 용접장치의 아세틸렌 발생기(이하 "발생기"라 한다)를 설치하는 경우에는 전용의 발생기실에 설치하여야 한다.
② 발생기실은 건물의 최상층에 위치하여야 하며, 화기를 사용하는 설비로부터 3[m]를 초과하는 장소에 설치하여야 한다.
③ 발생기실을 옥외에 설치한 경우에는 그 개구부를 다른 건축물로부터 1.5[m] 이상 떨어지도록 하여야 한다.

[참고] 산업안전산업기사 필기 p.3-116(합격날개 : 합격예측)

[KEY]
① 2020년 9월 27일 기사 등 10회 이상 출제
② 2023년 3월 1일(문제 41번) 출제

[합격정보]
산업안전보건기준에 관한 규칙 제286조(발생기실의 설치장소 등)

42 프레스 작업 중 작업자의 신체일부가 위험한 작업점으로 들어가면 자동적으로 정지되는 기능이 있는데, 이러한 안전대책을 무엇이라고 하는가?

① 풀 프루프(fool proof)
② 페일 세이프(fail safe)
③ 인터록(inter lock)
④ 리미트 스위치(limit switch)

[해설]
풀프루프(fool proof)
① 기계장치 설계단계에서 안전화를 도모하는 것으로 근로자가 기계 등의 취급을 잘 못해도 사고로 연결 되는 일이 없도록 하는 안전기구로 인간과오(human error)를 방지하기 위한 것이다.
② 용도는 가드(guard), 세이프티블록(safety block : 안전블록), 카메라의 이중 촬영방지기구 등이 있다.

[참고] 산업안전산업기사 필기 p.3-5(표. Fail safe와 Fool proof)

[KEY]
① 2023년 3월 1일(문제 42번) 출제
② 2023년 6월 4일 기사 등 5회 이상 출제
③ 2024년 2월 15일(문제 33번) 출제

[보충학습]
① 페일 세이프 : 기계나 그 부품에 고장이나 기능 불량이 생겨도 항상 안전하게 작동하는 구조와 기능
② 인터록 : 안전한 상태를 확보하도록 한 기계적 전기적 구조로 되어 있는 방호장치로 주어진 조건에 만족하지 않으면 작동할 수 없도록 한 기구
③ 리미트 스위치 : 기계의 움직임이 일정한 장소나 위치에 이르게 되면 작동하는 스위치

43 선반 작업의 안전사항으로 틀린 것은?

① 베드(bed) 위에 공구를 올려놓지 않아야 한다.
② 바이트를 교환할 때는 기계를 정지시키고 한다.
③ 바이트는 끝을 길게 장치한다.
④ 반드시 보안경을 착용한다.

[해설]
선반작업시 바이트(bite)도 짧게 장착합니다.

[정답] 41 ② 42 ① 43 ③

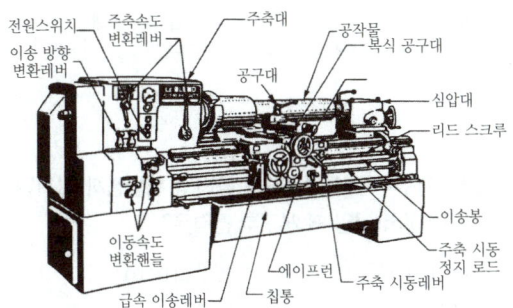

[그림] 선반의 각부 명칭

> 참고) 산업안전산업기사 필기 p.3-84(3. 선반재해 방지대책)

> KEY ① 2020년 6월 14일(문제 47번) 출제
> ② 2023년 2월 28일 기사 출제
> ③ 2023년 3월 1일(문제 44번) 출제

44 산업안전보건법령상 양중기의 달기체인에 대한 사용금지 사항으로 틀린 것은?

① 달기체인의 한 꼬임에서 끊어진 소선의 수가 10[%] 이상인 것
② 링의 단면지름이 달기체인이 제조된 때의 해당 링의 지름의 10[%]를 초과하여 감소한 것
③ 달기체인의 길이가 달기체인이 제조된 때의 길이의 5[%]를 초과한 것
④ 균열이 있거나 심하게 변형된 것

> 해설
> **달기체인 사용금지 기준**
> ① 달기체인의 길이가 달기체인이 제조된 때의 길이의 5[%]를 초과한 것
> ② 링의 단면지름이 달기체인이 제조된 때의 해당 링의 지름의 10[%]를 초과하여 감소한 것
> ③ 균열이 있거나 심하게 변형된 것

> 참고) 산업안전산업기사 필기 p.3-158(합격날개 : 합격예측)

> KEY ① 2019년 8월 4일 산업기사 출제
> ② 2020년 6월 14일 산업기사 출제
> ③ 2023년 3월 1일(문제 45번) 출제
> ④ 2024년 5월 11일 작업형 출제

> 합격정보
> 산업안전보건기준에 관한 규칙 제166조(이음매가 있는 와이어로프 등의 사용금지)

45 컨베이어 작업시작 전 점검해야 할 사항으로 거리가 먼 것은?

① 원동기 및 풀리 기능의 이상 유무
② 이탈 등의 방지장치 기능의 이상 유무
③ 비상정지장치기능의 이상 유무
④ 자동전격방지장치의 이상 유무

> 해설
> **컨베이어의 작업시작전 점검사항**
> ① 원동기 및 풀리기능의 이상 유무
> ② 이탈 등의 방지장치 기능의 이상 유무
> ③ 비상정지장치 기능의 이상 유무
> ④ 원동기·회전축·기어 및 풀리 등의 덮개 또는 울 등의 이상 유무

> 참고) 산업안전산업기사 필기 p.3-54(표. 기계·기구의 위험요소 작업시작전 점검사항)

> KEY ① 2017년 8월 26일 기사 출제
> ② 2018년 3월 4일(문제 43번) 출제
> ③ 2023년 3월 1일(문제 47번) 출제

> 합격정보
> 산업안전보건기준에 관한 규칙 [별표 3] 작업시작전 점검사항

46 다음 중 연삭기를 이용한 작업을 할 경우 연삭숫돌을 교체한 후에는 얼마 동안 시험운전을 하여야 하는가?

① 1[분] 이상   ② 3[분] 이상
③ 10[분] 이상   ④ 15[분] 이상

> 해설
> **연삭작업의 안전기준**
> ① 덮개의 설치 기준 : 직경이 50[mm] 이상인 연삭숫돌
> ② 작업 시작하기 전 1[분] 이상, 연삭 숫돌을 교체한 후 3[분] 이상 시운전(숫돌파열이 가장 많이 발생하는 경우는 스위치를 넣는 순간)
> ③ 시운전에 사용하는 연삭숫돌은 작업시작 전 결함유무 확인 후 사용
> ④ 연삭숫돌의 최고 사용회전속도 초과 사용금지
> ⑤ 측면을 사용하는 것을 목적으로 하는 연삭숫돌 이외의 연삭숫돌은 측면 사용금지

> 참고) 산업안전산업기사 필기 p.3-97(3. 연삭기 구조면에 있어서 안전대책)

[정답] 44 ① 45 ④ 46 ②

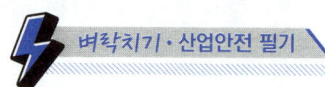

| KEY | ① 2013년 6월 2일(문제 41번) 출제
② 2013년 8월 18일(문제 55번) 출제
③ 2022년 4월 24일 기사 등 10회 이상 출제
④ 2023년 3월 1일(문제 48번) 출제
⑤ 2024년 5월 14일 기사 출제 |

합격정보
산업안전보건기준에 관한 규칙 제122조(연삭숫돌의 덮개 등)

47 소성가공의 종류가 아닌 것은?

① 단조 ② 압연
③ 인발 ④ 연삭

해설
소성과 절삭
① 소성가공 : 재료의 전·연성을 이용(chip이 나오지 않음)
② 절삭가공 : 가공시 칩(chip)이 발생 예 선반, 밀링, 연삭 등

참고 ① 산업안전산업기사 필기 p.3-92(6. 연삭기)
② 산업안전산업기사 필기 p.3-219(합격날개 : 합격예측)

KEY ① 2016년 3월 6일(문제 52번) 출제
② 2023년 6월 17일 지도사 2차 출제
③ 2023년 3월 1일(문제 52번) 출제
④ 2024년 2월 15일(문제 52번) 출제

보충학습
소성가공의 종류
① 단조가공(forging)   ② 압연가공(rolling)
③ 인발가공(drawing)   ④ 압출가공(extruding)
⑤ 프레스가공(press working) ⑥ 전조가공(form rolling)

48 다음 중 컨베이어(conveyor)의 역전방지장치 형식이 아닌 것은?

① 래칫식 ② 전기브레이크식
③ 램식   ④ 롤러식

해설
역전방지 구분

구분	종류
기계적인 것	래칫식, 롤러식, 밴드식, 웜기어
전기적인 것	전기브레이크, 스러스트브레이크

참고 산업안전산업기사 필기 p.3-141(3. 컨베이어의 역전방지 장치)

| KEY | ① 2023년 2월 28일 기사 등 10회 이상 출제
② 2023년 3월 1일(문제 54번) 출제 |

49 개구부에서 회전하는 롤러의 위험점까지 최단거리가 60[mm]일 때 개구부 간격은?

① 10[mm] ② 12[mm]
③ 13[mm] ④ 15[mm]

해설
롤러 가드의 개구부 간격
$Y = 6 + 0.15X = 6 + 0.15 \times 60 = 15[mm]$
X : 가드와 위험점 간의 거리(mm : 안전거리)
Y : 가드 개구부의 간격(mm : 안전간극)
(단, $X \geq 160[mm]$일 때, $Y = 30[mm]$)

참고 산업안전산업기사 필기 p.3-114(합격날개 : 참고)

KEY ① 2016년 8월 21일 산업기사 출제
② 2017년 5월 7일 기사 출제
③ 2018년 8월 19일 산업기사 출제
④ 2020년 8월 14일 기사 등 10회 이상 출제
⑤ 2023년 3월 1일(문제 56번) 출제

50 보일러수에 불순물이 많이 포함되어 있을 경우, 보일러수의 비등과 함께 수면부위에 거품을 형성하여 수위가 불안정하게 되는 현상은?

① 프라이밍(priming)
② 포밍(foaming)
③ 캐리오버(carry over)
④ 워터해머(water hammer)

해설
포밍발생원인
① 보일러가 과잉 농축되었을 때
② 열부하가 급격하게 변동해 증감될 때
③ 운전 중 수위조절이 원활하게 이루어지지 못한 경우
④ 보일러의 운전 압력을 너무 낮게 설정해 놓았을 때
⑤ 기수분리기의 불량 등 기계적 고장

참고 산업안전산업기사 필기 p.3-123(1. 보일러 이상현상의 종류)

[**정답**] 47 ④ 48 ③ 49 ④ 50 ②

PART 4. 연습은 실전처럼 · 2023년~2025년 과년도 전회차 문제해설

 ① 2016년 8월 21일 산업기사 출제
② 2021년 3월 7일 기사 출제
③ 2023년 3월 1일(문제 57번) 출제

51 다음 중 접근반응형 방호장치에 해당되는 것은?
① 손쳐내기식 방호장치
② 광전자식 방호장치
③ 가드식 방호장치
④ 양수조작식 방호장치

해설

접근반응형 방호장치
① 위험 범위 내로 신체가 접근할 경우 이를 감지하여 즉시 기계의 작동을 정지시키거나 전원이 차단되도록 하는 방법
② 프레스의 광전자식 방호장치가 해당

참고 산업안전산업기사 필기 p.3-15(표. 용도별 방호장치 구분)

 ① 2013년 6월 2일(문제 58번) 출제
② 2023년 6월 4일 기사 등 5회 이상 출제
③ 2023년 5월 13일(문제 43번) 출제

52 가공물 또는 공구를 회전시켜 나사나 기어 등을 소성가공하는 방법은?
① 압연
② 압출
③ 인발
④ 전조

해설

소성가공
(1) 전조
① 다이(Die)나 Roll과 같은 성형공구를 회전 또는 직선운동시키면서 그 사이에 소재를 넣어 공구의 표면형상으로 각인하는 것이다.
② 일종의 특수압연이라 볼 수 있다.
(2) 전조제품
   ① 원통 롤러   ② Ball
   ③ Ring   ④ 기어
   ⑤ 나사   ⑥ Spline축
   ⑦ 냉각 Fin이 붙은 관

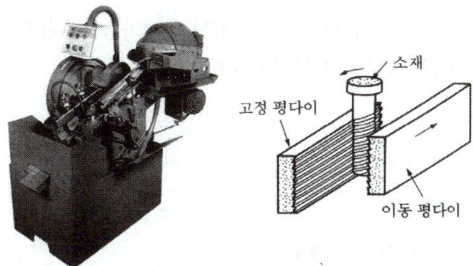

[그림] 나사 전조기 및 전조 원리

참고 산업안전산업기사 필기 p.3-219(합격예측 : 전조)

 ① 2012년 5월 20일(문제 20번) 출제
② 2023년 6월 17일 산업안전지도사 출제
③ 2023년 5월 13일(문제 50번) 출제
④ 2024년 2월 15일(문제 47번) 출제

53 휴대용 연삭기 덮개의 노출각도 기준은?
① 60[°] 이내   ② 90[°] 이내
③ 150[°] 이내   ④ 180[°] 이내

해설

휴대용연삭기 덮개 노출각도 : 180[°] 이내

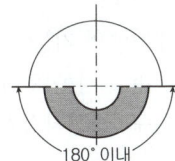

[그림] 휴대용 연삭기, 스윙연삭기, 슬라브연삭기, 기타 이와 비슷한 연삭기의 덮개 노출각도

참고 산업안전산업기사 필기 p.3-97(그림. 연삭기 종류 및 덮개의 표준현상)

KEY ① 2016년 8월 21일 기사 출제
② 2017년 3월 5일, 8월 26일 출제
③ 2017년 5월 7일 기사·산업기사 동시 출제
④ 2018년 4월 28일 기사·산업기사 동시 출제
⑤ 2023년 5월 13일(문제 57번) 출제

합격정보

방호장치자율안전인증고시 [별표 4] 연삭기 덮개의 성능기준

[정답] 51 ② 52 ④ 53 ④

54 근로자에게 위험을 미칠 우려가 있는 원동기, 축이음, 풀리 등에 설치하여야 하는 것은?

① 덮개
② 압력계
③ 통풍장치
④ 과압방지기

해설

원동기·회전축 등의 위험 방지
사업주는 기계의 원동기·회전축·기어·풀리·플라이휠·벨트 및 체인 등 근로자가 위험에 처할 우려가 있는 부위에 덮개·울·슬리브 및 건널다리 등을 설치하여야 한다.

참고 산업안전산업기사 필기 p.3-10(합격날개 : 합격예측 및 관련법규)

KEY
① 2017년 3월 5일 기사 · 산업기사 동시 출제
② 2019년 4월 27일(문제 57번) 출제
③ 2023년 5월 13일(문제 60번) 출제

합격정보
산업안전보건기준에 관한 규칙 제87조(원동기 회전축 등의 위험방지)

55 산업안전보건법령상 프레스를 사용하여 작업을 할 때 작업시작 전 점검항목에 해당하지 않는 것은?

① 전선 및 접속부 상태
② 클러치 및 브레이크의 기능
③ 프레스의 금형 및 고정볼트 상태
④ 1행정 1정지기구·급정지장치 및 비상정지장치의 기능

해설

프레스 작업시작 전 점검항목
① 클러치 및 브레이크의 기능
② 크랭크축·플라이휠·슬라이드·연결봉 및 연결나사의 풀림 유무
③ 1행정 1정지기구·급정지장치 및 비상정지장치의 기능
④ 슬라이드 또는 칼날에 의한 위험방지 기구의 기능
⑤ 프레스의 금형 및 고정볼트 상태
⑥ 방호장치의 기능
⑦ 전단기(剪斷機)의 칼날 및 테이블의 상태

참고 산업안전산업기사 필기 p.3-54(표. 작업 시작 전 기계·기구 및 점검내용)

KEY
① 2015년 8월 16일(문제 55번) 출제
② 2023년 7월 8일(문제 41번) 출제

합격정보
산업안전보건기준에 관한 규칙 [별표 3] 작업시작 전 점검사항

56 왕복운동을 하는 기계의 동작부분과 고정부분 사이에 형성되는 위험점으로 프레스, 전단기 등에서 주로 나타나는 곳은?

① 끼임점
② 절단점
③ 협착점
④ 접선 물림점

해설

협착점(Squeeze-point)
왕복운동을 하는 동작부분과 움직임이 없는 고정부분 사이에서 형성되는 위험점

예 프레스기, 전단기, 성형기, 조형기, 굽힘기계(bending machine) 등

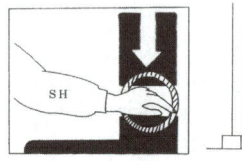

[그림] 협착점

참고 산업안전산업기사 필기 p.3-205(4. 위험점의 분류)

KEY
① 2006년 5월 14일(문제 55번) 출제
② 2017년 3월 5일, 5월 7일 출제
③ 2023년 7월 8일(문제 48번) 출제

57 산업안전보건기준에 의거하여 프레스 등의 금형을 부착, 해체 또는 조정작업 중 슬라이드가 갑자기 작동함으로써 발생하는 근로자의 위험을 방지하기 위하여 사업주가 설치해야 하는 것은?

① 안전블록
② 방호울
③ 시건장치
④ 게이트가드

해설

안전 블록(럭) : safety block
금형조정 위험방지장치 : 안전블록

참고 산업안전산업기사 필기 p.3-100(합격날개 : 합격예측 및 관련법규)

KEY
① 2007년 5월 13일(문제 57번) 출제
② 2022년 3월 2일(문제 51번) 출제

합격정보
산업안전보건기준에 관한 규칙 제104조(금형조정작업의 위험방지)

[**정답**] 54 ① 55 ① 56 ③ 57 ①

58 다음 중 지게차의 작업 상태별 안정도에 관한 설명으로 틀린 것은?(단, V는 최고속도[km/h]이다.)

① 기준 부하상태에서 하역작업 시의 전후 안정도는 20[%] 이내이다.
② 기준 부하상태에서 하역작업 시의 좌우 안정도는 6[%] 이내이다.
③ 기준 무부하상태에서 주행 시의 전후 안정도는 18[%] 이내이다.
④ 기준 무부하상태에서 주행 시의 좌우 안정도는 (15+1.1V)[%] 이내이다.

해설
지게차의 안정조건

안정도	지게차의 상태
· 하역작업시 전후 안정도 4[%] (5[t] 이상의 것은 3.5[%]) · 부하상태	
· 주행시의 전후 안정도 18[%] · 부하상태	위에서 본 모양
· 하역작업시의 좌우 안정도 6[%] · 부하상태	
· 주행시의 좌우 안정도(15+1.1V)[%] V:최고속도[km/hr] · 무부하상태	위에서 본 모양

안정도= $\dfrac{h}{l} \times 100[\%]$

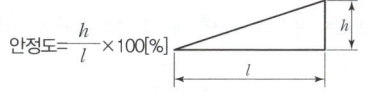

참고 산업안전산업기사 필기 p.3-139(표. 지게차의 안정조건)

KEY
① 2016년 5월 8일 산업기사 출제
② 2016년 8월 21일 산업기사 출제
③ 2017년 5월 7일(문제 46번) 출제
④ 2022년 4월 17일(문제 44번) 출제

합격정보
건설기계 안전기준에 관한 규칙 제22조(안정도)
① 지게차는 다음 각 호에 해당하는 지면에서 중심선이 지면의 기울어진 방향과 평행할 경우 앞이나 뒤로 넘어지지 아니하여야 한다.
　1. 지게차의 최대하중상태에서 쇠스랑을 가장 높이 올린 경우 기울기가 100분의 4(지게차의 최대하중이 5톤 이상인 경우에는 100분의 3.5)인 지면
　2. 지게차의 기준부하상태에서 주행할 경우 기울기가 100분의 18인 지면
② 지게차는 다음 각 호에 해당하는 지면에서 중심선이 지면의 기울어진 방향과 직각으로 교차할 경우 옆으로 넘어지지 아니하여야 한다.
　1. 지게차의 최대하중상태에서 쇠스랑을 가장 높이 올리고 마스트를 가장 뒤로 기울인 경우 기울기가 100분의 6인 지면
　2. 지게차의 기준무부하상태에서 주행할 경우 구배가 지게차의 최고주행속도에 1.1을 곱한 후 15를 더한 값인 지면. 다만, 규격이 5,000킬로그램 미만인 경우에는 최대 기울기가 100분의 50, 5,000킬로그램 이상인 경우에는 최대 기울기가 100분의 40인 지면을 말한다.

59 산업안전보건법령상 보일러의 안전한 가동을 위하여 보일러 규격에 맞는 압력방출장치가 2개 이상 설치된 경우에 최고사용압력 이하에서 1개가 작동되고, 다른 압력방출장치는 최고사용압력의 몇 배 이하에서 작동되도록 부착하여야 하는가?

① 1.03배　② 1.05배
③ 1.2배　④ 1.5배

해설
압력방출 장치
① 보일러 규격에 적합한 압력방출장치를 최고사용압력 이하에서 작동하도록 1개 또는 2개 이상 설치
② 2개 이상 설치된 경우 최고사용압력 이하에서 1개가 작동되고, 다른압력방출장치는 최고사용압력 1.05배 이하에서 작동되도록 부착
③ 1년에 1회 이상 토출압력시험 후 납으로 봉인(공정안전관리 이행수준 평가결과가 우수한 사업장은 4년에 1회 이상 토출압력 시험 실시)
④ 종류 : 스프링식, 중추식, 지렛대식(일반적으로 스프링식 안전밸브를 많이 사용)

[정답] 58 ①　59 ②

[그림] 압력방출장치(안전밸브)

참고 산업안전산업기사 필기 p.3-124(3. 방호장치의 종류)

KEY
① 2016년 8월 21일 기사 출제
② 2017년 8월 16일 기사 출제
③ 2018년 4월 28일 기사 출제
④ 2019년 3월 3일 기사 출제
⑤ 2020년 9월 27일 기사 출제
⑥ 2021년 5월 15일(문제 46번) 출제
⑦ 2022년 4월 17일(문제 45번) 출제

합격정보
산업안전보건기준에 관한 규칙 제116조(압력방출장치)

60 다음 중 드릴작업의 안전수칙으로 가장 적합한 것은?

① 손을 보호하기 위하여 장갑을 착용한다.
② 작은 일감은 양손으로 견고히 잡고 작업한다.
③ 정확한 작업을 위하여 구멍에 손을 넣어 확인한다.
④ 작업시작 전 척 렌치(chuck wrench)를 반드시 뺀다.

해설
드릴작업 안전수칙
① 기계 작동 중 구멍에 손을 넣으면 위험하다.
② 작은 일감은 바이스, 클램프 등으로 고정하고 작업한다.
③ 회전기계에는 장갑 착용을 금지한다.

참고 산업안전기사 필기 p.3-92(3. 드릴 작업시 안전대책)

KEY
① 2020년 6월 14일 산업기사 등 10회 이상 출제
② 2023년 6월 4일(문제 50번) 출제

4 전기 및 화학설비 안전관리

61 근로자가 활선작업용 기구를 사용하여 작업할 경우 근로자의 신체 등과 충전전로 사이의 선간전압별 접근한계거리가 틀린 것은?

① 15[kV] 초과 37[kV] 이하 : 80[cm]
② 37[kV] 초과 88[kV] 이하 : 110[cm]
③ 121[kV] 초과 145[kV] 이하 : 150[cm]
④ 242[kV] 초과 362[kV] 이하 : 380[cm]

해설
충전전로 접근 한계 거리

충전전로의 선간전압 (단위 : [kV])	충전전로에 대한 접근 한계거리 (단위 : [cm])
0.3 이하	접촉금지
0.3 초과 0.75 이하	30
0.75 초과 2 이하	45
2 초과 15 이하	60
15 초과 37 이하	90
37 초과 88 이하	110
88 초과 121 이하	130
121 초과 145 이하	150
145 초과 169 이하	170
169 초과 242 이하	230
242 초과 362 이하	380
362 초과 550 이하	550
550초과 800 이하	790

참고 산업안전산업기사 필기 p.4-88(문제 32번) 적중

KEY
① 2016년 5월 8일 기사 출제
② 2018년 3월 4일 기사 출제
③ 2023년 3월 5일 기사 등 10회 이상 출제
④ 2023년 3월 1일(문제 63번) 출제

합격정보
산업안전보건기준에 관한 규칙 제321조(충전전로에서의 전기작업)

62 송전선의 경우 복도체 방식으로 송전하는데 이는 어떤 방전 손실을 줄이기 위한 것인가?

① 코로나방전　② 평등방전
③ 불꽃방전　　④ 자기방전

【정답】 60 ④　61 ①　62 ①

> **해설**

코로나방전(Corona Discharge)
① 국부적으로 전계가 집중되기 쉬운 돌기상 부분에서는 발광방전에 도달하기 전에 먼저 지속방전이 발생하고, 다른 부분은 절연이 파괴되지 않은 상태의 방전이며 국부파괴(Partial Breakdown) 상태이다.
② 공기중 O_3 발생

> 참고 산업안전산업기사 필기 p.4-34(3. 방전의 형태 및 영향)

> KEY
> ① 2016년 5월 8일 기사·산업기사 동시 출제
> ② 2017년 3월 5일 기사·산업기사 동시 출제
> ③ 2023년 2월 28일 기사 출제
> ④ 2023년 3월 1일(문제 67번) 출제

63 인체가 전격을 당했을 경우 통전시간이 1초라면 심실세동을 일으키는 전류값[mA]은?(단, 심실세동 전류값은 Dalziel의 관계식을 이용한다.)

① 100 ② 165
③ 180 ④ 215

> **해설**

심실세동(치사)전류

전격의 영향	통전전류(값)
심근의 미세한 진동으로 혈액을 송출하는 펌프의 기능이 장애를 받는 현상을 심실세동이라 하며 이때의 전류	$I = \dfrac{165}{\sqrt{T}}[\text{mA}]$ I : 심실세동전류[mA] T : 통전시간(s)

> 참고 산업안전산업기사 필기 p.4-17(3. 통전전류에 따른 인체의 영향)

> KEY
> ① 2013년 8월 18일 문제 68번 출제
> ② 2015년 3월 8일 기사 출제
> ③ 2017년 3월 5일, 5월 7일기사 출제
> ④ 2018년 4월 28일 기사 출제
> ⑤ 2023년 3월 1일(문제 67번) 출제
> ⑥ 2023년 6월 4일 기사 출제
> ⑦ 2024년 5월 14일 기사 출제

64 배관용 부품에 있어 사용되는 용도가 다른 것은?

① 엘보(elbow)   ② 티이(T)
③ 크로스(cross) ④ 밸브(valve)

> **해설**

배관부품용도

용도	종류
두 개의 관을 연결할 때	플랜지, 유니언, 커플링, 니플, 소켓
관로의 방향을 바꿀 때	엘보, Y지관, 티, 십자
관로의 크기를 바꿀 때	축소관, 부싱
가지관을 설치할 때	티(T), Y지관, 십자
유로를 차단할 때	플러그, 캡, 밸브
유량 조절	밸브

> 참고 산업안전산업기사 필기 p.4-152(합격날개 : 합격예측)

> KEY
> ① 2023년 2월 28일 기사 등 10회 이상 출제
> ② 2023년 3월 1일(문제 78번) 출제

65 일반적인 방전형태의 종류가 아닌 것은?

① 스트리머(streamer)방전
② 적외선(infrared-ray)방전
③ 코로나(corona)방전
④ 연면(surface)방전

> **해설**

방전(discharge) 형태의 종류
① 코로나(corona)방전
② 스트리머(streamer)방전
③ 스파크(spark)방전
④ 연면(surface)방전
⑤ 브러시(brush)방전

> 참고 산업안전산업기사 필기 p.4-34(3. 방전의 형태 및 영향)

> KEY
> ① 2016년 5월 8일(문제 68번) 출제
> ② 2023년 5월 13일(문제 66번) 출제

66 다음 중 폭발하한농도(vol%)가 가장 높은 것은?

① 일산화탄소   ② 아세틸렌
③ 디에틸에테르 ④ 아세톤

[정답] 63 ② 64 ④ 65 ② 66 ①

해설
주요 인화성 가스의 폭발범위

인화성 가스	폭발하한 값(%)	폭발상한 값(%)
아세틸렌(C_2H_2)	2.5	81
산화에틸렌(C_2H_4O)	3	80
수소(H_2)	4	75
일산화탄소(CO)	12.5	74
프로판(C_3H_8)	2.1	9.5
에탄(C_2H_6)	3	12.5
메탄(CH_4)	5	15
부탄(C_4H_{10})	1.8	8.4

참고 산업안전산업기사 필기 p.4-153(표1. 공기중의 폭발한계)

KEY
① 2017년 3월 5일 산업기사 출제
② 2020년 8월 23일(문제 76번) 출제
③ 2023년 5월 13일(문제 72번) 등 5회 이상 출제

---

67 산업안전보건법령상 방폭전기설비의 위험장소 분류에 있어 보통 상태에서 위험 분위기를 발생할 염려가 있는 장소로서 폭발성 가스가 보통상태에서 집적되어 위험농도로 될 염려가 있는 장소를 몇 종 장소라 하는가?

① 0종 장소　② 1종 장소
③ 2종 장소　④ 3종 장소

해설
위험장소의 구분
① 0종 장소 : 장치 및 기기들이 정상 가동되는 경우에 폭발성 가스가 항상 존재하는 장소이다.
② 1종 장소 : 장치 및 기기들이 정상 가동 상태에서 폭발성 가스가 가끔 누출되어 위험 분위기가 존재하는 장소이다.
③ 2종 장소 : 작업자의 조작상 실수나 이상운전으로 폭발성 가스가 누출되거나 유출된 가스가 체류하여 폭발을 일으킬 우려가 있는 장소이다.

참고 산업안전산업기사 필기 p.4-52(3. 가스폭발 위험장소)

KEY
① 2015년 8월 16일(문제 61번) 출제
② 2023년 7월 8일(문제 67번) 출제

---

68 다음은 산업안전보건법령에 따른 위험물질의 종류 중 부식성 염기류에 관한 내용이다. ( )안에 알맞은 수치는?

> 농도가 ( )[%] 이상인 수산화나트륨, 수산화칼륨, 그 밖에 이와 같은 정도 이상의 부식성을 가지는 염기류

① 20　② 40
③ 60　④ 80

해설
부식성 물질
① 부식성 산류
　㉮ 농도가 20[%] 이상인 염산, 황산, 질산, 기타 이와 동등 이상의 부식성을 지니는 물질
　㉯ 농도가 60[%] 이상인 인산, 아세트산, 플루오르산, 기타 이와 동등 이상의 부식성을 가지는 물질
② 부식성 염기류 : 농도가 40[%] 이상인 수산화나트륨, 수산화칼슘, 기타 이와 동등 이상의 부식성을 가지는 염기류

참고 산업안전산업기사 필기 p.4-130(7. 부식성 물질)

KEY
① 2016년 3월 6일 출제
② 2017년 8월 26일 기사·산업기사 동시출제
③ 2023년 7월 8일(문제 80번) 출제
④ 2024년 5월 14일 기사 출제

합격정보
산업안전보건기준에 관한 규칙 [별표 1] 위험물질의 종류

---

69 정전기 제거방법으로 가장 거리가 먼 것은?

① 설비 주위를 가습한다.
② 설비의 금속 부분을 접지한다.
③ 설비의 주변에 적외선을 조사한다.
④ 정전기 발생 방지 도장을 실시한다.

[정답] 67 ②　68 ②　69 ③

해설
정전기 제거 방법

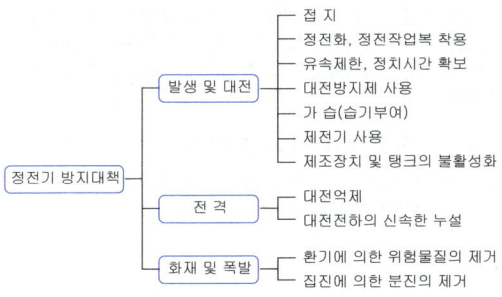

[그림] 정전기 제거 방법

참고 산업안전산업기사 필기 p.4-36(그림. 정전기 방지대책)

KEY
① 2021년 3월 2일(문제 66번) 출제
② 2022년 3월 5일 기사 출제
③ 2022년 3월 2일(문제 63번) 출제

---

70 사람이 접촉될 우려가 있는 장소에서 접지공사의 접지선을 시설할 때 접지극의 최소 매설깊이는?

① 지하 30[cm] 이상 ② 지하 50[cm] 이상
③ 지하 75[cm] 이상 ④ 지하 90[cm] 이상

해설
접지극은 지하 75[cm] 이상 깊이에 매설할 것(이유 : 접촉전압 감소)

참고 산업안전산업기사 필기 p.4-36(2. 접지)

KEY
① 2016년 8월 21일 기사 출제
② 2017년 8월 26일 출제
③ 2019년 8월 4일(문제 64번) 출제
④ 2022년 3월 2일(문제 70번) 출제
⑤ 2022년 3월 5일 기사 출제

---

71 정전기 발생에 영향을 주는 요인에 대한 설명으로 틀린 것은?

① 물체의 분리속도가 빠를수록 발생량은 적어진다.
② 접촉면적이 크고 접촉압력이 높을수록 발생량이 많아진다.
③ 물체 표면이 수분이나 기름으로 오염되면 산화 및 부식에 의해 발생량이 많아진다.
④ 정전기의 발생은 처음 접촉, 분리할 때가 최대로 되고 접촉, 분리가 반복됨에 따라 발생량은 감소한다.

해설
정전기 분리속도
① 분리속도가 빠르면 정전기의 발생량이 커(많아)진다.
② 전하의 완화시간이 길면 전하분리 Energy도 커져서 발생량이 증가한다.

참고 산업안전산업기사 필기 p.4-32((4) 정전기 분리속도)

KEY
① 2016년 8월 21일 출제
② 2017년 3월 5일, 5월 7일(문제 73번) 출제
③ 2022년 4월 17일(문제 67번) 출제

---

72 피뢰기로서 갖추어야 할 성능 중 틀린 것은?

① 충격 방전 개시전압이 낮을 것
② 뇌전류의 방전 능력이 클 것
③ 제한 전압이 높을 것
④ 속류 차단을 확실하게 할 수 있을 것

해설
피뢰기의 성능
① 충격방전 개시전압이 낮을 것
② 제한전압이 낮을 것
③ 반복동작이 가능할 것
④ 구조가 견고하고 특성이 변화하지 않을 것
⑤ 점검, 보수가 간단할 것
⑥ 뇌전류에 대한 방전능력이 클 것
⑦ 속류의 차단이 확실할 것(정격전압 : 실효값)

참고 산업안전산업기사 필기 p.4-57((1) 피뢰기의 성능)

KEY
① 2016년 8월 21일 기사 출제
② 2018년 8월 19일 기사 출제
③ 2019년 8월 4일(문제 80번) 출제
④ 2022년 4월 17일(문제 69번) 출제

[정답] 70 ③ 71 ① 72 ③

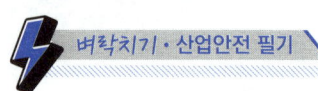

73 산업안전보건법에서 정한 위험물질을 기준량 이상 제조하거나 취급하는 화학설비로서 내부의 이상 상태를 조기에 파악하기 위하여 필요한 온도계·유량계·압력계 등의 계측장치를 설치하여야 하는 대상이 아닌 것은?

① 가열로 또는 가열기
② 증류·정류·증발·추출 등 분리를 하는 장치
③ 반응폭주 등 이상 화학반응에 의하여 위험물질이 발생할 우려가 있는 설비
④ 흡열반응이 일어나는 반응장치

해설

특수화학설비의 종류
사업주는 위험물을 같은 표에서 정한 기준량 이상으로 제조하거나 취급하는 다음 각 호의 어느 하나에 해당하는 화학설비(이하"특수화학설비"라 한다)를 설치하는 경우에는 내부의 이상 상태를 조기에 파악하기 위하여 필요한 온도계·유량계·압력계 등의 계측장치를 설치하여야 한다.
① 발열반응이 일어나는 반응장치
② 증류·정류·증발·추출 등 분리를 하는 장치
③ 가열시켜 주는 물질의 온도가 가열되는 위험물질의 분해온도 또는 발화점보다 높은 상태에서 운전되는 설비
④ 반응폭주 등 이상 화학반응에 의하여 위험물질이 발생할 우려가 있는 설비
⑤ 온도가 섭씨 350도 이상이거나 게이지 입력이 980킬로파스칼 이상인 상태에서 운전되는 설비
⑥ 가열로 또는 가열기

참고 산업안전산업기사 필기 p.4-111(합격날개 : 합격예측 및 관련법규)

KEY ① 2017년 8월 28일 출제
② 2018년 3월 4일(문제 87번), 4월 28일 기사 출제
③ 2021년 3월 7일(문제 96번), 5월 15일(문제 81번) 출제
④ 2022년 4월 17일(문제 71번) 출제

합격정보
산업안전보건기준에 관한 규칙 제273조(계측장치 등의 설치)

74 다음 중 폭발 방호 대책과 가장 거리가 먼 것은?

① 불활성화   ② 억제
③ 방산   ④ 봉쇄

해설

퍼지(불활성화 : purge)
연소되지 않은 가스가 노 안에 또는 기타 장소에 차 있으면 점화를 했을 때 폭발할 우려가 있으므로 점화시키기 전에 이것을 노 밖으로 배출하기 위하여 환기시키는 것을 퍼지라고 한다.(화재방호대책)

참고 산업안전산업기사 필기 p.4-114(4. 퍼지)

KEY ① 2022년 4월 24일 기사(문제 82번) 출제
② 2022년 4월 17일(문제 75번) 출제

75 다음 중 방폭구조의 종류가 아닌 것은?

① 본질안전 방폭구조
② 고압 방폭구조
③ 압력 방폭구조
④ 내압 방폭구조

해설

주요 국가 방폭구조의 기호

방폭구조 나라명	내압	유입	압력	안전증	본질 안전	특수	사입
한국	d	o	p	e	i	s	—
영국	FLT				ELP		
독일	Exd	Exo	Exf	Exe	Exi	Exs	Exq
오스트리아	Exd	Exo		Exe	Exi	Exs	Exq
프랑스	—	—	—	—	—	—	—
이태리	Exd	Exo	Exp	Exe	Exi		Exq
스위스	Exd	Exo	Exf	Exe		Exs	
스웨덴	Xt	Xo	Xy	Xh	Xi	Xs	

참고 산업안전산업기사 필기 p.4-53((3) 방폭구조의 종류 및 특징)

KEY ① 2016년 5월 8일 출제
② 2016년 8월 21일 출제 기사·산업기사 동시 출제
③ 2017년 3월 5일 출제
④ 2018년 3월 4일 산업기사 출제
⑤ 2022년 7월 2일(문제 65번) 출제
⑥ 2024년 5월 14일 기사 출제

[정답] 73 ④   74 ①   75 ②

76. 인체가 현저히 젖어 있거나 인체의 일부가 금속성의 전기기구 또는 구조물에 상시 접촉되어 있는 상태의 허용접촉전압(V)는?

① 2.5[V] 이하
② 25[V] 이하
③ 50[V] 이하
④ 제한 없음

해설

종별허용접촉전압

종별	접촉 상태	허용접촉전압[V]
제1종	• 인체의 대부분이 수중에 있는 상태	2.5 이하
제2종	• 인체가 많이 젖어 있는 상태 • 금속제 전기기계장치나 구조물에 인체의 일부가 상시 접촉되어 있는 상태	25 이하
제3종	• 제1종, 제2종 이외의 경우로서 통상적인 인체 상태에 있어서 접촉전압이 가해지면 위험성이 높은 상태	50 이하
제4종	• 제1종, 제2종 이외의 경우로서 통상적인 인체 상태에 있어서 접촉전압이 가해져도 위험성이 낮은 상태 • 접촉전압이 가해질 우려가 없는 경우	무제한

참고 산업안전산업기사 필기 p.4-20(표. 종별허용접촉전압)

KEY
① 2016년 3월 6일 산업기사 출제
② 2016년 8월 21일 산업기사 출제
③ 2017년 5월 7일 기사·산업기사 동시 출제
④ 2018년 3월 4일 기사 출제
⑤ 2019년 4월 27일 기사·산업기사 동시 출제
⑥ 2021년 3월 2일(문제 63번) 출제
⑦ 2024년 5월 14일 기사 출제

77. 전기화재의 발생원인이 아닌 것은?

① 합선
② 절연저항
③ 과전류
④ 누전 또는 지락

해설

경로별 발생(원인별) 화재
① 단락(합선) : 25[%]
② 전기스파크 : 24[%]
③ 누전 : 15[%]
④ 접촉부의 과열 : 12[%]
⑤ 접촉불량
⑥ 정전기

참고 산업안전산업기사 필기 p.4-72(1. 화재 및 폭발의 원인)

KEY
① 2021년 3월 2일 CBT 출제
② 2021년 5월 9일(문제 64번) 출제
③ 2024년 2월 15일(문제 80번) 출제

78. 전기기계·기구에 대하여 누전에 의한 감전위험을 방지하기 위하여 누전차단기를 전기기계·기구에 접속할 때 준수하여야 할 사항으로 옳은 것은?

① 누전차단기는 정격감도전류가 60[mA] 이하이고 작동시간은 0.1초 이내일 것
② 누전차단기는 정격감도전류가 50[mA] 이하이고 작동시간은 0.08초 이내일 것
③ 누전차단기는 정격감도전류가 40[mA] 이하이고 작동시간은 0.06초 이내일 것
④ 누전차단기는 정격감도전류가 30[mA] 이하이고 작동시간은 0.03초 이내일 것

해설

누전차단기 설치기준[KSC4613]
① 정격감도 : 30[mA] 이하
② 작동시간 : 0.03초 이내

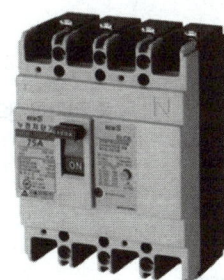

제품명 : 산업용 누전차단기 SBE-104Ca(75A)
극수및소자수 : 4P4E
정격전압 : AC 220V / 460V / 415V / 380V
정격전류 : 75A
동작시간 : 0.1초 이내
인증기관 : KSC 4613 제11675호
동작방식 : 전류 동작형
정격감도전류 : 100mA
정격부동작전류 : 50mA
정격차단전류 : 25kA(220V) / 14kA(460V) 14kA(415V) / 14kA(380V)

[그림] 누전차단기

참고 산업안전산업기사 필기 p.4-5(1. 누전차단기의 종류)

KEY
① 2016년 3월 6일 출제
② 2017년 5월 7일 기사 출제
③ 2017년 8월 26일 기사 출제
④ 2018년 3월 4일 기사·산업기사 동시 출제
⑤ 2021년 5월 9일(문제 67번) 출제
⑥ 2024년 5월 11일 기사 필답형 출제
⑦ 2024년 5월 14일 기사 출제

합격정보
산업안전보건기준에 관한 규칙 제304조(누전차단기에 의한 감전방지)

[정답] 76 ② 77 ② 78 ④

79 다음 중 가연성가스가 아닌 것은?

① 이산화탄소 ② 수소
③ 메탄 ④ 아세틸렌

해설

가연(인화)성 가스의 종류
① 수소   ② 아세틸렌
③ 에틸렌 ④ 메탄
⑤ 에탄   ⑥ 프로판
⑦ 부탄   ⑧ 영 별표 10에 따른 인화(가연)성 가스

참고 산업안전산업기사 필기 p.4-130(인화성 가스)

KEY
① 2017년 8월 26일 기사 출제
② 2019년 3월 3일 기사·산업기사 동시 출제
③ 2021년 5월 9일(문제 72번) 출제

합격정보
산업안전보건기준에 관한 규칙 [별표1] 위험물질의 종류

보충학습
CO_2 : 불연성가스

80 다음 중 전기화재의 주요 원인이라고 할 수 없는 것은?

① 절연전선의 열화   ② 정전기 발생
③ 과전류 발생   ④ 절연저항값의 증가

해설

전기화재의 경로별발생(원인별)
① 단락(합선) : 25[%]
② 전기스파크 : 24[%]
③ 누전 : 15[%]
④ 접촉부의 과열 : 12[%]
⑤ 접촉불량
⑥ 정전기

참고 산업안전기사 필기 p.4-71(2.경로별 발생)

합격팁
(1) 화재의 3요건
　① 산소
　② 발화원
　③ 착화물
(2) 전기화재
　① 전기가 원인이 되어 일어나는 화재
　② 전기화재는 광범위한 손실을 초래

KEY
① 2016년 5월 8일 기사 출제
② 2018년 9월 28일, 8월 19일 기사 출제
③ 2021년 5월 15일 기사(문제 71번) 출제
④ 2024년 2월 15일(문제 77번) 출제

5 건설공사 안전관리

81 작업통로 경사로의 경사각이 30[°]일 때 미끄럼막이 간격으로 옳은 것은?

① 30[cm] ② 33[cm]
③ 35[cm] ④ 37[cm]

해설

미끄럼막이 간격

경사각	미끄럼막이 간격	경사각	미끄럼막이 간격
30[°]	30[cm]	22[°]	40[cm]
29[°]	33[cm]	19°20[′]	43[cm]
27[°]	35[cm]	17[°]	45[cm]
24[°]15[′]	37[cm]	14[°] 초과	47[cm]

참고 산업안전산업기사 필기 p.5-99(표. 미끄럼막이 간격)

82 철골작업을 중지하여야 하는 풍속과 강우량 기준으로 옳은 것은?

① 풍속 : 10[m/sec] 이상, 강우량 : 1[mm/h] 이상
② 풍속 : 5[m/sec] 이상, 강우량 : 1[mm/h] 이상
③ 풍속 : 10[m/sec] 이상, 강우량 : 2[mm/h] 이상
④ 풍속 : 5[m/sec] 이상, 강우량 : 2[mm/h] 이상

해설

작업중지기준

구분	일반 작업	철골 공사
강풍	10분간 평균풍속이 10[m/sec] 이상	평균풍속이 10[m/sec] 이상
강우	1회 강우량이 50[mm] 이상	1시간당 강우량이 1[mm] 이상
강설	1회 강설량이 25[cm] 이상	1시간당 강설량이 1[cm] 이상

[정답] 79 ① 80 ④ 81 ① 82 ①

| 참고 | 산업안전산업기사 필기 p.5-148(표. 악천후 시 작업 중지 기준) |

KEY
① 2016년 5월 8일 기사·산업기사 동시 출제
② 2016년 10월 1일 산업기사 출제
③ 2017년 5월 7일 기사 출제
④ 2017년 9월 23일 산업기사 출제
⑤ 2023년 2월 28일 기사 등 10회 이상 출제
⑥ 2023년 3월 1일(문제 89번) 출제
⑦ 2024년 5월 14일 기사 출제

합격정보
산업안전보건기준에 관한 규칙 제383조(작업의 제한)

| 참고 | 산업안전산업기사 필기 p.5-56(표. 굴착면의 기울기 기준) |

KEY
① 2016년 5월 8일 기사·산업기사 동시 출제
② 2017년 3월 5일 기사 출제
③ 2017년 9월 23일 기사 출제
④ 2018년 8월 19일 산업기사 출제
⑤ 2019년 4월 27일 기사·산업기사 동시 출제
⑥ 2023년 2월 28일 기사 출제
⑦ 2023년 3월 1일(문제 94번) 출제
⑧ 2024년 5월 14일 기사 출제

합격정보
산업안전보건기준에 관한 규칙 [별표 11] 굴착면의 기울기 기준

83 다음 그림은 풍화암에서 토사붕괴를 예방하기 위한 기울기를 나타낸 것이다. x의 값은?

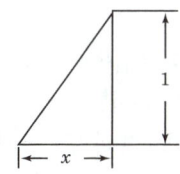

① 1.0
② 0.8
③ 0.5
④ 0.3

해설
굴착면의 기울기 기준

지반의 종류	굴착면의 기울기
모래	1 : 1.8
연암 및 풍화암	1 : 1.0
경암	1 : 0.5
그 밖의 흙	1 : 1.2

예 ① 1 : 1.8   ② 1 : 1

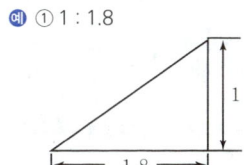   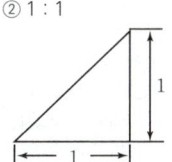

③ 1 : 1.2

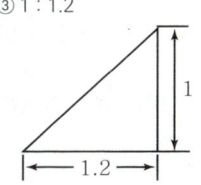

84 흙막이지보공을 설치하였을 때 정기적으로 점검하고 이상을 발견하면 즉시 보수하여야 하는 사항으로 거리가 먼 것은?

① 부재의 손상 변형, 부식, 변위 및 탈락의 유무와 상태
② 부재의 접속부, 부착부 및 교차부의 상태
③ 침하의 정도
④ 발판의 지지 상태

해설
흙막이지보공 정기점검사항
① 부재의 손상·변형·부식·변위 및 탈락의 유무와 상태
② 버팀대의 긴압의 정도
③ 부재의 접속부·부착부 및 교차부의 상태
④ 침하의 정도

| 참고 | 산업안전산업기사 필기 p.5-106(합격날개 : 합격예측 및 관련 법규) |

KEY
① 2017년 3월 5일 기사 출제
② 2017년 9월 23일 기사 출제
③ 2019년 3월 3일 기사·산업기사 동시 출제
④ 2023년 2월 28일 기사 출제
⑤ 2023년 3월 1일(문제 95번) 출제

합격정보
산업안전보건기준에 관한 규칙 제347조(붕괴등의 위험방지)

[정답] 83 ① 84 ④

85 다음은 지붕 위에서의 위험방지를 위한 내용이다. 빈칸에 알맞은 수치로 옳은 것은?

> 슬레이트, 선라이트(sunlight)등 강도가 약한 재료로 덮은 지붕 위에서 작업을 할 때에 발이 빠지는 등 근로자가 위험해질 우려가 있는 경우 폭 (   ) 이상의 발판을 설치하거나 안전방망을 치는 등 위험을 방지하기 위하여 필요한 조치를 하여야 한다.

① 20[cm] ② 25[cm]
③ 30[cm] ④ 40[cm]

해설
슬레이트 및 선라이트 작업시 작업발판 폭 : 30[cm]이상

참고 산업안전산업기사 필기 p.5-149(합격날개 : 합격예측 및 관련 법규)

KEY ① 2019년 4월 27일 산업기사 등 5회 이상 출제
② 2023년 3월 1일(문제 96번) 출제

합격정보
산업안전보건기준에 관한 규칙 제45조(지붕 위에서의 위험 방지)

보충학습
사업주는 슬레이트, 선라이트(sunlight) 등 강도가 약한 재료로 덮은 지붕 위에서 작업을 할 때에 발이 빠지는 등 근로자가 위험해질 우려가 있는 경우 폭 30[cm] 이상의 발판을 설치하거나 안전방망을 치는 등 위험을 방지하기 위하여 필요한 조치를 하여야 한다.

86 달비계(곤돌라의 달비계는 제외)의 최대 적재하중을 정하는 경우 달기와이어로프 및 달기강선의 안전계수 기준으로 옳은 것은?

① 5 이상 ② 7 이상
③ 8 이상 ④ 10 이상

해설
안전계수
① 달기와이어로프 및 달기강선의 안전계수는 10 이상
② 달기체인 및 달기훅의 안전계수는 5 이상
③ 달기강대와 달비계의 하부 및 상부지점의 안전계수는 강재의 경우 2.5 이상, 목재의 경우 5 이상

참고 산업안전산업기사 필기 p.5-91(합격날개 : 합격예측 및 관련법규)

KEY ① 2016년 10월 1일 산업기사 출제
② 2018년 3월 4일 기사·산업기사 동시 출제 등 10회 이상 출제
③ 2023년 3월 1일(문제 99번) 출제

합격정보
① 산업안전보건기준에 관한 규칙 제55조(작업발판의 최대적재량)
② 2024. 6. 28 법개정으로 안전계수가 삭제되었습니다.

87 콘크리트 타설작업을 하는 경우에 준수해야 할 사항으로 옳지 않은 것은?

① 당일의 작업을 시작하기 전에 해당 작업에 관한 거푸집동바리 등의 변형·변위 및 지반의 침하 유무 등을 점검하고 이상이 있으면 보수할 것
② 작업 중에는 거푸집동바리 등의 변형·변위 및 침하 유무 등을 감시할 수 있는 감시자를 배치하여 이상이 있으면 작업을 중지하고 근로자를 대피시킬 것
③ 설계도서상의 콘크리트 양생기간을 준수하여 거푸집동바리등을 해체할 것
④ 콘크리트를 타설하는 경우에는 편심을 유발하여 한쪽 부분부터 밀실하게 타설되도록 유도할 것

해설
콘크리트 타설작업시 준수사항
① 당일의 작업을 시작하기 전에 해당 작업에 관한 거푸집동바리 등의 변형·변위 및 지반의 침하유무 등을 점검하고 이상이 있으면 보수할 것
② 작업중에는 거푸집동바리 등의 변형·변위 및 침하유무 등을 감시할 수 있는 감시자를 배치하여 이상이 있으면 작업을 중지시키고 근로자를 대피시킬 것
③ 콘크리트의 타설작업시 거푸집붕괴의 위험이 발생할 우려가 있는 경우에는 충분한 보강조치를 할 것
④ 설계도서상의 콘크리트 양생기간을 준수하여 거푸집동바리 등을 해체할 것
⑤ 콘크리트를 타설하는 경우에는 편심이 발생하지 않도록 골고루 분산하여 타설할 것

참고 산업안전산업기사 필기 p.5-91(합격날개 : 합격예측 및 관련법규)

[정답] 85 ③ 86 ④ 87 ④

KEY
① 2016년 5월 8일 기사 출제
② 2016년 10월 1일 출제
③ 2021년 8월 14일 기사 출제
④ 2023년 3월 1일(문제 100번) 출제

합격정보
산업안전보건기준에 관한규칙 제334조(콘크리트 타설작업)

88 연약지반을 굴착할 때, 흙막이벽 뒤쪽 흙의 중량이 바닥의 지지력보다 커지면, 굴착저면에서 흙이 부풀어 오르는 현상은?

① 슬라이딩(Sliding) ② 보일링(Boiling)
③ 파이핑(Piping) ④ 히빙(Heaving)

해설
히빙(Heaving) 현상
연약성 점토지반 굴착시 굴착외측 흙의 중량에 의해 굴착저면의 흙이 활동 전단 파괴되어 굴착내측으로 부풀어 오르는 현상

참고 산업안전산업기사 필기 p.5-6(합격날개 : 합격예측)

KEY
① 2016년 10월 1일 기사출제
② 2023년 5월 13일(문제 81번) 등 5회 이상 출제

89 말비계에 설치되는 작업발판의 폭에 대한 기준으로 옳은 것은?

① 20[cm] 이상 ② 40[cm] 이상
③ 60[cm] 이상 ④ 80[cm] 이상

해설
말비계 작업발판 폭 : 40[cm] 이상

참고 산업안전산업기사 필기 p.5-103(합격날개 : 합격예측)

KEY 2023년 5월 13일(문제 83번) 등 5회 이상 출제

보충학습
말비계
말비계를 조립하여 사용할 경우에는 다음 각호의 사항을 준수하여야 한다.
① 지주부재의 하단에는 미끄럼 방지장치를 하고, 양측 끝부분에 올라서서 작업하지 않도록 할 것
② 지주부재와 수평면과의 기울기를 75[°] 이하로 하고, 지주부재와 지주부재 사이를 고정시키는 보조부재를 설치할 것
③ 말비계의 높이가 2[m]를 초과할 경우에는 작업발판의 폭을 40[cm] 이상으로 할 것

90 산업안전보건법령에 따른 중량물을 취급하는 작업을 하는 경우의 작업계획서 내용에 포함되지 않는 사항은?

① 추락위험을 예방할 수 있는 안전대책
② 낙하위험을 예방할 수 있는 안전대책
③ 전도위험을 예방할 수 있는 안전대책
④ 위험물 누출위험을 예방할 수 있는 안전대책

해설
중량물의 취급 작업
① 추락위험을 예방할 수 있는 안전대책
② 낙하위험을 예방할 수 있는 안전대책
③ 전도위험을 예방할 수 있는 안전대책
④ 협착위험을 예방할 수 있는 안전대책
⑤ 붕괴위험을 예방할 수 있는 안전대책

참고 산업안전산업기사 필기 p.5-192(11. 중량물 취급작업)

KEY
① 2018년 6월 30일 실기필답형 출제
② 2018년 4월 28일(문제 89번) 출제
③ 2023년 5월 13일(문제 85번) 등 5회 이상 출제

합격정보
산업안전보건기준에 관한 규칙 [별표 4] 사전조사 및 작업계획서 내용

91 추락재해 방호용 방망의 신품에 대한 인장강도는 얼마인가?(단, 그물코의 크기가 10[cm]이며, 매듭 없는 방망)

① 220[kg] ② 240[kg]
③ 260[kg] ④ 280[kg]

해설
방망사의 신품에 대한 인장강도

그물코의 크기 (단위 :[cm])	방망의 종류 (단위 : [kg])	
	매듭없는 방망	매듭 방망
10	240	200
5		110

참고 산업안전산업기사 필기 p.5-50(1. 방망사의 강도)

[정답] 88 ④ 89 ② 90 ④ 91 ②

KEY
① 2016년 5월 8일 기사 출제
② 2017년 3월 5일 기사 출제
③ 2017년 8월 26일 기사 등 5회 이상 출제
④ 2023년 5월 13일(문제 88번) 출제

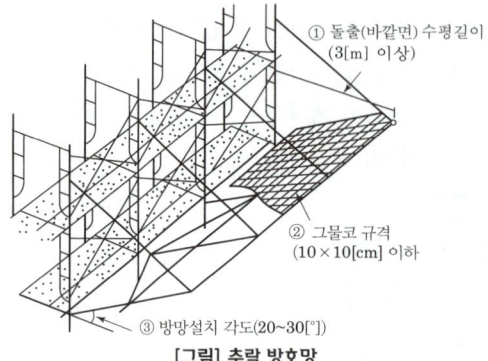

① 돌출(바깥면) 수평길이 (3[m] 이상)
② 그물코 규격 (10×10[cm] 이하)
③ 방망설치 각도(20~30[°])
[그림] 추락 방호망

92
건축공사에서 대상액이 5억원 이상 50억원 미만인 경우에 산업안전보건관리비의 비율(가) 및 기초액(나)으로 옳은 것은?

① (가) 2.28[%], (나) 4,325,000원
② (가) 1.99[%], (나) 5,499,000원
③ (가) 2.35[%], (나) 5,400,000원
④ (가) 1.57[%], (나) 4,411,000원

해설
공사종류 및 규모별 안전관리비 계상기준표
공사종류 및 규모별 안전관리비 계상기준표

구분 공사종류	대상액 5억원 미만	대상액 5억원 이상 50억원 미만		대상액 50억원 이상	영 별표5에 따른 보건관리자 선임대상 건설공사
		비율(X)	기초액(C)		
건축공사	3.11[%]	2.28[%]	4,325,000원	2.37[%]	2.64[%]
토목공사	3.15[%]	2.53[%]	3,300,000원	2.60[%]	2.73[%]
중건설공사	3.64[%]	3.05[%]	2,975,000원	3.11[%]	3.39[%]
특수건설공사	2.07[%]	1.59[%]	2,450,000원	1.64[%]	1.78[%]

참고 산업안전기사 필기 p.5-43(별표1. 공사종류 및 규모별 안전관리비 계상기준표)

KEY
① 2016년 3월 6일, 10월 1일 산업기사 출제
② 2017년 3월 5일, 8월 26일 출제
③ 2019년 3월 3일 출제
④ 2020년 6월 14일 출제
⑤ 2020년 8월 22일 기사(문제 106번) 출제
⑥ 2023년 7월 8일(문제 86번) 출제

합격정보
고시 2025-11호 건설업산업안전보건관리비 계상 및 사용기준 (개정 : 2025.2.12)

93
산업안전보건기준에 관한 규칙에 따라 계단 및 계단참을 설치하는 경우 매 [m²]당 최소 얼마 이상의 하중에 견딜 수 있는 강도를 가진 구조로 설치하여야 하는가?

① 500[kg] ② 600[kg]
③ 700[kg] ④ 800[kg]

해설
계단의 강도
계단 및 계단참은 500[kg/m²] 이상

KEY
① 2015년 8월 16일(문제 85번) 출제
② 2023년 7월 8일(문제 89번) 출제

합격정보
산업안전보건기준에 관한 규칙 제26조(계단의 강도)

94
터널공사 시 자동경보장치가 설치된 경우에 이 자동경보장치에 대하여 당일 작업시작 전 점검하고 이상을 발견하면 즉시 보수하여야 하는 사항이 아닌 것은?

① 계기의 이상 유무
② 검지부의 이상 유무
③ 경보장치의 작동 상태
④ 환기 또는 조명시설의 이상 유무

해설
터널건설작업시 자동경보장치 당일 작업시작전 점검사항 3가지
① 계기의 이상유무
② 검지부의 이상 유무
③ 경보장치의 작동상태

참고 산업안전산업기사 필기 p.5-108(합격날개 : 합격예측 및 관련법규)

KEY
① 2020년 8월 22일 기사(문제 102번) 출제
② 2023년 7월 8일(문제 93번) 출제

[정답] 92 ① 93 ① 94 ④

합격정보
산업안전보건기준에 관한 규칙 제350조(인화성가스의 농도측정 등)

95
달비계의 최대 적재하중을 정하는 경우 달기 와이어로프의 최대하중이 50[kg]일 때 안전계수에 의한 와이어로프의 절단하중은 얼마인가?

① 1,000[kg] ② 700[kg]
③ 500[kg]   ④ 300[kg]

해설
절단하중 = 최대하중 × 안전계수 = 50 × 10 = 500[kg]

참고 산업안전산업기사 필기 p.5-91(합격날개 : 합격예측 및 관련법규)

KEY
① 2016년 10월 1일 출제
② 2018년 3월 4일 기사·산업기사 동시 출제
③ 2023년 7월 8일(문제 94번) 출제

합격정보
산업안전보건기준에 관한 규칙 제55조(작업발판의 최대 적재 하중)

96
유해위험방지계획서 제출 시 첨부서류로 옳지 않은 것은?

① 공사현장의 주변 현황 및 주변과의 관계를 나타내는 도면
② 공사개요서
③ 전체공정표
④ 작업인부의 배치를 나타내는 도면 및 서류

해설
건설업 유해위험방지계획서 첨부서류
① 공사개요서
② 공사현장의 주변 현황 및 주변과의 관계를 나타내는 도면(매설물 현황을 포함한다)
③ 건설물, 사용 기계설비 등의 배치를 나타내는 도면
④ 전체 공정표
⑤ 산업안전보건관리비 사용계획
⑥ 안전관리 조직표
⑦ 재해 발생 위험 시 연락 및 대피방법

참고 산업안전산업기사 필기 p.5-21(4. 제출시 첨부서류)

KEY
① 2016년 3월 6일 기사(문제 113번) 출제
② 2017년 3월 5일 기사문제 105번) 출제
③ 2020년 9월 27일 기사(문제 119번) 출제
④ 2022년 3월 2일(문제 81번) 출제

합격정보
산업안전보건법 시행규칙 [별표 10] 유해위험방지계획서 첨부서류

97
거푸집 해체작업 시 유의사항으로 옳지 않은 것은?

① 일반적으로 수평부재의 거푸집은 연직부재의 거푸집보다 빨리 떼어낸다.
② 해체된 거푸집이나 각목 등에 박혀있는 못 또는 날카로운 돌출물은 즉시 제거하여야 한다.
③ 상하 동시 작업은 원칙적으로 금지하여 부득이한 경우에는 긴밀히 연락을 위하며 작업을 하여야 한다.
④ 거푸집 해체작업장 주위에는 관계자를 제외하고는 출입을 금지시켜야 한다.

해설
거푸집 해체 순서
① 거푸집은 일반적으로 연직부재를 먼저 떼어낸다.
② 이유 : 하중을 받지 않기 때문

참고 산업안전산업기사 필기 p.5-114(7. 거푸집의 해체 시 안전수칙)

KEY
① 2017년 5월 7일 산업기사 출제
② 2017년 8월 26일 산업기사 출제
③ 2019년 4월 27일 기사(문제 102번) 출제
④ 2022년 3월 2일(문제 87번) 출제

[정답] 95 ③ 96 ④ 97 ①

98 취급·운반의 원칙으로 옳지 않은 것은?

① 운반 작업을 집중하여 시킬 것
② 생산을 최고로 하는 운반을 생각할 것
③ 곡선 운반을 할 것
④ 연속 운반을 할 것

해설

취급, 운반의 5원칙
① 직선운반을 할 것
② 연속운반을 할 것
③ 운반작업을 집중화시킬 것
④ 생산을 최고로 하는 운반을 생각할 것
⑤ 최대한 시간과 경비를 절약할 수 있는 운반방법을 고려할 것

참고 산업안전산업기사 필기 p.5-171(합격날개 : 합격예측)

KEY
① 2017년 8월 26일 출제
② 2018년 4월 28일 기사 출제
③ 2019년 3월 3일 산업기사 출제
④ 2022년 3월 2일(문제 89번) 출제

99 다음은 타워크레인을 와이어로프로 지지하는 경우의 준수해야 할 기준이다. 빈칸에 들어갈 알맞은 내용을 순서대로 옳게 나타낸 것은?

> 와이어로프 설치각도는 수평면에서 (   )도 이내로 하되, 지지점은 (   )개소 이상으로 하고, 같은 각도로 설치할 것

① 45, 4 ② 45, 5
③ 60, 4 ④ 60, 5

해설

와이어로프로 지지하는 경우 준수사항
① 「산업안전보건법 시행규칙」에 따른 서면심사에 관한 서류(「건설기계관리법」에 따른 형식승인서류를 포함한다) 또는 제조사의 설치작업설명서 등에 따라 설치할 것
② 제①호의 서면심사 서류 등이 없거나 명확하지 아니한 경우에는 「국가기술자격법」에 따른 건축구조·건설기계·기계안전·건설안전기술사 또는 건설안전분야 산업안전지도사의 확인을 받아 설치하거나 기종별·모델별 공인된 표준방법으로 설치할 것
③ 와이어로프를 고정하기 위한 전용 지지프레임을 사용할 것
④ 와이어로프 설치각도는 수평면에서 60도 이내로 하고, 지지점은 4개소 이상으로 할 것

⑤ 와이어로프와 그 고정부위는 충분한 강도와 장력을 갖도록 설치하고, 와이어로프를 클립·샤클(shackle) 등의 고정기구를 사용하여 견고하게 고정시켜 풀리지 아니하도록 할 것
⑥ 와이어로프가 가공전선(架空電線)에 근접하지 않도록 할 것

참고 산업안전산업기사 필기 p.5-138(합격날개 : 합격예측 및 관련법규)

KEY 2015년 5월 31일(문제 114번) 출제

정보제공
산업안전보건기준에 관한 규칙 제142조(타워크레인의 지지)

100 강관틀비계를 조립하여 사용하는 경우 준수해야 할 기준으로 옳지 않은 것은?

① 수직방향으로 6[m], 수평방향으로 8[m] 이내마다 벽이음을 할 것
② 높이가 20[m]를 초과하거나 중량물의 적재를 수반하는 작업을 할 경우에는 주틀 간의 간격을 2.4[m] 이하로 할 것
③ 길이가 띠장 방향으로 4[m] 이하이고 높이가 10[m]를 초과하는 경우에는 10[m] 이내마다 띠장 방향으로 버팀기둥을 설치할 것
④ 주틀 간에 교차 가새를 설치하고 최상층 및 5층 이내마다 수평재를 설치할 것

해설

높이 20[m]이상 시 주틀간의 간격 : 1.8[m] 이하

참고 산업안전산업기사 필기 p.5-101(합격날개 : 합격예측 및 관련법규)

KEY
① 2016년 5월 8일 기사(문제 101번) 출제
② 2017년 9월 23일 산업기사 출제
③ 2018년 8월 19일 기사 출제
④ 2022년 3월 2일(문제 100번) 출제

합격정보
① 산업안전보건기준에 관한 규칙 [별표 5] 강관비계의 조립간격
② 산업안전보건기준에 관한 규칙 제62조(강관틀비계)

[정답] 98 ③ 99 ③ 100 ②

2024년도 산업기사 정기검정 제2회 (2024년 5월 9일 시행)

자격종목 및 등급(선택분야)
산업안전산업기사

※ 본 문제는 복원문제 및 예적(예상적중) 문제로 실제문제와 동일하지 않을 수 있습니다.

1 산업재해 예방 및 안전보건교육

01 레빈(Lewin)의 법칙에서 환경조건(E)에 포함되는 것은?

$$B = f(P \cdot E)$$

① 지능　　② 소질
③ 적성　　④ 인간관계

해설

K. Lewin의 법칙

- B : 인간의 행동(behavior)
- P : 인간(person)
- E : 환경(environment)
- f : 함수(function)

참고 산업안전산업기사 필기 p.1-77(7. K. Lewin의 법칙)

KEY
① 2016년 10월 1일 기사 출제
② 2017년 5월 7일 기사 출제
③ 2017년 8월 26일 기사 출제
④ 2017년 9월 23일 기사 출제
⑤ 2019년 4월 27일 산업기사 출제
⑥ 2023년 7월 8일(문제 3번) 출제

02 산업안전보건법령상 타워크레인 지지에 관한 사항으로 ( )에 알맞은 내용은?

타워크레인을 와이어로프로 지지하는 경우, 설치각도는 수평면에서 (㉠)도 이내로 하되, 지지점은 (㉡)개소 이상으로 하고, 같은 각도로 설치하여야 한다.

① ㉠ : 45, ㉡ : 3
② ㉠ : 45, ㉡ : 4
③ ㉠ : 60, ㉡ : 3
④ ㉠ : 60, ㉡ : 4

해설

타워크레인의 지지
① 와이어로프 설치각도 수평면에서 60도 이내
② 지지점은 4개소 이상

참고 산업안전산업기사 필기 p.5-138(합격날개 : 합격예측 및 관련법규)

KEY
① 2018년 3월 4일 출제
② 2020년 8월 22일 출제
③ 2023년 7월 8일(문제 6번) 출제

합격정보
산업안전보건기준에 관한 규칙 제142조(타워크레인의 지지)

03 50인의 상시 근로자를 가지고 있는 어느 사업장에 1년간 3건의 부상자를 내고 그 휴업일수가 219일이라면 강도율은?

① 1.37　　② 1.50
③ 1.86　　④ 2.21

[**정답**]　01 ④　02 ④　03 ②

> 해설

강도율 = $\frac{\text{총요양근로손실일수}}{\text{연근로시간수}} \times 1{,}000$

$= \frac{219 \times \frac{300}{365}}{50 \times 2{,}400} \times 1{,}000 = 1.50$

> 참고) 산업안전산업기사 필기 p.3-44(4. 강도율)

> KEY ▶ ① 2016년 3월 6일 기사·산업기사 동시 출제
> ② 2016년 10월 1일 기사 출제
> ③ 2017년 3월 5일 기사 출제
> ④ 2023년 7월 8일(문제 8번) 출제

04 연평균 1,000[명]의 근로자를 채용하고 있는 사업장에서 연간 24[명]의 재해자가 발생하였다면 이 사업장의 연천인율은 얼마인가?(단, 근로자는 1[일] 8[시간]씩 연간 300[일]을 근무한다.)

① 10 ② 12
③ 24 ④ 48

> 해설

연천인율 = $\frac{\text{연간 재해자수}}{\text{연평균 근로자수}} \times 1{,}000 = \frac{24}{1{,}000} \times 1{,}000 = 24$

> 참고) 산업안전산업기사 필기 p.3-46(2. 천인율)

> KEY ▶ ① 2014년 5월 25일(문제 4번) 출제
> ② 2021년 5월 15일 기사 등 10회 이상 출제
> ③ 2023년 5월 13일(문제 6번) 출제

05 파블로프(Pavlov)의 조건반사설에 의한 학습이론의 원리에 해당되지 않는 것은?

① 일관성의 원리   ② 시간의 원리
③ 강도의 원리   ④ 준비성의 원리

> 해설

파블로프의 조건반사설
① 일관성의 원리
② 강도의 원리
③ 시간의 원리
④ 계속성의 원리

> 참고) 산업안전산업기사 필기 p.1-222(표. S-R 학습이론의 종류)

> KEY ▶ ① 2016년 5월 8일 기사 출제
> ② 2018년 4월 28일(문제 20번) 출제
> ③ 2023년 5월 13일(문제 10번) 출제

06 OJT(On the Job Tranining)에 관한 설명으로 옳은 것은?

① 집합교육형태의 훈련이다.
② 다수의 근로자에게 조직적 훈련이 가능하다.
③ 직장의 설정에 맞게 실제적 훈련이 가능하다.
④ 전문가를 강사로 활용할 수 있다.

> 해설

OJT의 특징
① 개개인에게 적절한 지도훈련이 가능하다.
② 직장의 실정에 맞게 실제적 훈련이 가능하다.
③ 즉시 업무에 연결되는 관계로 몸과 관련이 있다.
④ 훈련에 필요한 업무의 계속성이 끊어지지 않는다.
⑤ 효과가 곧 업무에 나타나며 훈련의 좋고 나쁨에 따라 개선이 쉽다.
⑥ 훈련효과를 보고 상호 신뢰, 이해도가 높아지는 것이 가능하다.

> 참고) 산업안전산업기사 필기 p.1-142(표. OJT와 OFF JT 특징)

> KEY ▶ ① 2016년 5월 8일(문제 14번) 등 20회 이상 출제
> ② 2023년 5월 13일(문제 11번) 출제

07 산업안전보건법령상 안전인증대상 기계기구등이 아닌 것은?

① 프레스   ② 전단기
③ 롤러기   ④ 산업용 원심기

> 해설

안전인증대상 기계기구의 종류
① 프레스
② 전단기(剪斷機) 및 절곡기(折曲機)
③ 크레인
④ 리프트
⑤ 압력용기
⑥ 롤러기
⑦ 사출성형기(射出成形機)
⑧ 고소(高所) 작업대
⑨ 곤돌라

[정답] 04 ③   05 ④   06 ③   07 ④

| 참고 | 산업안전산업기사 필기 p.3-56(1. 안전인증대상 기계) |

KEY
① 2017년 3월 5일 기사·산업기사 동시 출제
② 2020년 5월 15일 기사 출제
③ 2023년 3월 1일(문제 5번) 출제

| 합격정보 |
산업안전보건법 시행령 제74조(안전인증대상기계등)

KEY
① 2015년 3월 8일(문제 16번) 출제
② 2018년 9월 15일 기사 출제
③ 2023년 3월 1일(문제 12번) 출제

| 보충학습 |
간접 원인
재해의 가장 깊은 곳에 존재하는 재해원인
① 기초 원인 : 학교 교육적 원인, 관리적인 원인
② 2차 원인 : 신체적 원인, 정신적 원인, 안전교육적 원인, 기술적인 원인

08
상시 근로자수가 75명인 사업장에서 1일 8시간 씩 연간 320일을 작업하는 동안에 4건의 재해가 발생하였다면 이 사업장의 도수율은 약 얼마인가?

① 17.68 ② 19.67
③ 20.83 ④ 22.83

| 해설 |

$$도수(빈도)율 = \frac{재해건수}{연근로시간수} \times 1,000,000$$
$$= \frac{4}{75 \times 8 \times 320} \times 10^6 = 20.83$$

| 참고 | 산업안전산업기사 필기 p.3-46(3. 빈도율)

KEY
① 2016년 10월 1일 산업기사 출제
② 2017년 3월 5일 기사 · 산업기사 동시 출제
③ 2018년 8월 19일 기사 출제
④ 2019년 8월 4일 기사 출제
⑤ 2019년 9월 21일 기사 출제
⑥ 2020년 6월 14일 산업기사 출제
⑦ 2023년 3월 1일(문제 9번) 출제

| 합격정보 |
산업재해 통계 업무처리 규정 제3조(산업재해 통계의 산출방법 및 정의)

10
산업안전보건법령상 안전보건표지의 종류와 형태 중 그림과 같은 경고 표지는?

① 위험장소 경고   ② 낙하물 경고
③ 몸균형상실 경고 ④ 매달린 물체 경고

| 해설 |

경고표지의 종류

인화성 물질경고	산화성 물질경고	폭발성 물질경고	급성독성 물질경고	부식성 물질경고

방사성 물질경고	고압전기 경고	매달린 물체경고	낙하물 경고	고온 경고

저온 경고	몸균형 상실경고	레이저 광선경고	발암성·변이원성·생식독성·전신독성·호흡기과민성 물질 경고	위험장소 경고

| 참고 | 산업안전기사 필기 p.1-61(2. 경고표지)

09
재해원인을 직접원인과 간접원인으로 나눌 때, 직접원인에 해당하는 것은?

① 기술적 원인   ② 관리적 원인
③ 교육적 원인   ④ 물적 원인

| 해설 |

직접 원인(1차 원인)
시간적으로 사고발생에 가까운 원인
① 물적 원인 : 불안전한 상태(설비 및 환경)
② 인적 원인 : 불안전한 행동

| 참고 | 산업안전산업기사 필기 p.3-38(합격날개 : 합격예측)

[정답] 08 ③   09 ④   10 ④

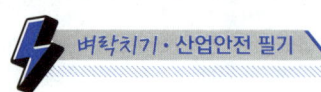

KEY
① 2017년 9월 23일 기사 출제
② 2018년 3월 4일 기사 출제
③ 2019년 4월 27일 산업기사 출제
④ 2020년 6월 7일 기사 출제
⑤ 2023년 3월 1일(문제 17번) 출제

합격정보
산업안전보건법 시행규칙 [별표 6] 안전보건표지의 종류와 형태

11 재해원인의 분석방법 중 사고의 유형, 기인물 등 분류항목을 큰 순서대로 도표화하는 통계적 원인분석 방법은?

① 특성 요인도
② 관리도
③ 크로스도
④ 파레토도

해설
파레토도(Pareto diagram)
① 관리 대상이 많은 경우 최소의 노력으로 최대의 효과를 얻을 수 있는 방법
② 분류항목을 큰 값에서 작은 값의 순서로 도표화하는 데 편리

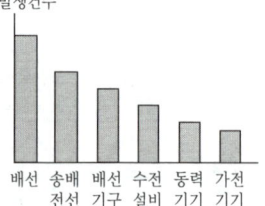

[그림] 전기설비별 감전사고 분포 파레토도

참고 산업안전산업기사 필기 p.3-193(1. 파레토도)

KEY
① 2017년 8월 26일 기사출제
② 2018년 3월 4일 기사 출제
③ 2022년 7월 2일(문제 2번) 출제

12 산업안전보건법령에 따른 교육대상별 교육내용 중 근로자 정기안전보건교육 내용이 아닌 것은?(단, 산업안전보건법 및 일반관리에 관한 사항은 제외한다)

① 산업재해보상보험 제도에 관한 사항
② 산업보건 및 건강장해 예방에 관한 사항
③ 유해·위험 작업환경 관리에 관한 사항
④ 작업공정의 유해·위험과 재해 예방대책에 관한 사항

해설
근로자의 정기안전보건교육
① 산업안전 및 산업재해 예방에 관한 사항(화재·폭발 사고 발생 시 대피에 관한 사항을 포함한다)
② 산업보건 및 건강장해 예방에 관한 사항(폭염·한파작업으로 인한 건강장해 발생 시 응급조치에 관한 사항을 포함한다)
③ 위험성 평가에 관한 사항
④ 건강증진 및 질병예 방에 관한 사항
⑤ 유해·위험 작업환경 관리에 관한 사항
⑥ 산업안전보건법령 및 산업재해보상보험 제도에 관한 사항
⑦ 직무스트레스 예방 및 관리에 관한 사항
⑧ 직장 내 괴롭힘, 고객의 폭언 등으로 인한 건강장해 예방 및 관리에 관한 사항

참고 산업안전산업기사 필기 p.1-154 ((2) 근로자의 정기안전보건교육내용)

KEY 2022년 7월 2일(문제 11번) 출제

합격정보
산업안전보건법 시행규칙 [별표 5] 안전보건교육 교육대상별 교육내용

13 산업안전보건법령상 안전보건관리규정 작성에 관한 사항으로 (   )에 알맞은 기준은?

> 안전보건관리규정을 작성하여야 할 사업의 사업주는 안전보건관리규정을 작성해야 할 사유가 발생한 날부터 (   )일 이내에 안전보건관리규정을 작성해야 한다.

① 7
② 14
③ 30
④ 60

해설
제25조(안전보건관리규정의 작성)
① 법 제25조제3항에 따라 안전보건관리규정을 작성해야 할 사업의 종류 및 상시근로자 수는 별표 2와 같다.
② 제1항에 따른 사업의 사업주는 안전보건관리규정을 작성할 사유가 발생한 날부터 30일 이내에 별표 3의 내용을 포함한 안전보건관리규정을 작성해야 한다. 이를 변경할 사유가 발생한 경우에도 또한 같다.
③ 사업주가 제2항에 따라 안전보건관리규정을 작성할 때에는 소방·가스·전기·교통 분야 등의 다른 법령에서 정하는 안전관리에 관한 규정과 통합하여 작성할 수 있다.

[정답] 11 ④   12 ④   13 ③

> 참고 산업안전산업기사 필기 p.1-222(제2절 안전보건관리 규정)
> KEY 2022년 4월 17일(문제 1번) 출제
> 합격정보
> 산업안전보건법 시행규칙 제25조(안전보건관리규정의 작성)

> 참고 산업안전산업기사 필기 p.3-47(2. 사망만인율)
> KEY 2022년 4월 17일(문제 10번) 출제
> 합격정보
> 산업재해통계업무처리규정 제3조(산업재해통계의 산출방법 및 정의)

14 재해 예방을 위한 대책선정에 관한 사항 중 기술적 대책(Engineering)에 해당되지 않는 것은?

① 작업행정의 개선
② 환경설비의 개선
③ 점검 보존의 확립
④ 안전 수칙의 준수

> 해설
> 안전수칙의 준수는 관리적 대책이다.
>
> 참고 산업안전산업기사 필기 p.3-34(합격날개 : 합격예측)
> KEY 2022년 4월 17일(문제 5번) 출제

15 산업재해통계업무처리규정상 산업재해통계에 관한 설명으로 틀린 것은?

① 총요양근로손실일수는 재해자의 총 요양기간을 합산하여 산출한다.
② 휴업재해자수는 근로복지공단의 휴업급여를 지급받은 재해자수를 의미하여, 체육행사로 인하여 발생한 재해는 제외된다.
③ 사망자수는 통상의 출퇴근에 의한 사망을 포함하여 근로복지공단의 유족급여가 지급된 사망자수는 제외한다.
④ 재해자수는 근로복지공단의 유족급여가 지급된 사망자 및 근로복지공단에 최초요양신청서를 제출한 재해자 중 요양승인을 받은 자를 말한다.

> 해설
> **용어정의**
> "사망자수"는 근로복지공단의 유족급여가 지급된 사망자(지방고용노동관서의 산재미보고 적발 사망자를 포함한다)수를 말함. 다만, 사업장 밖의 교통사고(운수업, 음식숙박업은 사업장 밖의 교통사고도 포함)·체육행사·폭력행위·통상의 출퇴근에 의한 사망, 사고발생일로부터 1년을 경과하여 사망한 경우는 제외함.

16 조직 구성원의 태도는 조직성과와 밀접한 관계가 있는데 태도(attitude)의 3가지 구성요소에 포함되지 않는 것은?

① 인지적 요소
② 정서적 요소
③ 성격적 요소
④ 행동경향 요소

> 해설
> **태도의 3가지 구성요소**
> ① 인지적 요소
> ② 정서적 요소
> ③ 행동경향 요소
>
> 참고 산업안전산업기사 필기 p.1-153(합격날개 : 은행문제)
> KEY ① 2019년 4월 27일(문제 38번) 출제
>   ② 2022년 4월 17일(문제 12번) 출제
>
> 보충학습
> **태도형성**
> ① 태도의 기능에는 작업적응, 자아방어, 자기표현, 지식기능 등이 있다.
> ② 한 번 태도가 결정되면 오랫동안 유지되므로 신중한 태도 교육이 진행되어야 한다.
> ③ 행동결정을 판단하고 지시하는 것은 내적 행동체계에 해당한다.
> ④ 개인의 심적 태도교정보다 집단의 심적 태도교정이 용이하다.

17 호손(Hawthorne) 실험의 결과 작업자의 작업능률에 영향을 미치는 주요 원인으로 밝혀진 것은?

① 작업조건
② 인간관계
③ 생산기술
④ 행동규범의 설정

【 정답 】 14 ④ 15 ③ 16 ③ 17 ②

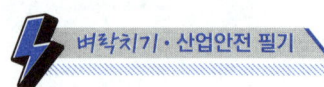

해설
호손(Hawthorne)공장 실험
① 인간관계 관리의 개선을 위한 연구로 미국의 메이요(E.Mayo, 1880~1949) 교수가 주축이 되어 호손 공장에서 실시되었다.
② 작업능률을 좌우하는 것은 단지 임금, 노동시간 등의 노동조건과 조명, 환기, 그 밖에 작업환경으로서의 물적 조건보다 종업원의 태도, 즉 심리적, 내적 양심과 감정이 중요하다.
③ 물적 조건도 그 개선에 의하여 효과를 가져올 수 있으나 종업원의 심리적 요소가 더욱 중요하다.
④ 결론은 인간관계가 작업 및 작업설계에 영향을 준다.

참고 산업안전산업기사 필기 p.1-74 (2) 호손 공장 실험

KEY
① 2018년 3월 4일 출제
② 2018년 9월 15일 출제
③ 2019년 4월 27일 출제
④ 2019년 9월 21일 산업기사 출제
⑤ 2020년 9월 5일 출제
⑥ 2021년 5월 15일(문제 26번) 출제
⑦ 2022년 3월 5일(문제 36번) 출제
⑧ 2022년 4월 17일(문제 14번) 출제

18 리더십(leadership)의 특성에 대한 설명으로 옳은 것은?
① 지휘형태는 민주적이다.
② 권한부여는 위에서 위임된다.
③ 구성원과의 관계는 넓다.
④ 권한근거는 법적 또는 공식적으로 부여된다.

해설
leadership과 headship의 비교

개인과 상황 변수	leadership	headship
권한 행사	선출된 리더	임명적 헤드
권한 부여	밑으로부터 동의	위에서 위임
권한 귀속	집단 목표에 기여한 공로 인정	공식화된 규정에 의함
상사와 부하와의 관계	개인적인 영향	지배적
부하와의 사회적 관계(간격)	좁음	넓음
지휘 형태	민주주의적	권위주의적
책임 귀속	상사와 부하	상사
권한 근거	개인적	법적 또는 공식적

참고 산업안전산업기사 필기 p.1-113 (5) leadership과 headship의 비교

KEY
① 2016년 3월 6일, 8월 21일, 10월 1일 기사 출제
② 2017년 5월 7일, 9월 23일 기사 출제
③ 2018년 3월 4일 기사·산업기사 동시 출제
④ 2018년 8월 19일 산업기사 출제
⑤ 2019년 9월 21일 기사 출제
⑥ 2020년 8월 23일(문제 1번) 출제
⑦ 2022년 3월 2일(문제 2번) 출제

19 안전모에 있어 착장체의 구성요소가 아닌 것은?
① 턱끈
② 머리고정대
③ 머리받침고리
④ 머리받침끈

해설
안전모의 구조

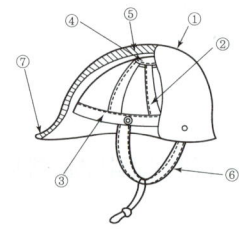

번호	명칭	
①	모체	
②	착장체	머리받침끈
③		머리받침(고정)대
④		머리받침고리
⑤	충격흡수재(자율안전확인에서 제외)	
⑥	턱끈	
⑦	모자챙(차양)	

참고 산업안전산업기사 필기 p.1-53(그림. 안전모의 구조)

KEY
① 2016년 10월 1일 기사 출제
② 2017년 9월 23일(문제 6번) 출제
③ 2022년 3월 2일(문제 4번) 출제

20 제조업자는 제조물의 결함으로 인하여 생명·신체 또는 재산에 손해를 입은 자에게 그 손해를 배상하여야 하는데 이를 무엇이라 하는가? (단, 당해 제조물에 대해서만 발생한 손해는 제외한다.)
① 입증 책임
② 담보 책임
③ 연대 책임
④ 제조물 책임

[정답] 18 ①   19 ①   20 ④

> 해설

제조물책임(PL)
① 제조물 책임이란 결함 제조물로 인해 생명·신체 또는 재산 손해가 발생할 경우 제조업자 또는 판매업자가 그 손해에 대하여 배상 책임을 지는 것
② 유럽에서는 100여년의 역사를 가지고 있으며, 미국, 일본에서도 1960~70년대부터 사회문제로 대두되어 '소비자 위험부담 시대'에서 '판매자 위험부담시대'로 변환
③ 제조업에서 사고발생을 방지할 책임이 있기 때문에 결함 제조물에 대한 전적인 책임이 있다.

> 참고) 산업안전산업기사 필기 p.1-8 (2) 제조물 책임

> KEY ① 2019년 10월 3일(문제 10번) 출제
> ② 2022년 3월 2일(문제 18번) 출제

2 인간공학 및 위험성 평가·관리

21 다음 중 시스템에 영향을 미칠 우려가 있는 모든 요소의 고장을 형태별로 해석하여 그 영향을 검토하는 분석방법은?

① FTA   ② ETA
③ MORT   ④ FMEA

> 해설

FMEA의 정의
① FMEA는 서브시스템 위험분석이나 시스템 위험분석을 위하여 일반적으로 사용되는 전형적인 정성적, 귀납적 분석방법
② 시스템에 영향을 미치는 모든 요소의 고장을 형태별로 분석하여 그 영향을 검토

> 참고) 산업안전산업기사 필기 p.2-62(4. 고장형태와 영향분석)

> KEY ① 2015년 3월 8일(문제 33번) 출제
> ② 2023년 7월 8일(문제 21번) 출제

22 체계 설계 과정 중 기본설계 단계의 주요활동으로 볼 수 없는 것은?

① 작업 설계   ② 체계의 정의
③ 기능의 할당 ④ 인간 성능 요건 명세

> 해설

제3단계 : 기본설계
① 기능의 할당
② 인간 성능 요건 명세
③ 직무 분석
④ 작업 설계

> 참고) 산업안전산업기사 필기 p.2-6(합격날개 : 합격예측)

> KEY ① 2013년 6월 2일(문제 28번) 출제
> ② 2016년 3월 6일 기사 출제
> ③ 2018년 3월 4일 출제
> ④ 2023년 7월 8일(문제 24번) 출제

23 시각적 표시장치와 청각적 표시장치 중 시각적 표시장치를 선택해야 하는 경우는?

① 메시지가 긴 경우
② 메시지가 후에 재참조되지 않는 경우
③ 직무상 수신자가 자주 움직이는 경우
④ 메시지가 시간적 사상(event)을 다룬 경우

> 해설

정보전송방법
① 시각적 표시장치 사용 : ①
② 청각적 표시장치 사용 : ②, ③, ④

> 참고) 산업안전산업기사 필기 p.2-31(문제 43번)

> KEY ① 2017년 5월 7일 출제
> ② 2018년 3월 4일, 4월 28일, 8월 19일, 9월 15일 출제
> ③ 2019년 4월 27일, 8월 4일, 9월 21일 출제
> ④ 2020년 6월 7일 출제
> ⑤ 2021년 3월 2일 PBT 출제
> ⑥ 2021년 3월 7일(문제 53번), 5월 15일(문제 60번) 출제
> ⑦ 2023년 7월 8일(문제 25번) 출제

24 어떤 기기의 고장률이 시간당 0.002로 일정하다고 한다. 이 기기를 100시간 사용했을 때 고장이 발생할 확률은?

① 0.1813   ② 0.2214
③ 0.6253   ④ 0.8187

[정답] 21 ④ 22 ② 23 ① 24 ①

> 해설

고장발생확률
① 신뢰도 $R(t) = e^{-\lambda t}$ (λ : 0.002, t : 100)
  $R(t) = e^{-(0.002 \times 100)} = 0.8187$
② 고장발생확률(불신뢰도)
  $F(t) = 1 - R(t) = 1 - 0.8187 = 0.1813$

> 참고 산업안전산업기사 필기 p.2-83(2. MTBF)

> KEY
> ① 2008년 3월 2일(문제 25번) 출제
> ② 2023년 7월 8일(문제 27번) 출제

25 인간의 오류모형에서 상황해석을 잘못하거나 목표를 잘못 이해하고 착각하여 행하는 경우를 뜻하는 용어는?

① 실수(Slip)   ② 착오(Mistake)
③ 건망증(Lapse)   ④ 위반(Violation)

> 해설

인간의 오류 5가지 모형

구분	특징
착각(Illusion)	감각적으로 물리현상을 왜곡하는 지각 오류
착오(Mistake)	상황해석을 잘못하거나 목표를 잘못 이해하고 착각하여 행하는 인간의 실수로 위치, 순서, 패턴, 형상, 기억오류 등 외부적 요인에 의해 나타나는 오류
실수(Slip)	의도는 올바른 것이었지만, 행동이 의도한 것과는 다르게 나타나는 오류
건망증(Lapse)	일련의 과정에서 일부를 빠뜨리거나 기억의 실패에 의해 발생하는 오류
위반(Violation)	정해진 규칙을 알고 있음에도 의도적으로 따르지 않거나 무시한 경우에 발생하는 오류

> 참고 산업안전산업기사 필기 p.2-19(합격날개 : 합격예측)

> KEY
> ① 2009년 5월 10일 출제
> ② 2017년 8월 26일 출제
> ③ 2019년 3월 3일 출제
> ④ 2019년 4월 27일 출제
> ⑤ 2023년 7월 8일(문제 32번) 출제

26 시스템 안전 분석기법 중 인적 오류와 그로 인한 위험성의 예측과 개선을 위한 기법은 무엇인가?

① FTA   ② ETBA
③ THERP   ④ MORT

> 해설

THERP(인간과오율 예측기법)
① 인간의 과오(human error)를 정량적으로 평가
② 1963년 Swain이 개발된 기법

> 참고 산업안전산업기사 필기 p.2-65(8.THERP)

> KEY
> ① 2017년 3월 5일 출제
> ② 2023년 2월 28일 기사 등 5회 이상 출제
> ③ 2023년 5월 13일(문제 21번) 출제

27 FT도에 사용되는 기호 중 "전이기호"를 나타내는 기호는?

① 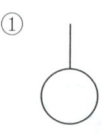   ②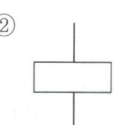

③ 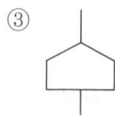   ④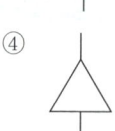

> 해설

FTA기호
① 기본사상
② 결함사상
③ 통상사상

> 참고 산업안전산업기사 필기 p.2-70(표. FTA기호)

> KEY
> ① 1993년부터 2023년까지 계속 출제
> ② 2018년 4월 28일(문제 30번) 출제

28 다음 중 체계 설계 과정의 주요 단계 중 가장 먼저 실시되어야 하는 것은?

① 기본설계
② 계면설계
③ 체계의 정의
④ 목표 및 성능 명세 결정

[정답] 25 ②   26 ③   27 ④   28 ④

> **해설**

인간-기계 시스템 설계 순서
① 1단계 : 시스템의 목표와 성능 명세 결정
② 2단계 : 시스템의 정의
③ 3단계 : 기본설계
④ 4단계 : 인터페이스설계
⑤ 5단계 : 보조물설계
⑥ 6단계 : 시험 및 평가

> 참고 산업안전산업기사 필기 p.2-29(문제 31번) 적중

> KEY
> ① 2011년 3월 20일(문제 29번) 출제
> ② 2019년 3월 3일 기사 출제
> ③ 2019년 4월 27일(문제 21번) 등 5회 이상 출제
> ④ 2023년 5월 13일(문제 23번) 출제

29 부품배치의 원칙 중 부품의 일반적인 위치를 결정하기 위한 기준으로 가장 적합한 것은?

① 중요성의 원칙, 사용빈도의 원칙
② 기능별 배치의 원칙, 사용순서의 원칙
③ 중요성의 원칙, 사용순서의 원칙
④ 사용빈도의 원칙, 사용순서의 원칙

> **해설**

부품배치의 4원칙
① 중요성의 원칙(위치결정)
② 사용빈도의 원칙(위치결정)
③ 기능별 배치의 원칙(배치결정)
④ 사용순서의 원칙(배치결정)

> 참고 산업안전산업기사 필기 p.2-161(2. 부품(공간)배치의 4원칙)

> KEY
> ① 2013년 3월 10일(문제 32번) 출제
> ② 2013년 6월 2일(문제 31번) 등 5회 이상 출제
> ③ 2023년 5월 13일(문제 29번) 출제

30 인체의 동작 유형 중 굽혔던 팔꿈치를 펴는 동작을 나타내는 용어는?

① 내전(adduction)
② 회내(pronation)
③ 굴곡(flexion)
④ 신전(extension)

> **해설**

인체유형의 기본적인 동작
① 굴곡(flexion) : 부위간의 각도가 감소(팔꿈치 굽히기)
② 신전(extension) : 부위간의 각도가 증가(팔꿈치 펴기 운동)
③ 내전(adduction) : 몸의 중심선으로의 이동(팔·다리 내리기 운동)
④ 외전(abduction) : 몸의 중심선으로부터의 이동(팔·다리 옆으로 들기 운동)
⑤ 회외 : 손바닥을 외측으로 돌리는 동작
⑥ 회내 : 손바닥을 몸통(내측) 쪽으로 돌리는 동작

> 참고 산업안전산업기사 필기 p.2-166(2. 신체부위의 운동)

> KEY
> ① 2015년 5월 31일(문제 25번) 출제
> ② 2023년 5월 13일(문제 34번) 출제

31 인체측정치 응용원칙 중 가장 우선적으로 고려해야 하는 원칙은?

① 조절식 설계   ② 최대치 설계
③ 최소치 설계   ④ 평균치 설계

> **해설**

조절범위(조정범위 : 조절식 설계)
① 사무실 의자의 높낮이 조절, 자동차 좌석의 전후조절 등
② 통상 5[%]치에서 95[%]치까지에서 90[%] 범위를 수용대상으로 설계
③ 가장 우선적으로 고려한다.

> 참고 산업안전산업기사 필기 p.2-159(2. 조절범위(조정범위) 설계)

> KEY
> ① 2017년 9월 23일 기사 출제
> ② 2019년 3월 3일 기사 출제
> ③ 2023년 3월 1일(문제 23번) 출제

> **보충학습**

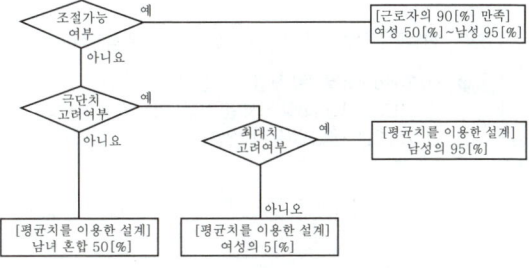

[그림] 인체측정치를 이용한 설계 흐름도

[정답] 29 ①   30 ④   31 ①

32
설비나 공법 등에서 나타날 위험에 대하여 정성적 또는 정량적인 평가를 행하고 그 평가에 따른 대책을 강구하는 것은?

① 설비보전 ② 동작분석
③ 안전계획 ④ 안전성 평가

해설

안전성 평가의 6단계
① 1단계 : 관계자료의 정비검토
② 2단계 : 정성적 평가
③ 3단계 : 정량적 평가
④ 4단계 : 안전대책
⑤ 5단계 : 재해정보에 의한 재평가
⑥ 6단계 : FTA에 의한 재평가

참고 산업안전산업기사 필기 p.2-37(1. 안전성 평가 6단계)

KEY
① 2016년 3월 6일 출제
② 2016년 10월 1일 기사 출제
③ 2023년 4월 1일 산업안전지도사 출제
④ 2023년 3월 1일(문제 25번) 출제

33
모든 시스템 안전 프로그램 중 최초 단계의 분석으로 시스템 내의 위험요소가 어떤 상태에 있는지를 정성적으로 평가하는 방법은?

① CA   ② FHA
③ PHA   ④ FMEA

해설

예비위험분석(PHA : Preliminary Hazards Analysis)
① PHA는 모든 시스템안전 프로그램의 최초 단계의 분석기법
② 위험요소가 얼마나 위험한 상태에 있는가를 정성적으로 평가하는 것이다.

참고 산업안전산업기사 필기 p.2-60(2. 예비위험분석)

KEY
① 2016년 5월 8일 산업기사 출제
② 2023년 2월 28일 기사 등 10회 이상 출제
③ 2023년 3월 1일(문제 33번) 출제

34
동작경제의 원칙에 해당하지 않는 것은?

① 가능하다면 낙하식 운반방법을 사용한다.
② 양손을 동시에 반대 방향으로 움직인다.
③ 자연스러운 리듬이 생기지 않도록 동작을 배치한다.
④ 양손을 동시에 작업을 시작하고, 동시에 끝낸다.

해설

동작경제의 3원칙(길브레드 : Gilbrett)
(1) 동작능력 활용의 원칙
　① 발 또는 왼손으로 할 수 있는 것은 오른손을 사용하지 않는다.
　② 양손으로 동시에 작업하고 동시에 끝낸다.
(2) 작업량 절약의 원칙
　① 적게 운동할 것
　② 재료나 공구는 취급하는 부근에 정돈할 것
　③ 동작의 수를 줄일 것
　④ 동작의 양을 줄일 것
　⑤ 물건을 장시간 취급할 시 장구를 사용할 것
(3) 동작개선의 원칙
　① 동작을 자동적으로 리드미컬한 순서로 할 것
　② 양손은 동시에 반대의 방향으로, 좌우 대칭적으로 운동하게 할 것
　③ 관성, 중력, 기계력 등을 이용할 것

참고 산업안전산업기사 필기 p.2-76(합격날개 : 합격예측)

KEY
① 2015년 3월 8일(문제 35번) 출제
② 2023년 3월 1일(문제 35번) 출제

35
인간공학에 대한 설명으로 틀린 것은?

① 인간-기계 시스템의 안전성, 편리성, 효율성을 높인다.
② 인간을 작업과 기계에 맞추는 설계 철학이 바탕이 된다.
③ 인간이 사용하는 물건, 설비, 환경의 설계에 적용된다.
④ 인간의 생리적, 심리적인 면에서의 특성이나 한계점을 고려한다.

[정답] 32 ④ 33 ③ 34 ③ 35 ②

PART 4. 연습은 실전처럼 • 2023년~2025년 과년도 전회차 문제해설

해설

인간공학
기계, 기구, 환경 등의 물적 조건을 인간의 특성과 능력에 잘 조화하도록 설계하기 위한 수단을 연구하는 학문이다.

참고 산업안전산업기사 필기 p.2-2(합격날개 : 합격용어)

KEY
① 2015년 5월 31일(문제 34번), 8월 16일(문제 38번) 출제
② 2017년 9월 23일 출제
③ 2019년 4월 27일 출제
④ 2022년 4월 17일(문제 26번) 출제

36 FTA(Fault Tree Analysis)에서 사용되는 사상기호 중 통상의 작업이나 기계의 상태에서 재해의 발생원인이 되는 요소가 있는 것을 나타내는 것은?

① 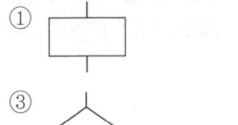 ②

③ 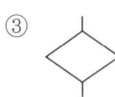 ④

해설

FTA 기호

기 호	명 칭	기 호	명 칭
▭	결함사상	◇	생략사상
○	기본사상	⌂	통상사상

참고 산업안전산업기사 필기 p.2-82(표 : FTA 도표에 사용하는 논리기호)

KEY
① 2007년 8월 5일(문제 33번) 출제
② 2016년 10월 1일 산업기사 출제
③ 2017년 5월 7일 기사 출제
④ 2017년 8월 19일 산업기사 출제
⑤ 2017년 8월 26일 기사, 산업기사 출제
⑥ 2018년 3월 4일 기사 출제
⑦ 2018년 8월 19일 산업기사 출제
⑧ 2020년 6월 14일 산업기사 출제
⑨ 2021년 5월 15일 기사 출제
⑩ 2021년 8월 14일(문제 33번) 출제
⑪ 2022년 4월 17일(문제 30번) 출제

37 다음에서 설명하는 용어는?

유해·위험요인을 파악하고 해당 유해·위험요인에 의한 부상 또는 질병의 발생 가능성(빈도)과 중대성(강도)을 추정·결정하고 감소대책을 수립하여 실행하는 일련의 과정을 말한다.

① 위험성 결정
② 위험성 평가
③ 위험빈도 추정
④ 유해·위험요인 파악

해설

위험성 평가 용어정의
① "유해·위험요인"이란 유해·위험을 일으킬 잠재적 가능성이 있는 것의 고유한 특징이나 속성을 말한다.
② "위험성"이란 유해·위험요인이 사망, 부상 또는 질병으로 이어질 수 있는 가능성과 중대성 등을 고려한 위험의 정도를 말한다.
③ "위험성평가"란 사업주가 스스로 유해·위험요인을 파악하고 해당 유해·위험요인의 위험성 수준을 결정하여, 위험성을 낮추기 위한 적절한 조치를 마련하고 실행하는 과정을 말한다.
④ "근로자"란 기간제, 단시간, 파견 등 고용형태 및 국적과 관계 없이 「산업안전보건법」 제2조제3호에 따른 근로자를 말한다.

참고 산업안전산업기사 필기 p.2-43(합격날개 : 은행문제)

KEY 2022년 4월 17일(문제 37번) 출제

합격정보
사업장 위험성 평가에 관한 지침 제3조(정의)

38 시스템의 평가척도 중 시스템의 목표를 잘 반영하는가를 나타내는 척도를 무엇이라 하는가?

① 신뢰성
② 타당성
③ 측정의 민감도
④ 무오염성

[정답] 36 ④ 37 ② 38 ②

해설
시스템 척도
① 적절성 : 기준이 의도된 목적에 적당하다고 판단되는 정도
② 무오염성 : 기준척도는 측정하고자 하는 변수외의 다른 변수 등의 영향을 받아서는 안 된다.
③ 기준척도의 신뢰성 : 척도의 신뢰성은 반복성을 의미
④ 민감도 : 피실험자 사이에서 볼 수 있는 예상 차이점에 비례하는 단위로 측정
⑤ 타당성 : 시스템의 목표를 잘 반영하는가를 나타내는 척도

참고 산업안전산업기사 필기 p.2-6(합격날개 : 합격예측)

KEY ① 2010년 5월 9일(문제 24번) 출제
② 2022년 3월 2일(문제 24번) 출제

39 다음 중 시스템의 수명곡선에서 고장의 발생형태가 일정하게 나타나는 구간은?
① 초기고장구간　② 우발고장구간
③ 마모고장구간　④ 피로고장구간

해설
수명곡선 3가지 유형

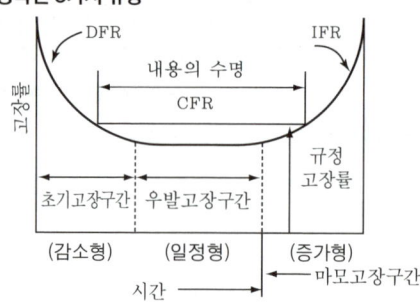

참고 산업안전산업기사 필기 p.2-13(그림 : 기계설비 고장유형)

KEY ① 2013년 9월 28일(문제 28번) 출제
② 2022년 3월 2일(문제 28번) 출제

40 사용자의 잘못된 조작 또는 실수로 인해 기계의 고장이 발생하지 않도록 설계하는 방법은?
① FMEA　② HAZOP
③ fail safe　④ fool proof

해설
풀 프루프(fool proof)
① 인간의 실수가 있어도 안전장치가 설치되어 사고나 재해로 연결되지 않는 구조
② 바보가 작동을 시켜도 안전하다는 뜻

참고 산업안전산업기사 필기 p.1-6(합격날개 : 합격예측)

KEY ① 2020년 5월 24일 실기 필답형 출제
② 2020년 8월 23일(문제 33번) 출제
③ 2022년 3월 2일(문제 40번) 출제

3 기계·기구 및 설비안전관리

41 왕복운동을 하는 기계의 동작부분과 고정부분 사이에 형성되는 위험점으로 프레스, 전단기 등에서 주로 나타나는 곳은?
① 끼임점　② 절단점
③ 협착점　④ 접선 물림점

해설
협착점(Squeeze-point)
왕복운동을 하는 동작부분과 움직임이 없는 고정부분 사이에서 형성되는 위험점
예 프레스기, 전단기, 성형기, 조형기, 굽힘기계(bending machine) 등

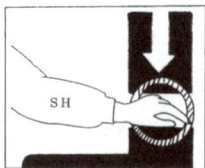 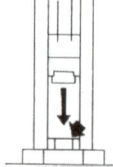

[그림] 협착점

참고 산업안전산업기사 필기 p.3-15(2. 위험점의 분류)

KEY ① 2006년 5월 14일(문제 55번) 출제
② 2017년 3월 5일 출제
③ 2017년 5월 7일 출제
④ 2023년 7월 8일(문제 48번) 출제

[정답] 39 ②　40 ④　41 ③

42 산업안전보건법령에 따라 목재가공용 기계에 설치하여야 하는 방호장치의 내용으로 틀린 것은?

① 목재가공용 둥근톱기계에는 분할날 등 반발예방장치를 설치하여야 한다.
② 목재가공용 둥근톱기계에는 톱날접촉예방장치를 설치하여야 한다.
③ 모떼기기계에는 가공 중 목재의 회전을 방지하는 회전방지장치를 설치하여야 한다.
④ 작업 대상물이 수동으로 공급되는 동력식 수동대패기계에 날접촉예방장치를 설치하여야 한다.

【해설】
모떼기기계 방호장치 : 날접촉예방장치

KEY ① 2014년 8월 17일(문제 57번) 출제
② 2023년 7월 8일(문제 52번) 출제

【보충학습】
모떼기기계의 날접촉예방장치
사업주는 모떼기기계(자동이송장치를 부착한 것은 제외한다)에 날접촉예방장치를 설치하여야 한다. 다만, 작업의 성질상 날접촉예방장치를 설치하는 것이 곤란하여 해당 근로자에게 적절한 작업공구 등을 사용하도록 한 경우에는 그러하지 아니하다.

【합격정보】
산업안전보건기준에 관한 규칙 제108조(띠톱기계의 날접촉 예방장치 등)

43 선반에서 일감의 길이가 지름에 비하여 상당히 길 때 사용하는 부속품으로 절삭 시 절삭저항에 의한 일감의 진동을 방지하는 장치는?

① 칩 브레이커　　② 척 커버
③ 방진구　　　　④ 실드

【해설】
방진(진동방지)구
① 선반작업시 일감의 진동 방지로 사용
② 일감의 길이가 지름의 12배 이상일 때 사용

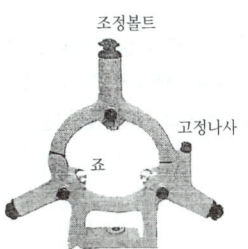

[그림] 고정식 방진구

【참고】 산업안전산업기사 필기 p.3-84(4. 선반 작업시 안전수칙)

KEY ① 2016년 5월 8일, 8월 21일 산업기사 출제
② 2019년 4월 27일, 8월 4일 기사 출제
③ 2020년 6월 7일 기사 출제
④ 2023년 7월 8일(문제 57번) 출제

44 기계의 안전조건 중 구조의 안전화가 아닌 것은?

① 기계재료의 선정 시 재료 자체에 결함이 없는지 철저히 확인한다.
② 사용 중 재료의 강도가 열화될 것을 감안하여 설계 시 안전율을 고려한다.
③ 기계작동 시 기계의 오동작을 방지하기 위하여 오동작 방지회로를 적용한다.
④ 가공경화와 같은 가공결함이 생길 우려가 있는 경우는 열처리 등으로 결함을 방지한다.

【해설】
구조의 안전화 3원칙
① 재료
② 설계
③ 가공

【참고】 ① 산업안전산업기사 필기 p.3-4(2. 구조적 결함 분류)
② 산업안전산업기사 필기 p.3-12(합격날개 : 합격예측)

KEY ① 2016년 5월 8일(문제 42번) 출제
② 2023년 5월 13일(문제 44번) 출제

[정답] 42 ③　43 ③　44 ③

45 산업안전보건법령상 양중기에서 절단하중이 100톤인 와이어로프를 사용하여 화물을 직접적으로 지지하는 경우, 화물의 최대허용하중(톤)은?

① 20　　② 30
③ 40　　④ 50

[해설]

최대허용하중 = $\dfrac{절단하중}{안전율(계수)}$ = $\dfrac{100}{5}$ = 20[ton]

[참고] 산업안전산업기사 필기 p.3-157(합격날개 : 합격예측)

[KEY]
① 2006년 8월 6일 (문제 41번) 출제
② 2020년 8월 23일(문제 48번) 출제
③ 2023년 5월 13일(문제 45번) 출제

[합격정보] 산업안전보건기준에 관한 규칙 제163조(와이어로프 등 달기구의 안전계수)

[보충학습]
안전계수
① 근로자가 탑승하는 운반구를 지지하는 달기와이어로프 또는 달기체인의 경우 : 10 이상
② 화물의 하중을 직접 지지하는 달기와이어로프 또는 달기체인의 경우 : 5 이상
③ 훅, 샤클, 클램프, 리프팅 빔의 경우 : 3 이상
④ 그 밖의 경우 : 4 이상

46 산업용 로봇의 작동범위에서 그 로봇에 관하여 교시 등의 작업을 하는 경우 작업시간 전 점검사항에 해당하지 않는 것은?(단, 로봇의 동력원을 차단하고 행하는 것을 제외한다.)

① 회전부의 덮개 또는 울 부착여부
② 제동장치 및 비상정지장치의 기능
③ 외부전선의 피복 또는 외장의 손상유무
④ 머니퓰레이터(manipulator) 작동의 이상 유무

[해설]
산업용 로봇의 작업시작전 점검사항
① 외부전선의 피복 또는 외장의 손상유무
② 머니퓰레이터(manipulator) 작동의 이상유무
③ 제동장치 및 비상정지장치의 기능

[참고] 산업안전산업기사 필기 p.3-54[2. 로봇의 작동범위 내에서 그 로봇에 관하여 교시 등(로봇의 동력원을 차단하고 행하는 것을 제외한다)의 작업을 할 때]

[KEY]
① 2018년 3월 4일 기사 출제
② 2019년 4월 27일(문제 42번) 출제
③ 2023년 5월 13일(문제 53번) 출제

[합격정보] 산업안전보건기준에 관한 규칙 [별표 3] 작업시작 전 점검사항

47 휴대용 연삭기 덮개의 노출각도 기준은?

① 60[°] 이내
② 90[°] 이내
③ 150[°] 이내
④ 180[°] 이내

[해설]
휴대용연삭기 노출각도 : 180[°] 이내

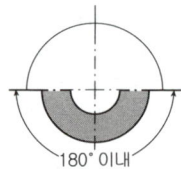

[그림] 휴대용 연삭기, 스윙연삭기, 슬라브연삭기, 기타 이와 비슷한 연삭기의 덮개 각도

[참고] 산업안전산업기사 필기 p.3-97(그림. 연삭기 종류 및 덮개의 표준현상)

[KEY]
① 2016년 8월 21일 기사 출제
② 2017년 3월 5일 출제
③ 2017년 5월 7일 기사 · 산업기사 출제
④ 2017년 8월 26일 출제
⑤ 2018년 4월 28일 기사 · 산업기사 동시 출제
⑥ 2023년 5월 13일(문제 57번) 출제

[합격정보] 방호장치자율안전인증고시 [별표 4] 연삭기 덮개의 성능기준

[정답] 45 ①　46 ①　47 ④

48 목재가공용 둥근톱의 목재 반발예방장치가 아닌 것은?

① 반발방지 발톱(finger)
② 분할날(spreader)
③ 덮개(cover)
④ 반발방지 롤(roll)

해설

둥근톱기계의 반발예방장치 3가지
① 반발방지 발톱(finger)
② 분할날(spreader)
③ 반발방지 롤(roll)

참고 산업안전산업기사 필기 p.3-133(합격날개 : 합격예측 및 관련법규)

KEY
① 2016년 5월 8일(문제 51번) 출제
② 2023년 6월 4일 기사 출제
③ 2023년 5월 13일(문제 59번) 출제

보충학습

둥근톱기계의 반발예방장치
사업주는 목재가공용 둥근톱기계[가로 절단용 둥근톱기계 및 반발(反撥)에 의하여 근로자에게 위험을 미칠 우려가 없는 것은 제외한다]에 분할날 등 반발예방장치를 설치하여야 한다.

49 컨베이어 작업시작 전 점검해야 할 사항으로 거리가 먼 것은?

① 원동기 및 풀리 기능의 이상 유무
② 이탈 등의 방지장치 기능의 이상 유무
③ 비상정지장치기능의 이상 유무
④ 자동전격방지장치의 이상 유무

해설

컨베이어의 작업시작전 점검사항
① 원동기 및 풀리기능의 이상 유무
② 이탈 등의 방지장치 기능의 이상 유무
③ 비상정지장치 기능의 이상 유무
④ 원동기·회전축·기어 및 풀리 등의 덮개 또는 울 등의 이상 유무

참고 산업안전산업기사 필기 p.3-54(표. 기계·기구의 위험요소 작업시작전 점검사항)

KEY
① 2017년 8월 26일 기사 출제
② 2018년 3월 4일(문제 43번) 출제
③ 2023년 3월 1일(문제 47번) 출제

합격정보
산업안전보건기준에 관한 규칙 [별표 3] 작업시작전 점검사항

50 보일러수에 불순물이 많이 포함되어 있을 경우, 보일러수의 비등과 함께 수면부위에 거품을 형성하여 수위가 불안정하게 되는 현상은?

① 프라이밍(priming)
② 포밍(foaming)
③ 캐리오버(carry over)
④ 워터해머(water hammer)

해설

포밍발생원인
① 보일러가 과잉 농축되었을 때
② 열부하가 급격하게 변동해 증감될 때
③ 운전 중 수위조절이 원활하게 이루어지지 못한 경우
④ 보일러의 운전 압력을 너무 낮게 설정해 놓았을 때
⑤ 기수분리기의 불량 등 기계적 고장

참고 산업안전산업기사 필기 p.3-123(1. 보일러 이상현상의 종류)

KEY
① 2016년 8월 21일 산업기사 출제
② 2021년 3월 7일 기사 출제
③ 2023년 3월 1일(문제 57번) 출제

51 롤러의 위험점 전방에 개구 간격 16.5[mm]의 가드를 설치하고자 한다면, 개구부에서 위험점까지의 거리는 몇 [mm] 이상이어야 하는가?(단, 위험점이 전동체는 아니다.)

① 70   ② 80
③ 90   ④ 100

해설

위험점 거리
① $Y = 6 + 0.15X$ 위험점간의 거리(안전거리)
② $16.5 = 6 + 0.15X$
③ $X = 70[mm]$

참고 산업안전산업기사 필기 p.3-12(합격날개 : 합격예측)

KEY
① 2016년 8월 21일 출제
② 2017년 5월 7일 기사 출제

[정답] 48 ③   49 ④   50 ②   51 ①

52 다음 설명 중 ( )에 알맞은 내용은?

롤러기의 급정지장치는 롤러를 무부하로 회전시킨 상태에서 앞면 롤러의 표면속도가 30[m/min] 미만일 때에는 급정지거리가 앞면 롤러 원주의 ( )이내에서 롤러를 정지시킬 수 있는 성능을 보유해야 한다.

① $\dfrac{1}{2}$ ② $\dfrac{1}{4}$
③ $\dfrac{1}{3}$ ④ $\dfrac{1}{2.5}$

해설

롤러의 급정지거리

앞면롤러의 표면속도[m/min]	급정지거리	표면속도 산출공식
30 미만	앞면 롤러 원주의 1/3 이내 $(\pi \times D \times \dfrac{1}{3})$	$V = \dfrac{\pi DN}{1,000}$ [m/min]
30 이상	앞면 롤러 원주의 1/2.5 이내 $(\pi \times D \times \dfrac{1}{2.5})$	

참고 산업안전산업기사 필기 p.3-113 (표. 롤러의 급정지거리)

KEY ① 2016년 3월 6일 산업기사 출제
② 2017년 3월 5일 출제
③ 2017년 8월 26일 출제
④ 2022년 7월 2일(문제 51번) 출제

53 산업안전보건법령상 강렬한 소음작업에서 데시벨에 따른 노출시간으로 적합하지 않은 것은?

① 100데시벨 이상의 소음이 1일 2시간 이상 발생하는 작업
② 110데시벨 이상의 소음이 1일 30분 이상 발생하는 작업
③ 115데시벨 이상의 소음이 1일 15분 이상 발생하는 작업
④ 120데시벨 이상의 소음이 1일 7분 이상 발생하는 작업

해설

강렬한 소음작업 기준

dB 기준	90	95	100	105	110	115
허용노출시간	8시간	4시간	2시간	1시간	30분	15분

참고 산업안전산업기사 필기 p.2-172(표 : 음압과 허용노출 관계)

KEY ① 2016년 8월 26일 기사, 산업기사 출제
② 2020년 8월 22일 기사 출제
③ 2021년 8월 14일(문제 41번) 출제
④ 2022년 4월 17일(문제 50번) 출제

합격정보
산업안전보건기준에 관한 규칙 제512조(정의)

보충학습
① 소음작업 : 1일 8시간 작업을 기준으로 85[dB] 이상의 소음을 발생하는 작업
② 충격소음(최대음압수준) : 140[dB(A)]

54 방호장치 안전인증 고시에 따라 프레스 및 전단기에 사용되는 광전자식 방호장치의 일반구조에 대한 설명으로 가장 적절하지 않은 것은?

① 정상동작표시램프는 녹색, 위험표시램프는 붉은색으로 하며, 근로자가 쉽게 볼 수 있는 곳에 설치해야 한다.
② 슬라이드 하강 중 정전 또는 방호장치의 이상 시에 정지할 수 있는 구조이어야 한다.
③ 방호장치는 릴레이, 리미트 스위치 등의 전기부품의 고장, 전원전압의 변동 및 정전에 의해 슬라이드가 불시에 동작하지 않아야 하며, 사용-선원선압의 ±(100분의 10)의 변동에 대하여 정상으로 작동되어야 한다.
④ 방호장치의 감지기능은 규정한 검출영역 전체에 걸쳐 유효하여야 한다.(다만, 블랭킹 기능이 있는 경우 그렇지 않다.)

[정답] 52 ③ 53 ④ 54 ③

해설

광전자식 방호장치의 일반구조

① 방호장치는 릴레이, 리미트 스위치 등의 전기부품의 고장, 전원 전압의 변동 및 정전에 의해 슬라이드가 불시에 동작하지 않아야 한다.
② 사용전원전압의 ±(100분의 20)의 변동에 대하여 정상으로 작동되어야 한다.

[그림] 광전자식 방호장치

참고 산업안전산업기사 필기 p.3-106(합격날개 : 합격예측)

KEY
① 2018년 3월 4일 산업기사(문제 54번) 출제
② 2022년 4월 17일(문제 51번) 출제

---

55 산업안전보건법령상 프레스기를 사용하여 작업을 할 때 작업시작 전 점검사항으로 틀린 것은?

① 클러치 및 브레이크의 기능
② 압력방출장치의 기능
③ 크랭크축·플라이휠·슬라이드·연결봉 및 연결나사의 풀림 유무
④ 프레스의 금형 및 고정 볼트의 상태

해설

프레스 작업시작전 점검사항
① 클러치 및 브레이크의 기능
② 크랭크축·플라이휠·슬라이드·연결봉 및 연결나사의 풀림 유무
③ 1행정 1정지기구·급정지장치 및 비상정지장치의 기능
④ 슬라이드 또는 칼날에 의한 위험방지 기구의 기능
⑤ 프레스의 금형 및 고정볼트 상태
⑥ 방호장치의 기능
⑦ 전단기(剪斷機)의 칼날 및 테이블의 상태

참고 산업안전산업기사 필기 p.3-54(표 : 기계·기구의 위험요소 작업시작 전 점검사항)

KEY
① 2016년 3월 6일 출제
② 2017년 3월 5일, 5월 7일, 8월 26일 출제
③ 2018년 3월 4일 출제
④ 2021년 8월 14일 출제
⑤ 2022년 3월 5일(문제 47번), 4월 17일(문제 55번) 출제

합격정보
산업안전보건기준에 관한 규칙 [별표 3] 작업시작전 점검사항

---

56 산업안전보건법령상 아세틸렌 용접장치의 아세틸렌 발생기실을 설치하는 경우 준수하여야 하는 사항으로 옳은 것은?

① 벽은 가연성 재료로 하고 철근 콘크리트 또는 그 밖에 이와 동등하거나 그 이상의 강도를 가진 구조로 할 것
② 바닥면적의 16분의 1 이상의 단면적을 가진 배기통을 옥상으로 돌출시키고 그 개구부를 창이나 출입구로부터 1.5미터 이상 떨어지도록 할 것
③ 출입구의 문은 불연성 재료로 하고 두께 1.0밀리미터 이하의 철판이나 그 밖에 그 이상의 강도를 가진 구조로 할 것
④ 발생기실을 옥외에 설치한 경우에는 그 개구부를 다른 건축물로부터 1.0미터 이내 떨어지도록 할 것

해설

산업안전보건기준에 관한 규칙 제287조(발생기실의 구조 등)
사업주는 발생기실을 설치하는 경우에 다음 각 호의 사항을 준수하여야 한다.
1. 벽은 불연성 재료로 하고 철근 콘크리트 또는 그 밖에 이와 같은 수준이거나 그 이상의 강도를 가진 구조로 할 것
2. 지붕과 천장에는 얇은 철판이나 가벼운 불연성 재료를 사용할 것
3. 바닥면적의 16분의 1 이상의 단면적을 가진 배기통을 옥상으로 돌출시키고 그 개구부를 창이나 출입구로부터 1.5미터 이상 떨어지도록 할 것
4. 출입구의 문은 불연성 재료로 하고 두께 1.5밀리미터 이상의 철판이나 그 밖에 그 이상의 강도를 가진 구조로 할 것
5. 벽과 발생기 사이에는 발생기의 조정 또는 카바이드 공급 등의 작업을 방해하지 않도록 간격을 확보할 것

[정답] 55 ② 56 ②

| 참고 | 산업안전산업기사 필기 p.3-118(합격날개 : 합격예측 및 관련법규)
| KEY | ① 2016년 3월 6일 산업기사 출제
② 2017년 5월 7일 기사 출제
③ 2018년 3월 4일 산업기사 출제
④ 2018년 4월 28일 기사 출제
⑤ 2019년 8월 4일(문제 56번)
⑥ 2020년 9월 27일(문제 44번) 출제
⑦ 2022년 4월 17일(문제 60번) 출제

| 보충학습 |
아세틸렌 용접장치 화기 안전거리
① 발생기 : 5[m]
② 발생기실 : 3[m]

| 합격정보 |
산업안전보건기준에 관한 규칙 제287조(발생기실의 구조 등)

57 프레스에 대한 안전장치 중 금형 안에 손이 들어가지 않는 구조(No Hand in Die Type)인 것은?

① 자동 송급식 ② 양수 조작식
③ 손쳐내기식 ④ 감응식

| 해설 |
프레스방호장치
(1) No-hand in die 방식의 종류
　① 안전울 부착 프레스
　② 안전금형 부착 프레스
　③ 전용 프레스 도입
　④ 자동 프레스(송급식) 도입
(2) hand in die 방식의 종류
　① 프레스기의 종류, 압력능력, 매분 행정수, 행정길이 및 작업 방법에 따른 방호장치
　　㉮ 가드식 방호장치
　　㉯ 손쳐내기식 방호장치
　　㉰ 수인식 방호장치
　② 프레스기의 정지 성능에 상응하는 방호장치
　　㉮ 양수 조작식 방호장치
　　㉯ 감응식 방호장치

| 참고 | 산업안전산업기사 필기 p.3-109(표. 프레스기 안전장치)
| KEY | ① 1996년 10월 16일(문제 56번)
② 2001년 3월 4일(문제 59번)
③ 2006년 5월 14일(문제 49번) 출제
④ 2022년 3월 2일(문제 46번) 출제

58 동력 프레스를 숫돌의 지름이 D[mm], 회전수 N[rpm]이라 할 때 연삭숫돌의 원주속도 V[m/min]를 구하는 식으로 옳은 것은?

① $D \cdot N$ ② $\pi \cdot D \cdot N$
③ $\dfrac{D \cdot N}{1,000}$ ④ $\dfrac{\pi \cdot D \cdot N}{1,000}$

| 해설 |
숫돌의 원주속도
원주속도[m/분] = π×숫돌 지름 D[m]×숫돌의 매분 회전수 N[rpm]
$$= \dfrac{\pi D[\text{mm}] N[\text{rpm}]}{1,000}$$

| 참고 | 산업안전산업기사 필기 p.3-92(합격날개 : 합격예측)
| KEY | ① 2010년 3월 7일(문제 43번) 출제
② 2022년 3월 2일(문제 47번) 출제

59 그림과 같이 2[개]의 슬링 와이어로프로 무게 1,000[N]의 화물을 인양하고 있다. 로프 T_{AB}에 발생하는 장력의 크기는 약 몇 [N]인가?

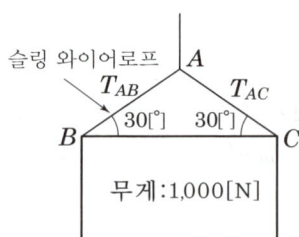

① 500[N] ② 707[N]
③ 1,000[N] ④ 1,414[N]

| 해설 |
$T_{(AB)}$ 장력크기
와이어로프 한 가닥에 작용하는 장력(T)
그림을 다음과 같이 변경할 수 있다.

[정답] 57 ① 58 ④ 59 ③

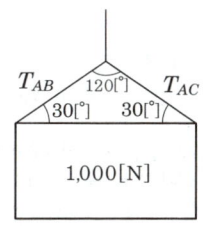

① 삼각형 전체 합산 각도는 180[°]이다.
180 = 30 + 30 + θ → θ = 120[°]

② 장력 $T_{AB} = \dfrac{\dfrac{W}{2}}{\cos\dfrac{\theta}{2}} = \dfrac{\dfrac{1,000}{2}}{\cos\dfrac{120}{2}} = 1,000[N]$

참고 ▶ 산업안전산업기사 필기 p.3-151 (3. 와이어로프에 걸리는 하중계산)

KEY ▶ ① 2009년 3월 1일(문제 50번) 출제
② 2022년 3월 2일(문제 49번) 출제

보충학습
cos60[°] = 1/2

60 프레스의 안전장치가 아닌 것은?

① 스위프가드(sweep guard)
② 풀 아웃(pull out)
③ 게이트가드(gate guard)
④ 롤 피더(roll feeder)

해설
프레스 안전장치
① 손쳐내기식(Push away, sweep guard)
② 수인식(Pull out)
③ 게이트가드
④ 양수조작식
⑤ 광전자식

참고 ▶ 산업안전산업기사 필기 p.3-101 (4) 프레스의 안전장치 및 방호대책

KEY ▶ ① 2007년 5월 13일(문제 56번) 출제
② 2022년 3월 5일 기사 출제
③ 2022년 3월 2일(문제 57번) 출제

4 전기 및 화학설비 안전관리

61 절연물은 여러 가지 원인으로 전기저항이 저하되어 이른바 절연불량을 일으켜 위험한 상태가 되는데 절연불량의 주요 원인이 아닌 것은?

① 정전에 의한 전기적 원인
② 온도상승에 의한 열적 요인
③ 진동, 충격 등에 의한 기계적 요인
④ 높은 이상전압 등에 의한 전기적 요인

해설
전기기기의 절연저항값이 저하하는 요인
① 온도상승
② 진동
③ 충격
④ 높은 이상전압

참고 ▶ 산업안전산업기사 필기 p.4-17(합격날개 : 합격예측)

KEY ▶ ① 2017년 8월 26일(문제 61번) 출제
② 2023년 7월 8일(문제 70번) 출제

62 아세톤에 관한 설명으로 옳은 것은?

① 인화점은 557.8[℃]이다.
② 무색의 휘발성 액체이며 유독하지 않다.
③ 20[%] 이하의 수용액에서는 인화 위험이 없다.
④ 일광이나 공기에 노출되면 과산화물을 생성하여 폭발성으로 된다.

해설
아세톤(CH_3COCH_3 : 디메틸게톤)
① 수용성의 인화성물질(인화점 : -18[℃])
② 일광이나 공기중에 노출되면 폭발성의 과산화물 생성
③ 피부에 닿으면 탈지작용을 일으킴
④ 저장용기는 밀봉하여 냉암소에 보관

KEY ▶ ① 2015년 8월 16일(문제 71번) 출제
② 2023년 7월 8일(문제 74번) 출제

【 정답 】 60 ④ 61 ① 62 ④

보충학습

[표] 물질의 성장

물질명	화학식	인화점[°C]	비중 (물=1)	수용성
아세트 알데히드	CH_3CHO	-37.7	0.78	물에 작 녹음(용)
가솔린	C_5H_{12} ~ C_9H_{20}	-42 ~ -20	0.7 ~ 0.8	물에 녹지 않음(불)
에테르	$C_2H_5C_2H_5$	-45	0.71	물에 잘 녹지 않음(난)
아세톤	$C_2H_5OC_2H_5$	-18	0.79	물에 잘 녹음(용)

63 산업안전보건법령에서 정한 위험물을 기준량 이상으로 제조하거나 취급하는 설비 중 특수화학설비에 해당하지 않는 것은?

① 발열반응이 일어나는 반응장치
② 증류·정류·증발·추출 등 분리를 하는 장치
③ 가열로 또는 가열기
④ 고로 등 점화기를 직접 사용하는 열교환기류

해설

고로 등 점화기를 직접 사용하는 열교환기류 : 화학설비

참고 산업안전산업기사 필기 p.4-168(문제 59번)

KEY ① 2016년 8월 21일 기사 출제
② 2017년 3월 5일 기사 출제
③ 2023년 7월 8일(문제 76번) 출제

64 다음 중 건조설비의 사용상 주의사항으로 적절하지 않은 것은?

① 건조설비 가까이 가연성 물질을 두지 말 것
② 고온으로 가열 건조한 물질은 즉시 격리 저장할 것
③ 위험물 건조설비를 사용할 때는 미리 내부를 청소하거나 환기시킨 후 사용할 것
④ 건조 시 발생하는 가스·증기 또는 분진에 의한 화재·폭발의 위험이 있는 물질은 안전한 장소로 배출할 것

해설

건조설비 사용 시 주의사항
① 위험물 건조설비를 사용하는 경우에는 미리 내부를 청소하거나 환기할 것
② 위험물 건조설비를 사용하는 경우에는 건조로 인하여 발생하는 가스·증기 또는 분진에 의하여 폭발·화재의 위험이 있는 물질을 안전한 장소로 배출시킬 것
③ 위험물 건조설비를 사용하여 가열건조하는 건조물은 쉽게 이탈되지 않도록 할 것
④ 고온으로 가열건조한 인화성 액체는 발화의 위험이 없는 온도로 냉각한 후에 격납시킬 것
⑤ 건조설비(바깥면이 현저히 고온이 되는 설비만 해당)에 가까운 장소에는 인화성 액체를 두지 않도록 할 것

참고 산업안전산업기사 필기 p.4-148(합격날개 : 합격예측 및 관련법규)

KEY ① 2016년 8월 21일(문제 79번) 출제
② 2023년 7월 8일(문제 78번) 출제

합격정보
산업안전보건기준에 관한 규칙 제283조(건조설비의 사용)

65 다음은 산업안전보건법령에 따른 위험물질의 종류 중 부식성 염기류에 관한 내용이다. ( )안에 알맞은 수치는?

농도가 (   )[%] 이상인 수산화나트륨, 수산화칼륨, 그 밖에 이와 같은 정도 이상의 부식성을 가지는 염기류

① 20
② 40
③ 60
④ 80

해설

부식성 물질
① 부식성 산류
㉮ 농도가 20[%] 이상인 염산, 황산, 질산, 기타 이와 동등 이상의 부식성을 지니는 물질
㉯ 농도가 60[%] 이상인 인산, 아세트산, 플루오르산, 기타 이와 동등 이상의 부식성을 가지는 물질
② 부식성 염기류 : 농도가 40[%] 이상인 수산화나트륨, 수산화칼슘, 기타 이와 동등 이상의 부식성을 가지는 염기류

참고 산업안전산업기사 필기 p.4-130(7. 부식성 물질)

[정답] 63 ④ 64 ② 65 ②

KEY ① 2016년 3월 6일 출제
② 2017년 8월 26일 기사·산업기사 동시출제
③ 2023년 7월 8일(문제 80번) 출제

합격정보
산업안전보건기준에 관한 규칙 [별표 1] 위험물질의 종류

66 정전기 발생에 영향을 주는 요인이 아닌 것은?
① 물체의 특성
② 물체의 표면상태
③ 접촉면적 및 압력
④ 응집 속도

해설

정전기 발생에 영향을 주는 요인
① 물질(체)의 특성
② 물질의 이력
③ 물질의 표면
④ 정전기분리속도
⑤ 접촉면적 및 압력

참고 산업안전산업기사 필기 p.4-32(1. 정전기 발생 원리)

KEY ① 2016년 8월 21일 기사 출제
② 2017년 3월 5일, 5월 7일 기사 출제
③ 2023년 5월 13일(문제 62번) 기사 등 5회 이상 출제

67 제전기의 설치 장소로 가장 적절한 것은?
① 대전물체의 뒷면에 접지물체가 있는 경우
② 정전기의 발생원으로부터 5~20[cm] 정도 떨어진 장소
③ 오물과 이물질이 자주 발생하고 묻기 쉬운 장소
④ 온도가 150[℃], 상대습도가 80[%] 이상인 장소

해설

제전기 설치 장소
① 제전기를 설치하기 전후의 전위를 측정하여 제전의 목표치를 만족하는 위치 또는 제전효율이 90[%] 이상이 되는 위치
② 제전기를 설치하기 전에 대전물체의 전위를 측정하여 그 전위가 될 수 있는 한 높은 위치
③ 정전기의 발생원에서 최소한 설치거리 이상 떨어져 있으면서 될 수 있는 한 발생원에 가까운 위치로서 일반적으로 정전기의 발생원에서 5~20[cm] 이상 떨어진 위치

④ 제전기의 설치위치는 원칙적으로 대전물체 배면의 접지체 또는 다른 제전기가 설치되어 있는 위치, 정진기의 발생원, 제전기에 오물이 묻기 쉬운 장소는 피하고 온도가 150[℃], 상대습도가 80[%] 이상이 되는 환경은 피해야 한다.

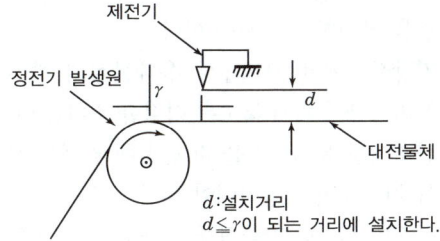

[그림] 제전기의 설치

참고 산업안전산업기사 필기 p.4-41(4. 제전대상에 따른 제전기의 선정)

KEY ① 2020년 8월 23일(문제 61번) 출제
② 2023년 5월 13일(문제 64번) 출제

68 감전을 방지하기 위하여 정전작업 요령을 관계 근로자에게 주지시킬 필요가 없는 것은?
① 전원설비 효율에 관한 사항
② 단락접지 실시에 관한 사항
③ 전원 재투입 순서에 관한 사항
④ 작업 책임자의 임명, 정전범위 및 절연용 보호구 작업 등 필요한 사항

해설

정전 작업 시 5대 안전수칙
① 작업 전 전원차단
② 전원투입방지
③ 작업장소의 무전압 여부 확인
④ 단락접지
⑤ 작업장소의 보호

참고 산업안전산업기사 필기 p.4-76(1. 정전작업 시 조치사항)

KEY ① 2016년 8월 21일 출제
② 2017년 5월 7일 기사·산업기사 동시 출제
③ 2023년 6월 4일 기사 등 5회 이상 출제
④ 2023년 5월 13일(문제 70번) 출제

[정답] 66 ④ 67 ② 68 ①

69 산업안전보건법령상 관리대상 유해물질의 운반 및 저장 방법으로 적절하지 않은 것은?

① 저장장소에는 관계 근로자가 아닌 사람의 출입을 금지하는 표시를 한다.
② 저장장소에서 관리대상 유해물질의 증기가 실외로 배출되지 않도록 적절한 조치를 한다.
③ 관리대상 유해물질을 저장할 때 일정한 장소를 지정하여 저장하여야 한다.
④ 물질이 새거나 발산될 우려가 없는 뚜껑 또는 마개가 있는 튼튼한 용기를 사용한다.

해설
관리대상물질의 저장방법
① 관리대상 유해물질의 증기를 실외로 배출시키는 설비를 설치할 것
② 저장장소에는 관계 근로자가 아닌 사람의 출입을 금지하는 표시를 한다.
③ 관리대상 유해물질을 저장할 때 일정한 장소를 지정하여 저장하여야 한다.
④ 물질이 새거나 발산될 우려가 없는 뚜껑 또는 마개가 있는 튼튼한 용기를 사용한다.

참고 산업안전산업기사 필기 p.4-137(합격날개 : 합격예측 및 관련법규)

KEY ① 2018년 4월 28일(문제 76번) 출제
② 2023년 5월 13일(문제 74번) 출제

합격정보
산업안전보건기준에 관한 규칙 제443조(관리대상물질의 저장)

70 염소산칼륨에 관한 설명으로 옳은 것은?

① 탄소, 유기물과 접촉 시에도 분해폭발 위험은 거의 없다.
② 열에 강한 성질이 있어서 500[℃]의 고온에서도 안정적이다.
③ 찬물이나 에탄올에도 매우 잘 녹는다.
④ 산화성 고체물질이다.

해설
염소산 칼륨(KClO$_3$)
① 제1류 위험물 : 산화성고체
② 상온에서 고체상태, 마찰 충격 등으로 많은 산소를 방출
③ 가연물의 연소를 돕는 조연성 물질이며, 강산화성 물질
④ 유기물, 탄소, 황 등과 혼합하여 가열하거나 충격을 부여하면 폭발
⑤ 극약, 녹는점 368[℃], 비중 2.326(39[℃])이다.
⑥ 가열하면 400[℃]에서 분해하여 과염소산칼륨과 염화칼륨이 되며, 더 가열하면 산소를 방출하고 전부 염화칼륨이 된다.

참고 산업안전산업기사 필기 p.4-133(3. 유해화학물질 취급 시 주의사항)

KEY ① 2020년 8월 23일(문제 71번) 출제
② 2023년 5월 13일(문제 79번) 출제

71 다음 중 전류밀도, 통전전류, 접촉면적과 피부저항과의 관계를 설명한 것으로 옳은 것은?

① 같은 크기의 전류가 흘러도 접촉면적이 커지면 피부저항은 작게 된다.
② 같은 크기의 전류가 흘러도 접촉면적이 커지면 전류밀도는 커진다.
③ 전류밀도와 접촉면적은 비례한다.
④ 전류밀도와 전류는 반비례한다.

해설
접촉면적이 작으면 피부저항은 크고 접촉면적이 넓으면 피부저항은 작다.

KEY ① 2012년 3월 4일(문제 64번) 출제
② 2023년 3월 1일(문제 64번) 출제

보충학습
ESR(electric skin resistance)
피부전기저항은 피부에 전류를 흘렸을 때 그에 대항하여 생기는 피부 내의 전기저항

참고 산업안전산업기사 필기 p.4-24(문제 3번)

72 전기설비 등에는 누전에 의한 감전의 위험을 방지하기 위하여 전기기계·기구의 접지를 실시하도록 하고 있다. 전기기계·기구의 접지에 대한 설명 중 틀린 것은?

[정답] 69 ② 70 ④ 71 ① 72 ②

① 특별고압의 전기를 취급하는 변전소·개폐소 그 밖에 이와 유사한 장소에서는 지락(地絡) 사고가 발생할 경우 접지극의 전위상승에 의한 감전위험을 감소시키기 위한 조치를 하여야 한다.
② 코드 및 플러그를 접속하여 사용하는 전압이 대지전압 110[V]를 넘는 전기기계·기구가 노출된 비충전 금속체에는 접지를 반드시 실시하여야 한다.
③ 접지설비에 대하여는 상시 적정상태 유지여부를 점검하고 이상을 발견한 때에는 즉시 보수하거나 재설치하여야 한다.
④ 전기기계·기구의 금속체 외함·금속제 외피 및 철대에는 접지를 실시하여야 한다.

해설

누전차단기를 설치하여야 되는 장소
① 전기기계·기구 중 대지전압이 150[V]를 초과하는 이동형 또는 휴대형의 것
② 물 등 도전성이 높은 액체에 의한 습윤장소
③ 철판·철골 위 등 도전성이 높은 장소
④ 임시배선의 전로가 설치되는 장소

참고 산업안전산업기사 필기 p.4-6(2. 누전차단기 설치 장소)

KEY ① 2019년 8월 4일 (문제 62번) 출제
② 2020년 6월 14일(문제 70번) 출제
③ 2023년 3월 1일(문제 70번) 출제

합격정보
산업안전보건기준에 관한 규칙 제304조(누전차단기에 의한 감전방지)

73 다음 중 분진폭발의 가능성이 가장 낮은 물질은?

① 소맥분 ② 마그네슘
③ 질석가루 ④ 석탄

해설

분진 폭발 물질
① 금속 : Al, Mg, Fe, Mn, Si, Sn
② 분말 : 티탄, 바나듐, 아연, Dow합금
③ 농산물 : 밀가루, 녹말, 솜, 쌀, 콩, 코코아, 커피

참고 산업안전산업기사 필기 p.4-103(표. 증기폭발, 분진폭발, 분해폭발)

KEY ① 2016년 5월 8일 기사 출제
② 2017년 8월 26일 기사 출제
③ 2023년 3월 1일(문제 72번) 출제

보충학습

질석
① 질석은 퍼미큐라이트 라고 하는 건축용자재로서 파종이나 삽목에 토양으로 사용하는 재료
② 주로 펄라이트와 배합을 해서 사용

74 다음 중 산업안전보건법령상 산화성 액체 또는 산화성 고체에 해당하지 않는 것은?

① 질산 ② 중크롬산
③ 과산화수소 ④ 질산에스테르

해설

질산에스테르 : 폭발성물질

참고 산업안전산업기사 필기 p.4-129(1. 위험물의 성질과 위험성)

KEY ① 2018년 3월 4일 출제
② 2018년 4월 28일 출제
③ 2022년 7월 2일(문제 71번) 출제

합격정보
산업안전보건기준에 관한 규칙 [별표1] 위험물질의 종류

75 마그네슘의 저장 및 취급에 관한 설명으로 틀린 것은?

① 화기를 엄금하고, 가열, 충격, 마찰을 피한다.
② 질분말이 비산하지 않도록 밀봉하여 저장한다.
③ 제6류 위험물과 같은 산화제와 혼합되지 않도록 격리, 저장한다.
④ 일단 연소하면 소화가 곤란하지만 초기 소화 또는 소규모 화재 시 물, CO_2 소화설비를 이용하여 소화한다.

[**정답**] 73 ③ 74 ④ 75 ④

해설

마그네슘의 저장 취급방법
① 발화성 물질
② 반드시 격리 저장

참고 산업안전산업기사 필기 p.4-131((2)유독성 물질관리와 관련된 중요사항)

KEY ① 2017년 8월 26일 기사 출제
② 2022년 7월 2일(문제 78번) 출제

보충학습
화재시 반드시 건조사를 사용한다.

76 다음 중 고체의 연소방식에 관한 설명으로 옳은 것은?

① 분해연소란 고체가 표면의 고온을 유지하며 타는 것을 말한다.
② 표면연소란 고체가 가열되어 열분해가 일어나고 가연성 가스가 공기 중의 산소와 타는 것을 말한다.
③ 자기연소란 공기 중 산소를 필요로 하지 않고 자신이 분해되며 타는 것을 말한다.
④ 분무연소란 고체가 가열되어 가연성 가스를 발생시키며 타는 것을 말한다.

해설

분무연소[spray combustion : 噴霧燃燒]
① 경질유나 중유의 공업상의 일반적 연소법으로서 연료유를 기계적으로 수(數)미크론 내지 수백(數百) 미크론의 무수한 오일방울로 미립화(분무)함으로써 증발 표면적을 비약적으로 증가시켜 연소시키는 것
② 보일러에 있어서의 오일 연소는 모두 분무 연소이다.

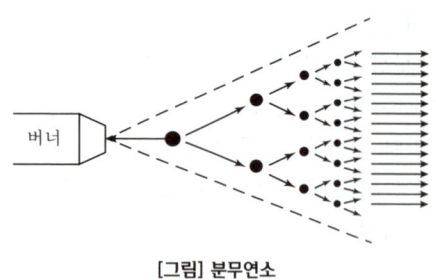

[그림] 분무연소

참고 산업안전산업기사 필기 p.4-98 (2. 고체의 연소)

KEY ① 2016년 8월 21일 출제
② 2017년 5월 7일 출제
③ 2022년 7월 2일(문제 80번) 출제

보충학습

[표] 고체연소종류

종류	특 징
표면연소	연소물 표면에서 산소와 급격한 산화반응으로 열과 빛을 발생하는 현상으로 가연성가스 발생이나 열분해 반응이 없어 불꽃이 없는 것이 특징 예 코크스, 금속분, 목탄 등
분해연소	고체 가연물이 점화원에 의해 복잡한 경로의 열분해 반응으로 가연성 증기가 발생하여 공기와 연소범위를 형성하게 되어 연소하는 형태 예 목재, 종이, 플라스틱, 석탄 등
증발연소	고체 가연물이 점화원에 의해 상태변화(융해)를 일으켜 액체가 되고 일정 온도에서 가연성 증기가 발생, 공기와 혼합하여 연소하는 형태 예 나프탈렌, 황, 파라핀 등
자기연소	분자내에 산소를 함유하고 있는 고체 가연물이 외부의 산소 공급원 없이 점화원에 의해 연소하는 형태 예 제5류 위험물, 니트로 글리셀린, 니트로 세룰로우스, 트리니트로 톨루엔, 질산 에틸 등

77 정전기 재해방지에 관한 설명 중 틀린 것은?

① 이황화탄소의 수송 과정에서 배관 내의 유속을 2.5[m/s] 이상으로 한다.
② 포장 과정에서 용기를 도전성 재료에 접지한다.
③ 인쇄 과정에서 도포량을 소량으로 하고 접지한다.
④ 작업장의 습도를 높여 전하가 제거되기 쉽게 한다.

해설

초기 배관 내 유속 제한
① 도전성 위험물로써 저항률이 10^{10} [Ωcm] 미만의 배관유속은 7[m/s] 이하
② 이황화탄소, 에테르 등과 같이 폭발위험성이 높고 유동대전이 심한 액체는 1[m/s] 이하
③ 비수용성이면서 물기가 기체를 혼합한 위험물은 1[m/s] 이하

참고 산업안전산업기사 필기 p.4-38(2. 배관내 액체의 유속 제한)

[**정답**] 76 ③ 77 ①

KEY ① 2015년 3월 8일(문제 64번)
② 2016년 8월 21일 (문제 66번) 출제
③ 2022년 4월 17일(문제 64번) 출제

78 분진폭발의 특징으로 옳은 것은?

① 연소속도가 가스폭발보다 크다.
② 완전연소로 가스중독의 위험이 작다.
③ 화염의 파급속도보다 압력의 파급속도가 빠르다.
④ 가스 폭발보다 연소시간은 짧고 발생에너지는 작다.

해설

압력의 속도
① 압력속도는 300[m/s] 정도이다.
② 화염속도보다는 압력속도가 훨씬 빠르다.

참고 산업안전산업기사 필기 p.4-105(표. 분진 폭발의 특징)

KEY ① 2018년 4월 28일 기사 출제
② 2019년 8월 4일(문제 86번) 출제
③ 2022년 4월 17일(문제 77번) 출제

79 다음 중 증류탑의 일상 점검항목으로 볼 수 없는 것은?

① 도장의 상태
② 트레이(Tray)의 부식상태
③ 보온재, 보냉재의 파손여부
④ 접속부, 맨홀부 및 용접부에서의 외부 누출 유무

해설

증류탑 일상 점검항목
① 보온재 및 보냉재의 파손상황
② 도장의 열화상황
③ 플랜지부, 맨홀부, 용접부에서 외부 누출 여부
④ 기초볼트의 헐거움 여부
⑤ 증기배관에 열팽창에 의한 무리한 힘이 가해지고 있는지의 여부
⑥ 부식에 의해 두께가 얇아지고 있는지의 여부

참고 산업안전산업기사 필기 p.4-147(3. 증류탑의 점검사항)

KEY ① 2010년 7월 25일(문제 72번) 출제
③ 2022년 3월 2일(문제 78번) 출제

80 부탄의 공기 중 연소하한값 1.6[vol%]일 경우, 연소에 필요한 최소산소농도는 약 몇 [vol%]인가?

① 9.4   ② 10.4
③ 11.4 ④ 12.4

해설

최소산소농도
① $C_4H_{10} + 6.5O_2 \rightarrow 4CO_2 + 5H_2O$
② MOC(최소사용농도) = 연료의 연소하한치×산소 mol수
= 1.6×6.5 = 10.4[%]

참고 산업안전산업기사 필기 p.4-113(보충학습 및 실전문제)

KEY ① 2005년 기사출제
② 2009년 5월 10일(문제 77번) 출제
③ 2022년 3월 2일(문제 80번) 출제

5 건설공사 안전관리

81 지반의 종류가 암반 중 경암일 경우 굴착면 기울기 기준으로 옳은 것은?

① 1 : 0.3   ② 1 : 0.5
③ 1 : 1.0   ④ 1 : 1.5

해설

굴착면의 기울기 기준   예 1 : 0.5

지반의 종류	굴착면의 기울기
모래	1 : 1.8
연암 및 풍화암	1 : 1.0
경암	1 : 0.5
그 밖의 흙	1 : 1.2

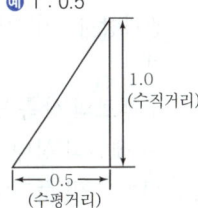

참고 산업안전산업기사 필기 p.5-56(표. 굴착면의 기울기 기준)

KEY ① 2016년 5월 8일 기사 · 산업기사 동시 출제
② 2020년 6월 7일 기사 (문제 111번) 출제
③ 2020년 9월 27일 기사 (문제 115번) 출제
④ 2023년 7월 8일(문제 97번) 출제

합격정보 산업안전보건기준에 관한 규칙 [별표 11] 굴착면의 기울기 기준

[정답] 78 ③   79 ②   80 ②   81 ②

82
옥내작업장에는 비상시에 근로자에게 신속하게 알리기 위한 경보용 설비 또는 기구를 설치하여야 한다. 그 설치대상 기준으로 옳은 것은?

① 연면적이 400[m²] 이상이거나 상시 40명 이상의 근로자가 작업하는 옥내작업장
② 연면적이 400[m²] 이상이거나 상시 50명 이상의 근로자가 작업하는 옥내작업장
③ 연면적이 500[m²] 이상이거나 상시 40명 이상의 근로자가 작업하는 옥내작업장
④ 연면적이 500[m²] 이상이거나 상시 50명 이상의 근로자가 작업하는 옥내작업장

해설

제19조(경보용 설비 등)
사업주는 연면적이 400[m²] 이상이거나 상시 50인 이상의 근로자가 작업하는 옥내작업장에는 비상시에 근로자에게 신속하게 알리기 위한 경보용 설비 또는 기구를 설치하여야 한다.

KEY
① 2019년 8월 4일(문제 89번) 출제
② 2023년 7월 8일(문제 99번) 출제

83
산업안전보건법령에 따른 크레인을 사용하여 작업을 하는 때 작업시작 전 점검사항에 해당되지 않는 것은?

① 권과방지장치·브레이크·클러치 및 운전장치의 기능
② 주행로의 상측 및 트롤리(trolley)가 횡행하는 레일의 상태
③ 원동기 및 풀리(pulley)기능의 이상 유무
④ 와이어로프가 통하고 있는 곳의 상태

해설

크레인을 사용하여 작업을 할 때 작업시작전 점검사항
① 권과방지장치·브레이크·클러치 및 운전장치의 기능
② 주행로의 상측 및 트롤리가 횡행(橫行)하는 레일의 상태
③ 와이어로프가 통하고 있는 곳의 상태

참고 산업안전산업기사 필기 p.3-54(표. 기계·기구의 위험요소 작업 시작 전 점검사항)

KEY
① 2016년 3월 6일 기사 출제
② 2017년 3월 5일 기사 출제
③ 2017년 9월 23일 산업기사 등 5회 이상 출제
④ 2023년 5월 13일(문제 82번) 출제

합격정보
산업안전보건기준에 관한 규칙 [별표 3]작업시작전 점검사항

84
지반의 조사방법 중 지질의 상태를 가장 정확히 파악할 수 있는 보링방법은?

① 충격식 보링(percussion boring)
② 수세식 보링(wash boring)
③ 회전식 보링(rotary boring)
④ 오거 보링(auger boring)

해설

회전식 보링(Rotary Boring)
① 비트(Bit)를 약 40~150[rpm]의 속도로 회전시켜 흙을 펌프를 이용하여 지상으로 퍼내 지층상태를 판단하는 것
② 가장 정확한 지층상태 확인가능

참고 산업안전산업기사 필기 p.5-7(2. 보링의 종류)

KEY
① 2017년 5월 7일(문제 98번) 출제
② 2023년 5월 13일(문제 86번) 출제

85
추락재해 방호용 방망의 신품에 대한 인장강도는 얼마인가?(단, 그물코의 크기가 10[cm]이며, 매듭방망)

① 200[kg]   ② 220[kg]
③ 240[kg]   ④ 110[kg]

해설

방망사의 신품에 대한 인장강도

그물코의 크기 (단위 :[cm])	방망의 종류 (단위 : [kg])	
	매듭없는 방망	매듭 방망
10	240	200
5		110

[정답] 82 ② 83 ③ 84 ③ 85 ①

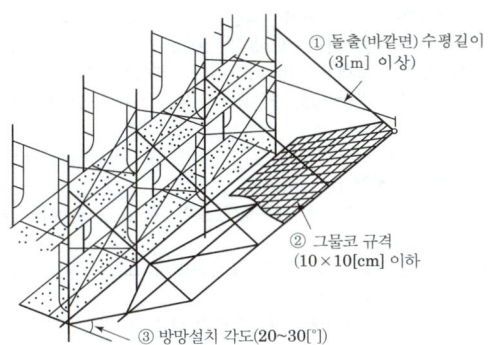

[그림] 추락 방호망

참고) 산업안전산업기사 필기 p.5-50(1. 방망사의 강도)

KEY ▶ ① 2016년 5월 8일 기사 출제
② 2017년 3월 5일 기사 출제
③ 2017년 8월 26일 기사 등 5회 이상 출제
④ 2023년 5월 13일(문제 88번) 출제

86 옹벽이 외력에 대하여 안정하기 위한 검토 조건이 아닌 것은?

① 전도
② 활동
③ 좌굴
④ 지반 지지력

해설

옹벽의 안정조건 3가지
① 활동 ② 전도 ③ 지반지지력

참고) 산업안전산업기사 필기 p.5-59(3. 옹벽의 안정조건 3가지)

KEY ▶ ① 2015년 5월 31일(문제 89번) 출제
② 2023년 5월 13일(문제 97번) 출제

87 철근콘크리트 슬래브에 발생하는 응력에 관한 설명으로 옳지 않은 것은?

① 전단력은 일반적으로 단부보다 중앙부에서 크게 작용한다.
② 중앙부 하부에는 인장응력이 발생한다.
③ 단부 하부에는 압축응력이 발생한다.
④ 휨응력은 일반적으로 슬래브의 중앙부에서 크게 작용한다.

해설

전단력은 단부에서 크게 작용한다.

참고) 산업안전산업기사 필기 p.5-147(합격날개 : 은행문제)

KEY ▶ ① 2014년 8월 17일(문제 91번) 출제
② 2019년 4월 27일(문제 85번) 출제
③ 2023년 5월 13일(문제 98번) 출제

88 다음 중 구조물의 해체작업을 위한 기계·기구가 아닌 것은?

① 쇄석기
② 데릭
③ 압쇄기
④ 철제 해머

해설

데릭(derrick)
① 철골세우기용 대표적 기계
② 가장 일반적인 기중기

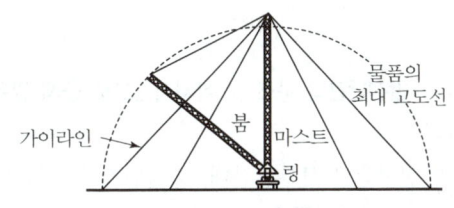

[그림] 가이데릭

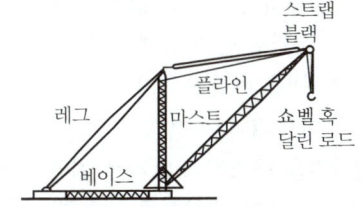

[그림] 스티프레그(삼각)데릭

참고) ① 산업안전산업기사 필기 p.5-137(1. 가이데릭)
② 산업안전산업기사 필기 p.5-157(합격날개 : 합격예측)

KEY ▶ ① 2018년 4월 28일(문제 83번) 출제
② 2023년 5월 13일(문제 99번) 출제

[정답] 86 ③ 87 ① 88 ②

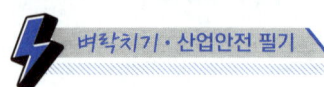

89 강관비계의 구조에서 비계기둥 간의 최대 허용 적재 하중으로 옳은 것은?

① 500[kg] ② 400[kg]
③ 300[kg] ④ 200[kg]

해설

강관비계의 비계기둥 간의 적재하중 : 400[kg]

참고 ① 산업안전산업기사 필기 p.5-94(라. 비계기둥 간의 적재하중)
② 산업안전산업기사 필기 p.5-99(합격날개 : 합격예측 및 관련법규)

KEY ① 2016년 10월 1일 기사 출제
② 2017년 3월 5일 기사 출제
③ 2018년 4월 28일(문제 83번) 출제
④ 2023년 5월 13일(문제 100번) 출제

합격정보
산업안전보건기준에 관한 규칙 제60조(강관비계의 구조)

90 안전난간의 구조 및 설치기준으로 옳지 않은 것은?

① 안전난간은 상부난간대, 중간난간대, 발끝막이판, 난간기둥으로 구성할 것
② 상부난간대와 중간난간대의 난간 길이 전체에 걸쳐 바닥면 등과 평행을 유지할 것
③ 발끝막이판은 바닥면 등으로부터 10[cm] 이상의 높이를 유지할 것
④ 안전난간은 구조적으로 가장 취약한 지점에서 가장 취약한 방향으로 작용하는 80[kg] 이상의 하중에 견딜 수 있는 튼튼한 구조일 것

해설

안전난간의 구조 및 설치기준
① 상부난간대, 중간난간대, 발끝막이판 및 난간기둥으로 구성할 것. 다만, 중간난간대, 발끝막이판 및 난간기둥은 이와 비슷한 구조와 성능을 가진 것으로 대체할 수 있다.
② 상부난간대는 바닥면·발판 또는 경사로의 표면(이하 "바닥면 등"이라 한다)으로부터 90[cm] 이상 지점에 설치하고, 상부 난간대를 120[cm] 이하에 설치하는 경우에는 중간난간대는 상부 난간대와 바닥면 등의 중간에 설치하여야 하며, 120[cm] 이상 지점에 설치하는 경우에는 중간 난간대를 2단 이상으로 균등하게 설치하고 난간의 상하 간격은 60[cm] 이하가 되도록 할 것
③ 발끝막이판은 바닥면 등으로부터 10[cm] 이상의 높이를 유지할 것. 다만, 물체가 떨어지거나 날아올 위험이 없거나 그 위험을 방지할 수 있는 망을 설치하는 등 필요한 예방 조치를 한 장소는 제외한다.
④ 난간기둥은 상부난간대와 중간난간대를 견고하게 떠받칠 수 있도록 적정한 간격을 유지할 것
⑤ 상부난간대와 중간난간대는 난간 길이 전체에 걸쳐 바닥면 등과 평행을 유지할 것
⑥ 난간대는 지름 2.7[cm] 이상의 금속제 파이프나 그 이상의 강도가 있는 재료일 것
⑦ 안전난간은 구조적으로 가장 취약한 지점에서 가장 취약한 방향으로 작용하는 100[kg] 이상의 하중에 견딜 수 있는 튼튼한 구조일 것

참고 산업안전산업기사 필기 p.5-151(합격날개 : 합격예측 및 관련법규)

KEY ① 2023년 2월 28일 기사 등 5회 이상 출제
② 2023년 3월 1일(문제 82번) 출제

합격정보
산업안전보건기준에 관한 규칙 제13조(안전난간의 구조 및 설치 요건)

91 철근콘크리트공사에서 슬래브에 대하여 거푸집동바리를 설치할 때 고려해야 할 사항으로 가장 거리가 먼 것은?

① 철근콘크리트의 고정하중
② 타설시의 충격하중
③ 콘크리트의 측압에 의한 하중
④ 작업인원과 장비에 의한 하중

해설

연직방향 하중
① 타설콘크리트 고정하중
② 타설시 충격하중
③ 작업원 등의 작업하중

참고 산업안전산업기사 필기 p.5-146(1. 연직하중)

KEY ① 2015년 3월 8일(문제 89번) 출제
② 2023년 3월 1일(문제 86번) 출제

보충학습
연직하중(W) = 고정하중 + 활하중
= (콘크리트 + 거푸집)중량 + (충격 + 작업)하중
= ($r \cdot t$ + 40)[kg/m²] + 250[kg/m²]
(r : 철근콘크리트 단위중량[kg/m³], t : 슬래브 두께[m])

[정답] 89 ② 90 ④ 91 ③

92. 강관틀비계의 높이가 20[m]를 초과하는 경우 주틀간의 간격은 최대 얼마 이하로 사용해야 하는가?

① 1.0[m] ② 1.5[m]
③ 1.8[m] ④ 2.0[m]

해설

강관틀 비계의 높이가 20[m] 초과시 주틀간의 간격 : 1.8[m] 이하

참고 ① 산업안전산업기사 필기 p.5-96(② 조립)
② 산업안전산업기사 필기 p.5-101(합격날개 : 합격예측 및 관련법규)

KEY ① 2019년 3월 3일(문제 97번) 출제
② 2023년 3월 1일(문제 91번) 출제

합격정보
산업안전보건기준에 관한 규칙 제62조(강관틀비계)

93. 강관비계 중 단관비계의 조립간격(벽체와의 연결간격)으로 옳은 것은?

① 수직방향 : 6[m], 수평방향 : 8[m]
② 수직방향 : 5[m], 수평방향 : 5[m]
③ 수직방향 : 4[m], 수평방향 : 6[m]
④ 수직방향 : 8[m], 수평방향 : 6[m]

해설

강관비계 및 통나무비계 조립 간격

구 분	조립 간격(단위:m)	
	수직방향	수평방향
단관비계	5	5
틀비계(높이가 5[m] 미만의 것을 제외한다.)	6	8

참고 산업안전산업기사 필기 p.5-127(문제 35번)

KEY ① 2004년 5월 23일(문제 93번) 출제
② 2014년 3월 2일(문제 90번) 출제
③ 2023년 3월 1일(문제 97번) 출제

보충학습
블레이드
① 불도저의 부속장치
② 불도저는 배토정지용 기계

94. 낮은 지면에서 높은 곳을 굴착하는데 가장 적합한 굴착기는?

① 백호우 ② 파워셔블
③ 드래그라인 ④ 클램쉘

해설

파워셔블(power shovel)
① 중기가 위치한 지면보다 높은 곳의 땅을 굴착하는데 적합
② 산지에서의 토공사, 암반 등 점토질까지 굴착가능

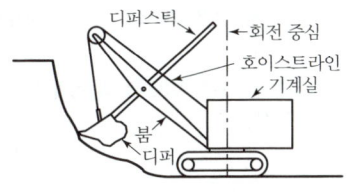

[그림] 파워셔블

참고 산업안전산업기사 필기 p.5-62 (① 파워셔블)

KEY ① 2016년 5월 8일 기사 출제
② 2022년 7월 2일(문제 100번) 출제

합격정보
2022년 7월 24일 실기 필답형 출제

95. 건설현장에 거푸집 및 동바리 설치 시 준수사항으로 옳지 않은 것은?

① 파이프 서포트 높이가 4.5[m]를 초과하는 경우에는 높이 2[m] 이내마다 2개 방향으로 수평연결재를 설치한다.
② 동바리의 침하 방지를 위해 깔목의 사용, 콘크리트 타설, 말뚝박기 등을 실시한다.
③ 강재와 강재의 접속부는 볼트 또는 클램프 등 전용철물을 사용한다.
④ 강관틀 동바리는 강관틀과 강관틀 사이에 교차가새를 설치한다.

[정답] 92 ③ 93 ② 94 ② 95 ①

해설

동바리로 사용하는 파이프서포트 안전기준
① 파이프서포트를 3개 이상 이어서 사용하지 아니하도록 할 것
② 파이프서포트를 이어서 사용할 경우에는 4개 이상의 볼트 또는 전용철물을 사용하여 이을 것
③ 높이가 3.5[m]를 초과할 경우에는 높이 2[m] 이내마다 수평연결재를 2개 방향으로 만들고 수평연결재의 변위를 방지할 것

참고 산업안전산업기사 필기 p.5-87(합격날개 : 합격예측 및 관련법규)

KEY
① 2018년 3월 4일 기사·산업기사 동시 출제
② 2018년 8월 19일, 9월 15일 출제
③ 2022년 4월 17일(문제 81번) 등 20회 이상 출제

합격정보
산업안전보건기준에 관한 규칙 제332조의2(동바리유형에 따른 동바리 조립 시의 안전조치)

---

96 건설공사의 유해위험방지계획서 제출 기준일로 옳은 것은?

① 당해공사 착공 1개월 전까지
② 당해공사 착공 15일 전까지
③ 당해공사 착공 전날 까지
④ 당해공사 착공 15일 후까지

해설

유해위험방지계획서 제출기간
① 건설업 : 공사착공 전날까지
② 제조업 : 해당작업 시작 15일 전까지
③ 제출처 : 한국산업안전보건공단

참고 산업안전산업기사 필기 p.2-37(③ 법적 목적)

KEY
① 2012년 5월 20일(문제 57번) 출제
② 2016년 3월 6일(문제 57번) 출제
③ 2017년 9월 23일(문제 57번) 출제
④ 2022년 4월 17일(문제 83번) 출제

합격정보
산업안전보건법 시행규칙 제42조(제출서류 등)

---

97 사다리식 통로 등의 구조에 대한 설치기준으로 옳지 않은 것은?

① 발판의 간격은 일정하게 할 것
② 발판과 벽과의 사이는 15[cm] 이상의 간격을 유지 할 것
③ 사다리식 통로의 길이가 10[m] 이상인 때에는 7[m] 이내마다 계단참을 설치할 것
④ 사다리의 상단은 걸쳐놓은 지점으로부터 60[cm] 이상 올라가도록 할 것

해설

사다리식 통로의 길이가 10[m] 이상인 경우에는 5[m] 이내마다 계단참을 설치할 것

참고 산업안전산업기사 필기 p.5-18(합격날개 : 합격예측 및 관련법규)

KEY
① 2016년 10월 1일 출제
② 2017년 5월 7일 기사·산업기사 동시출제
③ 2018년 4월 28일 출제
④ 2022년 4월 17일(문제 94번) 출제

합격정보
산업안전보건기준에 관한 규칙 제24조(사다리식 통로 등의 구조)

---

98 건설업 산업안전보건관리비 계상 및 사용기준은 산업재해보상 보험법의 적용을 받는 공사 중 총 공사금액이 얼마 이상인 공사에 적용하는가?(단, 전기공사업법, 정보통신공사업법에 의한 공사는 제외)

① 4천만원 ② 3천만원
③ 2천만원 ④ 1천만원

해설

제3조(적용범위) 이 고시는 「산업재해보상보험법」 제6조의 규정에 의하여 「산업재해보상보험법」의 적용을 받는 공사중 총공사금액 2천만원 이상인 공사에 적용한다. 다만, 다음 각 호의 어느 하나에 해당되는 공사중 단가계약에 의하여 행하는 공사에 대하여는 총계약금액을 기준으로 이를 적용한다.

참고 산업안전산업기사 필기 p.5-38(제3조 (적용범위))

[정답] 96 ③   97 ③   98 ③

PART 4. 연습은 실전처럼 • 2023년~2025년 과년도 전회차 문제해설

KEY
① 2016년 3월 6일 기사 출제
② 2017년 5월 7일 출제
③ 2017년 8월 26일 기사 · 산업기사 동시 출제
④ 2019년 8월 4일 기사(문제 110번) 출제
⑤ 2022년 4월 17일(문제 97번) 출제

합격정보
건설업 산업안전보건관리비 계상 및 사용기준 제2023-49호 (2024. 1. 1)

99 거푸집 동바리의 침하를 방지하기 위한 직접적인 조치로 옳지 않은 것은

① 수평연결재 사용
② 깔판의 사용
③ 콘크리트의 타설
④ 말뚝박기

해설
거푸집동바리의 침하 방지를 위한 직접적인 조치
① 깔판의 사용
② 콘크리트 타설
③ 말뚝박기
④ 받침목 사용

참고 산업안전산업기사 필기 p.5-92(합격날개 : 합격예측 및 관련법규)

KEY 2022년 4월 17일(문제 81번) 출제

합격정보
산업안전보건기준에 관한 규칙 제332조(동바리 조립 시의 안전조치)

100 건설업 산업안전보건관리비 계상 및 사용 기준에 따른 안전관리비의 개인보호구 및 안전장구 구입비 항목에서 안전관리비로 사용이 가능한 경우는?

① 안전보건관리자가 선임되지 않은 현장에서 안전보건업무를 담당하는 현장관계자용 무전기, 카메라, 컴퓨터, 프린터 등 업무용 기기
② 중대재해 목격으로 발생한 정신질환을 치료하기 위해 소요되는 비용
③ 근로자에게 일률적으로 지급하는 보냉·보온 장구
④ 감리원이나 외부에서 방문하는 인사에게 지급하는 보호구

해설
근로자의 건강장해예방비 등
① 법·영·규칙에서 규정하거나 그에 준하여 필요로 하는 각종 근로자의 건강장해 예방에 필요한 비용
② 중대재해 목격으로 발생한 정신질환을 치료하기 위해 소요되는 비용
③ 「감염병의 예방 및 관리에 관한 법률」제2조제1호에 따른 감염병의 확산 방지를 위한 마스크, 손소독제, 체온계 구입비용 및 감염병병원체 검사를 위해 소요되는 비용
④ 법 제128조의2 등에 따른 휴게시설을 갖춘 경우 온도, 조명 설치·관리기준을 준수하기 위해 소요되는 비용
⑤ 마. 건설공사 현장에서 근로자 심폐소생을 위해 사용되는 자동심장충격기(AED) 구입에 소요되는 비용

KEY
① 2017년 6월 7일 출제
② 2018년 3월 4일 기사 출제
③ 2019년 3월 3일 출제
④ 2020년 6월 14일 출제
⑤ 2022년 3월 2일(문제 83번) 출제

합격정보
건설업 산업안전보건관리비 계상 및 사용기준 : 고용노동부 고시 제2025-11호(시행 2025. 2. 12.)

[정답] 99 ① 100 ②

2024년도 산업기사 정기검정 제3회 (2024년 7월 5일 시행)

자격종목 및 등급(선택분야)
산업안전산업기사

※ 본 문제는 복원문제 및 예적(예상적중) 문제로 실제문제와 동일하지 않을 수 있습니다.

1 산업재해 예방 및 안전보건교육

01 기업조직의 원리 중 지시 일원화의 원리에 대한 설명으로 가장 적절한 것은?

① 지시에 따라 최선을 다해서 주어진 임무나 기능을 수행하는 것
② 책임을 완수하는 데 필요한 수단을 상사로부터 위임받은 것
③ 언제나 직속 상사에게서만 지시를 받고 특정 부하 직원들에게만 지시하는 것
④ 가능한 조직의 각 구성원이 한 가지 특수 직무만을 담당하도록 하는 것

해설
지시 일원화 원리 : 직속상사에게 지시받고 특정부하에게만 지시

KEY ① 2019년 8월 4일(문제 5번) 출제
② 2023년 7월 8일(문제 9번) 출제

02 인간의 욕구에 대한 적응기제(Adjustment Mechanism)를 공격적 기제, 방어적 기제, 도피적 기제로 구분할 때 다음 중 도피적 기제에 해당하는 것은?

① 보상
② 고립
③ 승화
④ 합리화

해설
적응기제의 분류
(1) 방어적 기제
　① 보상　② 합리화　③ 동일시　④ 승화
(2) 도피적 기제
　① 고립　② 퇴행　③ 억압　④ 백일몽
(3) 공격적 기제
　① 직접적　② 간접적

참고 산업안전산업기사 필기 p.1-115(보충학습)

KEY 2023년 7월 8일(문제 10번) 등 10회 이상 출제

03 위험예지훈련의 방법으로 적절하지 않은 것은?

① 반복 훈련한다.
② 사전에 준비한다.
③ 자신의 작업으로 실시한다.
④ 단위 인원수를 많게 한다.

해설
위험예지훈련 방법
① 반복훈련한다.
② 사전에 준비한다.
③ 자신의 작업으로 실시한다.
④ 단위 인원수를 최소로 한다.

KEY ① 2018년 8월 19일(문제 8번) 출제
② 2023년 7월 8일(문제 11번) 출제

04 무재해운동 추진기법 중 다음에서 설명하는 것은?

작업을 오조작 없이 안전하게 하기 위하여 작업 공정의 요소에서 자신의 행동을 하고 대상을 가리킨 후 큰 소리로 확인 하는 것

① 지적확인
② T.B.M
③ 터치 앤드 콜
④ 삼각 위험예지훈련

해설
지적확인이란
① 작업을 안전하게 오조작 없이 하기 위하여 작업공정의 요소요소에서 자신의 행동을 [○○좋아!]라고 대상을 지적하여 큰 소리로 확인하는 것을 말한다.
② 눈, 팔, 손, 입, 귀 등 5관의 감각기관을 총동원하여 확인한다.

참고 산업안전산업기사 필기 p.1-13(합격날개 : 합격예측)

KEY ① 2017년 5월 7일 출제
② 2023년 7월 8일(문제 15번) 출제

[정답] 01 ③　02 ②　03 ④　04 ①

05 리더십(leadership)의 특성에 대한 설명으로 옳은 것은?

① 지휘형태는 민주적이다.
② 권한부여는 위에서 위임된다.
③ 구성원과의 관계는 넓다.
④ 권한근거는 법적 또는 공식적으로 부여된다.

> **해설**

leadership과 headship의 비교

개인과 상황 변수	leadership	headship
권한 행사	선출된 리더	임명적 헤드
권한 부여	밑으로부터 동의	위에서 위임
권한 귀속	집단 목표에 기여한 공로 인정	공식화된 규정에 의함
상사와 부하와의 관계	개인적인 영향	지배적
부하와의 사회적 관계 (간격)	좁음	넓음
지휘 형태	민주주의적	권위주의적
책임 귀속	상사와 부하	상사
권한 근거	개인적	법적 또는 공식적

> **참고** 산업안전산업기사 필기 p.1-113(5. leadership과 headship의 비교)

> **KEY**
① 2016년 3월 6일, 8월 21일, 10월 1일 기사 출제
② 2019년 9월 21일 기사 출제
③ 2020년 8월 23일(문제 1번) 출제
④ 2023년 5월 13일(문제 8번) 등 10회 이상 출제

06 산업안전보건법령상 산업재해 조사표에 기록되어야 할 내용으로 옳지 않은 것은?

① 사업장 정보
② 재해 정보
③ 재해발생개요 및 원인
④ 안전교육 계획

> **해설**

산업재해 조사표 기록내용
① 사업장 정보
② 재해정보
③ 재해발생 개요 및 원인
④ 재발방지 계획
⑤ 직장복귀 계획

> **참고**
① 산업안전산업기사 필기 p.3-40(참고1. 산업재해 조사표)
② 산업안전산업기사 필기 p.3-40(합격날개 : 은행문제 3)

> **KEY**
① 2019년 4월 27일(문제 3번) 출제
② 2023년 5월 13일(문제 12번) 등 10회 이상 출제

> **합격정보**
산업안전보건법 시행규칙 30호[별지 서식]

07 French와 Raven이 제시한, 리더가 가지고 있는 세력의 유형이 아닌 것은?

① 전문세력(expert power)
② 보상세력(reward power)
③ 위임세력(entrust power)
④ 합법세력(legitimate power)

> **해설**

French와 Raven의 리더가 가지고 있는 세력의 유형
① 보상세력 ② 합법세력 ③ 전문세력
④ 강압세력 ⑤ 참조세력

> **참고** 산업안전산업기사 필기 p.1-113(합격날개 : 합격예측)

> **KEY**
① 2011년 3월 20일(문제 19번) 출제
② 2014년 5월 25일(문제 20번) 출제
③ 2019년 4월 27일(문제 19번) 출제
④ 2023년 5월 13일(문제 17번) 출제

08 산업재해 예방의 4원칙 중 "재해발생에는 반드시 원인이 있다."라는 원칙은?

① 대책 선정의 원칙   ② 원인 계기의 원칙
③ 손실 우연의 원칙   ④ 예방 가능의 원칙

> **해설**

하인리히 산업재해예방의 4원칙
① 예방가능의 원칙
② 손실우연의 원칙
③ 원인연계(계기)의 원칙
④ 대책선정의 원칙

[정답] 05 ① 06 ④ 07 ③ 08 ②

참고) 산업안전산업기사 필기 p.3-38(6. 하인리히 산업재해예방의 4원칙)

KEY
① 2016년 5월 8일 산업기사 출제
② 2016년 10월 1일 기사 출제
③ 2017년 3월 5일, 9월 23일 기사 출제
④ 2017년 5월 7일 산업기사 출제
⑤ 2018년 3월 4일 기사·산업기사 동시 출제
⑥ 2018년 8월 19일 출제
⑦ 2019년 3월 3일 기사·산업기사 동시 출제
⑧ 2019년 9월 21일 기사 출제
⑨ 2020년 6월 7일 기사 출제
⑩ 2023년 3월 1일(문제 1번) 출제

09
하인리히의 재해구성비율에 따라 중상 또는 사망사고가 3건, 무상해 사고가 900건 발생하였다면 경상해는 몇 건이 발생하였겠는가?

① 58건 ② 60건
③ 87건 ④ 120건

해설

하인리히(H.W.Heinrich)의 1 : 29 : 300 법칙
① 중상 또는 사망 = 900÷300 = 3건
② 경상해 = 3×29 = 87건

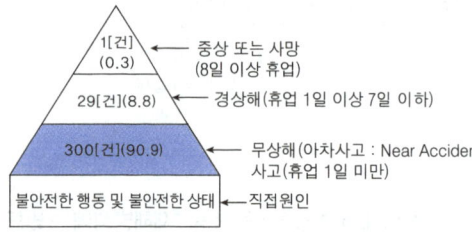

[그림] 하인리히 법칙[단위 : %]

참고) 신입인진산업기사 필기 p.3-36
(1. 하인리히(H.W.Heinrich)의 1 : 29 : 300)

KEY
① 2016년 10월 1일 기사 출제
② 2017년 9월 23일 산업기사 출제
③ 2018년 3월 4일 기사 출제
④ 2023년 2월 28일 기사 출제
⑤ 2023년 3월 1일(문제 2번) 출제

10
위험예지훈련 기초 4라운드(4R)에 관한 내용으로 옳은 것은?

① 1R : 목표설정 ② 2R : 현상파악
③ 3R : 대책수립 ④ 4R : 본질추구

해설

위험예지훈련의 4R(단계)
① 1단계 : 현상파악
② 2단계 : 본질추구
③ 3단계 : 대책수립
④ 4단계 : 목표설정

참고) 산업안전산업기사 필기 p.1-12(합격날개 : 합격예측)

KEY 2023년 3월 1일 기사 등 20회 이상 출제

11
산업안전보건법령상 안전보건표지의 종류와 형태 중 그림과 같은 경고 표지는? (단, 바탕은 무색, 기본모형은 빨간색, 그림은 검은색이다.)

① 부식성물질 경고   ② 폭발성물질 경고
③ 산화성물질 경고   ④ 인화성물질 경고

해설

경고표지의 종류

인화성 물질경고	산화성 물질경고	폭발성 물질경고	급성독성 물질경고	부식성 물질경고

방사성 물질경고	고압전기 경고	매달린 물체경고	낙하물 경고	고온 경고

[정답] 09 ③ 10 ③ 11 ④

저온 경고	몸균형 상실경고	레이저 광선경고	발암성·변이 원성·생식독성·전신독성· 호흡기과민성 물질 경고	위험장소 경고

참고 산업안전기사 필기 p.1-61(2. 경고표지)

KEY
① 2017년 9월 23일 기사 출제
② 2018년 3월 4일 기사 출제
③ 2019년 4월 27일 출제
④ 2020년 6월 7일 기사 출제
⑤ 2023년 3월 1일 출제

합격정보
산업안전보건법 시행규칙 [별표6] 안전보건표지의 종류와 형태

12 상해의 종류 중 타박, 충돌, 추락 등으로 피부 표면보다는 피하조직 등 근육부를 다친 상해를 무엇이라 하는가?

① 골절　　② 자상
③ 부종　　④ 좌상

해설
상해종류

분류 항목	세부 항목
골절	뼈가 부러진 상태
동상	저온물 접촉으로 생긴 상해
부종	국부의 혈액순환의 이상으로 몸이 퉁퉁 부어 오르는 상해
찔림(자상)	칼날 등 날카로운 물건에 찔린 상해
타박상 (뼘, 좌상)	타박, 충돌, 추락 등으로 피부표면보다는 피하조직 또는 근육부를 다친 상해

참고 산업안전산업기사 필기 p.3-46(합격날개 : 합격예측)

KEY 2022년 7월 2일(문제 1번) 출제

13 인간의 의식수준 5단계 중 정상 작업시의 단계는?

① Phase Ⅰ　　② Phase Ⅱ
③ Phase Ⅲ　　④ Phase Ⅳ

해설
인간의 의식수준 5단계

phase	생리상태	신뢰성
0	수면, 뇌발작	0
Ⅰ	피로, 단조로움, 졸음, 주취	0.9 이하
Ⅱ	안정기거, 휴식, 정상 작업시	0.99~0.99999
Ⅲ	적극적 활동시	0.999999 이상
Ⅳ	감정 흥분(공포상태)	0.9 이하

참고 산업안전산업기사 필기 p.1-119(합격날개 : 합격예측)

KEY
① 2016년 10월 1일 산업기사 출제
② 2017년 5월 7일 기사 출제
③ 2018년 4월 28일 기사 출제
④ 2022년 7월 2일(문제 6번) 출제

14 산업재해의 발생형태 종류 중 상호자극에 의하여 순간적으로 재해가 발생하는 유형으로 재해가 일어난 장소나 그 시점에 일시적으로 요인이 집중하는 것은?

① 단순 자극형　　② 단순 연쇄형
③ 복합 연쇄형　　④ 복합형

해설
재해(⊗)의 발생 형태 3가지

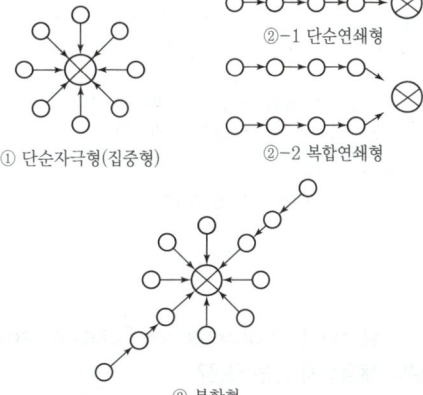

참고 산업안전산업기사 필기 p.3-35(2. 산업재해발생의 mechanism(형태) 3가지)

KEY 2022년 7월 2일(문제 8번) 출제

[정답] 12 ④　13 ②　14 ①

15. 산업안전보건법령에 따른 안전검사 대상 기계에 해당하지 않는 것은?

① 산업용 원심기
② 이동식 국소 배기장치
③ 롤러기(밀폐형 구조는 제외)
④ 크레인(정격 하중이 2톤 미만인 것은 제외)

해설

안전검사 대상 기계의 종류
① 프레스
② 전단기
③ 크레인(정격하중 2[t] 미만인 것은 제외한다)
④ 리프트
⑤ 압력용기
⑥ 곤돌라
⑦ 국소배기장치(이동식은 제외한다.)
⑧ 원심기(산업용만 해당한다)
⑨ 롤러기(밀폐형 구조는 제외한다.)
⑩ 사출성형기[형체결력 294[KN](킬로뉴톤)미만은 제외한다.]
⑪ 고소작업대[「자동차관리법」에 따른 화물자동차 또는 특수자동차에 탑재한 고소작업대(高所作業臺)로 한정한다.]
⑫ 컨베이어
⑬ 산업용 로봇
⑭ 혼합기
⑮ 파쇄기 또는 분쇄기

참고 산업안전산업기사 필기 p.3-62(1. 안전검사 대상 기계의 종류)

KEY
① 2017년 5월 7일 기사·산업기사 동시 출제
② 2017년 8월 26일 산업기사 출제
③ 2017년 9월 23일 기사 출제
④ 2018년 4월 28일, 8월 19일기사 출제
⑤ 2022년 7월 2일(문제 17번) 출제

합격정보
산업안전보건법 시행령 제78조(안전검사 대상 기계 등)

16. 알더퍼의 ERG(Existence Relation Growth) 이론에 해당하지 않는 것은?

① 기본욕구   ② 생존욕구
③ 관계욕구   ④ 성장욕구

해설

Maslow의 이론과 Alderfer 이론과의 관계

이론 \ 욕구	저차원적 이론 ←	→ 고차원적 이론	
Maslow	생리적 욕구, 물리적 측면의 안전 욕구	대인관계 측면의 안전 욕구, 사회적 욕구, 존경 욕구	자아실현의 욕구
Aldefer (ERG 이론)	존재 욕구(E)	관계 욕구(R)	성장 욕구(G)

참고 산업안전산업기사 필기 p.1-101(6. 알더퍼의 ERG이론)

KEY 2020년 8월 23일(문제 4번) 출제

17. 산업재해통계에서 강도율의 산출방법으로 맞는 것은?

① $\dfrac{재해건수}{연근로시간수} \times 1,000,000$

② $\dfrac{재해건수}{산재보험적용근로자수} \times 100$

③ $\dfrac{총요양근로손실일수}{연근로시간수} \times 100$

④ $\dfrac{총요양근로손실일수}{연근로시간수} \times 1,000$

해설

강도율 $= \dfrac{총요양근로손실일수}{연근로시간수} \times 1,000$

참고 산업안전산업기사 필기 p.3-47(4. 강도율)

18. 인간의 행동 특성에 관한 레빈(Lewin)의 법칙에서 각 인자에 대한 내용으로 틀린 것은?

$$B = f(P \cdot E)$$

① B : 행동   ② f : 함수관계
③ P : 개체   ④ E : 기술

[정답] 15 ② 16 ① 17 ④ 18 ④

> **해설**

K.Lewin의 법칙
$B=f(P \cdot E)$
① B : Behavior(인간의 행동)
② f : function(함수관계)
③ P : Person(개체 : 연령, 경험, 심신상태, 성격, 지능, 소질 등)
④ E : Environment(심리적 환경 : 인간관계, 작업환경 등)

> 참고 ▶ 산업안전산업기사 필기 p.1-77(합격날개 : 합격예측)

> KEY ▶ ① 2016년 10월 1일 기사 출제
> ② 2017년 3월 5일 기사·산업기사 동시 출제

19 산업안전보건법령상 사업주가 근로자에 대하여 실시하여야 하는 교육 중 특별안전보건교육의 대상이 되는 작업이 아닌 것은?

① 화학설비의 탱크 내 작업
② 전압이 30[V]인 정전 및 활선작업
③ 건설용 리프트·곤돌라를 이용한 작업
④ 동력에 의하여 작동되는 프레스기계를 5대 이상 보유한 사업장에서 해당 기계로 하는 작업

> **해설**

전압이 75[V] 이상인 정전 및 활선작업 시 특별안전보건 교육 내용
① 전기의 위험성 및 전격 방지에 관한 사항
② 해당 설비의 보수 및 점검에 관한 사항
③ 정전작업·활선작업 시의 안전작업방법 및 순서에 관한 사항
④ 절연용 보호구, 절연용 보호구 및 활선작업용 기구 등의 사용에 관한 사항
⑤ 그 밖에 안전보건관리에 필요한 사항

> 참고 ▶ 산업안전산업기사 필기 p.1-157(표. 특별안전보건교육 대상 작업별 교육방법)

> KEY ▶ ① 2016년 10월 1일 출제
> ② 2017년 3월 5일(문제 3번) 출제

> **합격정보**
> 산업안전보건법 시행규칙 [별표 5] 안전보건교육 교육대상별 교육내용

20 다음 중 피로의 직접적인 원인과 가장 거리가 먼 것은?

① 작업환경   ② 작업속도
③ 작업태도   ④ 작업적성

> **해설**

피로의 요인
① 개체의 조건
　신체적, 정신적 조건, 체력, 연령, 성별, 경력 등
② 작업조건
　㉮ 질적 조건 : 작업강도(단조로움, 위험성, 복잡성, 심적, 정신적 부담 등)
　㉯ 양적 조건 : 작업속도, 작업시간
③ 환경조건
　온도, 습도, 소음, 조명시설 등
④ 생활조건
　수면, 식사, 취미활동 등
⑤ 사회적 조건
　대인관계, 통근조건, 임금과 생활수준, 가족 간의 화목 등
⑥ 피로의 직접적 원인
　㉮ 인간적 요인 : 작업시간, 작업속도, 작업범위, 작업내용, 작업환경, 작업자세(태도), 생체적 리듬, 정신적·신체적 상태
　㉯ 기계적 요인 : 조작부분의 배치·감촉, 기계의 색체·종류, 기계이해의 난이도

> 참고 ▶ ① 산업안전산업기사 필기 p.1-104(합격날개 : 합격예측)
> ② 작업적성 : 피로의 간접원인

> KEY ▶ 2021년 3월 2일(문제 7번) 출제

2 인간공학 및 위험성 평가·관리

21 시각적 표시장치와 청각적 표시장치 중 시각적 표시장치를 선택해야 하는 경우는?

① 메시지가 복잡한 경우
② 메시지가 후에 재참조되지 않는 경우
③ 직무상 수신자가 자주 움직이는 경우
④ 메시지가 시간적 사상(event)을 다룬 경우

[정답] 19 ② 20 ④ 21 ①

해설

정보전송방법
① 시각적 표시장치 사용 : ①
② 청각적 표시장치 사용 : ②, ③, ④

참고) 산업안전산업기사 필기 p.2-31(문제 43번)

KEY ① 2017년 5월 7일 출제
② 2018년 3월 4일, 4월 28일, 8월 19일, 9월 15일 출제
③ 2019년 4월 27일, 8월 4일, 9월 21일 출제
④ 2020년 6월 7일 출제
⑤ 2021년 3월 2일 PBT, 3월 7일 (문제 53번), 5월 15일(문제 60번) 출제
⑥ 2023년 7월 8일(문제 25번) 출제

22 다음 중 카메라의 필름에 해당하는 우리 눈의 부위는?

① 망막 ② 수정체
③ 동공 ④ 각막

해설

[표] 눈의 구조 · 기능 · 모양

구조	기 능
각막	최초로 빛이 통과하는 곳, 눈을 보호
홍채	동공의 크기를 조절해 빛의 양 조절
모양체	수정체의 두께를 변화시켜 원근 조절
수정체	렌즈의 역할, 빛을 굴절시킴
망막	상이 맺히는 곳, 시세포 존재, 두뇌전달
맥락막	망막을 둘러싼 검은 막, 어둠 상자 역할

모 양

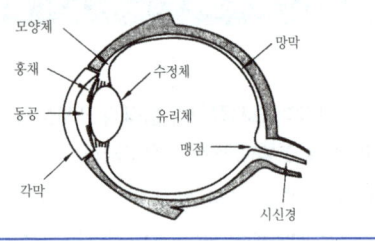

참고) 산업안전산업기사 필기 p.2-174(표 : 눈의 구조·기능·모양)

KEY ① 2012년 8월 26일(문제 22번) 출제
② 2023년 7월 8일(문제 28번) 출제

23 다음 중 예비위험분석(PHA)에 대한 설명으로 가장 적합한 것은?

① 관련된 과거 안전점검결과의 조사에 적절하다.
② 안전관련 법규 조항의 준수를 위한 조사방법이다.
③ 시스템 고유의 위험성을 파악하고 예상되는 재해의 위험 수준을 결정한다.
④ 초기의 단계에서 시스템 내의 위험요소가 어떠한 위험상태에 있는가를 정성적 평가하는 것이다.

해설

예비위험분석(PHA : Preliminary Hazards Analysis)
PHA는 모든 시스템안전 프로그램의 최초 단계의 분석으로서 시스템 내의 위험요소가 얼마나 위험한 상태에 있는가를 정성적으로 평가하는 것이다.

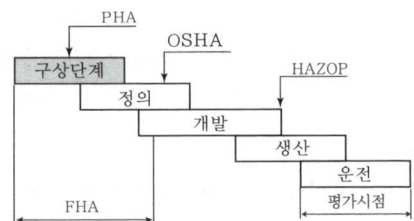

[그림] PHA, OSHA, FHA, HAZOP

참고) 산업안전산업기사 필기 p.2-60(2. 예비위험분석)

KEY ① 2014년 8월 17일 기사 출제
② 2023년 7월 8일(문제 31번) 출제

24 통신에서 잡음 중의 일부를 제거하기 위해 필터(filter)를 사용하였다면, 어느 것의 성능을 향상시키는 것인가?

① 신호의 양립성 ② 신호의 산란성
③ 신호의 표준성 ④ 신호의 검출성

[정답] 22 ① 23 ④ 24 ④

해설

신호의 검출성(통신잡음 제거 시 filter 사용)
① 통신에서 대역폭 필터를 설치하여 원하는 대역폭 외의 신호는 제거
② 선택한 대역폭 내의 신호만 검출

KEY ① 2013년 6월 2일(문제 40번) 출제
② 2023년 7월 8일(문제 34번) 출제

보충학습

암호체계 사용상의 일반적 지침
① 암호의 검출성(detectability)
② 암호의 변별성(discriminability)
③ 부호의 양립성(compatibility)
④ 부호의 의미
⑤ 암호의 표준화(standardization)
⑥ 다차원 암호의 사용(multidimensional)

---

25 인간-기계 시스템의 신뢰도를 향상시킬 수 있는 방법으로 가장 적절하지 않은 것은?

① 중복설계
② 복잡한 설계
③ 부품 개선
④ 충분한 여유용량

해설

신뢰도 개선 방법
① 간단한 설계
② 여유있는 설계(여유용량, 안전계수)
③ 부품 개선
④ 중복설계

참고 산업안전산업기사 필기 p.2-17(5. 신뢰도 개선 및 설계))

KEY ① 2016년 8월 21일(문제 27번) 출제
② 2023년 7월 8일(문제 35번) 출제

26 위험조정을 위해 필요한 기술은 조직형태에 따라 다양하며 4가지로 분류하였을 때 이에 속하지 않는 것은?

① 보유(Retention)
② 계속(Continuation)
③ 전가(Transfer)
④ 감축(Reduction)

해설

Risk 처리(위험조정)기술 4가지

구분		특징
위험의 회피		예상되는 위험을 차단하기 위해 위험과 관계된 활동을 하지 않는 경우
위험의 제거 (경감)	위험방지	위험의 발생건수를 감소시키는 예방과 손실의 정도를 감소시키는 경감을 포함
	위험분산	시설, 설비 등의 집중화를 방지하고 분산하거나 재료의 분리저장 등으로 위험 단위를 증대
	위험결합	각종 협정이나 합병 등을 통하여 규모를 확대시키므로 위험의 단위를 증대
	위험제한	계약서, 서식 등을 작성하여 기업의 위험을 제한하는 방법
위험의 보유 (보류)		무지로 인한 소극적 보유
위험을 확인하고 보유하는 적극적 보유(위험의 준비와 부담 : 준비금 설정, 자가보험 등)
위험의 전가		회피와 제거가 불가능할 경우 전가하려는 경향(보험, 보증, 공제, 기금제도 등)

참고 산업안전산업기사 필기 p.2-58(6. Risk처리기술 4가지)

KEY ① 2015년 8월 16일(문제 39번) 출제
② 2023년 7월 8일(문제 36번) 출제

27 FT도에서 사용되는 다음 기호의 의미로 맞는 것은?

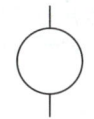

① 결함사상　② 통상사상
③ 기본사상　④ 제외사상

[정답] 25 ②　26 ②　27 ③

> 해설

FTA의 기호

기호	명칭	입·출력 현상
▭	결함사상	개별적인 결함사상
◯	기본사상	더 이상 전개되지 않는 기본적인 사상
⌂	통상사상	통상 발생이 예상되는 사상(예상되는 원인)
◇	생략사상	정보 부족, 해석 기술의 불충분으로 더 이상 전개할 수 없는 사상, 작업 진행에 따라 해석이 가능할 때는 다시 속행한다.

> 참고 산업안전산업기사 필기 p.2-70(표. FTA 기호)

> KEY ① 2017년 8월 26일(문제 23번) 출제
>   ② 2023년 7월 8일(문제 38번) 출제

---

29 인체의 동작 유형 중 굽혔던 팔꿈치를 펴는 동작을 나타내는 용어는?

① 내전(adduction)   ② 회내(pronation)
③ 굴곡(flexion)   ④ 신전(extension)

> 해설

인체유형의 기본적인 동작
① 굴곡(flexion) : 부위간의 각도가 감소(팔꿈치 굽히기)
② 신전(extension) : 부위간의 각도가 증가(팔꿈치 펴기 운동)
③ 내전(adduction) : 몸의 중심선으로의 이동(팔·다리 내리기 운동)
④ 외전(abduction) : 몸의 중심선으로부터의 이동(팔·다리 옆으로 들기 운동)
⑤ 회외 : 손바닥을 외측으로 돌리는 동작
⑥ 회내 : 손바닥을 몸통(내측) 쪽으로 돌리는 동작

> 참고 산업안전산업기사 필기 p.2-166(2. 신체부위의 운동)

> KEY ① 2015년 5월 31일(문제 25번) 출제
>   ② 2023년 5월 13일(문제 34번) 출제

---

28 인간의 시각특성을 설명한 것으로 옳은 것은?

① 적응은 수정체의 두께가 얇아져 근거리의 물체를 볼 수 있게 되는 것이다.
② 시야는 수정체의 두께 조절로 이루어진다.
③ 망막은 카메라의 렌즈에 해당된다.
④ 암조응에 걸리는 시간은 명조응보다 길다.

> 해설

암조응(Dark Adaptation)
① 밝은 곳에서 어두운 곳으로 갈 때 : 원추세포의 감수성 상실, 간상세포에 의해 물체 식별
② 완전 암조응 : 보통 30~40분 소요(명조응 : 수초 내지 1~2분)

> 참고 산업안전산업기사 필기 p.2-175(7. 암조응)

> KEY ① 2006년 8월 6일(문제 31번) 출제
>   ② 2019년 4월 27일(문제 24번) 출제
>   ③ 2023년 5월 13일(문제 31번) 출제

---

30 작업기억(working memory)에 관련된 설명으로 옳지 않은 것은?

① 오랜 기간 정보를 기억하는 것이다.
② 작업기억 내의 정보는 시간이 흐름에 따라 쇠퇴할 수 있다.
③ 작업기억의 정보는 일반적으로 시각, 음성, 의미 코드의 3가지로 코드화된다.
④ 리허설(rehearsal)은 정보를 작업기억 내에 유지하는 유일한 방법이다.

> 해설

작업기억(working memory)의 특징
① 작업기억 내의 정보는 시간이 흐름에 따라 쇠퇴할 수 있다.
② 작업기억의 정보는 일반적으로 시각, 음성, 의미 코드의 3가지로 코드화된다.
③ 리허설(rehearsal)은 정보를 작업기억 내에 유지하는 유일한 방법이다.

> 참고 산업안전산업기사 필기 p.2-71(합격날개 : 은행문제)

> KEY ① 2020년 8월 23일(문제 22번) 출제
>   ② 2023년 5월 13일(문제 36번) 출제

[정답] 28 ④ 29 ④ 30 ①

31. 인간오류의 분류 중 원인에 의한 분류의 하나로 작업자 자신으로부터 발생하는 에러로 옳은 것은?

① command error ② Secondary error
③ Primary error ④ Third error

해설

실수원인의 level(수준적) 분류
① 1차실수(Primary error : 주과오) : 작업자 자신으로부터 발생한 실수
② 2차실수(Secondary error : 2차과오) : 작업형태나 조건 중에서 문제가 생겨 발생한 실수, 어떤 결함에서 파생
③ 커맨드 실수(Command error : 지시과오) : 직무를 하려고 해도 필요한 정보, 물건, 에너지 등이 없어 발생하는 실수

참고 산업안전산업기사 필기 p.2-20[4. 실수원인의 level(수준적) 분류]

KEY
① 2019년 4월 27일(문제 30번) 출제
② 2023년 5월 13일(문제 38번) 출제

32. 인간공학적인 의자설계를 위한 일반적 원칙으로 적절하지 않은 것은?

① 척추의 허리부분은 요부 전만을 유지한다.
② 좌판의 앞쪽은 높게 한다.
③ 좌판의 앞 모서리 부분은 5[cm] 정도 낮아야 한다.
④ 좌판과 등받이 사이의 각도는 90~105[°]를 유지하도록 한다.

해설

의자설계 기본원칙
① 체중분포 : 둔부(臀部)중심에서 바깥으로 점차 체중이 작게 걸리도록 좌판(坐板)의 재질이 -2[cm] 이상 내려가지 않도록 한다.
② 좌판의 높이 : 의자 밑바닥에서 앉는 면까지의 높이는 오금(무릎의 구부리는 안쪽)높이보다 높지 않고 앞쪽은 약간 낮게 한다.
③ 좌판각도 : 의자 앉는 면의 앞과 뒤의 기울어진 각도가 있어야 한다.
④ 좌판 깊이와 폭 : 장딴지 여유와 대퇴압박이 닿지 않도록 한다.
⑤ 몸통의 안정 : 사무용 의자(좌판각도 3도, 등판 100도 정도)/ 휴식 및 독서는 더 큰 각도로 한다.
⑥ 휴식용 의자 : 사무용 의자보다 7~8[cm] 낮은 좌판 27~38[cm], 좌판각도 25~26도, 등판각도 105~108도, 등판에는 5[cm] 정도의 완충재로 한다.

참고 산업안전산업기사 필기 p.2-163(합격날개 : 합격예측)

KEY
① 2018년 4월 28일(문제 38번) 출제
② 2023년 5월 13일(문제 40번) 출제

33. 인체측정치 응용원칙 중 가장 우선적으로 고려해야 하는 원칙은?

① 조절식 설계 ② 최대치 설계
③ 최소치 설계 ④ 평균치 설계

해설

조절범위(조정범위 : 조절식 설계)
① 사무실 의자의 높낮이 조절, 자동차 좌석의 전후조절 등
② 통상 5[%]치에서 95[%]치까지에서 90[%] 범위를 수용대상으로 설계
③ 가장 우선적으로 고려한다.

참고 산업안전산업기사 필기 p.2-159(2. 조절범위)

KEY
① 2017년 9월 23일 기사 출제
② 2019년 3월 3일 기사 출제
③ 2023년 3월 1일(문제 23번) 출제

34. 동작경제의 원칙에 해당하지 않는 것은?

① 가능하다면 낙하식 운반방법을 사용한다.
② 양손을 동시에 반대 방향으로 움직인다.
③ 자연스러운 리듬이 생기지 않도록 동작을 배치한다.
④ 양손을 동시에 작업을 시작하고, 동시에 끝낸다.

해설

동작경제의 3원칙(길브레드 : Gilbrett)
(1) 동작능력 활용의 원칙
 ① 발 또는 왼손으로 할 수 있는 것은 오른손을 사용하지 않는다.
 ② 양손으로 동시에 작업하고 동시에 끝낸다.
(2) 작업량 절약의 원칙
 ① 적게 운동할 것
 ② 재료나 공구는 취급하는 부근에 정돈할 것
 ③ 동작의 수를 줄일 것
 ④ 동작의 양을 줄일 것
 ⑤ 물건을 장시간 취급할 시 장구를 사용할 것

[정답] 31 ③ 32 ② 33 ① 34 ③

(3) 동작개선의 원칙
① 동작을 자동적으로 리드미컬한 순서로 할 것
② 양손은 동시에 반대의 방향으로, 좌우 대칭적으로 운동하게 할 것
③ 관성, 중력, 기계력 등을 이용할 것

참고 산업안전산업기사 필기 p.2-76(합격날개 : 합격예측)

KEY
① 2015년 3월 8일(문제 35번) 출제
② 2023년 3월 1일(문제 35번) 출제

35 결함수분석의 최소 컷셋과 가장 관련이 없는 것은?

① Boolean Algebra
② Fussell Algorithm
③ Generic Algorithm
④ Limnios & Ziani Algorithm

해설

미니멀 컷셋(minimal cut set : min cut set)
① 1972년 Fussel Algorithm 개발
② BICS(Boolean Indicated Cut Set)

참고 산업안전산업기사 필기 p. 2-78(합격날개 : 합격예측)

KEY
① 2014년 9월 20일(문제 26번) 출제
② 2016년 10월 1일(문제 23번) 출제
③ 2022년 3월 2일(문제 35번) 출제

보충학습
Generic Algorithm : 파형역산

36 FTA결과 다음과 같은 패스셋을 구하였다. 최소 패스셋(minimal path sets)으로 옳은 것은?

[다음]
$\{X_2, X_3, X_4\}$
$\{X_1, X_3, X_4\}$
$\{X_3, X_4\}$

① $\{X_3, X_4\}$
② $\{X_1, X_3, X_4\}$
③ $\{X_2, X_3, X_4\}$
④ $\{X_2, X_3, X_4\}$와 $\{X_3, X_4\}$

해설

최소 패스셋
① $T = (X_2 + X_3 + X_4) \cdot (X_1 + X_3 + X_4) \cdot (X_3 + X_4)$

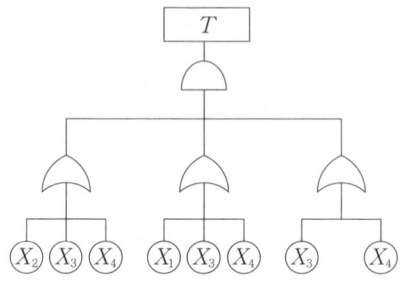

[그림] FT도

② 패스셋을 다음과 같이 표시할 수 있고, 패스셋 중 공통인 (X_3, X_4)를 FT도에 대입한다.

$$T = \begin{array}{|c|} \hline \text{Path set} \\ \hline \begin{array}{l} X_2, \\ X_1, \end{array} \begin{array}{|l|} \hline X_3, X_4, \\ X_3, X_4, \\ X_3, X_4, \\ \hline \end{array} \\ \hline \end{array}$$

③ FT에도 공통이 되는 (X_3, X_4)를 대입하여 T가 발생하는지 확인

참고 산업안전산업기사 필기 p. 2-77(5. 컷셋·미니멀 컷셋 요약)

KEY
① 2014년 9월 20일(문제 53번) 출제
② 2017년 8월 26일(문제 27번) 출제
③ 2021년 8월 8일(문제 30번) 출제

37 결함수 분석법에서 일정 조합 안에 포함되는 기본사상들이 동시에 발생할 때 반드시 목표사상을 발생시키는 조합을 무엇이라 하는가?

① Cut set   ② Decision tree
③ Path set   ④ 불 대수

[정답] 35 ③ 36 ① 37 ①

> **해설**
>
> **컷셋과 패스셋**
> ① 컷셋(cut set) : 정상사상을 발생시키는 기본사상의 집합으로 그 안에 포함되는 모든 기본사상이 발생할 때 정상사상을 발생시킬 수 있는 기본사상의 집합
> ② 패스셋(path set) : 모든 기본사상이 일어나지 않을 때 처음으로 정상사상이 일어나지 않는 기본사상의 집합(고장나지 않도록 하는 사상의 조합)
>
> [참고] 산업안전산업기사 필기 p.2-77(합격날개 : 합격예측)
>
> [KEY] ① 2017년 5월 7일 기사 출제
> ② 2018년 3월 4일, 4월 28일 출제
> ③ 2019년 4월 27일 산업기사 출제
> ④ 2020년 6월 14일 기사 출제
> ⑤ 2021년 5월 9일(문제 21번) 출제

38 산업안전보건법령에서 정한 물리적 인자의 분류 기준에 있어서 소음은 소음성난청을 유발할 수 있는 몇 dB(A) 이상의 시끄러운 소리로 규정하고 있는가?

① 70 ② 85
③ 100 ④ 115

> **해설**
>
> ① 소음작업
>   1일 8시간 작업을 기준으로 85[dB] 이상의 소음을 발생하는 작업
> ② 충격소음(최대음압 수준) : 140[dBA]
>
> [참고] 산업안전산업기사 필기 p.2-172(합격날개:참고)
>
> [KEY] 2017년 3월 5일(문제 21번) 출제
>
> [합격정보]
> 산업안전보건기준에 관한 규칙 제512조(정의)

39 설비나 공법 등에서 나타날 위험에 대하여 정성적 또는 정량적인 평가를 행하고 그 평가에 따른 대책을 강구하는 것은?

① 설비보전 ② 동작분석
③ 안전계획 ④ 안전성 평가

> **해설**
>
> **안전성 평가의 6단계**
> ① 1단계 : 관계자료의 정비검토
> ② 2단계 : 정성적 평가
> ③ 3단계 : 정량적 평가
> ④ 4단계 : 안전대책
> ⑤ 5단계 : 재해정보에 의한 재평가
> ⑥ 6단계 : FTA에 의한 재평가
>
> [참고] 산업안전산업기사 필기 p.2-37(1. 안전성 평가 6단계)
>
> [KEY] ① 2016년 3월 6일 출제
> ② 2016년 10월 1일 기사 출제
> ③ 2017년 3월 5일(문제 25번) 출제

40 인터페이스 설계 시 고려해야 하는 인간과 기계와의 조화성에 해당되지 않는 것은?

① 지적 조화성 ② 신체적 조화성
③ 감성적 조화성 ④ 심리적 조화성

> **해설**
>
> [표] 감성공학과 인간 interface(계면)의 3단계
>
> | 구 분 | 특 성 |
> |---|---|
> | 신체적(형태적) 인터페이스 | 인간의 신체적 또는 형태적 특성의 적합성여부(필요조건) |
> | 인지적 인터페이스 | 인간의 인지능력, 정신적 부담의 정도(편리 수준) |
> | 감성적 인터페이스 | 인간의 감정 및 정서의 적합성여부(쾌적 수준) |
>
> [참고] 산업안전산업기사 필기 p.2-5(표. 감성공학과 인간 interface의 3단계)
>
> [KEY] ① 2015년 5월 31일 출제
> ③ 2017년 3월 5일(문제 29번) 출제

[정답] 38 ② 39 ④ 40 ④

3 기계·기구 및 설비안전관리

41 연삭기의 방호장치에 해당하는 것은?
① 주수 장치 ② 덮개 장치
③ 제동 장치 ④ 소화 장치

[해설]
연삭기 방호장치
① 덮개
② 규격 : 숫돌지름 5[cm] 이상

[참고] 산업안전산업기사 필기 p.3-94(4. 연삭기 구조면에 있어서 안전대책)

[KEY]
① 2016년 8월 21일 산업기사 출제
② 2023년 7월 8일(문제 42번) 출제

42 다음 중 욕조 형태를 갖는 일반적인 기계 고장 곡선에서의 기본적인 3가지 고장 유형에 해당하지 않는 것은?
① 피로고장 ② 우발고장
③ 초기고장 ④ 마모고장

[해설]
기계설비의 고장유형

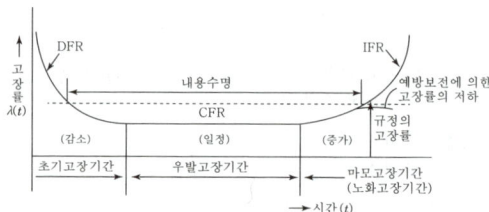

[참고] 산업안전산업기사 필기 p.3-5(그림. 기계설비의 고장유형)

[KEY]
① 2018년 4월 28일 출제
② 2018년 8월 19일 기사·산업기사 동시출제
③ 2023년 7월 8일(문제 43번) 출제

43 산업안전보건법령상 지게차의 최대하중의 2배 값이 6톤일 경우 헤드가드의 강도는 몇 톤의 등분포정하중에 견딜 수 있어야 하는가?
① 4 ② 6
③ 8 ④ 10

[해설]
지게차 헤드가드 설치기준
① 강도는 지게차의 최대하중의 2배 값(4[t]을 넘는 값에 대해서는 4[t]으로 한다)의 등분포정하중(等分布靜荷重)에 견딜 수 있을 것
② 상부틀의 각 개구의 폭 또는 길이가 16[cm] 미만일 것
③ 운전자가 앉아서 조작하거나 서서 조작하는 지게차의 헤드가드는 「산업표준화법」 제12조에 따른 한국산업표준에서 정하는 높이 기준 이상일 것(좌식 : 0.903[m], 입식 : 1.905[m] 이상)

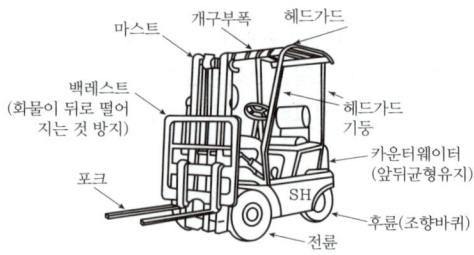

[그림] 지게차 구조

[참고] 산업안전산업기사 필기 p.3-152(합격날개 : 합격예측)

[KEY]
① 2016년 3월 6일 산업기사 출제
② 2016년 8월 21일 출제
③ 2017년 3월 5일 산업기사 출제
④ 2018년 8월 19일 산업기사 출제
⑤ 2019년 4월 27일 기사·산업기사 동시 출제
⑥ 2020년 9월 27일 (문제 52번) 출제
⑦ 2023년 7월 8일(문제 51번) 출제

[합격정보]
산업안전보건기준에 관한 규칙 제180조(헤드가드)

44 강자성체를 자화하여 표면의 누설자속을 검출하는 비파괴 검사 방법은?
① 방사선 투과 시험 ② 인장시험
③ 초음파 탐상 시험 ④ 자분 탐상 시험

[정답] 41 ② 42 ① 43 ① 44 ④

해설

자기 탐상검사(MT : Magnetic Test)
① 강자성체(Fe, Ni, Co 및 그 합금)에 발생한 표면 크랙을 찾아내는 것
② 결함을 가지고 있는 시험에 적절한 자장을 가해 자속(磁束)을 흐르게 하여 결함부에 의해 누설된 누설자속에 의해 생긴 자장에 자분을 흡착시켜 큰 자분 모양으로 나타내어 육안으로 결함을 검출하는 방법

참고) 산업안전산업기사 필기 p.3-223(3. 자기 탐상검사)

KEY ① 2019년 3월 3일 기사 (문제 57번) 출제
② 2023년 7월 8일(문제 51번) 출제

45 프레스기에 사용하는 양수조작식 방호장치의 일반구조에 관한 설명 중 틀린 것은?

① 1행정 1정지 기구에 사용할 수 있어야 한다.
② 누름버튼을 양손으로 동시에 조작하지 않으면 작동시킬 수 없는 구조이어야 한다.
③ 양쪽버튼의 작동시간 차이는 최대 0.5[초] 이내일 때 프레스가 동작되도록 해야 한다.
④ 방호장치는 사용전원전압의 ±50[%]의 변동에 대하여 정상적으로 작동되어야 한다.

해설

양수 조작식 방호장치의 일반구조
① 정상동작표시등은 녹색, 위험표시등은 빨간색으로 하며, 쉽게 근로자가 볼 수 있는 곳에 설치
② 슬라이드 하강 중 정전 또는 방호장치의 이상 시에 정지할 수 있는 구조
③ 방호장치는 릴레이, 리미트스위치 등의 전기부품의 고장, 전원전압의 변동 및 정전에 의해 슬라이드가 불시에 동작하지 않아야 하며, 사용전원전압의 ±(100분의 20)의 변동에 대하여 정상으로 작동
④ 1행정1정지 기구에 사용할 수 있어야 한다.
⑤ 누름버튼을 양손으로 동시에 조작하지 않으면 작동시킬 수 없는 구조이어야 하며, 양쪽버튼의 작동시간 차이는 최대 0.5초 이내일 때 프레스가 동작
⑥ 1행정마다 누름버튼에서 양손을 떼지 않으면 다음 작업의 동작을 할 수 없는 구조
⑦ 램의 하행정중 버튼(레버)에서 손을 뗄 시 정지하는 구조
⑧ 누름버튼의 상호간 내측거리는 300[mm] 이상
⑨ 누름버튼(레버 포함)은 매립형의 구조(다만, 개구부에서 조작되지 않는 구조의 개방형 누름버튼(레버 포함)은 매립형으로 본다)
 ㉠ 누름버튼(레버 포함)의 전 구간(360[°])에서 매립된 구조
 ㉡ 누름버튼(레버 포함)은 방호장치 상부표면 또는 버튼을 둘러싼 개방된 외함의 수평면으로부터 하단(2[mm]) 이상에 위치

참고) 산업안전산업기사 필기 p.3-104(4. 양수조작식)

KEY ① 2016년 8월 21일(문제 49번) 출제
② 2023년 7월 8일(문제 56번) 출제

46 그림과 같이 2줄의 와이어로프로 중량물을 달아 올릴 때, 로프에 가장 힘이 적게 걸리는 각도(θ)는?

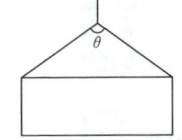

① 30[°]   ② 60[°]
③ 90[°]   ④ 120[°]

해설

sling wire 한 가닥에 걸리는 하중

$$하중 = \frac{하물의\ 무게}{2} \div \cos\frac{\theta}{2}$$

[표] 각도변화

①	②	③	④
$\frac{W/2}{\cos\frac{30}{2}}=0.51$	$\frac{W/2}{\cos\frac{60}{2}}=0.57$	$\frac{W/2}{\cos\frac{120}{2}}=1$	$\frac{W/2}{\cos\frac{150}{2}}=1.9$

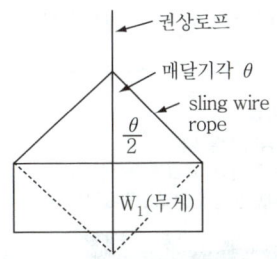

참고) 산업안전산업기사 필기 p.3-157(표. 슬링와이어의 매다는 각도와 로프에 걸리는 하중)

KEY ① 2006년 3월 5일(문제 47번) 출제
② 2008년 5월 11일(문제 48번) 출제
③ 2023년 7월 8일(문제 58번) 출제

[정답] 45 ④ 46 ①

47 프레스 작업 시 왕복운동하는 부분과 고정부분 사이에서 형성되는 위험점은?

① 물림점   ② 협착점
③ 절단점   ④ 회전말림점

해설

협착점(Squeeze-point)
왕복운동을 하는 동작부분과 움직임이 없는 고정부분 사이에서 형성되는 위험점 **예** 프레스기, 전단기, 성형기, 조형기, 굽힘기계(bending machine) 등

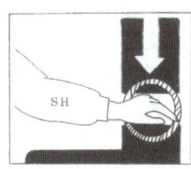 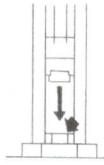

[그림] 협착점

참고 산업안전산업기사 필기 p.3-205(1. 협착점)

KEY ① 2017년 3월 5일, 5월 7일, 8월 26일 출제
② 2019년 4월 27일(문제 55번) 출제
③ 2023년 5월 13일(문제 42번) 출제

48 다음 중 드릴링 작업에서 반복적 위치에서의 작업과 대량생산 및 정밀도를 요구할 때 사용하는 고정장치로 가장 적합한 것은?

① 바이스(vise)   ② 지그(jig)
③ 클램프(clamp) ④ 렌치(wrench)

해설

공작물 고정 방법
① 바이스 : 일감이 작을 때
② 볼트와 고정구 : 일감이 크고 복잡할 때
③ 지그(jig) : 대량생산과 정밀도를 요구할 때

[그림] 지그   [그림] 클램프

참고 산업안전산업기사 필기 p.3-92(4. 방호장치 및 공작물 고정방법)

KEY ① 2015년 5월 31일(문제 53번) 출제
② 2023년 5월 13일(문제 46번) 출제

49 다음 중 셰이퍼(shaper)의 크기를 표시하는 것은?

① 램의 행정
② 새들의 크기
③ 테이블의 면적
④ 바이트의 최대 크기

해설

셰이퍼의 크기 표시 방법
① 램이 움직일 수 있는 거리
② 램의 최대 행정

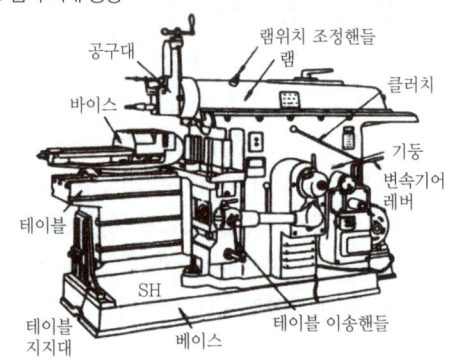

[그림] 셰이퍼의 구조와 명칭

참고 ① 산업안전산업기사 필기 p.3-88(2. 셰이퍼)
② 산업안전산업기사 필기 p.3-89(합격날개 : 합격예측)

KEY ① 2015년 5월 25일(문제 59번) 출제
② 2023년 5월 13일(문제 48번) 출제

50 밀링작업 시 안전수칙에 해당되지 않는 것은?

① 칩이나 부스러기는 반드시 브러시를 사용하여 제거한다.
② 가공 중에는 가공면을 손으로 점검하지 않는다.
③ 기계를 가동 중에는 변속시키지 않는다.
④ 바이트는 가급적 짧게 고정시킨다.

[정답] 47 ② 48 ② 49 ① 50 ④

> 해설

밀링 Tip
① 밀링머신에서는 TIP(팁)이라고 합니다.
② TIP은 규격품입니다.
③ 선반은 bite(바이트) 입니다.

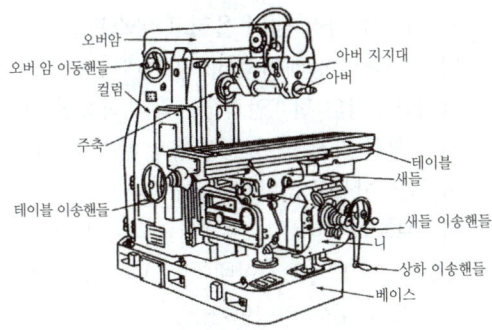

[그림] 밀링머신의 구조 및 명칭

> 참고 산업안전산업기사 필기 p.3-87(5. 밀링작업시 안전수칙)

> KEY
① 2016년 3월 6일 기사 출제
② 2018년 3월 4일, 4월 28일기사 출제
③ 2020년 6월 14일(문제 59번) 출제
④ 2023년 5월 13일(문제 49번) 등 5회 이상 출제

51 동력 프레스를 분류하는데 있어서 그 종류에 속하지 않는 것은?

① 크랭크 프레스   ② 토글 프레스
③ 마찰 프레스   ④ 터릿 프레스

> 해설

프레스의 종류
① 기계프레스   ② 핀클러치프레스
③ 키클러치프레스   ④ 크랭크프레스
⑤ 액압프레스

> 참고
① 산업안전산업기사 필기 p.3-99(2. 프레스 종류 및 요약)
② 산업안전산업기사 필기 p.3-99(합격날개 : 은행문제) 적중

> KEY
① 2016년 8월 21일 기사 출제
② 2017년 8월 26일 출제
③ 2018년 4월 28일(문제 52번) 출제
④ 2023년 5월 13일(문제 58번) 출제

52 500[rpm]으로 회전하는 연삭기의 숫돌지름이 200 [mm]일 때 원주속도[m/min]는?

① 628   ② 62.8
③ 314   ④ 31.4

> 해설

원주속도

$V = \dfrac{\pi DN}{1,000}$

$= \dfrac{3.14 \times 200 \times 500}{1,000} = 314[m/min]$

> 참고 산업안전산업기사 필기 p.3-83(합격날개 : 합격예측)

> KEY
① 2018년 3월 4일(문제 41번) 출제
② 2023년 3월 1일(문제 43번) 출제

53 피복 아크 용접 작업 시 생기는 결함에 대한 설명 중 틀린 것은?

① 스패터(spatter) : 용융된 금속의 작은 입자가 튀어나와 모재에 묻어있는 것
② 언더컷(under cut) : 전류가 과대하고 용접속도가 너무 빠르며, 아크를 짧게 유지하기 어려운 경우 모재 및 용접부의 일부가 녹아서 발생하는 홈 또는 오목하게 생긴 부분
③ 크레이터(crater) : 용착금속 속에 남아있는 가스로 인하여 생긴 구멍
④ 오버랩(overlap) : 용접봉의 운행이 불량하거나 용접봉의 용융 온도가 모재보다 낮을 때 과잉 용착금속이 남아있는 부분

> 해설

용접결함

① Under Cut(언더 컷)

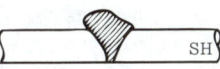
② Over Lap(오버랩)

[정답] 51 ④ 52 ③ 53 ③

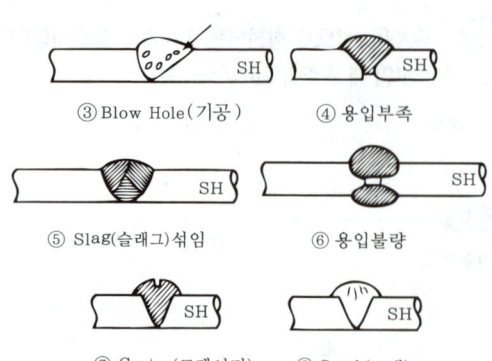

[그림] 용접결함의 종류

KEY ① 2015년 8월 16일 기사 출제
② 2019년 3월 3일 기사·산업기사 동시 출제
③ 2023년 6월 4일(문제 43번) 출제
④ 2023년 3월 1일(문제 46번) 출제

보충학습
① 크레이터(Crater) : 용접 길이의 끝부분에 오목하게 파진 부분
② 피트(Pit) : 용착금속 속에 남아있는 가스로 인하여 생긴 구멍

54 보일러에서 압력제한스위치의 역할은?

① 최고사용압력과 상용압력 사이에서 보일러의 버너연소를 차단
② 최고사용압력과 상용압력 사이에서 급수펌프 작동을 제한
③ 최고사용압력 도달 시 과열된 공기를 대기에 방출하여 압력 조절
④ 위험압력 시 버너, 급수펌프 및 고저수위조절장치 등을 통제하여 일정압력 유지

해설
압력제한스위치
① 보일러의 과열방지를 위해 최고사용압력과 상용압력 사이에서 버너연소를 차단할 수 있도록 압력제한스위치 부착 사용
② 압력계가 설치된 배관상에 설치

참고 산업안전산업기사 필기 p.3-124(3. 방호장치의 종류)

KEY ① 2010년 7월 25일(문제 58번) 출제
② 2021년 5월 15일 기사 출제
③ 2023년 3월 1일(문제 49번) 출제

55 지게차의 안정도 기준으로 틀린 것은?

① 기준부하상태에서 주행시의 전후 안정도는 8[%] 이내이다.
② 하역작업시의 좌우안정도는 최대하중상태에서 포크를 가장 높이 올리고 마스트를 가장 뒤로 기울인 상태에서 6[%] 이내이다.
③ 하역작업시의 전후안정도는 최대하중상태에서 포크를 가장 높이 올린 경우 4[%] 이내이며, 5톤 이상은 3.5[%] 이내이다.
④ 기준무부하상태에서 주행시의 좌우안정도는 $(15+1.1\times V)[\%]$ 이내이고, V는 구내최고속도(km/h)를 의미한다.

해설
지게차의 안정조건

도해		
안정도	하역작업시 전후 안정도 4[%] (5[t] 이상의 것은 3.5[%])	주행시의 전후 안정도 18[%]

참고 산업안전산업기사 필기 p.3-139(표 : 지게차의 안정조건)

KEY ① 2016년 5월 8일 출제
② 2016년 8월 21일 출제
③ 2017년 3월 5일(문제 43번) 출제
④ 2023년 3월 1일(문제 50번) 출제

56 다음 중 목재가공용 둥근톱에 설치해야 하는 분할날의 두께에 관한 설명으로 옳은 것은?

① 톱날 두께의 1.1배 이상이고, 톱날의 치진폭보다 커야 한다.
② 톱날 두께의 1.1배 이상이고, 톱날의 치진폭보다 작아야 한다.
③ 톱날 두께의 1.1배 이내이고, 톱날의 치진폭보다 커야 한다.

[정답] 54 ① 55 ① 56 ②

④ 톱날 두께의 1.1배 이내이고, 톱날의 치진폭 보다 작아야 한다.

> **해설**

분할날(spreader)의 두께
① 분할날의 두께는 톱날 1.1배 이상이고 톱날의 치진폭 미만으로 할 것
② 공식 : $1.1t_1 \leq t_2 < b$

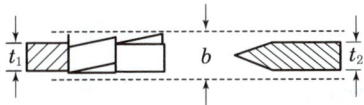

t_1 : 톱날두께 b : 톱날치진폭 t_2 : 분할날두께

> **참고** 산업안전산업기사 필기 p.3-135(ⓒ 분할날의 두께)

> **KEY** ① 2017년 3월 5일 기사·산업기사 동시 출제
> ② 2023년 2월 28일 기사 등 5회 이상 출제
> ③ 2023년 3월 1일(문제 53번) 출제

57 롤러기의 방호장치 중 복부조작식 급정지 장치의 설치위치 기준에 해당하는 것은?(단, 위치는 급정지 장치의 조작부의 중심점을 기준으로 한다.)

① 밑면에서 1.8[m] 이상
② 밑면에서 0.8[m] 미만
③ 밑면에서 0.8[m] 이상 1.1[m] 이내
④ 밑면에서 0.4[m] 이상 0.8[m] 이내

> **해설**

급정지 장치의 설치위치

급정지장치 조작부의 종류	위 치
손으로 조작하는 것	밑면에서 1.8[m] 이내
작업자의 복부로 조작하는 것	밑면에서 0.8[m] 이상, 1.1[m] 이내
작업자의 무릎으로 조작하는 것	밑면에서 0.6[m] 이내

> **참고** 산업안전산업기사 필기 p.3-113(합격날개 : 합격예측 및 관련법규)

> **KEY** ① 2016년 8월 21일 기사 출제
> ② 2017년 3월 5일 기사·산업기사 동시 출제
> ③ 2023년 6월 4일 기사 등 10회 이상 출제
> ④ 2023년 3월 1일(문제 58번) 출제

58 방호장치의 안전기준상 평면연삭기 또는 절단연삭기에서 덮개의 노출각도 기준으로 옳은 것은?

① 80[°] 이내
② 125[°] 이내
③ 150[°] 이내
④ 180[°] 이내

> **해설**

숫돌의 덮개 노출각도

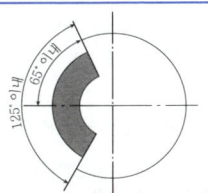

① 일반연삭작업 등에 사용하는 것을 목적으로 하는 탁상용 연삭기의 덮개 각도

② 연삭숫돌의 상부를 사용하는 것을 목적으로 하는 탁상용 연삭기의 덮개 각도

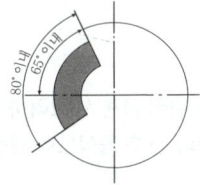

③ ① 및 ② 이외의 탁상용연삭기, 기타 이와 유사한 연삭기의 덮개 각도

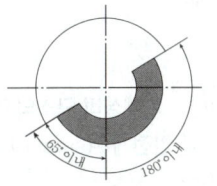

④ 원통연삭기, 센터리스 연삭기, 공구연삭기, 만능연삭기, 기타 이와 비슷한 연삭기의 덮개 각도

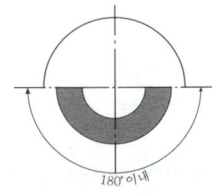

⑤ 휴대용연삭기, 스윙연삭기, 스라브연삭기 기타 이와 비슷한 연삭기의 덮개 각도

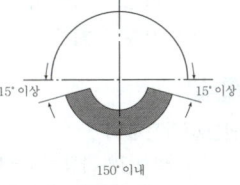

⑥ 평면연삭기, 절단연삭기, 기타 이와 비슷한 연삭기의 덮개 각도

> **참고** 산업안전산업기사 필기 p.3-97(그림:연삭기 덮개의 표준현상)

> **KEY** ① 2016년 8월 21일 기사 출제
> ② 2021년 3월 2일(문제 42번) 출제

> **합격정보**
> 방호장치 자율안전기준 고시(제2022-113호) 2022. 3. 3. 고시 적용

[**정답**] 57 ③ 58 ③

59 선반 등으로부터 돌출하여 회전하고 있는 가공물이 근로자에게 위험을 미칠 우려가 있는 경우 설치할 방호 장치로 가장 적합한 것은?

① 덮개 또는 울
② 슬리브
③ 건널다리
④ 체인 블록

해설

원동기·회전축 등의 위험 방지
사업주는 기계의 원동기·회전축·기어·풀리·플라이휠·벨트 및 체인 등 근로자가 위험에 처할 우려가 있는 부위에 덮개·울·슬리브 및 건널다리 등을 설치하여야 한다.

참고 산업안전산업기사 필기 p.3-84(합격날개:합격예측 및 관련법규)

KEY 2017년 3월 5일 기사·산업기사 동시 출제

합격정보
산업안전보건기준에 관한규칙 제87조(원동기·회전축 등의 위험 방지)

60 기계설비 구조의 안전을 위해 설계 시 고려하여야 할 안전계수(safety factor)의 산출 공식으로 틀린 것은?

① 파괴강도÷허용응력
② 안전하중÷파단하중
③ 파괴하중÷허용하중
④ 극한강도÷최대설계응력

해설

안전율(안전계수)
① 정의 : 설계상의 가장 큰 과오는 강도 산정상의 오산이다. 최대부하 추정의 부정확성과 사용중 일부 재료의 강도가 열화될 것을 감안하여 안전율을 충분히 고려해야 한다.

② 안전율 $= \dfrac{극한강도}{최대설계응력} = \dfrac{파괴하중}{안전하중}$

$= \dfrac{파괴하중(극한하중)}{최대사용하중(정격하중)} = \dfrac{인장강도}{허용응력}$

③ 안전율이란 필연성에 잠재되어 있는 우연성을 감안하여 계산하는 것이다.
④ 안전여유 = 극한강도 − 허용능력(사용하중)

참고 산업안전산업기사 필기 p.3-2(합격날개 : 합격예측)

KEY 2017년 3월 5일 기사·산업기사 동시 출제

4 전기 및 화학설비 안전관리

61 정전기 재해를 예방하기 위해 설치하는 제전기의 제전효율은 설치 시에 얼마 이상이 되어야 하는가?

① 40[%] 이상
② 50[%] 이상
③ 70[%] 이상
④ 90[%] 이상

해설

제전기 설치시 제전효율 : 90[%] 이상

참고 산업안전산업기사 필기 p.4-41(보충문제)

KEY ① 2020년 9월 19일(문제 64번) 출제
② 2021년 8월 14일 기사 출제
③ 2023년 7월 8일(문제 62번) 출제

62 누설전류로 인해 화재가 발생될 수 있는 누전화재의 3요소에 해당하지 않는 것은?

① 누전점
② 인입점
③ 접지점
④ 발화점

해설

누전화재라는 것을 입증하기 위한 요건
① 누전점 : 전류의 유입점
② 발화점 : 발화된 장소
③ 접지점 : 확실한 접지점의 소재 및 적당한 접지저항치

참고 산업안전산업기사 필기 p.4-6(6. 누전화재라는 것을 입증하기 위한 요건)

KEY ① 2017년 8월 26일 기사 출제
② 2018년 8월 19일(문제 65번) 출제
③ 2023년 7월 8일(문제 64번) 출제

[정답] 59 ① 60 ② 61 ④ 62 ②

63 전류가 흐르는 상태에서 단로기를 끊었을 때 여러 가지 파괴 작용을 일으킨다. 다음 그림에서 유입차단기의 차단순서와 투입순서가 안전수칙에 가장 적합한 것은?

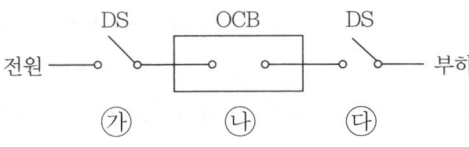

① 차단 : ㉮ → ㉯ → ㉰, 투입 : ㉮ → ㉯ → ㉰
② 차단 : ㉯ → ㉰ → ㉮, 투입 : ㉯ → ㉰ → ㉮
③ 차단 : ㉰ → ㉯ → ㉮, 투입 : ㉯ → ㉮ → ㉰
④ 차단 : ㉯ → ㉰ → ㉮, 투입 : ㉰ → ㉮ → ㉯

해설

유입차단기(Oil Circuit Breaker)
① 유입차단기의 작동순서

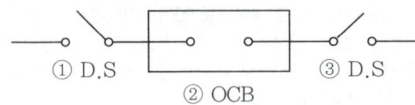

○ 투입순서 : ③-①-② ○ 차단순서 : ②-③-①

② By-pass회로 사용시 유입차단기의 작동순서

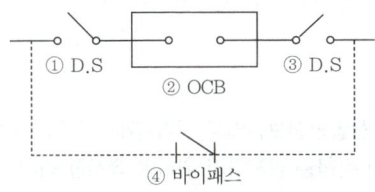

④ 투입 후 ②-③-① 순으로 차단

참고 산업안전산업기사 필기 p.4-7(11. 유입차단기 투입 및 차단순서)

KEY
① 1993년 9월 12일 출제
② 2018년 3월 4일(문제 78번) 출제
③ 2019년 4월 27일(문제 71번) 출제
④ 2023년 7월 8일(문제 66번) 출제

64 인체가 전격(감전)으로 인한 사고 시 통전전류에 의한 인체반응으로 틀린 것은?

① 교류가 직류보다 일반적으로 더 위험하다.
② 주파수가 높아지면 감지전류는 작아진다.
③ 심장을 관통하는 경로가 가장 사망률이 높다.
④ 가수전류는 불수전류보다 값이 대체적으로 작다.

해설

전격위험도 결정조건(1차적 감전위험요소)
① 통전전류의 크기
② 통전시간
③ 통전경로
④ 전원의 종류(직류보다 상용주파수의 교류전원이 더 위험한 이유 : 극성변화)
⑤ 주파수 및 파형
⑥ 전격인가위상

참고 산업안전산업기사 필기 p.4-19(1. 감전재해의 요인)

KEY
① 2016년 8월 21일(문제 69번) 출제
② 2023년 7월 8일(문제 69번) 출제

65 다음 중 화재의 종류가 옳게 연결된 것은?

① A급화재 - 유류화재
② B급화재 - 유류화재
③ C급화재 - 일반화재
④ D급화재 - 일반화재

해설

화재의 종류
① A급화재 : 일반 가연물화재(백색표시)
② B급화재 : 유류화재(황색표시)
③ C급화재 : 전기화재(청색표시)
④ D급화재 : 금속화재(색시 없음)

참고 산업안전산업기사 필기 p.4-109(2. 화재의 분류)

KEY
① 2014년 8월 17일(문제 63번)
② 2023년 7월 8일(문제 73번) 출제

[정답] 63 ④ 64 ② 65 ②

66 다음 중 고체연소의 종류에 해당하지 않는 것은?

① 표면연소 ② 증발연소
③ 분해연소 ④ 예혼합연소

해설

기체 연소
① 확산연소(불균질 연소) : 가연성 기체를 대기 중에 분출·확산시켜 연소하는 방식(불꽃은 있으나 불티가 없는 연소)
② 혼합연소(예혼합 연소, 균질연소) : 먼저 가연성 기체를 공기와 혼합시켜 놓고 연소하는 방식

참고 ① 산업안전산업기사 필기 4-98(2. 연소의 종류)
② 2017년 5월 7일 기사(문제 93번)

KEY ① 2017년 5월 7일 산업기사 출제
② 2023년 7월 8일(문제 79번) 출제

67 다음 중 통전경로별 위험도가 가장 높은 경로는?

① 왼손-등
② 오른손-가슴
③ 왼손-가슴
④ 오른손-양발

해설

통전경로별 위험도

통전경로	위험도
오른손-등	0.3
왼손-오른손	0.4
왼손-등	0.7
한손 또는 양손-앉아 있는 자리	0.7
오른손-한발 또는 양발	0.8
양손-양발	1.0
왼손-한발 또는 양발	1.0
오른손-가슴	1.3
왼손-가슴	1.5

참고 산업안전산업기사 필기 p.4-30(문제 26번)

KEY ① 2015년 5월 31일(문제 68번) 출제
② 2023년 4월 1일 지도사 출제
③ 2023년 5월 13일(문제 61번) 출제

68 전압과 인체저항과의 관계를 잘못 설명한 것은?

① 정(+)의 저항온도계수를 나타낸다.
② 내부조직의 저항은 전압에 관계없이 일정하다.
③ 1,000[V] 부근에서 피부의 전기저항은 거의 사라진다.
④ 남자보다 여자가 일반적으로 전기저항이 작다.

해설

전압과 인체저항
① 부(-)의 저항온도계수를 나타낸다.
  ㉮ 정(+)의 온도계수 : 온도 상승에 따라 저항이 증가하는 것
  ㉯ 부(-)의 온도계수 : 온도 상승에 따라 저항이 감소하는 것
② 내부조직의 저항은 전압에 관계없이 일정하다. : 내부조직의 전기저항은 직선적으로 직류, 교류에 관계없이 거의 일정하다.
③ 1,000[V] 부근에서 피부의 전기저항은 거의 사라진다. : 전압이 올라가면 피부저항이 내려가는데 1,000[V]에서 피부는 완전히 절연이 파괴되고 내부저항 500[Ω]만 남는다.
④ 남자보다 여자가 일반적으로 전기저항이 작다. : 전기저항은 몸무게에 따라 달라지므로 여자에 비해 남자가 몸무게가 커서 여자가 일반적으로 전기저항이 작다.

참고 산업안전산업기사 필기 p.4-18(2. 인체의 전기저항)

KEY ① 2014년 5월 25일(문제 64번) 출제
② 2023년 5월 13일(문제 65번) 출제

69 산업안전보건법상 전기기계·기구의 누전에 의한 감전 위험을 방지하기 위하여 접지를 하여야 하는 사항으로 틀린 것은?

① 전기기계·기구의 금속제 내부 충전부
② 전기기계·기구의 금속제 외함
③ 전기기계·기구의 금속제 외피
④ 전기기계·기구의 금속제 철대

해설

전기기계·기구의 접지
① 전기기계·기구의 금속제 외함
② 전기기계·기구의 금속제 외피
③ 전기기계·기구의 금속제 철대

[정답] 66 ④ 67 ③ 68 ① 69 ①

KEY ① 2012년 5월 20일(문제 63번) 출제
② 2019년 4월 27일(문제 64번) 출제
③ 2023년 5월 13일(문제 68번) 출제

합격정보
산업안전보건기준에 관한 규칙 제 302조(전기기계·기구의 접지)

70 교류아크용접작업 시 감전을 예방하기 위하여 사용하는 자동전격방지기의 2차 전압은 몇 [V] 이하로 유지하여야 하는가?

① 25
② 35
③ 50
④ 40

해설
자동전격방지기 2차 전압 : 25[V] 이하

참고 산업안전산업기사 필기 p.4-78(2. 방호장치의 성능)

KEY 2023년 5월 13일(문제 69번) 등 5회 이상 출제

보충학습
교류아크용접기 등
① 사업주는 아크용접 등(자동용접은 제외한다)의 작업에 사용하는 용접봉의 홀더에 대하여 「산업표준화법」에 따른 한국산업표준에 적합하거나 그 이상의 절연내력 및 내열성을 갖춘 것을 사용하여야 한다.
② 사업주는 다음 각 호의 어느 하나에 해당하는 장소에서 교류아크용접기(자동으로 작동되는 것은 제외한다)를 사용하는 경우에는 교류아크용접기에 자동전격 방지기를 설치하여야 한다.
㉮ 선박의 이중 선체 내부, 밸러스트(Ballast)탱크, 보일러 내부 등도 전체에 둘러싸인 장소
㉯ 추락할 위험이 있는 높이 2[m] 이상의 장소로 철골 등 도전성이 높은 물체에 근로자가 접촉할 우려가 있는 장소
㉰ 근로자가 물·땀 등으로 인하여 도전성이 높은 습윤 상태에서 작업하는 장소

71 다음 중 증류탑의 원리로 거리가 먼 것은?

① 끓는점(휘발성) 차이를 이용하여 목적 성분을 분리한다.
② 열이동은 도모하지만 물질이동은 관계하지 않는다.
③ 기-액 두 상의 접촉이 충분히 일어날 수 있는 접촉 면적이 필요하다.
④ 여러 개의 단을 사용하는 다단탑이 사용될 수 있다.

해설
증류탑의 원리
① 공장에서 대량의 액체 화합물을 분리하는 데 사용하며, 내부의 칸막이에서 여러 번 분별 증류가 일어나도록 설계되어 있다.
② 끓는점이 낮은 물질이 위쪽에서 분리되고 끓는점이 높은 물질이 아래쪽에서 분리된다.

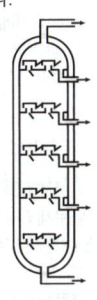

[그림] 증류탑

참고 산업안전산업기사 필기 p.4-145(합격날개 : 합격예측)

KEY ① 2017년 3월 5일 출제
② 2017년 5월 7일(문제 77번) 출제
③ 2023년 5월 13일(문제 76번) 출제

72 다음 중 폭굉(detonation) 현상에 있어서 폭굉파의 진행전면에 형성되는 것은?

① 증발열
② 충격파
③ 역화
④ 화염의 대류

해설
폭굉파
① 진행속도가 1,000~3,500[m/sec]에 달하는 경우
② 폭굉파의 전파속도는 음속을 앞지르기 때문에 그 진행전면에 충격파가 형성되어 파괴작용을 동반
③ 충격파 파장이 아주 짧은 단일 압축파로 직진하는 성질로 인하여 파면선단에 물체가 있을 경우 심한 파괴작용 동반

참고 산업안전산업기사 필기 p.4-100(3. 폭굉의 조건)

KEY ① 2017년 5월 7일 출제
② 2019년 4월 27일(문제 72번) 출제
③ 2023년 5월 13일(문제 78번) 출제

[정답] 70 ① 71 ② 72 ②

73 전기불꽃이나 과열에 대해서 회로특성상 폭발의 위험을 방지할 수 있는 방폭구조는?

① 내압방폭구조 ② 유입방폭구조
③ 안전증방폭구조 ④ 압력방폭구조

해설

안전증방폭구조(e)
정상 운전중에 폭발성 가스 또는 증기에 점화원이 될 전기불꽃, 아크 또는 고온이 되어서는 안 될 부분에 이런 것의 발생을 방지하기 위하여 기계적, 전기적 구조상 또는 온도상승에 대해서 특히 안전도를 증강시킨 구조

참고 ① 산업안전산업기사 필기 p.4-54(3. 안전증방폭구조)

KEY ① 2013년 6월 2일(문제 69번)
② 2014년 3월 2일(문제 69번)
③ 2014년 5월 25일(문제 63번)
④ 2020년 9월 27일 기사 등 5회 이상 출제
⑤ 2023년 3월 1일(문제 61번) 출제

74 다음 중 정전기 재해의 방지대책으로 가장 적절한 것은?

① 절연도가 높은 플라스틱을 사용한다.
② 대전하기 쉬운 금속은 접지를 실시한다.
③ 작업장 내의 온도를 낮게 해서 방전을 촉진시킨다.
④ (+), (−) 전하의 이동을 방해하기 위하여 주위의 습도를 낮춘다.

해설

정전기 방지 대책

[도표: 정전기 방지대책 - 발생 및 대전(접지, 정전화·정전작업복 착용, 유속제한·정치시간 확보, 대전방지제 사용, 가습(습기부여), 제전기 사용, 제조장치 및 탱크의 불활성화), 전격(대전억제, 대전전하의 신속한 누설), 화재 및 폭발(환기에 의한 위험물질의 제거, 집진에 의한 분진의 제거)]

참고 산업안전산업기사 필기 p.4-36(그림. 정전기방지대책)

KEY ① 2016년 5월 8일 기사 출제
② 2016년 8월 21일 기사 출제
③ 2017년 5월 7일 산업기사 출제
④ 2023년 6월 4일 기사 등 10회 이상 출제
⑤ 2023년 3월 1일(문제 62번) 출제

75 방폭전기기기를 선정할 경우 고려할 사항으로 가장 거리가 먼 것은?

① 접지공사의 종류
② 가스 등의 발화온도
③ 설치될 지역의 방폭지역 등급
④ 내압방폭구조의 경우 최대 안전틈새

해설

방폭전기기기의 선정시 고려할 사항
① 방폭전기기기가 설치될 지역의 방폭지역 등급 구분
② 가스 등의 발화온도
③ 내압방폭구조의 경우 최대 안전틈새
④ 본질안전방폭구조의 경우 최소 점화전류
⑤ 압력방폭구조, 유입방폭구조, 안전증방폭구조의 경우 최고 표면온도
⑥ 방폭전기기기가 설치될 장소의 주변온도, 표고, 상대습도, 먼지, 부식성 가스 또는 습기등의 환경조건

참고 산업안전산업기사 필기 p.4-52(2. 방폭구조 선정 및 유의사항)

KEY ① 2015년 3월 8일(문제 69번) 출제
② 2023년 3월 1일(문제 68번) 출제

76 인체가 전격을 당했을 경우 통전시간이 1초라면 심실세동을 일으키는 전류값[mA]은?(단, 심실세동 전류값은 Dalziel의 관계식을 이용한다.)

① 100 ② 165
③ 180 ④ 215

【정답】 73 ③ 74 ② 75 ① 76 ②

해설

심실세동(치사)전류

전격의 영향	통전전류(값)
심근의 미세한 진동으로 혈액을 송출하는 펌프의 기능이 장애를 받는 현상을 심실세동이라 하며 이때의 전류	$I = \dfrac{165}{\sqrt{T}}[mA]$ I : 심실세동전류[mA] T : 통전시간(s)

참고 산업안전산업기사 필기 p.4-17(3. 통전전류에 따른 인체의 영향)

KEY
① 2013년 8월 18일 문제 68번 출제
② 2015년 3월 8일 기사 출제
③ 2017년 3월 5일, 5월 7일기사 출제
④ 2018년 4월 28일 기사 출제
⑤ 2023년 3월 1일(문제 69번), 6월 4일 출제

---

77 물질안전보건자료(MSDS)의 작성 항목이 아닌 것은?

① 물리화학적 특성
② 유해물질의 제조법
③ 독성에 관한 정보
④ 응급처치요령

해설

MSDS(물질안전보건자료) 작성 항목
① 물리·화학적 특성
② 독성에 관한 정보
③ 폭발·화재 시의 대처방법
④ 응급처치 요령
⑤ 그 밖에 고용노동부장관이 정하는 사항

참고
① 산업안전보건법 제110조(물질안전보건자료의 작성·비치 등)
② 산업안전보건법 시행규칙 제156조(변경이 필요한 물질안전보건자료의 항목 및 제출시기)
③ 산업안전산업기사 필기 p.1-233[6.MSDS (물질안전보건자료)의 작성·비치]

KEY
① 2010년 7월 25일(문제 73번) 출제
② 2014년 3월 2일(문제 76번) 출제
③ 2023년 3월 1일(문제 76번) 출제

---

78 다음 중 산업안전보건기준에 관한 규칙에서 규정하는 급성 독성 물질에 해당되지 않는 것은?

① 쥐에 대한 경구투입실험에 의하여 실험동물의 50[%]를 사망시킬 수 있는 물질의 양이 [kg]당 300[mg]-(체중) 이하인 화학물질
② 쥐에 대한 경피흡수실험에 의하여 실험동물의 50[%]를 사망시킬 수 있는 물질의 양이 [kg]당 1,000[mg]-(체중) 이하인 화학물질
③ 토기에 대한 경피흡수실험에 의하여 실험동물의 50[%]를 사망시킬 수 있는 물질의 양이 [kg]당 1,000[mg]-(체중) 이하인 화학물질
④ 쥐에 대한 4시간 동안의 흡입실험에 의하여 실험동물의 50[%]를 사망시킬 수 있는 가스의 농도가 3,000[ppm] 이상인 화학물질

해설

독성 물질 시험
① 쥐에 대한 경구 투입실험에 의하여 실험동물의 50[%]를 사망시킬 수 있는 물질의 양
② 즉 LD_{50}(경구, 쥐)이 킬로그램당(체중) 300[mg] 이하인 화학물질

참고 산업안전산업기사 필기 p.4-130(6. 급성독성물질)

KEY
① 2018년 3월 4일 (문제 77번) 출제
② 2020년 6월 14일(문제 80번) 출제
③ 2023년 3월 1일(문제 79번) 출제

합격정보
산업안전보건기준에 관한 규칙 [별표 1] 위험물질의 종류

---

79 산업안전보건법령에서 정한 안전검사의 주기에 따르면 건조설비 및 그 부속설비는 사업장에 설치가 끝난 날부터 몇 년 이내에 최초 안전검사를 실시하여야 하는가?

① 1 ② 2
③ 3 ④ 4

[정답] 77 ② 78 ④ 79 ③

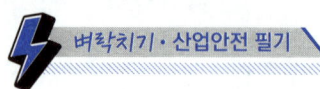

해설
안전검사 주기
프레스, 전단기, 압력용기, 국소 배기장치, 원심기, 화학설비 및 그 부속설비, 건조설비 및 그 부속설비, 롤러기, 사출성형기, 컨베이어 및 산업용 로봇, 분쇄기, 혼합기 및 파쇄기 : 사업장에 설치가 끝난 날부터 3년 이내에 최초 안전검사를 실시하되, 그 이후부터 2년마다(공정안전보고서를 제출하여 확인을 받은 압력용기는 4년마다) 실시

[참고] 산업안전산업기사 필기 p.3-62(표:안전검사의 주기)

[KEY] ① 2016년 8월 21일 기사 출제
② 2021년 3월 5일(문제 80번) 출제

80 다음 중 폭발한계의 범위가 가장 넓은 가스는?
① 수소　　② 메탄
③ 프로판　④ 아세틸렌

해설
주요 인화성가스의 폭발범위

인화성 가스	폭발하한 값(%)	폭발상한 값(%)
아세틸렌(C_2H_2)	2.5	81
산화에틸렌(C_2H_4O)	3	80
수소(H_2)	4	75
일산화탄소(CO)	12.5	74
프로판(C_3H_8)	2.1	9.5
에탄(C_2H_6)	3	12.5
메탄(CH_4)	5	15
부탄(C_4H_{10})	1.8	8.4

[참고] 산업안전산업기사 필기 p.4-153(표 : 공기중의 폭발한계)

[KEY] 2021년 3월 5일(문제 75번) 출제

5 건설공사 안전관리

81 다음 빈칸에 알맞은 숫자를 순서대로 옳게 나타낸 것은?

> 강관비계의 경우, 띠장간격은 (　)[m] 이하로 설치하되, 첫 번째 띠장은 지상으로부터 (　)[m] 이하의 위치에 설치한다.

① 2, 2　　② 2.5, 3
③ 1.85, 2　④ 1, 3

해설
강관비계의 띠장간격
① 띠장 간격은 2[m] 이하로 설치한다.(비계기둥의 간격은 띠장방향 1.85[m] 이하)
② 띠장은 지상으로부터 2[m] 이하의 위치에 설치한다.
③ 작업의 성질상 이를 준수하기가 곤란하여 쌍기둥틀 등에 의하여 해당 부분을 보강한 경우에는 그러하지 아니하다.

[참고] 산업안전산업기사 필기 p.5-98(합격날개 : 합격예측 및 관련법규)

[KEY] ① 2017년 3월 5일 기사 출제
② 2017년 8월 26일 기사·산업기사 동시출제
③ 2023년 7월 8일(문제 81번) 출제

합격정보
산업안전보건기준에 관한 규칙 제60조(강관비계의 구조)

82 철골공사 시 무너짐의 위험이 있어 강풍에 대한 안전 여부를 확인해야 할 필요성이 가장 높은 경우는?
① 연면적당 철골량이 일반 건물보다 많은 경우
② 기둥에 H형강을 사용하는 경우
③ 이음부가 공장용접인 경우
④ 단면구조가 현저한 차이가 있으며 높이가 20[m] 이상인 건물

[정답] 80 ④ 81 ① 82 ④

> **해설**

강풍시 검토사항
① 높이 20[m] 이상인 구조물
② 구조물의 폭과 높이의 비가 1 : 4 이상인 구조물
③ 건물, 호텔 등에서 단면 구조에 현저한 차이가 있는 것
④ 연면적당 철골량이 50[kg/m²] 이하인 구조물
⑤ 기둥이 타이 플레이트(tie plate)형인 구조물
⑥ 이음부가 현장 용접인 경우

> **참고** 산업안전산업기사 필기 p.5-154(3. 철골의 자립도 검토)

> **KEY**
> ① 2017년 9월 23일 기사 출제
> ② 2018년 3월 4일 기사 출제
> ③ 2019년 4월 27일 기사 출제
> ④ 2023년 7월 8일(문제 83번) 출제

83 가설구조물의 특징으로 옳지 않은 것은?

① 연결재가 적은 구조로 되기 쉽다.
② 부재의 결합이 매우 복잡하다.
③ 구조상의 결함이 있는 경우 중대재해로 이어질 수 있다.
④ 사용부재가 과소단면이거나 결함재료를 사용하기 쉽다.

> **해설**

가설 구조물의 특징
① 연결재가 부족하여 불안정해지기 쉽다.
② 부재 결합이 간략하고 불완전 결합이 많다.
③ 구조물이라는 통상의 개념이 확고하지 않아 조립의 정밀도가 낮다.
④ 부재는 과소 단면이거나 결함이 있는 재료가 사용되기 쉽다.

> **참고** 산업안전산업기사 필기 p.5-87(1. 가설 공사 개요)

> **KEY**
> ① 2003년 8월 10일 기사 출제
> ② 2023년 7월 8일(문제 87번) 출제

84 철근의 가스절단 작업 시 안전상 유의해야 할 사항으로 옳지 않은 것은?

① 작업장에는 소화기를 비치하도록 한다.
② 호스, 전선 등은 다른 작업장을 거치는 곡선상의 배선이어야 한다.
③ 전선의 경우 피복이 손상되어 있는지를 확인하여야 한다.
④ 호스는 작업 중에 겹치거나 밟히지 않도록 한다.

> **해설**

철근 가스절단시 안전대책
① 작업장에는 소화기를 비치하도록 한다.
② 전선의 경우 피복이 손상되어 있는지를 확인하여야 한다.
③ 호스는 작업 중에 겹치거나 밟히지 않도록 한다.

> **KEY**
> ① 2019년 8월 4일(문제 92번) 출제
> ② 2023년 7월 8일(문제 90번) 출제

85 동바리등을 조립하는 경우의 준수사항으로 옳지 않은 것은?

① 강재와 강재의 접속부 및 교차부는 볼트·클램프 등 전용철물을 사용하여 단단히 연결할 것
② 동바리로 사용하는 강관(파이프 서포트는 제외)은 높이 2[m] 이내마다 수평연결재를 2개 방향으로 만들고 수평연결재의 변위를 방지할 것
③ 동바리의 이음은 맞댄이음으로 하고 장부이음의 적용은 절대 금할 것
④ 거푸집이 곡면인 경우에는 버팀대의 부착 등 그 거푸집의 부상(浮上)을 방지하기 위한 조치를 할 것

> **해설**

동바리 이음 : 같은 품질의 재료를 사용

> **참고** 산업안전산업기사 필기 p.5-92(합격날개 : 합격예측 및 관련법규)

> **KEY**
> ① 2017년 8월 16일(문제 88번) 출제
> ② 2023년 7월 8일(문제 96번) 출제

> **합격정보**
> 산업안전보건기준에 관한 규칙 제332조(동바리 조립시의 안전조치)

[정답] 83 ② 84 ② 85 ③

86 잠함, 우물통, 수직갱, 그 밖에 이와 유사한 건설물 또는 설비의 내부에서 굴착작업을 하는 경우에 준수해야 할 기준으로 옳지 않은 것은?

① 산소 결핍 우려가 있는 경우에는 산소의 농도를 측정하는 사람을 지명하여 측정하도록 할 것
② 근로자가 안전하게 오르내리기 위한 설비를 설치할 것
③ 굴착 깊이가 10[m]를 초과하는 경우에는 해당 작업장소와 외부와의 연락을 위한 통신설비 등을 설치할 것
④ 굴착깊이가 20[m]를 초과하는 경우에는 송기를 위한 설비를 설치하여 필요한 양의 공기를 공급할 것

해설

통신설비 설치기준
굴착깊이 20[m] 초과하는 경우 외부와의 연락을 위한 통신설비 설치

참고 산업안전산업기사 필기 p.5-146(합격날개 : 합격예측 및 관련법규)

KEY 2023년 7월 8일(문제 98번) 출제

합격정보
산업안전보건기준에 관한 규칙 제377조(잠함 등 내부에서의 작업)

87 다음은 이음매가 있는 권상용 와이어로프의 사용금지 규정이다. ( ) 안에 알맞은 숫자는?

> 와이어로프의 한 꼬임에서 소선의 수가 ( )[%] 이상 절단된 것을 사용하면 안된다.

① 5 ② 7
③ 10 ④ 15

해설

달비계 와이어로프 사용금지 기준
① 이음매가 있는 것
② 와이어로프의 한 꼬임[(스트랜드(strand)를 말한다. 이하 같다]에서 끊어진 소선(素線)[필러(pillar)선은 제외한다)]의 수가 10[%] 이상 (비자전로프의 경우에는 끊어진 소선의 수가 와이어로프 호칭지름의 6배 길이 이내에서 4[개] 이상이거나 호칭지름 30배 길이 이내에서 8[개] 이상)인 것
③ 지름의 감소가 공칭지름의 7[%]를 초과하는 것
④ 꼬인 것
⑤ 심하게 변형되거나 부식된 것
⑥ 열과 전기충격에 의해 손상된 것

참고 산업안전산업기사 필기 p.5-102(합격날개 : 합격예측 및 관련법규)

KEY ① 2015년 5월 31일 기사 출제
② 2023년 5월 13일(문제 84번) 출제
③ 2023년 6월 4일 기사 등 10회 이상 출제

합격정보
산업안전보건기준에 관한 규칙 제63조(달비계의 구조)

88 철근콘크리트 현장타설공법과 비교한 PC(pre-cast concrete)공법의 장점으로 볼 수 없는 것은?

① 기후의 영향을 받지 않아 동절기 시공이 가능하고, 공기를 단축할 수 있다.
② 현장작업이 감소되고, 생산성이 향상되어 인력절감이 가능하다.
③ 공사비가 매우 저렴하다.
④ 공장 제작이므로 콘크리트 양생 시 최적조건에 의한 양질의 제품생산이 가능하다.

해설

프리캐스트 콘크리트(Precast concrete)
① 보, 기둥, 슬라브 등을 공장에서 미리 만들어 현장에서 조립하는 콘크리트
② 인력절감, 공기단축
③ 균등한 품질확보
④ 부재의 규격화, 대량생산 가능
⑤ 공사비 절감, 생산성 향상
⑥ 접합부위, 연결부위의 일체성확보가 RC공사에 비해 불리하다.
⑦ 외기에 영향을 받지 않으므로 동절기 시공이 가능하다.

[정답] 86 ③ 87 ③ 88 ③

⑧ 다양한 형상제작이 곤란하므로 설계상의 제약이 따른다.
⑨ 대규모 공사에 적용하는 것이 유리하다.

참고 건설안전산업기사 필기 p.5-169(1. PC 공사안전)

KEY ① 2020년 8월 23일(문제 97번) 출제
② 2023년 5월 13일(문제 87번) 출제

89 사다리식 통로의 설치기준으로 틀린 것은?

① 폭은 30[cm] 이상으로 할 것
② 발판과 벽과의 사이는 15[cm] 이상의 간격을 유지할 것
③ 사다리의 상단은 걸쳐놓은 지점으로부터 60[cm] 이상 올라가도록 할 것
④ 사다리식 통로의 길이가 10[m] 이상인 경우에는 7[m] 이내마다 계단참을 설치할 것

해설

사다리식 통로 설치기준
① 견고한 구조로 할 것
② 심한 손상·부식 등이 없는 재료를 사용할 것
③ 발판의 간격은 일정하게 할 것
④ 발판과 벽과의 사이는 15[cm] 이상의 간격을 유지할 것
⑤ 폭은 30[cm] 이상으로 할 것
⑥ 사다리가 넘어지거나 미끄러지는 것을 방지하기 위한 조치를 할 것
⑦ 사다리의 상단은 걸쳐놓은 지점으로부터 60[cm] 이상 올라가도록 할 것
⑧ 사다리식 통로의 길이가 10[m] 이상인 경우에는 5[m] 이내마다 계단참을 설치할 것
⑨ 사다리식 통로의 기울기는 75[°] 이하로 할 것. 다만, 고정식 사다리식 통로의 기울기는 90[°] 이하로 하고, 그 높이가 7[m] 이상인 경우에는 바닥으로부터 높이가 2.5[m]되는 지점부터 등받이울을 설치할 것
⑩ 접이식 사다리 기둥은 사용 시 접혀지거나 펼쳐지지 않도록 철물 등을 사용하여 견고하게 조치할 것

참고 산업안전보건기준에 관한 규칙 제23조(가설통로의 구조)

KEY ① 2014년 5월 25일(문제 99번) 출제
② 2023년 5월 13일(문제 90번) 출제

90 다음은 산업안전보건법령에 따른 승강설비의 설치에 관한 내용이다. ( )에 들어갈 내용으로 옳은 것은?

> 사업주는 높이 또는 깊이가 ( )를 초과하는 장소에서 작업하는 경우 해당 작업에 종사하는 근로자가 안전하게 승강하기 위한 건설작업용 리프트 등의 설비를 설치하는 것이 작업의 성질상 곤란한 경우에는 그러하지 아니하다.

① 2[m] ② 3[m]
③ 4[m] ④ 5[m]

해설
승강설비 높이 및 깊이 기준 : 2[m] 초과

참고 산업안전산업기사 필기 p.5-149(합격날개 : 합격예측 및 관련 법규)

합격정보
산업안전보건기준에 관한 규칙 제46조(승강설비의 설치)

KEY ① 2017년 5월 7일 기사 출제
② 2017년 8월 26일 기사 출제
③ 2020년 8월 23일(문제 94번) 출제
④ 2023년 5월 13일(문제 90번) 출제

91 공사현장에서 낙하물방지망 또는 방호선반을 설치할 때 설치높이 및 벽면으로부터 내민 길이 기준으로 옳은 것은?

	[설치높이]	[내민 길이]
①	10[m] 이내마다	2[m] 이상
②	15[m] 이내마다	2[m] 이상
③	10[m] 이내마다	3[m] 이상
④	15[m] 이내마다	3[m] 이상

해설

낙하물(안전)방망 설치기준
① 추락방호망의 설치위치는 가능하면 작업면으로부터 가까운 지점에 설치하여야 하며, 작업면으로부터 망의 설치지점까지의 수직거리는 10[m]를 초과하지 아니할 것

[정답] 89 ④ 90 ① 91 ①

② 추락방호망은 수평으로 설치하고, 망의 처짐은 짧은 변 길이의 12[%] 이상이 되도록 할 것
③ 건축물 등의 바깥쪽으로 설치하는 경우 망의 내민 길이는 벽면으로부터 3[m] 이상 되도록 할 것. 다만, 그물코가 20[mm] 이하인 망을 사용한 경우에는 낙하물방지망을 설치한 것으로 본다.

> **참고** 산업안전산업기사 필기 p.5-58(2. 낙하·비래재해의 예방대책에 관한 사항)

> **KEY** 2023년 5월 13일(문제 96번) 등 5회 이상 출제

> **합격정보**
> 산업안전보건기준에 관한 규칙 제42조(추락의 방지)

> **보충학습**
> **내민길이**
> ① 낙하물 방지망 : 2[m] 이상
> ② 바깥면 전용 추락방호망 : 3[m] 이상

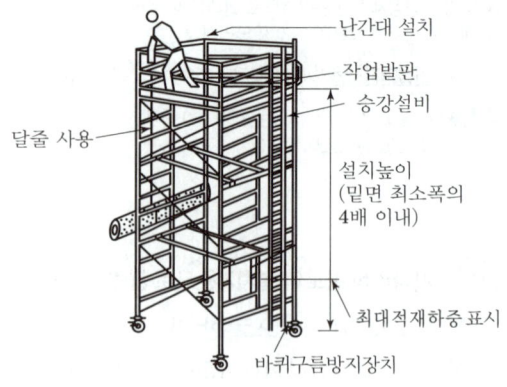

[그림] 이동식 비계

92 이동식 비계 작업 시 주의사항으로 옳지 않은 것은?

① 비계의 최상부에서 작업을 하는 경우에는 안전난간을 설치한다.
② 이동 시 작업지휘자가 이동식 비계에 탑승하여 이동하며 안전여부를 확인하여야 한다.
③ 비계를 이동시키고자 할 때는 바닥의 구멍이나 머리 위의 장애물을 사전에 점검한다.
④ 작업발판은 항상 수평을 유지하고 작업발판 위에서 안전난간을 딛고 작업을 하거나 받침대 또는 사다리를 사용하여 작업하지 않도록 한다.

> **해설**
> 비계 이동시 작업지휘나 작업원이 탄채로 이동하면 안된다.

> **참고** 산업안전산업기사 필기 p.6-96(4. 이동식 비계)

> **KEY** ① 2011년 8월 21일(문제 81번) 출제
> ② 2020년 6월 14일(문제 85번) 출제
> ③ 2023년 3월 1일(문제 84번) 출제

> **합격정보**
> 산업안전보건기준에 관한 규칙 제68조(이동식비계)

93 산업안전보건관리비 중 안전시설비 등의 항목에서 사용가능한 내역은?

① 외부인 출입금지, 공사장 경계표시를 위한 가설울타리
② 용접 작업 등 화재 위험작업 시 사용하는 소화기의 구입·임대비용
③ 절토부 및 성토부 등의 토사유실 방지를 위한 설비
④ 공사 목적물의 품질 확보 또는 건설장비 자체의 운행 감시, 공사 진척상황 확인, 방범 등의 목적을 가진 CCTV 등 감시용 장비

> **해설**
> **안전시설비 사용가능내역**
> ① 산업재해 예방을 위한 안전난간, 추락방호망, 안전대 부착설비, 방호장치(기계·기구와 방호장치가 일체로 제작된 경우, 방호장치 부분의 가액에 한함)등 안전시설의 구입·임대 및 설치를 위해 소요되는 비용
> ② 「건설기술진흥법」제62조의3에 따른 스마트 안전방비 구입·임대 비용의 5분의 1에 해당하는 비용. 다만, 제4조에 따라 계상된 안전보건관리비 총액의 10분의 1을 초과할 수 없다.
> ③ 용접 작업 등 화재 위험작업 시 사용하는 소화기의 구입·임대비용

> **KEY** ① 2017년 5월 7일 기사 출제
> ② 2018년 3월 4일 기사 출제
> ③ 2019년 3월 3일(문제 92번) 출제
> ④ 2023년 3월 1일(문제 87번) 출제

[정답] 92 ② 93 ②

합격정보
고용노동부고시 2025-11(2025.2.12) 개정

94 철근을 인력으로 운반할 때의 주의사항으로서 옳지 않은 것은?

① 긴 철근은 2[인] 1[조]가 되어 어깨메기로 하여 운반한다.
② 긴 철근을 부득이 1[인]이 운반할 때는 철근의 한쪽을 어깨에 메고 다른 한쪽 끝을 땅에 끌면서 운반한다.
③ 1[인]이 1회에 운반할 수 있는 적당한 무게한도는 운반자의 몸무게 정도이다.
④ 운반시에는 항상 양끝을 묶어 운반한다.

해설
철근 인력 운반 시 주의사항
① 1[인]당 무게는 25[kg] 정도가 적절하며, 무리한 운반을 삼가야 한다.
② 2[인] 이상이 1[조]가 되어 어깨메기로 하여 운반하는 등 안전을 도모하여야 한다.
③ 긴 철근을 부득이 한 사람이 운반하는 경우에는 한쪽을 어깨에 메고 한쪽 끝을 끌면서 운반하여야 한다.
④ 운반하는 경우에는 양끝을 묶어 운반하여야 한다.
⑤ 내려놓을 때는 천천히 내려놓고 던지지 않아야 한다.
⑥ 공동 작업을 하는 경우에는 신호에 따라 작업을 하여야 한다.

참고 산업안전산업기사 필기 p.5-182(1. 인력운반안전기준)

KEY ① 2011년 3월 20일(문제 95번) 출제
② 2023년 3월 1일(문제 88번) 출제

95 유해위험방지계획서 제출대상 공사에 해당하는 것은?

① 지상높이가 21[m]인 건축물 해체공사
② 최대지간거리가 50[m]인 다리의 건설공사
③ 연면적 5,000[m²]인 동물원 건설공사
④ 깊이가 9[m]인 굴착공사

해설
유해위험방지계획서 제출대상 건설공사
(1) 건축물 또는 시설 등의 건설·개조 또는 해체공사
  가. 지상높이가 31미터 이상인 건축물 또는 인공구조물
  나. 연면적 3만제곱미터 이상인 건축물
  다. 연면적 5천제곱미터 이상인 시설
    ① 문화 및 집회시설(전시장 및 동물원·식물원은 제외한다)
    ② 판매시설, 운수시설(고속철도의 역사 및 집배송시설은 제외한다)
    ③ 종교시설
    ④ 의료시설 중 종합병원
    ⑤ 숙박시설 중 관광숙박시설
    ⑥ 지하도상가
    ⑦ 냉동·냉장 창고시설
(2) 연면적 5천제곱미터 이상인 냉동·냉장 창고시설의 설비공사 및 단열공사
(3) 최대지간길이가 50[m] 이상인 다리건설 등 공사
(4) 터널건설 등의 공사
(5) 다목적댐, 발전용댐 및 저수용량 2천만톤 이상의 용수전용댐, 지방상수도 전용댐 건설 등의 공사
(6) 깊이 10[m] 이상인 굴착공사

참고 산업안전산업기사 필기 p.5-20(3. 유해·위험방지계획서 제출대상 건설공사)

KEY ① 2022년 4월 24일 기사 등 10회 이상 출제
② 2023년 3월 1일(문제 92번) 출제

96 옹벽 축조를 위한 굴착작업에 대한 다음 설명 중 옳지 않은 것은?

① 수평방향으로 연속적으로 시공한다.
② 하나의 구간을 굴착하면 방치하지 말고 기초 및 본체구조물 축조를 마무리한다.
③ 절취경사면에 전석, 낙석의 우려가 있고 혹은 장기간 방치할 경우에는 숏크리트, 록볼트, 캔버스 및 모르타르 등으로 방호한다.
④ 작업위치의 좌우에 만일의 경우에 대비한 대피통로를 확보하여 둔다.

[정답] 94 ③ 95 ② 96 ①

해설

옹벽축조시공시 굴착기준
① 수평방향의 연속시공을 금하며, 블럭으로 나누어 단위시공 단면적을 최소화하여 분단시공을 한다.
② 하나의 구간을 굴착하면 방치하지 말고 기초 및 본체구조물 축조를 마무리한다.
③ 절취경사면에 전석, 낙석의 우려가 있고 혹은 장기간 방치할 경우에는 숏크리트, 록볼트, 캔버스 및 모르타르 등으로 방호한다.
④ 작업위치의 좌우에 만일의 경우에 대비한 대피통로를 확보하여 둔다.

KEY
① 2010년 7월 25일(문제 84번) 출제
② 2020년 6월 14일(문제 92번) 출제
③ 2023년 3월 1일(문제 98번) 출제

97 연약점토 굴착 시 발생하는 히빙현상의 효과적인 방지대책으로 옳은 것은?

① 언더피닝공법 적용
② 샌드드레인공법 적용
③ 아일랜드공법 적용
④ 버팀대공법 적용

해설

히빙 방지대책
① 흙막이 근입깊이를 깊게
② 표토제거 하중감소
③ 지반개량
④ 굴착면 하중증가
⑤ 어스앵커설치
⑥ 아일랜드 공법 적용

참고 산업안전산업기사 필기 p.5-6 (합격날개 : 합격예측)
KEY 2022년 7월 2일(문제 85번) 출제

98 고소작업대가 갖추어야 할 설치조건으로 옳지 않은 것은?

① 작업대를 와이어로프 또는 체인으로 올리거나 내릴 경우에는 와이어로프 또는 체인이 끊어져 작업대가 떨어지지 아니하는 구조여야 하며, 와이어로프 또는 체인의 안전율은 3 이상일 것
② 작업대를 유압에 의해 올리거나 내릴 경우에는 작업대를 일정한 위치에 유지할 수 있는 장치를 갖추고 압력의 이상저하를 방지할 수 있는 구조일 것
③ 작업대에 정격하중(안전율 5이상)을 표시할 것
④ 작업대에 끼임·충돌 등 재해를 예방하기 위한 가드 또는 과상승방지장치를 설치할 것

해설

고소작업대의 와이어로프 및 체인의 안전율 : 5 이상

KEY 2017년 3월 5일(문제 84번) 출제

합격정보
산업안전보건기준에 관한 규칙 제186조(고소작업대 설치 등의 조치)

99 건설공사 현장에서 사다리식 통로 등을 설치하는 경우 준수해야 할 기준으로 옳지 않은 것은?

① 사다리의 상단은 걸쳐놓은 지점으로부터 40[cm] 이상 올라가도록 할 것
② 폭은 30[cm] 이상으로 할 것
③ 사다리식 통로의 기울기는 75[°] 이하로 할 것
④ 발판의 간격은 일정하게 할 것

해설

사다리의 상단 높이 : 60[cm] 이상

참고 산업안전산업기사 필기 p.5-18 (합격날개 : 합격예측 및 관련법규)

[정답] 97 ③ 98 ① 99 ①

KEY ① 2016년 10월 1일 산업기사 출제
② 2017년 5월 7일 기사·산업기사 출제
③ 2018년 4월 28일 산업기사 출제
④ 2018년 9월 15일 기사·산업기사 출제
⑤ 2022년 7월 2일(문제 92번) 출제

합격정보
산업안전보건기준에 관한 규칙 제24조(사다리식 통로 등의 구조)

100 다음은 산업안전보건법령에 따른 지붕 위에서의 위험 방지에 관한 사항이다. ( )안에 알맞은 것은?

> 슬레이트, 선라이트 등 강도가 약한 재료로 덮은 지붕 위에서 작업을 할 때에 발이 빠지는 등 근로자가 위험해질 우려가 있는 경우 폭 ( ) 센티미터 이상의 발판을 설치하거나 안전방망을 치는 등 근로자의 위험을 방지하기 위하여 필요한 조치를 하여야 한다.

① 20　　② 25
③ 30　　④ 40

해설

발판폭
슬레이트, 선라이트(sunlight) 등 강도가 약한 재료로 덮은 지붕 위에서 작업을 할 때에 발이 빠지는 등 근로자가 위험해질 우려가 있는 경우 폭 30[cm] 이상의 발판을 설치하거나 안전방망을 치는 등 위험을 방지하기 위하여 필요한 조치를 하여야 한다.

KEY ① 2016년 10월 1일 출제
② 2017년 3월 5일(문제 91번) 출제

합격정보
산업안전보건기준에 관한 규칙 제45조(지붕위에서의 위험방지)

[정답] 100 ③

2025년도 산업기사 정기검정 제1회 (2025년 2월 7일 CBT 시행)

자격종목 및 등급(선택분야)
산업안전산업기사

※ 본 문제는 복원문제 및 예적(예상적중) 문제로 실제문제와 동일하지 않을 수 있습니다.

1 산업재해 예방 및 안전보건교육

01 산업안전보건법령상 안전보건표지의 종류와 형태 중 그림과 같은 경고 표지는?

① 위험장소 경고
② 낙하물 경고
③ 몸균형상실 경고
④ 매달린 물체 경고

[해설]
경고표지의 종류

인화성 물질경고	산화성 물질경고	폭발성 물질경고	급성독성 물질경고	부식성 물질경고
방사성 물질경고	고압전기 경고	매달린 물체경고	낙하물 경고	고온 경고
저온 경고	몸균형 상실경고	레이저 광선경고	발암성·변이 원성·생식독 성·전신독성· 호흡기과민성 물질 경고	위험장소 경고

[참고] 산업안전산업기사 필기 p.1-61(2. 경고표지)

[KEY] ① 2017년 9월 23일 기사 출제
② 2018년 3월 4일 기사 출제
③ 2019년 4월 27일 산업기사 출제
④ 2020년 6월 7일 기사 출제
⑤ 2023년 3월 1일(문제 17번) 출제
⑥ 2024년 2월 15일(문제 2번), 5월 9일(문제 10번) 출제

[합격정보]
산업안전보건법 시행규칙 [별표 6] 안전보건표지의 종류와 형태

---

02 다음 중 매슬로우(Maslow)가 제창한 인간의 욕구 5단계 이론을 단계별로 옳게 나열한 것은?

① 생리적 욕구 → 안전 욕구 → 사회적 욕구 → 존경의 욕구 → 자아 실현의 욕구
② 안전 욕구 → 생리적 욕구 → 사회적 욕구 → 존경의 욕구 → 자아 실현의 욕구
③ 사회적 욕구 → 생리적 욕구 → 안전 욕구 → 존경의 욕구 → 자아 실현의 욕구
④ 사회적 욕구 → 안전 욕구 → 생리적 욕구 → 존경의 욕구 → 자아 실현의 욕구

[해설]
Maslow의 욕구
① 제1단계 : 생리적 욕구(기본적 욕구, 종족 보존, 기아, 갈등, 호흡, 배설, 성욕 등)
② 제2단계 : 안전욕구(안전을 구하려는 욕구)
③ 제3단계 : 사회적 욕구(애정, 소속에 대한 욕구, 친화 욕구)
④ 제4단계 : 인정받으려는 욕구(자기존경 욕구, 자존심, 명예, 성취, 지위, 승인의 욕구)
⑤ 제5단계 : 사아실현의 욕구(삼새석 능력실현 욕구, 성취욕구)

[참고] 산업안전산업기사 필기 p.1-101(5. 매슬로우의 욕구 5단계 이론)

[KEY] ① 2020년 6월 14일(문제 10번) 출제
② 2022년 3월 2일(문제 11번) 출제

💬 **합격자의 조언**
20번 이상 출제된 문제

[정답] 01 ④ 02 ①

03
50인의 상시 근로자를 가지고 있는 어느 사업장에 1년간 3건의 부상자를 내고 그 휴업일수가 219일이라면 강도율은?

① 1.37　　② 1.50
③ 1.86　　④ 2.21

해설

강도율 = $\dfrac{\text{총요양근로손실일수}}{\text{연근로시간수}} \times 1{,}000$

$= \dfrac{219 \times \dfrac{300}{365}}{50 \times 2{,}400} \times 1{,}000 = 1.50$

참고 산업안전산업기사 필기 p.3-47(4. 강도율)

KEY
① 2016년 3월 6일 기사·산업기사 동시 출제
② 2016년 10월 1일 기사 출제
③ 2017년 3월 5일 기사 출제
④ 2023년 7월 8일(문제 8번) 출제
⑤ 2024년 5월 9일(문제 3번) 출제

04
평균 근로자수가 1,000명인 사업장의 도수율이 10.25이고 강도율이 7.25이었을 때 이 사업장의 종합재해지수는?

① 7.62　　② 8.62
③ 9.62　　④ 10.62

해설

종합재해지수(F.S.I)

$\sqrt{\text{빈도율} \times \text{강도율}} = \sqrt{FR \times SR} = \sqrt{10.25 \times 7.25} = 8.62$

참고 산업안전산업기사 필기 p.3-43(5. 종합재해지수)

KEY
① 2016년 5월 8일 기사 출제
② 2017년 8월 26일 기사 출제
③ 2018년 9월 15일 산업기사 출제
④ 2023년 9월 12일(문제 5번) 출제

합격정보
산업재해통계업무처리 규정 제3조(산업재해통계의 산출방법 및 정의)

05
다음 중 타박, 충돌, 추락 등으로 피부 표면보다는 피하조직 등 근육부를 다친 상해를 무엇이라 하는가?

① 골절　　② 자상
③ 부종　　④ 좌상

해설

자상과 좌상
① 자상(찔림) : 칼날 등 날카로운 물건에 찔린 상해
② 좌상(타박상, 삠) : 타박, 충돌, 추락 등으로 피부표면보다는 피하조직 또는 근육부를 다친 상해

참고 산업안전산업기사 필기 p.3-42(합격날개 : 합격예측)

KEY 2023년 5월 13일 출제

보충학습
산업안전산업기사 필기 p.3-36(합격날개 : 은행문제)

06
근로자가 작업대 위에서 전기공사 작업 중 감전에 의하여 지면으로 떨어져 다리에 골절상해를 입은 경우의 기인물과 가해물로 옳은 것은?

① 기인물-작업대, 가해물-지면
② 기인물-전기, 가해물-지면
③ 기인물-지면, 가해물-전기
④ 기인물-작업대, 가해물-전기

해설

재해발생의 요인분석 3가지
① 기인물 : 불안전한 상태에 있는 물체(환경포함 : 전기)
② 가해물 : 직접 사람에게 접촉되어 위해를 가한 물체(지면)
③ 사고의 형태(재해형태) : 물체(가해물)와 사람과의 접촉현상

참고 산업안전산업기사 필기 p.3-29(합격날개 : 합격예측)

KEY 2023년 5월 13일(문제 1번) 출제

【 정답 】 03 ②　04 ②　05 ④　06 ②

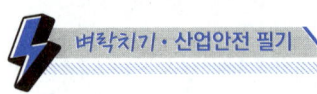

07 기업 내 교육방법 중 작업의 개선 방법 및 사람을 다루는 방법, 작업을 가르치는 방법 등을 주된 교육 내용으로 하는 것은?

① CCS(Civil Communication Section)
② MTP(Management Training Program)
③ TWI(Training Within Industry)
④ ATT(American Telephone & Telegram Co)

해설

기업내정형교육(TWI)
① 작업 방법 훈련(Job Method Training : JMT) : 작업개선
② 작업 지도 훈련(Job Instruction Training : JIT) : 작업지도·지시
③ 인간 관계 훈련(Job Relations Training : JRT) : 부하 통솔
④ 작업 안전 훈련(Job Safety Training : JST) : 작업안전

참고 산업안전산업기사 필기 p.1-145 (1) 기업 내 정형교육

KEY
① 2016년 3월 6일 기사 출제
② 2016년 8월 21일 출제
③ 2017년 5월 7일, 8월 26일 출제
④ 2018년 3월 4일 기사·산업기사 동시 출제
⑤ 2018년 4월 18일 기사 출제
⑥ 2022년 9월 14일(문제 2번) 출제

08 OJT(On the Job Tranining)에 관한 설명으로 옳은 것은?

① 집합교육형태의 훈련이다.
② 다수의 근로자에게 조직적 훈련이 가능하다.
③ 직장의 설정에 맞게 실제적 훈련이 가능하다.
④ 전문가를 강사로 활용할 수 있다.

해설

OJT의 특징
① 개개인에게 적절한 지도훈련이 가능하다.
② 직장의 실정에 맞게 실제적 훈련이 가능하다.
③ 즉시 업무에 연결되는 관계로 몸과 관련이 있다.
④ 훈련에 필요한 업무의 계속성이 끊어지지 않는다.
⑤ 효과가 곧 업무에 나타나며 훈련의 좋고 나쁨에 따라 개선이 쉽다.
⑥ 훈련효과를 보고 상호 신뢰, 이해도가 높아지는 것이 가능하다.

참고 산업안전산업기사 필기 p.1-142(표. OJT와 OFF JT 특징)

KEY
① 2016년 5월 8일(문제 14번) 등 20회 이상 출제
② 2023년 5월 13일(문제 11번) 출제

09 안전관리조직의 형태에 관한 설명으로 옳은 것은?

① 라인형 조직은 100명 이상의 중규모 사업장에 적합하다.
② 스태프형 조직은 100명 미만의 소규모 사업장에 적합하다.
③ 라인형 조직은 안전에 대한 정보가 불충분하지만 안전지시나 조치에 대한 실시가 신속하다.
④ 라인·스태프형 조직은 1000명 이상의 대규모 사업장에 적합하나 조직원 전원의 자율적 참여가 불가능하다.

해설

안전관리 조직 형태 3가지
① Line형(직계식) : 100명 미만의 소규모 사업장
② Staff형(참모식) : 100~1,000명의 중규모 사업장
③ Line-staff형(복합식) : 1,000명 이상의 대규모 사업장

참고 산업안전산업기사 필기 p.1-23(표. 안전보건 관리조직 형태)

KEY
① 2016년 3월 6일 기사, 산업기사 출제
② 2016년 10월 2일 산업기사 출제
③ 2017년 3월 5일, 5월 7일 출제
④ 2017년 8월 26일 기사, 산업기사 출제
⑤ 2019년 3월 3일, 9월 21일 출제
⑥ 2019년 8월 4일 기사, 산업기사 출제
⑦ 2020년 8월 22일 출제
⑧ 2020년 8월 23일 산업기사 출제
⑨ 2021년 3월 7일(문제 20번), 5월 15일(문제 3번) 기사 출제
⑩ 2022년 4월 17일(문제 4번) 출제

[정답] 07 ③ 08 ③ 09 ③

10 안전인증 절연장갑에 안전인증 표시 외에 추가로 표시하여야 하는 등급별 색상의 연결로 옳은 것은? (단, 고용노동부 고시를 기준으로 한다.)

① 00등급 : 갈색
② 0등급 : 흰색
③ 1등급 : 노란색
④ 2등급 : 빨강색

> **해설**

절연장갑의 등급 및 표시

등 급	최대사용전압		등급별 색상
	교류(V, 실효값)	직류(V)	
00	500	750	갈색
0	1,000	1,500	빨간색
1	7,500	11,250	흰색
2	17,000	25,500	노란색
3	26,500	39,750	녹색
4	36,000	54,000	등색

㈜ 직류값은 교류에 1.5를 곱하면 된다. 예 500×1.5=750[V]

> 참고 산업안전산업기사 필기 p.1-51(합격날개 : 합격예측)

> **정답확인**

보호구안전인증고시 [별표3] 제8조(성능기준)

> **KEY** ① 2018년 4월 28일 출제
> ② 2018년 8월 19일 기사 출제
> ③ 2019년 4월 27일 기사 출제
> ④ 2020년 6월 14일 출제
> ⑤ 2021년 9월 5일 출제
> ⑥ 2025년 2월 7일 기사 출제

11 인간관계의 매커니즘 중 열등감과 욕구불만을 사회적으로 바람직한 가치로 나타내는 것을 무엇이라고 하는가?

① 보상(Compensation)
② 승화(Sublimation)
③ 투사(Projection)
④ 동일시(Identification)

> **해설**

인간의 적응기제 3가지

① 도피기제(Escape Mechanism) : 갈등을 해결하지 않고 도망감

구분	특징
억압	무의식으로 쑤셔 넣기
퇴행	유아 시절로 돌아가 유치해짐
백일몽	공상의 나래를 펼침
고립(거부)	외부와의 접촉을 끊음

② 방어기제(Defense Mechanism) : 갈등을 이겨내려는 능동성과 적극성

구분	특징
보상	열등감을 다른 곳에서 강점으로 발휘함
합리화	자기변명, 자기실패의 합리화, 자기미화
승화	열등감과 욕구불만을 사회적으로 바람직한 가치로 나타내는 것
동일시	힘 있고 능력 있는 사람을 통해 자기만족을 얻으려 함
투사	자신의 열등감을 다른 것에 던져 그것들도 결점이 있음을 발견해서 열등감에서 벗어나려 함

③ 공격기제(Aggressive Mechanism) : 직접적, 간접적

> 참고 산업안전산업기사 필기 p.1-115(보충학습)

> **KEY** ① 2017년 3월 5일 기사 출제
> ② 2019년 3월 3일 기사·산업기사 동시 출제
> ③ 2021년 5월 9일 CBT (문제 7번) 출제

12 착오의 요인 중 인지과정의 착오에 해당하지 않는 것은?

① 정서불안정
② 감각차단현상
③ 정보부족
④ 생리·심리적 능력의 한계

> **해설**

인지과정 착오의 요인

① 생리, 심리적 능력의 한계
② 정보량 저장(정보 수용능력의 한계)의 한계
③ 감각차단현상
④ 정서불안정

> 참고 산업안전산업기사 필기 p.1-82(1. 인지 과정 착오의 요인)

> **KEY** ① 2016년 5월 8일 출제
> ② 2017년 9월 23일 기사 출제
> ③ 2018년 4월 28일 산업기사 출제

[**정답**] 10 ① 11 ② 12 ③

보충학습
판단과정 착오요인
① 자기합리화
② 능력부족
③ 정보부족
④ 과신(자신 과잉)
⑤ 작업조건불량

13 인간관계의 메커니즘 중 다른 사람의 행동 양식이나 태도를 투입시키거나, 다른 사람 가운데서 자기와 비슷한 것을 발견하는 것을 무엇이라고 하는가?

① 투사(Projection)
② 모방(Imitation)
③ 암시(Suggestion)
④ 동일화(Identification)

해설
동일화(identification)
① 다른 사람의 행동 양식이나 태도를 투입시키거나 다른 사람 가운데서 자기와 비슷한 점을 발견하는 것
② 부모나 형 등의 중요한 인물들의 태도나 행동을 따라하는 것

참고) 산업안전산업기사 필기 p.1-73(3. 인간관계의 기제)

KEY ① 2018년 3월 4일 기사 출제
② 2018년 4월 28일 기사 출제

14 보호구 안전인증 고시에 따른 안전화의 정의 중 ( )안에 알맞은 것은?

> 경작업용 안전화란 (㉠) [mm]의 낙하높이에서 시험했을 때 충격과 (㉡ ±0.1) [kN]의 압축하중에서 시험했을 때 압박에 대하여 보호해 줄 수 있는 선심을 부착하여, 착용자를 보호하기 위한 안전화를 말한다.

① ㉠ 500, ㉡ 10.0
② ㉠ 250, ㉡ 10.0
③ ㉠ 500, ㉡ 4.4
④ ㉠ 250, ㉡ 4.4

해설
안전화 높이·하중

구분	높이[mm]	하중[kN]
중작업용	1,000	15±0.1
보통작업용	500	10±0.1
경작업용	250	4.4±0.1

참고) 산업안전산업기사 필기 p.1-57(표 : 안전화시험 높이·하중)

정답확인
보호구안전인증고시 [별표3] 제5조(정의)

KEY ① 2018년 4월 28일 산업기사 출제
② 2018년 9월 15일 산업기사 출제

15 산업안전보건법령상 상시 근로자수의 산출내역에 따라 연간 국내공사 실적액이 50억원이고 건설업 월평균임금이 250만원이며, 노무비율은 0.06인 사업장의 상시 근로자수는?

① 10인
② 30인
③ 33인
④ 75인

해설
$$\text{상시 근로자수} = \frac{\text{연간 국내공사 실적액} \times \text{노무비율}}{\text{건설업 월평균임금} \times 12}$$
$$= \frac{50억원 \times 0.06}{250만원 \times 12}$$
$$= 10[인]$$

참고) 산업안전산업기사 필기 p.3-47(합격날개 : 합격예측)

정보제공
산업안전보건법 시행규칙 [별표1] 건설업체 산업재해 발생률 및 산업재해 발생 보고의무 위반건수의 산정기준과 방법

【 정답 】 13 ④ 14 ④ 15 ①

16 다음 중 산업재해 통계에 관한 설명으로 적절하지 않은 것은?

① 산업재해 통계는 구체적으로 표시되어야 한다.
② 산업재해 통계는 안전활동을 추진하기 위한 기초자료이다.
③ 산업재해 통계만을 기반으로 해당 사업장의 안전수준을 추측한다.
④ 산업재해 통계의 목적은 기업에서 발생한 산업재해에 대하여 효과적인 대책을 강구하기 위함이다.

해설

산업재해 통계
① 산업재해 통계는 구체적으로 표시되어야 한다.
② 산업재해 통계의 목적은 기업에서 발생한 산업재해에 대하여 효과적인 대책을 강구하기 위함이다.
③ 산업재해 통계는 안전활동을 추진하기 위한 기초 자료이다.

참고 산업안전산업기사 필기 p.3-47(합격날개 : 은행문제)

KEY ① 2011년 8월 21일(문제 20번) 출제
② 2019년 4월 27일 출제

17 공정안전보고서의 안전운전계획에 포함하여야 할 세부 항목이 아닌 것은?

① 설비배치도
② 안전작업허가
③ 도급업체 안전관리계획
④ 설비점검·검사 및 보수계획, 유지계획 및 지침서

해설

안전운전계획
① 안전운전지침서
② 설비점검·검사 및 보수계획, 유지계획 및 지침서
③ 안전작업허가
④ 도급업체 안전관리계획
⑤ 근로자 등 교육계획
⑥ 가동전 점검지침
⑦ 변경요소 관리계획
⑧ 자체감사 및 사고조사계획
⑨ 그 밖에 안전운전에 필요한 사항

참고 산업안전산업기사 필기 p.1-226(합격예측 및 관련법규)

KEY 2023년 6월 4일 기사 출제

정보제공
산업안전보건법시행규칙 제50조(공정안전보고서의 세부내용 등)

18 기업 내 정형교육 중 대상으로 하는 계층이 한정되어 있지 않고, 한번 훈련을 받은 관리자는 그 부하인 감독자에 대해 지도원이 될 수 있는 교육방법은?

① TWI(Training Within Industry)
② MTP(Management Training Program)
③ CCS(Civil Communication Section)
④ ATT(American Telephone & Telegram Co)

해설

ATT(American Telephone & Telegraph Company)
(1) 특징
① 1차 훈련(1일 8시간씩 2주간), 2차 과정에서는 문제가 발생할 때마다 실시
② 진행방법은 통상 토의식에 의하여 지도자의 유도로 과제에 대한 의견을 제시하게 하여 결론을 내려가는 방식
(2) 교육내용
① 계획적인 감독
② 인원배치 및 작업의 계획
③ 작업의 감독
④ 공구와 자료의 보고 및 기록
⑤ 개인작업의 개선
⑥ 인사관계
⑦ 종업원의기술향상
⑧ 훈련
⑨ 안전 등

참고 산업안전산업기사 필기 p.1-147(3. ATT)

KEY 2016년 3월 6일 기사 출제

[정답] 16 ③ 17 ① 18 ④

19 자율검사프로그램을 인정받으려는 자가 한국산업안전보건공단에 제출해야 하는 서류가 아닌 것은?

① 안전검사대상 유해·위험기계 등의 보유 현황
② 유해·위험기계 등의 검사 주기 및 검사기준
③ 안전검사대상 유해·위험기계의 사용 실적
④ 향후 2년간 검사대상 유해·위험기계 등의 검사수행계획

해설

자율검사 프로그램을 인정받으려면 제출해야 할 서류
① 안전검사대상 유해·위험기계 등의 보유 현황
② 검사원 보유 현황과 검사를 할 수 있는 장비 및 장비 관리방법(지정검사기관에 위탁한 경우에는 위탁을 증명할 수 있는 서류를 제출한다.)
③ 유해·위험기계 등의 검사 주기 및 검사기준
④ 향후 2년간 검사대상 유해·위험기계 등의 검사수행계획
⑤ 과거 2년간 자율검사프로그램 수행 실적(재신청의 경우만 해당한다.)

참고 산업안전산업기사 필기 p.1-233(합격예측 및 관련법규)

KEY 2018년 5월 8일 기사 출제

정보제공
산업안전보건법 시행규칙 제132조(자율검사 프로그램의 인정 등)

20 성공적인 리더가 갖추어야 할 특성으로 가장 거리가 먼 것은?

① 강한 출세욕구
② 강력한 조직 능력
③ 미래지향적 사고 능력
④ 상사에 대한 부정적인 태도

해설

성공적 리더의 특성
① 업무수행능력
② 강한 출세욕구
③ 상사에 대한 긍정적 태도
④ 강력한 조직 능력
⑤ 원만한 사교성
⑥ 판단능력
⑦ 자신에 대한 긍정적인 태도
⑧ 매우 활동적이며 공격적인 도전
⑨ 실패에 대한 두려움
⑩ 부모로부터의 정서적 독립
⑪ 조직의 목표에 대한 충성심
⑫ 자신의 건강과 체력 단련

참고 산업안전산업기사 필기 p.1-113(합격날개:합격예측)

2 인간공학 및 위험성 평가·관리

21 FT도에서 사용되는 다음 기호의 의미로 맞는 것은?

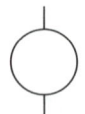

① 결함사상
② 통상사상
③ 기본사상
④ 제외사상

해설

FTA의 기호

기호	명칭	입·출력 현상
▭	결함사상	개별적인 결함사상
◯	기본사상	더 이상 전개되지 않는 기본인 사상
⬠	통상사상	통상 발생이 예상되는 사상(예상되는 원인)
◇	생략사상	정보 부족, 해석 기술의 불충분으로 더 이상 전개할 수 없는 사상, 작업 진행에 따라 해석이 가능할 때는 다시 속행한다.

참고 산업안전산업기사 필기 p.2-70(표. FTA 기호)

KEY ① 2017년 8월 26일(문제 23번) 출제
② 2023년 7월 8일(문제 38번) 출제

22 인간오류의 분류 중 원인에 의한 분류의 하나로 작업자 자신으로부터 발생하는 에러로 옳은 것은?

① command error
② Secondary error
③ Primary error
④ Third error

[정답] 19 ③ 20 ④ 21 ③ 22 ③

> 해설

실수원인의 level(수준적) 분류
① 1차실수(Primary error : 주과오) : 작업자 자신으로부터 발생한 실수
② 2차실수(Secondary error : 2차과오) : 작업형태나 조건 중에서 문제가 생겨 발생한 실수, 어떤 결함에서 파생
③ 커맨드 실수(Command error : 지시과오) : 직무를 하려고 해도 필요한 정보, 물건, 에너지 등이 없어 발생하는 실수

> 참고 산업안전산업기사 필기 p.2-20[4. 실수원인의 level(수준적) 분류]

> KEY ① 2019년 4월 27일(문제 30번) 출제
> ② 2023년 5월 13일(문제 38번) 출제

23 인체측정치 응용원칙 중 가장 우선적으로 고려해야 하는 원칙은?

① 조절식 설계   ② 최대치 설계
③ 최소치 설계   ④ 평균치 설계

> 해설

조절범위(조정범위 : 조절식 설계)
① 사무실 의자의 높낮이 조절, 자동차 좌석의 전후조절 등
② 통상 5[%]치에서 95[%]치까지에서 90[%] 범위를 수용대상으로 설계
③ 가장 우선적으로 고려한다.

> 참고 산업안전산업기사 필기 p.2-159(2. 조절범위(조정범위) 설계)

> KEY ① 2017년 9월 23일 기사 출제
> ② 2019년 3월 3일 기사 출제
> ③ 2023년 3월 1일(문제 23번) 출제
> ④ 2024년 2월 15일(문제 38번) 출제

24 결함수 분석법에서 일정 조합 안에 포함되는 기본사상들이 동시에 발생할 때 반드시 목표사상을 발생시키는 조합을 무엇이라 하는가?

① Cut set
② Decision tree
③ Path set
④ 불 대수

> 해설

컷셋과 패스셋
① 컷셋(cut set) : 정상사상을 발생시키는 기본사상의 집합으로 그 안에 포함되는 모든 기본사상이 발생할 때 정상사상을 발생시킬 수 있는 기본사상의 집합
② 패스셋(path set) : 모든 기본사상이 일어나지 않을 때 처음으로 정상사상이 일어나지 않는 기본사상의 집합(고장나지 않도록 하는 사상의 조합)

> 참고 산업안전산업기사 필기 p.2-79(합격날개 : 합격예측)

> KEY ① 2017년 5월 7일 기사 출제
> ② 2018년 3월 4일, 4월 28일 출제
> ③ 2019년 4월 27일 산업기사 출제
> ④ 2020년 6월 14일 기사 출제
> ⑤ 2021년 5월 9일(문제 21번) 출제

25 설비나 공법 등에서 나타날 위험에 대하여 정성적 또는 정량적인 평가를 행하고 그 평가에 따른 대책을 강구하는 것은?

① 설비보전   ② 동작분석
③ 안전계획   ④ 안전성 평가

> 해설

안전성 평가의 6단계
① 1단계 : 관계자료의 정비검토
② 2단계 : 정성적 평가
③ 3단계 : 정량적 평가
④ 4단계 : 안전대책
⑤ 5단계 : 재해정보에 의한 재평가
⑥ 6단계 : FTA에 의한 재평가

> 참고 산업안전산업기사 필기 p.2-37(1. 안전성 평가 6단계)

> KEY ① 2016년 3월 6일 출제
> ② 2016년 10월 1일 기사 출제
> ③ 2017년 3월 5일(문제 25번) 출제
> ④ 2024년 5월 9일(문제 32번) 출제

【 정답 】 23 ①   24 ①   25 ④

26 동작경제의 원칙에 해당하지 않는 것은?

① 가능하다면 낙하식 운반방법을 사용한다.
② 양손을 동시에 반대 방향으로 움직인다.
③ 자연스러운 리듬이 생기지 않도록 동작을 배치한다.
④ 양손을 동시에 작업을 시작하고, 동시에 끝낸다.

해설

동작경제의 3원칙(길브레드 : Gilbrett)
(1) 동작능력 활용의 원칙
　① 발 또는 왼손으로 할 수 있는 것은 오른손을 사용하지 않는다.
　② 양손으로 동시에 작업하고 동시에 끝낸다.
(2) 작업량 절약의 원칙
　① 적게 운동할 것
　② 재료나 공구는 취급하는 부근에 정돈할 것
　③ 동작의 수를 줄일 것
　④ 동작의 양을 줄일 것
　⑤ 물건을 장시간 취급할 시 장구를 사용할 것
(3) 동작개선의 원칙
　① 동작을 자동적으로 리드미컬한 순서로 할 것
　② 양손은 동시에 반대의 방향으로, 좌우 대칭적으로 운동하게 할 것
　③ 관성, 중력, 기계력 등을 이용할 것

참고 산업안전산업기사 필기 p.2-76(합격날개 : 합격예측)

KEY ① 2015년 3월 8일(문제 35번) 출제
　　　② 2023년 3월 1일(문제 35번) 출제

27 다음에서 설명하는 용어는?

> 유해·위험요인을 파악하고 해당 유해·위험요인에 의한 부상 또는 질병의 발생 가능성(빈도)과 중대성(강도)을 추정·결정하고 감소대책을 수립하여 실행하는 일련의 과정을 말한다.

① 위험성 결정
② 위험성 평가
③ 위험빈도 추정
④ 유해·위험요인 파악

해설

위험성 평가 용어정의
① "유해 위험요인"이란 유해·위험을 일으킬 잠재적 가능성이 있는 것의 고유한 특징이나 속성을 말한다.
② "위험성"이란 유해·위험요인이 부상 또는 질병으로 이어질 수 있는 가능성(빈도)과 중대성(강도)을 조합한 것을 의미한다.
③ "위험성평가"란 유해·위험 요인을 파악하고 해당 유해·위험요인에 의한 부상 또는 질병의 발생 가능성(빈도)과 중대성(강도)을 추정·결정하고 감소대책을 수립하여 실행하는 일련의 과정을 말한다.

참고 산업안전산업기사 필기 p.2-103(합격날개 : 은행문제)

KEY 2022년 4월 17일(문제 37번) 출제

합격정보
사업장 위험성 평가에 관한 지침 제3조(정의) 24. 12. 18 개정고시 적용

28 다음 중 시스템의 수명곡선에서 고장의 발생형태가 일정하게 나타나는 구간은?

① 초기고장구간　② 우발고장구간
③ 마모고장구간　④ 피로고장구간

해설

수명곡선 3가지 유형

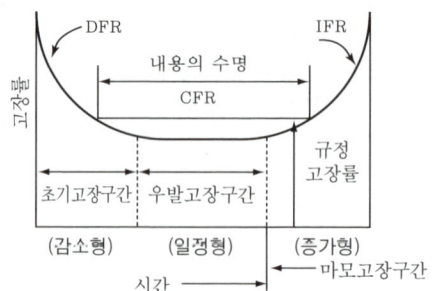

참고 산업안전산업기사 필기 p.2-13(그림 : 기계설비 고장유형)

KEY ① 2013년 9월 28일(문제 28번) 출제
　　　② 2022년 3월 2일(문제 28번) 출제

[**정답**] 26 ③　27 ②　28 ②

29. 조종장치를 15[mm] 움직였을 때, 표시계기의 지침이 25[mm] 움직였다면 이 기기의 C/R비는?

① 0.4
② 0.5
③ 0.6
④ 0.7

해설

기기의 C/R비

$$\frac{C}{R} = \frac{조종장치의\ 이동거리}{표시장치의\ 이동거리} = \frac{15}{25} = 0.6$$

참고 산업안전산업기사 필기 p.2-176(합격날개 : 합격예측)

KEY
① 2018년 4월 28일 출제
② 2018년 9월 15일 출제
③ 2019년 4월 27일 출제
④ 2019년 8월 4일 출제
⑤ 2022년 7월 2일 출제

30. 다음 중 체계 설계 과정의 주요 단계 중 가장 먼저 실시되어야 하는 것은?

① 기본설계
② 계면설계
③ 체계의 정의
④ 목표 및 성능 명세 결정

해설

인간-기계 시스템 설계 순서
① 1단계 : 시스템의 목표와 성능 명세 결정
② 2단계 : 시스템의 정의
③ 3단계 : 기본설계
④ 4단계 : 인터페이스설계
⑤ 5단계 : 보조물설계
⑥ 6단계 : 시험 및 평가

참고 산업안전산업기사 필기 p.2-29(문제 31번) 적중

KEY
① 2011년 3월 20일(문제 29번) 출제
② 2019년 3월 3일 기사 출제
③ 2019년 4월 27일(문제 21번) 출제
④ 2023년 5월 13일(문제 23번) 등 5회 이상 출제
⑤ 2024년 2월 15일(문제 29번) 출제

31. 어떤 상황에서 정보 전송에 따른 표시장치를 선택하거나 설계할 때, 청각장치를 주로 사용하는 사례로 맞는 것은?

① 메시지가 길고 복잡한 경우
② 메시지를 나중에 재참조하여야 할 경우
③ 메시지가 즉각적인 행동을 요구하는 경우
④ 신호의 수용자가 한 곳에 머무르고 있는 경우

해설

청각장치의 사용
① 전언이 간단할 경우
② 전언이 짧을 경우
③ 전언이 후에 재참조되지 않을 경우
④ 전언이 시간적인 사상(event)을 다룰 경우
⑤ 전언이 즉각적인 행동을 요구할 경우
⑥ 수신자의 시각 계통이 과부하 상태일 경우
⑦ 수신 장소가 너무 밝거나 암조응(暗調應) 유지가 필요할 경우
⑧ 직무상 수신자가 자주 움직이는 경우

참고 산업안전산업기사 필기 p.2-31(문제 43번)

KEY
① 2017년 5월 7일 산업기사 출제
② 2018년 3월 4일 산업기사 출제
③ 2018년 4월 28일 산업기사 출제
④ 2018년 8월 19일 산업기사 출제
⑤ 2018년 9월 15일 산업기사 출제

32. 산업안전보건법령상 95[dB(A)]의 소음에 대한 허용노출 기준시간은?(단, 충격소음은 제외한다.)

① 1시간
② 2시간
③ 4시간
④ 8시간

[정답] 29 ③ 30 ④ 31 ③ 32 ③

> **해설**

소음작업기준

> 참고) 산업안전산업기사 필기 p.2-172(표. 음압과 허용노출 관계)

> KEY ▶ 2015년 9월 19일(문제 22번) 출제

> 보충학습
산업안전보건기준에 관한 규칙 제512조(정의)

33. 인간공학의 주된 연구 목적과 가장 거리가 먼 것은?

① 제품품질 향상
② 작업의 안전성 향상
③ 작업환경의 쾌적성 향상
④ 기계조작의 능률성 향상

> **해설**

인간공학의 목표
① 첫째 : 안전성 향상과 사고방지
② 둘째 : 기계조작의 능률성과 생산성의 향상
③ 셋째 : 쾌적성

> 참고) 산업안전산업기사 필기 p.2-2(합격날개 : 합격예측)

> KEY ▶ ① 2014년 5월 25일(문제 23번)
② 2025년 2월 7일 기사 출제

[그림] 인간공학의 목적

34. 광원으로부터의 직사 휘광을 줄이기 위한 방법으로 적절하지 않은 것은?

① 휘광원 주위를 어둡게 한다.
② 가리개, 갓, 차양 등을 사용한다.
③ 광원을 시선에서 멀리 위치시킨다.
④ 광원의 수는 늘리고 휘도는 줄인다.

> **해설**

광원으로부터의 직사휘광 처리방법
① 광원의 휘도를 줄이고 광원의 수를 늘린다.
② 광원을 시선에서 멀리 위치시킨다.
③ 휘광원 주위를 밝게 하여 광속 발산(휘도)비를 줄인다.
④ 가리개(shield), 갓(hood) 혹은 차양(visor)을 사용한다.

> 참고) 산업안전산업기사 필기 p.2-169(① 광원으로부터의 직사휘광 처리방법)

> KEY ▶ ① 2016년 5월 8일 기사 출제
② 2017년 9월 23일 기사 출제
③ 2019년 3월 3일 산업기사 출제

35. 인간-기계 시스템에서 기계와 비교한 인간의 장점으로 볼 수 없는 것은?(단, 인공지능과 관련된 사항은 제외한다.)

① 완전히 새로운 해결책을 찾아낸다.
② 여러 개의 프로그램된 활동을 동시에 수행한다.
③ 다양한 경험을 토대로 하여 의사결정을 한다.
④ 상황에 따라 변화하는 복잡한 자극 형태를 식별한다.

> **해설**

정보처리 결정에서 인간의 장점
① 많은 양의 정보를 장시간 보관 ② 관찰을 통한 일반화
③ 귀납적 추리   ④ 원칙 적용
⑤ 다양한 문제 해결(정서적)

> 참고) 산업안전산업기사 필기 p.2-11(표. 인간과 기계의 장단점)

> KEY ▶ ① 2018년 4월 28일, 8월 19일 9월, 15일기사 출제
② 2019년 9월 21일 출제
③ 2023년 6월 4일 기사 출제

[정답] 33 ① 34 ① 35 ②

36 A작업의 평균에너지소비량이 다음과 같을 때, 60분간의 총 작업시간 내에 포함되어야 하는 휴식시간(분)은?

- 휴식중 에너지소비량 : 1.5[kcal/min]
- A작업시 평균 에너지소비량 : 6[kcal/min]
- A기초대사를 포함한 작업에 대한 평균 에너지 소비량 상한 : 5[kcal/min]

① 10.3 ② 11.3
③ 12.3 ④ 13.3

해설

휴식시간 계산

휴식시간$(R) = \dfrac{60(E-5)}{E-1.5} = \dfrac{60(6-5)}{6-1.5} = 13.33$[분]

여기서, R : 휴식시간(분)
E : 작업 시 평균 에너지 소비량[kcal/분]
60분 : 총작업 시간
1.5[kcal/분] : 휴식시간 중 에너지 소비량
5[kcal/분] : 기초대사량을 포함한 보통작업에 대한 평균 에너지(기초대사량을 포함하지 않을 경우 : 4[kcal/분])

참고 산업안전산업기사 필기 p.1-102(3. 휴식)

KEY ① 2016년 5월 8일, 10월 1일 기사 출제
② 2018년 9월 15일(문제 43번) 출제

37 그림과 같은 FT도에 대한 최소 컷셋(minimal cut sets)으로 옳은 것은?(단, Fussell의 알고리즘을 따른다.)

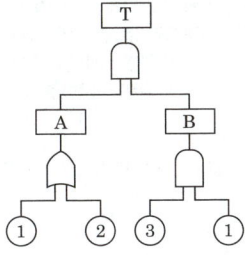

① {1, 2} ② {1, 3}
③ {2, 3} ④ {1, 2, 3}

해설

최소컷셋

① $T = A \cdot B$
$= \dfrac{X_1}{X_2} \cdot B$
$= X_1 X_1 X_3$
$\quad X_2 X_1 X_3$

② 컷셋 $= (X_1 X_3)(X_1 X_2 X_3)$

③ 미니멀(최소) 컷셋 $= (X_1 X_3)$

참고 산업안전산업기사 필기 p.2-77(5. 컷셋·미니멀 컷셋 요약)

KEY ① 2016년 10월 1일 출제
② 2021년 8월 14일(문제 28번) 출제

38 근골격계질환 작업분석 및 평가 방법인 OWAS의 평가요소를 모두 고른 것은?

ㄱ. 상지
ㄴ. 무게(하중)
ㄷ. 하지
ㄹ. 허리

① ㄱ, ㄴ ② ㄱ, ㄷ, ㄹ
③ ㄴ, ㄷ, ㄹ ④ ㄱ, ㄴ, ㄷ, ㄹ

해설

OWAS의 평가도구

평가도구명 (Abaktsus Tools)	구분	평가요소
OWAS (와스 : Ovaco Working Posture Anslysing System)	평가되는 위해요인	자세, 힘, 노출시간
	관련된 신체부위	상체, 허리, 하체
	적용대상 작업종류	중량물 취급
	한계점	중량물작업 한정, 반복성 미고려

참고 산업안전산업기사 필기 p.2-117(문제 1번) 적중

정답확인
KOSHA GUIDE(H-9-2022) : 근골격계 부담작업 유해요인조사 지침

[정답] 36 ④ 37 ② 38 ④

39 산업안전보건법령상 정밀작업 시 갖추어져야 할 작업면의 조도 기준은?(단, 갱내 작업장과 감광재료를 취급하는 작업장은 제외한다.)

① 75럭스 이상
② 150럭스 이상
③ 300럭스 이상
④ 750럭스 이상

해설

조명(조도)수준
① 초정밀작업 : 750[Lux] 이상
② 정밀작업 : 300[Lux] 이상
③ 보통작업 : 150[Lux] 이상
④ 그 밖의 작업 : 75[Lux] 이상

참고 산업안전산업기사 필기 p.2-169(합격날개 : 합격예측)

KEY
① 2020년 8월 23일(문제 30번) 출제
② 2022년 3월 5일 기사 출제

합격정보
산업안전보건기준에 관한 규칙 제302조(조도)

40 1sone에 관한 설명으로 ( )에 알맞은 수치는?

1sone : (ㄱ)[Hz], (ㄴ)[dB]의 음압수준을 가진 순음의 크기

① ㄱ : 1,000, ㄴ : 1
② ㄱ : 4,000, ㄴ : 1
③ ㄱ : 1,000, ㄴ : 40
④ ㄱ : 4,000, ㄴ : 40

해설

음의 크기의 수준
① Phon : 1,000[Hz] 순음의 음압수준(dB)을 나타낸다.
② sone : 1,000[Hz], 40[dB]의 음압수준을 가진 순음의 크기(=40[Phon])를 1[sone]이라 한다.
③ sone과 Phon의 관계식
∴ sone치 = $2^{(phon-40)/10}$

참고 산업안전산업기사 필기 p.2-173(합격날개 : 합격예측)

KEY
① 2015년 8월 16일(문제 22번) 출제
② 2016년 3월 6일 기사, 산업기사 동시 출제
③ 2019년 3월 3일(문제 29번), 4월 27일(문제 55번) 출제
④ 2021년 5월 15일(문제 30번) 출제
⑤ 2025년 2월 7일 기사 출제

3 기계·기구 및 설비안전관리

41 500[rpm]으로 회전하는 연삭기의 숫돌지름이 200[mm]일 때 원주속도[m/min]는?

① 628
② 62.8
③ 314
④ 31.4

해설

원주속도
$V = \dfrac{\pi DN}{1,000} = \dfrac{3.14 \times 200 \times 500}{1,000} = 314[m/min]$

참고 산업안전산업기사 필기 p.3-92(합격날개 : 합격예측)

KEY
① 2018년 3월 4일(문제 41번) 출제
② 2023년 3월 1일(문제 43번) 출제
③ 2024년 7월 5일(문제 52번) 출제
④ 2025년 2월 7일 기사 출제

42 산업안전보건법령상 양중기에서 절단하중이 100톤인 와이어로프를 사용하여 화물을 직접적으로 지지하는 경우, 화물의 최대허용하중(톤)은?

① 20
② 30
③ 40
④ 50

해설

최대허용하중 = $\dfrac{절단하중}{안전율(계수)} = \dfrac{100}{5} = 20[ton]$

참고 산업안전산업기사 필기 p.3-14(합격날개 : 합격예측)

KEY
① 2006년 8월 6일 (문제 41번) 출제
② 2020년 8월 23일(문제 48번) 출제
③ 2023년 5월 13일(문제 45번) 출제
④ 2024년 5월 9일(문제 45번) 출제

합격정보
산업안전보건기준에 관한 규칙 제163조(와이어로프 등 달기구의 안전계수)

보충학습

안전계수
① 근로자가 탑승하는 운반구를 지지하는 달기와이어로프 또는 달기체인의 경우 : 10 이상

[정답] 39 ③ 40 ③ 41 ③ 42 ①

② 화물의 하중을 직접 지지하는 달기와이어로프 또는 달기체인의 경우 : 5 이상
③ 훅, 샤클, 클램프, 리프팅 빔의 경우 : 3 이상
④ 그 밖의 경우 : 4 이상

43 다음 설명 중 ( )에 알맞은 내용은?

롤러기의 급정지장치는 롤러를 무부하로 회전시킨 상태에서 앞면 롤러의 표면속도가 30[m/min] 미만일 때에는 급정지거리가 앞면 롤러 원주의 ( )이내에서 롤러를 정지시킬 수 있는 성능을 보유해야 한다.

① $\dfrac{1}{2}$ ② $\dfrac{1}{4}$
③ $\dfrac{1}{3}$ ④ $\dfrac{1}{2.5}$

해설
롤러의 급정지거리

앞면롤러의 표면속도[m/min]	급정지거리	표면속도 산출공식
30 미만	앞면 롤러 원주의 1/3 이내 $(\pi \times D \times \dfrac{1}{3})$	$V = \dfrac{\pi DN}{1,000}$ [m/min]
30 이상	앞면 롤러 원주의 1/2.5 이내 $(\pi \times D \times \dfrac{1}{2.5})$	

참고 산업안전산업기사 필기 p.3-113 (표. 롤러의 급정지거리)

KEY ① 2016년 3월 6일 산업기사 출제
② 2017년 3월 5일, 8월 26일 출제
③ 2022년 7월 2일(문제 51번) 출제
④ 2024년 5월 9일(문제 52번) 출제

44 산업안전보건법령상 아세틸렌 용접장치의 아세틸렌 발생기실을 설치하는 경우 준수하여야 하는 사항으로 옳은 것은?

① 벽은 가연성 재료로 하고 철근 콘크리트 또는 그 밖에 이와 동등하거나 그 이상의 강도를 가진 구조로 할 것
② 바닥면적의 16분의 1 이상의 단면적을 가진 배기통을 옥상으로 돌출시키고 그 개구부를 창이나 출입구로부터 1.5미터 이상 떨어지도록 할 것
③ 출입구의 문은 불연성 재료로 하고 두께 1.0밀리미터 이하의 철판이나 그 밖에 그 이상의 강도를 가진 구조로 할 것
④ 발생기실을 옥외에 설치한 경우에는 그 개구부를 다른 건축물로부터 1.0미터 이내 떨어지도록 할 것

해설
산업안전보건기준에 관한 규칙 제287조(발생기실의 구조 등)
사업주는 발생기실을 설치하는 경우에 다음 각 호의 사항을 준수하여야 한다.
1. 벽은 불연성 재료로 하고 철근 콘크리트 또는 그 밖에 이와 같은 수준이거나 그 이상의 강도를 가진 구조로 할 것
2. 지붕과 천장에는 얇은 철판이나 가벼운 불연성 재료를 사용할 것
3. 바닥면적의 16분의 1 이상의 단면적을 가진 배기통을 옥상으로 돌출시키고 그 개구부를 창이나 출입구로부터 1.5미터 이상 떨어지도록 할 것
4. 출입구의 문은 불연성 재료로 하고 두께 1.5밀리미터 이상의 철판이나 그 밖에 그 이상의 강도를 가진 구조로 할 것
5. 벽과 발생기 사이에는 발생기의 조정 또는 카바이드 공급 등의 작업을 방해하지 않도록 간격을 확보할 것

참고 산업안전산업기사 필기 p.3-118(합격날개 : 합격예측 및 관련법규)

KEY ① 2016년 3월 6일 산업기사 출제
② 2017년 5월 7일 기사 출제
③ 2018년 3월 4일 산업기사 출제
④ 2018년 4월 28일 기사 출제
⑤ 2019년 8월 4일(문제 56번)
⑥ 2020년 9월 27일 (문제 44번) 출제
⑦ 2022년 4월 17일(문제 60번) 출제
⑧ 2024년 5월 9일(문제 56번) 출제

보충학습
아세틸렌 용접장치 화기 안전거리
① 발생기 : 5[m]
② 발생기실 : 3[m]

합격정보
산업안전보건기준에 관한 규칙 제287조(발생기실의 구조 등)

[정답] 43 ③   44 ②

45
방호장치를 분류할 때는 크게 위험장소에 대한 방호장치와 위험원에 대한 방호장치로 구분할 수 있는데, 다음 중 위험장소에 대한 방호장치가 아닌 것은?

① 격리형 방호장치
② 접근거부형 방호장치
③ 접근반응형 방호장치
④ 포집형 방호장치

해설
방호장치 구분

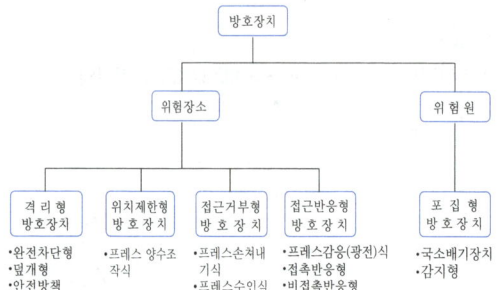

참고) 산업안전산업기사 필기 p.3-15 (그림. 방호장치 구분)

KEY
① 2016년 3월 6일 산업기사 출제
② 2016년 8월 21일 산업기사 출제
③ 2018년 3월 4일 산업기사 출제
④ 2018년 4월 28일 산업기사 출제
⑤ 2022년 7월 2일(문제 46번) 출제

46
다음 중 기계설비에서 반대로 회전하는 두 개의 회전체가 맞닿는 사이에 발생하는 위험점을 무엇이라 하는가?

① 물림점(nip point)
② 협착점(squeeze point)
③ 접선물림점(tangential point)
④ 회전말림점(trapping point)

해설
물림점 (Nip-point)
① 회전하는 두 개의 회전체에는 물려 들어가는 위험성이 존재한다.
② 위험점이 발생되는 조건은 회전체가 서로 반대방향으로 맞물려 회전되어야 한다. 예) 롤러와 롤러의 물림, 기어와 기어의 물림 등

 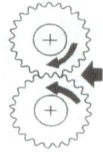

[그림] 물림점

참고) 산업안전산업기사 필기 p.3-205 ((4) 위험점의 분류)

KEY
① 2017년 3월 5일 산업기사 출제
② 2017년 5월 7일 산업기사 출제
③ 2017년 8월 26일 산업기사 출제
④ 2022년 7월 2일(문제 53번) 출제

47
산업안전보건법령에서 규정하는 양중기에 속하지 않는 것은?

① 호이스트
② 이동식 크레인
③ 곤돌라
④ 체인블록

해설
양중기의 종류
① 크레인(호이스트(hoist)를 포함한다)
② 이동식 크레인
③ 리프트(이삿짐운반용 리프트의 경우에는 적재하중이 0.1[t] 이상인 것으로 한정한다.)
④ 곤돌라
⑤ 승강기

참고) 산업안전산업기사 필기 p.3-142(합격날개 : 합격예측 및 관련법규)

KEY
① 2016년 8월 21일 기사 출제
② 2021년 5월 9일(문제 41번) 출제

합격정보
산업안전보건기준에 관한 규칙 제132조(양중기)

48
다음 중 원통 보일러의 종류가 아닌 것은?

① 입형 보일러
② 노통 보일러
③ 연관 보일러
④ 관류 보일러

【정답】 45 ④ 46 ① 47 ④ 48 ③

해설
보일러의 구분

종류	구분
원통보일러	입형 보일러
	노통 보일러
	연관 보일러
	노통연관 보일러
수관 보일러	자연순환식 수관 보일러
	강제순환식 수관 보일러
	관류 보일러
그 밖의 보일러	난방용 보일러
	특수 보일러

참고 산업안전산업기사 필기 p.3-123(합격날개 : 합격예측)

KEY
① 2017년 8월 26일 출제
② 2021년 5월 9일(문제 50번) 출제

---

49 산업안전보건법령에 따른 목재가공용 기계 중 모떼기기계에 설치하여야 하는 방호장치로 옳은 것은?

① 반발예방장치 ② 톱날접촉예방장치
③ 날접촉예방장치 ④ 회전방지장치

해설
모떼기 기계
① 목재의 측면을 원하는 형상으로 가공하는 데 사용되는 기계로서 곡면절삭, 곡선절삭, 홈붙이작업 등에 사용되는 것을 말한다.
② 방호장치 : 날접촉예방장치

참고 산업안전산업기사 필기 p.3-133(1. 목재가공 둥근톱)

KEY 2021년 5월 9일(문제 51번) 출제

합격정보
산업안전보건기준에 관한 규칙 제110조(모떼기 기계의 날접촉 예방장치)

---

50 공기압축기의 작업시작 전 점검사항이 아닌 것은?

① 윤활유의 상태
② 언로드밸브의 기능
③ 비상정지장치의 기능
④ 압력방출장치의 기능

해설
공기압축기를 가동할 때 작업시작 전 점검사항
① 공기저장 압력용기의 외관상태
② 드레인밸브의 조작 및 배수
③ 압력방출장치의 기능
④ 언로드밸브의 기능
⑤ 윤활유의 상태
⑥ 회전부의 덮개 또는 울
⑦ 그 밖의 연결부위의 이상유무

참고 산업안전산업기사 필기 p.3-54(3. 공기압축기를 가동할 때)

KEY 2023년 4월 1일 산업안전지도사 출제

합격정보
산업안전보건기준에 관한 규칙 [별표 3] 작업시작전 점검사항

---

51 프레스의 방호장치에 해당되지 않는 것은?

① 가드식 방호장치
② 수인식 방호장치
③ 롤 피드식 방호장치
④ 손쳐내기식 방호장치

해설
프레스의 방호장치

구 분	방호 장치
1행정 1정지식(크랭크프레스)	① 양수조작식 ② 게이트가드식
행정길이(stroke)가 40[mm] 이상의 프레스	① 손쳐내기식 ② 수인식
슬라이드 작동중 정지 가능한 구조(마찰프레스)	감응식(광전자식)

(주) 일반적으로 자동송급장치가 구비되어 있는 프레스기 또는 전단기는 방호장치가 설치된 것으로 간주한다.

참고 산업안전산업기사 필기 p.3-110(3. 프레스의 행정길이에 따른 방호장치)

KEY
① 2007년 3월 4일(문제 47번) 출제
② 2017년 8월 26일 기사 출제
③ 2019년 8월 4일 기사(문제 57번) 출제
④ 2020년 8월 23일 기사(문제 56번) 출제

[정답] 49 ④ 50 ③ 51 ③

52. 작업장 내 운반을 주목적으로 하는 구내운반차가 준수해야 할 사항으로 옳지 않은 것은?

① 주행을 제동하거나 정지상태를 유지하기 위하여 유효한 제동장치를 갖출 것
② 경음기를 갖출 것
③ 핸들의 중심에서 차체 바깥 측까지의 거리가 65cm 이내일 것
④ 운전자석이 차 실내에 있는 것은 좌우에 한 개씩 방향지시기를 갖출 것

해설

구내운반차 사용시 준수사항
① 주행을 제동하거나 정지상태를 유지하기 위하여 유효한 제동장치를 갖출 것
② 경음기를 갖출 것
③ 운전석이 차 실내에 있는 것은 좌우에 한 개씩 방향지시기를 갖출 것
④ 전조등과 후미등을 갖출 것. 다만, 작업을 안전하게 하기 위하여 필요한 조명이 있는 장소에서 사용하는 구내운반차에 대해서는 그러하지 아니하다.

참고 산업안전산업기사 필기 p.3-159(5. 운반기계)

KEY 2020년 6월 14일(문제 41번) 출제

합격정보
산업안전보건기준에 관한 규칙 제184조 (제동장치등)

💬 **합격자의 조언**
실기 필답형과 작업형에도 출제됩니다.

53. 대패기계용 덮개의 시험 방법에서 날접촉 예방장치인 덮개와 송급테이블 면과의 간격기준은 몇 [mm] 이하여야 하는가?

① 3
② 5
③ 8
④ 12

해설

덮개와 송급테이블 면과의 간격 : 8[mm] 이하

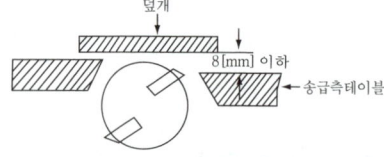

[그림] 덮개와 테이블간의 틈새

참고 산업안전산업기사 필기 p.3-138(2. 고정식)

KEY
① 2017년 5월 7일 산업기사 출제
② 2020년 6월 14일(문제 44번) 출제

54. 연삭기 숫돌의 파괴원인으로 볼 수 없는 것은?

① 숫돌의 회전속도가 너무 빠를 때
② 숫돌 자체에 균열이 있을 때
③ 숫돌의 정면을 사용할 때
④ 숫돌에 과대한 충격을 주게 되는 때

해설

연삭 숫돌의 파괴원인
① 숫돌의 속도가 너무 빠를 때
② 숫돌에 균열이 있을 때
③ 플랜지가 현저히 작을 때
④ 숫돌의 치수(특히 구멍지름)가 부적당할 때
⑤ 숫돌에 과대한 충격을 줄 때
⑥ 작업에 부적당한 숫돌을 사용할 때
⑦ 숫돌의 불균형이나 베어링의 마모에 의한 진동이 있을 때
⑧ 숫돌의 측면을 사용할 때
⑨ 반지름방향의 온도변화가 심할 때

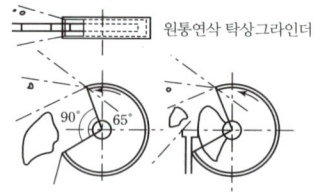
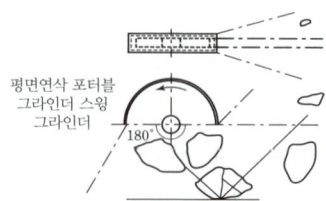

[그림] 안전덮개의 개구각과 파편의 비산방향

참고 산업안전산업기사 필기 p.3-94(1. 숫돌의 파괴원인)

KEY
① 2016년 5월 8일 산업기사 출제
② 2016년 8월 21일 기사 출제
③ 2020년 6월 7일 기사 출제
④ 2020년 6월 14일(문제 48번) 출제

[**정답**] 52 ③ 53 ③ 54 ③

55 산업안전보건법령상 양중기에 사용하지 않아야 하는 달기 체인의 기준으로 틀린 것은?

① 심하게 변형된 것
② 균열이 있는 것
③ 달기 체인의 길이가 달기 체인이 제조된 때의 길이의 3[%]를 초과한 것
④ 링의 단면지름이 달기 체인이 제조된 때의 해당 링의 지름의 10[%]를 초과하여 감소한 것

해설

달기체인의 사용금지 기준
① 달기 체인의 길이가 달기 체인이 제조된 때의 길이의 5[%]를 초과한 것
② 링의 단면지름이 달기 체인이 제조된 때의 해당 링의 지름의 10[%]를 초과하여 감소한 것
③ 균열이 있거나 심하게 변형된 것

참고 산업안전산업기사 필기 p.3-158(합격날개 : 합격예측 및 관련법규)

KEY ① 2019년 8월 4일 (문제 57번) 출제
② 2020년 6월 14일(문제 52번) 출제

합격정보
산업안전보건기준에 관한 규칙 제166조(이음매가 있는 와이어로프등의 사용금지)

56 연삭기에서 숫돌의 바깥지름이 180[mm]라면, 평형 플랜지의 바깥지름은 몇 [mm] 이상이어야 하는가?

① 30   ② 36
③ 45   ④ 60

해설

플랜지 바깥지름 = 숫돌 바깥지름 × $\frac{1}{3}$
= $180 \times \frac{1}{3} = 60[mm]$

참고 산업안전산업기사 필기 p.3-96(합격날개 : 합격예측)

KEY ① 2016년 8월 21일 출제
② 2017년 5월 7일 기사 · 산업기사 동시 출제
③ 2017년 8월 26일 기사 출제
④ 2018년 8월 19일 출제
⑤ 2019년 8월 4일 기사 · 산업기사 동시 출제

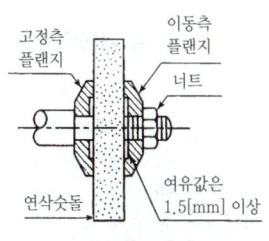

[그림] 플랜지

57 다음 중 산소-아세틸렌 가스용접 시 역화의 원인과 가장 거리가 먼 것은?

① 토치의 과열   ② 토치 팁의 이물질
③ 산소 공급의 부족   ④ 압력조정기의 고장

해설

역화의 원인
① 팁의 끝이 막혔을 때
② 팁 끝이 과열되었을 때
③ 가스 압력과 유량이 적당하지 않았을 때
④ 팁의 조임이 풀려올 때
⑤ 압력조정기가 불량일 때
⑥ 토치의 성능이 좋지 않을 때 발생

참고 산업안전산업기사 필기 p.3-122(표. 역류와 역화)

KEY ① 2019년 8월 4일(문제 49번) 출제
② 2023년 7월 8일 산업기사 등 3회 이상 출제

58 산업용 로봇의 동작 형태별 분류에 해당하지 않는 것은?

① 관절 로봇   ② 극좌표 로봇
③ 수치제어 로봇   ④ 원통좌표 로봇

해설

수치제어(NC) 로봇
① 로봇을 움직이지 않고 순서, 조건, 위치 및 기타 정보를 수치, 언어 등에 의해 교시하고, 그 정보에 따라 작업을 할 수 있는 로봇
② 기능수준에 의한 분류

참고 산업안전산업기사 필기 p.3-129(3. 기능수준에 의한 분류)

KEY 2019년 8월 4일(문제 59번) 출제

[정답] 55 ③   56 ④   57 ③   58 ③

59 "가"와 "나"에 들어갈 내용으로 옳은 것은?

순간풍속이 (가)를 초과하는 경우에는 타워크레인의 설치, 수리, 점검 또는 해체작업을 중지하여야 하며, 순간풍속이 (나)를 초과하는 경우에는 타워크레인의 운전작업을 중지하여야 한다.

① 가. 10 [m/s], 나. 15 [m/s],
② 가. 10 [m/s], 나. 25 [m/s],
③ 가. 20 [m/s], 나. 35 [m/s],
④ 가. 20 [m/s], 나. 45 [m/s],

해설
순간풍속이 초당 10[m]를 초과하는 경우 타워크레인의 설치·수리·점검 또는 해체 작업을 중지하여야 하며, 순간풍속이 초당 15[m]를 초과하는 경우에는 타워크레인의 운전작업을 중지하여야 한다.

참고 산업안전산업기사 필기 p.5-49(합격날개 : 합격예측 및 관련법규)

KEY
① 2015년 3월 8일 기사 출제
② 2018년 4월 28일 기사 출제
③ 2019년 4월 27일(문제 45번) 출제

정보제공
산업안전보건기준에 관한 규칙 제37조(악천후 및 강풍 시 작업중지)

60 정(chisel) 작업의 일반적인 안전수칙으로 틀린 것은?

① 따내기 및 칩이 튀는 가공에서는 보안경을 착용하여야 한다.
② 절단 작업시 절단된 끝이 튀는 것을 조심하여야 한다.
③ 작업을 시작할 때는 가급적 정을 세게 타격하고 점차 힘을 줄여간다.
④ 담금질 된 철강 재료는 정 가공을 하지 않는 것이 좋다.

해설
정작업 시 안전수칙
① 시선은 정의 날끝을 본다.
② 정을 잡은 손의 힘을 뺀다.
③ 처음에는 가볍게 두드리고 점차 힘을 가한 후, 작업이 끝날 때는 가볍게 두드린다.
④ 절삭 칩을 손으로 제거하지 말 것

참고 산업안전산업기사 필기 p.3-225(2. 정작업)

KEY
① 2012년 8월 26일 문제 41번 출제
② 2019년 3월 3일(문제 50번) 출제

4 전기 및 화학설비 안전관리

61 정전기 재해를 예방하기 위해 설치하는 제전기의 제전효율은 설치 시에 얼마 이상이 되어야 하는가?

① 40[%] 이상
② 50[%] 이상
③ 70[%] 이상
④ 90[%] 이상

해설
제전기 설치시 제전효율 : 90[%] 이상

참고 산업안전산업기사 필기 p.4-41(은행문제)

KEY
① 2020년 9월 19일(문제 64번) 출제
② 2021년 8월 14일 기사 출제
③ 2023년 7월 8일(문제 62번) 출제
④ 2024년 7월 5일(문제 61번) 출제

62 다음 중 화재의 종류가 옳게 연결된 것은?

① A급화재 - 유류화재
② B급화재 - 유류화재
③ C급화재 - 일반화재
④ D급화재 - 일반화재

[정답] 59 ① 60 ③ 61 ④ 62 ②

해설

화재의 종류
① A급화재 : 일반 가연물화재(백색표시)
② B급화재 : 유류화재(황색표시)
③ C급화재 : 전기화재(청색표시)
④ D급화재 : 금속화재(색표시 없음)

참고) 산업안전산업기사 필기 p.4-109(2. 화재의 분류)

KEY
① 2014년 8월 17일(문제 63번)
② 2023년 7월 8일(문제 73번) 출제
③ 2024년 7월 5일(문제 65번) 출제

---

63 다음 중 정전기 재해의 방지대책으로 가장 적절한 것은?

① 절연도가 높은 플라스틱을 사용한다.
② 대전하기 쉬운 금속은 접지를 실시한다.
③ 작업장 내의 온도를 낮게 해서 방전을 촉진시킨다.
④ (+), (−) 전하의 이동을 방해하기 위하여 주위의 습도를 낮춘다.

해설

정전기 방지 대책

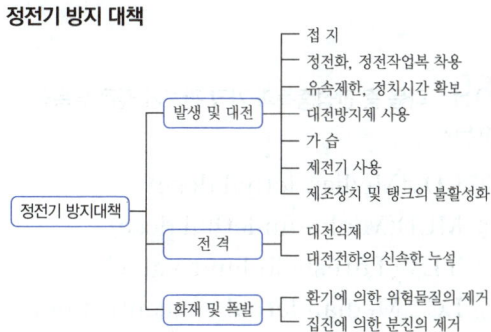

참고) 산업안전산업기사 필기 p.4-36(그림. 정전기방지대책)

KEY
① 2016년 5월 8일, 8월 21일기사 출제
② 2017년 5월 7일 산업기사 출제
③ 2023년 6월 4일 기사 출제
④ 2023년 3월 1일(문제 62번) 출제
⑤ 2024년 7월 5일(문제 74번) 등 10회 이상 출제

---

64 산업안전보건법령에서 정한 위험물을 기준량 이상으로 제조하거나 취급하는 설비 중 특수화학설비에 해당하지 않는 것은?

① 발열반응이 일어나는 반응장치
② 증류·정류·증발·추출 등 분리를 하는 장치
③ 가열로 또는 가열기
④ 고로 등 점화기를 직접 사용하는 열교환기류

해설

고로 등 점화기를 직접 사용하는 열교환기류 : 화학설비

참고) 산업안전산업기사 필기 p.4-168(문제 59번)

KEY
① 2016년 8월 21일 기사 출제
② 2017년 3월 5일 기사 출제
③ 2023년 7월 8일(문제 76번) 출제
④ 2024년 5월 9일(문제 63번) 출제

---

65 다음 중 분진폭발의 가능성이 가장 낮은 물질은?

① 소맥분   ② 마그네슘
③ 질석가루   ④ 석탄

해설

분진 폭발 물질
① 금속 : Al, Mg, Fe, Mn, Si, Sn
② 분말 : 티탄, 바나듐, 아연, Dow합금
③ 농산물 : 밀가루, 녹말, 솜, 쌀, 콩, 코코아, 커피

참고) 산업안전산업기사 필기 p.4-103(표. 증기폭발, 분진폭발, 분해폭발)

KEY
① 2016년 5월 8일 기사 출제
② 2017년 8월 26일 기사 출제
③ 2023년 3월 1일(문제 72번) 출제
④ 2024년 5월 9일(문제 73번) 출제

보충학습

질석
① 질석은 퍼미큐라이트 라고 하는 건축용자재로서 파종이나 삽목에 토양으로 사용하는 재료
② 주로 펄라이트와 배합을 해서 사용

[정답] 63 ② 64 ④ 65 ③

66
부탄의 공기 중 연소하한값 1.6[vol%]일 경우, 연소에 필요한 최소산소농도는 약 몇 [vol%]인가?

① 9.4
② 10.4
③ 11.4
④ 12.4

해설

최소산소농도
① $C_4H_{10} + 6.5O_2 \rightarrow 4CO_2 + 5H_2O$
② MOC(최소사용농도) = 연료의 연소하한치×산소 mol수
= 1.6×6.5 = 10.4[%]

참고 산업안전산업기사 필기 p.4-113(보충학습 및 실전문제)

KEY
① 2005년 기사출제
② 2009년 5월 10일(문제 77번) 출제
③ 2022년 3월 2일(문제 80번) 출제
④ 2024년 5월 9일(문제 80번) 출제

67
산업안전보건법령상 방폭전기설비의 위험장소 분류에 있어 보통 상태에서 위험 분위기를 발생할 염려가 있는 장소로서 폭발성 가스가 보통상태에서 집적되어 위험농도로 될 염려가 있는 장소를 몇 종 장소라 하는가?

① 0종 장소
② 1종 장소
③ 2종 장소
④ 3종 장소

해설

위험장소의 구분
① 0종 장소 : 장치 및 기기들이 정상 가동되는 경우에 폭발성 가스가 항상 존재하는 장소이다.
② 1종 장소 : 장치 및 기기들이 정상 가동 상태에서 폭발성 가스가 가끔 누출되어 위험 분위기가 존재하는 장소이다.
③ 2종 장소 : 작업자의 조작상 실수나 이상운전으로 폭발성 가스가 누출되거나 유출된 가스가 체류하여 폭발을 일으킬 우려가 있는 장소이다.

참고 산업안전산업기사 필기 p.4-52(3. 가스폭발 위험장소)

KEY
① 2015년 8월 16일(문제 61번) 출제
② 2023년 7월 8일(문제 67번) 출제
③ 2024년 2월 15일(문제 76번) 출제

68
다음 중 가연성가스가 아닌 것은?

① 이산화탄소
② 수소
③ 메탄
④ 아세틸렌

해설

가연(인화)성 가스의 종류
① 수소
② 아세틸렌
③ 에틸렌
④ 메탄
⑤ 에탄
⑥ 프로판
⑦ 부탄
⑧ 영 별표 10에 따른 인화(가연)성 가스

참고 산업안전산업기사 필기 p.4-130(인화성 가스)

KEY
① 2017년 8월 26일 기사 출제
② 2019년 3월 3일 기사·산업기사 동시 출제
③ 2021년 5월 9일(문제 72번) 출제
④ 2024년 2월 15일(문제 79번) 출제

합격정보
산업안전보건기준에 관한 규칙 [별표1] 위험물질의 종류

보충학습
CO_2 : 불연성가스

69
다음 중 만성중독과 가장 관계가 깊은 유독성 지표는?

① LD_{50}(Median lethal dose)
② MLD(Minimum lethal dose)
③ TLV(Threshold limit value)
④ LC_{50}(Median lethal concentration)

해설

중독지수
① TLV : 1[일] 8[시간]의 작업시 폭로된 평균농도
② LD_{50} : 독극물 1회 투여로 7~10[일] 이내 실험동물수 50[%] 사망
③ LC_{50} : 호흡기 장애로 실험동물수 50[%] 사망

참고 산업안전산업기사 필기 p.4-158(문제 18번)

[정답] 66 ② 67 ② 68 ① 69 ③

KEY ① 1992년 출제
② 2014년 8월 17일(문제 78번) 출제
③ 2023년 7월 8일(문제 77번) 출제

보충학습
① 만성중독과 가장 관계가 깊은 유독성 지표 : TLV
 • TLV : 미국 산업위생전문가회의에서 채택한 허용농도 기준
② 만성중독의 판정에 사용되는 지수
 ㉮ TLV ㉯ VHI ㉰ 중독지수

70 전기기기, 설비 및 전선로 등의 충전 유무 등을 확인하기 위한 장비는?

① 위상검출기
② 디스콘 스위치
③ COS
④ 저압 및 고압용 검전기

해설

검전기 : 전기기기, 설비, 전선로 등의 충전유무 확인
① 저압용 ② 고압용 ③ 특고압용

[그림] 검전기 소형

참고 산업안전산업기사 필기 p.4-23(㉮ 검전기)

KEY ① 2011년 3월 20일(문제 64번) 출제
② 2019년 4월 27일(문제 65번) 출제
③ 2022년 4월 17일(문제 68번) 출제

보충학습
COS : Cut Out Switch

71 피뢰기로서 갖추어야 할 성능 중 틀린 것은?

① 충격 방전 개시전압이 낮을 것
② 뇌전류의 방전 능력이 클 것
③ 제한 전압이 높을 것
④ 속류 차단을 확실하게 할 수 있을 것

해설

피뢰기의 성능
① 충격방전 개시전압이 낮을 것
② 제한전압이 낮을 것
③ 반복동작이 가능할 것
④ 구조가 견고하고 특성이 변화하지 않을 것
⑤ 점검, 보수가 간단할 것
⑥ 뇌전류에 대한 방전능력이 클 것
⑦ 속류의 차단이 확실할 것(정격전압 : 실효값)

참고 산업안전산업기사 필기 p.4-57((1) 피뢰기의 성능)

KEY ① 2016년 8월 21일 기사 출제
② 2018년 8월 19일 기사 출제
③ 2019년 8월 4일(문제 80번) 출제
④ 2022년 4월 17일(문제 69번) 출제

72 다음 중 퍼지(purge)의 종류에 해당하지 않는 것은?

① 압력퍼지   ② 진공퍼지
③ 스위프퍼지 ④ 가열퍼지

해설

퍼지(purge)의 종류
① 압력퍼지
② 진공 퍼지
③ 가압퍼지
④ 스위프 퍼지
⑤ 사이펀 퍼지

참고 산업안전산업기사 필기 p.4-114(표. 퍼지의 종류)

KEY ① 2011년 6월 12일(문제 86번) 출제
② 2018년 4월 28일(문제 91번) 출제
③ 2021년 8월 14일(문제 82번) 출제
④ 2022년 4월 24일(문제 85번) 출제
⑤ 2022년 4월 17일(문제 72번) 출제

73 가스를 분류할 때 독성가스에 해당하지 않는 것은?

① 황화수소   ② 시안화수소
③ 이산화탄소   ④ 산화에틸렌

[정답] 70 ④ 71 ③ 72 ④ 73 ③

> 해설

독성가스 허용농도
① NH_3(암모니아) : 25[ppm]
② $COCl_2$(포스겐) : 0.1[ppm]
③ Cl_2(염소) : 1[ppm]
④ H_2S(황화수소) : 10[ppm]

> 참고 산업안전산업기사 필기 p.4-138(표. 주요 고압가스의 분류)

> KEY ① 2017년 3월 5일 기사 출제
> ② 2019년 8월 4일 기사 출제
> ③ 2022년 4월 17일(문제 74번) 출제

> 보충학습
① $COCl_2$: 1차 세계대전 독가스
② CO_2 : 불연성가스(질식성 가스)

74 산업안전보건법령상 다음 인화성 가스의 정의에서 ( )안에 알맞은 값은?

> "인화성 가스"란 인화한계 농도의 최저한도가 (㉠)[%] 이하 또는 최고한도와 최저한도의 차가 (㉡)[%] 이상인 것으로서 표준압력(101.3[kPa]) 20[℃]에서 가스 상태인 물질을 말한다.

① ㉠ 13, ㉡ 12   ② ㉠ 13, ㉡ 15
③ ㉠ 12, ㉡ 13   ④ ㉠ 12, ㉡ 15

> 해설

"인화성 가스"란 인화한계 농도의 최저한도가 13[%] 이하 또는 최고한도와 최저한도의 차가 12[%] 이상인 것으로서 표준압력(101.3 [kPa])에서 20[℃]에서 가스 상태인 물질을 말한다.

> 참고 산업안전산업기사 필기 p.4-130(합격날개 : 합격예측)

> KEY 2022년 4월 17일(문제 80번) 출제

> 합격정보
산업안전보건법 시행령 [별표 13] 비고

75 다음 방폭구조 중 전폐형 구조로 된 것이 아닌 것은?

① 내압방폭구조   ② 유입방폭구조
③ 압력방폭구조   ④ 안전증방폭구조

> 해설

안전증방폭구조의 특징
① 정상운전 중에 폭발성 가스 또는 증기에 점화원이 될 전기불꽃, 아크 또는 고온이 되어서는 안될 부분에 이런 것의 발생을 방지하기 위하여 기계적, 전기적 구조상 또는 온도상승에 대해서 특히 안전도를 증가시킨 구조(점화원 격리와 무관 : 전기설비의 안전도 증강)
② 정상적으로 운전되고 있을 때 내부에서 불꽃이 발생하지 않도록 절연 성능을 강화하고, 또 고온으로 인해 외부가스에 착화되지 않도록 표면온도 상승을 더 낮게 설계한 구조
③ 전폐형 구조 : 내부와 외부 사이를 완전히 차단시키는 구조
  ㉮ 내압방폭구조
  ㉯ 유입방폭구조
  ㉰ 입력방폭구조

> 참고 산업안전산업기사 필기 p.4-54(③ 안전증방폭구조)

> KEY ① 1997년 3월 30일(문제 80번)
> ② 1997년 10월 12일(문제 64번)
> ③ 2002년 3월 10일(문제 77번)
> ④ 2003년 3월 16일(문제 68번)
> ⑤ 2006년 8월 6일(문제 63번)
> ⑥ 2022년 3월 2일(문제 61번) 출제

76 내전압용절연장갑의 등급에 따른 최대사용전압이 올바르게 연결된 것은?

① 00 등급 : 직류 750[V]
② 00 등급 : 교류 650[V]
③ 0 등급 : 직류 1,000[V]
④ 0 등급 : 교류 800[V]

> 해설

절연장갑의 등급 및 표시

등급	최대사용전압		등급별 색상
	교류(V, 실효값)	직류(V)	
00	500	750	갈색
0	1,000	1,500	빨간색
1	7,500	11,250	흰색
2	17,000	25,500	노란색
3	26,500	39,750	녹색
4	36,000	54,000	등색

㈜ 직류값은 교류에 1.5를 곱하면 된다.
  예) $500 \times 1.5 = 750$

[정답] 74 ①   75 ④   76 ①

PART 4. 연습은 실전처럼 · 2023년~2025년 과년도 전회차 문제해설

> **참고** 산업안전산업기사 필기 p.4-23(합격날개 : 합격예측)
>
> **KEY** ① 2018년 4월 28일 산업기사 출제
> ② 2018년 8월 19일 기사 출제
> ③ 2019년 4월 27일 기사 출제
> ④ 2020년 6월 14일(문제 62번) 출제
> ⑤ 2022년 3월 2일(문제 67번) 출제
> ⑥ 2025년 2월 7일 기사 출제

77
고압가스 용기에 사용되며 화재 등으로 용기의 온도가 상승하였을 때 금속의 일부분을 녹여 가스의 배출구를 만들어 압력을 분출시켜 용기의 폭발을 방지하는 안전장치는?

① 가용합금 안전밸브 ② 파열판
③ 폭압방산공 ④ 폭발억제장치

> **해설**
> **가용합금 안전밸브**
> ① Pb+Sn의 합금으로 용기의 온도 상승 시 녹아서 폭발을 방지한다.
> ② 200[℃] 이하의 녹는점을 갖는 금속을 가용합금이라고 하는데, 이러한 금속의 녹는점을 이용하여 압력을 방출하는 안전장치를 가용합금 안전장치라고 한다.
> ③ 폭발에 의한 순간적인 고온에는 작동하지 않아서 폭발의 방출에는 부적합하다.

> **참고** 산업안전산업기사 필기 p.4-141 ((2) 안전장치)
>
> **KEY** ① 2011년 3월 20일(문제 63번) 출제
> ② 2022년 3월 2일(문제 71번) 출제

78
분진폭발의 발생 순서로 옳은 것은?

① 퇴적분진-비산-분산-발화원 발생-폭발
② 퇴적분진-발화원 발생-분산-비산-폭발
③ 퇴적분진-분산-비산-발화원 발생-폭발
④ 비산-퇴적 분진-분산-발화원 발생-폭발

> **해설**
> **분진폭발의 순서**
> ① 인화성 분진 : 퇴적분진 → 비산 → 분산 → 발화원 → 전면폭발 → 2차 폭발
> ② 인화성 가스 : 입자 내의 열에너지 증가 → 입자표면에서 기체 발생 → 혼합기체 형성 → 착화 → 폭발

> **참고** 산업안전산업기사 필기 p.4-118(문제 15번) 적중
>
> **KEY** ① 1995년 7월 30일(문제 73번)
> ② 1998년 7월 26일(문제 77번)
> ③ 1999년 6월 20일(문제 74번)
> ④ 2006년 8월 6일(문제 67번) 출제
> ⑤ 2022년 3월 2일(문제 72번) 출제

79
다음 정의에 해당하는 방폭구조는?

> 전기기기의 과도한 온도 상승, 아크 또는 불꽃 발생의 위험을 방지하기 위하여 추가적인 안전조치를 통한 안전도를 증가시킨 방폭구조를 말한다.

① 내압방폭구조 ② 유입방폭구조
③ 안전증방폭구조 ④ 본질안전방폭구조

> **해설**
> **안전증방폭구조(e)**
> 정상운전 중에 폭발성 가스 또는 증기에 점화원이 될 전기 불꽃, 아크 또는 고온이 되어서는 안 될 부분에 이런 것의 발생을 방지하기 위하여 기계적, 전기적 구조상 또는 온도상승에 대해서 특히 안전도를 증강시킨 구조

> **참고** 산업안전산업기사 필기 p.4-54(3. 안전증방폭구조)
>
> **KEY** ① 2016년 3월 6일 산업기사 출제
> ② 2017년 8월 26일 기사 · 산업기사 동시 출제
> ③ 2018년 3월 4일 산업기사 출제
> ⑤ 2019년 3월 3일(문제 61번) 출제

80
활선작업 시 사용하는 안전장구가 아닌 것은?

① 절연용 보호구
② 절연용 방호구
③ 활선작업용 기구
④ 절연저항 측정기구

[정답] 77 ① 78 ① 79 ③ 80 ④

2025년도 산업기사 정기검정 제1회

해설

전기 활선작업용 안전장구
① 절연용 보호구
② 절연용 방호구
③ 검출용구
④ 활선작업용 장치
⑤ 활선작업용 기구

참고 산업안전산업기사 필기 p.4-23(2. 절연용 안전용구)

KEY ① 2016년 8월 21일 기사 출제
② 2019년 3월 3일(문제 64번) 출제

5 건설공사 안전관리

81 산업안전보건관리비 중 안전시설비 등의 항목에서 사용가능한 내역은?

① 외부인 출입금지, 공사장 경계표시를 위한 가설울타리
② 용접 작업 등 화재 위험작업 시 사용하는 소화기의 구입·임대비용
③ 절토부 및 성토부 등의 토사유실 방지를 위한 설비
④ 공사 목적물의 품질 확보 또는 건설장비 자체의 운행 감시, 공사 진척상황 확인, 방범 등의 목적을 가진 CCTV 등 감시용 장비

해설

안전시설비 사용가능내역
① 산업재해 예방을 위한 안전난간, 추락방호망, 안전대 부착설비, 방호장치(기계·기구와 방호상지가 일제로 제작된 경우, 방호장치 부분의 가액에 한함)등 안전시설의 구입·임대 및 설치를 위해 소요되는 비용
② 「산업재해예방시설자금 융자금 지원사업 및 보조금 지급사업 운영규정」(고용노동부고시) 제2조제12호에 따른 "스마트안전장비 지원사업" 및 「건설기술진흥법」 제62조의3에 따른 스마트 안전장비 구입·임대 비용. 다만, 제4조에 따라 계상된 산업안전보건관리비 총액의 10분의 1을 초과할 수 없다.
③ 용접 작업 등 화재 위험작업 시 사용하는 소화기의 구입·임대 비용

참고 산업안전산업기사 필기 p.5-39(2. 안전시설비 등)

KEY ① 2017년 5월 7일 기사 출제
② 2018년 3월 4일 기사 출제
③ 2019년 3월 3일(문제 92번) 출제
④ 2023년 3월 1일(문제 87번) 출제
⑤ 2024년 7월 5일(문제 93번) 출제

합격정보
고용노동부고시 제2025-11호(2025. 2. 12, 개정)

82 유해위험방지계획서 제출대상 공사에 해당하는 것은?

① 지상높이가 21[m]인 건축물 해체공사
② 최대지간거리가 50[m] 이상인 다리의 건설공사
③ 연면적 5,000[m²]인 동물원 건설공사
④ 깊이가 9[m]인 굴착공사

해설

유해위험방지계획서 제출대상 건설공사
(1) 건축물 또는 시설 등의 건설·개조 또는 해체공사
  가. 지상높이가 31미터 이상인 건축물 또는 인공구조물
  나. 연면적 3만제곱미터 이상인 건축물
  다. 연면적 5천제곱미터 이상인 시설
    ① 문화 및 집회시설(전시장 및 동물원·식물원은 제외한다)
    ② 판매시설, 운수시설(고속철도의 역사 및 집배송시설은 제외한다)
    ③ 종교시설
    ④ 의료시설 중 종합병원
    ⑤ 숙박시설 중 관광숙박시설
    ⑥ 지하도상가
    ⑦ 냉동·냉장 창고시설
(2) 연면적 5천제곱미터 이상인 냉동·냉장 창고시설의 설비공사 및 단열공사
(3) 최대지간길이가 50[m] 이상인 다리의 건설 등 공사
(4) 터널건설 등의 공사
(5) 다목적댐, 발전용댐 및 저수용량 2천만톤 이상의 용수전용댐, 지방상수도 전용댐 건설 등의 공사
(6) 깊이 10[m] 이상인 굴착공사

참고 산업안전산업기사 필기 p.5-21(3. 유해·위험방지계획서 제출대상 건설공사)

KEY ① 2022년 4월 24일 기사 등 10회 이상 출제
② 2023년 3월 1일(문제 92번) 출제
③ 2024년 7월 5일(문제 95번) 출제

[정답] 81 ② 82 ②

합격정보
① 산업안전보건법 시행령 제42조(유해위험방지계획서 제출대상)
② 2025. 1. 31 개정법 적용

83 다음은 산업안전보건법령에 따른 지붕 위에서의 위험 방지에 관한 사항이다. (   )안에 알맞은 것은?

> 슬레이트, 선라이트 등 강도가 약한 재료로 덮은 지붕 위에서 작업을 할 때에 발이 빠지는 등 근로자가 위험해질 우려가 있는 경우 폭(   )센티미터 이상의 발판을 설치하거나 안전방망을 치는 등 근로자의 위험을 방지하기 위하여 필요한 조치를 하여야 한다.

① 20   ② 25
③ 30   ④ 40

해설
발판폭
슬레이트, 선라이트(sunlight) 등 강도가 약한 재료로 덮은 지붕 위에서 작업을 할 때에 발이 빠지는 등 근로자가 위험해질 우려가 있는 경우 폭 30[cm] 이상의 발판을 설치하거나 안전방망을 치는 등 위험을 방지하기 위하여 필요한 조치를 하여야 한다.

참고 산업안전산업기사 필기 p.5-149(합격날개 : 합격예측 및 관련법규)

KEY
① 2016년 10월 1일 출제
② 2017년 3월 5일(문제 91번) 출제
③ 2024년 7월 5일(문제 100번) 출제

합격정보
산업안전보건기준에 관한 규칙 제45조(지붕위에서의 위험방지)

84 지반의 종류가 암반 중 경암일 경우 굴착면 기울기 기준으로 옳은 것은?

① 1 : 0.3   ② 1 : 0.5
③ 1 : 1.0   ④ 1 : 1.5

해설
굴착면의 기울기 기준

지반의 종류	굴착면의 기울기
모래	1 : 1.8
연암 및 풍화암	1 : 1.0
경암	1 : 0.5
그 밖의 흙	1 : 1.2

예 1 : 0.5

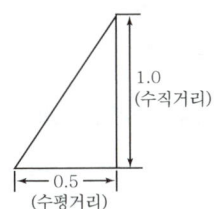

참고 산업안전산업기사 필기 p.5-56(표. 굴착면의 기울기 기준)

KEY
① 2016년 5월 8일 기사·산업기사 동시 출제
② 2020년 6월 7일 기사 (문제 111번) 출제
③ 2020년 9월 27일 기사 (문제 115번) 출제
④ 2023년 7월 8일(문제 97번) 출제
⑤ 2024년 2월 15일(문제 83번) 출제
⑥ 2024년 5월 9일(문제 81번) 출제

합격정보
① 산업안전보건기준에 관한 규칙 [별표 11] 굴착면의 기울기 기준
② 2024년 12월 29일 시행법 개정

85 산업안전보건법령에 따른 크레인을 사용하여 작업을 하는 때 작업시작 전 점검사항에 해당되지 않는 것은?

① 권과방지장치·브레이크·클러치 및 운전장치의 기능
② 주행로의 상측 및 트롤리(trolley)가 횡행하는 레일의 상태
③ 원동기 및 풀리(pulley)기능의 이상 유무
④ 와이어로프가 통하고 있는 곳의 상태

[**정답**] 83 ③   84 ②   85 ③

해설

크레인을 사용하여 작업을 할 때 작업시작전 점검사항
① 권과방지장치·브레이크·클러치 및 운전장치의 기능
② 주행로의 상측 및 트롤리가 횡행(橫行)하는 레일의 상태
③ 와이어로프가 통하고 있는 곳의 상태

참고 산업안전산업기사 필기 p.3-50(표. 기계·기구의 위험요소 작업 시작 전 점검사항)

KEY
① 2016년 3월 6일 기사 출제
② 2017년 3월 5일 기사 출제
③ 2017년 9월 23일 산업기사 등 5회 이상 출제
④ 2023년 5월 13일(문제 82번) 출제
⑤ 2024년 5월 9일(문제 83번) 출제

합격정보
산업안전보건기준에 관한 규칙 [별표 3]작업시작전 점검사항

---

86 건설업 산업안전보건관리비 계상 및 사용기준은 산업재해보상 보험법의 적용을 받는 공사 중 총 공사금액이 얼마 이상인 공사에 적용하는가?

① 4천만원
② 3천만원
③ 2천만원
④ 1천만원

해설

건설업 산업안전보건관리비 계상 및 사용기준 제3조(적용범위)
이 고시는 법 제2조제11호의 건설공사 중 총공사금액 2천만 원 이상인 공사에 적용한다. 다만, 단가계약에 의하여 행하는 공사에 대하여는 총계약금액을 기준으로 적용한다.

참고 산업안전산업기사 필기 p.5-38(제3조. 적용범위)

KEY
① 2016년 3월 6일 기사 출제
② 2017년 5월 7일 출제
③ 2017년 8월 26일 기사 · 산업기사 동시 출제
④ 2019년 8월 4일 기사(문제 110번) 출제
⑤ 2022년 4월 17일(문제 97번) 출제
⑥ 2024년 5월 9일(문제 98번) 출제

합격정보
건설업 산업안전보건관리비 계상 및 사용기준(제2025-11호, 2025. 2. 12. 개정)

---

87 철골작업을 중지하여야 하는 풍속과 강우량 기준으로 옳은 것은?

① 풍속 : 10[m/sec] 이상, 강우량 : 1[mm/h] 이상
② 풍속 : 5[m/sec] 이상, 강우량 : 1[mm/h] 이상
③ 풍속 : 10[m/sec] 이상, 강우량 : 2[mm/h] 이상
④ 풍속 : 5[m/sec] 이상, 강우량 : 2[mm/h] 이상

해설

작업중지기준

구분	일반 작업	철골 공사
강풍	10분간 평균풍속이 10[m/sec] 이상	평균풍속이 10[m/sec] 이상
강우	1회 강우량이 50[mm] 이상	1시간당 강우량이 1[mm] 이상
강설	1회 강설량이 25[cm] 이상	1시간당 강설량이 1[cm] 이상

참고 산업안전산업기사 필기 p.5-155(② 기후에 의한 영향)

KEY
① 2016년 5월 8일 기사·산업기사 동시 출제
② 2016년 10월 1일 산업기사 출제
③ 2017년 5월 7일 기사, 9월 23일 산업기사출제
④ 2023년 2월 28일 기사 출제
⑤ 2023년 3월 1일(문제 89번), 2월 15일(문제 82번) 출제
⑥ 2024년 5월 14일 기사 출제
⑦ 2024년 2월 15일(문제 82번) 등 10회 이상 출제

합격정보
산업안전보건기준에 관한 규칙 제383조(작업의 제한)

[정답] 86 ③ 87 ①

PART 4. 연습은 실전처럼 · 2023년~2025년 과년도 전회차 문제해설

88 연약지반을 굴착할 때, 흙막이벽 뒤쪽 흙의 중량이 바닥의 지지력보다 커지면, 굴착저면에서 흙이 부풀어 오르는 현상은?

① 슬라이딩(Sliding)
② 보일링(Boiling)
③ 파이핑(Piping)
④ 히빙(Heaving)

해설

히빙(Heaving) 현상
연약성 점토지반 굴착시 굴착외측 흙의 중량에 의해 굴착저면의 흙이 활동 전단 파괴되어 굴착내측으로 부풀어 오르는 현상

참고 | 산업안전산업기사 필기 p.5-6(합격날개 : 합격예측)

KEY
① 2016년 10월 1일 기사 출제
② 2023년 5월 13일(문제 81번) 출제
③ 2024년 2월 15일(문제 88번) 등 5회 이상 출제

89 산업안전보건법령에 따른 중량물을 취급하는 작업을 하는 경우의 작업계획서 내용에 포함되지 않는 사항은?

① 추락위험을 예방할 수 있는 안전대책
② 낙하위험을 예방할 수 있는 안전대책
③ 전도위험을 예방할 수 있는 안전대책
④ 위험물 누출위험을 예방할 수 있는 안전대책

해설

중량물의 취급 작업
① 추락위험을 예방할 수 있는 안전대책
② 낙하위험을 예방할 수 있는 안전대책
③ 전도위험을 예방할 수 있는 안전대책
④ 협착위험을 예방할 수 있는 안전대책
⑤ 붕괴위험을 예방할 수 있는 안전대책

참고 | 산업안전산업기사 필기 p.5-192(11. 중량물의 취급작업)

KEY
① 2018년 6월 30일 실기필답형 출제
② 2018년 4월 28일(문제 89번) 출제
③ 2023년 5월 13일(문제 85번) 출제
④ 2024년 2월 19일(문제 90번) 등 5회 이상 출제

합격정보
산업안전보건기준에 관한 규칙 [별표 4] 사전조사 및 작업계획서 내용

90 이동식 비계 작업 시 주의사항으로 옳지 않은 것은?

① 비계의 최상부에서 작업을 하는 경우에는 안전난간을 설치한다.
② 이동 시 작업지휘자가 이동식 비계에 탑승하여 이동하며 안전여부를 확인하여야 한다.
③ 비계를 이동시키고자 할 때는 바닥의 구멍이나 머리 위의 장애물을 사전에 점검한다.
④ 작업발판은 항상 수평을 유지하고 작업발판 위에서 안전난간을 딛고 작업을 하거나 받침대 또는 사다리를 사용하여 작업하지 않도록 한다.

해설

비계 이동시 작업지휘자나 작업원이 탄채로 이동하면 안된다.

참고 | 산업안전산업기사 필기 p.5-103(합격날개 : 합격예측 및 관련법규)

KEY
① 2011년 8월 21일(문제 81번) 출제
② 2020년 6월 14일(문제 85번) 출제
③ 2023년 3월 1일(문제 84번) 출제
④ 2024년 2월 15일(문제 92번) 출제

합격정보
산업안전보건기준에 관한 규칙 제68조(이동식비계)

[그림] 이동식 비계

[정답] 88 ④ 89 ④ 90 ②

91 크레인의 와이어로프가 일정 한계 이상 감기지 않도록 작동을 자동으로 정지시키는 장치는?

① 훅해지장치 ② 권과방지장치
③ 비상정지장치 ④ 과부하방지장치

해설

크레인 권과방지장치(prevention of over-winding device of crane, 卷過防止裝置)
① 크레인은 하중을 매달아 올릴 때 와이어로프를 드럼에 감아서 기능을 수행하지만, 잘못해서 와이어로프를 드럼에 지나치게 감으면 하중이 크레인에 충돌해서 낙하하여 중대한 재해를 발생하므로, 일정 이상의 짐을 권상하면 그 이상 권상되지 않도록 자동적으로 정지하는 장치
② 권과방지장치에는 리밋 스위치가 사용되며 드럼의 회전에 연동해서 권과를 방지하는 방식의 나사형 리밋 스위치, 캠형 리밋 스위치와 후크의 상승에 의해 직접 작동시키는 리밋 스위치가 있다.

참고 산업안전산업기사 필기 p.5-141(합격날개 : 합격예측 및 관련법규)

KEY ① 2017년 9월 23일(문제 88번) 출제
② 2023년 9월 2일(문제 81번) 출제

92 유한사면에서 사면기울기가 비교적 완만한 점성토에서 주로 발생되는 사면파괴의 형태는?

① 저부파괴 ② 사면선단파괴
③ 사면내파괴 ④ 국부전단파괴

해설

사면의 붕괴 형태
① 사면 선단 파괴(Toe Failure)
② 사면 내 파괴(Slope Failure)
③ 사면 저부 파괴(Base Failure)

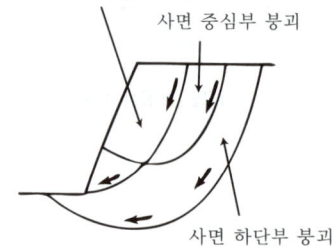

[그림] 사면 붕괴 형태

참고 산업안전산업기사 필기 p.5-55(합격날개 : 합격예측)

KEY ① 2016년 10월 1일(문제 99번) 출제
② 2023년 9월 2일(문제 95번) 출제

93 산업안전보건법령에 따른 이동식 크레인을 사용하여 작업을 하는 때 작업시작 전 점검사항에 해당되지 않는 것은?

① 권과방지장치 및 그 밖의 경보장치의 기능
② 브레이크·클러치 및 조정장치의 기능
③ 원동기 및 풀리(pulley)기능의 이상 유무
④ 와이어로프가 통하고 있는 곳의 상태

해설

이동식 크레인을 사용하여 작업을 할 때 작업시작전 점검사항
① 권과방지장치나 그 밖의 경보장치의 기능
② 브레이크·클러치 및 조정장치의 기능
③ 와이어로프가 통하고 있는 곳 및 작업장소의 지반 상태

참고 산업안전산업기사 필기 p.3-55(표. 작업시작 전 점검사항)

KEY ① 2016년 3월 6일 기사 출제
② 2017년 3월 5일 기사 출제
③ 2017년 9월 23일 산업기사 출제
④ 2023년 5월 13일(문제 82번) 출제

정보제공

산업안전보건기준에 관한 규칙 [별표 3]작업시작전 점검사항

94 다음 중 건설공사관리의 주요 기능이라 볼 수 없는 것은?

① 원가관리 ② 공정관리
③ 품질관리 ④ 재고관리

해설

건설공사관리
① 3대관리 :
품질 + 공정 + 원가관리(좋게 + 빨리 + 싸게)
② 4대관리 :
3대관리 + 안전관리(좋게 + 빨리 + 싸게 + 안전하게)
③ 5대관리 :
4대관리 + 환경관리(좋게 + 빨리 + 싸게 + 안전하게 + 친환경)

[**정답**] 91 ② 92 ① 93 ③ 94 ④

PART 4. 연습은 실전처럼 • 2023년~2025년 과년도 전회차 문제해설

> 참고 산업안전산업기사 필기 p.5-8(합격날개 : 합격예측)
> KEY ① 2016년 3월 6일(문제 97번) 출제

95 추락에 의한 위험방지를 위해 해당 장소에서 조치해야 할 사항과 거리가 먼 것은?

① 추락방호망 설치
② 안전난간 설치
③ 덮개 설치
④ 투하설비 설치

> 해설
추락의 방지설비
① 비계   ② 추락방망
③ 달비계   ④ 수평통로
⑤ 난간   ⑥ 울타리
⑦ 구명줄   ⑧ 안전대

> 참고 산업안전산업기사 필기 p.5-49(3. 추락재해 방지설비)
> KEY ① 2018년 4월 28일 출제
>   ② 2022년 9월 14일(문제 88번) 출제

> 보충학습
투하설비 : 높이 3[m] 이상 설치

> 정보제공
산업안전보건기준에 관한 규칙 제42조(추락의 방지)
사업주는 작업장이나 기계·설비의 바닥·작업 발판 및 통로 등의 끝이나 개구부로부터 근로자가 추락하거나 넘어질 위험이 있는 장소에는 안전난간, 울, 손잡이 또는 충분한 강도를 가진 덮개등을 설치하는 등 필요한 조치를 하여야 한다.

> 보충학습
산업안전보건기준에 관한규칙 제15조(투하설비 등)

96 건설용 타워크레인의 안전장치로 옳지 않은 것은?

① 비상정지장치
② 권과방지장치
③ 해지장치
④ 자동보수장치

> 해설
크레인의 방호장치

종류	용도
권과방지 장치	양중기의 권상용 와이어로프 또는 지브등의 붐 권상용 와이어로프의 권과 방지 ㉠ 나사형 제동개폐기 ㉡ 롤러형 제동개폐기 ㉢ 캠형 제동개폐기
과부하 방지 장치	정격하중 이상의 하중 부하시 자동으로 상승정지되면서 경보음이나 경보등 발생
비상 정지장치	돌발사태 발생시 안전유지 위한 전원차단 및 크레인 급정지시키는 장치
제동 장치	운동체와 정지체의 기계적접촉에 의해 운동체를 감속하거나 정지 상태로 유지하는 기능을 하는 장치
기타 방호 장치	① 해지장치 ② 스토퍼(Stopper) ③ 이탈방지장치 ④ 안전밸브 등

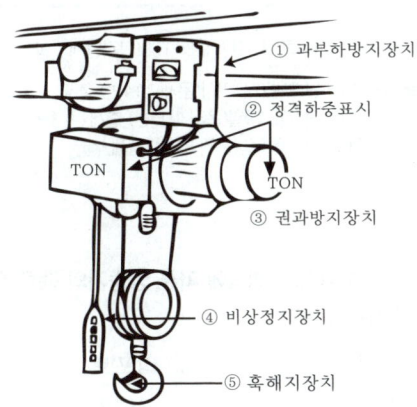

[그림] 크레인의 방호장치

> 참고 산업안전산업기사 필기 p.5-131(합격날개 : 합격예측)
> KEY ① 2018년 8월 19일 기사 출제
>   ② 2019년 3월 3일 기사(문제 118번) 출제
>   ③ 2020년 4월 24일(문제 54번) 출제
>   ④ 2022년 4월 17일(문제 88번) 출제

[정답] 95 ④   96 ④

97 건설재해대책의 사면보호공법 중 식물을 생육시켜 그 뿌리로 사면의 표층토를 고정하여 빗물에 의한 침식, 동상, 이완 등을 방지하고, 녹화에 의한 경관조성을 목적으로 시공하는 것은?

① 식생공
② 쉴드공
③ 뿜어 붙이기공
④ 블럭공

해설
식생공법의 종류

구분	방법
떼붙임공	떼를 일정한 간격으로 심어서 비탈면을 보호하는 공법(평떼, 줄떼)
식생공	법면에 식물을 번식시켜 법면의 침식과 표면활동 방지
식수공	떼붙임공, 식생공으로 부족할 경우 나무를 심어서 사면 보호
파종공	종자, 비료, 안정제, 흙 등을 혼합하여 압력으로 비탈면에 뿜어 붙이는 공법

참고 산업안전산업기사 필기 p.5-168(합격날개 : 합격예측)

KEY
① 2016년 3월 6일 기사(문제 114번) 출제
② 2018년 8월 19일(문제 105번) 출제
③ 2021년 9월 5일(문제 81번) 출제

98 산업안전보건법령에 따른 양중기의 종류에 해당하지 않는 것은?

① 곤돌라
② 리프트
③ 클램쉘
④ 크레인

해설
클램쉘(clam shell)
① 연약지반이나 수중굴착 및 자갈 등을 싣는 데 적합하다.
② 깊은 땅파기 공사와 흙막이 버팀대를 설치하는 데 사용한다.
③ 수중굴착 및 수조물의 기초바닥 등과 같은 협소하고 상당히 깊은 범위의 굴착과 호퍼(hopper)에 적당하다.

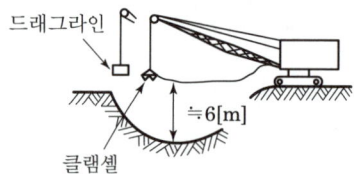

[그림] 드래그라인과 클램쉘의 작업

참고 산업안전산업기사 필기 p.5-63(4. 클램쉘)

KEY
① 2016년 5월 8일 산업기사 출제
② 2017년 5월 7일 산업기사 출제
③ 2019년 8월 4일 기사(문제 120번) 출제
④ 2021년 9월 15일(문제 82번) 출제

보충학습
제132조(양중기)
"양중기"라 함은 다음 각 호의 기계를 말한다.
① 크레인(호이스트를 포함한다.)
② 이동식크레인
③ 리프트(이삿짐운반용 리프트의 경우에는 적재하중이 0.1[t] 이상의 것으로 한정한다.)
④ 곤돌라
⑤ 승강기

99 건설공사의 산업안전보건관리비 계상 시 대상액이 구분되어 있지 않은 공사는 도급계약 또는 자체사업 계획 상의 총 공사금액 중 얼마를 대상액으로 하는가?

① 50[%]
② 60[%]
③ 70[%]
④ 80[%]

해설
대상액이 구분이 없을 때 : 70[%]

참고 산업안전산업기사 필기 p.5-38(제4조. 계상의무 및 기준)

KEY
① 2017년 5월 7일 기사 출제
② 2017년 9월 23일 기사 출제
③ 2019년 8월 4일 산업기사 출제
④ 2020년 6월 7일(문제 103번) 출제
⑤ 2021년 9월 15일(문제 88번) 출제

합격정보
건설업 산업안전보건관리비계상기준 고시 2025-11호(2025. 2. 12)

보충학습
공사진척에 따른 안전관리비 사용기준

공 정 률	50[%] 이상 70[%] 미만	70[%] 이상 90[%] 미만	90[%] 이상
사용 기준	50[%] 이상	70[%] 이상	90[%] 이상

[정답] 97 ① 98 ③ 99 ③

100 무한궤도식 장비와 타이어식(차륜식) 장비의 차이점에 관한 설명으로 옳은 것은?

① 무한궤도식은 기동성이 좋다.
② 타이어식은 승차감과 주행성이 좋다.
③ 무한궤도식은 경사지반에서의 작업에 부적당하다.
④ 타이어식은 땅을 다지는 데 효과적이다.

해설
자동차와 불도저를 생각하면 답이 보인다.

참고 ① 산업안전산업기사 필기 p.5-61(합격날개 : 은행문제)
② 산업안전산업기사 필기 p.5-131(2. 휠 크레인)

[그림] 무한궤도식   [그림] 타이어식

[정답] 100 ②

2025년도 산업기사 정기검정 제2회 (2025년 5월 10일 CBT 시행)

자격종목 및 등급(선택분야)
산업안전산업기사

※ 본 문제는 복원문제 및 예적(예상적중) 문제로 실제문제와 동일하지 않을 수 있습니다.

1 산업재해 예방 및 안전보건교육

01 성공적인 리더가 갖추어야 할 특성으로 가장 거리가 먼 것은?

① 강한 출세욕구
② 강력한 조직 능력
③ 미래지향적 사고 능력
④ 상사에 대한 부정적인 태도

해설

성공적 리더의 특성
① 업무수행능력
② 강한 출세욕구
③ 상사에 대한 긍정적 태도
④ 강력한 조직 능력
⑤ 원만한 사교성
⑥ 판단능력
⑦ 자신에 대한 긍정적인 태도
⑧ 매우 활동적이며 공격적인 도전
⑨ 실패에 대한 두려움
⑩ 부모로부터의 정서적 독립
⑪ 조직의 목표에 대한 충성심
⑫ 자신의 건강과 체력 단련

참고 산업안전산업기사 필기 p.1-113(합격날개:합격예측)

KEY ① 2016년 3월 6일 기사 출제
② 2025년 2월 7일 출제

02 기업조직의 원리 중 지시 일원화의 원리에 대한 설명으로 가장 적절한 것은?

① 지시에 따라 최선을 다해서 주어진 임무나 기능을 수행하는 것
② 책임을 완수하는 데 필요한 수단을 상사로부터 위임받은 것
③ 언제나 직속 상사에게서만 지시를 받고 특정 부하 직원들에게만 지시하는 것
④ 가능한 조직의 각 구성원이 한 가지 특수 직무만을 담당하도록 하는 것

해설

지시 일원화 원리 : 직속상사에게 지시받고 특정부하에게만 지시

참고 산업안전산업기사 필기 p.1-111(합격날개:은행문제2)

KEY ① 2019년 8월 4일(문제 5번) 출제
② 2023년 7월 8일(문제 9번) 출제
③ 2024년 7월 5일(문제 1번) 출제

03 인간의 욕구에 대한 적응기제(Adjustment Mechanism)를 공격적 기제, 방어적 기제, 도피적 기제로 구분할 때 다음 중 도피적 기제에 해당하는 것은?

① 보상　　　　② 고립
③ 승화　　　　④ 합리화

해설

적응기제의 분류
(1) 방어적 기제
　① 보상　② 합리화　③ 동일시　④ 승화
(2) 도피적 기제
　① 고립　② 퇴행　③ 억압　④ 백일몽
(3) 공격적 기제
　① 직접적　② 간접적

참고 산업안전산업기사 필기 p.1-149(표. 적응기제의 기본형태)

KEY ① 2023년 7월 8일(문제 10번) 등 10회 이상 출제
② 2024년 7월 5일(문제 2번) 출제

[정답] 01 ④　02 ③　03 ②

04 산업재해의 발생형태 종류 중 상호자극에 의하여 순간적으로 재해가 발생하는 유형으로 재해가 일어난 장소나 그 시점에 일시적으로 요인이 집중하는 것은?

① 단순 자극형　② 단순 연쇄형
③ 복합 연쇄형　④ 복합형

해설

재해(⊗)의 발생 형태 3가지

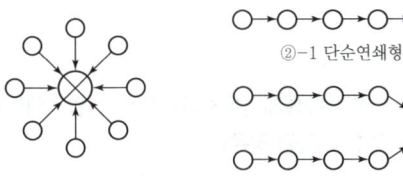

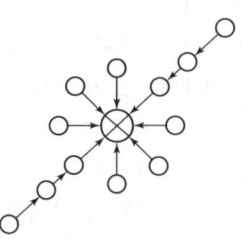

참고 산업안전산업기사 필기 p.3-35(2. 산업재해발생의 mechanism(형태) 3가지)

KEY ① 2022년 7월 2일(문제 8번) 출제
② 2024년 7월 5일(문제 14번) 출제

---

05 산업재해통계에서 강도율의 산출방법으로 맞는 것은?

① $\dfrac{\text{재해건수}}{\text{연근로시간수}} \times 1{,}000{,}000$

② $\dfrac{\text{재해건수}}{\text{산재보험적용근로자수}} \times 100$

③ $\dfrac{\text{총요양근로손실일수}}{\text{연근로시간수}} \times 100$

④ $\dfrac{\text{총요양근로손실일수}}{\text{연근로시간수}} \times 1{,}000$

해설

강도율 = $\dfrac{\text{총요양근로손실일수}}{\text{연근로시간수}} \times 1{,}000$

참고 산업안전산업기사 필기 p.3-47(4. 강도율)

KEY ① 2024년 7월 5일(문제 17번) 출제
② 2025년 2월 7일 등 20번 이상 출제

---

06 레빈(Lewin)의 법칙에서 환경조건(E)에 포함되는 것은?

$$B = f(P \cdot E)$$

① 지능　② 소질
③ 적성　④ 인간관계

해설

K. Lewin의 법칙

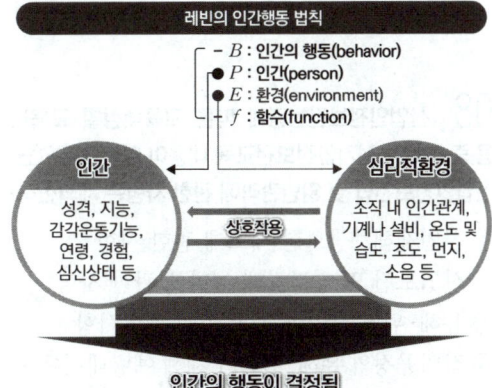

참고 산업안전산업기사 필기 p.1-77(7. K. Lewin의 법칙)

KEY ① 2016년 10월 1일 기사 출제
② 2017년 5월 7일, 8월 26일, 9월 23일 기사 출제
③ 2019년 4월 27일 산업기사 출제
④ 2023년 7월 8일(문제 3번) 출제
⑤ 2024년 5월 9일(문제 1번) 출제

[정답] 04 ①　05 ④　06 ④

07 재해원인을 직접원인과 간접원인으로 나눌 때, 직접원인에 해당하는 것은?

① 기술적 원인   ② 관리적 원인
③ 교육적 원인   ④ 물적 원인

해설

직접 원인(1차 원인)
시간적으로 사고발생에 가까운 원인
① 물적 원인 : 불안전한 상태(설비 및 환경)
② 인적 원인 : 불안전한 행동

참고 산업안전산업기사 필기 p.3-33(② 물적원인)

KEY ① 2015년 3월 8일(문제 16번) 출제
② 2018년 9월 15일 기사 출제
③ 2023년 3월 1일(문제 12번) 출제
④ 2024년 5월 9일(문제 9번) 출제

보충학습

간접 원인
재해의 가장 깊은 곳에 존재하는 재해원인
① 기초 원인 : 학교 교육적 원인, 관리적인 원인
② 2차 원인 : 신체적 원인, 정신적 원인, 안전교육적 원인, 기술적인 원인

08 산업안전보건법령에 따른 교육대상별 교육내용 중 근로자 정기안전보건교육 내용이 아닌 것은?(단, 산업안전보건법 및 일반관리에 관한 사항은 제외한다)

① 산업재해보상보험 제도에 관한 사항
② 산업보건 및 건강장해 예방에 관한 사항
③ 유해·위험 작업환경 관리에 관한 사항
④ 작업공정의 유해·위험과 재해 예방대책에 관한 사항

해설

근로자의 정기안전보건교육
① 산업안전 및 산업재해 예방에 관한 사항(화재·폭발 사고 발생 시 대피에 관한 사항을 포함한다)
② 산업보건 및 건강장해 예방에 관한 사항(폭염·한파작업으로 인한 건강장해 발생 시 응급조치에 관한 사항을 포함한다)
③ 위험성 평가에 관한 사항
④ 건강증진 및 질병예방에 관한 사항
⑤ 유해·위험 작업환경 관리에 관한 사항
⑥ 산업안전보건법령 및 산업재해보상보험 제도에 관한 사항
⑦ 직무스트레스 예방 및 관리에 관한 사항
⑧ 직장 내 괴롭힘, 고객의 폭언 등으로 인한 건강장해 예방 및 관리에 관한 사항

참고 산업안전산업기사 필기 p.1-154 ((2) 근로자의 정기안전보건교육내용)

KEY ① 2022년 7월 2일(문제 11번) 출제
② 2024년 5월 9일(문제 12번) 출제

합격정보
산업안전보건법 시행규칙 [별표 5] 안전보건교육 교육대상별 교육내용
(2026. 1. 1 개정법 적용)

09 산업재해통계업무처리규정상 산업재해통계에 관한 설명으로 틀린 것은?

① 총요양근로손실일수는 재해자의 총 요양기간을 합산하여 산출한다.
② 휴업재해자수는 근로복지공단의 휴업급여를 지급받은 재해자수를 의미하며, 체육행사로 인하여 발생한 재해는 제외된다.
③ 사망자수는 통상의 출퇴근에 의한 사망을 포함하여 근로복지공단의 유족급여가 지급된 사망자수는 제외한다.
④ 재해자수는 근로복지공단의 유족급여가 지급된 사망자 및 근로복지공단에 최초요양신청서를 제출한 재해자 중 요양승인을 받은 자를 말한다.

해설

용어정의
"사망자수"는 근로복지공단의 유족급여가 지급된 사망자(지방고용노동관서의 산재미보고 적발 사망자를 포함한다)수를 말함. 다만, 사업장 밖의 교통사고(운수업, 음식숙박업은 사업장 밖의 교통사고도 포함)·체육행사·폭력행위·통상의 출퇴근에 의한 사망, 사고발생일로부터 1년을 경과하여 사망한 경우는 제외함.

참고 산업안전산업기사 필기 p.3-44(2. 사망만인율)

KEY ① 2022년 4월 17일(문제 10번) 출제
② 2024년 5월 9일(문제 15번) 출제

합격정보
산업재해통계업무처리규정 제3조(산업재해통계의 산출방법 및 정의)

[정답] 07 ④   08 ④   09 ③

10 안전모에 있어 착장체의 구성요소가 아닌 것은?

① 턱끈   ② 머리고정대
③ 머리받침고리 ④ 머리받침끈

해설

안전모의 구조

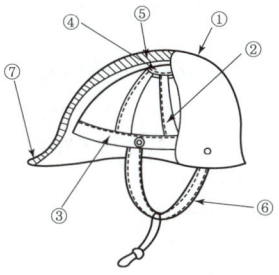

번호	명칭	
①	모체	
②	착장체	머리받침끈
③		머리받침(고정)대
④		머리받침고리
⑤	충격흡수재(자율안전확인에서 제외)	
⑥	턱끈	
⑦	모자챙(차양)	

참고 산업안전산업기사 필기 p.1-53(그림. 안전모의 구조)

KEY
① 2016년 10월 1일 기사 출제
② 2017년 9월 23일(문제 6번) 출제
③ 2022년 3월 2일(문제 4번) 출제
④ 2024년 5월 9일(문제 19번) 출제

11 안전교육의 순서로 옳게 나열된 것은?

① 준비 – 제시 – 적용 – 확인
② 준비 – 확인 – 제시 – 적용
③ 제시 – 준비 – 확인 – 적용
④ 제시 – 준비 – 적용 – 확인

해설

교육의 4단계(안전교육의 순서)
도입(준비) → 제시 → 적용 → 확인(평가)

참고 산업안전산업기사 필기 p.1-153(4. 교육진행 4단계 순서)

KEY
① 2016년 3월 6일, 10월 1일기사 출제
② 2017년 3월 5일, 5월 7일, 9월 23일 기사 출제
③ 2018년 8월 19일 기사 출제
④ 2019년 9월 21일 산업기사 출제
⑤ 2023년 9월 2일(문제 1번) 출제

12 스트레스(Stress)에 관한 설명으로 가장 적절한 것은?

① 스트레스 상황에 직면하는 기회가 많을수록 스트레스 발생 가능성은 낮아진다.
② 스트레스는 직무몰입과 생산성 감소의 직접적인 원인이 된다.
③ 스트레스는 부정적인 측면만 가지고 있다.
④ 스트레스는 나쁜 일에서만 발생한다.

해설

스트레스의 영향 : 직무 몰입 및 생산성 감소의 직접적 원인

참고 산업안전산업기사 필기 p.1-121(합격날개:합격예측)

KEY
① 2016년 10월 1일(문제 13번) 출제
② 2023년 9월 2일(문제 4번) 출제

13 근로자가 중요하거나 위험한 작업을 안전하게 수행하기 위해 인간의 의식수준(Phase) 중 몇 단계 수준에서 작업하는 것이 바람직한가?

① 0 단계   ② Ⅰ 단계
③ Ⅲ 단계   ④ Ⅳ 단계

해설

의식 수준의 단계적 분류

Phase	생리상태	신뢰성
0	수면, 뇌발작	0
Ⅰ	피로, 단조로움, 졸음, 주취	0.9 이하
Ⅱ	안정기거, 휴식, 정상 작업 시	0.99~0.99999
Ⅲ	적극적 활동 시	0.999999 이상
Ⅳ	감정 흥분(공포상태)	0.9 이하

참고 산업안전산업기사 필기 p.1-119(표. 의식 레벨의 5단계)

KEY
① 2016년 10월 1일(문제 1번) 출제
② 2023년 9월 2일(문제 8번) 출제

[정답] 10 ① 11 ① 12 ② 13 ③

14 보호구 안전인증 고시에 따른 다음 방진 마스크의 형태로 옳은 것은?

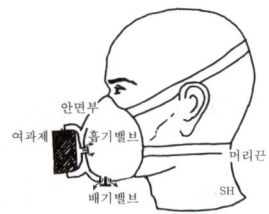

① 격리식 반면형　② 직결식 반면형
③ 격리식 전면형　④ 직결식 전면형

> **해설**

방진마스크의 종류

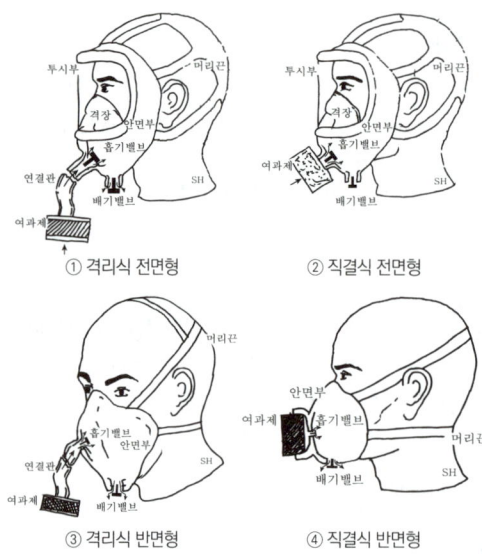

① 격리식 전면형　② 직결식 전면형
③ 격리식 반면형　④ 직결식 반면형
⑤ 안면부여과식

> **참고** 산업안전산업기사 필기 p.1-55(2. 방진·방독마스크)

> **KEY**
> ① 2016년 8월 21일 기사 출제
> ② 2018년 9월 15일 산업기사 출제
> ③ 2023년 9월 2일(문제 16번) 출제
> ④ 2025년 7월 19일 실기필답형 출제

15 정지된 열차 내에서 창밖으로 이동하는 다른 기차를 보았을 때, 실제로 움직이지 않아도 움직이는 것처럼 느껴지는 심리적 현상을 무엇이라 하는가?

① 가상운동　② 유도운동
③ 자동운동　④ 지각운동

> **해설**

유도운동

실제로 움직이지 않는 것이 어느 기준의 이동에 유도되어 움직이는 것처럼 느껴지는 현상

> **참고** 산업안전산업기사 필기 p.1-117(4. 인간의 착각현상)

> **KEY**
> ① 2023년 9월 2일 기사 출제
> ② 2023년 9월 2일(문제 17번) 출제

> **보충학습**
> ① 자동운동 : 암실 내에서 정리된 소광점을 응시하고 있으면 그 광점이 움직이는 것을 볼 수 있는데 이것을 자동운동이라 함
> ② 가현운동 : 객관적으로 정지하고 있는 대상물이 급속히 나타나거나 소멸하는 것으로 인하여 일어나는 운동으로 마치 대상물이 운동하는 것처럼 인식되는 현상(β-운동 : 영화 영상의 방법)

16 다음 중 무재해운동의 기본이념 3원칙에 포함되지 않는 것은?

① 무의 원칙　② 선취의 원칙
③ 참가의 원칙　④ 라인화의 원칙

> **해설**

무재해운동 기본이념 3대원칙

① 무의 원칙('0'의 원칙)
② 선취의 원칙(안전제일의 원칙)
③ 참가의 원칙

> **참고** 산업안전산업기사 필기 p.1-10(2. 무재해운동 기본이념 3대 원칙)

> **KEY**
> ① 2016년 5월 8일 기사 출제
> ② 2016년 10월 1일 출제
> ③ 2017년 3월 5일, 9월 23일 기사 출제
> ④ 2017년 8월 26일 출제
> ⑤ 2019년 4월 27일 기사·산업기사 동시 출제
> ⑥ 2022년 3월 2일(문제 1번) 출제

【 정답 】 14 ②　15 ②　16 ④

17 재해의 원인 분석법 중 사고의 유형, 기인물 등 분류항목을 큰 순서대로 도표화하여 문제나 목표의 이해가 편리한 것은?

① 관리도(Control chart)
② 파레토도(Pareto diagram)
③ 클로즈 분석도(Close analysis)
④ 특정요인도(cause-reason diagram)

해설

파레토도(Pareto diagram)
① 관리 대상이 많은 경우 최소의 노력으로 최대의 효과를 얻을 수 있는 방법
② 분류항목을 큰 값에서 작은 값의 순서로 도표화하는 데 편리

참고 산업안전산업기사 필기 p.3-193(1. 파레토도)

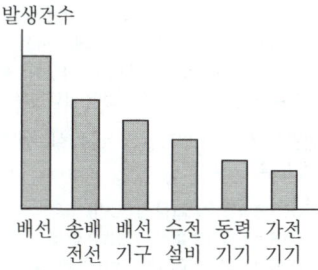

[그림] **예** 전기설비별 감전사고 분포(파레토도)

KEY ① 2017년 8월 26일 기사 출제
② 2018년 3월 4일 기사 출제
③ 2018년 9월 15일 산업기사 출제
④ 2019년 9월 21일 기사 출제
⑤ 2020년 6월 14일(문제 15번) 출제
⑥ 2022년 3월 2일(문제 5번) 출제

18 다음의 설명과 그림은 어떤 착시 현상과 관계가 깊은가?

그림에서 선 ab와 선 cd는 그 길이가 동일한 것이지만, 시각적으로는 선 ab가 선 cd보다 길어 보인다.

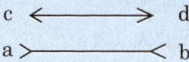

① 헬름홀츠(Helmholtz)의 착시
② 쾰러(Köhler)의 착시
③ 뮐러-라이어(Müller-Lyer)의 착시
④ 포겐도르프(Poggendorf)의 착시

해설

착시(착오)현상

① 헬름홀츠(Helmholtz) ② 쾰러(Köhler)

 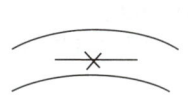

③ 포겐도르프(Poggendorf) ④ 헤링(Hering)

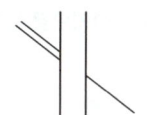 

참고 산업안전산업기사 필기 p.1-116(2. 착시의 종류)

KEY ① 2004년 3월 7일(문제 5번) 출제
② 2005년 5월 29일(문제 2번) 출제
③ 2007년 5월 13일(문제 11번) 출제
④ 2022년 3월 2일(문제 14번) 출제

19 산업안전보건법령상 안전보건관리규정 작성에 관한 사항으로 (　)에 알맞은 기준은?

안전보건관리규정을 작성하여야 할 사업의 사업주는 안전보건관리규정을 작성해야 할 사유가 발생한 날부터 (　)일 이내에 안전보건관리규정을 작성해야 한다.

① 7　　　　② 14
③ 30　　　　④ 60

해설

제25조(안전보건관리규정의 작성)
① 법 제25조제3항에 따라 안전보건관리규정을 작성해야 할 사업의 종류 및 상시근로자 수는 별표 2와 같다.

[정답] 17 ②　18 ③　19 ③

② 제1항에 따른 사업의 사업주는 안전보건관리규정을 작성해야 할 사유가 발생한 날부터 30일 이내에 별표 3의 내용을 포함한 안전보건관리규정을 작성해야 한다. 이를 변경할 사유가 발생한 경우에도 또한 같다.

③ 사업주가 제2항에 따라 안전보건관리규정을 작성할 때에는 소방·가스·전기·교통 분야 등의 다른 법령에서 정하는 안전관리에 관한 규정과 통합하여 작성할 수 있다.

참고 산업안전산업기사 필기 p.1-222(제25조)

KEY 2022년 4월 17일(문제 1번) 출제

합격정보
산업안전보건법 시행규칙 제25조(안전보건관리규정의 작성)

20 안전관리조직의 형태에 관한 설명으로 옳은 것은?

① 라인형 조직은 100명 이상의 중규모 사업장에 적합하다.
② 스태프형 조직은 100명 미만의 소규모 사업장에 적합하다.
③ 라인형 조직은 안전에 대한 정보가 불충분하지만 안전지시나 조치에 대한 실시가 신속하다.
④ 라인·스태프형 조직은 1000명 이상의 대규모 사업장에 적합하나 조직원 전원의 자율적 참여가 불가능하다.

해설
안전관리 조직 형태 3가지
① Line형(직계식) : 100명 미만의 소규모 사업장
② Staff형(참모식) : 100~1,000명의 중규모 사업장
③ Line-staff형(복합식) : 1,000명 이상의 대규모 사업장

참고 산업안전산업기사 필기 p.1-23(2. 안전보건 관리조직 형태)

KEY
① 2016년 3월 6일 기사·산업기사 출제
② 2016년 10월 2일 산업기사 출제
③ 2017년 3월 5일, 5월 7일 출제
④ 2017년 8월 26일 기사·산업기사 출제
⑤ 2019년 3월 3일, 8월 4일 기사 출제
⑥ 2019년 8월 4일, 9월 21일 산업기사 출제
⑦ 2020년 8월 22일 기사 출제, 8월 23일 산업기사 출제
⑧ 2021년 3월 7일(문제 20번), 5월 15일(문제 3번) 기사출제

2 인간공학 및 위험성 평가·관리

21 인간오류의 분류 중 원인에 의한 분류의 하나로 작업자 자신으로부터 발생하는 에러로 옳은 것은?

① command error
② Secondary error
③ Primary error
④ Third error

해설
실수원인의 level(수준적) 분류
① 1차실수(Primary error : 주과오) : 작업자 자신으로부터 발생한 실수
② 2차실수(Secondary error : 2차과오) : 작업형태나 조건 중에서 문제가 생겨 발생한 실수, 어떤 결함에서 파생
③ 커맨드 실수(Command error : 지시과오) : 직무를 하려고 해도 필요한 정보, 물건, 에너지 등이 없어 발생하는 실수

참고 산업안전산업기사 필기 p.2-20[4. 실수원인의 level(수준적) 분류]

KEY
① 2019년 4월 27일(문제 30번) 출제
② 2023년 5월 13일(문제 38번) 출제
③ 2025년 2월 7일(문제 22번) 출제

22 설비나 공법 등에서 나타날 위험에 대하여 정성적 또는 정량적인 평가를 행하고 그 평가에 따른 대책을 강구하는 것은?

① 설비보전   ② 동작분석
③ 안전계획   ④ 안전성 평가

해설
안전성 평가의 6단계
① 1단계 : 관계자료의 정비검토
② 2단계 : 정성적 평가
③ 3단계 : 정량적 평가
④ 4단계 : 안전대책
⑤ 5단계 : 재해정보에 의한 재평가
⑥ 6단계 : FTA에 의한 재평가

참고 산업안전산업기사 필기 p.2-37(2. 안전성 평가 6단계)

[정답] 20 ③   21 ③   22 ④

| KEY | ① 2016년 3월 6일 출제
② 2016년 10월 1일 기사 출제
③ 2017년 3월 5일(문제 25번) 출제
④ 2024년 5월 9일(문제 32번) 출제
⑤ 2025년 2월 7일(문제 25번) 출제 |

| 참고 | 산업안전산업기사 필기 p.2-176(2. 조종구에서의 C/D비 또는 C/R비) |

| KEY | ① 2018년 4월 28일 출제
② 2018년 9월 15일 출제
③ 2019년 4월 27일 출제
④ 2019년 8월 4일 출제
⑤ 2022년 7월 2일 출제
⑥ 2025년 2월 7일(문제 29번) 출제 |

23 다음 중 시스템의 수명곡선에서 고장의 발생형태가 일정하게 나타나는 구간은?

① 초기고장구간 ② 우발고장구간
③ 마모고장구간 ④ 피로고장구간

해설

수명곡선 3가지 유형

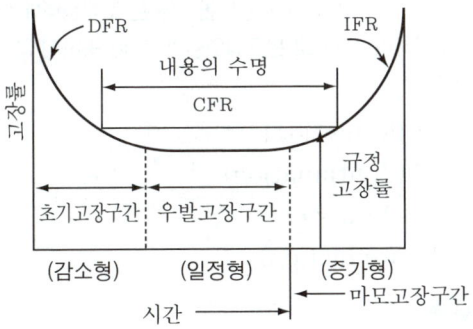

| 참고 | 산업안전산업기사 필기 p.2-12(그림 : 기계설비 고장유형) |

| KEY | ① 2013년 9월 28일(문제 28번) 출제
② 2022년 3월 2일(문제 28번) 출제
③ 2025년 2월 7일(문제 28번) 출제 |

24 조종장치를 15[mm] 움직였을 때, 표시계기의 지침이 25[mm] 움직였다면 이 기기의 C/R비는?

① 0.4 ② 0.5
③ 0.6 ④ 0.7

해설

기기의 C/R비

$$\frac{C}{R} = \frac{조종장치의\ 이동거리}{표시장치의\ 이동거리} = \frac{15}{25} = 0.6$$

25 그림과 같은 FT도에 대한 최소 컷셋(minimal cut sets)으로 옳은 것은?(단, Fussell의 알고리즘을 따른다.)

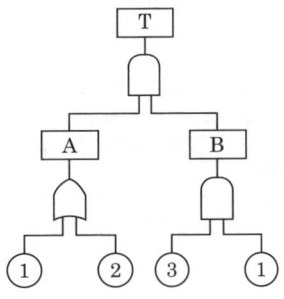

① {1, 2} ② {1, 3}
③ {2, 3} ④ {1, 2, 3}

해설

최소컷셋

① $T = A \cdot B$
$= \begin{matrix} X_1 \\ X_2 \end{matrix} \cdot B$
$= \begin{matrix} X_1 X_1 X_3 \\ X_2 X_1 X_3 \end{matrix}$

② 컷셋 = $(X_1 X_3)(X_1 X_2 X_3)$
③ 미니멀(최소) 컷셋 = $(X_1 X_3)$

| 참고 | 산업안전산업기사 필기 p.2-77(6. 컷셋·미니멀 컷셋 요약) |

| KEY | ① 2016년 10월 1일 출제
② 2021년 8월 14일(문제 28번) 출제
③ 2025년 2월 7일(문제 37번) 출제 |

[정답] 23 ② 24 ③ 25 ②

26 시각적 표시장치와 청각적 표시장치 중 시각적 표시장치를 선택해야 하는 경우는?

① 메시지가 복잡한 경우
② 메시지가 후에 재참조되지 않는 경우
③ 직무상 수신자가 자주 움직이는 경우
④ 메시지가 시간적 사상(event)을 다룬 경우

해설

정보전송방법
① 시각적 표시장치 사용 : ①
② 청각적 표시장치 사용 : ②, ③, ④

참고 산업안전산업기사 필기 p.2-31(문제 43번 적중)

KEY
① 2017년 5월 7일 출제
② 2018년 3월 4일, 4월 28일, 8월 19일, 9월 15일 출제
③ 2019년 4월 27일, 8월 4일, 9월 21일 출제
④ 2020년 6월 7일 출제
⑤ 2021년 3월 2일 PBT 출제
⑥ 2021년 3월 7일 (문제 53번), 5월 15일(문제 60번) 출제
⑦ 2023년 7월 8일(문제 25번) 출제
⑧ 2024년 5월 9일(문제 23번), 7월 5일(문제 21번) 출제

27 다음 중 예비위험분석(PHA)에 대한 설명으로 가장 적합한 것은?

① 관련된 과거 안전점검결과의 조사에 적절하다.
② 안전관련 법규 조항의 준수를 위한 조사방법이다.
③ 시스템 고유의 위험성을 파악하고 예상되는 재해의 위험 수준을 결정한다.
④ 초기의 단계에서 시스템 내의 위험요소가 어떠한 위험상태에 있는가를 정성적 평가하는 것이다.

해설

예비위험분석(PHA : Preliminary Hazards Analysis)
PHA는 모든 시스템안전 프로그램의 최초 단계의 분석으로서 시스템 내의 위험요소가 얼마나 위험한 상태에 있는가를 정성적으로 평가하는 것이다.

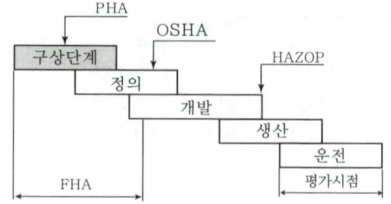

[그림] PHA, OSHA, FHA, HAZOP

참고 산업안전산업기사 필기 p.2-60(2. 예비위험분석)

KEY
① 2014년 8월 17일 기사 출제
② 2023년 7월 8일(문제 31번) 출제
③ 2024년 5월 9일(문제 33번) 출제
④ 2024년 7월 5일(문제 23번) 출제

28 위험조정을 위해 필요한 기술은 조직형태에 따라 다양하며 4가지로 분류하였을 때 이에 속하지 않는 것은?

① 보유(Retention)
② 계속(Continuation)
③ 전가(Transfer)
④ 감축(Reduction)

해설

Risk 처리(위험조정)기술 4가지

구분		특징
위험의 회피		예상되는 위험을 차단하기 위해 위험과 관계된 활동을 하지 않는 경우
위험의 제거 (경감)	위험방지	위험의 발생건수를 감소시키는 예방과 손실의 정도를 감소시키는 경감을 포함
	위험분산	시설, 설비 등의 집중화를 방지하고 분산하거나 재료의 분리저장 등으로 위험 단위를 증대
	위험결합	각종 협정이나 합병 등을 통하여 규모를 확대시키므로 위험의 단위를 증대
	위험제한	계약서, 서식 등을 작성하여 기업의 위험을 제한하는 방법
위험의 보유 (보류)		무지로 인한 소극적 보유 위험을 확인하고 보유하는 적극적 보유(위험의 준비와 부담 : 준비금 설정, 자가보험 등)
위험의 전가		회피와 제거가 불가능할 경우 전가하려는 경향(보험, 보증, 공제, 기금제도 등)

참고 산업안전산업기사 필기 p.2-36(합격날개 : 합격예측)

[정답] 26 ①   27 ④   28 ②

29 연구 기준의 요건과 내용이 옳은 것은?

① 무오염성 : 실제로 의도하는 바와 부합해야 한다.
② 적절성 : 반복 실험 시 재현성이 있어야 한다.
③ 신뢰성 : 측정하고자 하는 변수 이외의 다른 변수의 영향을 받아서는 안된다.
④ 민감도 : 피실험자 사이에서 볼 수 있는 예상 차이점에 비례하는 단위로 측정해야 한다.

> **해설**
> **기준의 요건**
>
> | 구분 | 특징 |
> |---|---|
> | 적절성(relevance) | 기준이 의도된 목적에 적합하다고 판단되는 정도 |
> | 무오염성 | 측정하고자 하는 변수외의 영향이 없도록 |
> | 기준척도의 신뢰성 (reliability criterion measure) | 척도의 신뢰성 즉 반복성 (repeatability) |
>
> **참고** 산업안전기사 필기 p.2-6(합격날개 : 합격예측)
>
> **KEY**
> ① 2011년 3월 20일 기사 출제
> ② 2013년 6월 2일 기사 출제
> ③ 2014년 3월 2일 기사 출제
> ④ 2017년 8월 26일 기사 출제
> ⑤ 2020년 6월 7일, 9월 27일 기사 출제
> ⑥ 2022년 3월 5일 기사 출제
> ⑦ 2023년 7월 8일(문제 28번) 출제
> ⑧ 2024년 2월 15일(문제 35번) 출제
> ⑨ 2025년 5월 10일 기사 출제

30 동작경제의 원칙에 해당하지 않는 것은?

① 가능하다면 낙하식 운반방법을 사용한다.
② 양손을 동시에 반대 방향으로 움직인다.
③ 자연스러운 리듬이 생기지 않도록 동작을 배치한다.
④ 양손을 동시에 작업을 시작하고, 동시에 끝낸다.

> **해설**
> **동작경제의 3원칙(길브레드 : Gilbrett)**
> (1) 동작능력 활용의 원칙
>   ① 발 또는 왼손으로 할 수 있는 것은 오른손을 사용하지 않는다.
>   ② 양손으로 동시에 작업하고 동시에 끝낸다.
> (2) 작업량 절약의 원칙
>   ① 적게 운동할 것
>   ② 재료나 공구는 취급하는 부근에 정돈할 것
>   ③ 동작의 수를 줄일 것
>   ④ 동작의 양을 줄일 것
>   ⑤ 물건을 장시간 취급할 시 장구를 사용할 것
> (3) 동작개선의 원칙
>   ① 동작을 자동적으로 리드미컬한 순서로 할 것
>   ② 양손은 동시에 반대의 방향으로, 좌우 대칭적으로 운동하게 할 것
>   ③ 관성, 중력, 기계력 등을 이용할 것
>
> **참고** 산업안전산업기사 필기 p.2-76(합격날개 : 합격예측)
>
> **KEY**
> ① 2015년 3월 8일(문제 35번) 출제
> ② 2023년 3월 1일(문제 35번) 출제
> ③ 2024년 5월 9일(문제 34번), 7월 5일(문제 34번)출제

31 다음 중 시스템에 영향을 미칠 우려가 있는 모든 요소의 고장을 형태별로 해석하여 그 영향을 검토하는 분석방법은?

① FTA   ② ETA
③ MORT   ④ FMEA

> **해설**
> **FMEA의 정의**
> ① FMEA는 서브시스템 위험분석이나 시스템 위험분석을 위하여 일반적으로 사용되는 전형적인 정성적, 귀납적 분석방법
> ② 시스템에 영향을 미치는 모든 요소의 고장을 형태별로 분석하여 그 영향을 검토
>
> **참고** 산업안전산업기사 필기 p.2-62(4. 고장형태와 영향분석)
>
> **KEY**
> ① 2015년 3월 8일(문제 33번) 출제
> ② 2023년 7월 8일(문제 21번) 출제
> ③ 2024년 2월 15일(문제 28번) 출제
> ④ 2024년 5월 9일(문제 21번) 출제

[정답] 29 ④   30 ③   31 ④

32 부품배치의 원칙 중 부품의 일반적인 위치를 결정하기 위한 기준으로 가장 적합한 것은?

① 중요성의 원칙, 사용빈도의 원칙
② 기능별 배치의 원칙, 사용순서의 원칙
③ 중요성의 원칙, 사용순서의 원칙
④ 사용빈도의 원칙, 사용순서의 원칙

해설

부품배치의 4원칙
① 중요성의 원칙(위치결정)
② 사용빈도의 원칙(위치결정)
③ 기능별 배치의 원칙(일관성, 기능성 배치결정)
④ 사용순서의 원칙(배치결정)

참고) 산업안전산업기사 필기 p.2-161(2. 부품(공간)배치의 4원칙)

KEY ① 2013년 3월 10일(문제 32번) 출제
② 2013년 6월 2일(문제 31번) 등 5회 이상 출제
③ 2023년 5월 13일(문제 29번) 출제
④ 2024년 5월 9일(문제 29번) 출제

33 인간공학에 대한 설명으로 틀린 것은?

① 인간-기계 시스템의 안전성, 편리성, 효율성을 높인다.
② 인간을 작업과 기계에 맞추는 설계 철학이 바탕이 된다.
③ 인간이 사용하는 물건, 설비, 환경의 설계에 적용된다.
④ 인간의 생리적, 심리적인 면에서의 특성이나 한계점을 고려한다.

해설

인간공학
기계, 기구, 환경 등의 물적 조건을 인간의 특성과 능력에 잘 조화하도록 설계하기 위한 수단을 연구하는 학문이다.

참고) 산업안전산업기사 필기 p.2-2(합격날개 : 합격용어)

KEY ① 2015년 5월 31일(문제 34번), 8월 16일(문제 38번) 출제
② 2017년 9월 23일 출제
③ 2019년 4월 27일 출제
④ 2022년 4월 17일(문제 26번) 출제
⑤ 2024년 5월 9일(문제 35번) 출제

34 다음에서 설명하는 용어는?

유해·위험요인을 파악하고 해당 유해·위험요인에 의한 부상 또는 질병의 발생 가능성(빈도)과 중대성(강도)을 추정·결정하고 감소대책을 수립하여 실행하는 일련의 과정을 말한다.

① 위험성 결정
② 위험성 평가
③ 위험빈도 추정
④ 유해·위험요인 파악

해설

위험성 평가 용어정의
① "유해·위험요인"이란 유해·위험을 일으킬 잠재적 가능성이 있는 것의 고유한 특징이나 속성을 말한다.
② "위험성"이란 유해·위험요인이 사망, 부상 또는 질병으로 이어질 수 있는 가능성과 중대성 등을 고려한 위험의 정도를 말한다.
③ "위험성평가"란 사업주가 스스로 유해·위험요인을 파악하고 해당 유해·위험요인의 위험성 수준을 결정하여, 위험성을 낮추기 위한 적절한 조치를 마련하고 실행하는 과정을 말한다.
④ "근로자"란 기간제, 단시간, 파견 등 고용형태 및 국적과 관계없이 「산업안전보건법」 제2조제3호에 따른 근로자를 말한다.

참고) 산업안전산업기사 필기 p.2-103(합격날개 : 은행문제)

KEY ① 2022년 4월 17일(문제 37번) 출제
② 2024년 5월 9일(문제 37번) 출제

합격정보
사업장 위험성 평가에 관한 지침 제3조(정의)

35 사용자의 잘못된 조작 또는 실수로 인해 기계의 고장이 발생하지 않도록 설계하는 방법은?

① FMEA   ② HAZOP
③ fail safe   ④ fool proof

해설

풀 프루프(fool proof)
① 인간의 실수가 있어도 안전장치가 설치되어 사고나 재해로 연결되지 않는 구조
② 바보가 작동을 시켜도 안전하다는 뜻

[정답] 32 ① 33 ② 34 ② 35 ④

PART 4. 연습은 실전처럼 · 2023년~2025년 과년도 전회차 문제해설

> 참고 산업안전산업기사 필기 p.2-22(합격날개 : 합격예측)

KEY
① 2020년 5월 24일 실기 필답형 출제
② 2020년 8월 23일(문제 33번) 출제
③ 2022년 3월 2일(문제 40번) 출제
④ 2024년 2월 15일(문제 33번), 5월 9일(문제 40번) 출제

36 상황해석을 잘못하거나 목표를 잘못 설정하여 발생하는 인간의 오류 유형은?

① 실수(Slip) ② 착오(Mistake)
③ 위반(Violation) ④ 건망증(Lapse)

> 해설

인간의 오류 5가지 모형

구분	특징
착각(Illusion)	감각적으로 물리현상을 왜곡하는 지각 오류
착오(Mistake)	상황해석을 잘못하거나 목표를 잘못 이해하고 착각하여 행하는 인간의 실수로 위치, 순서, 패턴, 형상, 기억오류 등 외부적 요인에 의해 나타나는 오류
실수(Slip)	의도는 올바른 것이었지만, 행동이 의도한 것과는 다르게 나타나는 오류
건망증(Lapse)	일련의 과정에서 일부를 빠뜨리거나 기억의 실패에 의해 발생하는 오류
위반(Violation)	정해진 규칙을 알고 있음에도 의도적으로 따르지 않거나 무시한 경우에 발생하는 오류

> 참고 산업안전산업기사 필기 p.2-19(합격날개 : 합격예측)

KEY
① 2009년 5월 10일(문제 35번) 출제
② 2017년 8월 26일 출제
③ 2019년 3월 3일(문제 21번), 4월 27일(문제 47번) 출제
④ 2021년 5월 15일(문제 42번), 9월 12일(문제 59번) 출제
⑤ 2022년 4월 17일(문제 22번) 출제

37 HAZOP 기법에서 사용하는 가이드워드와 그 의미가 잘못 연결된 것은?

① Part of : 성질상의 감소
② As well as : 성질상의 증가
③ Other than : 기타 환경적인 요인
④ More/Less : 정량적인 증가 또는 감소

> 해설

유인어(guide words)
① NO 또는 NOT : 설계 의도의 완전한 부정을 의미
② AS Well AS : 성질상의 증가를 나타내는 것으로 설계의도와 운전조건 등 부가적인 행위와 함께 일어나는 것을 의미
③ PART OF : 성질상의 감소, 성취나 성취되지 않음을 나타냄
④ MORE LESS : 양의 증가 또는 양의 감소로 양과 성질을 함께 나타냄
⑤ OTHER THAN : 완전한 대체를 의미
⑥ REVERSE : 설계의도와 논리적인0 역을 의미

> 참고 산업안전산업기사 필기 p.2-41(2. 유인어)

KEY
① 2016년 5월 8일 출제
② 2018년 3월 4일(문제 37번) 출제
③ 2020년 9월 27일(문제 58번) 출제
④ 2021년 9월 12일(문제 55번) 출제
⑤ 2022년 4월 17일(문제 27번) 출제

38 인간 – 기계 시스템에 관한 설명으로 틀린 것은?

① 자동 시스템에서는 인간요소를 고려하여야 한다.
② 자동차 운전이나 전기 드릴 작업은 반자동 시스템의 예시이다.
③ 자동 시스템에서 인간은 감시, 정비유지, 프로그램 등의 작업을 담당한다.
④ 수동 시스템에서 기계는 동력원을 제공하고 인간의 통제 하에서 제품을 생산한다.

> 해설

인간-기계 시스템
① 수동체계의 경우 : 장인과 공구, 가수와 앰프
② 기계화 체계의 경우 : 운전하는 사람과 자동차 엔진
③ 자동화 체계 : 인간은 주로 감시, 프로그램 입력, 정비유지

> 참고 산업안전산업기사 필기 p.2-9(③ 자동시스템)

KEY
① 2019년 3월 3일 출제
② 2019년 9월 21일(문제 46번) 출제
③ 2022년 4월 17일(문제 35번) 출제

[정답] 36 ② 37 ③ 38 ④

39
통신에서 잡음 중의 일부를 제거하기 위해 필터(filter)를 사용하였다면, 어느 것의 성능을 향상시키는 것인가?

① 신호의 양립성 ② 신호의 산란성
③ 신호의 표준성 ④ 신호의 검출성

해설

신호의 검출성(통신잡음 제거 시 filter 사용) : 통신에서 대역폭 필터를 설치하여 원하는 대역폭 외의 신호는 제거하고 선택한 대역폭 내의 신호만 검출한다.

참고 산업안전산업기사 필기 p.2-82(합격날개 : 합격예측)

KEY ① 2013년 6월 2일(문제 40번) 출제
② 2022년 9월 14일(문제 23번) 출제

보충학습

암호체계 사용상의 일반적 지침
① 암호의 검출성(detectability)
② 암호의 변별성(discriminability)
③ 부호의 양립성(compatibility)
④ 부호의 의미
⑤ 암호의 표준화(standardization)
⑥ 다차원 암호의 사용(multidimensional)

40
청각적 자극제시와 이에 대한 음성응답과업에서 갖는 양립성에 해당하는 것은?

① 개념적 양립성 ② 운동 양립성
③ 공간적 양립성 ④ 양식 양립성

해설

양립성의 종류

구분	특징
공간(spatial) 양립성	표시장치나 조종장치에서 물리적 형태 및 공간적 배치
운동(movement) 양립성	표시장치의 움직이는 방향과 조종장치의 방향이 사용자의 기대와 일치
개념(conceptual) 양립성	이미 사람들이 학습을 통해 알고있는 개념적 연상 예 버튼
양식양립성	직무에 알맞은 자극과 응답이 양식의 존재에 대한 양립성이다. 음성 과업에 대해서는 청각적 자극의 제시와 이에 대한 음성 응답 등을 들 수 있다.

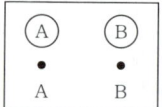 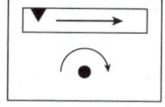 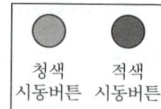

① 공간 양립성   ② 운동 양립성   ③ 개념 양립성
[그림] 양립성 구분

참고 산업안전산업기사 필기 p.1-75(합격날개 : 합격예측)

KEY ① 2018년 8월 17일(문제 25번) 출제
② 2022년 9월 14일(문제 36번) 출제

3 기계·기구 및 설비안전관리

41
산업안전보건법령상 지게차의 최대하중의 2배 값이 6톤일 경우 헤드가드의 강도는 몇 톤의 등분포정하중에 견딜 수 있어야 하는가?

① 4   ② 6
③ 8   ④ 10

해설

지게차 헤드가드 설치기준
① 강도는 지게차의 최대하중의 2배 값(4[t]을 넘는 값에 대해서는 4[t]으로 한다)의 등분포정하중(等分布靜荷重)에 견딜 수 있을 것
② 상부틀의 각 개구의 폭 또는 길이가 16[cm] 미만일 것
③ 운전자가 앉아서 조작하거나 서서 조작하는 지게차의 헤드가드는 「산업표준화법」 제12조에 따른 한국산업표준에서 정하는 높이 기준 이상일 것(좌식 : 0.903[m], 입식 : 1.905[m] 이상)

[그림] 지게차 구조

참고 산업안전산업기사 필기 p.3-152(합격날개 : 합격예측)

[정답] 39 ④ 40 ④ 41 ①

PART 4. 연습은 실전처럼 • 2023년~2025년 과년도 전회차 문제해설

KEY ① 2016년 3월 6일 산업기사 출제
② 2016년 8월 21일 출제
③ 2017년 3월 5일 산업기사 출제
④ 2018년 8월 19일 산업기사 출제
⑤ 2019년 4월 27일 기사 · 산업기사 동시 출제
⑥ 2020년 9월 27일 (문제 52번) 출제
⑦ 2023년 7월 8일(문제 51번) 출제
⑧ 2024년 7월 5일(문제 43번) 출제

합격정보
산업안전보건기준에 관한 규칙 제180조(헤드가드)

42 프레스기에 사용하는 양수조작식 방호장치의 일반구조에 관한 설명 중 틀린 것은?

① 1행정 1정지 기구에 사용할 수 있어야 한다.
② 누름버튼을 양손으로 동시에 조작하지 않으면 작동시킬 수 없는 구조이어야 한다.
③ 양쪽버튼의 작동시간 차이는 최대 0.5[초] 이내일 때 프레스가 동작되도록 해야 한다.
④ 방호장치는 사용전원전압의 ±50[%]의 변동에 대하여 정상적으로 작동되어야 한다.

해설

양수 조작식 방호장치의 일반구조
① 정상동작표시등은 녹색, 위험표시등은 빨간색으로 하며, 쉽게 근로자가 볼 수 있는 곳에 설치
② 슬라이드 하강 중 정전 또는 방호장치의 이상 시에 정지할 수 있는 구조
③ 방호장치는 릴레이, 리미트스위치 등의 전기부품의 고장, 전원전압의 변동 및 정전에 의해 슬라이드가 불시에 동작하지 않아야 하며, 사용전원전압의 ±(100분의 20)의 변동에 대하여 정상으로 작동
④ 1행정1정지 기구에 사용할 수 있어야 한다.
⑤ 누름버튼을 양손으로 동시에 조작하지 않으면 작동시킬 수 없는 구조이어야 하며, 양쪽버튼의 작동시간 차이는 최대 0.5초 이내일 때 프레스가 동작
⑥ 1행정마다 누름버튼에서 양손을 떼지 않으면 다음 작업의 동작을 할 수 없는 구조
⑦ 램의 하행정중 버튼(레버)에서 손을 뗄 시 정지하는 구조
⑧ 누름버튼의 상호간 내측거리는 300[mm] 이상
⑨ 누름버튼(레버 포함)은 매립형의 구조(다만, 개구부에서 조작되지 않는 구조의 개방형 누름버튼(레버 포함)은 매립형으로 본다)
  ㉠ 누름버튼(레버 포함)의 전 구간(360[°])에서 매립된 구조
  ㉡ 누름버튼(레버 포함)은 방호장치 상부표면 또는 버튼을 둘러싼 개방된 외함의 수평면으로부터 하단(2[mm] 이상)에 위치

참고 산업안전산업기사 필기 p.3-104(4. 양수조작식)
KEY ① 2016년 8월 21일(문제 49번) 출제
② 2023년 7월 8일(문제 56번) 출제
③ 2024년 7월 5일(문제 45번) 출제

43 프레스 작업 시 왕복운동하는 부분과 고정부분 사이에서 형성되는 위험점은?

① 물림점 ② 협착점
③ 절단점 ④ 회전말림점

해설

협착점(Squeeze-point)
왕복운동을 하는 동작부분과 움직임이 없는 고정부분 사이에서 형성되는 위험점 예 프레스기, 전단기, 성형기, 조형기, 굽힘기계(bending machine) 등

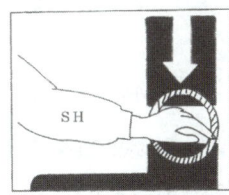 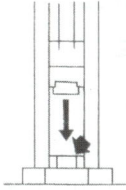

[그림] 협착점

참고 산업안전산업기사 필기 p.3-205(1. 협착점)
KEY ① 2017년 3월 5일, 5월 7일, 8월 26일 출제
② 2019년 4월 27일(문제 55번) 출제
③ 2023년 5월 13일(문제 42번) 출제
④ 2024년 7월 5일(문제 47번) 출제

44 동력 프레스를 분류하는데 있어서 그 종류에 속하지 않는 것은?

① 크랭크 프레스 ② 토글 프레스
③ 마찰 프레스   ④ 터릿 프레스

해설

프레스의 종류
① 기계프레스   ② 핀클러치프레스
③ 키클러치프레스 ④ 크랭크프레스
⑤ 액압프레스

[정답] 42 ④ 43 ② 44 ④

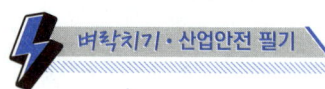

참고
① 산업안전산업기사 필기 p.3-99(2. 프레스 종류 및 요약)
② 산업안전산업기사 필기 p.3-99(합격날개 : 은행문제) 적중

KEY
① 2016년 8월 21일 기사 출제
② 2017년 8월 26일 출제
③ 2018년 4월 28일(문제 52번) 출제
④ 2023년 5월 13일(문제 58번) 출제
⑤ 2024년 7월 5일(문제 51번) 출제

45 500[rpm]으로 회전하는 연삭기의 숫돌지름이 200[mm]일 때 원주속도[m/min]는?

① 628　　② 62.8
③ 314　　④ 31.4

해설
원주속도
$$V = \frac{\pi DN}{1{,}000} = \frac{3.14 \times 200 \times 500}{1{,}000} = 314[m/min]$$

참고 산업안전산업기사 필기 p.3-83(합격날개 : 합격예측)

KEY
① 2018년 3월 4일(문제 41번) 출제
② 2023년 3월 1일(문제 43번) 출제
③ 2024년 7월 5일(문제 52번) 출제

46 선반 등으로부터 돌출하여 회전하고 있는 가공물이 근로자에게 위험을 미칠 우려가 있는 경우 설치할 방호 장치로 가장 적합한 것은?

① 덮개 또는 울　　② 슬리브
③ 건널다리　　　　④ 체인 블록

해설
원동기·회전축 등의 위험 방지
사업주는 기계의 원동기·회전축·기어·풀리·플라이휠·벨트 및 체인 등 근로자가 위험에 처할 우려가 있는 부위에 덮개·울·슬리브 및 건널다리 등을 설치하여야 한다.

참고 산업안전산업기사 필기 p.3-84(합격날개:합격예측 및 관련법규)

KEY
① 2017년 3월 5일 기사·산업기사 동시 출제
② 2024년 7월 5일(문제 59번) 출제

합격정보
산업안전보건기준에 관한규칙 제87조(원동기·회전축 등의 위험방지)

47 산업안전보건법령에 따라 목재가공용 기계에 설치하여야 하는 방호장치의 내용으로 틀린 것은?

① 목재가공용 둥근톱기계에는 분할날 등 반발예방장치를 설치하여야 한다.
② 목재가공용 둥근톱기계에는 톱날접촉예방장치를 설치하여야 한다.
③ 모떼기기계에는 가공 중 목재의 회전을 방지하는 회전방지장치를 설치하여야 한다.
④ 작업 대상물이 수동으로 공급되는 동력식 수동대패기계에 날접촉예방장치를 설치하여야 한다.

해설
모떼기기계 방호장치 : 날접촉예방장치

참고 산업안전산업기사 필기 p.3-136(합격날개 : 합격예측 및 관련법규)

KEY
① 2014년 8월 17일(문제 57번) 출제
② 2023년 7월 8일(문제 52번) 출제
③ 2024년 5월 9일(문제 42번) 출제

보충학습
모떼기기계의 날접촉예방장치
사업주는 모떼기기계(자동이송장치를 부착한 것은 제외한다)에 날접촉예방장치를 설치하여야 한다. 다만, 작업의 성질상 날접촉예방장치를 설치하는 것이 곤란하여 해당 근로자에게 적절한 작업공구 등을 사용하도록 한 경우에는 그러하지 아니하다.

합격정보
산업안전보건기준에 관한 규칙 제108조(띠톱기계의 날접촉 예방장치 등)

【 정답 】　45 ③　46 ①　47 ③

48 휴대용 연삭기 덮개의 노출각도 기준은?

① 60[°] 이내 ② 90[°] 이내
③ 150[°] 이내 ④ 180[°] 이내

해설

휴대용연삭기 노출각도 : 180[°] 이내

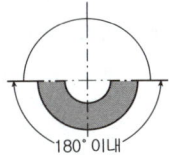

[그림] 휴대용 연삭기, 스윙연삭기, 슬라브연삭기, 기타 이와 비슷한 연삭기의 덮개 각도

참고 산업안전산업기사 필기 p.3-97(그림. 연삭기 종류 및 덮개의 표준현상)

KEY
① 2016년 8월 21일 기사 출제
② 2017년 3월 5일, 8월 26출제
③ 2017년 5월 7일 기사 · 산업기사 출제
④ 2018년 4월 28일 기사 · 산업기사 동시 출제
⑤ 2023년 5월 13일(문제 57번) 출제
⑥ 2024년 5월 9일(문제 47번) 출제

합격정보
방호장치자율안전인증고시 [별표 4] 연삭기 덮개의 성능기준

49 목재가공용 둥근톱의 목재 반발예방장치가 아닌 것은?

① 반발방지 발톱(finger)
② 분할날(spreader)
③ 덮개(cover)
④ 반발방지 롤(roll)

해설

둥근톱기계의 반발예방장치 3가지
① 반발방지 발톱(finger)
② 분할날(spreader)
③ 반발방지 롤(roll)

참고 산업안전산업기사 필기 p.3-133(합격날개 : 합격예측 및 관련법규)

KEY
① 2016년 5월 8일(문제 51번) 출제
② 2023년 6월 4일 기사 출제
③ 2023년 5월 13일(문제 59번) 출제
④ 2024년 5월 9일(문제 48번) 출제

보충학습
둥근톱기계의 반발예방장치
사업주는 목재가공용 둥근톱기계[가로 절단용 둥근톱기계 및 반발(反撥)에 의하여 근로자에게 위험을 미칠 우려가 없는 것은 제외한다]에 분할날 등 반발예방장치를 설치하여야 한다.

50 다음 설명 중 ( )에 알맞은 내용은?

롤러기의 급정지장치는 롤러를 무부하로 회전시킨 상태에서 앞면 롤러의 표면속도가 30[m/min] 미만일 때에는 급정지거리가 앞면 롤러 원주의 ( )이내에서 롤러를 정지시킬 수 있는 성능을 보유해야 한다.

① $\dfrac{1}{2}$ ② $\dfrac{1}{4}$
③ $\dfrac{1}{3}$ ④ $\dfrac{1}{2.5}$

해설

롤러의 급정지거리

앞면롤러의 표면속도[m/min]	급정지거리	표면속도 산출공식
30 미만	앞면 롤러 원주의 1/3 이내 $(\pi \times D \times \dfrac{1}{3})$	$V = \dfrac{\pi DN}{1,000}$ [m/min]
30 이상	앞면 롤러 원주의 1/2.5 이내 $(\pi \times D \times \dfrac{1}{2.5})$	

참고 산업안전산업기사 필기 p.3-113 (표. 롤러의 급정지거리)

KEY
① 2016년 3월 6일 산업기사 출제
② 2017년 3월 5일, 8월 26일 출제
③ 2022년 7월 2일(문제 51번) 출제
④ 2024년 5월 9일(문제 52번) 출제

[정답] 48 ④ 49 ③ 50 ③

51 산업안전보건법령상 아세틸렌 용접장치의 아세틸렌 발생기실을 설치하는 경우 준수하여야 하는 사항으로 옳은 것은?

① 벽은 가연성 재료로 하고 철근 콘크리트 또는 그 밖에 이와 동등하거나 그 이상의 강도를 가진 구조로 할 것
② 바닥면적의 16분의 1 이상의 단면적을 가진 배기통을 옥상으로 돌출시키고 그 개구부를 창이나 출입구로부터 1.5미터 이상 떨어지도록 할 것
③ 출입구의 문은 불연성 재료로 하고 두께 1.0밀리미터 이하의 철판이나 그 밖에 그 이상의 강도를 가진 구조로 할 것
④ 발생기실을 옥외에 설치한 경우에는 그 개구부를 다른 건축물로부터 1.0미터 이내 떨어지도록 할 것

해설

산업안전보건기준에 관한 규칙 제287조(발생기실의 구조 등)
사업주는 발생기실을 설치하는 경우에 다음 각 호의 사항을 준수하여야 한다.
1. 벽은 불연성 재료로 하고 철근 콘크리트 또는 그 밖에 이와 같은 수준이거나 그 이상의 강도를 가진 구조로 할 것
2. 지붕과 천장에는 얇은 철판이나 가벼운 불연성 재료를 사용할 것
3. 바닥면적의 16분의 1 이상의 단면적을 가진 배기통을 옥상으로 돌출시키고 그 개구부를 창이나 출입구로부터 1.5미터 이상 떨어지도록 할 것
4. 출입구의 문은 불연성 재료로 하고 두께 1.5밀리미터 이상의 철판이나 그 밖에 그 이상의 강도를 가진 구조로 할 것
5. 벽과 발생기 사이에는 발생기의 조정 또는 카바이드 공급 등의 작업을 방해하지 않도록 간격을 확보할 것

참고 산업안전산업기사 필기 p.3-118(합격날개 : 합격예측 및 관련법규)

KEY
① 2016년 3월 6일 산업기사 출제
② 2017년 5월 7일 기사 출제
③ 2018년 3월 4일 산업기사 출제
④ 2018년 4월 28일 기사 출제
⑤ 2019년 8월 4일(문제 56번)
⑥ 2020년 9월 27일 (문제 44번) 출제
⑦ 2022년 4월 17일(문제 60번) 출제
⑧ 2024년 5월 9일(문제 56번) 출제

합격정보
산업안전보건기준에 관한 규칙 제287조(발생기실의 구조 등)

보충학습
아세틸렌 용접장치 화기 안전거리
① 발생기 : 5[m] ② 발생기실 : 3[m]

52 프레스에 대한 안전장치 중 금형 안에 손이 들어가지 않는 구조(No Hand in Die Type)인 것은?

① 자동 송급식   ② 양수 조작식
③ 손쳐내기식   ④ 감응식

해설

프레스방호장치
(1) No-hand in die 방식의 종류
   ① 안전울 부착 프레스
   ② 안전금형 부착 프레스
   ③ 전용 프레스 도입
   ④ 자동 프레스(송급식) 도입
(2) hand in die 방식의 종류
   ① 프레스기의 종류, 압력능력, 매분 행정수, 행정길이 및 작업방법에 따른 방호장치
      ㉮ 가드식 방호장치
      ㉯ 손쳐내기식 방호장치
      ㉰ 수인식 방호장치
   ② 프레스기의 정지 성능에 상응하는 방호장치
      ㉮ 양수 조작식 방호장치
      ㉯ 감응식 방호장치

참고 산업안전산업기사 필기 p.3-109(표. 프레스기 안전장치)

KEY
① 1996년 10월 16일(문제 56번)
② 2001년 3월 4일(문제 59번)
③ 2006년 5월 14일(문제 49번) 출제
④ 2022년 3월 2일(문제 46번) 출제
⑤ 2024년 5월 9일(문제 57번) 출제

53 선반 작업의 안전사항으로 틀린 것은?

① 베드(bed) 위에 공구를 올려놓지 않아야 한다.
② 바이트를 교환할 때는 기계를 정지시키고 한다.
③ 바이트는 끝을 길게 설치한다.
④ 반드시 보안경을 착용한다.

[정답] 51 ②   52 ①   53 ③

> **해설**
>
> 선반작업시 바이트(bite)도 짧게 설치해야합니다.

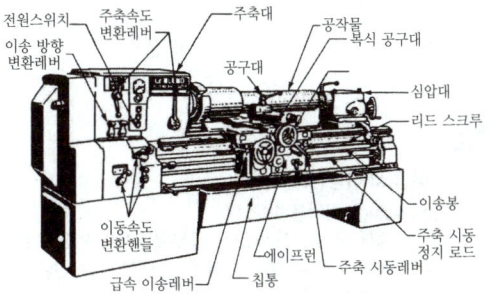

[그림] 선반의 각부 명칭

> **참고** 산업안전산업기사 필기 p.3-84(3. 선반재해 방지대책)
>
> **KEY**
> ① 2020년 6월 14일(문제 47번) 출제
> ② 2023년 2월 28일 기사 출제
> ③ 2023년 3월 1일(문제 44번) 출제
> ④ 2024년 2월 15일(문제 43번) 출제

54 프레스 작업 중 작업자의 신체일부가 위험한 작업점으로 들어가면 자동적으로 정지되는 기능이 있는데, 이러한 안전대책을 무엇이라고 하는가?

① 풀 프루프(fool proof)
② 페일 세이프(fail safe)
③ 인터록(inter lock)
④ 리미트 스위치(limit switch)

> **해설**
>
> **인터록**
> 안전한 상태를 확보하도록 한 기계적 전기적 구조로 되어 있는 방호장치로 주어진 조건에 만족하지 않으면 작동할 수 없도록 한 기구
>
> **참고** 산업안전산업기사 필기 p.3-5(표. Fail safe와 Fool proof)
>
> **KEY**
> ① 2023년 3월 1일(문제 42번) 출제
> ② 2023년 6월 4일 기사 등 5회 이상 출제
> ③ 2024년 2월 15일(문제 33번) 출제
> ④ 2024년 2월 15일(문제 42번) 출제
>
> **보충학습**
> ① 페일 세이프 : 기계나 그 부품에 고장이나 기능 불량이 생겨도 항상 안전하게 작동하는 구조와 기능
> ② 풀프루프(fool proof) :
>   ㉠ 기계장치 설계단계에서 안전화를 도모하는 것으로 근로자가 기계 등의 취급을 잘 못해도 사고로 연결 되는 일이 없도

록 하는 안전기구로 인간과오(human error)를 방지
㉡ 용도는 가드(guard), 세이프티블록(safety block : 안전블록), 카메라의 이중 촬영방지기구 등이 있다.
③ 리미트 스위치 : 기계의 움직임이 일정한 장소나 위치에 이르게 되면 작동하는 스위치

55 다음 중 드릴작업의 안전수칙으로 가장 적합한 것은?

① 손을 보호하기 위하여 장갑을 착용한다.
② 작은 일감은 양손으로 견고히 잡고 작업한다.
③ 정확한 작업을 위하여 구멍에 손을 넣어 확인한다.
④ 작업시작 전 척 렌치(chuck wrench)를 반드시 뺀다.

> **해설**
>
> **드릴작업 안전수칙**
> ① 기계 작동 중 구멍에 손을 넣으면 위험하다.
> ② 작은 일감은 바이스, 클램프 등으로 고정하고 작업한다.
> ③ 회전기계에는 장갑 착용을 금지한다.
>
> **참고** 산업안전기사 필기 p.3-92(3. 드릴 작업시 안전대책)
>
> **KEY**
> ① 2020년 6월 14일 산업기사 등 10회 이상 출제
> ② 2023년 6월 4일(문제 50번) 출제
> ③ 2024년 2월 15일(문제 60번) 출제

56 롤러에 설치하는 급정지 장치 조작부의 종류와 그 위치로 옳은 것은?(단, 위치는 조작부의 중심점을 기준으로 함)

① 발조작식은 밑면으로부터 0.2[m] 이내
② 손조작식은 밑면으로부터 1.8[m] 이내
③ 복부조작식은 밑면으로부터 0.6[m] 이상 1[m] 이내
④ 무릎조작식은 밑면으로부터 0.2[m] 이상 0.4[m] 이내

[정답] 54 ③ 55 ④ 56 ②

해설

급정지장치 조작부 위치

급정지장치 조작부의 종류	위치
손으로 조작하는 것	밑면으로부터 1.8[m] 이내
복부로 조작하는 것	밑면으로부터 0.8[m] 이상, 1.1[m] 이내
무릎으로 조작하는 것	밑면으로부터 0.6[m] 이내

참고 산업안전산업기사 필기 p.3-113(합격날개 : 합격예측 및 관련법규)

KEY
① 2016년 8월 21일 기사 출제
② 2017년 3월 5일 기사·산업기사 동시 출제
③ 2017년 5월 7일 출제
④ 2017년 8월 26일 기사·산업기사 동시 출제
⑤ 2023년 7월 8일(문제 44번) 출제

57 산업안전보건법령에 따라 컨베이어에 부착해야 할 방호장치로 적합하지 않은 것은?

① 비상정지장치
② 과부하방지장치
③ 역주행방지장치
④ 덮개 또는 낙하방지용 울

해설

컨베이어 방호장치
① 안전(방호)장치 : 비상정지장치
② 화물의 낙하위험방지 : 덮개 및 울 설치
③ 역전방지장치
  ㉮ 기계식 : ㉠ 라쳇식 ㉡ 롤러식 ㉢ 밴드식
  ㉯ 전기식 : ㉠ 전기브레이크 ㉡ 슬러스트브레이크
④ 이탈방지장치
  ㉮ 전자식 브레이크
  ㉯ 유압조작식 브레이크

참고 산업안전산업기사 필기 p.3-141(4. 컨베이어의 역전방지장치)

KEY
① 2016년 8월 21일 출제
② 2017년 5월 7일 기사·산업기사 동시 출제
③ 2023년 7월 8일(문제 49번) 출제

58 보일러수에 유지류, 고형물 등에 의한 거품이 생겨 수위를 판단하지 못하는 현상은?

① 역화
② 포밍
③ 프라이밍
④ 캐리오버

해설

보일러 취급 시 이상현상

① 포밍(foaming : 물거품 솟음)
  보일러수 중에 유지류, 용해 고형물, 부유물 등에 의해 보일러 수면에 거품이 생겨 올바른 수위를 판단하지 못하는 현상
② 플라이밍(flyming : 비수 현상)
  보일러 부하의 급변, 수위 상승 등에 의해 수분이 증기와 분리되지 않아 보일러 수면이 심하게 솟아올라 올바른 수위를 판단하지 못하는 현상
③ 캐리오버(carriover : 기수 공발)
  보일러수 중에 용해 고형분이나 수분이 발생, 증기 중에 다량 함유되어 증기의 순도를 저하시킴으로써 관내 응축수가 생겨 워터 해머의 원인이 되고 증기 과열기나 터빈 등의 고장 원인이 된다.
④ 수격 작용 : 물망치 작용(워터 해머 : water hammer)
  고여 있던 응축수가 밸브를 급격히 개폐 시에 고온 고압의 증기에 이끌려 배관을 강하게 치는 현상으로 배관 파열을 초래한다.
⑤ 역화(Back Fire)
  보일러 시동 시 연료가 나온 다음 시간을 두고 착화하는 등으로 인해 미연소가스가 노내에 잔류하며 비정상적인 폭발적 연소를 일으킨다.

참고 산업안전산업기사 필기 p.3-123(1. 보일러 이상 현상의 종류)

KEY
① 2016년 8월 21일(문제 48번) 출제
② 2023년 7월 8일(문제 59번) 출제

59 작업장 내 운반을 주목적으로 하는 구내운반차가 준수해야 할 사항으로 옳지 않은 것은?

① 주행을 제동하거나 정지상태를 유지하기 위하여 유효한 제동장치를 갖출 것
② 경음기를 갖출 것
③ 핸들의 중심에서 차체 바깥 측까지의 거리가 65[cm] 이내일 것
④ 운전자석이 차 실내에 있는 것은 좌우에 한 개씩 방향지시기를 갖출 것

[정답] 57 ② 58 ② 59 ③

PART 4. 연습은 실전처럼 • 2023년~2025년 과년도 전회차 문제해설

해설

구내운반차 작업 시 준수사항
① 주행을 제동하거나 정지상태를 유지하기 위하여 유효한 제동장치를 갖출 것
② 경음기를 갖출 것
③ 운전석이 차 실내에 있는 것은 좌우에 한 개씩 방향지시기를 갖출 것
④ 전조등과 후미등을 갖출 것. 다만, 작업을 안전하게 하기 위하여 필요한 조명이 있는 장소에서 사용하는 구내운반차에 대해서는 그러하지 아니하다.

참고) 산업안전산업기사 필기 p.3-186(문제 155번) 적중

KEY ① 2017년 5월 7일(문제 45번) 출제
② 2023년 5월 13일(문제 44번) 출제

합격정보
산업안전보건기준에 관한 규칙 제184조(제동장치 등)

---

60 산업안전보건법령상 양중기에서 절단하중이 100톤인 와이어로프를 사용하여 화물을 직접적으로 지지하는 경우, 화물의 최대허용하중(톤)은?

① 20　　② 30
③ 40　　④ 50

해설

최대허용하중 = $\dfrac{\text{절단하중}}{\text{안전율(계수)}}$ = $\dfrac{100}{5}$ = 20[ton]

참고) 산업안전산업기사 필기 p.3-2(합격날개 : 합격예측)

KEY ① 2006년 8월 6일 (문제 41번) 출제
② 2020년 8월 23일(문제 48번) 출제
③ 2023년 5월 13일(문제 45번) 출제

합격정보
산업안전보건기준에 관한 규칙 제163조(와이어로프 등 달기구의 안전계수)

보충학습
안전계수
① 근로자가 탑승하는 운반구를 지지하는 달기와이어로프 또는 달기체인의 경우 : 10 이상
② 화물의 하중을 직접 지지하는 달기와이어로프 또는 달기체인의 경우 : 5 이상
③ 훅, 샤클, 클램프, 리프팅 빔의 경우 : 3 이상
④ 그 밖의 경우 : 4 이상

---

4 전기 및 화학설비 안전관리

61 정전기 재해를 예방하기 위해 설치하는 제전기의 제전효율은 설치 시에 얼마 이상이 되어야 하는가?

① 40[%] 이상
② 50[%] 이상
③ 70[%] 이상
④ 90[%] 이상

해설

제전기 설치시 제전효율 : 90[%] 이상

참고) 산업안전산업기사 필기 p.4-41(은행문제)

KEY ① 2020년 9월 19일(문제 64번) 출제
② 2021년 8월 14일 기사 출제
③ 2023년 7월 8일(문제 62번) 출제
④ 2024년 7월 5일(문제 61번) 출제

---

62 다음 중 고체연소의 종류에 해당하지 않는 것은?

① 표면연소　　② 증발연소
③ 분해연소　　④ 예혼합연소

해설

기체 연소
① 확산연소(불균질 연소) : 가연성 기체를 대기 중에 분출·확산시켜 연소하는 방식(불꽃은 있으나 불티가 없는 연소)
② 혼합연소(예혼합 연소, 균질연소) : 먼저 가연성 기체를 공기와 혼합시켜 놓고 연소하는 방식

참고) ① 산업안전산업기사 필기 4-98(2. 연소의 종류)
② 2017년 5월 7일 기사(문제 93번)

KEY ① 2017년 5월 7일 산업기사 출제
② 2023년 7월 8일(문제 79번) 출제
③ 2024년 7월 5일(문제 66번) 출제

[정답] 60 ①　61 ④　62 ④

63 다음 중 정전기 재해의 방지대책으로 가장 적절한 것은?

① 절연도가 높은 플라스틱을 사용한다.
② 대전하기 쉬운 금속은 접지를 실시한다.
③ 작업장 내의 온도를 낮게 해서 방전을 촉진시킨다.
④ (+), (−) 전하의 이동을 방해하기 위하여 주위의 습도를 낮춘다.

해설

정전기 방지 대책

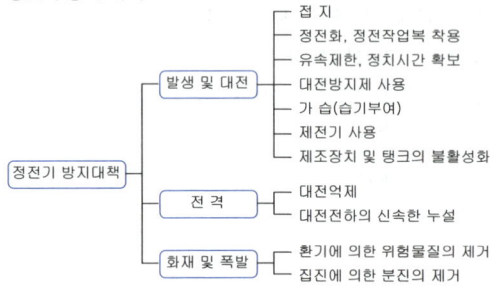

참고 산업안전산업기사 필기 p.4-36(그림. 정전기방지대책)

KEY
① 2016년 5월 8일 기사 출제
② 2016년 8월 21일 기사 출제
③ 2017년 5월 7일 산업기사 출제
④ 2023년 6월 4일 기사 등 10회 이상 출제
⑤ 2023년 3월 1일(문제 62번) 출제
⑥ 2024년 7월 5일(문제 74번) 출제
② 2019년 8월 4일(문제 74번) 출제

읽을거리

Earthing(어싱)

'땅'(Earth)과 '현재진행형'(ing)의 합성어로, 맨발로 땅을 밟으며 지구와 몸을 하나로 연결한다는 의미를 갖고 있다. 이는 단순히 '걷기 운동'에 초점이 맞춰진 것이 아닌 땅과 직접 접촉하는 '접지(接地)'를 핵심으로 하는데, '지구와 우리 몸을 연결한다'는 의미에서 '어싱(Earthing)'이라는 명칭이 붙은 것이다. 그리고 이러한 어싱을 즐기는 이들을 가리켜 '어싱족(Earthing族)'이라고 한다.

64 물질안전보건자료(MSDS)의 작성 항목이 아닌 것은?

① 물리화학적 특성   ② 유해물질의 제조법
③ 독성에 관한 정보   ④ 응급처치요령

해설

MSDS(물질안전보건자료) 작성 항목
① 물리·화학적 특성
② 독성에 관한 정보
③ 폭발·화재 시의 대처방법
④ 응급처치 요령
⑤ 그 밖에 고용노동부장관이 정하는 사항

참고 산업안전산업기사 필기 p.1-233[6.MSDS (물질 안전 보건자료)의 작성·비치]

KEY
① 2010년 7월 25일(문제 73번) 출제
② 2014년 3월 2일(문제 76번) 출제
③ 2023년 3월 1일(문제 76번) 출제
④ 2024년 7월 5일(문제 77번) 출제

합격정보
① 산업안전보건법 제110조(물질안전보건자료의 작성·비치 등)
② 산업안전보건법 시행규칙 제156조(변경이 필요한 물질안전보건자료의 항목 및 제출시기)

65 다음 중 폭발한계의 범위가 가장 넓은 가스는?

① 수소   ② 메탄
③ 프로판   ④ 아세틸렌

해설

주요 인화성가스의 폭발범위

인화성 가스	폭발하한 값(%)	폭발상한 값(%)
아세틸렌(C_2H_2)	2.5	81
산화에틸렌(C_2H_4O)	3	80
수소(H_2)	4	75
일산화탄소(CO)	12.5	74
프로판(C_3H_8)	2.1	9.5
에탄(C_2H_6)	3	12.5
메탄(CH_4)	5	15
부탄(C_4H_{10})	1.8	8.4

참고 산업안전산업기사 필기 p.4-153(표 : 공기중의 폭발한계)

[정답] 63 ② 64 ② 65 ④

KEY ① 2021년 3월 5일(문제 75번) 출제
② 2024년 7월 5일(문제 80번) 출제

66 다음은 산업안전보건법령에 따른 위험물질의 종류 중 부식성 염기류에 관한 내용이다. ( )안에 알맞은 수치는?

농도가 ( )[%] 이상인 수산화나트륨, 수산화칼륨, 그 밖에 이와 같은 정도 이상의 부식성을 가지는 염기류

① 20 ② 40
③ 60 ④ 80

해설
부식성 물질
① 부식성 산류
  ㉮ 농도가 20[%] 이상인 염산, 황산, 질산, 기타 이와 동등 이상의 부식성을 지니는 물질
  ㉯ 농도가 60[%] 이상인 인산, 아세트산, 플루오르산, 기타 이와 동등 이상의 부식성을 가지는 물질
② 부식성 염기류 : 농도가 40[%] 이상인 수산화나트륨, 수산화칼슘, 기타 이와 동등 이상의 부식성을 가지는 염기류

참고 산업안전산업기사 필기 p.4-130(7. 부식성 물질)

KEY ① 2016년 3월 6일 출제
② 2017년 8월 26일 기사·산업기사 동시출제
③ 2023년 7월 8일(문제 80번) 출제
④ 2024년 5월 9일(문제 65번) 출제

합격정보
산업안전보건기준에 관한 규칙 [별표 1] 위험물질의 종류

67 산업안전보건법령상 관리대상 유해물질의 운반 및 저장 방법으로 적절하지 않은 것은?

① 저장장소에는 관계 근로자가 아닌 사람의 출입을 금지하는 표시를 한다.
② 저장장소에서 관리대상 유해물질의 증기가 실외로 배출되지 않도록 적절한 조치를 한다.
③ 관리대상 유해물질을 저장할 때 일정한 장소를 지정하여 저장하여야 한다.
④ 물질이 새거나 발산될 우려가 없는 뚜껑 또는 마개가 있는 튼튼한 용기를 사용한다.

해설
관리대상물질의 저장방법
① 관리대상 유해물질의 증기를 실외로 배출시키는 설비를 설치할 것
② 저장장소에는 관계 근로자가 아닌 사람의 출입을 금지하는 표시를 한다.
③ 관리대상 유해물질을 저장할 때 일정한 장소를 지정하여 저장하여야 한다.
④ 물질이 새거나 발산될 우려가 없는 뚜껑 또는 마개가 있는 튼튼한 용기를 사용한다.

참고 산업안전산업기사 필기 p.4-137(합격날개 : 합격예측 및 관련법규)

KEY ① 2018년 4월 28일(문제 76번) 출제
② 2023년 5월 13일(문제 74번) 출제
③ 2024년 5월 9일(문제 69번) 출제

합격정보
산업안전보건기준에 관한 규칙 제443조(관리대상물질의 저장)

68 전기설비 등에는 누전에 의한 감전의 위험을 방지하기 위하여 전기기계·기구의 접지를 실시하도록 하고 있다. 전기기계·기구의 접지에 대한 설명 중 틀린 것은?

① 특별고압의 전기를 취급하는 변전소·개폐소 그 밖에 이와 유사한 장소에서는 지락(地絡)사고가 발생할 경우 접지극의 전위상승에 의한 감전위험을 감소시키기 위한 조치를 하여야 한다.
② 코드 및 플러그를 접속하여 사용하는 전압이 대지전압 110[V]를 넘는 전기기계·기구가 노출된 비충전 금속체에는 접지를 반드시 실시하여야 한다.
③ 접지설비에 대하여는 상시 적정상태 유지여부를 점검하고 이상을 발견한 때에는 즉시 보수하거나 재설치하여야 한다.
④ 전기기계·기구의 금속체 외함·금속제 외피 및 철대에는 접지를 실시하여야 한다.

[정답] 66 ② 67 ② 68 ②

해설
누전차단기를 설치하여야 되는 장소
① 전기기계·기구 중 대지전압이 150[V]를 초과하는 이동형 또는 휴대형의 것
② 물 등 도전성이 높은 액체에 의한 습윤장소
③ 철판·철골 위 등 도전성이 높은 장소
④ 임시배선의 전로가 설치되는 장소

참고 산업안전산업기사 필기 p.4-6(2. 누전차단기 설치 장소)

KEY
① 2019년 8월 4일 (문제 62번) 출제
② 2020년 6월 14일(문제 70번) 출제
③ 2023년 3월 1일(문제 70번) 출제
④ 2024년 5월 9일(문제 72번) 출제

합격정보
산업안전보건기준에 관한 규칙 제304조(누전차단기에 의한 감전방지)

---

69 마그네슘의 저장 및 취급에 관한 설명으로 틀린 것은?

① 화기를 엄금하고, 가열, 충격, 마찰을 피한다.
② 질분말이 비산하지 않도록 밀봉하여 저장한다.
③ 제6류 위험물과 같은 산화제와 혼합되지 않도록 격리, 저장한다.
④ 일단 연소하면 소화가 곤란하지만 초기 소화 또는 소규모 화재 시 물, CO_2 소화설비를 이용하여 소화한다.

해설
마그네슘의 저장 취급방법
① 발화성 물질
② 반드시 격리 저장

참고 산업안전산업기사 필기 p.4-131((2)유독성 물질관리와 관련된 중요사항)

KEY
① 2017년 8월 26일 기사 출제
② 2022년 7월 2일(문제 78번) 출제
③ 2024년 5월 9일(문제 75번) 출제

보충학습
화재시 반드시 건조사를 사용한다.

---

70 근로자가 활선작업용 기구를 사용하여 작업할 경우 근로자의 신체 등과 충전전로 사이의 선간전압별 접근한계거리가 틀린 것은?

① 15[kV] 초과 37[kV] 이하 : 80[cm]
② 37[kV] 초과 88[kV] 이하 : 110[cm]
③ 121[kV] 초과 145[kV] 이하 : 150[cm]
④ 242[kV] 초과 362[kV] 이하 : 380[cm]

해설
충전전로 접근 한계 거리

충전전로의 선간전압 (단위 : [kV])	충전전로에 대한 접근 한계거리 (단위 : [cm])
0.3 이하	접촉금지
0.3 초과 0.75 이하	30
0.75 초과 2 이하	45
2 초과 15 이하	60
15 초과 37 이하	90
37 초과 88 이하	110
88 초과 121 이하	130
121 초과 145 이하	150
145 초과 169 이하	170
169 초과 242 이하	230
242 초과 362 이하	380
362 초과 550 이하	550
550초과 800 이하	790

참고 산업안전산업기사 필기 p.4-89(문제 32번) 적중

KEY
① 2016년 5월 8일 기사 출제
② 2018년 3월 4일 기사 출제
③ 2023년 3월 5일 기사 등 10회 이상 출제
④ 2023년 3월 1일(문제 63번) 출제
⑤ 2024년 2월 15일(문제 61번) 출제

합격정보
산업안전보건기준에 관한 규칙 제321조(충전전로에서의 전기작업)

---

71 인체가 전격을 당했을 경우 통전시간이 1초라면 심실세동을 일으키는 전류값[mA]은?(단, 심실세동 전류값은 Dalziel의 관계식을 이용한다.)

① 100   ② 165
③ 180   ④ 215

[정답] 69 ④   70 ①   71 ②

PART 4. 연습은 실전처럼 · 2023년~2025년 과년도 전회차 문제해설

> **해설**
>
> **심실세동(치사)전류**
>
> | 전격의 영향 | 통전전류(값) |
> |---|---|
> | 심근의 미세한 진동으로 혈액을 송출하는 펌프의 기능이 장애를 받는 현상을 심실세동이라 하며 이때의 전류 | $I = \dfrac{165}{\sqrt{T}}\,[\text{mA}]$
I : 심실세동전류[mA]
T : 통전시간(s) |

참고 산업안전산업기사 필기 p.4-17(3. 통전전류에 따른 인체의 영향)

KEY
① 2013년 8월 18일 문제 68번 출제
② 2015년 3월 8일 기사 출제
③ 2017년 3월 5일, 5월 7일기사 출제
④ 2018년 4월 28일 기사 출제
⑤ 2023년 3월 1일(문제 67번) 출제
⑥ 2023년 6월 4일 기사 출제
⑦ 2024년 5월 14일 기사 출제
⑧ 2024년 2월 15일(문제 63번) 출제

72 배관용 부품에 있어 사용되는 용도가 다른 것은?
① 엘보(elbow)　② 티이(T)
③ 크로스(cross)　④ 밸브(valve)

> **해설**
>
> **배관부품용도**
>
> | 용도 | 종류 |
> |---|---|
> | 두 개의 관을 연결할 때 | 플랜지, 유니언, 커플링, 니플, 소켓 |
> | 관로의 방향을 바꿀 때 | 엘보, Y지관, 티, 십자 |
> | 관로의 크기를 바꿀 때 | 축소관, 부싱 |
> | 가지관을 설치할 때 | 티(T), Y지관, 십자 |
> | 유로를 차단할 때 | 플러그, 캡, 밸브 |
> | 유량 조절 | 밸브 |

참고 산업안전산업기사 필기 p.4-152(합격날개 : 합격예측)

KEY
① 2023년 2월 28일 기사 등 10회 이상 출제
② 2023년 3월 1일(문제 78번) 출제
③ 2024년 2월 15일(문제 64번) 출제

73 다음 중 폭발 방호 대책과 가장 거리가 먼 것은?
① 불활성화　② 억제
③ 방산　④ 봉쇄

> **해설**
>
> **퍼지(불활성화 : purge)**
>
> 연소되지 않은 가스가 노 안에 또는 기타 장소에 차 있으면 점화를 했을 때 폭발할 우려가 있으므로 점화시키기 전에 이것을 노 밖으로 배출하기 위하여 환기시키는 것을 퍼지라고 한다.(화재방호대책)

참고 산업안전산업기사 필기 p.4-114(4. 퍼지)

KEY
① 2022년 4월 24일 기사(문제 82번) 출제
② 2022년 4월 17일(문제 75번) 출제
③ 2024년 2월 15일(문제 74번) 출제

74 다음 중 방폭구조의 종류가 아닌 것은?
① 본질안전 방폭구조　② 고압 방폭구조
③ 압력 방폭구조　④ 내압 방폭구조

> **해설**
>
> **주요 국가 방폭구조의 기호**
>
> | 방폭구조
나라명 | 내압 | 유입 | 압력 | 안전증 | 본질안전 | 특수 | 사입 |
> |---|---|---|---|---|---|---|---|
> | 한 국 | d | o | p | e | i | s | — |
> | 영 국 | FLT | | | | ELP | | |
> | 독 일 | Exd | Exo | Exf | Exe | Exi | Exs | Exq |
> | 오스트리아 | Exd | Exo | | Exe | Exi | Exs | Exq |
> | 프랑스 | — | — | — | — | — | — | — |
> | 이태리 | Exd | Exo | Exp | Exe | Exi | | Exq |
> | 스위스 | Exd | Exo | Exf | Exe | | Exs | |
> | 스웨덴 | Xt | Xo | Xy | Xh | Xi | Xs | |

참고 산업안전산업기사 필기 p.4-53((3) 방폭구조의 종류 및 특징)

KEY
① 2016년 5월 8일 출제
② 2016년 8월 21일 출제 기사·산업기사 동시 출제
③ 2017년 3월 5일 출제
④ 2018년 3월 4일 산업기사 출제
⑤ 2022년 7월 2일(문제 65번) 출제
⑥ 2024년 5월 14일 기사 출제
⑦ 2024년 2월 15일(문제 75번) 출제

[정답] 72 ④　73 ①　74 ②

75 전기기계·기구에 대하여 누전에 의한 감전위험을 방지하기 위하여 누전차단기를 전기기계·기구에 접속할 때 준수하여야 할 사항으로 옳은 것은?

① 누전차단기는 정격감도전류가 60[mA] 이하이고 작동시간은 0.1초 이내일 것
② 누전차단기는 정격감도전류가 50[mA] 이하이고 작동시간은 0.08초 이내일 것
③ 누전차단기는 정격감도전류가 40[mA] 이하이고 작동시간은 0.06초 이내일 것
④ 누전차단기는 정격감도전류가 30[mA] 이하이고 작동시간은 0.03초 이내일 것

해설

누전차단기 설치기준[KSC4613]
① 정격감도 : 30[mA] 이하
② 작동시간 : 0.03초 이내

[그림] 누전차단기

참고 산업안전산업기사 필기 p.4-5(1. 누전차단기의 종류)

KEY
① 2016년 3월 6일 출제
② 2017년 5월 7일 기사 출제
③ 2017년 8월 26일 기사 출제
④ 2018년 3월 4일 기사 · 신입기사 동시 출제
⑤ 2021년 5월 9일(문제 67번) 출제
⑥ 2024년 5월 11일 기사 필답형 출제
⑦ 2024년 5월 14일 기사 출제
⑧ 2024년 2월 15일(문제 78번) 출제

합격정보
산업안전보건기준에 관한 규칙 제304조(누전차단기에 의한 감전방지)

76 산업안전보건법령상 방폭전기설비의 위험장소 분류에 있어 보통 상태에서 위험 분위기를 발생할 염려가 있는 장소로서 폭발성 가스가 보통상태에서 집적되어 위험농도로 될 염려가 있는 장소를 몇 종 장소라 하는가?

① 0종 장소   ② 1종 장소
③ 2종 장소   ④ 3종 장소

해설

위험장소의 구분
① 0종 장소 : 장치 및 기기들이 정상 가동되는 경우에 폭발성 가스가 항상 존재하는 장소이다.
② 1종 장소 : 장치 및 기기들이 정상 가동 상태에서 폭발성 가스가 가끔 누출되어 위험 분위기가 존재하는 장소이다.
③ 2종 장소 : 작업자의 조작상 실수나 이상운전으로 폭발성 가스가 누출되거나 유출된 가스가 체류하여 폭발을 일으킬 우려가 있는 장소이다.

참고 산업안전산업기사 필기 p.4-52(3. 가스폭발 위험장소)

KEY
① 2015년 8월 16일(문제 61번) 출제
② 2024년 2월 15일(문제 67번) 출제

77 일반적인 방전형태의 종류가 아닌 것은?

① 스트리머(streamer)방전
② 적외선(infrared-ray)방전
③ 코로나(corona)방전
④ 연면(surface)방전

해설

방전(discharge) 형태의 종류
① 코로나(corona)방전
② 스트리머(streamer)방전
③ 스파크(spark)방전
④ 연면(surface)방전
⑤ 브러시(brush)방전

참고 산업안전산업기사 필기 p.4-34(3. 방전의 형태 및 영향)

KEY
① 2016년 5월 8일(문제 68번) 출제
② 2023년 5월 13일(문제 66번) 출제

[정답] 75 ④   76 ②   77 ②

78 다음 중 개방형 스프링식 안전밸브의 장점이 아닌 것은?

① 구조가 비교적 간단하다.
② 증기용에 어큐뮬레이션을 3[%] 이내로 할 수 있다.
③ 스프링, 밸브봉 등이 외기의 영향을 받지 않는다.
④ 밸브시트와 밸브스템 사이에서 누설을 확인하기 쉽다.

해설

개방형 스프링식 안전밸브 장점
① 구조가 비교적 간단하다.
② 증기용에 어큐뮬레이션을 3[%] 이내로 할 수 있다.
③ 밸브시트와 밸브시스템 사이에서 누설을 확인하기 쉽다.

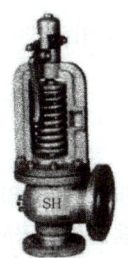

[그림] 개방형   [그림] 밀폐형

참고 산업안전산업기사 필기 p.4-141(합격날개 : 합격예측)

KEY
① 2015년 5월 31일(문제 75번) 출제
② 2023년 5월 13일(문제 77번) 출제

보충학습

개방식 스프링 안전밸브의 단점
① 옥내에서 가연성 가스나 독성가스용으로 사용할 수 없다.
② 배출관에 배압이 걸리는 경우에는 사용할 수 없다.
③ 스프링, 밸브봉 등이 외기의 영향을 받기 쉽다.

79 휘발유를 저장하던 이동저장탱크에 등유나 경유를 이동저장탱크의 밑 부분으로부터 주입할 때에 액표면의 높이가 주입관의 선단의 높이를 넘을 때까지 주입속도는 몇 [m/s] 이하로 하여야 하는가?

① 0.5
② 1.0
③ 1.5
④ 2.0

해설

등유·경유 주입
주입속도 : 1[m/s] 이하

참고 산업안전산업기사 필기 p.4-148(합격날개 : 합격예측 및 관련법규)

KEY
① 2017년 5월 7일(문제 73번) 출제
② 2023년 5월 13일(문제 80번) 출제

합격정보
산업안전보건기준에 관한 규칙 제228조(가솔린이 남아 있는 설비에 등유 등의 주입)

80 폭발한계와 완전 연소 조성 관계인 Jones식을 이용하여 부탄(C_4H_{10})의 폭발하한계를 구하면 약 몇 [vol%]인가?

① 1.4
② 1.7
③ 2.0
④ 2.3

해설

C_4H_{10} 양론농도계산

① $C_{st} = \dfrac{100}{1+4.773\left(4+\dfrac{10}{4}\right)} = 3.125$

② 연소하한값 $= 0.55 \times C_{st} = 0.55 \times 3.125 = 1.718$

참고 산업안전산업기사 필기 p. 4-104(보충학습 : 폭발범위의 계산)

KEY
① 2020년 8월 22일(문제 86번) 출제
② 2021년 8월 14일(문제 94번) 출제
③ 2022년 4월 17일(문제 73번) 출제

보충학습

폭발범위의 계산 : Jones식
① 폭발하한계 $= 0.55 \times C_{st}$
② 폭발상한계 $= 3.50 \times C_{st}$

여기서, $C_{st} = \dfrac{100}{1+4.773\left(n+\dfrac{m-f-\lambda}{4}\right)}$

(n : 탄소, m : 수소, f : 할로겐원소, λ : 산소의 원자수)

[정답] 78 ③ 79 ② 80 ②

5 건설공사 안전관리

81 산업안전보건관리비 중 안전시설비 등의 항목에서 사용가능한 내역은?

① 외부인 출입금지, 공사장 경계표시를 위한 가설울타리
② 용접 작업 등 화재 위험작업 시 사용하는 소화기의 구입·임대비용
③ 절토부 및 성토부 등의 토사유실 방지를 위한 설비
④ 공사 목적물의 품질 확보 또는 건설장비 자체의 운행 감시, 공사 진척상황 확인, 방범 등의 목적을 가진 CCTV 등 감시용 장비

해설

안전시설비 사용가능내역
① 산업재해 예방을 위한 안전난간, 추락방호망, 안전대 부착설비, 방호장치(기계·기구와 방호장치가 일체로 제작된 경우, 방호장치 부분의 가액에 한함)등 안전시설의 구입·임대 및 설치를 위해 소요되는 비용
② 「산업재해예방시설자금 융자금 지원사업 및 보조금 지급사업 운영규정」(고용노동부고시) 제2조제12호에 따른 "스마트안전장비 지원사업" 및 「건설기술진흥법」 제62조의3에 따른 스마트 안전장비 구입·임대 비용. 다만, 제4조에 따라 계상된 산업안전보건관리비 총액의 10분의 1을 초과할 수 없다.
③ 용접 작업 등 화재 위험작업 시 사용하는 소화기의 구입·임대비용

참고 산업안전산업기사 필기 p.5-39(2. 안전시설비)

KEY
① 2017년 5월 7일 기사 출제
② 2018년 3월 4일 기사 출제
③ 2019년 3월 3일(문제 92번) 출제
④ 2023년 3월 1일(문제 87번) 출제
⑤ 2024년 7월 5일(문제 93번) 출제
⑥ 2025년 2월 7일(문제 81번) 출제

합격정보
고용노동부고시 제2025-11호(2025. 2. 12. 개정)

82 지반의 종류가 암반 중 경암일 경우 굴착면 기울기 기준으로 옳은 것은?

① 1 : 0.3
② 1 : 0.5
③ 1 : 1.0
④ 1 : 1.5

해설

굴착면의 기울기 기준   예) 1 : 0.5

지반의 종류	굴착면의 기울기
모래	1 : 1.8
연암 및 풍화암	1 : 1.0
경암	1 : 0.5
그 밖의 흙	1 : 1.2

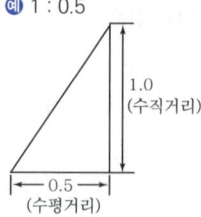

참고 산업안전산업기사 필기 p.5-56(표. 굴착면의 기울기 기준)

KEY
① 2016년 5월 8일 기사·산업기사 동시 출제
② 2020년 6월 7일 기사(문제 111번) 출제
③ 2020년 9월 27일 기사(문제 115번) 출제
④ 2023년 7월 8일(문제 97번) 출제
⑤ 2024년 2월 15일(문제 83번), 5월 9일(문제 81번) 출제
⑥ 2025년 2월 7일(문제 84번) 출제

합격정보
① 산업안전보건기준에 관한 규칙 [별표 11] 굴착면의 기울기 기준
② 2025년 7월 17일 개정 적용

83 건설업 산업안전보건관리비 계상 및 사용기준은 산업재해보상 보험법의 적용을 받는 공사 중 총 공사금액이 얼마 이상인 공사에 적용하는가?

① 4천만원
② 3천만원
③ 2천만원
④ 1천만원

해설

건설업 산업안전보건관리비 계상 및 사용기준 제3조(적용범위)
이 고시는 법 제2조제11호의 건설공사 중 총공사금액 2천만 원 이상인 공사에 적용한다. 다만, 단가계약에 의하여 행하는 공사에 대하여는 총계약금액을 기준으로 적용한다.

참고 산업안전산업기사 필기 p.5-38(제3조)

KEY
① 2016년 3월 6일 기사 출제
② 2017년 5월 7일 출제
③ 2017년 8월 26일 기사·산업기사 동시 출제
④ 2019년 8월 4일 기사(문제 110번) 출제
⑤ 2022년 4월 17일(문제 97번) 출제
⑥ 2024년 5월 9일(문제 98번) 출제
⑦ 2025년 2월 7일(문제 86번) 출제

[정답] 81 ② 82 ② 83 ③

합격정보

건설업 산업안전보건관리비 계상 및 사용기준(제2025-11호, 2025. 2. 12. 개정)

84. 유한사면에서 사면기울기가 비교적 완만한 점성토에서 주로 발생되는 사면파괴의 형태는?

① 저부파괴
② 사면선단파괴
③ 사면내파괴
④ 국부전단파괴

해설

사면의 붕괴 형태
① 사면 선단 파괴(Toe Failure)
② 사면 내 파괴(Slope Failure)
③ 사면 저부 파괴(Base Failure)

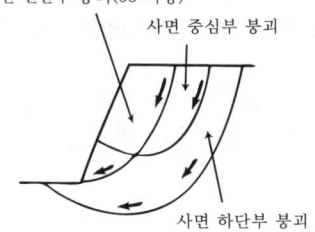

[그림] 사면 붕괴 형태

참고 산업안전산업기사 필기 p.5-55(합격날개 : 합격예측)

KEY
① 2016년 10월 1일(문제 99번) 출제
② 2023년 9월 2일(문제 95번) 출제
③ 2025년 2월 7일(문제 92번) 출제

85. 산업안전보건법령에 따른 양중기의 종류에 해당하지 않는 것은?

① 곤돌라
② 리프트
③ 클램쉘
④ 크레인

해설

클램쉘(clam shell)
① 연약지반이나 수중굴착 및 자갈 등을 싣는 데 적합하다.
② 깊은 땅파기 공사와 흙막이 버팀대를 설치하는 데 사용한다.
③ 수중굴착 및 수조물의 기초바닥 등과 같은 협소하고 상당히 깊은 범위의 굴착과 호퍼(hopper)에 적당하다.

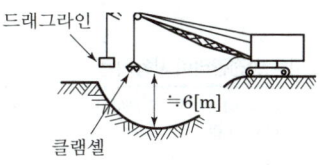

[그림] 드래그라인과 클램쉘의 작업

참고 산업안전산업기사 필기 p.5-63(4. 클램쉘)

KEY
① 2016년 5월 8일 산업기사 출제
② 2017년 5월 7일 산업기사 출제
③ 2019년 8월 4일 기사(문제 120번) 출제
④ 2021년 9월 15일(문제 82번) 출제
⑤ 2025년 2월 7일(문제 98번) 출제
⑥ 2025년 7월 19일 실기필답형 출제

보충학습

제132조(양중기)
"양중기"라 함은 다음 각 호의 기계를 말한다.
① 크레인(호이스트를 포함한다.)   ② 이동식크레인
③ 리프트(이삿짐운반용 리프트의 경우에는 적재하중이 0.1[t] 이상의 것으로 한정한다.)
④ 곤돌라
⑤ 승강기

86. 건설공사의 산업안전보건관리비 계상 시 대상액이 구분되어 있지 않은 공사는 도급계약 또는 자체사업 계획 상의 총 공사금액 중 얼마를 대상액으로 하는가?

① 50[%]
② 60[%]
③ 70[%]
④ 80[%]

해설

대상액이 구분이 없을 때 : 70[%]

참고 산업안전산업기사 필기 p.5-44(표. 공사진척에 따른 안전관리비 사용기준)

KEY
① 2017년 5월 7일, 9월 23일기사 출제
② 2019년 8월 4일 산업기사 출제
③ 2020년 6월 7일(문제 103번) 출제
④ 2021년 9월 15일(문제 88번) 출제
⑤ 2025년 2월 7일(문제 99번) 출제

합격정보

건설업 산업안전보건관리비계상기준 고시 2025-11호(2025. 2. 12)

[정답] 84 ① 85 ③ 86 ③

[보충학습]
공사진척에 따른 안전관리비 사용기준

공 정 률	50[%] 이상 70[%] 미만	70[%] 이상 90[%] 미만	90[%] 이상
사용 기준	50[%] 이상	70[%] 이상	90[%] 이상

87 다음 빈칸에 알맞은 숫자를 순서대로 옳게 나타낸 것은?

> 강관비계의 경우, 띠장간격은 ( )[m] 이하로 설치하되, 첫 번째 띠장은 지상으로부터 ( )[m] 이하의 위치에 설치한다.

① 2, 2 ② 2.5, 3
③ 1.85, 2 ④ 1, 3

[해설]
강관비계의 띠장간격
① 띠장 간격은 2[m] 이하로 설치한다.(비계기둥의 간격은 띠장방향 1.85[m] 이하)
② 띠장은 지상으로부터 2[m] 이하의 위치에 설치한다.
③ 작업의 성질상 이를 준수하기가 곤란하여 쌍기둥틀 등에 의하여 해당 부분을 보강한 경우에는 그러하지 아니하다.

[참고] 산업안전산업기사 필기 p.5-98(합격날개 : 합격예측 및 관련법규)

[KEY]
① 2017년 3월 5일 기사 출제
② 2017년 8월 26일 기사·산업기사 동시출제
③ 2023년 7월 8일(문제 81번) 출제
④ 2024년 7월 5일(문제 81번) 출제

[합격정보]
산업안전보건기준에 관한 규칙 제60조(강관비계의 구조)

88 철골공사 시 무너짐의 위험이 있어 강풍에 대한 안전 여부를 확인해야 할 필요성이 가장 높은 경우는?

① 연면적당 철골량이 일반 건물보다 많은 경우
② 기둥에 H형강을 사용하는 경우
③ 이음부가 공장용접인 경우
④ 단면구조가 현저한 차이가 있으며 높이가 20[m] 이상인 건물

[해설]
강풍시 검토사항
① 높이 20[m] 이상인 구조물
② 구조물의 폭과 높이의 비가 1 : 4 이상인 구조물
③ 건물, 호텔 등에서 단면 구조에 현저한 차이가 있는 것
④ 연면적당 철골량이 50[kg/m^2] 이하인 구조물
⑤ 기둥이 타이 플레이트(tie plate)형인 구조물
⑥ 이음부가 현장 용접인 경우

[참고] 산업안전산업기사 필기 p.5-154(3. 철골의 자립도 검토)

[KEY]
① 2017년 9월 23일 기사 출제
② 2018년 3월 4일 기사 출제
③ 2019년 4월 27일 기사 출제
④ 2023년 7월 8일(문제 83번) 출제
⑤ 2024년 7월 5일(문제 82번) 출제

89 다음은 이음매가 있는 권상용 와이어로프의 사용금지 규정이다. ( ) 안에 알맞은 숫자는?

> 와이어로프의 한 꼬임에서 소선의 수가 ( )[%] 이상 절단된 것을 사용하면 안된다.

① 5 ② 7
③ 10 ④ 15

[해설]
달비계 와이어로프 사용금지 기준
① 이음매가 있는 것
② 와이어로프의 한 꼬임[(스트랜드(strand)를 말한다. 이하 같다]에서 끊어진 소선[필러(pillar)선은 제외한다]의 수가 10[%]이상(비자전로프의 경우에는 끊어진 소선의 수가 와이어로프 호칭지름의 6배 길이 이내에서 4[개] 이상이거나 호칭지름 30배 길이 이내에서 8[개] 이상)인 것
③ 지름의 감소가 공칭지름의 7[%]를 초과하는 것
④ 꼬인 것
⑤ 심하게 변형되거나 부식된 것
⑥ 열과 전기충격에 의해 손상된 것

[참고] 산업안전산업기사 필기 p.5-102(합격날개 : 합격예측 및 관련법규)

[KEY]
① 2015년 5월 31일 기사 출제
② 2023년 5월 13일(문제 84번) 출제
③ 2023년 6월 4일 기사 등 10회 이상 출제
④ 2024년 7월 5일(문제 87번) 출제

[정답] 87 ① 88 ④ 89 ③

[합격정보] 산업안전보건기준에 관한 규칙 제63조(달비계의 구조)

90 이동식 비계 작업 시 주의사항으로 옳지 않은 것은?

① 비계의 최상부에서 작업을 하는 경우에는 안전난간을 설치한다.
② 이동 시 작업지휘자가 이동식 비계에 탑승하여 이동하며 안전여부를 확인하여야 한다.
③ 비계를 이동시키고자 할 때는 바닥의 구멍이나 머리 위의 장애물을 사전에 점검한다.
④ 작업발판은 항상 수평을 유지하고 작업발판 위에서 안전난간을 딛고 작업을 하거나 받침대 또는 사다리를 사용하여 작업하지 않도록 한다.

[해설] 비계 이동시 작업지휘나 작업원이 탄채로 이동하면 안된다.

[참고] 산업안전산업기사 필기 p.5-103(4. 이동식 비계)

[KEY]
① 2011년 8월 21일(문제 81번) 출제
② 2020년 6월 14일(문제 85번) 출제
③ 2023년 3월 1일(문제 84번) 출제
④ 2024년 7월 5일(문제 92번) 출제

[합격정보] 산업안전보건기준에 관한 규칙 제68조(이동식비계)

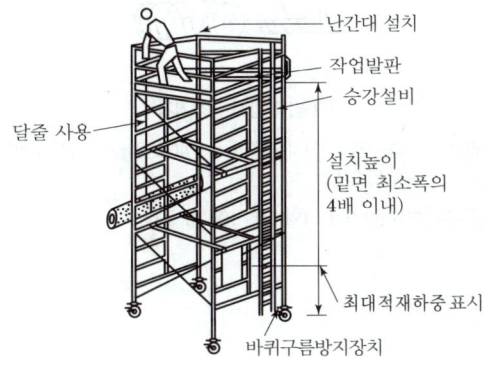
[그림] 이동식 비계

91 달비계의 최대 적재하중을 정하는 경우 달기 와이어로프의 최대하중이 50[kg]일 때 안전계수에 의한 와이어로프의 절단하중은 얼마인가?

① 1,000[kg]   ② 700[kg]
③ 500[kg]   ④ 300[kg]

[해설] 절단하중 = 최대하중 × 안전계수 = 50 × 10 = 500[kg]

[참고] 산업안전산업기사 필기 p.5-91(합격날개 : 합격예측 및 관련법규)

[KEY]
① 2016년 10월 1일 출제
② 2018년 3월 4일 기사 · 산업기사 동시 출제
③ 2022년 9월 14일(문제 82번) 출제

[합격정보] 산업안전보건기준에 관한 규칙 제55조(작업발판의 최대 적재 하중)

92 높이 2[m]를 초과하는 말비계를 조립하여 사용하는 경우 작업발판의 최소 폭 기준으로 옳은 것은?

① 20[cm] 이상   ② 30[cm] 이상
③ 40[cm] 이상   ④ 50[cm] 이상

[해설] 말비계 작업 발판 최소 폭 : 40[cm] 이상

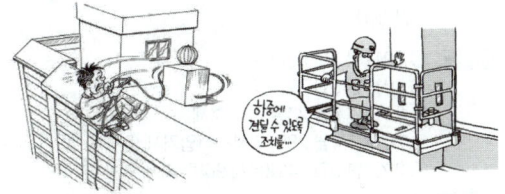
[그림] 달비계   [그림] 달대비계

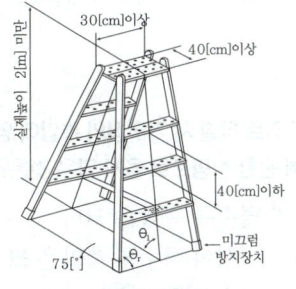
[그림] 말비계

[정답] 90 ②　91 ③　92 ③

| 참고 | 산업안전산업기사 필기 p.5-98(7. 말비계)
| KEY | ① 2016년 5월 8일 출제
② 2017년 3월 5일 출제
③ 2017년 9월 23일 기사 출제
④ 2018년 4월 28일 기사 출제
⑤ 2022년 9월 14일(문제 94번) 출제
| 합격정보 | 산업안전보건기준에 관한 규칙 제67조(말비계)

93 산업안전보건법령에 따른 가설통로의 구조에 관한 설치기준으로 옳지 않은 것은?

① 경사가 25[°]를 초과하는 경우에는 미끄러지지 아니하는 구조로 할 것
② 경사는 30[°] 이하로 할 것
③ 수직갱에 가설된 통로의 길이가 15[m] 이상인 경우에는 10[m] 이내마다 계단참을 설치할 것
④ 건설공사에 사용하는 높이 8[m] 이상인 비계다리에는 7[m] 이내마다 계단참을 설치할 것

| 해설 |
미끄러지지 않는 구조기준 : 경사 15[°] 초과

| 참고 | 산업안전산업기사 필기 p.5-17(합격날개 : 합격예측 및 관련법규)
| KEY | ① 2017년 3월 5일 출제
② 2017년 5월 7일 출제
③ 2017년 9월 23일 기사 출제
④ 2018년 4월 28일 기사 · 산업기사 동시 출제
⑤ 2022년 9월 14일(문제 96번) 출제
| 합격정보 | 산업안전보건기준에 관한 규칙 제23조(가설통로의 구조)

94 콘크리트 타설 시 거푸집의 측압에 영향을 미치는 인자들에 관한 설명으로 옳지 않은 것은?

① 슬럼프가 클수록 측압은 크다.
② 거푸집의 강성이 클수록 측압은 크다.
③ 철근량이 많을수록 측압은 작다.
④ 타설 속도가 느릴수록 측압은 크다.

| 해설 |
타설속도가 빠를수록 측압이 크다.

| 참고 | 산업안전산업기사 필기 p.5-151(3. 측압에 영향을 주는 요인)
| KEY | ① 2016년 5월 8일 출제
② 2016년 10월 1일 기사 출제
③ 2017년 5월 7일 출제
④ 2018년 8월 19일 기사 · 산업기사 동시 출제
⑤ 2022년 9월 14일(문제 99번) 출제

95 앞쪽에 한 개의 조향륜 롤러와 뒤축에 두 개의 롤러가 배치된 것으로(2축 3륜), 하층 노반다지기, 아스팔트 포장에 주로 쓰이는 장비의 이름은?

① 머캐덤 롤러   ② 탬핑 롤러
③ 페이 로더   ④ 래머

| 해설 |
머캐덤롤러(macadam roller)
① 2축 3륜으로 구성
② 용도 : 노반다지기, 아스팔트 포장

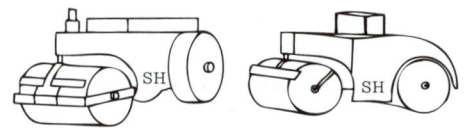

① 머캐덤 롤러   ② 탠덤 롤러

③ 타이어 롤러

[그림] 전압식 굴착기계

| 참고 | 산업안전산업기사 필기 p.5-74(표. 전압식 다짐기계의 종류 및 특징)
| KEY | 2022년 9월 14일(문제 100번) 출제

[정답] 93 ① 94 ④ 95 ①

96 가설구조물의 문제점으로 옳지 않은 것은?

① 도괴재해의 가능성이 크다.
② 추락재해 가능성이 크다.
③ 부재의 결합이 간단하나 연결부가 견고하다.
④ 구조물이라는 통상의 개념이 확고하지 않으며 조립의 정밀도가 낮다.

해설

가설 구조물의 특징
① 연결재가 부족하여 불안정해지기 쉽다.
② 부재 결합이 간략하고 불완전 결합이 많다.
③ 구조물이라는 통상의 개념이 확고하지 않아 조립의 정밀도가 낮다.
④ 부재는 과소 단면이거나 결함이 있는 재료가 사용되기 쉽다.

참고 산업안전산업기사 필기 p.5-87(1. 가설 구조물의 특징)

KEY 2022년 3월 2일(문제 86번) 출제

97 거푸집 해체작업 시 유의사항으로 옳지 않은 것은?

① 일반적으로 수평부재의 거푸집은 연직부재의 거푸집보다 빨리 떼어낸다.
② 해체된 거푸집이나 각목 등에 박혀있는 못 또는 날카로운 돌출물은 즉시 제거하여야 한다.
③ 상하 동시 작업은 원칙적으로 금지 하여 부득이한 경우에는 긴밀히 연락을 위하며 작업을 하여야 한다.
④ 거푸집 해체작업장 주위에는 관계자를 제외하고는 출입을 금지시켜야 한다.

해설

거푸집 해체 순서
① 거푸집은 일반적으로 연직부재를 먼저 떼어낸다.
② 이유 : 하중을 받지 않기 때문

참고 산업안전산업기사 필기 p.5-114(7. 거푸집의 해체 시 안전수칙)

KEY
① 2017년 5월 7일 산업기사 출제
② 2017년 8월 26일 산업기사 출제
③ 2019년 4월 27일 기사(문제 102번) 출제
④ 2022년 3월 2일(문제 87번) 출제

98 취급·운반의 원칙으로 옳지 않은 것은?

① 운반 작업을 집중하여 시킬 것
② 생산을 최고로 하는 운반을 생각할 것
③ 곡선 운반을 할 것
④ 연속 운반을 할 것

해설

취급, 운반의 5원칙
① 직선운반을 할 것
② 연속운반을 할 것
③ 운반작업을 집중화시킬 것
④ 생산을 최고로 하는 운반을 생각할 것
⑤ 최대한 시간과 경비를 절약할 수 있는 운반방법을 고려할 것

참고 산업안전산업기사 필기 p.5-171(합격날개 : 합격예측)

KEY
① 2017년 8월 26일 출제
② 2018년 4월 28일 기사 출제
③ 2019년 3월 3일 산업기사 출제
④ 2022년 3월 2일(문제 89번) 출제

99 사면지반 개량 공법으로 옳지 않은 것은?

① 전기 화학적 공법
② 석회 안정처리 공법
③ 이온 교환 공법
④ 옹벽 공법

해설

지반개량공법
① 점토질 지반개량공법 : 탈수공법(샌드드레인, 페이퍼드레인, 프리로딩, 침투압, 생석회 말뚝)과 치환공법
② 사질토 지반개량공법 : 다짐공법(다짐말뚝, 컴포우져, 바이브로 플로테이션, 전기충격, 폭파다짐), 배수공법(웰 포인트), 고결공법(약액주입)
③ 일시적 개량공법 : 웰 포인트, 동결, 소결공법이 있다.

참고 산업안전산업기사 필기 p.5-62(합격날개 : 합격예측)

KEY
① 2013년 6월 2일 기사(문제 116번)
② 2015년 3월 8일 기사(문제 118번)
③ 2016년 3월 6일 기사(문제 106번) 출제
④ 2022년 3월 2일(문제 95번) 출제

[정답] 96 ③ 97 ① 98 ③ 99 ④

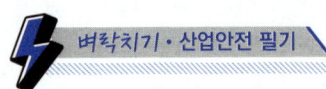

100 건설작업장에서 근로자가 상시 작업하는 장소의 작업면 조도기준으로 옳지 않은 것은?(단, 갱내 작업장과 감광재료를 취급하는 작업장의 경우는 제외)

① 초정밀 작업 : 600럭스[lux] 이상
② 정밀 작업 : 300럭스[lux] 이상
③ 보통 작업 : 150럭스[lux] 이상
④ 초정밀, 정밀, 보통작업을 제외한 기타 작업 : 75럭스[lux] 이상

[해설]

조명(조도)수준
① 초정밀작업 : 750[Lux] 이상
② 정밀작업 : 300[Lux] 이상
③ 보통작업 : 150[Lux] 이상
④ 그 밖의 작업 : 75[Lux] 이상

[참고] 산업안전산업기사 필기 p.2-169(합격날개 : 합격예측)

[KEY] ① 2017년 3월 5일 기사 출제
② 2017년 8월 26일 기사 출제
③ 2019년 3월 3일(문제 117번) 출제
④ 2022년 3월 2일(문제 99번) 출제

[합격정보]
산업안전보건기준에 관한 규칙 제2조(조도)

[정답] 100 ①

2025년도 산업기사 정기검정 제3회 (2025년 8월 9일 CBT 시행)

자격종목 및 등급(선택분야)
산업안전산업기사

※ 본 문제는 복원문제 및 예적(예상적중) 문제로 실제문제와 동일하지 않을 수 있습니다.

1 산업재해 예방 및 안전보건교육

01 산업안전보건법령에 따른 교육대상별 교육내용 중 근로자 정기안전보건교육 내용이 아닌 것은?(단, 산업안전보건법 및 일반관리에 관한 사항은 제외한다)

① 산업재해보상보험 제도에 관한 사항
② 산업보건 및 건강장해 예방에 관한 사항
③ 유해·위험 작업환경 관리에 관한 사항
④ 작업공정의 유해·위험과 재해 예방대책에 관한 사항

해설
근로자의 정기안전보건교육
① 산업안전 및 산업재해 예방에 관한 사항(화재·폭발 사고 발생 시 대피에 관한 사항을 포함한다)
② 산업보건 및 건강장해 예방에 관한 사항(폭염·한파작업으로 인한 건강장해 발생 시 응급조치에 관한 사항을 포함한다)
③ 위험성 평가에 관한 사항
④ 건강증진 및 질병예방에 관한 사항
⑤ 유해·위험 작업환경 관리에 관한 사항
⑥ 산업안전보건법령 및 산업재해보상보험 제도에 관한 사항
⑦ 직무스트레스 예방 및 관리에 관한 사항
⑧ 직장 내 괴롭힘, 고객의 폭언 등으로 인한 건강장해 예방 및 관리에 관한 사항

참고 산업안전산업기사 필기 p.1-154 ((2) 근로자의 정기안전보건교육내용)

KEY
① 2022년 7월 2일(문제 11번) 출제
② 2024년 5월 9일(문제 12번) 출제
③ 2025년 5월 10일(문제 8번) 출제

합격정보
산업안전보건법 시행규칙 [별표 5] 안전보건교육 교육대상별 교육내용
(2026. 1. 1 개정법 적용)

02 다음 중 매슬로우(Maslow)가 제창한 인간의 욕구 5단계 이론을 단계별로 옳게 나열한 것은?

① 생리적 욕구 → 안전 욕구 → 사회적 욕구 → 존경의 욕구 → 자아 실현의 욕구
② 안전 욕구 → 생리적 욕구 → 사회적 욕구 → 존경의 욕구 → 자아 실현의 욕구
③ 사회적 욕구 → 생리적 욕구 → 안전 욕구 → 존경의 욕구 → 자아 실현의 욕구
④ 사회적 욕구 → 안전 욕구 → 생리적 욕구 → 존경의 욕구 → 자아 실현의 욕구

해설
Maslow의 욕구
① 제1단계 : 생리적 욕구(기본적 욕구, 종족 보존, 기아, 갈등, 호흡, 배설, 성욕 등)
② 제2단계 : 안전욕구(안전을 구하려는 욕구)
③ 제3단계 : 사회적 욕구(애정, 소속에 대한 욕구, 친화 욕구)
④ 제4단계 : 인정받으려는 욕구(자기존경 욕구, 자존심, 명예, 성취, 지위, 승인의 욕구)
⑤ 제5단계 : 자아실현의 욕구(잠재적 능력실현 욕구, 성취욕구)

참고 산업안전산업기사 필기 p.1-101 (5. 매슬로우의 욕구 5단계 이론)

KEY
① 2020년 6월 14일(문제 10번) 출제
② 2022년 3월 2일(문제 11번) 출제
③ 2025년 2월 7일(문제 2번) 출제

💬 **합격자의 조언**
20번 이상 출제된 문제

[정답] 01 ④ 02 ①

03 OJT(On the Job Tranining)에 관한 설명으로 옳은 것은?

① 집합교육형태의 훈련이다.
② 다수의 근로자에게 조직적 훈련이 가능하다.
③ 직장의 설정에 맞게 실제적 훈련이 가능하다.
④ 전문가를 강사로 활용할 수 있다.

해설

OJT의 특징
① 개개인에게 적절한 지도훈련이 가능하다.
② 직장의 실정에 맞게 실제적 훈련이 가능하다.
③ 즉시 업무에 연결되는 관계로 몸과 관련이 있다.
④ 훈련에 필요한 업무의 계속성이 끊어지지 않는다.
⑤ 효과가 곧 업무에 나타나며 훈련의 좋고 나쁨에 따라 개선이 쉽다.
⑥ 훈련효과를 보고 상호 신뢰, 이해도가 높아지는 것이 가능하다.

참고 산업안전산업기사 필기 p.1-142(표. OJT와 OFF JT 특징)

KEY ① 2016년 5월 8일(문제 14번) 등 20회 이상 출제
② 2023년 5월 13일(문제 11번) 출제
③ 2025년 2월 7일(문제 8번) 출제

04 자율검사프로그램을 인정받으려는 자가 한국산업안전보건공단에 제출해야 하는 서류가 아닌 것은?

① 안전검사대상 유해·위험기계 등의 보유 현황
② 유해·위험기계 등의 검사 주기 및 검사기준
③ 안전검사대상 유해·위험기계의 사용 실적
④ 향후 2년간 검사대상 유해·위험기계 등의 검사수행계획

해설

자율검사 프로그램을 인정받으려면 제출해야 할 서류
① 안전검사대상 유해·위험기계 등의 보유 현황
② 검사원 보유 현황과 검사를 할 수 있는 장비 및 장비 관리방법 (지정검사기관에 위탁한 경우에는 위탁을 증명할 수 있는 서류를 제출한다.)
③ 유해·위험기계 등의 검사 주기 및 검사기준
④ 향후 2년간 검사대상 유해·위험기계의 검사수행계획
⑤ 과거 2년간 자율검사프로그램 수행 실적(재신청의 경우만 해당한다.)

참고 산업안전산업기사 필기 p.1-233(합격예측 및 관련법규)

KEY ① 2018년 5월 8일 기사 출제
② 2025년 2월 7일(문제 19번) 출제

정보제공
산업안전보건법 시행규칙 제132조(자율검사 프로그램의 인정 등)

05 기업조직의 원리 중 지시 일원화의 원리에 대한 설명으로 가장 적절한 것은?

① 지시에 따라 최선을 다해서 주어진 임무나 기능을 수행하는 것
② 책임을 완수하는 데 필요한 수단을 상사로부터 위임받은 것
③ 언제나 직속 상사에게서만 지시를 받고 특정 부하 직원들에게만 지시하는 것
④ 가능한 조직의 각 구성원이 한 가지 특수 직무만을 담당하도록 하는 것

해설

지시 일원화 원리
직속상사에게 지시받고 특정부하에게만 지시

참고 산업안전산업기사 필기 p.1-111(합격날개:은행문제2)

KEY ① 2019년 8월 4일(문제 5번) 출제
② 2023년 7월 8일(문제 9번) 출제
③ 2024년 7월 5일(문제 1번) 출제
④ 2025년 5월 10일(문제 2번) 출제

06 다음 중 피로의 직접적인 원인과 가장 거리가 먼 것은?

① 작업환경   ② 작업속도
③ 작업태도   ④ 작업적성

해설

피로의 요인
① 개체의 조건
　신체적, 정신적 조건, 체력, 연령, 성별, 경력 등
② 작업조건
　㉮ 질적 조건 : 작업강도(단조로움, 위험성, 복잡성, 심적, 정신적 부담 등)

[정답] 03 ③　04 ③　05 ③　06 ④

㉯ 양적 조건 : 작업속도, 작업시간
③ 환경조건
온도, 습도, 소음, 조명시설 등
④ 생활조건
수면, 식사, 취미활동 등
⑤ 사회적 조건
대인관계, 통근조건, 임금과 생활수준, 가족 간의 화목 등
⑥ 피로의 직접적 원인
㉮ 인간적 요인 : 작업시간, 작업속도, 작업범위, 작업내용, 작업환경, 작업자세(태도), 생체적 리듬, 정신적·신체적 상태
㉯ 기계적 요인 : 조작부분의 배치·감촉, 기계의 색체·종류, 기계이해의 난이도

참고
① 산업안전산업기사 필기 p.1-104(합격날개 : 합격예측)
② 작업적성 : 피로의 간접원인

KEY
① 2021년 3월 2일(문제 7번) 출제
② 2024년 7월 5일(문제 20번) 출제

07 레빈(Lewin)의 법칙에서 환경조건(E)에 포함되는 것은?

$$B = f(P \cdot E)$$

① 지능 ② 소질
③ 적성 ④ 인간관계

해설
K. Lewin의 법칙

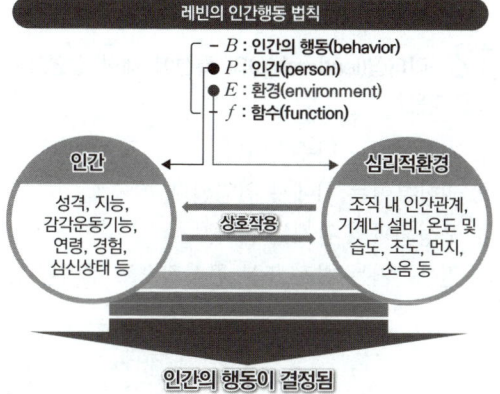

참고 산업안전산업기사 필기 p.1-77(7. K. Lewin의 법칙)

KEY
① 2016년 10월 1일 기사 출제
② 2017년 5월 7일, 8월 26일, 9월 23일 기사 출제
③ 2019년 4월 27일 산업기사 출제
④ 2023년 7월 8일(문제 3번) 출제
⑤ 2024년 5월 9일(문제 1번) 출제

08 파블로프(Pavlov)의 조건반사설에 의한 학습이론의 원리에 해당되지 않는 것은?

① 일관성의 원리 ② 시간의 원리
③ 강도의 원리 ④ 준비성의 원리

해설
파블로프의 조건반사설
① 일관성의 원리
② 강도의 원리
③ 시간의 원리
④ 계속성의 원리

참고 산업안전산업기사 필기 p.1-222(표. S-R 학습이론의 종류)

KEY
① 2016년 5월 8일 기사 출제
② 2018년 4월 28일(문제 20번) 출제
③ 2023년 5월 13일(문제 10번) 출제
④ 2024년 5월 9일(문제 5번) 출제

09 호손(Hawthorne) 실험의 결과 작업자의 작업능률에 영향을 미치는 주요 원인으로 밝혀진 것은?

① 작업조건 ② 인간관계
③ 생산기술 ④ 행동규범의 설정

해설
호손(Hawthorne)공장 실험
① 인간관계 관리의 개선을 위한 연구로 미국의 메이요(E.Mayo, 1880~1949) 교수가 주축이 되어 호손 공장에서 실시되었다.
② 작업능률을 좌우하는 것은 단지 임금, 노동시간 등의 노동조건과 조명, 환기, 그 밖에 작업환경으로서의 물적 조건보다 종업원의 태도, 즉 심리적, 내적 양심과 감정이 중요하다.
③ 물적 조건도 그 개선에 의하여 효과를 가져올 수 있으나 종업원의 심리적 요소가 더욱 중요하다.
④ 결론은 인간관계가 작업 및 작업설계에 영향을 준다.

【 정답 】 07 ④ 08 ④ 09 ②

참고 산업안전산업기사 필기 p.1-74 (2) 호손 공장 실험

KEY
① 2018년 3월 4일, 9월 15일 출제
② 2019년 4월 27일 출제
③ 2019년 9월 21일 산업기사 출제
④ 2020년 9월 5일 출제
⑤ 2021년 5월 15일(문제 26번) 출제
⑥ 2022년 3월 5일(문제 36번), 4월 17일(문제 14번) 출제
⑦ 2024년 5월 9일(문제 17번) 출제

10 제조업자는 제조물의 결함으로 인하여 생명·신체 또는 재산에 손해를 입은 자에게 그 손해를 배상하여야 하는데 이를 무엇이라 하는가? (단, 당해 제조물에 대해서만 발생한 손해는 제외한다.)

① 입증 책임 ② 담보 책임
③ 연대 책임 ④ 제조물 책임

해설

제조물책임(PL)
① 제조물 책임이란 결함 제조물로 인해 생명·신체 또는 재산 손해가 발생할 경우 제조업자 또는 판매업자가 그 손해에 대하여 배상 책임을 지는 것
② 유럽에서는 100여년의 역사를 가지고 있으며, 미국, 일본에서도 1960~70년대부터 사회문제로 대두되어 '소비자 위험부담시대'에서 '판매자 위험부담시대'로 변환
③ 제조업에서 사고발생을 방지할 책임이 있기 때문에 결함 제조물에 대한 전적인 책임이 있다.

참고 산업안전산업기사 필기 p.1-8 (2) 제조물 책임

KEY
① 2019년 10월 3일(문제 10번) 출제
② 2022년 3월 2일(문제 18번) 출제
③ 2024년 5월 9일(문제 20번) 출제

11 산업안전보건법령상 안전보건표지의 종류와 형태 중 그림과 같은 경고 표지는? (단, 바탕은 무색, 기본모형은 빨간색, 그림은 검은색이다.)

① 부식성물질 경고 ② 폭발성물질 경고
③ 산화성물질 경고 ④ 인화성물질 경고

해설

경고표지의 종류

인화성 물질경고	산화성 물질경고	폭발성 물질경고	급성독성 물질경고	부식성 물질경고
방사성 물질경고	고압전기 경고	매달린 물체경고	낙하물 경고	고온 경고
저온 경고	몸균형 상실경고	레이저 광선경고	발암성·변이 원성·생식독 성·전신독성· 호흡기과민성 물질 경고	위험장소 경고

참고 산업안전산업기사 필기 p.1-59(2. 경고표지)

KEY
① 2017년 9월 23일 기사 출제
② 2018년 3월 4일 기사 출제
③ 2019년 4월 27일 산업기사 출제
④ 2020년 6월 7일 기사 출제
⑤ 2023년 3월 1일(문제 17번) 출제
⑥ 2024년 2월 15일(문제 2번) 출제

합격정보
산업안전보건법 시행규칙 [별표6] 안전보건표지의 종류와 형태

12 리더십(leadership)의 특성에 대한 설명으로 옳은 것은?

① 지휘형태는 민주적이다.
② 권한부여는 위에서 위임된다.
③ 구성원과의 관계는 넓다.
④ 권한근거는 법적 또는 공식적으로 부여된다.

[정답] 10 ④ 11 ④ 12 ①

해설

leadership과 headship의 비교

개인과 상황 변수	leadership	headship
권한 행사	선출된 리더	임명적 헤드
권한 부여	밑으로부터 동의	위에서 위임
권한 귀속	집단 목표에 기여한 공로 인정	공식화된 규정에 의함
상사와 부하와의 관계	개인적인 영향	지배적
부하와의 사회적 관계 (간격)	좁음	넓음
지휘 형태	민주주의적	권위주의적
책임 귀속	상사와 부하	상사
권한 근거	개인적	법적 또는 공식적

참고 산업안전산업기사 필기 p.1-113(5. leadership과 headship의 비교)

KEY
① 2016년 3월 6일, 8월 21일, 10월 1일 기사 출제
② 2019년 9월 21일 기사 출제
③ 2020년 8월 23일(문제 1번) 출제
④ 2023년 5월 13일(문제 8번) 등 10회 이상 출제
⑤ 2024년 2월 15일(문제 6번) 출제

13 산업안전보건법령상 관리감독자가 수행하는 안전 및 보건에 관한 업무에 속하지 않는 것은?

① 해당 작업의 작업장 정리·정돈 및 통로 확보에 대한 확인·감독
② 해당 작업에서 발생한 산업재해에 관한 보고 및 이에 대한 응급조치
③ 해당 사업장 안전교육계획의 수립 및 안전교육 실시에 관한 보좌 및 지도·조언
④ 관리감독자에게 소속된 근로자의 작업복·보호구 및 방호장치의 점검과 그 착용·사용에 관한 교육·지도

해설

관리감독자 업무 내용
① 사업장내 관리감독자가 지휘·감독하는 작업과 관련되는 기계·기구 또는 설비의 안전보건점검 및 이상유무의 확인
② 관리감독자에게 소속된 근로자의 작업복·보호구 및 방호장치의 점검과 그 착용·사용에 관한 교육·지도
③ 해당 작업에서 발생한 산업재해에 관한 보고 및 이에 대한 응급조치
④ 해당 작업의 작업장의 정리·정돈 및 통로확보의 확인·감독
⑤ 해당 사업장의 다음 각 목의 어느 하나에 해당하는 사람의 지도·조언에 대한 협조
  ㉮ 산업보건의
  ㉯ 안전관리자(안전관리전문기관에 위탁한 사업장의 경우에는 그 전문기관의 해당 사업장 담당자)
  ㉰ 보건관리자(보건관리전문기관에 위탁한 사업장의 경우에는 그 전문기관의 해당 사업장 담당자)
  ㉱ 안전보건관리담당자(안전보건관리담당자의 업무를 안전관리 전문기관 또는 보건관리전문기관에 위탁한 사업장은 그 전문기관의 해당 사업장 담당자)
⑥ 위험성평가를 위한 업무에 기인하는 유해·위험요인의 파악 및 그 결과에 따른 개선조치의 시행
⑦ 그 밖에 해당 작업의 안전보건에 관한 사항으로서 고용노동부령으로 정하는 사항

참고 산업안전산업기사 필기 p.1-28(4. 관리감독자 업무내용)

합격정보
산업안전보건법 시행령 제15조(관리감독자 업무 등)

KEY
① 2021년 8월 8일(문제 4번) 출제
② 2024년 2월 15일(문제 14번) 출제

💬 **안전관리자의 증언**
안전교육 실시, 보좌, 지도, 조언은 나(안전관리자)의 업무이다.

14 KOSHA GUIDE(안전보건 기술지침)의 설명이 틀린 것은?

① 법령에서 정한 최소 수준이 아닌 더 높은 수준의 기술적 사항을 정리한 자료이다.
② 자율적 안전보건가이드이다.
③ 분류기준 D는 안전설계 지침이다.
④ 법적 구속력이 있다.

해설

KOSHA GUIDE
① 안전보건기술지침이다.
② 문항 ④번이 틀린 이유 : 법적 구속력이 없다.

참고 산업안전기사 필기 p.1-17(7. KOSHA GUIDE)

KEY
① 2024년 2월 15일 기사, 산업기사(문제 19번) 출제
② 2024년 5월 14일 기사·산업기사 출제

[정답] 13 ③ 14 ④

15 인간의 욕구에 대한 적응기제(Adjustment Mechanism)를 공격적 기제, 방어적 기제, 도피적 기제로 구분할 때 다음 중 도피적 기제에 해당하는 것은?

① 보상
② 고립
③ 승화
④ 합리화

해설

적응기제의 분류
(1) 방어적 기제 : ① 보상 ② 합리화 ③ 동일시 ④ 승화
(2) 도피적 기제 : ① 고립 ② 퇴행 ③ 억압 ④ 백일몽
(3) 공격적 기제 : ① 직접적 ② 간접적

참고 산업안전산업기사 필기 p.1-115(보충학습)

KEY ① 2020년 9월 19일 출제
② 2023년 7월 8일(문제 10번) 등 10회 이상 출제

16 벨트식, 안전그네식 안전대의 사용구분에 따른 분류에 해당되지 않는 것은?

① U자 걸이용
② D링 걸이용
③ 안전블록
④ 추락방지대

해설

안전대의 종류

종류	사용 구분
벨트식(B식) 안전그네식(H식)	U자걸이 전용
	1개걸이 전용
안전그네식(H식)	안전블록
	추락방지대

참고 산업안전산업기사 필기 p.1-53(2. 안전대)

KEY ① 2016년 8월 21일(문제 14번) 출제
② 2023년 7월 8일(문제 13번) 출제

17 맥그리거(McGregor)의 X이론에 따른 관리처방이 아닌 것은?

① 목표에 의한 관리
② 권위주의적 리더십 확립
③ 경제적 보상체제의 강화
④ 면밀한 감독과 엄격한 통제

해설

X·Y 이론의 관리처방

X 이론	Y 이론
경제적 보상 체제의 강화	민주적 리더십의 확립
권위주의적 리더십의 확보	분권화의 권한과 위임
면밀한 감독과 엄격한 통제	목표에 의한 관리
상부책임제도의 강화	직무확장
조직구조의 고충성	비공식적 조직의 활용
	자체평가제도의 활성화

참고 산업안전산업기사 필기 p.1-100(표 : X·Y 이론의 관리처방)

KEY ① 2017년 3월 5일 기사 출제
② 2017년 5월 7일(문제 2번) 등 10회 이상 출제
③ 2023년 3월 1일 기사 출제
④ 2023년 5월 13일(문제 7번) 출제

18 기능(기술)교육의 진행방법 중 하버드 학파의 5단계 교수법의 순서로 옳은 것은?

① 준비 → 연합 → 교시 → 응용 → 총괄
② 준비 → 교시 → 연합 → 총괄 → 응용
③ 준비 → 총괄 → 연합 → 응용 → 교시
④ 준비 → 응용 → 총괄 → 교시 → 연합

해설

하버드 학파의 5단계 교수법
① 제1단계 : 준비시킨다.
② 제2단계 : 교시시킨다.
③ 제3단계 : 연합한다.
④ 제4단계 : 총괄한다.
⑤ 제5단계 : 응용시킨다.

참고 산업안전산업기사 필기 p.1-145(3. 하버드 학파의 5단계 교수법)

KEY ① 2020년 8월 23일(문제 6번) 출제
② 2023년 5월 13일(문제 15번) 등 5회 이상 출제

[정답] 15 ② 16 ② 17 ① 18 ②

19 산업안전보건법령에 따른 근로자 안전보건교육 중 건설업 기초안전보건교육 과정의 건설 일용근로자의 교육시간으로 옳은 것은?

① 1시간 ② 2시간
③ 4시간 ④ 6시간

해설

건설 일용근로자 교육시간 : 4시간 이상

참고 산업안전산업기사 필기 p.1-155(표. 근로자 안전보건교육)

KEY
① 2018년 9월 15일 기사·산업기사 동시 출제
② 2022년 7월 2일(문제 5번) 출제

합격정보
산업안전보건법 시행규칙 [별표 4] 안전보건교육 교육과정별 교육시간

---

20 산업안전보건법령상 타워크레인 신호작업에 종사하는 일용근로자의 특별교육 교육시간 기준은?

① 1시간 이상 ② 2시간 이상
③ 4시간 이상 ④ 8시간 이상

해설

근로자 안전보건교육

교육과정	교육대상		교육시간
정기교육	사무직 종사 근로자		매반기 6시간 이상
	그 밖의 근로자	판매업무에 직접 종사하는 근로자	매반기 6시간 이상
		판매업무에 직접 종사하는 근로자 외의 근로자	매반기 12시간 이상
	관리감독자의 지위에 있는 사람		연간 16시간 이상
채용시의 교육	일용근로자		1시간 이상
	일용근로자를 제외한 근로자		8시간 이상
작업내용 변경시의 교육	일용근로자		1시간 이상
	일용근로자를 제외한 근로자		2시간 이상
특별교육	별표 5 제1호라목 각 호의 어느 하나에 해당하는 작업에 종사하는 일용근로자		2시간 이상

교육과정	교육대상	교육시간
특별교육	별표 5 제1호라목 제39호의 타워크레인 신호작업에 종사하는 일용근로자	8시간 이상
	별표 5 제1호라목 각 호의 어느 하나에 해당하는 작업에 종사하는 일용근로자를 제외한 근로자	16시간 이상(최초 작업에 종사하기 전 4시간 이상 실시하고 12시간은 3개월 이내에서 분할하여 실시가능)
		단기간 작업 또는 간헐적 작업인 경우에는 2시간 이상
건설업 기초 안전·보건교육	건설 일용근로자	4시간 이상

참고 산업안전산업기사 필기 p.1-155(표 : 근로자 안전보건교육)

KEY
① 2016년 5월 8일 기사 출제
② 2020년 6월 7일 기사 출제
③ 2020년 8월 23일 산업기사 출제
④ 2022년 3월 5일 산업안전기사 출제
⑤ 2022년 4월 17일(문제 20번) 출제

합격정보
산업안전보건법 시행규칙 [별표 4] 안전보건교육 교육과정별 교육시간

---

2 인간공학 및 위험성 평가·관리

21 인간공학에 대한 설명으로 틀린 것은?

① 인간-기계 시스템의 안전성, 편리성, 효율성을 높인다.
② 인간을 작업과 기계에 맞추는 설계 철학이 바탕이 된다.
③ 인간이 사용하는 물건, 설비, 환경의 설계에 적용된다.
④ 인간의 생리적, 심리적인 면에서의 특성이나 한계점을 고려한다.

[**정답**] 19 ③ 20 ④ 21 ②

해설
인간공학
기계, 기구, 환경 등의 물적 조건을 인간의 특성과 능력에 잘 조화하도록 설계하기 위한 수단을 연구하는 학문이다.

참고 산업안전산업기사 필기 p.2-2(합격날개 : 합격용어)

KEY
① 2015년 5월 31일(문제 34번), 8월 16일(문제 38번) 출제
② 2017년 9월 23일 출제
③ 2019년 4월 27일 출제
④ 2022년 4월 17일(문제 26번) 출제
⑤ 2024년 5월 9일(문제 35번) 출제
⑥ 2025년 5월 10일(문제 33번) 출제

22 FT도에서 사용되는 다음 기호의 의미로 맞는 것은?

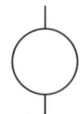

① 결함사상 ② 통상사상
③ 기본사상 ④ 제외사상

해설
FTA의 기호

기호	명칭	입·출력 현상
□	결함사상	개별적인 결함사상
○	기본사상	더 이상 전개되지 않는 기본적인 사상
⌂	통상사상	통상 발생이 예상되는 사상(예상되는 원인)
◇	생략사상	정보 부족, 해석 기술의 불충분으로 더 이상 전개할 수 없는 사상, 작업 진행에 따라 해석이 가능할 때는 다시 속행한다.

참고 산업안전산업기사 필기 p.2-70(표. FTA 기호)

KEY
① 2017년 8월 26일(문제 23번) 출제
② 2023년 7월 8일(문제 38번) 출제
③ 2025년 2월 7일(문제 21번) 출제

23 인체측정치 응용원칙 중 가장 우선적으로 고려해야 하는 원칙은?

① 조절식 설계 ② 최대치 설계
③ 최소치 설계 ④ 평균치 설계

해설
조절범위(조정범위 : 조절식 설계)
① 사무실 의자의 높낮이 조절, 자동차 좌석의 전후조절 등
② 통상 5[%]치에서 95[%]치까지에서 90[%] 범위를 수용대상으로 설계
③ 가장 우선적으로 고려한다.

참고 산업안전산업기사 필기 p.2-159(2. 조절범위(조정범위) 설계)

KEY
① 2017년 9월 23일 기사 출제
② 2019년 3월 3일 기사 출제
③ 2023년 3월 1일(문제 23번) 출제
④ 2024년 2월 15일(문제 38번) 출제
⑤ 2025년 2월 7일(문제 23번) 출제

24 결함수 분석법에서 일정 조합 안에 포함되는 기본사상들이 동시에 발생할 때 반드시 목표사상을 발생시키는 조합을 무엇이라 하는가?

① Cut set ② Decision tree
③ Path set ④ 불 대수

해설
컷셋과 패스셋
① 컷셋(cut set) : 정상사상을 발생시키는 기본사상의 집합으로 그 안에 포함되는 모든 기본사상이 발생할 때 정상사상을 발생시킬 수 있는 기본사상의 집합
② 패스셋(path set) : 모든 기본사상이 일어나지 않을 때 처음으로 정상사상이 일어나지 않는 기본사상의 집합(고장나지 않도록 하는 사상의 조합)

참고 산업안전산업기사 필기 p.2-79(합격날개 : 합격예측)

KEY
① 2017년 5월 7일 기사 출제
② 2018년 3월 4일, 4월 28일 출제
③ 2019년 4월 27일 산업기사 출제
④ 2020년 6월 14일 기사 출제
⑤ 2021년 5월 9일(문제 21번) 출제
⑥ 2025년 2월 7일(문제 24번) 출제

[정답] 22 ③ 23 ① 24 ①

PART 4. 연습은 실전처럼 • 2023년~2025년 과년도 전회차 문제해설

25 산업안전보건법령상 95[dB(A)]의 소음에 대한 허용노출 기준시간은?(단, 충격소음은 제외한다.)

① 1시간 ② 2시간
③ 4시간 ④ 8시간

> **해설**
> **소음작업기준**

> **참고** 산업안전산업기사 필기 p.2-172(표. 음압과 허용노출 관계)
>
> **KEY** ① 2015년 9월 19일(문제 22번) 출제
> ② 2025년 2월 7일(문제 32번) 출제
>
> **보충학습**
> 산업안전보건기준에 관한 규칙 제512조(정의)

26 고열환경에서 심한 육체노동 후에 탈수와 체내 염분농도 부족으로 근육의 수축이 격렬하게 일어나는 장해는?

① 열경련(Heat cramp)
② 열사병(Heat stroke)
③ 열쇠약(Heat prostration)
④ 열피로(Heat exhaustion)

> **해설**
> **용어정의**
> ① 열발진 : 작업환경에서 가장 흔히 발생하는 피부장해로서 땀띠라고도 함
> ② 열경련(Heat cramp) : 고열 작업환경에서 심한 근육작업 후에 근육의 수축이 격렬하게 일어나며, 탈수와 체내 염분농도 부족에 의해 야기되는 장해
> ③ 열소모 : 땀을 많이 흘려 수분과 염분 손실이 많을 때 발생하며 두통, 구역감, 현기증, 무기력증, 갈증 등의 증상이 발생
> ④ 열사병(Heat stroke) : 땀을 많이 흘려 수분과 염분 손실이 많을 때 발생하고, 갑자기 의식상실에 빠지는 경우가 많다.
> ⑤ 열허탈(Heat collapse) : 고온 노출이 계속되어 심박수 증가가 일정 한도를 넘었을 때 일어나는 순환장해
> ⑥ 열피로(Heat fatigue) : 고열에 순화되지 않은 작업자가 장시간 고열환경에서 정적인 작업을 할 경우 발생
>
> **참고** ① 산업안전산업기사 필기 p.2-170(합격날개 : 은행문제)
> ② 산업안전산업기사 필기 p.2-176(합격날개 : 합격예측)
>
> **KEY** ① 2014년 3월 2일 기사출제
> ② 2015년 3월 8일(문제 28번) 출제

27 근골격계질환 작업분석 및 평가 방법인 OWAS의 평가요소를 모두 고른 것은?

ㄱ. 상지   ㄴ. 무게(하중)
ㄷ. 하지   ㄹ. 허리

① ㄱ, ㄴ ② ㄱ, ㄷ, ㄹ
③ ㄴ, ㄷ, ㄹ ④ ㄱ, ㄴ, ㄷ, ㄹ

> **해설**
> **OWAS의 평가도구**
>
> | 평가도구명
(Abaktsus Tools) | 구분 | 평가요소 |
> |---|---|---|
> | OWAS
(와스 : Ovaco Working Posture Anslysing System) | 평가되는 위해요인 | 자세, 힘, 노출시간 |
> | | 관련된 신체부위 | 상체, 허리, 하체 |
> | | 적용대상 작업종류 | 중량물 취급 |
> | | 한계점 | 중량물작업 한정, 반복성 미고려 |
>
> **참고** 산업안전산업기사 필기 p.2-117(문제 1번) 적중
>
> **KEY** 2025년 2월 7일(문제 38번) 출제
>
> **정답확인**
> KOSHA GUIDE(H-9-2022) : 근골격계 부담작업 유해요인조사 지침

[정답] 25 ③ 26 ① 27 ④

28 다음 중 시스템에 영향을 미칠 우려가 있는 모든 요소의 고장을 형태별로 해석하여 그 영향을 검토하는 분석방법은?

① FTA
② ETA
③ MORT
④ FMEA

해설

FMEA의 정의
① FMEA는 서브시스템 위험분석이나 시스템 위험분석을 위하여 일반적으로 사용되는 전형적인 정성적, 귀납적 분석방법
② 시스템에 영향을 미치는 모든 요소의 고장을 형태별로 분석하여 그 영향을 검토

참고) 산업안전산업기사 필기 p.2-62(4. 고장형태와 영향분석)

KEY ① 2015년 3월 8일(문제 33번) 출제
② 2023년 7월 8일(문제 21번) 출제
③ 2024년 5월 9일(문제 34번) 출제

29 시스템 안전 분석기법 중 인적 오류와 그로 인한 위험성의 예측과 개선을 위한 기법은 무엇인가?

① FTA
② ETBA
③ THERP
④ MORT

해설

THERP(인간과오율 예측기법)
① 인간의 과오(human error)를 정량적으로 평가
② 1963년 Swain이 개발된 기법

참고) 산업안전산업기사 필기 p.2-65(8.THERP)

KEY ① 2017년 3월 5일 출제
② 2023년 2월 28일 기사 등 5회 이상 출제
③ 2023년 5월 13일(문제 21번) 출제
④ 2024년 5월 9일(문제 26번) 출제

30 다음 중 시스템의 수명곡선에서 고장의 발생형태가 일정하게 나타나는 구간은?

① 초기고장구간
② 우발고장구간
③ 마모고장구간
④ 피로고장구간

해설

수명곡선 3가지 유형

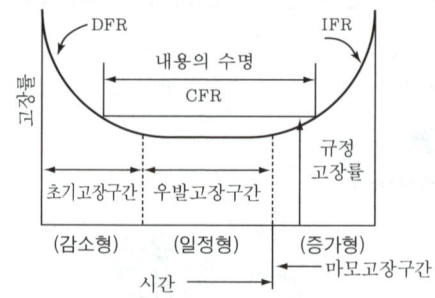

참고) 산업안전산업기사 필기 p.2-13(그림 : 기계설비 고장유형)

KEY ① 2013년 9월 28일(문제 28번) 출제
② 2022년 3월 2일(문제 28번) 출제
③ 2024년 5월 9일(문제 39번) 출제

31 다음 중 체계 설계 과정의 주요 단계 중 가장 먼저 실시되어야 하는 것은?

① 기본설계
② 계면설계
③ 체계의 정의
④ 목표 및 성능 명세 결정

해설

인간-기계 시스템 설계 순서
① 1단계 : 시스템의 목표와 성능 명세 결정
② 2단계 : 시스템의 정의
③ 3단계 : 기본설계
④ 4단계 : 인터페이스설계
⑤ 5단계 : 보조물설계
⑥ 6단계 : 시험 및 평가

참고) 산업안전산업기사 필기 p.2-29(문제 31번) 적중

KEY ① 2011년 3월 20일(문제 29번) 출제
② 2019년 3월 3일 기사 출제
③ 2019년 4월 27일(문제 21번) 등 5회 이상 출제
④ 2023년 5월 13일(문제 23번) 출제
⑤ 2024년 5월 9일(문제 28번) 출제

[정답] 28 ④   29 ③   30 ②   31 ④

32. 건습지수로서 습구온도와 건구온도의 가중평균치를 나타내는 Oxford지수의 공식으로 맞는 것은?

① WD=0.65WB+0.35DB
② WD=0.75WB+0.25DB
③ WD=0.85WB+0.15DB
④ WD=0.95WB+0.05DB

해설

Oxford지수 공식
건습지수(WD) = 0.85WB+0.15DB

참고 산업안전산업기사 필기 p.2-167(6. Oxford 지수)

KEY
① 2017년 3월 5일 기사 출제
② 2017년 9월 23일 기사 출제
③ 2021년 3월 2일(문제 22번) 출제
④ 2024년 2월 15일(문제 36번) 출제

33. FT에서 사용되는 사상기호에 대한 설명으로 맞는 것은?

① 위험지속기호 : 정해진 횟수 이상 입력이 될 때 출력이 발생한다.
② 억제게이트 : 조건부 사건이 일어나는 상황하에서 입력이 발생할 때 출력이 발생한다.
③ 우선적 AND 게이트 : 사건이 발생할 때 정해진 순서대로 복수의 출력이 발생한다.
④ 배타적 OR 게이트 : 동시에 2개 이상의 입력이 존재하는 경우에 출력이 발생한다.

해설

억제 Gate(논리기호)
① 수정 Gate의 일종으로 억제 모디파이어(Inhibit Modifier)라고도 한다.
② 입력현상이 일어나 조건을 만족하면 출력이 생기고, 조건이 만족되지 않으면 출력이 생기지 않는다.

참고 산업안전산업기사 필기 p.2-71(합격날개 : 합격예측)

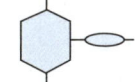

[그림] 억제 Gate

KEY
① 2019년 3월 3일 기사 출제
② 2019년 8월 4일(문제 30번) 출제
③ 2023년 7월 8일(문제 22번) 출제

34. 인간의 오류모형에서 상황해석을 잘못하거나 목표를 잘못 이해하고 착각하여 행하는 경우를 뜻하는 용어는?

① 실수(Slip) ② 착오(Mistake)
③ 건망증(Lapse) ④ 위반(Violation)

해설

인간의 오류 5가지 모형

구분	특징
착각(Illusion)	감각적으로 물리현상을 왜곡하는 지각 오류
착오(Mistake)	상황해석을 잘못하거나 목표를 잘못 이해하고 착각하여 행하는 인간의 실수로 위치, 순서, 패턴, 형상, 기억오류 등 외부적 요인에 의해 나타나는 오류
실수(Slip)	의도는 올바른 것이었지만, 행동이 의도한 것과는 다르게 나타나는 오류
건망증(Lapse)	일련의 과정에서 일부를 빠뜨리거나 기억의 실패에 의해 발생하는 오류
위반(Violation)	정해진 규칙을 알고 있음에도 의도적으로 따르지 않거나 무시한 경우에 발생하는 오류

참고 산업안전산업기사 필기 p.2-19(합격날개 : 합격예측)

KEY
① 2009년 5월 10일 출제
② 2017년 8월 26일 출제
③ 2019년 3월 3일 출제
④ 2019년 4월 27일 출제
⑤ 2023년 7월 8일(문제 32번) 출제

35. 위험조정을 위해 필요한 기술은 조직형태에 따라 다양하며 4가지로 분류하였을 때 이에 속하지 않는 것은?

① 보유(Retention)
② 계속(Continuation)
③ 전가(Transfer)
④ 감축(Reduction)

[정답] 32 ③ 33 ② 34 ② 35 ②

해설

Risk 처리(위험조정)기술 4가지
① 위험회피(Avoidance)
② 위험제거(경감, 감축 : Reduction)
③ 위험보유(Retention)
④ 위험전가(Transfer) : 보험으로 위험조정

참고 산업안전산업기사 필기 p.2-58(6. Risk처리기술 4가지)

KEY ① 2015년 8월 16일(문제 39번) 출제
② 2023년 7월 8일(문제 36번) 출제

36 인간공학의 주된 연구 목적과 가장 거리가 먼 것은?

① 제품품질 향상
② 작업의 안정성 향상
③ 작업환경의 쾌적성 향상
④ 기계조작의 능률성 향상

해설

인간공학의 목표
① 첫째 : 안전성 향상과 사고방지
② 둘째 : 기계조작의 능률성과 생산성의 향상
③ 셋째 : 쾌적성

[그림] 인간공학의 목적

참고 산업안전산업기사 필기 p.2-2(합격날개 : 합격예측)

KEY ① 2014년 5월 25일(문제 23번) 출제
② 2015년 5월 31일(문제 21번) 출제
③ 2023년 5월 13일(문제 25번) 출제

37 휴먼 에러의 배후 요소 중 작업방법, 작업순서, 작업정보, 작업환경과 가장 관련이 깊은 것은?

① man
② machine
③ media
④ management

해설

미디어(Media)
① 인간과 기계를 잇는 매체란 뜻으로 작업의 방법이나 순서, 작업정보의 실태나 환경과의 관계, 정리정돈 등이 포함된다.
② 환경개선 작업방법 개선 등

참고 산업안전산업기사 필기 p.2-19(1. 인간에러의 배후요인)

KEY ① 2023년 4월 1일 산업안전지도사 출제
② 2018년 4월 28일(문제 33번) 출제
③ 2023년 5월 13일(문제 27번) 출제

보충학습

4M의 종류
① Man(인간) : 인간적 인자, 인간관계
② Machine(기계) : 방호설비, 인간공학적 설계
③ Media(매체) : 작업방법, 작업환경
④ Management(관리) : 교육훈련, 안전법규 철저, 안전기준의 정비

38 FT도에 사용되는 기호 중 "전이기호"를 나타내는 기호는?

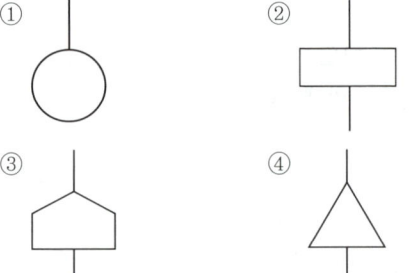

해설

FTA기호
① 기본사상
② 결함사상
③ 통상사상

참고 산업안전산업기사 필기 p.2-70(표. FTA기호)

KEY ① 1993년부터 2023년까지 계속 출제
② 2018년 4월 28일(문제 30번) 출제
③ 2023년 5월 13일(문제 22번) 출제

[정답] 36 ① 37 ③ 38 ④

39 그림과 같은 시스템에서 전체 시스템의 신뢰도는 얼마인가?(단, 네모 안의 숫자는 각 부품의 신뢰도이다.)

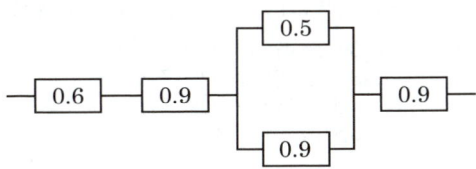

① 0.4104
② 0.4617
③ 0.6314
④ 0.6804

해설

신뢰도 계산
$Rs = 0.6 \times 0.9 \times [1-(1-0.5)(1-0.9)] \times 0.9 = 0.4617$

참고 산업안전산업기사 필기 p.2-89(문제 25번)

KEY
① 2017년 5월 7일 기사 출제
② 2018년 3월 4일 기사 출제
③ 2018년 4월 28일(문제 21번) 출제
④ 2023년 3월 2일(문제 21번) 출제

40 NIOSH 지침에서 최대허용한계(MPL)는 활동한계(AL)의 몇 배인가?

① 1배
② 3배
③ 5배
④ 9배

해설

중량물 취급 기준(NIOSH)
① 중량물 취급 감시기준(AL)
  AL[kg] = 40 × (15/H) × {1-0.004(V-75)} × (0.7+7.5/D) × (1-F/Fmax)
  여기서
  ㉠ H = 대상물체의 수평거리
  ㉡ V = 대상물체의 수직거리
  ㉢ D = 대상물체의 이동거리
  ㉣ F = 중량물 취급작업의 빈도
② 중량물 취급 최대허용기준(MPL)
  MPL = 3 × AL

참고 산업안전산업기사 필기 p.2-51(합격날개 : 은행문제)

KEY
① 2021년 9월 12일 기사 출제
② 2020년 9월 19일(문제 22번) 출제

3 기계·기구 및 설비안전관리

41 하인리히의 재해구성비율에 따라 중상 또는 사망사고가 3건, 무상해 사고가 900건 발생하였다면 경상해는 몇 건이 발생하였겠는가?

① 58건
② 60건
③ 87건
④ 120건

해설

하인리히(H.W.Heinrich)의 1 : 29 : 300 법칙
① 중상 또는 사망 = 900÷300 = 3건
② 경상해 = 3×29 = 87건

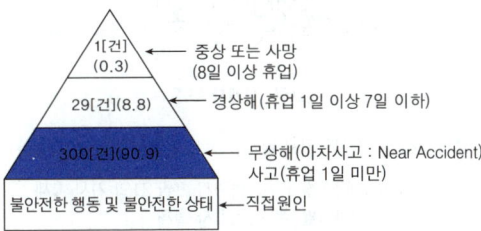

[그림] 하인리히 법칙[단위 : %]

참고 산업안전산업기사 필기 p.3-36(1. 하인리히(H.W.Heinrich)의 1 : 29 : 300)

KEY
① 2016년 10월 1일 기사 출제
② 2017년 9월 23일 산업기사 출제
③ 2018년 3월 4일 기사 출제
④ 2023년 2월 28일 기사 출제
⑤ 2023년 3월 1일(문제 2번) 출제
⑥ 2024년 7월 5일(문제 9번) 출제

42 산업안전보건법령상 지게차의 최대하중의 2배값이 6톤일 경우 헤드가드의 강도는 몇 톤의 등분포정하중에 견딜 수 있어야 하는가?

① 4
② 6
③ 8
④ 10

[정답] 39 ② 40 ② 41 ③ 42 ①

> **해설**

지게차 헤드가드 설치기준
① 강도는 지게차의 최대하중의 2배 값(4[t]을 넘는 값에 대해서는 4[t]으로 한다)의 등분포정하중(等分布靜荷重)에 견딜 수 있을 것
② 상부틀의 각 개구의 폭 또는 길이가 16[cm] 미만일 것
③ 운전자가 앉아서 조작하거나 서서 조작하는 지게차의 헤드가드는 「산업표준화법」 제12조에 따른 한국산업표준에서 정하는 높이 기준 이상일 것(좌식 : 0.903[m], 입식 : 1.905[m] 이상)

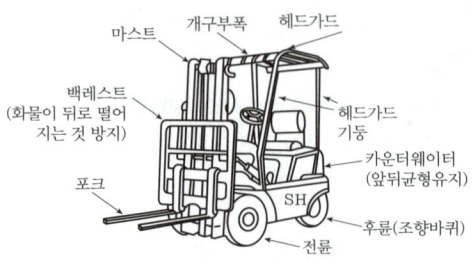

[그림] 지게차 구조

> **참고** 산업안전산업기사 필기 p.3-152(합격날개 : 합격예측)

> **KEY**
> ① 2016년 3월 6일 산업기사, 8월 21일 기사 출제
> ② 2017년 3월 5일 산업기사 출제
> ③ 2018년 8월 19일 산업기사 출제
> ④ 2019년 4월 27일 기사·산업기사 동시 출제
> ⑤ 2020년 9월 27일(문제 52번) 출제
> ⑥ 2023년 7월 8일(문제 51번) 출제
> ⑦ 2024년 7월 5일(문제 43번) 출제
> ⑧ 2025년 5월 10일(문제 41번) 출제

> **합격정보**
> 산업안전보건기준에 관한 규칙 제180조(헤드가드)

> **보충학습**
> **KS기준**
> ① KS B ISO 5353:1995 토공기계, 트렉터와 농업 및 임업용 기계
> ② KS B ISO 5053-1:2020 산업용 트럭-용어
> ③ KS B ISO 6055:2023 산업용 트럭-오버헤드 가드-제원과 시험

43 500[rpm]으로 회전하는 연삭기의 숫돌지름이 200 [mm]일 때 원주속도[m/min]는?

① 628　　　② 62.8
③ 314　　　④ 31.4

> **해설**

원주속도
$$V = \frac{\pi D N}{1,000} = \frac{3.14 \times 200 \times 500}{1,000} = 314 [m/min]$$

> **참고** 산업안전산업기사 필기 p.3-83(합격날개 : 합격예측)

> **KEY**
> ① 2018년 3월 4일(문제 41번) 출제
> ② 2023년 3월 1일(문제 43번) 출제
> ③ 2024년 7월 5일(문제 52번) 출제
> ④ 2025년 5월 10일(문제 45번) 출제

44 다음 설명 중 ( )에 알맞은 내용은?

> 롤러기의 급정지장치는 롤러를 무부하로 회전시킨 상태에서 앞면 롤러의 표면속도가 30[m/min] 미만일 때에는 급정지거리가 앞면 롤러 원주의 ( )이내에서 롤러를 정지시킬 수 있는 성능을 보유해야 한다.

① $\frac{1}{2}$　　　② $\frac{1}{4}$
③ $\frac{1}{3}$　　　④ $\frac{1}{2.5}$

> **해설**

롤러의 급정지거리

앞면롤러의 표면속도[m/min]	급정지거리	표면속도 산출공식
30 미만	앞면 롤러 원주의 1/3 이내 $(\pi \times D \times \frac{1}{3})$	$V = \frac{\pi D N}{1,000}$ [m/min]
30 이상	앞면 롤러 원주의 1/2.5 이내 $(\pi \times D \times \frac{1}{2.5})$	

> **참고** 산업안전산업기사 필기 p.3-113 (표. 롤러의 급정지거리)

> **KEY**
> ① 2016년 3월 6일 산업기사 출제
> ② 2017년 3월 5일, 8월 26일 출제
> ③ 2022년 7월 2일(문제 51번) 출제
> ④ 2024년 5월 9일(문제 52번) 출제
> ⑤ 2025년 5월 10일(문제 50번) 출제

[정답] 43 ③　44 ③

45 프레스 작업 중 작업자의 신체일부가 위험한 작업점으로 들어가면 자동적으로 정지되는 기능이 있는데, 이러한 안전대책을 무엇이라고 하는가?

① 풀 프루프(fool proof)
② 페일 세이프(fail safe)
③ 인터록(inter lock)
④ 리미트 스위치(limit switch)

해설

인터록
안전한 상태를 확보하도록 한 기계적 전기적 구조로 되어 있는 방호장치로 주어진 조건에 만족하지 않으면 작동할 수 없도록 한 기구

참고 산업안전산업기사 필기 p.3-5(표. Fail safe와 Fool proof)

KEY
① 2023년 3월 1일(문제 42번) 출제
② 2023년 6월 4일 기사 등 5회 이상 출제
③ 2024년 2월 15일(문제 33번, 문제 42번) 출제
④ 2025년 5월 10일(문제 54번) 출제

보충학습
① 페일 세이프 : 기계나 그 부품에 고장이나 기능 불량이 생겨도 항상 안전하게 작동하는 구조와 기능
② 풀프루프(fool proof) :
  ㉠ 기계장치 설계단계에서 안전화를 도모하는 것으로 근로자가 기계 등의 취급을 잘 못해도 사고로 연결 되는 일이 없도록 하는 안전기구로 인간과오(human error)를 방지
  ㉡ 용도는 가드(guard), 세이프티블록(safety block : 안전블록), 카메라의 이중 촬영방지기구 등이 있다.
③ 리미트 스위치 : 기계의 움직임이 일정한 장소나 위치에 이르게 되면 작동하는 스위치

46 다음 중 드릴작업의 안전수칙으로 가장 적합한 것은?

① 손을 보호하기 위하여 장갑을 착용한다.
② 작은 일감은 양손으로 견고히 잡고 작업한다.
③ 정확한 작업을 위하여 구멍에 손을 넣어 확인한다.
④ 작업시작 전 척 렌치(chuck wrench)를 반드시 뺀다.

해설

드릴작업 안전수칙
① 기계 작동 중 구멍에 손을 넣으면 위험하다.
② 작은 일감은 바이스, 클램프 등으로 고정하고 작업한다.
③ 회전기계에는 장갑 착용을 금지한다.

참고 산업안전기사 필기 p.3-92(3. 드릴 작업시 안전대책)

KEY
① 2020년 6월 14일 산업기사 등 10회 이상 출제
② 2023년 6월 4일(문제 50번) 출제
③ 2024년 2월 15일(문제 60번) 출제
④ 2025년 5월 10일(문제 55번) 출제

47 연삭기 숫돌의 파괴원인으로 볼 수 없는 것은?

① 숫돌의 회전속도가 너무 빠를 때
② 숫돌 자체에 균열이 있을 때
③ 숫돌의 정면을 사용할 때
④ 숫돌에 과대한 충격을 주게 되는 때

해설

연삭 숫돌의 파괴원인
① 숫돌의 속도가 너무 빠를 때
② 숫돌에 균열이 있을 때
③ 플랜지가 현저히 작을 때
④ 숫돌의 치수(특히 구멍지름)가 부적당할 때
⑤ 숫돌에 과대한 충격을 줄 때
⑥ 작업에 부적당한 숫돌을 사용할 때
⑦ 숫돌의 불균형이나 베어링의 마모에 의한 진동이 있을 때
⑧ 숫돌의 측면을 사용할 때
⑨ 반지름방향의 온도변화가 심할 때

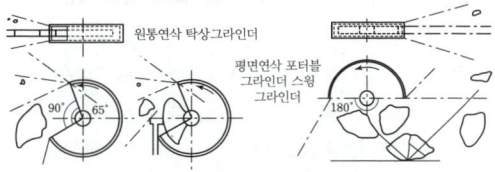

[그림] 안전덮개의 개구각과 파편의 비산방향

참고 산업안전산업기사 필기 p.3-94(1. 숫돌의 파괴원인)

KEY
① 2016년 5월 8일 산업기사 출제
② 2016년 8월 21일 기사 출제
③ 2020년 6월 7일 기사 출제
④ 2020년 6월 14일(문제 48번) 출제
④ 2025년 2월 7일(문제 54번) 출제

[정답] 45 ③   46 ④   47 ③

48 산업안전보건법령상 양중기에서 절단하중이 100톤인 와이어로프를 사용하여 화물을 직접적으로 지지하는 경우, 화물의 최대허용하중(톤)은?

① 20
② 30
③ 40
④ 50

해설

최대허용하중 = $\dfrac{절단하중}{안전율(계수)}$ = $\dfrac{100}{5}$ = 20[ton]

참고 산업안전산업기사 필기 p.3-14(합격날개 : 합격예측)

KEY
① 2006년 8월 6일 (문제 41번) 출제
② 2020년 8월 23일(문제 48번) 출제
③ 2023년 5월 13일(문제 45번) 출제
④ 2024년 5월 9일(문제 45번) 출제
⑤ 2025년 2월 7일(문제 42번) 출제

합격정보
산업안전보건기준에 관한 규칙 제163조(와이어로프 등 달기구의 안전계수)

보충학습
안전계수
① 근로자가 탑승하는 운반구를 지지하는 달기와이어로프 또는 달기체인의 경우 : 10 이상
② 화물의 하중을 직접 지지하는 달기와이어로프 또는 달기체인의 경우 : 5 이상
③ 훅, 샤클, 클램프, 리프팅 빔의 경우 : 3 이상
④ 그 밖의 경우 : 4 이상

49 "가"와 "나"에 들어갈 내용으로 옳은 것은?

> 순간풍속이 (가)를 초과하는 경우에는 타워크레인의 설치, 수리, 점검 또는 해체작업을 중지하여야 하며, 순간풍속이 (나)를 초과하는 경우에는 타워크레인의 운전작업을 중지하여야 한다.

① 가. 10 [m/s], 나. 15 [m/s]
② 가. 10 [m/s], 나. 25 [m/s]
③ 가. 20 [m/s], 나. 35 [m/s]
④ 가. 20 [m/s], 나. 45 [m/s]

해설
순간풍속이 초당 10[m]를 초과하는 경우 타워크레인의 설치·수리·점검 또는 해체 작업을 중지하여야 하며, 순간풍속이 초당 15[m]를 초과하는 경우에는 타워크레인의 운전작업을 중지하여야 한다.

참고 산업안전산업기사 필기 p.5-49(합격날개 : 합격예측 및 관련법규)

KEY
① 2015년 3월 8일 기사 출제
② 2018년 4월 28일 기사 출제
③ 2019년 4월 27일(문제 45번) 출제
④ 2025년 2월 7일(문제 59번) 출제

합격정보
산업안전보건기준에 관한 규칙 제37조(악천후 및 강풍 시 작업중지)

50 강자성체를 자화하여 표면의 누설자속을 검출하는 비파괴 검사 방법은?

① 방사선 투과 시험
② 인장시험
③ 초음파 탐상 시험
④ 자분 탐상 시험

해설

자기 탐상검사(MT : Magnetic Test)
① 강자성체(Fe, Ni, Co 및 그 합금)에 발생한 표면 크랙을 찾아내는 것
② 결함을 가지고 있는 시험에 적절한 자장을 가해 자속(磁束)을 흐르게 하여 결함부에 의해 누설된 누설자속에 의해 생긴 자장에 자분을 흡착시켜 큰 자분 모양으로 나타내어 육안으로 결함을 검출하는 방법

참고 산업안전산업기사 필기 p.3-223(3. 자기 탐상검사)

KEY
① 2019년 3월 3일 기사 (문제 57번) 출제
② 2023년 7월 8일(문제 51번) 출제
③ 2024년 7월 5일(문제 44번) 출제

[정답] 48 ① 49 ① 50 ④

51 산업재해통계에서 강도율의 산출방법으로 맞는 것은?

① $\dfrac{\text{재해건수}}{\text{연근로시간수}} \times 1{,}000{,}000$

② $\dfrac{\text{재해건수}}{\text{산재보험적용근로자수}} \times 100$

③ $\dfrac{\text{총요양근로손실일수}}{\text{연근로시간수}} \times 100$

④ $\dfrac{\text{총요양근로손실일수}}{\text{연근로시간수}} \times 1{,}000$

해설

강도율 = $\dfrac{\text{총요양근로손실일수}}{\text{연근로시간수}} \times 1{,}000$

참고 산업안전산업기사 필기 p.3-47(4. 강도율)

KEY 2024년 7월 5일(문제 17번) 출제

52 그림과 같이 2줄의 와이어로프로 중량물을 달아 올릴 때, 로프에 가장 힘이 적게 걸리는 각도(θ)는?

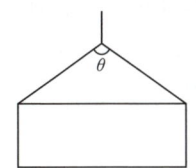

① 30[°]   ② 60[°]
③ 90[°]   ④ 120[°]

해설

sling wire 한 가닥에 걸리는 하중

하중 = $\dfrac{\text{하물의 무게}}{2} \div \cos\dfrac{\theta}{2}$

[표] 각도변화

①	②	③	④
$\dfrac{W/2}{\cos\frac{30}{2}}=0.51$	$\dfrac{W/2}{\cos\frac{60}{2}}=0.57$	$\dfrac{W/2}{\cos\frac{120}{2}}=1$	$\dfrac{W/2}{\cos\frac{150}{2}}=1.9$

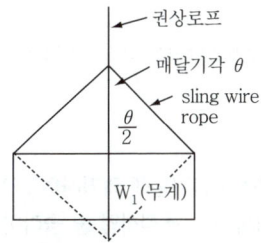

참고 산업안전산업기사 필기 p.3-157(표. 슬링와이어의 매다는 각도와 로프에 걸리는 하중)

KEY
① 2006년 3월 5일(문제 47번) 출제
② 2008년 5월 11일(문제 48번) 출제
③ 2023년 7월 8일(문제 58번) 출제
④ 2024년 7월 5일(문제 46번) 출제

53 산업안전보건법령상 프레스기를 사용하여 작업을 할 때 작업시작 전 점검사항으로 틀린 것은?

① 클러치 및 브레이크의 기능
② 압력방출장치의 기능
③ 크랭크축·플라이휠·슬라이드·연결봉 및 연결나사의 풀림 유무
④ 프레스의 금형 및 고정 볼트의 상태

해설

프레스 작업시작전 점검사항
① 클러치 및 브레이크의 기능
② 크랭크축·플라이휠·슬라이드·연결봉 및 연결나사의 풀림 유무
③ 1행정 1정지기구·급정지장치 및 비상정지장치의 기능
④ 슬라이드 또는 칼날에 의한 위험방지 기구의 기능
⑤ 프레스의 금형 및 고정볼트 상태
⑥ 방호장치의 기능
⑦ 전단기(剪斷機)의 칼날 및 테이블의 상태

참고 산업안전산업기사 필기 p.3-54(표 : 기계·기구의 위험요소 작업시작 전 점검사항)

KEY
① 2016년 3월 6일 출제
② 2017년 3월 5일, 5월 7일, 8월 26일 출제
③ 2018년 3월 4일 출제
④ 2021년 8월 14일 출제
⑤ 2022년 3월 5일(문제 47번), 4월 17일(문제 55번) 출제
⑥ 2024년 5월 9일(문제 55번) 출제

[정답] 51 ④ 52 ① 53 ②

합격정보
산업안전보건기준에 관한 규칙 [별표 3] 작업시작전 점검사항

54
산업안전보건기준에 의거하여 프레스 등의 금형을 부착, 해체 또는 조정작업 중 슬라이드가 갑자기 작동함으로써 발생하는 근로자의 위험을 방지하기 위하여 사업주가 설치해야 하는 것은?

① 안전블록 ② 방호울
③ 시건장치 ④ 게이트가드

해설
안전 블록(럭) : safety block
금형조정 위험방지장치 : 안전블록

참고 산업안전산업기사 필기 p.3-100(합격날개 : 합격예측 및 관련법규)

KEY ① 2007년 5월 13일(문제 57번) 출제
② 2022년 3월 2일(문제 51번) 출제
③ 2024년 2월 15일(문제 57번) 출제

합격정보
산업안전보건기준에 관한 규칙 제104조(금형조정작업의 위험방지)

55
보일러수에 유지류, 고형물 등에 의한 거품이 생겨 수위를 판단하지 못하는 현상은?

① 역화 ② 포밍
③ 프라이밍 ④ 캐리오버

해설
보일러 취급 시 이상현상
① 포밍(foaming : 물거품 솟음)
  보일러수 중에 유지류, 용해 고형물, 부유물 등에 의해 보일러 수면에 거품이 생겨 올바른 수위를 판단하지 못하는 현상
② 플라이밍(flyming : 비수 현상)
  보일러 부하의 급변, 수위 상승 등에 의해 수분이 증기와 분리되지 않아 보일러 수면이 심하게 솟아올라 올바른 수위를 판단하지 못하는 현상
③ 캐리오버(carriover : 기수 공발)
  보일러수 중에 용해 고형분이나 수분이 발생, 증기 중에 다량 함유되어 증기의 순도를 저하시킴으로써 관내 응축수가 생겨 워터 해머의 원인이 되고 증기 과열기나 터빈 등의 고장 원인이 된다.

④ 수격 작용 : 물망치 작용(워터 해머 : water hammer)
  고여 있던 응축수가 밸브를 급격히 개폐 시에 고온 고압의 증기에 이끌려 배관을 강하게 치는 현상으로 배관 파열을 초래한다.
⑤ 역화(Back Fire)
  보일러 시동 시 연료가 나온 다음 시간을 두고 착화하는 등으로 인해 미연소가스가 노내에 잔류하며 비정상적인 폭발적 연소를 일으킨다.

참고 산업안전산업기사 필기 p.3-123(1. 보일러 이상 현상의 종류)

KEY ① 2016년 8월 21일(문제 48번) 출제
② 2023년 7월 8일(문제 59번) 출제

56
기계의 안전조건 중 구조의 안전화가 아닌 것은?

① 기계재료의 선정 시 재료 자체에 결함이 없는지 철저히 확인한다.
② 사용 중 재료의 강도가 열화될 것을 감안하여 설계 시 안전율을 고려한다.
③ 기계작동 시 기계의 오동작을 방지하기 위하여 오동작 방지회로를 적용한다.
④ 가공경화와 같은 가공결함이 생길 우려가 있는 경우는 열처리 등으로 결함을 방지한다.

해설
구조의 안전화 3원칙
① 재료
② 설계
③ 가공

참고 ① 산업안전산업기사 필기 p.3-191(2. 구조적 결함 분류)
② 산업안전산업기사 필기 p.3-199(합격날개 : 합격예측)

KEY ① 2016년 5월 8일(문제 42번) 출제
② 2023년 5월 13일(문제 41번) 출제

[정답] 54 ① 55 ② 56 ③

57 다음 중 금형의 설계 및 제작시 안전화 조치와 가장 거리가 먼 것은?

① 펀치의 세장비가 맞지 않으면 길이를 짧게 조정한다.
② 강도 부족으로 파손되는 경우 충분한 강도를 갖는 재료로 교체한다.
③ 열처리 불량으로 인한 파손을 막기 위해 담금질(Quenching)을 실시한다.
④ 캠 및 기타 충격이 반복해서 가해지는 부분에는 완충장치를 한다.

해설

열처리불량 파손시 인성부여 : 뜨임

KEY
① 2015년 5월 31일(문제 47번) 출제
② 2023년 5월 13일(문제 54번) 출제

보충학습

강의 일반 열처리

구분	특 징
담금질 (quenching)	고온에서 재료를 급랭시켜 재질을 경화시키는 열처리법
뜨임 (tempering)	담금질된 재료를 적당한 온도로 가열한 후 서서히 냉각시켜 담금질된 재료에 인성을 부여하는 열처리법
풀림 (annealing)	재료를 적당한 온도로 가열하고 서서히 냉각시켜 연화시키고 또 균일하게 하는 열처리법
불림 (normalizing)	압연 또는 단조한 재료에 대한 재질을 균질화하기 위한 열처리법

58 다음 중 연삭기를 이용한 작업을 할 경우 연삭 숫돌을 교체한 후에는 얼마 동안 시험운전을 하여야 하는가?

① 1[분] 이상
② 3[분] 이상
③ 10[분] 이상
④ 15[분] 이상

해설

연삭작업의 안전기준

① 덮개의 설치 기준 : 직경이 50[mm] 이상인 연삭숫돌
② 작업 시작하기 전 1[분] 이상, 연삭 숫돌을 교체한 후 3[분] 이상 시운전(숫돌파열이 가장 많이 발생하는 경우는 스위치를 넣는 순간)
③ 시운전에 사용하는 연삭숫돌은 작업시작 전 결함유무 확인 후 사용
④ 연삭숫돌의 최고 사용회전속도 초과 사용금지
⑤ 측면을 사용하는 것을 목적으로 하는 연삭숫돌 이외의 연삭숫돌은 측면 사용금지

참고 산업안전산업기사 필기 p.3-97(3. 연삭기 구조면에 있어서 안전대책)

KEY
① 2013년 6월 2일(문제 41번) 출제
② 2013년 8월 18일(문제 55번) 출제
③ 2022년 4월 24일 기사 등 10회 이상 출제
④ 2023년 3월 1일(문제 48번) 출제

합격정보

산업안전보건기준에 관한 규칙 제122조(연삭숫돌의 덮개 등)

59 컨베이어(conveyor) 역전방지장치의 형식을 기계식과 전기식으로 구분할 때 기계식에 해당하지 않는 것은?

① 라쳇식
② 밴드식
③ 스러스트식
④ 롤러식

해설

컨베이어의 역전방지 장치

(1) 기계식
  ① 라쳇식
  ② 롤러식
  ③ 밴드식
(2) 전기식
  ① 전기브레이크
  ② 스러스트브레이크

참고 산업안전기사 필기 p.3-137[(3) 컨베이어의 역전방지 장치]

KEY
① 2012년 8월 26일 문제60번 출제
② 2019년 3월 3일(문제 54번) 출제

[**정답**] 57 ③ 58 ② 59 ③

60 산업안전보건법령상 근로자 안전보건교육중 채용 시의 교육 및 작업내용 변경 시의 교육 사항으로 옳은 것은?

① 물질안전보건자료에 관한 사항
② 건강증진 및 질병 예방에 관한 사항
③ 유해·위험 작업환경 관리에 관한 사항
④ 표준안전작업방법 및 지도 요령에 관한 사항

해설

근로자 안전보건교육 내용
(1) 채용시의 교육 및 작업내용 변경시의 교육내용
　① 산업안전 및 산업재해 예방에 관한 사항(화재·폭발 사고 발생 시 대피에 관한 사항을 포함한다)
　② 산업보건 및 건강장해 예방에 관한 사항
　③ 위험성 평가에 관한 사항
　④ 산업안전보건법령 및 산업재해보상보험 제도에 관한 사항
　⑤ 직무스트레스 예방 및 관리에 관한 사항
　⑥ 직장 내 괴롭힘, 고객의 폭언 등으로 인한 건강장해 예방 및 관리에 관한 사항
　⑦ 기계·기구의 위험성과 작업의 순서 및 동선에 관한 사항
　⑧ 작업 개시 전 점검에 관한 사항
　⑨ 정리정돈 및 청소에 관한 사항
　⑩ 사고 발생 시 긴급조치에 관한 사항
　⑪ 물질안전보건자료에 관한 사항
(2) 근로자의 정기안전보건교육
　① 산업안전 및 산업재해 예방에 관한 사항(화재·폭발 사고 발생 시 대피에 관한 사항을 포함한다)
　② 산업보건 및 건강장해 예방에 관한 사항(폭염·한파작업으로 인한 건강장해 발생 시 응급조치에 관한 사항을 포함한다)
　③ 위험성 평가에 관한 사항
　④ 건강증진 및 질병예 방에 관한 사항
　⑤ 유해·위험 작업환경 관리에 관한 사항
　⑥ 산업안전보건법령 및 산업재해보상보험 제도에 관한 사항
　⑦ 직무스트레스 예방 및 관리에 관한 사항
　⑧ 직장 내 괴롭힘, 고객의 폭언 등으로 인한 건강장해 예방 및 관리에 관한 사항

참고 산업안전산업기사 필기 p.1-153(2. 안전보건교육 교육 대상자별 교육내용 및 시간)

KEY ① 2016년 3월 6일 기사·산업기사 동시 출제
② 2017년 3월 5일 기사 출제
③ 2018년 4월 28일, 8월 19일 산업기사 출제
④ 2020년 6월 14일(문제 5번) 출제

합격정보
산업안전보건법 시행규칙 [별표 5] 안전보건교육 교육대상별 교육내용(시행 2026. 1. 1. 고용노동부령 제443호 2025. 5. 30. 일부개정)

4 전기 및 화학설비 안전관리

61 정전기 재해를 예방하기 위해 설치하는 제전기의 제전효율은 설치 시에 얼마 이상이 되어야 하는가?

① 40[%] 이상　② 50[%] 이상
③ 70[%] 이상　④ 90[%] 이상

해설

제전기 설치시 제전효율 : 90[%] 이상

참고 산업안전산업기사 필기 p.4-41(은행문제)

KEY ① 2020년 9월 19일(문제 64번) 출제
② 2021년 8월 14일 기사 출제
③ 2023년 7월 8일(문제 62번) 출제
④ 2024년 7월 5일(문제 61번) 출제
⑤ 2025년 5월 10일(문제 61번) 출제

62 다음 중 폭발한계의 범위가 가장 넓은 가스는?

① 수소　② 메탄
③ 프로판　④ 아세틸렌

해설

주요 인화성가스의 폭발범위

인화성 가스	폭발하한 값(%)	폭발상한 값(%)
아세틸렌(C_2H_2)	2.5	81
산화에틸렌(C_2H_4O)	3	80
수소(H_2)	4	75
일산화탄소(CO)	12.5	74
프로판(C_3H_8)	2.1	9.5
에탄(C_2H_6)	3	12.5
메탄(CH_4)	5	15
부탄(C_4H_{10})	1.8	8.4

참고 산업안전산업기사 필기 p.4-153(표 : 공기중의 폭발한계)

KEY ① 2021년 3월 5일(문제 75번) 출제
② 2024년 7월 5일(문제 80번) 출제
③ 2025년 5월 10일(문제 65번) 출제

[정답] 60 ①　61 ④　62 ④

63. 인체가 전격을 당했을 경우 통전시간이 1초라면 심실세동을 일으키는 전류값[mA]은?(단, 심실세동 전류값은 Dalziel의 관계식을 이용한다.)

① 100
② 165
③ 180
④ 215

해설

심실세동(치사)전류

전격의 영향	통전전류(값)
심근의 미세한 진동으로 혈액을 송출하는 펌프의 기능이 장애를 받는 현상을 심실세동이라 하며 이때의 전류	$I = \dfrac{165}{\sqrt{T}}[mA]$ I : 심실세동전류[mA] T : 통전시간(s)

참고 산업안전산업기사 필기 p.4-17(3. 통전전류에 따른 인체의 영향)

KEY
① 2013년 8월 18일 문제 68번 출제
② 2015년 3월 8일 기사 출제
③ 2017년 3월 5일, 5월 7일기사 출제
④ 2018년 4월 28일 기사 출제
⑤ 2023년 6월 4일 기사, 3월 1일(문제 67번) 산업기사 출제
⑥ 2024년 5월 14일 기사 출제
⑦ 2024년 2월 15일(문제 63번) 출제
⑧ 2025년 5월 10일(문제 71번) 출제

64. 다음 중 방폭구조의 종류가 아닌 것은?

① 본질안전 방폭구조
② 고압 방폭구조
③ 압력 방폭구조
④ 내압 방폭구조

해설

주요 국가 방폭구조의 기호

방폭구조 나라명	내압	유입	압력	안전증	본질안전	특수	사입
한국	d	o	p	e	i	s	—
영국	FLT				ELP		
독일	Exd	Exo	Exf	Exe	Exi	Exs	Exq
오스트리아	Exd	Exo		Exe	Exi	Exs	Exq
프랑스	—	—	—	—	—	—	—
이태리	Exd	Exo	Exp	Exe	Exi		Exq
스위스	Exd	Exo	Exf	Exe		Exs	
스웨덴	Xt	Xo	Xy	Xh	Xi	Xs	

참고 산업안전산업기사 필기 p.4-53((3) 방폭구조의 종류 및 특징)

KEY
① 2016년 5월 8일 출제
② 2016년 8월 21일 출제 기사·산업기사 동시 출제
③ 2017년 3월 5일 출제
④ 2018년 3월 4일 산업기사 출제
⑤ 2022년 7월 2일(문제 65번) 출제
⑥ 2024년 5월 14일 기사 출제
⑦ 2024년 2월 15일(문제 75번) 출제
⑧ 2025년 5월 10일(문제 74번) 출제

65. 전기기계·기구에 대하여 누전에 의한 감전위험을 방지하기 위하여 누전차단기를 전기기계·기구에 접속할 때 준수하여야 할 사항으로 옳은 것은?

① 누전차단기는 정격감도전류가 60[mA] 이하이고 작동시간은 0.1초 이내일 것
② 누전차단기는 정격감도전류가 50[mA] 이하이고 작동시간은 0.08초 이내일 것
③ 누전차단기는 정격감도전류가 40[mA] 이하이고 작동시간은 0.06초 이내일 것
④ 누전차단기는 정격감도전류가 30[mA] 이하이고 작동시간은 0.03초 이내일 것

해설

누전차단기 설치기준[KSC4613]
① 정격감도 : 30[mA] 이하
② 작동시간 : 0.03초 이내

[그림] 누전차단기

[정답] 63 ② 64 ② 65 ④

> 참고) 산업안전산업기사 필기 p.4-5(1. 누전차단기의 종류)

KEY
① 2016년 3월 6일 출제
② 2017년 5월 7일, 8월 26일기사 출제
③ 2018년 3월 4일 기사 · 산업기사 동시 출제
④ 2021년 5월 9일(문제 67번) 출제
⑤ 2024년 5월 11일 기사 필답형 출제
⑥ 2024년 5월 14일 기사 출제
⑦ 2024년 2월 15일(문제 78번) 출제
⑧ 2025년 5월 10일(문제 75번) 출제

합격정보
산업안전보건기준에 관한 규칙 제304조(누전차단기에 의한 감전방지)

66 폭발한계와 완전 연소 조성 관계인 Jones식을 이용하여 부탄(C_4H_{10})의 폭발하한계를 구하면 약 몇 [vol%]인가?

① 1.4
② 1.7
③ 2.0
④ 2.3

해설

C_4H_{10} 양론농도계산

① $C_{st} = \dfrac{100}{1+4.773\left(4+\dfrac{10}{4}\right)} = 3.125$

② 연소하한값 $= 0.55 \times C_{st} = 0.55 \times 3.125 = 1.718$

> 참고) 산업안전산업기사 필기 p. 4-104(보충학습 : 폭발범위의 계산)

KEY
① 2020년 8월 22일(문제 86번) 출제
② 2021년 8월 14일(문제 94번) 출제
③ 2022년 4월 17일(문제 73번) 출제
④ 2025년 5월 10일(문제 80번) 출제

보충학습
폭발범위의 계산 : Jones식
① 폭발하한계 $= 0.55 \times C_{st}$
② 폭발상한계 $= 3.50 \times C_{st}$

여기서, $C_{st} = \dfrac{100}{1+4.773\left(n+\dfrac{m-f-\lambda}{4}\right)}$

(n:탄소, m:수소, f:할로겐원소, λ:산소의 원자수)

67 다음 중 화재의 종류가 옳게 연결된 것은?

① A급화재 - 유류화재
② B급화재 - 유류화재
③ C급화재 - 일반화재
④ D급화재 - 일반화재

해설

화재의 종류
① A급화재 : 일반 가연물화재(백색표시)
② B급화재 : 유류화재(황색표시)
③ C급화재 : 전기화재(청색표시)
④ D급화재 : 금속화재(색표시 없음)

> 참고) 산업안전산업기사 필기 p.4-109(2. 화재의 분류)

KEY
① 2014년 8월 17일(문제 63번)
② 2023년 7월 8일(문제 73번) 출제
③ 2024년 7월 5일(문제 65번) 출제
④ 2025년 2월 7일(문제 62번) 출제

68 다음 중 만성중독과 가장 관계가 깊은 유독성 지표는?

① LD_{50}(Median lethal dose)
② MLD(Minimum lethal dose)
③ TLV(Threshold limit value)
④ LC_{50}(Median lethal concentration)

해설

중독지수
① TLV : 1[일] 8[시간]의 작업시 폭로된 평균농도(유독성 지표)
② LD_{50} : 독극물 1회 투여로 7~10[일] 이내 실험동물수 50[%] 사망
③ LC_{50} : 호흡기 장애로 실험동물수 50[%] 사망

> 참고) 산업안전산업기사 필기 p.4-158(문제 18번)

KEY
① 1992년 출제
② 2014년 8월 17일(문제 78번) 출제
③ 2023년 7월 8일(문제 77번) 출제
④ 2025년 2월 7일(문제 69번) 출제

[정답] 66 ② 67 ② 68 ③

보충학습
① 만성중독과 가장 관계가 깊은 유독성 지표 : TLV
• TLV : 미국 산업위생전문가회의에서 채택한 허용농도 기준
② 만성중독의 판정에 사용되는 지수
㉮ TLV ㉯ VHI ㉰ 중독지수

69. 산업안전보건법령상 다음 인화성 가스의 정의에서 ( )안에 알맞은 값은?

"인화성 가스"란 인화한계 농도의 최저한도가 (㉠)[%] 이하 또는 최고한도와 최저한도의 차가 (㉡)[%] 이상인 것으로서 표준압력(101.3[kPa]), 20[℃]에서 가스 상태인 물질을 말한다.

① ㉠ 13, ㉡ 12
② ㉠ 13, ㉡ 15
③ ㉠ 12, ㉡ 13
④ ㉠ 12, ㉡ 15

해설
"인화성 가스"란 인화한계 농도의 최저한도가 13[%] 이하 또는 최고한도와 최저한도의 차가 12[%] 이상인 것으로서 표준압력(101.3 [kPa])에서 20[℃]에서 가스 상태인 물질을 말한다.

참고 산업안전산업기사 필기 p.4-130(합격날개 : 합격예측)

KEY
① 2022년 4월 17일(문제 80번) 출제
② 2025년 2월 7일(문제 74번) 출제

합격정보
산업안전보건법 시행령 [별표 13] 비고

70. 인체가 전격(감전)으로 인한 사고 시 통전전류에 의한 인체반응으로 틀린 것은?

① 교류가 직류보다 일반적으로 더 위험하다.
② 주파수가 높아지면 감지전류는 작아진다.
③ 심장을 관통하는 경로가 가장 사망률이 높다.
④ 가수전류는 불수전류보다 값이 대체적으로 작다.

해설
전격위험도 결정조건(1차적 감전위험요소)
① 통전전류의 크기
② 통전시간
③ 통전경로
④ 전원의 종류(직류보다 상용주파수의 교류전원이 더 위험한 이유 : 극성변화)
⑤ 주파수 및 파형
⑥ 전격인가위상

참고 산업안전산업기사 필기 p.4-19(1. 감전재해의 요인)

KEY
① 2016년 8월 21일(문제 69번) 출제
② 2023년 7월 8일(문제 69번) 출제
③ 2024년 7월 5일(문제 64번) 출제

71. 다음 중 통전경로별 위험도가 가장 높은 경로는?

① 왼손-등
② 오른손-가슴
③ 왼손-가슴
④ 오른손-양발

해설
통전경로별 위험도

통전경로	위험도
오른손-등	0.3
왼손-오른손	0.4
왼손-등	0.7
한손 또는 양손-앉아 있는 자리	0.7
오른손-한발 또는 양발	0.8
양손-양발	1.0
왼손-한발 또는 양발	1.0
오른손-가슴	1.3
왼손-가슴	1.5

참고 산업안전산업기사 필기 p.4-30(문제 26번)

KEY
① 2015년 5월 31일(문제 68번) 출제
② 2023년 4월 1일 지도사 출제
③ 2023년 5월 13일(문제 61번) 출제
④ 2024년 7월 5일(문제 67번) 출제

72. 산업안전보건법령에서 정한 안전검사의 주기에 따르면 건조설비 및 그 부속설비는 사업장에 설치가 끝난 날부터 몇 년 이내에 최초 안전검사를 실시하여야 하는가?

① 1 ② 2
③ 3 ④ 4

[정답] 69 ① 70 ② 71 ③ 72 ③

해설

안전검사 주기
프레스, 전단기, 압력용기, 국소 배기장치, 원심기, 화학설비 및 그 부속설비, 건조설비 및 그 부속설비, 롤러기, 사출성형기, 컨베이어 및 산업용 로봇, 분쇄기, 혼합기 및 파쇄기 : 사업장에 설치가 끝난 날부터 3년 이내에 최초 안전검사를 실시하되, 그 이후부터 2년마다(공정안전보고서를 제출하여 확인을 받은 압력용기는 4년마다) 실시

참고 산업안전산업기사 필기 p.3-62(표:안전검사의 주기)

KEY
① 2016년 8월 21일 기사 출제
② 2021년 3월 5일(문제 80번) 출제
③ 2024년 7월 5일(문제 79번) 출제

---

73 다음 중 건조설비의 사용상 주의사항으로 적절하지 않은 것은?

① 건조설비 가까이 가연성 물질을 두지 말 것
② 고온으로 가열 건조한 물질은 즉시 격리 저장할 것
③ 위험물 건조설비를 사용할 때는 미리 내부를 청소하거나 환기시킨 후 사용할 것
④ 건조 시 발생하는 가스·증기 또는 분진에 의한 화재·폭발의 위험이 있는 물질은 안전한 장소로 배출할 것

해설

건조설비 사용 시 주의사항
① 위험물 건조설비를 사용하는 경우에는 미리 내부를 청소하거나 환기할 것
② 위험물 건조설비를 사용하는 경우에는 건조로 인하여 발생하는 가스·증기 또는 분진에 의하여 폭발·화재의 위험이 있는 물질을 안전한 장소로 배출시킬 것
③ 위험물 건조설비를 사용하여 가열건조하는 건조물은 쉽게 이탈되지 않도록 할 것
④ 고온으로 가열건조한 인화성 액체는 발화의 위험이 없는 온도로 냉각한 후에 격납시킬 것
⑤ 건조설비(바깥면이 현저히 고온이 되는 설비만 해당)에 가까운 장소에는 인화성 액체를 두지 않도록 할 것

참고 산업안전산업기사 필기 p.4-148(합격날개 : 합격예측 및 관련법규)

KEY
① 2016년 8월 21일(문제 79번) 출제
② 2023년 7월 8일(문제 78번) 출제
③ 2024년 5월 9일(문제 64번) 출제

합격정보 산업안전보건기준에 관한 규칙 제283조(건조설비의 사용)

74 다음 중 분진폭발의 가능성이 가장 낮은 물질은?

① 소맥분 ② 마그네슘
③ 질석가루 ④ 석탄

해설

분진 폭발 물질
① 금속 : Al, Mg, Fe, Mn, Si, Sn
② 분말 : 티탄, 바나듐, 아연, Dow합금
③ 농산물 : 밀가루, 녹말, 솜, 쌀, 콩, 코코아, 커리

참고 산업안전산업기사 필기 p.4-103(표. 증기폭발, 분진폭발, 분해폭발)

KEY
① 2016년 5월 8일 기사 출제
② 2017년 8월 26일 기사 출제
③ 2023년 3월 1일(문제 72번) 출제

보충학습

질석
① 질석은 퍼미큐라이트 라고 하는 건축용자재로서 파종이나 삽목에 토양으로 사용하는 재료
② 주로 펄라이트와 배합을 해서 사용

---

75 배관용 부품에 있어 사용되는 용도가 다른 것은?

① 엘보(elbow) ② 티이(T)
③ 크로스(cross) ④ 밸브(valve)

해설

배관부품용도

용도	종류
두 개의 관을 연결할 때	플랜지, 유니언, 커플링, 니플, 소켓
관로의 방향을 바꿀 때	엘보, Y지관, 티, 십자
관로의 크기를 바꿀 때	축소관, 부싱
가지관을 설치할 때	티(T), Y지관, 십자
유로를 차단할 때	플러그, 캡, 밸브
유량 조절	밸브

[정답] 73 ② 74 ③ 75 ④

PART 4. 연습은 실전처럼 · 2023년~2025년 과년도 전회차 문제해설

> **참고** 산업안전산업기사 필기 p.4-152(합격날개 : 합격예측)
>
> **KEY** ① 2023년 2월 28일 기사 등 10회 이상 출제
> ② 2023년 3월 1일(문제 78번) 출제
> ③ 2024년 2월 15일(문제 64번) 출제

76 다음 중 폭발하한농도(vol%)가 가장 높은 것은?

① 일산화탄소 ② 아세틸렌
③ 디에틸에테르 ④ 아세톤

> **해설**
> 주요 인화성 가스의 폭발범위
>
> | 인화성 가스 | 폭발하한 값(%) | 폭발상한 값(%) |
> |---|---|---|
> | 아세틸렌(C_2H_2) | 2.5 | 81 |
> | 산화에틸렌(C_2H_4O) | 3 | 80 |
> | 수소(H_2) | 4 | 75 |
> | 일산화탄소(CO) | 12.5 | 74 |
> | 프로판(C_3H_8) | 2.1 | 9.5 |
> | 에탄(C_2H_6) | 3 | 12.5 |
> | 메탄(CH_4) | 5 | 15 |
> | 부탄(C_4H_{10}) | 1.8 | 8.4 |
>
> **참고** 산업안전산업기사 필기 p.4-153(표1. 공기중의 폭발한계)
>
> **KEY** ① 2017년 3월 5일 산업기사 출제
> ② 2020년 8월 23일(문제 76번) 출제
> ③ 2023년 5월 13일(문제 72번) 출제
> ④ 2024년 2월 15일(문제 66번) 등 5회 이상 출제

77 다음 중 착화열에 대한 정의로 가장 적절한 것은?

① 연료가 착화해서 발생하는 전열량
② 연료 1[kg]이 착화해서 연소하여 나오는 총발열량
③ 외부로부터 열을 받지 않아도 스스로 연소하여 발생하는 열량
④ 연료를 최초의 온도로부터 착화온도까지 가열하는 데 드는 열량

> **해설**
> 용어정의
> (1) 인화점
>   ① 점화원에 의하여 인화될 수 있는 최저온도
>   ② 연소가능한 인화성 증기를 발생시킬 수 있는 최저온도
> (2) 발화점 : 외부에서의 직접적인 점화원 없이 열의 축적에 의하여 발화되는 최저온도
> (3) 착화열
>   ① 연료를 최초의 온도로부터 착화온도까지 가열하는 데 필요한 열량
>   ② 연료를 실온에서 불이 붙거나 타기 시작하는 온도까지 가열하는데 드는 열
>
> **참고** 산업안전산업기사 필기 p.4-133(합격날개 : 합격예측)
>
> **KEY** ① 2015년 3월 8일(문제 71번) 출제
> ② 2024년 2월 15일 기사 등 3회 이상 출제

78 화염일주한계에 대해 가장 잘 설명한 것은?

① 화염이 발화온도로 전파될 가능성의 한계값이다.
② 화염이 전파되는 것을 저지할 수 있는 틈새의 최대 간격치이다.
③ 폭발성 가스와 공기가 혼합되어 폭발한계 내에 있는 상태를 유지하는 한계값이다.
④ 폭발성 분위기가 전기 불꽃에 의하여 화염을 일으킬 수 있는 최소의 전류값이다.

> **해설**
> 화염일주한계 = 최대안전틈새 = 안전간격(safety gap)
>
>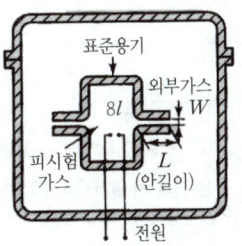
>
> [그림] 폭발등급 측정에 사용되는 표준용기
>
> **참고** 산업안전산업기사 필기 p.4-59(합격날개 : 합격예측)

[정답] 76 ① 77 ④ 78 ②

| KEY | ① 2016년 8월 21일 출제
② 2022년 7월 2일(문제 66번) 출제 |

5 건설공사 안전관리

79 ABC급 분말 소화약제의 주성분에 해당하는 것은?

① $NH_4H_2PO_4$　　② Na_2CO_3
③ Na_2SO_4　　　④ K_2CO_3

해설

분말소화약제의 종류

종류	주성분		분말색	적용화재
	품명	화학식		
제1종	탄산수소나트륨	$NaHCO_3$	백색	B, C급 화재
제2종	탄산수소칼륨	$KHCO_3$	담청색	B, C급 화재
제3종	인산암모늄	$NH_4H_2PO_4$	담홍색	A, B, C급 화재
제4종	탄산수소칼륨 요소	$KHCO_3 +$ $(NH_2)_2CO$	쥐색 (회색)	B, C급 화재

참고 산업안전산업기사 필기 p.4-107(2. 분말소화약제의 종류)

KEY ① 2018년 4월 28일 출제
② 2022년 7월 2일(문제 73번) 출제

80 폭발범위가 1.8~8.5[vol%]인 가스의 위험도를 구하면 얼마인가?

① 0.8　　② 3.7
③ 5.7　　④ 6.7

해설

위험도(H) = $\dfrac{U-L}{L}$ = $\dfrac{8.5-1.8}{1.8}$ = 3.7

① H : 위험도　② U : 폭발상한계　③ L : 폭발하한계

참고 ① 산업안전산업기사 필기 p.4-154(㉮ 위험도)
② 산업안전산업기사 필기 p.4-164(문제 40번)

KEY ① 2016년 5월 8일 기사 출제
② 2017년 3월 5일 기사 출제
③ 2018년 3월 4일 기사 출제
④ 2018년 8월 19일(문제 72번) 출제

81 지반의 종류가 암반 중 경암일 경우 굴착면 기울기 기준으로 옳은 것은?

① 1 : 0.3　　② 1 : 0.5
③ 1 : 1.0　　④ 1 : 1.5

해설

굴착면의 기울기 기준　　예 1 : 0.5

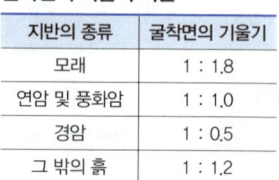
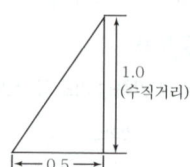

지반의 종류	굴착면의 기울기
모래	1 : 1.8
연암 및 풍화암	1 : 1.0
경암	1 : 0.5
그 밖의 흙	1 : 1.2

참고 산업안전산업기사 필기 p.5-56(표. 굴착면의 기울기 기준)

KEY ① 2016년 5월 8일 기사ㆍ산업기사 동시 출제
② 2020년 6월 7일 기사(문제 111번) 출제
③ 2020년 9월 27일 기사(문제 115번) 출제
④ 2023년 7월 8일(문제 97번) 출제
⑤ 2024년 2월 15일(문제 83번), 5월 9일(문제 81번) 출제
⑥ 2025년 2월 7일(문제 84번), 5월 10일(문제 82번) 출제

합격정보
① 산업안전보건기준에 관한 규칙 [별표 11] 굴착면의 기울기 기준
② 2025년 7월 17일 개정 적용

82 건설공사의 산업안전보건관리비 계상 시 대상액이 구분되어 있지 않은 공사는 도급계약 또는 자체사업 계획 상의 총 공사금액 중 얼마를 대상액으로 하는가?

① 50[%]　　② 60[%]
③ 70[%]　　④ 80[%]

해설

대상액이 구분이 없을 때 : 70[%]

참고 산업안전산업기사 필기 p.5-44(표. 공사진척에 따른 안전관리비 사용기준)

[정답] 79 ①　80 ②　81 ②　82 ③

KEY
① 2017년 5월 7일, 9월 23일 기사 출제
② 2019년 8월 4일 산업기사 출제
③ 2020년 6월 7일(문제 103번) 출제
④ 2021년 9월 15일(문제 88번) 출제
⑤ 2025년 2월 7일(문제 99번), 5월 10일(문제 86번) 출제

합격정보
건설업 산업안전보건관리비계상기준 고시 2025-11호 (2025. 2. 12)

보충학습
공사진척에 따른 안전관리비 사용기준

공정률	50[%] 이상 70[%] 미만	70[%] 이상 90[%] 미만	90[%] 이상
사용 기준	50[%] 이상	70[%] 이상	90[%] 이상

83 다음은 이음매가 있는 권상용 와이어로프의 사용금지 규정이다. ( ) 안에 알맞은 숫자는?

> 와이어로프의 한 꼬임에서 소선의 수가 ( )[%] 이상 절단된 것을 사용하면 안된다.

① 5   ② 7
③ 10 ④ 15

해설
달비계 와이어로프 사용금지 기준
① 이음매가 있는 것
② 와이어로프의 한 꼬임[(스트랜드(strand)를 말한다. 이하 같다)]에서 끊어진 소선(素線)[필러(pillar)선은 제외한다)]의 수가 10[%] 이상
 (비자전로프의 경우에는 끊어진 소선의 수가 와이어로프 호칭지름의 6배 길이 이내에서 4[개] 이상이거나 호칭지름 30배 길이 이내에서 8[개] 이상)인 것
③ 지름의 감소가 공칭지름의 7[%]를 초과하는 것
④ 꼬인 것
⑤ 심하게 변형되거나 부식된 것
⑥ 열과 전기충격에 의해 손상된 것

참고 산업안전산업기사 필기 p.5-102(합격날개 : 합격예측 및 관련법규)

KEY
① 2015년 5월 31일 기사 출제
② 2023년 5월 13일(문제 84번) 출제
③ 2023년 6월 4일 기사 등 10회 이상 출제
④ 2024년 7월 5일(문제 87번) 출제
⑤ 2025년 5월 10일(문제 89번) 출제

합격정보
산업안전보건기준에 관한 규칙 제63조(달비계의 구조)

84 유해위험방지계획서 제출대상 공사에 해당하는 것은?

① 지상높이가 21[m]인 건축물 해체공사
② 최대지간거리가 50[m] 이상인 다리의 건설공사
③ 연면적 5,000[m²]인 동물원 건설공사
④ 깊이가 9[m]인 굴착공사

해설
유해위험방지계획서 제출대상 건설공사
(1) 건축물 또는 시설 등의 건설·개조 또는 해체공사
 가. 지상높이가 31미터 이상인 건축물 또는 인공구조물
 나. 연면적 3만제곱미터 이상인 건축물
 다. 연면적 5천제곱미터 이상인 시설
  ① 문화 및 집회시설(전시장 및 동물원·식물원은 제외한다)
  ② 판매시설, 운수시설(고속철도의 역사 및 집배송시설은 제외한다)
  ③ 종교시설
  ④ 의료시설 중 종합병원
  ⑤ 숙박시설 중 관광숙박시설
  ⑥ 지하도상가
  ⑦ 냉동·냉장 창고시설
(2) 연면적 5천제곱미터 이상인 냉동·냉장 창고시설의 설비공사 및 단열공사
(3) 최대지간길이가 50[m] 이상인 다리의 건설 등 공사
(4) 터널건설 등의 공사
(5) 다목적댐, 발전용댐 및 저수용량 2천만톤 이상의 용수전용댐, 지방상수도 전용댐 건설 등의 공사
(6) 깊이 10[m] 이상인 굴착공사

참고 산업안전산업기사 필기 p.5-21(3. 유해·위험방지계획서 제출대상 건설공사)

KEY
① 2022년 4월 24일 기사 등 10회 이상 출제
② 2023년 3월 1일(문제 92번) 출제
③ 2024년 7월 5일(문제 95번) 출제
④ 2025년 2월 7일(문제 82번) 출제

합격정보
산업안전보건법 시행령 제42조(유해위험방지계획서 제출대상) 2025. 1. 31 개정법 적용

[정답] 83 ③   84 ②

85 철골작업을 중지하여야 하는 풍속과 강우량 기준으로 옳은 것은?

① 풍속 : 10[m/sec] 이상, 강우량 : 1[mm/h] 이상
② 풍속 : 5[m/sec] 이상, 강우량 : 1[mm/h] 이상
③ 풍속 : 10[m/sec] 이상, 강우량 : 2[mm/h] 이상
④ 풍속 : 5[m/sec] 이상, 강우량 : 2[mm/h] 이상

해설

작업중지기준

구분	일반 작업	철골 공사
강풍	10분간 평균풍속이 10[m/sec] 이상	평균풍속이 10[m/sec] 이상
강우	1회 강우량이 50[mm] 이상	1시간당 강우량이 1[mm] 이상
강설	1회 강설량이 25[cm] 이상	1시간당 강설량이 1[cm] 이상

참고 산업안전산업기사 필기 p.5-155(② 기후에 의한 영향)

KEY
① 2016년 5월 8일 기사·산업기사 동시 출제
② 2016년 10월 1일 산업기사 출제
③ 2017년 5월 7일 기사, 9월 23일 산업기사출제
④ 2023년 2월 28일 기사 출제
⑤ 2023년 3월 1일(문제 89번), 2월 15일(문제 82번) 출제
⑥ 2024년 5월 14일 기사 출제
⑦ 2024년 2월 15일(문제 82번) 등 10회 이상 출제
⑧ 2025년 2월 7일(문제 87번) 출제

합격정보
산업안전보건기준에 관한 규칙 제383조(작업의 제한)

86 사다리식 통로의 설치기준으로 틀린 것은?

① 폭은 30[cm] 이상으로 할 것
② 발판과 벽과의 사이는 15[cm] 이상의 간격을 유지할 것
③ 사다리의 상단은 걸쳐놓은 지점으로부터 60[cm] 이상 올라가도록 할 것
④ 사다리식 통로의 길이가 10[m] 이상인 경우에는 7[m] 이내마다 계단참을 설치할 것

해설

사다리식 통로 설치기준
① 견고한 구조로 할 것
② 심한 손상·부식 등이 없는 재료를 사용할 것
③ 발판의 간격은 일정하게 할 것
④ 발판과 벽과의 사이는 15[cm] 이상의 간격을 유지할 것
⑤ 폭은 30[cm] 이상으로 할 것
⑥ 사다리가 넘어지거나 미끄러지는 것을 방지하기 위한 조치를 할 것
⑦ 사다리의 상단은 걸쳐놓은 지점으로부터 60[cm] 이상 올라가도록 할 것
⑧ 사다리식 통로의 길이가 10[m] 이상인 경우에는 5[m] 이내마다 계단참을 설치할 것
⑨ 사다리식 통로의 기울기는 75도 이하로 할 것. 다만, 고정식 사다리식 통로의 기울기는 90도 이하로 하고, 그 높이가 7미터 이상인 경우에는 다음 각 목의 구분에 따른 조치를 할 것
  가. 등받이울이 있어도 근로자 이동에 지장이 없는 경우: 바닥으로부터 높이가 2.5미터 되는 지점부터 등받이울을 설치할 것
  나. 등받이울이 있으면 근로자가 이동이 곤란한 경우: 한국산업표준에서 정하는 기준에 적합한 개인용 추락 방지 시스템을 설치하고 근로자로 하여금 한국산업표준에서 정하는 기준에 적합한 전신안전대를 사용하도록 할 것
⑩ 접이식 사다리 기둥은 사용 시 접혀지거나 펼쳐지지 않도록 철물 등을 사용하여 견고하게 조치할 것

참고 산업안전보건기준에 관한 규칙 제23조(가설통로의 구조)

KEY
① 2014년 5월 25일(문제 99번) 출제
② 2023년 5월 13일(문제 90번) 출제
③ 2024년 7월 5일(문제 89번) 출제

87 공사현장에서 낙하물방지망 또는 방호선반을 설치할 때 설치높이 및 벽면으로부터 내민 길이 기준으로 옳은 것은?

① 설치높이 : 10[m] 이내마다, 내민 길이 2[m] 이상
② 설치높이 : 15[m] 이내마다, 내민 길이 2[m] 이상
③ 설치높이 : 10[m] 이내마다, 내민 길이 3[m] 이상
④ 설치높이 : 15[m] 이내마다, 내민 길이 3[m] 이상

[정답] 85 ① 86 ④ 87 ①

> 해설

낙하물(안전)방망 설치기준
① 추락방호망의 설치위치는 가능하면 작업면으로부터 가까운 지점에 설치하여야 하며, 작업면으로부터 망의 설치지점까지의 수직거리는 10[m]를 초과하지 아니할 것
② 추락방호망은 수평으로 설치하고, 망의 처짐은 짧은 변 길이의 12[%] 이상이 되도록 할 것
③ 건축물 등의 바깥쪽으로 설치하는 경우 망의 내민 길이는 벽면으로부터 3[m] 이상 되도록 할 것. 다만, 그물코가 20[mm] 이하인 망을 사용한 경우에는 낙하물방지망을 설치한 것으로 본다.

> 참고
산업안전산업기사 필기 p.5-58(2. 낙하·비래재해의 예방대책에 관한 사항)

> KEY
① 2023년 5월 13일(문제 96번) 출제
② 2024년 7월 5일(문제 91번) 등 5회 이상 출제

> 합격정보
산업안전보건기준에 관한 규칙 제42조(추락의 방지)

> 보충학습

내민길이
① 낙하물 방지망 : 2[m] 이상
② 바깥면추락방호망 : 3[m] 이상

88 철근을 인력으로 운반할 때의 주의사항으로서 옳지 않은 것은?

① 긴 철근은 2[인] 1[조]가 되어 어깨메기로 하여 운반한다.
② 긴 철근을 부득이 1[인]이 운반할 때는 철근의 한쪽을 어깨에 메고 다른 한쪽 끝을 땅에 끌면서 운반한다.
③ 1[인]이 1회에 운반할 수 있는 적당한 무게 도는 운반자의 몸무게 정도이다.
④ 운반시에는 항상 양끝을 묶어 운반한다.

> 해설

철근 인력 운반 시 주의사항
① 1[인]당 무게는 25[kg] 정도가 적절하며, 무리한 운반을 삼가야 한다.
② 2[인] 이상이 1[조]가 되어 어깨메기로 하여 운반하는 등 안전을 도모하여야 한다.
③ 긴 철근을 부득이 한 사람이 운반하는 경우에는 한쪽을 어깨에 메고 한쪽 끝을 끌면서 운반하여야 한다.
④ 운반하는 경우에는 양끝을 묶어 운반하여야 한다.
⑤ 내려놓을 때는 천천히 내려놓고 던지지 않아야 한다.
⑥ 공동 작업을 하는 경우에는 신호에 따라 작업을 하여야 한다.

> 참고
산업안전산업기사 필기 p.5-182(1. 인력운반안전기준)

> KEY
① 2011년 3월 20일(문제 95번) 출제
② 2023년 3월 1일(문제 88번) 출제
③ 2024년 7월 5일(문제 94번) 출제

89 다음은 산업안전보건법령에 따른 지붕 위에서의 위험 방지에 관한 사항이다. ( )안에 알맞은 것은?

> 슬레이트, 선라이트 등 강도가 약한 재료로 덮은 지붕 위에서 작업을 할 때에 발이 빠지는 등 근로자가 위험해질 우려가 있는 경우 폭( )센티미터 이상의 발판을 설치하거나 안전방망을 치는 등 근로자의 위험을 방지하기 위하여 필요한 조치를 하여야 한다.

① 20　　② 25
③ 30　　④ 40

> 해설

발판폭
슬레이트, 선라이트(sunlight) 등 강도가 약한 재료로 덮은 지붕 위에서 작업을 할 때에 발이 빠지는 등 근로자가 위험해질 우려가 있는 경우 폭 30[cm] 이상의 발판을 설치하거나 안전방망을 치는 등 위험을 방지하기 위하여 필요한 조치를 하여야 한다.

> KEY
① 2016년 10월 1일 출제
② 2017년 3월 5일(문제 91번) 출제
③ 2024년 7월 5일(문제 100번) 출제

> 합격정보
산업안전보건기준에 관한 규칙 제45조(지붕위에서의 위험방지)

90 낮은 지면에서 높은 곳을 굴착하는데 가장 적합한 굴착기는?

① 백호우　　② 파워셔블
③ 드래그라인　　④ 클램셸

[정답]　88 ③　89 ③　90 ②

해설

파워셔블(power shovel)
① 중기가 위치한 지면보다 높은 곳의 땅을 굴착하는데 적합
② 산지에서의 토공사, 암반 등 점토질까지 굴착가능

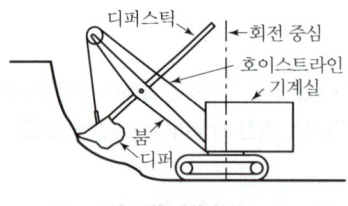

[그림] 파워셔블

참고 산업안전산업기사 필기 p.5-62 (① 파워셔블)

KEY
① 2016년 5월 8일 기사 출제
② 2022년 7월 2일(문제 100번) 출제
③ 2024년 5월 9일(문제 94번) 출제

합격정보
2022년 7월 24일 실기 필답형 출제

---

91 옥내작업장에는 비상시에 근로자에게 신속하게 알리기 위한 경보용 설비 또는 기구를 설치하여야 한다. 그 설치대상 기준으로 옳은 것은?

① 연면적이 400[m²] 이상이거나 상시 40명 이상의 근로자가 작업하는 옥내작업장
② 연면적이 400[m²] 이상이거나 상시 50명 이상의 근로자가 작업하는 옥내작업장
③ 연면적이 500[m²] 이상이거나 상시 40명 이상의 근로자가 작업하는 옥내작업장
④ 연면적이 500[m²] 이상이거나 상시 50명 이상의 근로자가 작업하는 옥내작업장

해설

제19조(경보용 설비 등)
사업주는 연면적이 400[m²] 이상이거나 상시 50인 이상의 근로자가 작업하는 옥내작업장에는 비상시에 근로자에게 신속하게 알리기 위한 경보용 설비 또는 기구를 설치하여야 한다.

KEY
① 2019년 8월 4일(문제 89번) 출제
② 2023년 7월 8일(문제 99번) 출제
③ 2024년 5월 9일(문제 82번) 출제

---

92 안전난간의 구조 및 설치기준으로 옳지 않은 것은?

① 안전난간은 상부난간대, 중간난간대, 발끝막이판, 난간기둥으로 구성할 것
② 상부난간대와 중간난간대의 난간 길이 전체에 걸쳐 바닥면 등과 평행을 유지할 것
③ 발끝막이판은 바닥면 등으로부터 10[cm] 이상의 높이를 유지할 것
④ 안전난간은 구조적으로 가장 취약한 지점에서 가장 취약한 방향으로 작용하는 80[kg] 이상의 하중에 견딜 수 있는 튼튼한 구조일 것

해설

안전난간의 구조 및 설치기준
① 상부난간대, 중간난간대, 발끝막이판 및 난간기둥으로 구성할 것. 다만, 중간난간대, 발끝막이판 및 난간기둥은 이와 비슷한 구조와 성능을 가진 것으로 대체할 수 있다.
② 상부난간대는 바닥면·발판 또는 경사로의 표면(이하 "바닥면 등"이라 한다)으로부터 90[cm] 이상 지점에 설치하고, 상부 난간대를 120[cm] 이하에 설치하는 경우에는 중간난간대는 상부난간대와 바닥면 등의 중간에 설치하여야 하며, 120 [cm] 이상 지점에 설치하는 경우에는 중간 난간대를 2단 이상으로 균등하게 설치하고 난간의 상하 간격은 60[cm] 이하가 되도록 할 것
③ 발끝막이판은 바닥면 등으로부터 10[cm] 이상의 높이를 유지할 것. 다만, 물체가 떨어지거나 날아올 위험이 없거나 그 위험을 방지할 수 있는 망을 설치하는 등 필요한 예방 조치를 한 장소는 제외한다.
④ 난간기둥은 상부난간대와 중간난간대를 견고하게 떠받칠 수 있도록 적정한 간격을 유지할 것
⑤ 상부난간대와 중간난간대는 난간 길이 전체에 걸쳐 바닥면 등과 평행을 유지할 것
⑥ 난간대는 지름 2.7[cm] 이상의 금속제 파이프나 그 이상의 강도가 있는 재료일 것
⑦ 안전난간은 구조적으로 가장 취약한 지점에서 가장 취약한 방향으로 작용하는 100[kg] 이상의 하중에 견딜 수 있는 튼튼한 구조일 것

참고 산업안전산업기사 필기 p.5-151(합격날개 : 합격예측 및 관련법규)

KEY
① 2023년 2월 28일 기사 등 5회 이상 출제
② 2023년 3월 1일(문제 82번) 출제
③ 2024년 5월 9일(문제 90번) 출제

[정답] 91 ② 92 ④

93
흙막이지보공을 설치하였을 때 정기적으로 점검하고 이상을 발견하면 즉시 보수하여야 하는 사항으로 거리가 먼 것은?

① 부재의 손상 변형, 부식, 변위 및 탈락의 유무와 상태
② 부재의 접속부, 부착부 및 교차부의 상태
③ 침하의 정도
④ 발판의 지지 상태

해설
흙막이지보공 정기점검사항
① 부재의 손상·변형·부식·변위 및 탈락의 유무와 상태
② 버팀대의 긴압의 정도
③ 부재의 접속부·부착부 및 교차부의 상태
④ 침하의 정도

참고 산업안전산업기사 필기 p.5-106(합격날개 : 합격예측 및 관련 법규)

KEY
① 2017년 3월 5일 기사 출제
② 2017년 9월 23일 기사 출제
③ 2019년 3월 3일 기사·산업기사 동시 출제
④ 2023년 2월 28일 기사 출제
⑤ 2023년 3월 1일(문제 95번) 출제
⑥ 2024년 2월 15일(문제 84번) 출제

합격정보
산업안전보건기준에 관한 규칙 제347조(붕괴등의 위험방지)

94
유해위험방지계획서 제출 시 첨부서류로 옳지 않은 것은?

① 공사현장의 주변 현황 및 주변과의 관계를 나타내는 도면
② 공사개요서
③ 전체공정표
④ 작업인부의 배치를 나타내는 도면 및 서류

해설
건설업 유해위험방지계획서 첨부서류
① 공사개요서
② 공사현장의 주변 현황 및 주변과의 관계를 나타내는 도면(매설물 현황을 포함한다)
③ 건설물, 사용 기계설비 등의 배치를 나타내는 도면
④ 전체 공정표
⑤ 산업안전보건관리비 사용계획
⑥ 안전관리 조직표
⑦ 재해 발생 위험 시 연락 및 대피방법

참고 산업안전산업기사 필기 p.5-21(4. 제출시 첨부서류)

KEY
① 2016년 3월 6일 기사(문제 113번) 출제
② 2017년 3월 5일 기사문제 105번) 출제
③ 2020년 9월 27일 기사(문제 119번) 출제
④ 2022년 3월 2일(문제 81번) 출제
⑤ 2024년 2월 15일(문제 96번) 출제

합격정보
산업안전보건법 시행규칙 [별표 10] 유해위험방지계획서 첨부서류

95
다음은 타워크레인을 와이어로프로 지지하는 경우의 준수해야 할 기준이다. 빈칸에 들어갈 알맞은 내용을 순서대로 옳게 나타낸 것은?

> 와이어로프 설치각도는 수평면에서 (   )도 이내로 하되, 지지점은 (   )개소 이상으로 하고, 같은 각도로 설치할 것

① 45, 4   ② 45, 5
③ 60, 4   ④ 60, 5

해설
와이어로프로 지지하는 경우 준수사항
① 「산업안전보건법 시행규칙」에 따른 서면심사에 관한 서류(「건설기계관리법」에 따른 형식승인서류를 포함한다) 또는 제조사의 설치작업설명서 등에 따라 설치할 것
② 제①호의 서면심사 서류 등이 없거나 명확하지 아니한 경우에는 「국가기술자격법」에 따른 건축구조·건설기계·기계안전·건설안전기술사 또는 건설안전분야 산업안전지도사의 확인을 받아 설치하거나 기종별·모델별 공인된 표준방법으로 설치할 것
③ 와이어로프를 고정하기 위한 전용 지지프레임을 사용할 것
④ 와이어로프 설치각도는 수평면에서 60도 이내로 하고, 지지점은 4개소 이상으로 할 것

[정답] 93 ④ 94 ④ 95 ③

합격정보 (좌측)
산업안전보건기준에 관한 규칙 제13조(안전난간의 구조 및 설치요건)

⑤ 와이어로프와 그 고정부위는 충분한 강도와 장력을 갖도록 설치하고, 와이어로프를 클립·샤클(shackle) 등의 고정기구를 사용하여 견고하게 고정시켜 풀리지 아니하도록 할 것
⑥ 와이어로프가 가공전선(架空電線)에 근접하지 않도록 할 것

참고 산업안전기사 필기 p.5-138(합격날개 : 합격예측 및 관련법규)

KEY ① 2015년 5월 31일(문제 114번) 출제
② 2024년 2월 15일(문제 99번) 출제

합격정보 산업안전보건기준에 관한 규칙 제142조(타워크레인의 지지)

96 흙막이 가시설의 버팀대(Strut)의 변형을 측정하는 계측기에 해당하는 것은?

① Water level meter
② Strain gauge
③ Piezometer
④ Load cell

해설

계측장치의 종류 및 설치목적

종류	설치목적
건물 경사계(tilt meter)	지상 인접구조물의 기울기 측정
지표면 침하계 (level and staff)	주위 지반에 대한 지표면의 침하량 측정
지중경사계 (inclinometer)	지중수평변위를 측정하여 흙막이의 기울어진 정도 파악
지중 침하계 (extension meter)	지중수직변위를 측정하여 지반의 침하 정도 파악
변형률계(strain gauge)	흙막이 버팀대의 변형 정도 파악
하중계 (load cell)	흙막이 버팀대에 작용하는 토압, 토류벽 어스앵커의 인장력 등을 측정
토압계 (earthpressure meter)	흙막이에 작용하는 토압의 변화 파악
간극수압계(piezo meter)	굴착으로 인한 지하의 간극수압 측정
지하수위계 (water level meter)	지하수의 수위변화 측정

참고 산업안전산업기사 필기 p.5-119(표. 계측장치의 종류 및 설치)

KEY ① 2016년 3월 6일 산업기사 출제
② 2016년 10월 1일 산업기사 출제
③ 2017년 3월 5일 산업기사 출제
④ 2017년 5월 7일 기사·산업기사 동시 출제
⑤ 2018년 4월 28일 기사 출제
⑥ 2019년 3월 3일(문제 81번) 출제

97 추락방호망의 달기로프를 지지점에 부착할 때 지지점의 간격이 1.5[m]인 경우 지지점의 강도는 최소 얼마 이상이어야 하는가?

① 200[kg] ② 300[kg]
③ 400[kg] ④ 500[kg]

해설

지지점 강도(F) = 200 × B = 200 × 1.5 = 300[kg]

참고 산업안전산업기사 필기 p.5-5(3. 지지점의 강도)

KEY ① 2017년 5월 7일(문제 100번) 출제
⑥ 2019년 3월 3일(문제 83번) 출제

보충학습

추락방호망 지지점 등의 강도

방망의 지지점은 최소한 600[kg] 이상이어야 한다. 단, 연속적인 구조물의 경우 다음 식으로 계산할 수 있다.
F = 200B
여기서, F : 외력(단위 : kg), B : 지지점 간격(단위 : m)

98 굴착면 붕괴의 원인과 가장 거리가 먼 것은?

① 사면경사의 증가
② 성토 높이의 감소
③ 공사에 의한 진동하중의 증가
④ 굴착높이의 증가

해설

토석붕괴 재해의 원인
(1) 외적 요인
 ① 사면, 법면의 경사 및 기울기의 증가
 ② 절토 및 성토 높이의 증가
 ③ 공사에 의한 진동 및 반복하중의 증가
 ④ 지표수 및 지하수의 침투에 의한 토사 중량의 증가
 ⑤ 지진, 차량, 구조물의 중량
 ⑥ 토사 및 암석의 혼합층 두께
(2) 내적 요인
 ① 절토 사면의 토질·암질
 ② 성토 사면의 토질
 ③ 토석의 강도 저하

참고 산업안전산업기사 필기 p.5-55(1. 토석붕괴 재해의 원인)

[정답] 96 ② 97 ② 98 ②

KEY ① 2016년 5월 8일 출제
② 2017년 9월 23일 기사 · 산업기사 동시 출제
③ 2018년 3월 4일 출제
④ 2019년 4월 27일(문제 83번) 출제

99 추락방호용 방망 그물코의 모양 및 크기의 기준으로 옳은 것은?

① 원형 또는 사각으로서 그 크기는 5[cm] 이하이어야 한다.
② 원형 또는 사각으로서 그 크기는 10[cm] 이하이어야 한다.
③ 사각 또는 마름모로서 그 크기는 5[cm] 이하이어야 한다.
④ 사각 또는 마름모로서 그 크기는 10[cm] 이하이어야 한다.

해설

추락방호용 방망
① 형태 : 사각 또는 마름모
② 크기 : 10[cm] 이하

참고 산업안전산업기사 필기 p.5-49(③ 그물코)

KEY ① 2009년 5월 10일(문제 86번) 출제
② 2019년 3월 3일(문제 93번) 출제
③ 2019년 4월 27일(문제 90번) 출제

100 정기안전점검 결과 건설공사의 물리적·기능적 결함 등이 발견되어 보수·보강 등의 조치를 하기 위하여 필요한 경우에 실시하는 것은?

① 자체안전점검 ② 정밀안전점검
③ 상시안전점검 ④ 품질관리점검

해설

정밀안전점검(진단)
① "안전점검"이란 경험과 기술을 갖춘자가 육안이나 점검기구 등으로 검사하여 시설물에 내재(內在)되어 있는 위험요인을 조사하는 행위를 말한다.
② "정밀안전진단"이란 시설물의 물리적·기능적 결함을 발견하고 그에 대한 신속하고 적절한 조치를 하기 위하여 구조적 안전성과 결함의 원인 등을 조사·측정·평가하여 보수·보강 등의 방법을 제시하는 행위를 말한다.

참고 산업안전산업기사 필기 p.1-247(2. 정밀안전점검)

KEY ① 2014년 3월 2일(문제 97번) 출제
② 2019년 4월 27일(문제 94번) 출제

[정답] 99 ④ 100 ②

저자약력

정재수(靑波:鄭再琇)

인하대학교 공학박사/GTCC 교육학명예박사/한양대학교 공학석사/공학사/문학사/각종국가고시 출제, 검토, 채점, 감독, 면접위원역임/매경TV/EBS/KBS라디오 출연 및 강사/중소기업진흥공단 강사/대한산업안전협회 강사/호원대학교, 신성대학교, 대림대학교, 수원대학교 외래교수/울산대학교, 군산대학교, 한경대학교 등 특강/한국폴리텍II대학 산학협력단장, 평생교육원장, 산학기술연구소장, 디자인센터장/한국폴리텍 대학 교수/한국폴리텍대학남인천캠퍼스 학장/대한민국산업현장 교수/(사)대한민국에너지상생포럼 집행위원장/(사)한국안전돌봄서비스협회 회장/(사)대한민국 청렴코리아 공동대표/협성대학교 IPP추진기획단 특별위원/인천광역시 새마을문고 회장/한국요양신문 논설위원/생명살림운동 강사/GTCC 대학교 겸임교수/ISO국제선임심사원/한국열린사이버대학교 특임교수/**한국방송통신대학교 및 한국 폴리텍 대학 공동 선정 동영상 강의**

[저서]
- 산업안전공학(도서출판 세화)
- 기계안전기술사(도서출판 세화)
- 건설안전기술사(도서출판 세화)
- 산업안전기사(필기, 실기 필답형, 작업형)(도서출판 세화)
- 건설안전기사(필기, 실기 필답형, 작업형)(도서출판 세화)
- 산업안전지도사 시리즈(도서출판 세화)
- 산업보건지도사 시리즈(도서출판 세화)
- 산업안전보건(한국산업인력공단)
- 공업고등학교안전교재(서울교과서)
- 산업안전보건동영상(한국산업인력공단) 등 60여권 저술
- 한국방송통신대학과 한국폴리텍대학 선정 동영상 촬영

[상훈]
대한민국 근정 포장(대통령)/국무총리 표창/행정자치부 장관표창/300만 인천광역시민상 수상과 효행표창 등 8회 수상/인천광역시 교육감 상 수상/Vision2010교육혁신대상수상/2018년 대한민국청렴대상수상/30년이상봉사 새마을기념장 수상/몽골 옵스 주지사 표창 수상

[출강기업(무순)]
삼성(전자, 건설, 중공업, 조선, 물산)/현대(건설, 자동차, 중공업, 제철)/대우(건설, 자동차, 조선), SK(정유, 건설)/GS건설/에스원(S1)/두산(건설, 중공업), 동부(반도체), POSCO건설, 멀티캠퍼스, e-mart, CJ, 한국수자원공사 등 100여기업/이상 안전자격증특강

국가기술자격 필기시험 집중 대비서(녹색자격증, 녹색직업)

벼락치기 산업안전산업기사 필기

4판 4쇄 발행	2026. 1. 22. (25. 9. 29.인쇄)
3판 3쇄 발행	2025. 1. 15.
2판 2쇄 발행	2024. 2. 10.
초판 1쇄 발행	2022. 1. 24.

지은이 정재수
펴낸이 박 용
펴낸곳 도서출판 세화 **주소** 경기도 파주시 회동길 325-22(서패동 469-2)
영업부 (031)955-9331~2 **편집부** (031)955-9333 **FAX** (031)955-9334
등록 1978. 12. 26 (제 1-338호)

정가 28,000원
ISBN 978-89-317-1350-3 13530
※ 파손된 책은 교환하여 드립니다.

본 도서의 내용 문의 및 궁금한 점은 더 정확한 정보를 위하여 저자분에게 문의하시고, 세화 홈페이지 수험서 자료실이나 저자 이메일로 문의바랍니다. **저자명** 정재수(jjs90681@naver.com) **Mobile** 010-7209-6627